全国环境影响评价工程师职业资格考试系列参考资料

环境影响评价案例分析试题解析

（2024 年版）

贾生元　主　编

叶斌　刘威　吕伟　副主编

中国环境出版集团・北京

图书在版编目（CIP）数据

环境影响评价案例分析试题解析 ：2024 年版 / 贾生元主编. -- 10 版. -- 北京 ：中国环境出版集团，2024.2

全国环境影响评价工程师职业资格考试系列参考资料

ISBN 978-7-5111-5800-0

Ⅰ. ①环⋯ Ⅱ. ①贾⋯ Ⅲ. ①环境影响－评价－案例－资格考试－题解 Ⅳ. ①X820.3-44

中国国家版本馆 CIP 数据核字(2024)第 040614 号

出 版 人　武德凯
策划编辑　黄晓燕
责任编辑　孟亚莉
封面设计　宋　瑞

出版发行　中国环境出版集团
（100062　北京市东城区广渠门内大街 16 号）
网　　址：http://www.cesp.com.cn
电子邮箱：bjgl@cesp.com.cn
联系电话：010-67112765（编辑管理部）
010-67112735（第一分社）
发行热线：010-67125803，010-67113405（传真）

印　　刷　玖龙（天津）印刷有限公司
经　　销　各地新华书店
版　　次　2015 年 1 月第 1 版　2024 年 2 月第 10 版
印　　次　2024 年 2 月第 1 次印刷
开　　本　787×960　1/16
印　　张　34
字　　数　650 千字
定　　价　113.00 元

编写人员

主　　编　贾生元

副 主 编　叶　斌　刘　威　吕　伟

参编人员　崔　勇　张延川　韩　旺　田艳丽

刘海龙　王爱枝　易爱华　李建国

吴　琼　张艾冰　幸健萍　李　华

贺　佳　钱德安　赫荣晖　郭丽岗

成文连　魏　华　黄川友　王哨兵

石良盛　赵永强　孙翠菊　姜　晶

周建勋　彭飞翔

前　言

为有效实施环境影响评价制度，提高从业人员的环境影响评价技术水平，我国于2005年实施了全国环境影响评价工程师职业资格考试制度。在全部四科（环境影响评价法律法规、环境影响评价技术导则与标准、环境影响评价技术方法、环境影响评价案例分析）考试中，“环境影响评价案例分析”是广大考生认为难度较大的一科。为了帮助广大考生省时高效、有针对性、有重点地复习“案例”，积极应考，同时对环境影响评价实际工作有所指导，我们结合实际工作并在总结历年案例考试真题的基础上，编撰了这本参考书。本书既适合报考全国环境影响评价工程师的考生，也适合从事环境影响评价实际工作的技术人员，还可供从事环境管理的干部参考。

本书以适应考试、解答明确、点评与分析准确简洁为编写原则，使考生不仅能“知其然”，还能“知其所以然”，在短时间内快速提高应试能力。同时，通过点评分析，使从事环境影响评价的技术人员能够将考试的要点转化到实际工作中去，既考出水平，又能做好实际工作。

本书所列案例试题全部来自近年来考试真题（部分试题虽然缺失题干信息，但也针对要求解答的各个问题逆向思维提出了分析方法与解答要点），解答力争紧紧抓住考点，努力做到答题简明扼要，点评分析到位。同时，考虑到实际工作需要，在点评分析中不仅考虑考试答题，还结合试题，提出在实际工作中如何有针对性地进行环境影响评价工作，使考试与实际工作有效地结合起来。

在2013年版至2023年版发行后，广大考生及社会各界人士提出了很多意见和建议，均进行了修正和精简。同时，本版中补充了2023年度的案例考题并进行了解答和分析。

近几年，全国环境影响评价工作无论是管理方面，还是标准和技术规范方面均不断发生变化，围绕以改善环境质量为核心，维护生态环境安全、防范环境风险和生态文明建设，我国修订和颁布了一系列环境影响评价相关的法律、法规、标准、技术导则和规范。特别是2021年以来，随着国家及各地区“十四五”有关规划或计划的发布，新颁布了《中华人民共和国湿地保护法》《中华人民共和国长江保护法》《中华人民共和国黄河保护法》《中华人民共和国青藏高原生态保护法》，并修订了《中华人民共和国噪声污染防治法》《中华人民共和国野生动物保护法》等很多法规、标准、技术导则，尤其是修订后发布的《环境影响评价技术导则　声环境》（HJ 2.4—2021）、《环境影响评价技术导则　生态影响》（HJ 19—2022）、《环境影响评价技术导则　陆地石油天然气开发建设项目》（HJ 349—2023）、《环境影响评价技术导则　民用机场建设工程》（HJ 87—2023），以及一系列“建设项目环境影响评价文件审批原则”的修订等，对2024年度的考试将有重大影响。因此，尽管2005年以来的部分案例考题似乎与现行导则、标准等不完全吻合，但在本书各案例、各考题的“考点分析”中均根据新修订颁布实施的法规、标准、导则等，结合考试大纲要求予以体现。另外，生态环境部发布的一系列行业“排污许可证申请与核发技术规范”“污染防治可行技术指南”等，尽管在考试大纲中并未作为考试要求，但也是环评工程师考试需要学习的重要内容，不仅对做好环境保护实际工作具有重要指导作用，也对考生解答案例试题具有重要参考意义，因此，考生对这类技术规范也应该认真学习。在本书的编写过程中汲取了广大考生的意见和建议，融汇了从事及关心环评工作的社会各界朋友的意见。希望广大考生及环境影响评价技术人员、专家对本书存在的问题继续提出意见和建议，以便修改并不断完善。

贯生元

2024年2月于北京

目 录

一、冶金机电类案例

试题一（2023 年考题）

某钢铁企业技改项目拟新建 1 座以废钢为原料、设计炼钢产能为 75 万 t/a 的电炉炼钢车间，并按 1∶1 比例等量置换的原则，淘汰现有的 1 座 50 t 炼钢转炉及配套的 1 台 100 m^2 烧结机和 1 座 600 m^3 高炉，退出炼钢产能 75 万 t/a。省工业和信息化厅已对该技改项目产能置换方案进行了公示。

拟建电炉炼钢车间主要生产设备包括 1 座 100 t 超高功率康斯迪（Consteel）电炉、1 座 100 t LF 精炼炉、1 套 100 t VOD 真空精炼装置及 1 台四机四流矩形坯连铸机。电炉炼钢的主要生产工艺流程为：堆存在车间原料区的外购已分拣压块的废钢，首先由行车吊运至电炉水平连续式废钢预热装置，在与电炉内排出的冶炼烟气（＞1 000℃）逆流换热至 500～600℃后被送入电炉；在电炉内，交流电炉的三根电极通电起弧即开始熔化废钢，然后采用吹氧助熔，对钢水进行脱磷、脱碳；加入活性石灰及喷吹石墨粉，将钢水中的二氧化硅等杂质以泡沫渣的方式去除；最后对钢水成分和温度进行检测，合格后即可出渣、出钢。炉渣倒入渣罐中，运至企业现有钢渣处理车间进行热闷处理后综合利用。钢水流入经天然气燃烧预热的钢包，吊运至 LF 精炼炉进行精炼，并加入铁合金调整钢水成分。根据钢材产品的不同，经 LF 炉精炼后的部分钢水直接送连铸系统，部分钢水需先送至 VOD 真空精炼装置脱除钢水中硫、氧元素以及有害气体（N_2、H_2）后，再送至连铸系统。在连铸系统，盛有钢水的钢包首先被吊运至连铸机的钢包回转台，之后转至中间包上方，钢水由钢包底部流入中间包，再进入结晶器进行冷却拉矫，使钢液快速冷却凝固成钢坯并冷却送现有 1 350 mm 热轧车间轧制成板材。

电炉炼钢车间废气污染控制措施包括：活性石灰、石墨粉等散装料在转运过程中产生的颗粒物由设置在转运点的捕集罩收集，再经脉冲袋式除尘器（覆膜滤料）净化处理后，通过 1 号排气筒外排。电炉冶炼产生的炉内烟气又称一次烟气，含有颗粒物及二噁英类污染物，先与废钢预热装置换热，再经沉降室+急冷余热锅炉+活性炭喷射装置+脉冲袋式除尘器（覆膜滤料）净化后，由风机引入 2 号排气筒外排。电炉密闭罩收集的电炉冶炼逸散烟气，称为二次烟气。电炉上方的屋顶罩收集的车间内无组织排放烟气，称为三次烟气。二次烟气和三次烟气的主要污染物为颗粒物，汇合进入一套净化系统，经脉冲袋式除尘器（覆膜滤料）净化处理，再由风机引入 3 号排气筒外排。LF 精炼炉产生的含颗粒物烟气经炉盖上方集气罩收集，并经脉冲袋式除尘器（覆膜滤料）净化处理，处理后由风机引入 4 号排气筒外排。VOD 真空精炼装置抽真空废气中含有颗粒物，与连铸钢包回转台上方设置的捕集罩收集的含颗粒物的废气均送至 LF 精炼炉废气净化系统一并处理。采用上述措施后，各排气筒废气污染物排放浓度均能满足钢铁行业超低排放限值要求。上述废气排放口中电炉一次烟气排气筒为主要排放口，对排放的颗粒物进行自动监测，对排放的二噁英类污染物进行手工监测，频次为 1 年 1 次。钢包烘烤使用的天然气燃烧过程排放的污染物量较少，忽略不计。

拟建电炉炼钢车间及淘汰的现有工程生产设施的废气污染物排放量见下表。

拟建电炉炼钢车间及淘汰设施废气污染物排放量

项目		颗粒物/（t/a）	SO_2/（t/a）	NO_x/（t/a）	氟化物/（t/a）	二噁英类/（g-TEQ/a）
拟建	电炉炼钢车间	142.8	—	—	—	0.24
淘汰	50 t 转炉	187.1	—	—	0.2	—
	600 m^3 高炉	91.2	75.0	115.5	—	—
	100 m^2 烧结机	114.9	41.9	62.9	0.7	0.8

电炉炼钢车间电炉、LF 精炼炉、VOD 真空精炼装置及连铸机等设备的冷却均为间接冷却方式，冷却水仅水温升高，水质未受污染，经净环水系统冷却塔降温后，循环使用。为保持水质稳定，有少量废水排至连铸浊环水系统。连铸机钢坯冷却为直接冷却方式，冷却水含有少量油及悬浮物，经浊环水处理系统除油、沉淀及过滤后，返回浊环水系统循环使用，定期有少量处理后的废水排至全厂污水处理厂进行深度处理，之后回用，全厂无废水外排。

项目所在区域评价基准年环境空气中 $PM_{2.5}$ 年均浓度超过了《环境空气质量标准》（GB 3095—2012）中二级标准限值。报告书编制单位选择项目污染源正常排放的主要污染物及排放参数，计算出项目排放主要污染物最大浓度占标率大于 1%、小于 10%，按导则评价工作等级判据确定评价等级为一级。在大气环境影响预测时，对车间新增污染源在正常排放下的影响预测表明，厂界浓度满足大气排放标准限值，厂界外各污染物的日均贡献浓度均未超过环境质量浓度标准限值，因此确定该项目无需设置大气环境防护距离。

【问题】

1. 说明技改项目电炉一次烟气净化措施中各设施的作用。（4 分）

【参考答案】

答案一：

（1）电炉一次烟气主要污染物为颗粒物、二噁英类。

（2）各设施的作用：① 沉降室：去除高密度、大粒径颗粒物；② 急冷余热锅炉：避免二噁英类炉外低温区再生成，回收烟气热能降低烟气温度；③ 活性炭喷射装置：吸附二噁英类；④ 脉冲袋式除尘器（覆膜滤料）：去除颗粒物、二噁英类，确保稳定达标排放。

答案二：

（1）沉降室：去除大颗粒物（0.5 分）；

（2）急冷余热锅炉：降低烟气温度（0.5 分），避免二噁英类再生成（0.5 分），回收烟气余热（0.5 分）；

（3）活性炭喷射装置：吸附二噁英类（0.5 分）；

（4）脉冲袋式除尘器（覆膜滤料）：去除细颗粒物（1 分）、二噁英类（0.5 分）。

考点分析与答题技巧：给出或确定环保设施是环评工作的重要内容，本小题即是考察环保设施的功能或作用，与环评工作实际十分切合。此类考题一般会在题干中给出环保设施，只要能够识别生产工艺环节产生的污染物情况，与环保设施对应即可做出解答。实际答题时只需根据设问，直接答出各设施的作用即可。这样更为简洁。

本小题设问为电炉一次烟气，不可将二次、三次烟气的信息答上。如果所答与设问不相符，则是原则性错误，将不得分。

本小题也可以变换为另一种提问方式，即要求考生针对工艺环节识别主要污染物，并给出可采取的环保措施。考生在学习中注意举一反三，辩证思考问题。另外，本小题也可以 1 号排气筒、3 号排气筒、4 号排气筒前端的环保设施作用来设问。关于大气污染物排气筒，考生应注意三个方面的考点，一是排气筒高度，二是污染物排放既要求浓度达标，也需要排放的速率达标；三是有关等效排气筒的规定。

2. 说明技改项目是否满足区域削减措施监督管理要求。（4 分）

【参考答案】

（1）满足。（1 分）

（2）理由：

① $PM_{2.5}$ 年均浓度超标，属不达标区（0.5 分），同时削减颗粒物、SO_2（0.5 分）、NO_x（0.5 分）排放量，满足 $PM_{2.5}$ 对应污染物削减要求；② 颗粒物削减倍

数（187.1 + 91.2 + 114.9）÷ 142.8 = 2.75（0.5 分，或答：187.1+91.2+114.9=393.2＞142.8×2），二噁英类削减倍数 0.8 ÷ 0.24 = 3.33（0.5 分），满足倍量削减要求；③ 淘汰现有转炉、高炉、烧结机“以新带老”削减（0.5 分），满足削减优先来源及完成时间要求；④ 全厂颗粒物、SO_2、NO_x、氟化物、二噁英类排放量减少，满足总量控制削减目的要求。

考点分析与答题技巧：本小题主要通过简单的计算考察对产业政策了解情况。但是要注意本小题的设问是“区域削减”。从表格中的信息可以看出颗粒物、SO_2、NO_x、氟化物、二噁英类排放量减少了。③与④都是正确的，但实质上是一样的，答上一条即可。回答本小题时只需简单了解题干信息，重点在于抓住表格的信息。

钢铁冶炼属于典型的“两高”建设项目，关于“两高”建设项目国家有很多政策性规定，考生在学习法律法规科目时必须特别注意。本小题即是法规及产业政策在案例考试中的应用。

3．项目大气评价工作等级判定是否正确？说明理由。

【参考答案】

（1）正确。（1 分）

（2）理由：

① 题干信息主要污染物最大浓度占标率大于 1%、小于 10%（0.5 分），根据大气导则等级判别表计算为二级（1 分）；② 钢铁高耗能行业的多源项目（1 分），并且为编制报告书（0.5 分）的项目，评价等级应提高一级。

考点分析与答题技巧：本小题主要考虑《环境影响评价技术导则 大气环境》（HJ 2.2—2018）关于大气评价等级确定（导则“表 2”及“5.3.3.2 对电力、钢铁、水泥、石化、化工、平板玻璃、有色等高耗能行业的多源项目或以使用高污染燃料为主的多源项目，并且编制环境影响报告书的项目评价等级提高一级”）。考生在学习该导则时还应关注评价范围等的规定。类似有关各环境要素评价等级、评价范围确定的考题已经多次出过，考生要认真学习相关导则的规定。

4．指出报告书编制单位计算大气环境防护距离工作中存在的问题。

【参考答案】

答案一：

（1）确定无需设置大气环境防护距离结论不可信。（1 分）

（2）预测仅考虑车间新增污染源，未考虑淘汰的现有转炉、高炉、烧结机等“以新带老”削减污染源、项目全厂现有污染源。（1 分）

（3）预测仅考虑厂界外各污染物的日均贡献浓度，未考虑其他短期贡献浓度。（1 分）

（4）预测仅根据新增污染源正常排放，得出厂界浓度满足大气排放标准限值，厂界外各污染物的日均贡献浓度均未超过环境质量浓度标准限值结论不可信。（1分）

答案二：

（1）确定无需设置大气环境防护距离结论不可信。（1分）

（2）预测未考虑全厂污染源。（1分）

（3）预测未考虑其他短期贡献浓度。（1分）

（4）未采用全厂污染物预测厂界及厂界外各项污染物达标情况。（1分，或答：仅通过车间新增污染源而非全厂污染物预测厂界浓度满足大气排放标准限值，厂界外各污染物的日均贡献浓度均未超过环境质量浓度标准限值预测的结论不可信）

答案三：

仅使用新增污染源，不正确；

仅使用日均浓度，不正确；

本项目为改扩建项目，应叠加现有钢渣处理车间、135 mm 热轧生产线等污染源，同时减去“以新带老”的 50 t 转炉、600 m^3 高炉、100 m^2 烧结机等污染源；

预测内容应为短期浓度、小时浓度。

考点分析与答题技巧：本小题主要考察对 HJ 2.2—2018 关于大气防护距离规定的熟悉程度。HJ 2.2—2018 的“8.7.5 大气环境防护距离”指出：“8.7.5.1 对于项目厂界浓度满足大气污染物厂界浓度限值，但厂界外大气污染物短期贡献浓度超过环境质量浓度限值的，可以自厂界向外设置一定范围的大气环境防护区域，以确保大气环境防护区域外的污染物贡献浓度满足环境质量标准。”对应题干信息分析即可。

另外，导则 HJ 2.2—2018 关于大气防护距离还有“8.7.5.2 对于项目厂界浓度超过大气污染物厂界浓度限值的，应要求削减排放源强或调整工程布局，待满足厂界浓度限值后，再核算大气环境防护距离。8.7.5.3 大气环境防护距离内不应有长期居住的人群”的规定，考生也需要掌握。答案一稍复杂，但易于理解；答案二、答案三表述方式不同，但简洁，考场节省时间。

5. 制定本项目大气环境质量监测计划。（4分）

【参考答案】

答案一：

（1）监测点位：厂界（0.5分）或大气环境防护距离（0.5分）外侧设置 1～2 个（0.5分）监测点；

（2）监测指标：TSP（0.5分）、二噁英类（0.5分）；

（3）监测频次：每年至少监测一次（0.5分），在污染较重的季节（0.5分），原则上应取得7d有效数据（0.5分）；

（4）执行环境质量标准：TSP执行《环境空气质量标准》（GB 3095—2012）中二级标准限值，二噁英类执行参照标准。（本条可以不答）

答案二：

监测点位：厂界（0.5分）或大气环境防护距离（0.5分）外侧设置1～2个（0.5分）监测点；

监测指标：TSP、二噁英；

频次：1次/a;

执行标准：环境空气质量标准。

考点分析与答题技巧：本小题主要考察对HJ 2.2—2018中关于建设项目生产运行期间大气环境质量监测规定的熟悉程度。即导则“9.3 环境质量监测计划”中指出的“9.3.1 筛选按5.3.2要求计算的项目排放污染物P_i≥1%的其他污染物作为环境质量监测因子。9.3.2 环境质量监测点位一般在项目厂界或大气环境防护距离（如有）外侧设置1～2个监测点。9.3.3 各监测因子的环境质量每年至少监测一次，监测时段参照6.3.1执行”。答案一稍复杂、答案二简洁，二者实质内容一致。

同理，其他要素导则（如地表水、地下水、声环境等）也有规定污染源监测和环境质量影响监测的一般性内容，考生在学习中应擅于联想相似的规定。

【扩展思考题】

1．本项目为技改项目，环评中对现有项目应做哪些方面的工作？

2．根据题干信息，环评时在固体废物处理处置方面还应说明哪些内容？

试题二（2023 年考题）

西部省份某锂离子电池用石墨负极材料厂选址在新材料产业园，计划新建粉碎车间、造粒车间、炭化车间、石墨化车间、成品车间，配套原料库、产品库、办公化验楼以及供水、供气、供电、危废暂存间等公辅和环保设施。项目以针状焦、天然石墨、颗粒沥青为主要原料，经“粉碎整形→包覆造粒→焙烧炭化→高温石墨化→成品处理”等工序，年产锂离子电池用石墨负极材料 6 万 t。

项目原料形态为粒状和粉状，以吨袋包装入厂进原料库贮存，生产时由叉车送入粉碎车间开袋放料，不同原料分别碎磨、整形处理达粒度和形状要求后装袋运往造粒车间。处理后的针状焦粉、石墨粉与包覆剂沥青粉在造粒车间按配比经混料机常温混合后，进入氮气保护、电热升温的密闭搅拌反应釜，在最高 650℃条件下完成包覆造粒，再进入冷却釜经循环水间接冷却后出料送往炭化车间。包覆造粒产物在炭化车间内采用给料机装入多个石墨匣钵后再送入辊道窑，在氮气保护下以邻近焦化厂供应的净化焦炉煤气为燃料进行最高温度 1 150℃的焙烧炭化，该过程促使表面包覆剂转化为无定形碳包覆层，与内部材料共同形成核壳结构，改进负极材料与电池电解质的相容性。炭化结束自然降温后的产物转入石墨化车间，利用多功能天车将其装入箱式石墨化炉中部，外围以炭板封盖再装入冶金焦和煅后石油焦形成高电阻保温填充层，装炉完成并在上部加盖排烟罩后通入电流，在电极和电阻料共同作用下升温至最高 3 000℃，促使碳原子由乱层结构向三维晶体有序结构转化，提高产品导电性、化学稳定性和机械强度。停电冷却卸炉后的石墨化产物送成品车间，经解聚打散、磁选纯化后包装出厂。

项目包覆造粒工序反应釜和冷却釜废气采用“雾化喷淋+电捕焦油+焦炭吸附+活性炭吸附”措施净化后，经 20 m 高排气筒排放。焙烧炭化工序辊道窑烟气进入独立的废气处理系统净化后，经 25 m 高排气筒排放。石墨化车间多功能天车配柔性吸气罩，作业产生的含尘废气经收集后采用布袋净化；石墨化炉烟气经排烟罩收集，采用“钠碱法脱硫+湿式电除尘”措施净化后，经 30 m 高排气筒排放，钠基脱硫剂为纯碱（Na_2CO_3），反应产物为亚硫酸钠（Na_2SO_3）。其他原料粉碎、中间产物装卸转运和产品打散等工序的含尘废气采用各自配套的布袋除尘器净化，同时采用密闭或封闭措施减少厂区无组织废气排放。经建设单位确认，项目颗粒物、二氧化硫、氮氧化物、沥青烟有组织排放执行更为严格的中国炭素行业协会《炭素工业大气污染物排放标准》（T/ZGTS 001—2019）限值，其中焙烧工序排放限值为颗粒物≤20 mg/m^3、二氧化硫≤100 mg/m^3、氮氧化物≤100 mg/m^3、沥青烟≤20 mg/m^3，协会标准未规定的苯并[a]芘、非甲烷总烃有组织排放执行《大气污染物综合排放标准》（GB 16297—1996）二级标准限值。

项目湿法脱硫废水、湿式电除尘废水和捕焦油器清洗废水依水质分别进行处理后回用于各自工序，循环冷却系统排污水优先回用于烟气治理环节，办公生活污水经化粪池处理后排入园区污水处理厂，全厂设有初期雨水收集池和事故应急池。

环评文件编制单位确定项目大气环评工作等级为一级。经调查，评价基准年的区域环境空气质量达标，大气评价范围内除给本项目供气的焦化厂正在建设扩产及超低排放改造工程外，无其他在建、拟建项目，环评文件编制单位在掌握了污染源源强、地形数据和气象参数后开展了大气环境预测与评价。

根据"双碳"目标的管理要求，环评文件编制单位核算了企业焦炉煤气燃烧生产过程碳损失氧化、烟气治理碳酸盐转化、外购电力及厂内运输等活动的二氧化碳排放量。在计算石墨化炉烟气脱硫活动的年 CO_2 排放量时，石墨化炉烟气二氧化硫产生量按 504 t/a，钠碱法脱硫效率按 95%计算。

注：Na、C、O、S 的分子量分别为 23，12，16，32。

【问题】

1．推荐炭化车间辊道窑烟气的治理措施并说明理由。（5 分）

【参考答案】

答案一：

（1）治理措施：SNCR + 雾化喷淋 + 电捕焦油 + 焦炭吸附 + 活性炭吸附 + 钠碱法脱硫 + 湿式电除尘。（3 分）

（2）理由：

① 废气主要污染物为颗粒物、SO_2、NO_x、沥青烟、苯并芘、非甲烷总烃（NMHC），且为高温烟气；② SNCR 去除 NO_x，雾化喷淋去除颗粒物并降温，电捕焦油去除沥青烟、颗粒物，焦炭吸附、活性炭吸附去除苯并芘、NMHC，钠碱法去除 SO_2，湿式电除尘进一步去除颗粒物，确保稳定达标排放。（2 分）

答案二：

推荐治理措施为：SNCR+雾化喷淋+电捕焦油+焦炭吸附+活性炭吸附+钠碱法脱硫+湿式电除尘。（3 分）

理由：SNCR 去除 NO_x，雾化喷淋去除颗粒物并降温，电捕焦油去除沥青烟、颗粒物，焦炭吸附、活性炭吸附去除苯并芘、NMHC，钠碱法去除 SO_2，湿式电除尘进一步去除颗粒物。（2 分）

考点分析与答题技巧：根据题干关于炭化车间辊道窑的内容："包覆造粒产

物在炭化车间内采用给料机装入多个石墨匣钵后再送入辊道窑，在氮气保护下以邻近焦化厂供应的净化焦炉煤气为燃料进行最高温度1 150℃的焙烧炭化，该过程促使表面包覆剂转化为无定形碳包覆层，与内部材料共同形成核壳结构，改进负极材料与电池电解质的相容性。”“焙烧炭化工序辊道窑烟气进入独立的废气处理系统净化后，经25 m高排气筒排放。”而关于烟气中的主要污染物只能根据题干中的使用原料情况和工艺说明来判定，此类项目苯并芘、NMHC是特征污染物，SO_2、NO_x、颗粒物此类常规污染物也不难识别。

本小题与本章试题一（2023年考题）第1小问基本类似。答案一先识别出主要污染物，再根据污染特性给出治理措施，从逻辑上便于解答。答案二稍简洁，可节省书写时间。

2. 说明项目正常排放下大气环境影响预测内容。（5分）

【参考答案】

（1）短期、长期最大浓度贡献值占标率情况。（1分）

（2）叠加现状浓度后，SO_2、NO_2、PM_{10}、$PM_{2.5}$年平均质量浓度（1分）、保证率日平均质量浓度达标情况（1分），TSP、沥青烟、苯并芘、NMHC短期浓度达标情况（1分）。

（3）大气环境防护距离设置中，短期浓度贡献值分布情况。（1分）

考点分析与答题技巧：本小题考察关于大气环境影响一级评价的主要内容。根据题干信息，项目所在区域为环境空气质量达标区，《环境影响评价技术导则 大气环境》（HJ 2.2—2018）的“表5 预测内容和评价要求”给出了预测评价的主要评价内容，参照该表进行解答即可。

3. 识别项目可能发生的环境风险事故情形。（6分）

【参考答案】

答案一：

（1）管线及辊道窑净煤气泄漏（1分）、火灾爆炸（0.5分），CO排放对大气环境产生影响。

（2）原料库颗粒沥青、造粒车间沥青粉泄漏（1分）、火灾爆炸（0.5分），颗粒物、CO、SO_2、NO_x、苯并芘、NMHC排放对大气环境产生影响。

（3）反应釜、辊道窑、石墨化炉泄漏（每项0.5分，共1.5分）、火灾爆炸（0.5分），颗粒物、SO_2、NO_x、沥青烟、苯并芘、NMHC排放对大气环境产生影响。

（4）火灾爆炸事故废水排放对雨水受纳、周边近地表水环境产生影响，废水站、危废暂存间防渗膜破损（1分），事故废水排放对地下水、土壤环境产生影响。

答案二：

（1）管线及辊道窑净煤气泄漏、火灾爆炸事故（1分），原料库颗粒沥青、造粒车间沥青粉泄漏、火灾爆炸（1 分），反应釜、辊道窑、石墨化炉泄漏、火灾爆炸事故对环境空气的影响（1 分）。

（2）火灾爆炸事故废水排放的影响（1 分）。

（3）废水站（1 分）、危废暂存间（1 分）防渗膜破损，事故废水排放对地下水、土壤环境产生影响。

考点分析与答题技巧：有关环境风险一直是环评考试出题的高频点和重点。常见的主要有识别环境风险源（尤其是重大风险源），识别风险单元或风险物质、风险类型，核算源强或风险潜势的判定、确定风险评价等级和评价范围，预测风险影响，提出风险防范措施或应急预案等。考生须认真学习《建设项目环境风险评价技术导则》（HJ 169—2018）。本小题问的是“事故情形”，实质上就是风险类型，常见的主要是泄漏、火灾、爆炸等，但解答本小题一定要与风险源结合起来，才有针对性，才更符合题意。答案一根据风险源逐个给出，有一定的逻辑性；答案二简洁，节省时间。

4．列出项目产生的危险废物。（2 分）

【参考答案】

（1）废气处理产生的电捕焦油（0.5 分）、废焦炭（0.5 分）、废活性炭（0.5 分）；

（2）捕焦油器清洗废水处理产生的含油污泥（0.5 分）。

考点分析与答题技巧：与环境风险一样，危险废物一直是环评考试的高频点或重点。因此，考生既需对《国家危险废物名录》充分熟悉，也需对固体废物污染环境防治法及危险废物的法规政策认真学习。

5．计算石墨化炉烟气脱硫活动的年 CO_2 排放量。（2 分）

【参考答案】

504×95%×44÷64＝329.175 t/a。（2 分）

考点分析与答题技巧：党中央、国务院及生态环境部和国家发展改革委、工信部等相关部委颁布了很多有关温室气体排放或控制的政策和规范性文件。在环境影响评价中也特别强调要实施节能减排降碳的规定，今后在环评工作及考试中应予重视。

题干中称“在计算石墨化炉烟气脱硫活动的年 CO_2 排放量时，石墨化炉烟气 SO_2 产生量按 504 t/a，钠碱法脱硫效率按 95%计算”。实质上 CO_2 与 SO_2 是等比例产生的，因此，按照 SO_2 与 CO_2 的比例关系即可算出 CO_2 的排放量。

【扩展思考题】

1．给出本项目废水主要处理处置措施。

2．对本项目进行相关符合性分析应重点调查说明哪些内容？

试题三（2022 年考题）

某钢铁联合企业为包括烧结、球团、焦炉、高炉、转炉及轧钢等工序的长流程企业。现有焦化工序建有 4 座 55 孔 4.3 m 的捣固焦炉，1 套 150 t/h 的干熄焦装置和 1 套湿熄焦装置（备用）。年产焦炭 125 万 t，配套煤气净化系统和酚氰废水处理站。

本次拟对焦化工序进行技术升级改造，淘汰现有的 4 座捣固焦炉及配套煤气净化系统，在淘汰焦炉位置建设 2 座 48 孔的 6.25 m 捣固焦炉，配套建设 1 套 120 t/h 的干熄焦装置，不再备用湿熄焦装置，年产焦炭 100 万 t。在焦炉旁新设煤气净化装置，供水、供电及酚氰焦化废水处理站依托现有工程。拟建项目年副产焦炉煤气 4.13 亿 m^3（标态），其他副产品包括焦油、硫黄、硫铵及粗苯等，主要生产工艺流程见下图。

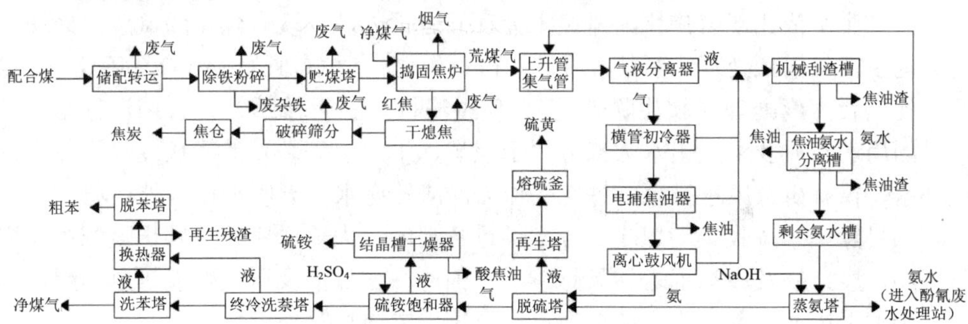

焦化生产工艺流程图

焦炭是高炉炼铁的骨架及还原剂，供高炉冶炼使用。本项目产品由封闭皮带运送至高炉做还原剂。焦炭减量置换满足工信部 1.25∶1 的要求，升级改造后因焦炭产量减少，不足部分可由外购焦炭解决，不影响高炉炼铁产量。

项目炼焦原料与产品焦炭比例为 1.33∶1，原料主要为肥煤、瘦煤、气煤及焦煤等按一定比例混合的配合煤，将配合煤捣固成煤饼后推入焦炉炭化室炉内进行炭化，每个炭化室两侧为燃烧室，其燃料为脱硫净化后的焦炉煤气，燃烧烟气经处理达标后通过焦炉排气筒排放。

炭化室中的配合煤在高温密闭环境下进行干馏（炼焦），干馏时间约为 22 h，煤中有机物以荒煤气形式进入煤气净化系统。出焦时，打开前后两侧炉门，将红焦从炭化室推出，送干熄焦装置采用氮气直接换热熄焦，再经破碎、筛分后，成品焦炭送焦仓储存。高温氮气经余热锅炉回收热量后循环使用。生产 1 t 焦炭需配合煤 1.33 t，配合煤的含硫率为 0.68%，焦炭含硫率为 0.6%。煤气净化工序中脱硫塔的脱硫效率≥98%，净化后煤气含尘≤10 mg/m^3（标态）、总硫≤150 mg/m^3（标态）。净煤气部分供焦炉燃烧室使用，其余送现有焦炉煤气柜储存，供企业内部其他用户使用。

设计对煤的转运、粉碎、装煤、出焦及干熄焦系统等生产过程颗粒物产生点均设置密闭收集罩及袋式除尘净化装置，对捣固焦炉两侧燃烧室净煤气燃烧产生的颗粒物、二氧化硫及氮氧化物烟气设置脱硫脱硝净化设施。煤、焦均采用封闭料仓储存并采用封闭皮带运输，焦炉采用弹性刀边炉门等一系列措施控制废气的无组织排放。煤气净化区域各类液体储槽废气均密闭收集后焚烧处理。对现有的酚氰废水处理站加盖密闭。收集的废气经碱洗+生物滤池+活性炭吸附处理达标后排放。项目采取的污染控制设施够满足《关于推进实施钢铁行业超低排放的意见》（环大气〔2019〕35 号）及《炼焦化学工业污染物排放标准》（GB 16171—2012）的要求。

生产废水依托现有焦化酚氰废水处理站进行处理。现有焦化酚氰废水处理站的处理工艺包括预处理（重力除油+调节）、生化处理（O/A/O+A/O）、后处理（混凝沉淀）及深度处理（软化除硬+多介质过滤+超滤+反渗透），设施运行稳定，满足回用水水质要求。出水大部分用于焦炉、干熄焦等装置的间接冷却循环水系统补水，仅有少数废水排至炼铁工序作为冲渣补充水，无废水排入外环境。

项目除尘系统收集的煤尘、焦尘经过各自的气力输送系统分别送至配煤和烧结工序，废杂铁及废油桶送转炉炼钢。焦油渣、酸焦油及再生残渣等返回配煤单元，废油、废催化剂、废离子交换树脂及废反渗透膜等外送处置。

煤气净化系统产生的废水带出硫为 143 t/a，忽略“三废”、粗苯及其他工序物料带出硫等。

环评单位按照地下水导则确定地下水评价工作等级为一级评价，需进行包气带污染现状调查。现有拆除工程主要包括焦炉及煤气净化系统等。

【问题】

1．计算经脱硫塔净化的原煤气中的总硫量。

【参考答案】

答案一：

（1）根据物料衡算法，荒煤气中的总硫量=投料配合煤总硫量–焦炭产品总硫量–脱硫塔前工序焦油和废水带出总硫量，即

$S_{荒煤气}=S_{配合煤}-S_{焦炭}-S_{焦油和废水}$

$=1.33\times0.68\%\times100\times10^4-1\times0.6\%\times100\times10^4-143$

$=9\ 044-6\ 000-143$

$=2\ 901$（t/a）

（2）按脱硫塔脱硫效率 98%计，则经脱硫塔净化后的煤气中的总硫量=荒煤气中的总硫量×（1–脱硫效率），即

$S_{净煤气}=S_{荒煤气}\times(1-\eta_{脱硫效率})=2\ 901\times(1-98\%)=58.02$（t/a）

答案二：

（1）年产 100×10^4 t 焦炭所需的配合煤中的硫含量：$100\times10^4\times1.33\times0.68\%=9\ 044$（t/a）；

（2）产品焦炭中的保留的硫量：$100\times10^4\times0.6\%=6\ 000$（t/a）；

（3）原煤气在进入脱硫塔之前被焦油和废水带出硫量为 143 t/a，则进入脱硫塔的原煤气中的硫含量为：9 044–6 000–143=2 901（t/a）；

（4）经脱硫效率 98%的脱硫塔净化后，净化煤气中的硫含量：2 901×（1–98%）=58.02（t/a）。

答案三：

$[(100\times10^4\times1.33\times0.68\%-100\times10^4\times0.6\%)-143]\times(1-98\%)=58.02$（t/a）

考点分析与答题技巧：本小题的设问本身显得很突兀，因为设问并未明确是核算企业生产一年的“量”，还是吨产品的“量”。但从题干最后的“煤气净化系统产生的废水带出硫为 143 t/a”来看，只能是核算一年的量。答案一和答案二体现了较好的思维及严密的逻辑关系，容易得分，答案三简洁、不需要书写文字，可以节省答题时间。在解答本小题时注意，如果按照题干提供的“年副产焦炉煤气 4.13 亿 m^3（标态）”入手进行计算，则将陷入死胡同，无法算出结果，这是一个陷阱。另外，未净化的原煤气，也称荒煤气，而脱硫除尘后的煤气为净煤气或洁净煤气。

2．简要分析依托现有酚氰废水处理站的可行性。

【参考答案】

答案一：

（1）本企业技改前，现酚氰废水处理站处理规模是为年产焦炭 125 万 t 配套建设的，而技改后，年产焦炭减少为 100 万 t，则说明现酚氰废水处理站的处理规模是能够满足技改后企业生产规模的；

（2）根据题干信息，现酚氰废水处理站设施运行稳定，满足回用水水质要求，且无废水排入外环境，而技改前后，企业酚氰废水的性质并未发生变化，处理可行。

考点分析与答题技巧：由于题干信息不全，本小题根据题干提供的信息，主

要从处理规模、处理污水种类、处理工艺方面考虑即可。也有人认为：“煤气终冷的直接冷却水，粗苯加工的直接蒸汽冷凝分离水，精苯加工过程的直接蒸汽冷凝分离水，焦油精制加工过程的直接蒸汽冷凝分离水、洗涤水，车间或设备清洗水等，以上废水与焦化过程中产生的剩余氨水一起称为酚氰废水。酚氰废水含有高浓度酚、氨、氰、硫化物等有毒污染物，无法直接进行生化处理，应当先进行物化脱酚（即酚深度处理）、脱氨处理后再进行生化处理。”依托现有酚氰废水处理站不可行，考虑的有些复杂了，并不符合题意。

3. 制定焦炉及煤气净化系统拆除方案应考虑哪些污染防控要求？

【参考答案】

答案一：

（1）拆除过程中产生的粉尘或扬尘可能造成的环境空气污染，可采取洒水降尘措施；

（2）拆除过程中产生的噪声对周边声环境质量的影响，可采取设置临时声屏障等措施；

（3）拆除产生的建筑垃圾，应及时转运或处置；

（4）焦煤或煤气系统遗留的危险废物应按危险废物防控要求采取相应的措施；

（5）环境监理与监测措施。

考点分析与答题技巧：解答本小题如果考虑的太复杂，会有很多内容，不便于考场解答。本小题问的是拆除现有设施的污染防控要求，一般性影响应考虑粉尘或扬尘的环境空气污染影响、噪声影响、固体废物的影响，但由于拆除的是焦炉及煤气净化系统，还应考虑在拆除过程中危险废物及其对土壤、地下水的影响。按照这个思路基本可以完整解答本小题。

4. 指出项目产生的固体废物，并说明其属性。

【参考答案】

答案一：

（1）除尘系统收集的粉尘（煤尘、焦尘）、废杂铁、废离子交换树脂为一般固体废物；

（2）焦油渣、废矿物油桶、废脱硝催化剂为危险废物。

答案二：

（1）一般工业固体废物：除尘系统收集的粉尘（煤尘、焦尘）、废布袋。

（2）危险废物：废煤焦油和废焦油渣、废矿物油、废矿物油桶、废脱硝催化剂、废反渗透膜、废水处理站污泥（含预处理油泥）、脱硫废催化剂等。

考点分析与答题技巧：本小题根据题干提供的信息，基于“除尘系统收集的粉尘进入配煤及烧结工序；焦油渣收集后掺煤炼焦；废矿物油桶收集后送现有炼钢工序回用；项目产生的其他废物包括废脱硝催化剂、废离子交换树脂及废反渗透膜等”基本可给出主要答案，如答案一，但不是很全面。答案二是根据题干提供的焦化生产工艺流程图进一步分析给出的，相对较为全面，但解答较为复杂。本小题的目的，就是要求考生对固体废物的类别（尤其是危险废物）应学会分类。另外需要注意的是：如果涉及实验室、化验室及检验工序，注意危废的产生。本题还需要重点关注的是废煤焦油和废焦油渣用于配煤（掺煤炼焦）、废矿物油、废矿物油桶收集后送现有炼钢工序回用，利用过程则不作危废管理，其利用环节在管理上可“豁免”。但本小题只需要明确其属性即可，不应考虑处理或利用方式。

5. 简述开展包气带污染现状调查的主要内容。

【参考答案】

答案一：

（1）调查本项目现有污染源特征污染物。

（2）包气带岩性、结构、厚度、分布及垂向渗透系数等。

（3）对包气带进行分层采样，一般在 0～20 cm 埋深范围内取一个样品，其他取样深度应根据污染源特征和包气带岩性、结构特征等确定。样品进行浸溶试验，测试分析浸溶液成分。

答案二：

（1）调查企业可能造成包气带污染的污染源，包括捣固焦炉装置区、湿熄焦区、酚氰废水处理站、危废暂存间等。

（2）调查说明包气带水文地质结构。

（3）在污染源周边区域布设监测点，采样深度为 0～20 cm 及 20～100 cm，监测因子主要包括石油类、pH、耗氧量、TDS、氨氮、CN^-、挥发酚等。

考点分析与答题技巧：本小题是在考察关于地下水监测的技术要求，但本小题明确是对包气带污染现状的调查。如此，则首先应识别可能造成包气带污染的“污染源”，然后布点进行包气带地下水的监测。答案一和答案二基本相似，并无实质性差别。

特别提醒：考生必须认真学习生态环境部发布的各行业“建设项目环境影响评价文件审批原则”（累计已发布 20 余个行业）。2022 年 12 月，生态环境部发布《关于印发钢铁/焦化、现代煤化工、石化、火电四个行业建设项目环境影响评价文件审批原则的通知》（环办环评〔2022〕31 号），对原有钢铁、石化、火电三个行业的建设项目环评文件审批原则进行修订，并制订了现代煤化工行业建设项目环评文件审批原则，替代《现代煤化工建设项目环境准入条件（试行）》。

考生如果掌握了《钢铁/焦化建设项目环境影响评价文件审批原则》（共有 16 条，几乎都是考点），解答本案例就容易多了。

试题四（2022 年考题）

某公司拟建年产 3.2×10^9Ah 磷酸铁锂动力电池项目，建设内容包括联合厂房、*N*-甲基吡咯烷酮（NMP）罐区、原料仓库、软水和纯水制水站、循环冷却水系统、固体废物仓库、废水处理站以及燃气锅炉房等。项目用水、用电、天然气由所在工业园区统一供给。

联合厂房布置正、负极片生产线及电池组装、活化与检测生产线。正极片生产工艺为：将磷酸锂铁、镍钴锰酸锂、乙炔黑、聚偏氟乙烯（PVDF）等粉料与溶剂 NMP 混合制成浆料，涂覆在铝箔上，再经热压、分切、烘干、检验，合格正极片送电池组装工序。负极片生产工艺为：将石墨、羧甲基纤维素钠盐（CMC）等粉料与纯水混合制成浆料，涂覆在铜箔上，再经热压、分切、烘干、检验，合格负极片送电池组装工序。电池组装、活化和检测工艺主要为：正负极片叠片、极耳焊接、软包顶封、电芯干燥、电解液真空加注及封边、化成、老化、组装、检验，合格电池包装入库。

NMP 采用 50 m^3 罐车运输至 NMP 储罐；电解液及 PVDF 采用 200 kg 标准桶装，其他物料采用 25 kg 袋装，均贮存于原料仓库。NMP 罐区占地面积 400 m^2，布置泵房 1 个及 120 m^3 的 NMP 原料储罐和 NMP 废液储罐各 2 个。电解液含 10%的六氟磷酸锂、90%的碳酸乙烯酯和碳酸丙烯酯等挥发性有机物（VOCs）。

正极制浆、涂覆工艺 NMP 废气采取密闭罩收集，处理工艺流程见下图。

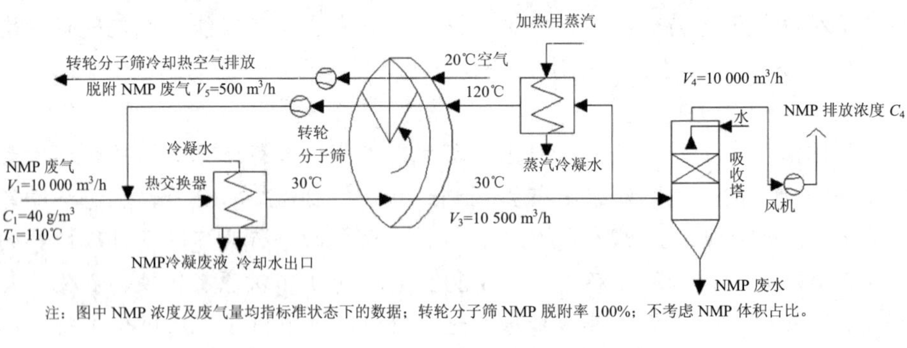

注：图中 NMP 浓度及废气量均指标准状态下的数据；转轮分子筛 NMP 脱附率 100%；不考虑 NMP 体积占比。

NMP 废气处理工艺流程图

NMP 废气经热交换器冷凝（110℃→30℃）和转轮分子筛吸附后，引出一部分经热交换器加热至 120℃后用于转轮分子筛的脱附，脱附产生的高浓度 NMP 废气返回热交换器入口继续冷凝回收 NMP；其余废气经水吸收净化后由 25 m 高排气筒排放。热交换器冷凝、转轮分子筛吸附和水吸收对 NMP 的去除效率分别为 95%、95%和 80%。电池组装线电解液真空加注工艺废气采用活性炭吸附/脱附+RCO 工艺处理后由 15 m 高排气筒排放。

NMP 废气处理产生的 NMP 冷凝废液，经管道输送至 NMP 废液储罐贮存，再委托 NMP 供货单位进行综合利用；水吸收产生的 NMP 废水送全厂废水处理站处理。

项目产生的废水水量及初始水质见下表。

项目废水水量及初始水质一览表　　单位：mg/L

废水名称	平均水量	COD	SS	NH_3-N	磷酸盐	总氮
正极生产线设备清洗废水及水吸收塔 NMP 废水	20 m^3/d	25 000	500	140	4	200
负极生产线设备清洗废水	40 m^3/d	750	500	50	4	75
循环冷却水系统排污水	200 m^3/d	40	30	—	1	—
生活污水	100 m^3/d	400	250	30	6	—

项目可行性研究报告提出的废水处理方案为：正极生产线设备清洗废水及水吸收塔 NMP 废水采用沉淀、芬顿氧化、混凝沉淀预处理后，再与负极生产线设备清洗废水混合后采用调节、酸化、UASB 和 A/O 工艺处理，处理后的废水（设计出水水质 COD≤140 mg/L、磷酸盐≤1 mg/L）再与循环冷却水系统排污水、生活污水一并由总排放口排入园区污水处理厂进一步处理。

项目拟建厂址位于工业园区，占地面积 20 hm^2，厂址东面隔规划道路现状为耕地，距东厂界 400 m 处有一村庄。本项目土壤环境影响评价工作等级为三级。环评文件编制单位制订的土壤环境现状调查方案为：在项目用地范围内设 3 个土壤表层样监测点，监测砷、镉、铬（六价）、铜、铅、汞、锌和镍等 8 项因子。

注：《电池工业污染物排放标准》（GB 30484—2013）规定，废水间接排放化学需氧量（COD）和磷酸盐最高允许排放浓度限值分别为 150 mg/L 和 2 mg/L。

【问题】

1．指出拟建项目的危险物质。

【参考答案】

答案一：

NMP、天然气、镍钴锰酸锂、电解液及 PVDF、废水处理站的底泥、废活性炭。

答案二：

拟建项目危险物质有：*N*-甲基吡咯烷酮（NMP）、电解液、正极生产线设备清洗废水及 NMP 废水（高浓废水）、天然气。软水处理装置的酸和碱；芬顿氧化用到的过氧化氢。

考点分析与答题技巧：由于本小题题干要求回答的是“危险物质”，而非仅仅是“危险废物”。答案一简洁，基本给出了解答的要点。答案二较为复杂，需要在对芬顿氧化有所了解的情况下才能解答，而且考虑了题干“负极片生产工艺为：将石墨、羧甲基纤维素钠盐（CMC）等粉料与纯水混合制成浆料，涂覆在铜箔上，再经热压、分切、烘干、检验，合格负极片送电池组装工序”中仅仅提到了“纯水”就联想到纯水制备工艺。因此，答案二并不完全符合题意。

2．土壤环境现状调查方案确定的监测因子是否合理？说明理由。

【参考答案】

答案一：

（1）不合理。

（2）理由：

仅监测砷、镉、铬（六价）、铜、铅、汞、锌和镍等 8 项因子是不够的，还应监测《土壤环境质量　建设用地土壤污染风险管控标准（试行）》（GB 36600—2018）中的基本因子。

答案二：

（1）不合理。

（2）理由：

拟建项目属于土壤环境污染影响型，周边存在耕地，拟建项目占地 20 hm^2，属于中型建设项目，敏感，正极材料使用了有机涂覆，应为 I 类项目，土壤评价等级应为一级而非三级。现状监测布点应当为占地内 5 个柱状样点，2 个表层样点，占地外 4 个表层样点，并注意涵盖不同土壤类型。监测因子不仅应考虑砷、镉、铬（六价）、铜、铅、汞、锌和镍等 8 项因子，还应考虑基本因子等。

考点分析与答题技巧：本小题是考察对《环境影响评价技术导则　土壤环境（试行）》（HJ 964—2018）的熟悉及应用情况。根据题干信息：“项目拟建厂址位于工业园区，占地面积 20 hm^2，厂址东面隔规划道路现状为耕地，距东厂界 400 m 处有一村庄。本项目土壤环境影响评价工作等级为三级。环评文件编制单位制订的土壤环境现状调查方案为：在项目用地范围内设 3 个土壤表层样监测点，监测砷、镉、铬（六价）、铜、铅、汞、锌和镍等 8 项因子。”项目占地面积 20 hm^2，评价区涉及耕地和村庄，土壤环境敏感，评价等级确定为三级显然是不符合导则规定的。应该按照土壤环境影响评价等级一级确定评价因子。但是，需要注意的是本小题只要求判定“评价因子”是否合理，不宜解答太多。答案一简洁，是考试适合的答案；答案二复杂了，并不适合考试。

3. 计算运行稳定状态下 NMP 废气处理系统的 NMP 排放浓度 C_4 及 NMP 冷凝废液量。

【参考答案】

（1）C_4=40 g/m^3×（1−95%）×（1−95%）×（1−80%）=0.02 g/m^3

（2）NMP 冷凝废液量=10 000 m^3/h×40 g/m^3×95%=380 000 g/h（380 kg/h）

考点分析与答题技巧：根据题干信息："NMP 废气经热交换器冷凝（110℃→30℃）和转轮分子筛吸附后，引出一部分经热交换器加热至 120℃后用于转轮分子筛的脱附，脱附产生的高浓度 NMP 废气返回热交换器入口继续冷凝回收 NMP；其余废气经水吸收净化后由 25 m 高排气筒排放。热交换器冷凝、转轮分子筛吸附和水吸收对 NMP 的去除效率分别为 95%、95%和 80%。"在解答 NMP 冷凝废液量时，需要注意题干的附图为 NMP 废气的第一道处理工序"热交换器"，其去除 NMP 的效率为 95%，这实际上就是 NMP 冷凝液的生成量。

4. 项目废水收集、处理方案是否合理？说明理由。

【参考答案】

答案一：

（1）不合理。

（2）理由：

鉴于题干所给出的表中各类废水浓度差别较大，应该按照"污污分流"的原则分别处理，不应该混合处理。

按照设计出水水质 COD 140 mg/L、磷酸盐 1 mg/L 计算。

① 废水总排口 COD 浓度为：

（60×140+200×40+100×400）/（60+200+100）=156.7（mg/L）＞150 mg/L。

② 废水总排口磷酸盐浓度为：

（60×1+200×1+100×6）/（60+200+100）=2.4 mg/L＞2 mg/L。

COD 和磷酸盐排放浓度均超过《电池工业污染物排放标准》（GB 30484—2013）中规定的排放标准。

答案二：

（1）废水收集处理方案不合理。

（2）理由：

鉴于题干所给出的表中各类废水浓度差别较大，应该按照"污污分流"的原则分别处理，不应该混合处理。

按照设计出水水质 COD 140 mg/L、磷酸盐 1 mg/L 计算。

① 本项目总排口 COD 浓度：

[140 mg/L×（20 m^3/d+40 m^3/d）+40 mg/L×200 m^3/d+400 mg/L×100 m^3/d] ÷

360 m^3/d= 156.7 mg/L＞150 mg/L。

② 总排放口磷酸盐浓度：

[1 mg/L×（20 m^3/d+40 m^3/d）+1 mg/L×200 m^3/d+6 mg/L×100 m^3/d] ÷ 360 m^3/d= 2.4 mg/L＞2 mg/L。

均超过《电池工业污染物排放标准》（GB 30484—2013）规定的排放标准。

考点分析与答题技巧：本小题从收集和处理两个方面要求回答。在收集方面，应该考虑不同类型、不同浓度废水分别收集、分别处理，这是废水收集、处理的基本原则之一。废水处理后“达标”是基本要求，本案例在最后的题干中提供了行业排放标准，即意味着废水处理后需要与该标准进行比较，达标是基本的要求。本小题实质是考察废水处理后主要因子的浓度的计算方法，是比较简单的。只不过本小题增加了一个与排放标准的对比，以判定污水处理后是否能够达标，进而判定处理工艺是否合理（如果不达标，显然是不合理的）。本小题根据题干提供的信息计算即可。答案一与答案二并无实质性差别，只不过答案二在计算中带入了计量单位，在计算时更容易防止在计量单位转换方面出现错误（好在本小题计算并未涉及计量单位换算，但计算结果因计量单位换算而导致错误的时候很多，因此，须特别注意）。

5．分别指出拟建项目的一般工业固体废物和危险废物。

【参考答案】

答案一：

一般工业固体废物：软水和纯水制水站的废离子交换树脂、电池废包装材料、废原料袋、废弃 PVDF 桶。

危险废物：不合格正极、负极和电池；污水处理站污泥；失去再生能力的废活性炭、废电解液桶、废 NMP 冷凝液。

答案二：

一般工业固废：废铝箔、废铜箔、软水处理装置的废离子交换树脂、未沾染危险品的废包装材料；

危险废物：废 NMP 溶剂、废电解液及其他废弃原料、检验不合格品、废活性炭、废转轮分子筛、废水处理站污泥、沾染危险品的废包装材料。检验工序不合格品、化验室危废。

考点分析与答题技巧：尤其注意如果涉及实验室、化验室及检验工序，注意实验室、化验室产生的危废及检验过程产生的危废。

本小题与第 1 小题容易混淆。第 1 小题要求解答的是“危险物质”，本小题要求明确固体废物的属性。

试题五（2021 年考题）

（**钢铁企业烧结机技改项目。题干不全。缺失前半部分**）技改项目无废水排放。项目除尘设施收集的除尘灰返回烧结，作为烧结配料利用，机械设备使用后产生的废油桶送炼钢工序利用，活性焦脱硫脱硝一体化装置产生的碎活性焦返回高炉替代部分喷煤利用，机械设备废润滑油和制酸系统产生的废催化剂外送。风机、破碎机及水泵等产生噪声的设备均采取了隔声及消声措施。

经调查，企业东厂界外 190 m 处分布有 1 处村庄，北厂界外 150 m 和 500 m 处各分布 1 处村庄；企业所在的省级开发区（钢铁精深加工产业园区）属大气污染重点控制区，现有 2 个拟搬迁的企业。

环评文件编制单位判定项目的声环境影响评价范围为厂界外 200 m、土壤环境影响评价工作等级为二级。为设置土壤环境现状监测点位，编制单位收集了区域土壤类型、当地主导风向和厂区的平面布置情况，调查了厂区污水处理站、危险废物暂存间等易造成垂直入渗装置的位置。编制单位确定的土壤监测项目包括基本因子和本项目的特征因子二噁英。

按照大气污染重点控制区的环境管理要求，对项目排放的颗粒物、二氧化硫及氮氧化物实行现役源的 2 倍量削减。

注：①《关于推进实施钢铁行业超低排放的意见》（环大气〔2019〕35 号）中烧结机机头烟气中颗粒物、二氧化硫及氮氧化物超低排放限值分别为 10 mg/m^3、35 mg/m^3、50 mg/m^3，基准氧量为 16%，烧结机机尾及其他生产过程排放颗粒物的超低排放限值为 10 mg/m^3。②《钢铁烧结、球团工业大气污染物排放标准》（GB 28662—2012）及 2020 年修改单中的污染物包括：颗粒物、二氧化硫、氮氧化物、氟化物及二噁英类。

【问题】

1．给出技改项目颗粒物、二氧化硫及氮氧化物的现役源削减方案。

考点分析与答题技巧：尽管题干信息不全，但根据“企业所在的省级开发区（钢铁精深加工产业园区）属大气污染重点控制区，现有 2 个拟搬迁的企业”，首先应核算现有 2 个拟搬迁企业颗粒物、二氧化硫和氮氧化物的排放量，再核算本次烧结机改造的排放量。如果现有拟搬迁 2 个企业的排放量满足本次烧结机改造 2 倍削减量，则搬迁这 2 个企业即可。如果不满足，还需要再考虑园区其他污染源来削减。

2. 评价 360 m^3 烧结机机头烟气二氧化硫排放达标情况。

考点分析与答题技巧：由于题干信息不全，残留的题干信息无关于 360 m^3 烧结机的相关内容，无法计算其二氧化硫排放情况。但此类问题，属于考试大纲中关于工程分析污染源排放污染物源强的计算，在历年考题中出现的频率较高，计算难度不大。在计算出排放量之后，再与题干末尾提供的排放标准对比，即可判定达标与否。

3. 给出对环境敏感点进行声环境影响评价的工作内容。

【参考答案】

（1）敏感点为东厂界外 190 m、北厂界外 150 m 的 2 个村庄。（1 分。2 个村庄各 0.5 分）

（2）调查评价 2 个村庄临近项目侧房屋布局与朝向等基本情况，监测其声环境现状（1 分），如超标应说明超标原因，包括噪声源调查。

（3）预测施工期施工机械和运行期风机、破碎机及水泵等产生噪声设备的新增贡献值与 2 个村现状值叠加后的声环境质量，明确是否超标。（1 分）

（4）根据预测结果，如果超标，在分析超标原因的基础上，提出噪声污染防治措施或方案（1 分），包括企业在采取隔声、消声措施后，还需要采取其他措施，如选用低噪声设备、优化或调整布置（特别是高噪声设备的布置）。

考点分析与答题技巧：本小题要求回答的是环境影响评价的“工作内容”，不同于单纯的影响识别等，实质上是要求简要给出评价工作过程（程序）。工作内容可概括为：识别评价范围内的声环境保护目标（敏感区），识别项目的主要噪声源，预测对环境保护目标的影响性质和程度；提出切实可行的环保措施。当然实际的评价工作内容也可能较多，如还需要确定评价等级、给出声环境等值线图、明确是否可以接受的结论，甚至公众参与等。但回答时应结合题干信息，给出主要的即可。

还应注意的是，本案例属于改扩建项目，进行声环境预测的时候，需要体现改扩建项目的特征：现有噪声源对敏感点已经产生影响。改扩建项目对敏感点的噪声预测有两种方法，一种是用改扩建后全厂的噪声源贡献值与敏感点的背景值（不包含现有工程噪声影响）进行叠加，一种是用新增噪声源的贡献值与敏感点的现状值（包含现有工程噪声影响）进行叠加。

另外，由于评价范围确定为厂界外 200 m，则 500 m 处的村庄不需要考虑。当然，实际工作中，如果遇到某项目噪声源很强，会对 500 m 以外的声环境保护目标产生噪声影响，则应根据实际情况确定。

4．指出技改项目产生的危险废物。（3 分）

【参考答案】

机械设备使用后产生的废油桶（1 分）、机械设备废润滑油（1 分）和制酸系统产生的废催化剂（1 分）。

考点分析与答题技巧：本小题属于“工程分析”污染源或污染物识别，本小题是识别危险废物。需要高度重视的是，“危险废物识别”在环评工程师考试中出题频率极高。考生应认真学习《中华人民共和国固体废物污染环境防治法》《国家危险废物名录》以及危险废物污染控制的相关标准等。注意题干中给出的“活性焦脱硫脱硝一体化装置产生的碎活性焦返回高炉替代部分喷煤利用”，并未提示碎活性焦为废弃物，且根据《固体废物鉴别标准　通则》（GB 34330—2017），“任何不需要修复和加工即可用于其原始用途的物质”不作为固体废物管理，返回高炉替代部分喷煤利用属于活性焦原始用途之一，故碎活性焦不作为固体废物管理，不应按照 HW49 其他废物（沾染毒性危险废物的废弃过滤吸附介质）管理。

5．为合理设置土壤环境现状监测点位，还应收集哪些基础信息？（5 分）

【参考答案】

（1）评价范围内的土地利用类型（规划及现状）、土壤构型、剖面结构、渗透性；

（2）评价区地形地貌及地面径流（方向）；

（3）评价区水文地质及地下水流向；

（4）收集调查项目周边相关土壤环境污染源分布情况；

（5）土壤环境敏感保护目标分布情况（包括受垂直入渗与地下水径流影响的饮用水水源地、受地面漫流和大气沉降影响的土壤环境保护目标）。

考点分析与答题技巧：本小题主要考察《环境影响评价技术导则　土壤环境（试行）》（HJ 964—2018）中关于土壤环境监测布点的相关规定。请考生根据考试大纲认真学习该导则。对于污染型项目土壤环境质量现状监测布点，应考虑的因素包括土壤环境影响类型（污染途径）、评价工作等级、土地利用类型（规划及现状）、土壤类型、主导风向、地形地貌、地面径流方向、污染源分布（已有及拟建）、已存在的土壤污染风险区域分布、土壤环境敏感目标分布、大气沉降最大落地浓度点位置等。但回答本小题时应注意题干信息：“为设置土壤环境现状监测点位，编制单位收集了区域土壤类型、当地主导风向和厂区的平面布置情况，调查了厂区污水处理站、危险废物暂存间等易造成垂直入渗装置的位置。编制单位确定的土壤监测项目包括基本因子和本项目的特征因子二噁英。”由于本小题问的是“还应收集哪些基础信息？”因此，题干已经出的信息是不需要答上去的。

【扩展思考题】

1．若企业所在的省级开发区（钢铁精深加工产业园区）进行了规划环境影响评价，本项目技改环评应重点分析与园区规划及规划环评的哪些内容？

2．按照大气污染重点控制区的环境管理要求，对现有 2 个拟搬迁的企业应重点调查说明哪些内容？

3．根据《建设项目环境保护管理条例》，本次技改若要通过环评审批，必须解决哪些主要问题？

注：钢铁建设项目属于“两高”项目。是当前国家“严格限制”建设的项目类别，可行性研究报告必须充分论证项目建设的必要性和重要意义，采用先进的生产工艺，环境影响评价必须从清洁生产、循环经济、“4 节”（节能、节水、节地、节材），特别是要能够达到高质量发展、减量替代、改善环境质量等方面充分论证、综合预测评价对区域环境的影响的可接受性，在符合国家和地方环境保护法律法规、政策、规划等相关规定的前提下，才能得到批准、建设。关于“两高”项目的规定或要求，考生应从网上下载相关资料充分了解、学习。

试题六（2020 年考题）

某金属配件生产项目以铜为原料，利用金属加工和电镀工艺生产用于电气、电子行业的不同形状和规格的导电金属配件。新建机加工车间和电镀车间各 1 座，电镀车间设电镀线 1 条及废水处理站、废气处理设施、化学品仓库和固体废物暂存间等。设计年电镀加工金属配件 1.6×10^5 m^2。电镀车间电镀生产工艺流程见下图。

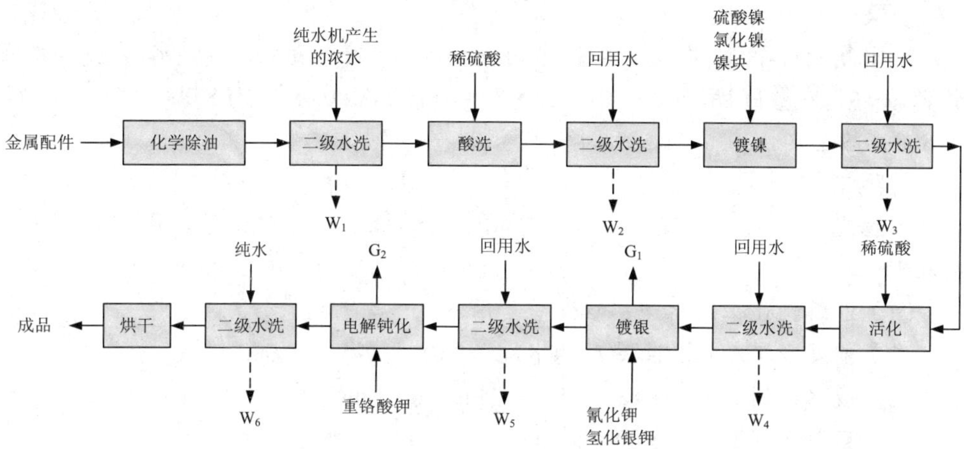

电镀生产工艺流程图

来自机加工车间的配件，在电镀车间经前处理、镀镍、活化、镀银、电解钝化、烘干等工序，被加工成产品。

在电镀车间设有自来水制备纯水的反渗透纯水机 1 台，年产纯水 5 000 m^3 和浓水 3 000 m^3。其中，4 200 m^3 纯水用于电解钝化工序后的水洗工序，800 m^3 纯水用于制备槽液或补充槽液蒸发损耗，3 000 m^3 浓水用于前处理工序化学除油后的水洗工序。电镀各水洗工序均采用二级逆流漂洗工艺。在不考虑水洗工序蒸发损失、废气处理设施用水和产生废水的情况下，电镀工序废水产生量为 10 800 m^3/a，经废水处理站处理后，60%回用于前处理化学除油、电解钝化工序外的水洗工序，40%外排。

金属配件镀镍层平均厚度为 5 μm，假设镀镍槽液中镍离子浓度保持不变，镀镍工序年消耗镍块7 200 kg（镍的比重为8.90 g/cm^3），硫酸镍2 480 kg（其中镍含量为22.30%）和氯化镍960 kg（其中镍含量为22.60%）。

镀银和电解钝化工序分别产生废气G_1、G_2。

电镀车间要定期对化学除油、酸洗、活化、镀银、电解钝化工序槽液进行更换，定期利用离子交换树脂对金属配件表面回收残液槽中的含银回收液进行吸附处理。沾染有毒有害物质的废弃包装物定期交给有资质的单位处理。

项目位于机械加工园区，园区建有污水处理厂，40%外排水进入污水处理厂进一步处理。

【问题】

1. 计算电镀线的水重复利用率。（4分）

【参考答案】

答案一：

水重复利用率=（串级用水量+循环用水量+回用水量）/（新鲜水用量+串级用水量+循环用水量+回用水量）=（4 200+3 000+10 800×0.6×2）/（8 000+4 200+3 000+10 800×0.6×2）×100%=71.59%

答案二：

根据题干信息，电镀各水洗工序均采用二级逆流漂洗工艺，即重复利用一次，则：

（1）电解钝化工序后纯水水洗重复用水量：4 200 m^3/a

（2）前处理工序化学除油后的水洗工序重复水量：3 000 m^3/a

（3）废水回用水量：10 800×60%×2=12 960（m^3/a）

（4）新鲜水耗量为：3 000+5 000=8 000（m^3/a）

水重复利用率=（4 200+3 000+12 960）/（8 000+4 200+3 000+12 960）×100%=71.59%

考点分析与答题技巧：重复用水率是指在一定的计量时间（年或月）内，生产过程中的重复利用用水量与总用水量之比，即重复用水率=重复利用用水量÷（生产中取用的新水量+重复利用用水量）×100%，对于串级工艺，则重复用水率=（串级用水量+循环用水量+回用水量）/（新鲜水用量+串级用水量+循环用水量+回用水量）×100%。

再了解一下串级逆流漂流流程，如多级动态逆流漂洗，具有3个特征：①清洗槽不是单槽，工件要经过一级又一级的多道清洗；②清洗水不是静止不动的，而是在串联的多个清洗槽中，从末级清洗槽供水，从首级清洗槽排水；③被清洗工件的走向与水流方向相反。用不同清洗方式下的清洗方程式进行计算，发现在达到相同的清洗效果时，二级动态逆流漂洗所需用水量约为单槽清洗的3.1%，而三级动态逆流漂洗用水量仅约为单槽清洗的 1%。多级动态逆流漂洗虽不能实现清洗水的零排放，但三级逆流动态漂洗已具明显的节水效果（2018 年的考题水暖卫浴零部件电镀项目案例，采用的就是多级清洗工艺）。

根据题干信息，可知新鲜水量补水量（5 000 m^3/a+3 000 m^3/a），4 200 m^3/a 纯水和 3 000 m^3/a 浓水分别用于不同环节的水洗工序，即二级逆流漂洗重复使用一次，而电镀工序产生的 10 800 m^3/a 废水经处理后 60%又回用二级水洗工序，相当于被重复利用了 2 次。

理解了以上情况，就不难判断如果按重复用水率=（10 800×60%）/（10 800+800）×100%=55.86%计算则是错的。

2．计算电镀工序的镍利用率。（4 分）

【参考答案】

答案一：

（1）配件镀层上的镍量：$1.6\times10^5\times5\times10^{-6}\times8.9\times10^{-3}/10^{-6}$=7 120（kg）。（1 分）

（2）镍投入量：镍块 7 200 kg+硫酸镍 2 480 kg×硫酸镍中的镍含量 22.30%+氯化镍 960 kg×氯化镍中的镍含量 22.60%=7 970 kg。（1 分）

（3）镍利用率=7 120/7 970×100%=89.3%。（2 分）

答案二：

镍利用率=配件镀层镍量/镍投入总量×100%=（$1.6\times10^5\times5\times10^{-6}\times8.9\times10^{-3}/10^{-6}$）/（7 200+2 480×22.30%+960×22.60%）×100%=89.3%。（4 分）

考点分析与答题技巧：本小题计算时关键在于计量单位的换算，涉及 5 个计量单位（m、cm、μm、g、kg）之间的换算。镀到配件镀层上的镍量即为利用量，再计算投入的量，之后计算百分比即可。

3．指出需单独预处理的废水类别，推荐相应的预处理措施。（4 分）

【参考答案】

（1）酸性废水 W_2 和 W_4（0.5 分），可采用碱中和技术（0.5 分）。

（2）氰化物及含重金属（银）废水 W_5（1 分），可采用电解法处理工艺去除氰和银（0.5 分。或答采用碱性氯化法、臭氧氧化法、电解法除氰，采用化学沉淀法处理工艺或化学法+膜分离处理工艺或电解法提银，或采用离子交换法回收银）。

（3）含重金属废水（含镍废水 W_3、含铬废水 W_6）（1 分），可采用化学沉淀法处理工艺或化学法+膜分离处理工艺等去除镍、铬（0.5 分）。

考点分析与答题技巧：从题干中的电镀工艺流程图来看，主要有 6 股废水：W_1 为化学除油废水，应采用隔油技术除油（但也有企业对经化学除油后的废水不再进行隔油处理，这要看化学除油所用的化学物质，尤其是添加的其他油性物质及废水中的浮油含量等。所以，答案中如果有“含油废水 W_1 采用隔油技术除油”不会得分，但也不会被视为原则性错误而导致本小题得零分）；W_2 为酸洗废水，可采用碱中和技术处理；W_3 为镀镍后的水洗废水，可采用化学沉淀法处理工艺或化学法+膜分离处理工艺等除镍；W_4 为稀硫酸活化工序后的水洗酸性废水，可采用碱中和技术处理；W_5 镀银工序水洗废水，但同时含有氰化物，采用电解法工艺既可去除氰化物，又可以提取贵金属银；W_6 为重铬酸钾钝化后的水洗废水，可采用化学沉淀法处理工艺或化学法+膜分离处理工艺除铬。但要注意，本小题要求对废水进行分类，再提出预处理措施。另外，W_5 中的银已通过离子交换对槽液中的银进行了一次回收，废水中的银含量已大为减少，可以采用化学沉淀法或化学法+膜分离处理工艺去除，但该工艺不适用于氰化物，而电解法既适用于银，也适用于氰化物的去除。处理措施可参考《排污许可证申请与核发技术规范　电镀工业》。

4．指出 G_1、G_2 废气的处理方法。（4 分）

【参考答案】

（1）G_1 为氰化氢（1 分），喷淋塔吸收氧化法（1 分）。

（2）G_2 为铬酸雾（1 分），喷淋塔凝聚回收法（1 分）。

考点分析与答题技巧：根据工艺流程图来看，G_1 所在工序有氰化钾和氢化银钾投入，其排放的气体应该是氰化氢；G_2 所在工序有重铬酸钾加入，排放的气体应该是有铬酸雾。处理措施可参考《排污许可证申请与核发技术规范　电镀工业》。对于产生量小的此类气体，也可以采用活性炭吸附法。

5．给出依托园区污水处理厂环境可行性应调查的内容。（4 分）

【参考答案】

（1）本项目所排废水的水量（0.5 分）、水质（0.5 分）与园区污水处理厂接管标准或接管要求的水质（0.5 分）。

（2）污水处理厂处理工艺（0.5 分）、污水处理厂规模（0.5 分）、剩余容量或运行负荷（0.5 分）。

（3）接管标准（0.5 分）与接管条件（0.5 分）。

考点分析与答题技巧：本小题为环评工作对废水依托处理工程可行性常规分析的内容，一般需要分析处理工艺是否满足接纳废水的种类、处理规模，特别是有无接纳本项目的剩余容量或运行负荷条件，污水处理厂的接管标准，以及是否有接管条件等。

【扩展思考题】

1．指出本项目固体废物的类型，给出适宜的处理处置方式。

2．给出本项目的环境监测方案。

3．为进一步提高水资源重复利用率，可考虑哪些途径？

4．指出化学品仓库和固体废物暂存间应采取的环保措施。

注：2013 年，环境保护部发布了环境保护技术文件《电镀污染防治最佳可行技术指南（试行）》（HJ-BAT-11）；2017 年，环境保护部发布了《排污许可证申请与核发技术规范　电镀工业》（HJ 855—2017），对进一步了解此行业及环评师考生解答此类案例考题具有重要的指导作用，请考生认真学习。

试题七（2019 年考题）

某 10.0 万 t/a 的铜冶炼企业位于有色金属产业园内，现有熔炼、制酸、电解和贵金属回收等生产车间，以及废气处理、废水处理、固废暂存、供配电、给排水、供热等环保、公辅设施。为提高资源利用水平，拟在现有厂区实施烟尘资源化综合利用项目。该项目以本企业熔炼车间产生的铜冶炼烟尘为原料，处理规模 0.5 万 t/a，产品为阴极铜和阴极锌，主要建设 1 座配置有烟尘储罐、硫酸贮槽、浸出槽、压滤机、萃取槽、电积槽和废水处理设施的烟尘综合利用车间。铜冶炼烟尘列入《国家危险废物名录》，主要元素含量见下表。生产工艺以回收烟尘中的铜、锌为主线，银萃取流程见下图。

铜冶炼烟尘中主要元素分析结果（干基）

元素	Cu	Pb	Zn	Bi	As	Au	Ag
含量	10.54%	19.3%	1.95%	1.8%	5.2%	108 g/t	488 g/t

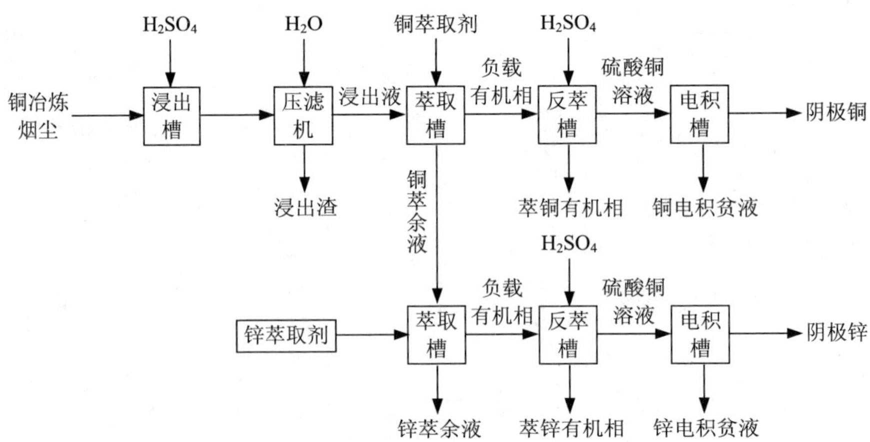

铜冶炼烟尘处理工艺流程图

在图中，首先采用硫酸将铜冶炼烟尘中的铜、锌以硫酸盐的形式浸出，经压滤得到浸出液和浸出渣，然后采用铜萃取剂（有机相，15%M5640+85%煤油）将铜从浸出液萃取至有机相，得到负载有机相和铜萃余液，铜萃余率 99.5%，再利用硫酸进行反萃取，将铜从负载有机相中反萃出来，得到硫酸铜溶液和萃铜有机相，铜反萃率 98%，最后硫酸铜溶液通过电积（铜回收率 99%）产出合格的阴极铜产品。锌回收与铜回收工艺类似，锌萃余液依次经萃取、反萃和电积得到合格的阴极锌产品。浸出渣送本企业贵金属回收车间回收铜、金、银等有价金属；锌萃余液送本项目配套的废水处理设施处理；萃铜有机相、铜电积贫液、萃锌有机相和锌电积贫液分别用于铜萃取、铜反萃、锌反萃和锌萃取。

烟尘浸出、压滤工段采用批次投料方式，每批次反应时间为 2 h，投入产出情况如下：

投入：烟尘，500 kg（干重）；98%H_2SO_4，25 L；H_2O，1 500 L。

产出：浸出液 1 300 L，其中硫酸浓度为 30 g/L，Cu、Pb、Zn、Bi 和 As 的含量分别为 37.05 g/L、13.85 mg/L、4.5 g/L、23.37 mg/L 和 14.09 g/L；浸出渣 285 kg（干重）。

根据园区规划环评提出的关于铜冶炼产业的环境准入清单要求，企业确定本项目烟尘综合利用生产阴极铜的铜回收率不应低于 90%。查相关资料，拟建车间场地天然包气带的防污性能分级为“弱”。

【问题】

1. 计算浸出渣中 Cu、Pb 的含量（干基）。

【参考答案】

（1）Cu: （500×10.54%−1 300×37.05/1 000）÷285×100%=1.59%

（2）Pb: （500×19.30%−1 300×13.85/1 000 000）÷285×100%=33.85%

考点分析与答题技巧：根据题干信息，本案例是从铜冶炼烟尘中提取有价金属，烟尘经生产工艺处理，有浸出液和浸出渣，再从浸出液中提取金属。本小题要求计算浸出渣中的金属元素含量，其计算公式为：浸出渣中某元素的含量=（烟尘量×烟尘中该元素的含量−浸出液量×浸出液中该元素的含量）÷浸出渣量×100%。此类考题在案例分析中频繁出现，只要理清计算思路，难度并不大，但一定要注意计量单位关系的转换（如题干提到的浸出液中 Cu 含量为 37.05 g/L，而 Pb 的含量是 13.85 mg/L）。

2. 判断本项目铜回收率与规划环评环境准入要求的符合性，说明理由。

【参考答案】

（1）不符合。

（2）理由：

[（1 300×37.05/1 000）×99.5%×98%×99%] ÷（500×10.54%）=88.23%＜90%

考点分析与答题技巧：根据题干信息，回收铜就是从浸出液中萃取、反萃、电积三道工序提取铜（阴极铜），而每道工序都有不同的效率需要考虑，最后得到的纯铜量与烟尘中的总铜量相比，即得回收率（回收的量与投入量的百分比），然后与规划环评要求的 90%进行比较即可。类似考题已多次考过。

3．指出锌萃取液的主要污染物，推荐可行的处理方法。

【参考答案】

（1）pH、Cu、Pb、Zn、Bi、As、Au、Ag、SO_4^{2-}、石油类（或 M5640、煤油）。

（2）可行的处理方法：除油+石灰（中和）—铁盐（铝盐）法（或絮凝法）。

考点分析与答题技巧：本小题根据表和图中提供的信息基本可以回答完整，但是如果粗心大意，也可能会遗漏一些污染物或指标（如 pH、石油类）。另外，如果照题干抄上“有机相”则不得分。关于处理方法，考生可以根据《铜冶炼污染防治可行技术指南（试行）》（生态环境部发布过一系列不同行业或工艺的污染防治可行技术指南）推荐的方法解答，也可以直接根据污染物特性提出（萃取液中加入了硫酸，呈酸性，可考虑中和方法；加入了有机相，应该除油；有各种金属离子，可采取絮凝剂络合沉淀去除）。

4．本项目是否需要申请危险废物经营许可证？说明理由。

【参考答案】

（1）不需要。

（2）不属于《中华人民共和国固体废物污染环境防治法》中关于危险废物经营许可的规定（或答“不属于《危险废物经营许可证管理办法》规定的许可范围”）。

考点分析与答题技巧：尽管铜冶炼烟尘列入了《国家危险废物名录》（已发布 2021 年版，考生应认真学习），但本项目属于企业对自身产生的危险废物进行综合利用项目，其生产过程可以不按危险废物经营管理，即可以“豁免”。2017 年的案例题也曾考过针对废电路板运输环节的豁免管理。另外，经营许可是一种行政行为，行政管理部门应该实施监督管理，依法为经营单位办理相关手续。《中华人民共和国固体废物污染环境防治法》中对生活垃圾和危险废物的管理更加严格，考生应注意该法的颁布实施时间，并认真学习。

5．判定烟尘综合利用车间的地下水污染防渗分区等级，提出相应的防控措施。

【参考答案】

（1）重点防渗区。

（2）地面采取防渗措施，等效黏土防渗层 $M_b \geqslant 6.0$ m，$k \leqslant 10^{-7}$ cm/s，或参照《危险废物填埋场污染控制标准》执行。

考点分析与答题技巧：地下水防渗等级分为重点防渗区、一般防渗区和简单防渗区。本案例题干信息有：查相关资料，拟建车间场地天然包气带的防污性能分级为“弱”，加之铜冶炼烟尘为涉及重金属的危险废物，为确定该车间为“重点防渗区”提供了依据。关于防控技术应体现针对地下水的，如果提一些针对“跑、冒、滴、漏”或逸散等无组织排放应采取的堵漏或负压措施、集中收集（集尘罩）措施，则不得分。2019 年 3 月 28 日，生态环境部等五部委联合发布了《关于印发地下水污染防治实施方案的通知》（环土壤〔2019〕25 号），所附的 4 个附件（1. 地下水污染防治分区划分技术要求；2. 加油站防渗改造核查要求；3. 地下水污染场地清单公布技术要求；4. 地下水污染防治实施方案）、《环境影响评价技术导则　地下水环境》及危险废物污染控制的相关标准等，考生应认真学习。

【扩展思考题】

1. 简要说明对现在工程回顾性评价的重点内容。
2. 指出本次扩建地下水污染防治的重点防治区。
3. 计算浸出渣中的 As、Pb 含量（干基）。
4. 根据工艺流程，指出本项目的危险废物及处理处置要求。
5. 制订本项目土壤环境现状监测方案时，需调查收集哪些信息？

试题八（2018 年考题）

H 企业拟在现厂区内建设水暖卫浴零部件电镀项目。项目建设内容包括：电镀厂房和电镀生产线、电镀废水处理站、工艺废气净化装置、化学品库和固体废物暂存库等。电镀生产工艺流程和产污节点见下图。各清洗工序均采用逆流漂洗。其中，镀镍工序多级清洗废水经离子交换处理后全部回用，树脂定期更换；其他工序清洗废水排入电镀废水处理站。

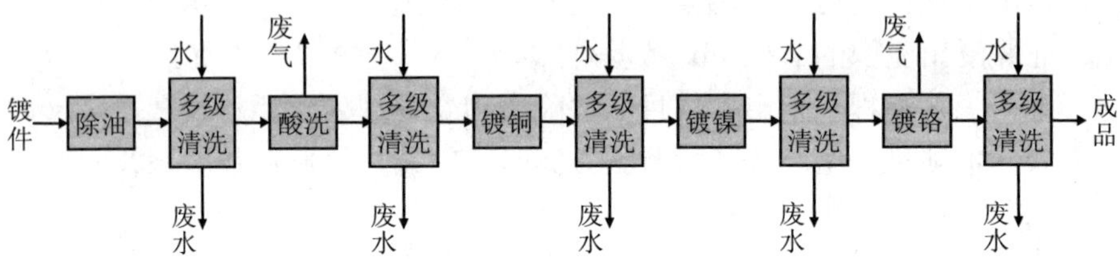

电镀生产工艺流程和产污节点图

电镀废水处理站对废水进行分类预处理后再集中处理，达到《电镀污染物排放标准》（GB 21900—2008）后，通过企业现有排放口排入沙河。酸洗槽、镀铬槽产生的工艺废气分别经配套的集气设施收集，送各自的废气净化装置处理后排放。除油、酸洗、镀铜、镀镍、镀铬工序使用的主要化学品分别为液碱、硫酸、氰化亚铜、硫酸镍和氯化镍、铬酸盐。槽液定期更换。

H 企业现有排放口位于沙河右岸。经初步调查，沙河 H 企业排放口所在断面多年平均流量为 120 m^3/s，水质功能为Ⅲ类。H 企业现有排放口的上游 3 km 和下游 10 km 处设有常规水质监测断面。H 企业于 2018 年 3 月委托开展环评工作。环评机构收集有沙河相关水文资料、2013 年 1 月至 2015 年 1 月各常规监测断面的水质资料。

【问题】

1. 分别指出电镀生产过程中酸洗、镀铬工序产生的主要大气污染因子。（2 分）

【参考答案】

（1）酸洗工序：硫酸雾。（1 分）

（2）镀铬工序：铬酸雾。（1分）

考点分析与答题技巧：根据题干信息，酸洗工序使用的主要化学品为硫酸，因此硫酸雾是主要大气污染因子，但答成“硫酸”“硫酸根”不得分。而镀铬工序使用的主要化学品为铬酸盐，铬酸雾是电镀工艺工序中产生的浓度较大的一种酸雾。根据有关资料，铬酸雾废气处理采用网格式、挡板式、填料式回收并且加以净化的工艺效果较好，而且网格式回收净化器的体积小、阻力小、结构简单、维护管理方便，更为适用。其工作原理为：铬酸雾密度较大，易于凝聚，不同粒径的铬酸雾滴在气流中相互碰撞形成较大颗粒，进入净化箱体后，气流速度降低，在重力场作用下分离出来；当一定气速的铬酸雾经过过滤网格层时，在惯性效应和咬合效应作用下附着于网格上，不断附着使雾滴增大而沿网格降落，最后流入积液箱。这种过滤的效率与雾滴大小、气速和气量有关。铬酸雾废气处理的网格式净化器采用菱形塑料气液过滤网，不易产生二次雾滴，又可保证较高的除雾效率，一般网层数以10～12层为宜（一层一层纵横交错在过滤网格的外框内）。

2．分别指出镀铜、镀镍、镀铬工序多级清洗废水中的主要污染因子。（6分）

【参考答案】

（1）镀铜工序：铜离子（或总铜）、氰化物（或总氰化物、氢氰根离子）。（每一项1分，共2分）

（2）镀镍工序：镍离子（或总镍）（1分）、硫酸根离子（1分）和氯离子（1分）。（共3分）

（3）镀铬工序：总铬或六价铬。（1分）

考点分析与答题技巧：根据题干附图，每一工序后均有“多级清洗”，镀铜工序使用的是氰化亚铜，则废水中的污染因子会有铜离子（答“总铜”也得分，因为对应《污水综合排放标准》应该是总铜）和氢氰根离子（答“CN^-”或“氰化物”均可）；镀镍工序使用的化学品主要是硫酸镍和氯化镍，则主要污染因子是镍离子（对应《污水综合排放标准》答“总镍”也是正确的），还会有少量的硫酸根离子、氯离子；镀铬工序使用的主要化学品为铬酸盐，显然总铬是其主要污染因子（鉴于六价铬毒性最大，答“六价铬”也得分）。污染因子识别是工程分析的基本工作，上一小题考了大气的污染因子，本小题考废水污染因子。类似考题出现频率很高，考生应该特别注意。

3．指出本项目产生的危险废物。（7分）

【参考答案】

污油、废碱液、废硫酸液、废离子交换树脂、电镀废水处理站的污泥、定期更换的废槽液、使用后的化学品容器或空桶。（各1分，共7分）

考点分析与答题技巧：根据题干及附图，项目有化学品库，则应该有盛装化学品的容器或桶；有镀件除油工序；虽然有碱液清洗和酸洗环节去除，但污油或含污油的物品（如含油抹布）应该是有的；除油工序使用后的废碱液、酸洗工序使用后的废硫酸，均为危险废物。

4．说明进行沙河水环境影响评价需要进一步调查收集的资料。（5分）

【参考答案】

（1）调查评价河段是否有集中式饮用水水源地或保护区。（1分）

（2）收集现排污口上下游常规水质监测断面最新资料（1分），并分析既有常规水质断面监测资料是否满足要求。

（3）补充监测河流底质（底泥，特别是铜、镍、铬等重金属指标）。（1分）

（4）补充鱼类等水生生物调查。（1分）

（5）H企业现有排放口的废水排水量和主要污染物浓度（包括总镍、六价铬、总铜）。（1分）

考点分析与答题技巧：题干提供了沙河水环境功能、H企业在沙河的排放口所在断面多年平均流量，H企业现有排放口的上游和下游常规水质监测断面及2013年1月至2015年1月各常规监测断面的水质资料。通常，需要调查是否有水环境保护目标——水源保护区、水环境现状、现有污染源情况、河流及河道水文、河势等情况。据此，该小题即可很顺利地答出。注意，要求回答的是“进一步收集”的资料，如果答“流速、水环境功能”等题干已经给出的信息，则均不得分。现状资料要求采用最新的，2018年3月委托开展环评，收集的“2013年1月至2015年1月各常规监测断面的水质资料”已超过3年，不可利用。另外，题干已明确“环评机构收集有沙河相关水文资料”，考生答“水文资料”将不得分。

试题九（2018 年考题）

某新建汽车柴油发动机项目位于工业园区，生产纲领为年 250 d 双班生产 11～12 L 增压直喷单列柴油机 5 万台。工程内容包括机加、装配、试验车间等主体工程，柴油库、空压站、综合仓库等公用工程，全厂废水处理站、工业固体废物暂存库等环保工程。

机加车间设加工线两条，分别对外购缸体、缸盖半成品进行精细加工。装配车间设 1 条装配生产线，对其他外购件进行清洗、装配。试验车间设 16 个试验工位，对发动机产品进行磨合试验，合格的发动机返回装配车间喷涂工段进行补充喷涂。精细加工过程采用水基切削液冷却工件和刀具。含杂质的切削液通过架空管道送车间切削液集中处理间进行处理，经隔油、沉淀、离心分离除去杂质后返回加工线循环使用。缸体切削液两年更换一次，每次 300 m^3；缸盖切削液两年更换一次，每次 200 m^3。

机加车间加工设备产生的油雾废气经收集后由多级过滤系统净化后排放，排放浓度≤2 mg/m^3；多级过滤系统产生废油。试验车间各工位发动机磨合试验排气的温度 450℃，排气 800 m^3/h，污染物初始浓度为氮氧化物 600 mg/m^3、颗粒物 20 mg/m^3。喷涂工段对发动机产品裸露的加工面采用丙酮擦洗除油、喷水性涂料并烘干（温度 60℃）处理。丙酮及涂料用量均为 5.0 t/a，涂料中挥发性有机物占比 20%。擦洗、喷涂及烘干废气采用水喷淋方式净化，挥发性有机物去除效率 80%。

全厂废液（水）产生情况见下表，处理工艺见下图。

全厂废液（水）产生情况一览表

废液（水）类别	排放规律	石油类/（mg/L）	COD/（mg/L）	BOD_5/（mg/L）
废切削液	定期更换	10 000～20 000	6 000～8 000	1 500～2 200
外购件废清洗液	8 m^3/d	1 000～2 000	2 000～4 000	500～1 100
喷涂废气净化废水	1 m^3/d	—	1 000～2 000	250～550
全厂生活污水	15 m^3/d	—	350	150

废液预处理单元处理能力为 32 m^3/d，综合废水处理单元处理能力为 30 m^3/d。废液及超滤清液贮槽容积均为 360 m^3。园区工业废水处理厂、供热中心均已投运。

园区所在地区主导风向为北风，厂址北面 800 m 为规划的 A 集中居住区，南面 300 m 有 B 自然村（待搬迁）。评价机构拟设 A、B 两个监测点位进行环境空气质量现状监测。

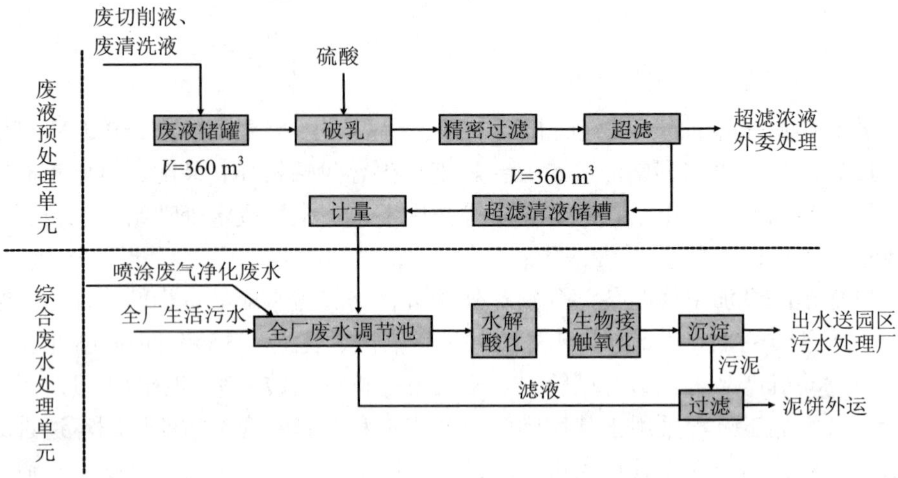

全厂废水处理工艺流程图

注：柴油发动机磨合试验废气排放执行《大气污染物综合排放标准》GB 16297—1996，NO_x 240 mg/m^3，颗粒物 120 mg/m^3。

【问题】

1．给出环境空气质量现状监测因子。（3 分）

【参考答案】

（1）特征污染物：丙酮、VOCs（或 NMHC）。（共 2 分，各 1 分）

（2）常规污染物：NO_x（或 NO_2）、颗粒物（PM_{10}、$PM_{2.5}$）、SO_2、O_3。（1 分）

考点分析与答题技巧：建设项目的环境质量现状监测一般既要考虑常规因子，又要考虑项目排放的特征因子。项目有柴油库，机加工车间有油雾废气，多级过滤系统会产生废油，使用的擦洗剂用到丙酮，使用的涂料中有挥发性有机物。答题时可以分特征污染物和常规污染物分别给出答案，也可以一并给出。

2．简要说明全厂废水处理工艺的合理性。（5 分）

【参考答案】

（1）生活污水进入工业废水处理厂处理不合理。因为生活污水具有较强的可生化性，与工业废水的性质不同，应该分别进行处理。（2 分）

（2）废切削液、废清洗液，石油类浓度高，应先进行隔油处理，再对残留的油类进行破乳处理，有助于减少硫酸的用量。（2 分）

（3）其他处理方式合理，符合废水特性。（1分）

考点分析与答题技巧：废（污）水处理的基本原则是分类分别处理。从表及图中可以看出，生活污水的水质与工业废水的水质有明显的区别，是两类不同的废（污）水，应该分别处理。

3．指出超滤浓液和废油的固体废物属性。（2分）

【参考答案】

超滤浓液和废油均属于危险废物。

考点分析与答题技巧：污染因子识别是工程分析的基本工作。超滤浓液含有切削下来的金属杂质及污油。本小题指明即可，并未要求说明判断理由、原因或依据。

4．计算装配车间喷涂工段挥发性有机物年排放量。（2分）

【参考答案】

（5+5×20%）×（1−80%）= 1.2（t/a）（列出计算公式即得2分）。

考点分析与答题技巧：污染因子识别是工程分析的基本工作。根据题干提供的信息"喷涂工段对发动机产品裸露的加工面采用丙酮擦洗除油、喷水性涂料并烘干（温度60℃）处理。丙酮及涂料用量均为5.0 t/a，涂料中挥发性有机物占比20%。擦洗、喷涂及烘干废气采用水喷淋方式净化，挥发性有机物去除效率80%"。

5．推荐柴油发动机磨合试验废气处理工艺，并说明理由。（8分）

【参考答案】

试验车间各工位发动机磨合试验台设集尘、吸气罩，对于氮氧化物处理适宜选择性催化还原法（SCR）脱硝装置（2分）。理由如下：

（1）各工位发动机磨合试验排气的温度 450℃，适合采用选择性催化还原法（SCR）脱硝。（2分）

（2）NO_x标况浓度：600×（450+273）÷273=1 589（mg/m^3），根据排放标准要求，达标去除率应达到（1 589−240）÷1 589=84.9%。选择性催化还原（SCR）处理效率在90%以上，满足要求，可达标排放。（2分）

（3）颗粒物标况浓度：20×（450+273）÷273=53（mg/m^3）＜120（mg/m^3），收集后排放即可。（2分）

考点分析与答题技巧：根据题干信息"试验车间设16个试验工位，对发动机产品进行磨合试验"，"各工位发动机磨合试验排气的温度450℃，排气800 m^3/h，污染物初始浓度为氮氧化物600 mg/m^3、颗粒物20 mg/m^3"。

试题十（2017 年考题）

某新建年产 10 万辆纯电动乘用车项目，建设内容包括冲压、焊接、涂装、电池组装、整车总装等生产车间，试车跑道、配送中心、化学品库、成品停放场、综合站房、燃气锅炉房、充电站、污水处理站、危险废物暂存间等公用、辅助工程和环保设施。

项目生产工艺为：定尺钢板→冲压（下料、涂油脂、压制成型）→焊接→涂装→总装（含电池组装）→成品。电池组装工艺为：外购磷酸铁锂电池单体→组装→电池包。

涂装车间主要包括车身脱脂、锆化、电泳底漆及水性中涂涂装、水性色漆涂装、溶剂型清漆涂装等工段。

脱脂工段采用碱性脱脂剂（氢氧化钠、阴离子表面活性剂等），在脱脂槽内脱除油脂，锆化工段采用六氟化锆溶液在锆化槽内进行车身表面改性。脱脂、锆化后的工件均采用喷、浸结合的方式用水清洗。

电泳底漆工段包括电泳、UF 超滤液清洗和纯水清洗 3 个单元，电泳单元采用阴极电泳工艺，配套 UF 超滤系统回收电泳漆，电泳漆成分主要是树脂及水、少量醚酮醇类溶剂，电泳底漆工段工艺流程及用排水节点见下图。

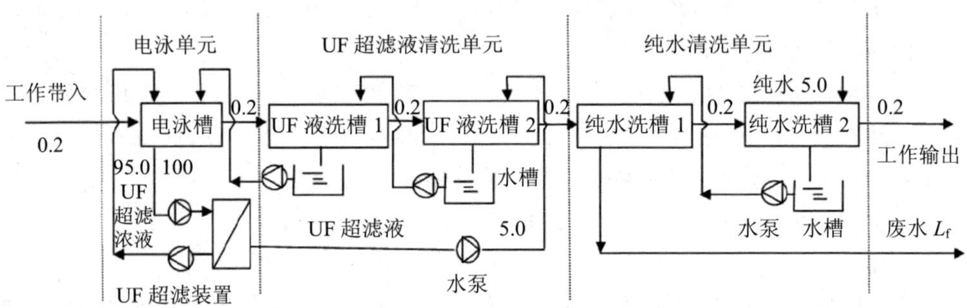

电泳底漆工段工艺流程及用排水节点图（单位：m³/h）

车身清漆涂装工段包括喷漆、晾干和烘干等工序，使用的溶剂型清漆主要成分是树脂及甲苯、二甲苯、醚酮醇类溶剂，烘干工序以天然气为能源。喷漆室气流组织方式为上送下排，采用机器人喷涂方式进行车身涂装。喷漆废气经纸袋过滤脱除漆雾（脱除效率为 98%）后，经分子筛转轮吸附装置吸附挥发性有机物（VOCs 脱除效率为 90%）后由 35 m 高的 1#排气筒排放；采用 125℃热空气脱出分子筛转轮吸附装置吸附 VOCs，脱出的含 VOCs 废气经 TNV（热回收式热力焚烧系统）焚烧炉装置净化（VOCs 脱除效率为 97%）后由 20 m 高的 2#排气筒排放。清漆涂装线有机溶剂的总输入量为 100 kg/h，其中 60%进入喷漆废气，40%随车身进入晾干废气。

环评机构确定本项目大气环境影响评价工作等级为三级，拟订的环境空气质量监测方案设 2 个监测点位，收集有 1 号、2 号监测点 2016 年 PM_{10}、SO_2 和 NO_2 环境空气常规监测数据。环评机构拟直接利用收集的环境空气常规监测数据进行现状评价，不再进行环境空气质量现状监测。

【问题】

1．分别指出脱脂、锆化工段清洗废水的主要污染因子。（5 分）

【参考答案】

（1）脱脂废水：pH、阴离子表面活性剂、油脂。（3 分，每项 1 分）

（2）锆化工段：F^-、锆离子。（2 分，每项 1 分）

考点分析与答题技巧：污染因子识别是工程分析的基本工作。根据题意“脱脂工段采用碱性脱脂剂（氢氧化钠、阴离子表面活性剂等），在脱脂槽内脱除油脂，锆化工段采用六氟化锆溶液在锆化槽内进行车身表面改性。脱脂、锆化后的工件均采用喷、浸结合的方式用水清洗”，据此可基本判断、识别主要污染因子。

2．计算图中 UF 超滤液清洗单元超滤液总用量和纯水清洗单元的废水量 L_f。（6 分）

【参考答案】

答案一：

（1）UF 超滤清洗单元超滤液总用量。

由图可知，进入 UF 清洗单元的超滤液总用量为：0.2+5.0=5.2（m^3/h）。（3 分）

（2）纯水清洗单元的废水量 L_f。

由图可知，（5.0+0.2）−0.2=5.0（m^3/h）。（3 分）

答案二：

（1）UF 超滤清洗单元超滤液总用量。（3 分）

① 由电泳单元电泳槽进入 UF 液洗槽 1 的量：0.2 m^3/h。② 由电泳单元的超滤装置进入 UF 超滤清洗单元的超滤液量：5 m^3/h。③ 总用量：0.2+5.0=5.2（m^3/h）。

（2）纯水清洗单元的废水量 L_f。

① 由 UF 超滤清洗单元进入纯水清洗单元的量：0.2 m^3/h。② 该单元添加的

纯水量：5.0 m^3/h。③ 纯水清洗单元工作输出量：0.2 m^3/h。④ 纯水清洗单元废水量 L_f=0.2+5.0−0.2=5.0（m^3/h）。（3 分）

考点分析与答题技巧：本小题实际上是工程分析中的计算物料平衡与水平衡。由图可知，由电泳单元电泳槽进入 UF1 液洗槽的量为 0.2 m^3/h；由电泳单元的超滤装置进入 UF 超滤清洗单元的超滤液量为 5 m^3/h。无论其内部如何调配或输入输出，进来的量就是总用量。同理，纯水清洗单元进来的总量减去工作输出的量，就是图中的 L_f 量。该小题实际上由图中能够看出答案来的，但要求“计算”，答题时需要体现计算过程。

3．计算 2[#]排气筒的 VOCs 排放速率。（4 分）

【参考答案】

答案一：

100 kg/h×60%×（1−98%）×90%×（1−97%）=0.032 4 kg/h。（算式列正确，即得 4 分）

答案二：

（1）喷漆室有机废气量：100 kg/h×60%=60 kg/h。（1 分）

（2）经纸袋过滤脱除后吸附在分子筛转轮吸附装置内的量：60×（1−98%）×90%=1.08 kg/h。（1 分）

（3）分子筛转轮吸附装置中的有机物经 TNV 焚烧炉装置净化（VOCs 脱除效率为 97%）后，则由 2[#]排气筒排放量为：1.08 kg/h×（1−97%）=0.032 4 kg/h。（2 分）

考点分析与答题技巧：回答本小题关键在于弄清喷漆室废气的来源及产生量，以及后续工序中的处理情况。根据题干可知，100 kg/h 有机溶剂中 60%进入喷漆室废气（而不是 40%）；喷漆室的废气经纸袋过滤掉 98%（即 98%留在纸袋中了）之后（1−98%）进入分子筛转轮吸附装置（90%被吸附在该装置中了）。之后，该装置中的有机物经高温脱出、TNV 焚烧净化处理后由 2[#]排气筒排放，由此可计算获得排放速率。其中的关系不认真琢磨很难理清（2018 年版就因忽视而弄错了），更何况在考场上由于时间紧张，更难以理清（建议在草稿纸上绘制流程图）。本小题要求“计算”，因此算式列正确即可得满分。另外，1[#]排气筒和 40%进入晾干室废气是干扰项。

4．环评机构“不再进行环境空气质量现状监测”的做法是否合适？请说明理由。（5 分）

【参考答案】

（1）不合适。（2 分）

（2）理由：需核实常规监测数据的真实性与代表性、分析是否可用；仅收集

PM_{10}、SO_2、NO_2的常规监测数据是不够的，还需要监测特征污染物 VOCs（或答甲苯、二甲苯、醚酮醇类）。（3 分）

考点分析与答题技巧：环境质量现状评价可以利用常规监测资料，但需要进行复核，分析其时效性、代表性和可用性。此外，本项目有特征污染物 VOCs 排放，有必要监测现状 VOCs。

试题十一（2017年考题）

某新建的年处理2万t废电路板再生资源综合利用项目位于城市循环经济园区，建设内容主要包括原料仓库、原料破碎及配料系统、熔炼系统、烟气处理系统、废水处理系统、固体废物暂存库，供配电、给排水、空压站和液氧站等。

项目处理的废电路板属《国家危险废物名录》中的HW49类危险废物，由企业采用满足防雨、防渗漏、防遗撒要求的汽车，按普通货物从产生单位运输进厂。废电路板的典型组成见下表。

废电路板典型组成表

组分	含量	主要成分及含量
金属	约40%	铜（20%）、铝（6%）、锡（4%）、铁（4%）、镍（2%）、铅（2%）、锌（1%）、锑（0.4%）、金（0.1%）、银（0.2%）、钯（0.005%）
耐火材料	约30%	二氧化硅（16%）、三氧化二铝（6%）、氧化钙（6%）、钛酸盐（2%）等
有机物	约30%	聚乙烯（10%）、溴化环氧树脂（溴化阻燃剂，10%）、聚丙烯（5%）、聚氯乙烯（2.5%）、聚四氟乙烯（2.5%）等

项目生产工艺为：废电路板经破碎后，与按比例配入的石英砂、焦炭等辅料通过皮带加料机加入富氧顶吹熔炼炉进行火法冶炼作业（燃料为天然气，冶炼温度≥1 200℃），产出粗铜产品（含铜≥80%，富含金、银等稀贵金属）。废电路板破碎和配料工序产生的粉尘，经集气罩、布袋收尘器收集后，返回熔炼系统，冶炼过程产生的冶炼渣经水淬后外售水泥厂生产矿渣水泥，产生的冶炼烟气依次经二次燃烧、余热回收、布袋收尘和脱酸等处理单元处理后达标排放。烟气处理系统工艺流程见下图。

烟气处理系统收集的飞灰送固体废物暂存库贮存；脱酸塔产生的脱酸废液含溴化钠、氯化钠和氟化钠等，经中和沉淀去除重金属离子、钙法除氟、多效蒸发（热源来自烟气处理系统余热锅炉产出的低压蒸汽）浓缩得到溴盐副产品，外售溴化钠或溴素生产企业。脱酸废液中和沉淀产生的中和渣以及钙法除氟产生的废渣，分别经板框压滤机脱水后送固体废物暂存库贮存。多效蒸发器产生的冷凝水回用于冶炼渣水淬工序。

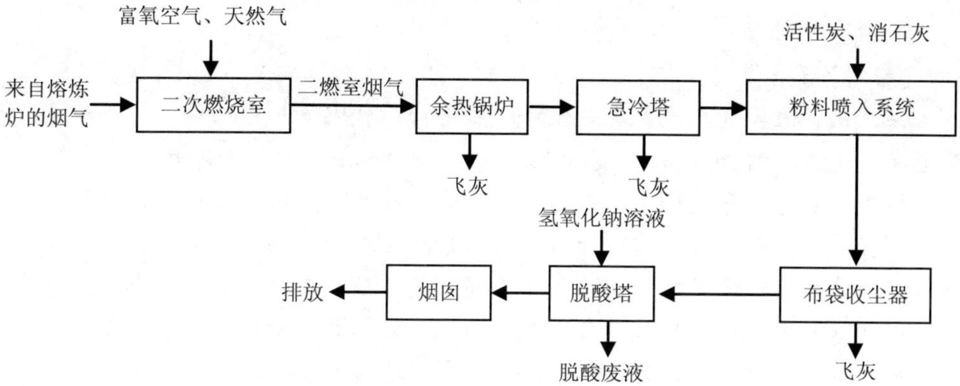

烟气处理系统工艺流程图

项目所在的循环经济园区属环境空气质量二类区，环境空气质量现状符合《环境空气质量标准》二级标准，且具有较大的环境容量，项目已列入循环经济园区规划，已审查的园区规划环评要求项目应注重有价非金属资源的回收，并严格控制重金属污染物的排放。

【问题】

1．判断废电路板采取的运输方式是否符合规定，并说明理由。（5 分）

【参考答案】

（1）符合规定。（2 分）

（2）理由：根据《国家危险废物名录》，废电路板运输属于危险废物管理的豁免环节（1 分），且运输车辆采取了防雨、防渗漏和防遗撒措施（2 分）。

考点分析与答题技巧：危险废物由于其危险特性（腐蚀性、毒性、易燃性、反应性、感染性等），除安全方面有严格的要求外，在环境管理方面也有一系列法律法规及污染控制标准的规定，如《危险废物收集、贮存、运输技术规范》（HJ 2025—2012）。其运输应由取得危险废物经营许可证的单位按其许可证经营范围组织实施，使用按标准设置标志的专用车辆或特种车辆运输。但是，2016 年版和 2021 年版的《国家危险废物名录》根据实际情况及管理要求，对某些危险废物管理提出了“豁免清单”附录，包括豁免环节、豁免条件、豁免内容，其中废电路板的运输属于豁免环节。2017 年，环境保护部发布了《建设项目危险废物环境影响评价指南》（环境保护部公告 2017 年 第 43 号），规定了危险废物从其产生、收集、贮存、运输、利用和处置等全过程以及建设期、运营期、服务期满后等全时段环境影响评价与管理要求。固体废物方面的试题出现频率较高（全部四科考试中均会频繁出现），考生须认真学习法律法规和相关标准。本小题的目的是考查法规、标准在案例分析中的应用。

2. 指出熔炼炉烟气中的主要污染物。（5 分）

【参考答案】

铜、铅、镍等金属或金属氧化物、氟化物、氯化物等酸性气体、含硅或钙等非金属氧化物、细颗粒物。（答对任意一个得 0.5 分，最高 5 分）

考点分析与答题技巧：根据题干中的表，废电路板组成含有多种金属、耐火材料、有机物。有机物在熔炼炉内焚烧容易产生二噁英类污染物、VOCs 等，但根据题干信息，冶炼温度≥1 200℃且配备有急冷塔，其排放的二噁英类污染物、VOCs 可以忽略不计。排放的金属氧化物、非金属氧化物以及细颗粒物等是主要污染物。本小题属工程分析内容（识别主要污染物）。

3. 说明急冷塔的设置目的及急冷塔出口烟气温度控制要求。（2 分）

【参考答案】

主要是为控制产生二噁英类污染物（1 分），控制温度不低于 800℃（1 分）。

考点分析与答题技巧：根据题干中的表，由于有大量的有机物，容易产生二噁英类污染物，为控制其产生，温度控制是必要的。本小题重点考查特征污染物及其控制措施。

4. 分别指出中和渣、除氟废渣和烟气处理系统收集的飞灰的固体废物属性。（3 分）

【参考答案】

（1）中和渣：危险固体废物，因为中和沉淀含有重金属离子等。

（2）除氟废渣：不能确定（或需要进一步鉴定），因为除氟废渣只是除去了氟，其他污染物仍有可能存在超标问题。

（3）飞灰：属于危险废物，成分复杂，含有重金属、非金属、VOCs、二噁英类污染物等。

考点分析与答题技巧：根据题干信息“脱酸塔产生的脱酸废液含溴化钠、氯化钠和氟化钠等，经中和沉淀去除重金属离子、钙法除氟。脱酸废液中和沉淀产生的中和渣以及钙法除氟产生的废渣，分别经板框压滤机脱水后送固体废物暂存库贮存”。本小题是工程分析中固体废物类型及其属性识别的相关内容。

5. 项目建设方案中哪些方面体现了与园区规划的联动要求？（5 分）

【参考答案】

（1）本项目所在的循环经济园区进行了规划环境影响评价，本项目列入了规划。（1 分）

（2）项目所在循环经济园区环境空气质量有较大的环境容量。本项目产生的冶炼烟气依次经二次燃烧、余热回收、布袋收尘和脱酸等单元处理后达标排放，

能够满足区域环境空气质量保护的要求。（1分）

（3）园区规划环评要求项目应注重有价非金属资源的回收。本项目采取多效蒸发浓缩得到溴盐副产品，外售溴化钠或溴素生产企业，体现了回收有价非金属资源的要求。（1分）

（4）园区规划环评要求严格控制重金属污染物的排放。本项目冶炼产出粗铜产品（含铜≥80%，富含金、银等稀贵金属），废电路板破碎和配料工序产生的粉尘，经集气罩、布袋收尘器收集后，返回熔炼系统，通过采取一系列措施严格控制重金属污染物排放量，满足规划环评要求。（1分）

（5）本项目冶炼过程产生的冶炼渣经水淬后外售水泥厂生产矿渣水泥，烟气余热回收，体现了循环经济园区的循环经济思想。（1分）

考点分析与答题技巧：规划环评与建设项目环评联动才能发挥规划环评对建设项目环评的指导作用。2015年12月30日，环境保护部发布了《关于加强规划环境影响评价与建设项目环境影响评价联动工作的意见》（环发〔2015〕178号），进一步明确了相关要求；2019年和2020年，生态环境部发布了一系列行业规范性文件，进一步强调了规划环评作为建设项目环评的前置条件及联动要求。解答本小题，似乎不难，但在考场上不好下笔，担心答不全。因此，要紧紧抓住题干最后一段“项目所在的循环经济园区属环境空气质量二类区，环境空气质量现状符合《环境空气质量标准》二级标准，且具有较大的环境容量，项目已列入循环经济园区规划，已审查的园区规划环评要求项目应注重有价非金属资源的回收，并严格控制重金属污染物的排放”，并将其分解为：环境空气容量、本项目已列入园区规划、园区规划环评对本项目有两个要求、园区为循环经济园区5个方面，就容易解答了。答题时可以在文字表述上进一步精练，以节省时间。

试题十二（2016年考题）

某公司拟在工业园区新建多层印制电路板生产项目。项目建设内容包括印制电路板生产车间、原辅料储存设施、废水处理站、废气处理设施和固体废物临时贮存库等。印制电路板生产包括内层图形制作和外层图形制作。其中，外层图形制作中的图形电镀锡—涂敷阻焊油墨段的工艺流程和产污节点见下图，日工作时间为10 h。

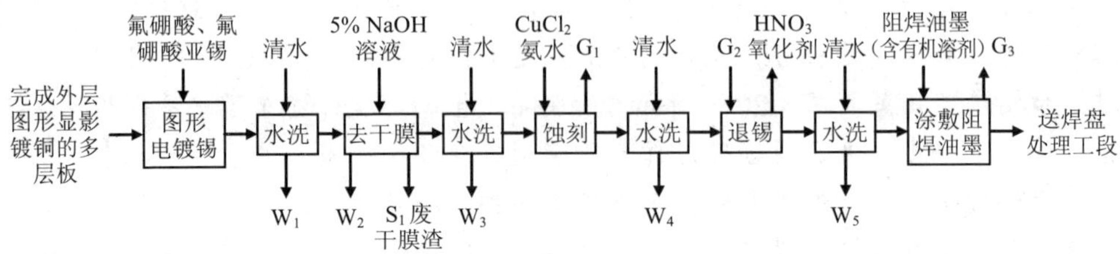

图形电镀锡—涂敷阻焊油墨段工艺流程和产污节点示意图

上图所示工艺流程中各水洗工段均采用逆流漂洗。其中，蚀刻后水洗工段清水补充量60 m^3/d、中水回用水补充量50 m^3/d。生产废水包括各水洗工段的清洗废水，去干膜工段的高浓度有机废水。废水处理站设一般废水处理回用系统和综合废水处理系统。其中，W_3和W_5废水经一般废水处理回用系统处理后回用于各水洗工段。综合废水处理系统对W_1、W_2、W_4和一般废水处理回用系统产生的浓水进行分类预处理后再集中处理。W_4废水量为110 m^3/d，氨氮浓度为400 mg/L，拟采用吹脱塔碱性条件吹脱法进行除氨。设计的氨吹脱效率为80%，吹脱出的氨经15 m高排气筒排放。

蚀刻、退锡、涂敷阻焊油墨工段产生的工艺废气分别经配套的集气设施收集，送各自废气净化装置处理后排放，少量无组织排放的工艺废气经车间5 m高窗口排放。其中，G_3废气量为15 900 m^3/h，主要污染物为丙烯酸酯类，浓度约为160 mg/m^3，拟采用活性炭吸附净化方法进行处理。

生产过程产生的废干膜渣与定期更换的镀锡、蚀刻、退锡工序槽液送固体废物临时贮存库贮存。

注：《恶臭污染物排放标准》（GB 14554—93）规定，15 m高排气筒氨排放量限值为4.9 kg/h；

氨厂界标准为 1.5 mg/m^3。

【问题】

1．分别指出图中 G_2 和 W_1 的污染因子。

【参考答案】

（1）G_2：氮氧化物（硝酸雾）。

（2）W_1：pH、氟化物、Sn^{2+}（亚锡）。

考点分析与答题技巧：本小题属于工程分析中的“污染因子识别”，在环评实际工作中十分重要。根据《电镀污染物排放标准》（GB 21900—2008）和《大气污染物综合排放标准》（GB 16297—1996），退锡工序硝酸使用产生的污染因子为氮氧化物，由于加的是 HNO_3 氧化剂，会有“硝酸雾”产生，虽然与标准不完全相符，但也不算错。从工艺来看，W_1 是酸性，因此 pH 是其污染因子；此外，由于使用液中有氟硼酸、氟硼酸亚锡，则废水中应含有一定的氟离子、锡离子。尽管《污水综合排放标准》（GB 8978—1996）和《城镇污水处理厂污染物排放标准》均未对锡的排放浓度做出限制，但不能否认其为污染因子。有学者查得，德国工业行业水污染物排放标准中总锡排放限值一般为 2 mg/L。

2．给出两种适合 G3 废气净化处理的方法。

【参考答案】

（1）燃烧。

（2）冷凝回收。

考点分析与答题技巧：根据题意，尽管有机废气处理的方法较多，但回答本小题只需给出两种方法即可。G_3 主要为丙烯酸酯类，为挥发性有机物，废气量为 15 900 m^3/h，浓度约为 160 mg/m^3，说明 G_3 为高浓度、大气量挥发性（含有机溶剂）有机废气，拟采用活性炭吸附净化方法进行处理不合理。根据 2013 年环境保护部第 31 号公告《挥发性有机物（VOCs）污染防治技术政策》，源头上应采取封闭措施，严控挥发性有机物排放，以回收（冷凝回收、吸附回收）、燃烧（催化燃烧、热力焚烧）、吸附浓缩燃烧为主要措施，还有生物技术、吸收技术、等离子体技术或紫外光高级氧化技术等。

3．本项目是否必须对氨吹脱塔尾气进行净化处理？请说明理由。

【参考答案】

（1）不能确定。

（2）理由：

① 氨吹脱塔尾气中氨排放量为 $400\times10^{-3}\times110\times80\%\div10=3.52$ kg/h，符合《恶臭污染物排放标准》（GB 14554—93）中 15 m 高排气筒氨排放量限值 4.9 kg/h 要求。3.52 kg/h 低于排放标准 4.9 kg/h 的要求。② 排放浓度不清。③ 排气筒半径

200 m 范围内最高建筑物高度不清。④ 需要预测是否满足厂界浓度限值 1.5 mg/m^3 的要求。

考点分析与答题技巧：根据对排放速率的计算结果，似乎确无必要对氨吹脱塔的尾气进行净化处理。但工业生产废气仅排放速率达标是不够的，还需要满足浓度达标、排气筒高度满足高出半径 200 m 范围内最高建筑物 5 m 的要求（否则按排放标准限值严格 50%控制执行），而且需要保障厂界达标。鉴于此，不能确定是否必须进行净化处理。本小题氨排放速率的计算是关键，但难度很小，只要弄清计量单位之间的换算关系，勿忽略题干第一段的“日工作时间为 10 h”，很快便可算出。

4．指出图形电镀锡—涂敷阻焊油墨段中应作为危险废物管理的固体废物有哪些。

【参考答案】

S1 废干膜渣、退锡工序废槽液、镀锡工序废槽液、蚀刻工序废槽液。

考点分析与答题技巧：根据题干已经明确指出“生产过程产生的废干膜渣与定期更换的镀锡、蚀刻、退锡工序槽液送固体废物临时贮存库贮存”。进一步分析判断，废干膜渣、镀锡废槽液、蚀刻废槽液、退锡废槽液为危险废物。为答此类考题有必要了解《国家危险废物名录》（2021 年版已发布，考生应认真学习），但答题时并不要求将危险废物代码写出。另外，本小题是明确针对该工段指出其危险废物，因此，污水处理站的污泥可不答。本小题答上污水处理站的污泥是不可以的，因为不是在该工段产生的。

试题十三（2015 年考题）

某机械装备制造厂，始建于 1970 年，厂区东西长 800 m、南北宽 600 m。生产部门有铸造、铆焊、机加、电镀、涂装、总装等车间，公用部门有锅炉房、油化库等，环保设施有车间污水处理站、全厂污水处理站等。其中，锅炉房现有 2 台 10 t/h 燃煤蒸汽锅炉（1 用 1 备），烟气脱硫系统改造正在实施中。

拟在现在厂区实施改、扩建工程，建设内容包括：更新部分铸造、机加工设备，扩建电镀车间、铆焊车间和锅炉房，改造全厂给排水管网，计划 2016 年年底全部建成。

扩建锅炉房，在预留位置增加 1 台 10 t/h 燃煤蒸汽锅炉，采用布袋除尘+双碱法处理新增锅炉烟气。锅炉房扩建后锅炉 2 用 1 备。

扩建电镀车间，新增 1 条镀铬生产线，采用多级除油、预镀镍、中镀铜、终镀铬复合工艺。其中，中镀铜工段生产工艺如下图所示，所用物料有氰化钠、氰化亚铜等。

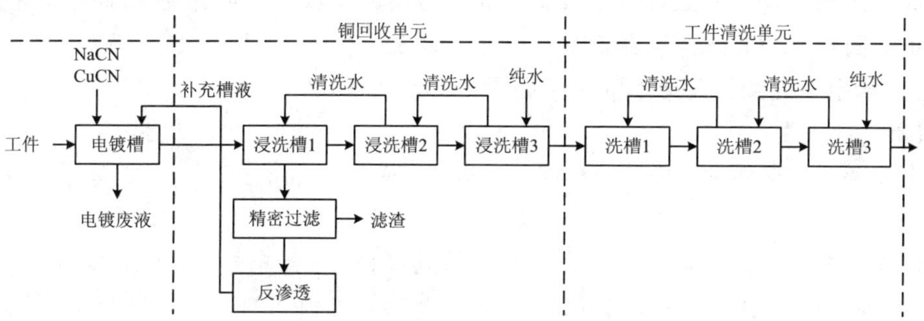

中镀铜工段生产工艺流程图

2010 年，企业所在地及周边 5 km^2 范围已规划为装备制造产业园区。目前规划用地范围内居民搬迁安置工作基本完成，园区市政给排水管网已建成，污水处理厂正在调试，热力中心正在建设。预计 2016 年年初热力中心开始向园区供热供汽，区内分散锅炉房逐步拆除。

扩建的铆焊车间紧邻东厂界。经调查，与厂界距离最近的 A 村位于园区规划用地范围以东，与厂界相距 180 m。

东厂界现状噪声略有超标。近期区域 1#测点 PM_{10}、SO_2 24 h 平均浓度监测结果见下表。

区域 1#测点 PM_{10}、SO_2 24 h 平均浓度监测结果汇总　　单位：μg/m³

监测时间	1 月 10 日	1 月 11 日	1 月 12 日	1 月 13 日	1 月 14 日	1 月 15 日	1 月 16 日
PM_{10}	90.0	101.3	125.5	118.2	123.4	161.7	180.0
SO_2	180.0	165.1	140.5	120.5	135.6	160.5	155.3

注：根据《环境空气质量标准》（GB 3095—2012），园区 PM_{10}、SO_2 的 24 h 平均浓度限值均为 150 μg/m³。

【问题】

1．锅炉房扩建是否合理？请列举理由。（6 分）

【参考答案】

（1）不合理。（2 分）

（2）理由：区域供热中心投产时间能够满足企业建设要求（或答区域供热中心正在建设）（1 分）；区域规划逐渐拆除分散锅炉（1 分）；项目所在区域 PM_{10} 和 SO_2 均有超标现象（或答没有容量）（2 分）。

考点分析与答题技巧：根据评分要求，第（1）条如果答“合理”，则本小题得 0 分。关于锅炉（尤其是燃煤锅炉）是环境监管的重要领域，国家颁布了很多法规和规范性文件，而且修订了《锅炉大气污染物排放标准》并要求排气筒高度需高出周围半径 200 m 范围最高建筑物 3 m 以上。

2．给出中镀铜工段废水的污染因子。

【参考答案】

氰化物（或氰氢酸、HCN、CN^-）、总铜（或铜、Cu^{2+}、Cu^+）。（每项 2 分，共 4 分）

考点分析与答题技巧：根据评分要求，概念不清（答案中含“有害气体、VOCs、有机物、PM_{10}、TSP、氨气、氧化物、DO、废渣、电镀废液”），得 0 分。出现非本工序废水污染因子（总磷、磷酸盐、氨氮、重金属、Ni、Cr^{6+}、Zn、热量）的，扣 1 分。此外，氰化亚铜、氰化钠不应视为氰化物，氰化亚铜不应视为总铜。

3．给出噪声现状监测布点原则。（4 分）

【参考答案】

A 村庄、四周（东南西北）厂界。（每项 2 分，共 4 分）

考点分析与答题技巧：根据评分要求，答厂界噪声（或东厂界），计 1 分。声环境保护（或敏感）目标，不计分。

4．对题干附表中的 PM_{10} 监测数据进行统计分析，给出评价结果。（6 分）

【参考答案】

（1）标准指数范围为：0.60～1.20。（2 分）

（2）超标率为：2/7×100%=28.57%（或 28.60%）。（2 分）

（3）最大超标倍数为：180/150−1=0.2（倍）或（180−150）÷150=0.2（倍）。（2 分）

考点分析与答题技巧：根据评分要求，答案（1）仅给出最大标准指数 1.2 给 1 分。答案（2）仅有结果无计算过程的给 1 分。答案（3）最大超标倍数写 1.2 的不得分。

试题十四（2015 年考题）

某高新技术工业园区成立于 2005 年，截至 2014 年年底已开发土地面积占规划用地面积的 75%，工业园区污水处理厂已于 2014 年年底投入运行。A 企业在工业园区建设初期入园，占地面积 200 m×180 m，年产 2.5 万只压电陶瓷频率器件。

A 企业提供的资料表明：该企业污水尚未纳入工业园区污水处理系统，现有研磨腐蚀清洗废水经车间预处理达标后，与厂区生活污水一并排入厂区污水处理站，经生化处理后排入工业园区东侧 B 河，总排放口水质达标；厂区污水处理站污泥送城市生活垃圾卫生填埋场处置；喷雾造粒机废气经布袋除尘系统处理，由高 15 m 的排气筒排放。现有工程“三废”产生量及处理情况如下表所示。企业负责人称，现有工程配套的环保设施完善，“三废”处理符合环保要求。

现有工程“三废”产生量及治理情况

编号	污染源名称	产生量	主要污染物	治理措施及去向
W_1	混配机冷却水	46 m^3/d	—	经总排口直接排放
W_2	研磨腐蚀清洗废水	88.4 m^3/d	Pb、Cu	W_2 经车间预处理后与 W_3 一并进入厂区污水处理站，处理后排入 B 河
W_3	生活污水	50 m^3/d	COD、NH_3-N	
G_1	喷雾造粒机废气	0.022 kg/h	铅及其化合物	布袋除尘，风机风量 2 000 m^3/h
S_1	污水处理站污泥	150 kg/d		送城市生活垃圾卫生填埋场处置

注：铅及其化合物最高允许排放浓度 0.7 mg/m^3，15 m 高排气筒最高允许排放速率 0.004 kg/h。

拟在现厂区内扩建 1 条 2.5 万只年压电陶瓷频率器件生产线，生产工艺与现有工程相同；配套建设 1 座含质检中心的四层（层高 3.2 m）综合办公楼；改造和扩建的喷雾造粒机废气经布袋除尘系统处理（效率 95%），由现有的排气筒集中排放；拟改造现在厂区污水处理站，专门预处理扩建工程研磨腐蚀清洗废水。全厂研磨腐蚀清洗废水经预处理达标后与厂区生活污水一并排入工业园区污水处理厂。

【问题】

1．指出“现有工程的‘三废’处理符合环保要求”说法的可疑之处，并说明理由。（6分）

【参考答案】

（1）有布袋除尘设施，未见除尘效率数据，无法判断其是否达标。（3分）

（2）污泥是否属于危险废物，还需进行鉴别，才能确认其可否送城市生活垃圾填埋场。（3分）

考点分析与答题技巧：根据评分要求，答案（1）用扩建工程的除尘效率进行分析的不给分。答案（2）答“危险废物，不能送垃圾填埋场”的给1.5分；答“不可混”，给1.5分；有“鉴别”两字的给3分。需注意的是，W_2为含铅污泥，W_4中的经预处理已达标。

2．扩建工程研磨腐蚀清洗废水的预处理方案是否可行？请说明理由。（4分）

【参考答案】

（1）可行。（2分）

（2）扩建工程研磨腐蚀清洗废水含有第一类污染物Pb，要求单独预处理达标。（2分）

考点分析与答题技巧：根据评分要求，答案（1）若答“不可行”，本小题得0分。

3．评价扩建工程完成后，喷雾造粒机废气排放达标情况。（5分）

【参考答案】

（1）排放浓度：$0.022\times2\times10^6\div4\,000\times(1-95\%)=0.55(mg/m^3)<0.7(mg/m^3)$。

（2）排放速率：$0.022\times2\times(1-95\%)=0.002\,2(kg/h)>0.002(kg/h)$。

（3）因排气筒高度不满足高出200 m内建筑物5 m的要求，因此，按严格50%排放速率要求，本项目排放速率不满足达标排放要求。（2分）

考点分析与答题技巧：根据评分要求，（1）和（2）没有计算过程，只有结果的给1分；但如果用文字说明数据来源，应视为全对。以产生速率当排放速率，答案（2）不给分。对于答案（3）排放速率减半的回答，只罗列原则（如“若低于200 m内建筑物5 m要求，则减半；若高于，则不减半”）的不给分。

4．简要说明废水预处理站污泥的处理处置要求。（5分）

【参考答案】

（1）污泥中含Pb、Cu，需进行固体废物属性鉴别。（2分）

（2）若属危险废物，应按要求暂存（1分）、转移（1分）和最终处置（1分）。

考点分析与答题技巧：根据评分要求，答案（2）答“按危险废物处置”或“属危险废物，交有资质单位处置”或“属危险废物，交有资质单位转移、处置”，给2.5分。

试题十五（2014 年考题）

某汽车制造厂现有整车产能为 12 万辆/a，厂区设有冲压车间、焊接车间、涂装车间、废水处理站、固体废物暂存间等。该厂工作制度为 250 d/a，实行双班制。

涂装车间现有前处理（含脱脂、磷化工段）、电泳底漆和涂装生产线。前处理磷化工段采用镍锌锰系磷酸盐型磷化剂，生产过程中产生磷化废水、磷化废液、磷化渣以及清洗管路系统产生的废硝酸。电泳底漆生产线烘干室排放的有机废气采用 1 套 RTO 蓄热式热力燃烧装置处理，辅助燃料为天然气。

该厂拟依托现厂区进行扩建，新增整车产能 12 万辆/a。拟新建冲压车间和树脂车间，在现有焊接车间和总装车间内增加部分设备，在涂装车间内新增 1 条中涂面漆生产线，并将涂装车间现有前处理和电泳底漆生产线生产效率提高 1 倍。

拟新建的树脂车间用于塑料件的注塑成型和涂装，配套建设 1 套 RTO 装置处理挥发性有机废气。扩建工程建成后工作制度不变。

新建树脂车间涂装工段设干式喷漆室（含流平）和烘干室，采用 3 喷 1 烘工艺，涂装所使用的底漆、色漆和罩光漆均为溶剂漆。喷漆室和烘干室产生的挥发性有机物（VOCs、甲苯、二甲苯及其他有机类物质）收集后送入 RTO 装置处理。喷漆室进入 RTO 装置的 VOCs 为 32 kg/h，烘干室进入 RTO 装置的 VOCs 为 24 kg/h，RTO 装置的排风量为 15 000 m^3/h，RTO 装置的 VOCs 去除效率为 98%，处理后的废气由 20 m 高排气筒排放。

现有工程磷化废水预处理系统设计处理能力为 30 m^3/h，运行稳定，达到设计出水水质要求。扩建工程达产后，磷化废液和磷化废水的污染物浓度不变，磷化废水预处理系统收水情况如下表所示。

磷化废水预处理系统收水情况

废水类型	现有工程/（m^3/d）	扩建工程达产后全厂/（m^3/d）	主要污染物	备注
磷化废液	16（折合）	24（折合）	pH、镍、锌、磷酸盐	间歇产生
磷化废水	240	400		连续产生

【问题】

1. 计算树脂车间涂装工段 RTO 装置的 VOCs 排放速率及排放浓度。（4 分）

【参考答案】

（1）进入 RTO 的 VOCs 量：24.0+32.0=56.0（kg/h）

VOCs 排放速率：56×（1−98%）=1.12（kg/h）

（2）VOCs 排放浓度：$1.12\times10^6 \div 15\,000=74.67$（$mg/m^3$）

考点分析与答题技巧：本题计算很简单。题干说得很清楚，无需考虑所谓的 3 喷 1 烘及年工作时间及双班制等与本题无关的内容，只要考虑树脂车间涂装工段的工作情况就很容易计算出相应的结果。本题两步计算分别是 2 分，(1)和(2)的公式正确、结果正确可分别得 1 分；当然也可以两步合为一步计算，但是若采用的单位错误，则计算结果不给分，如 0.007 5 mg/L。

2. 指出涂装车间磷化工段产生的危险废物。（6 分）

【参考答案】

磷化渣（2 分）、废硝酸（2 分）、磷化废液（或含 Ni/Zn 废液）（2 分）。

考点分析与答题技巧：本题答案所需内容在题干中说得很清楚。磷化废液虽然最终纳入废水处理单元与磷化废水一并进行处理，但磷化废液显然属于危险废物。此外，本项目也会产生废磷化剂及其可废弃的贮储装置，应作为危险废物，但问题强调了涂装车间的磷化"工段"，因此，可以不答"废磷化剂（镍锌锰系磷酸盐型磷化剂）及其装储容器"。如果答上"磷化废水""镍、锌、锰或含镍等废物""废脱脂剂、酸碱、pH、甲苯、二甲苯、VOCs、漆渣""电镀废水、RTO 残渣、飞灰"等均扣 1 分；若答上"污水处理污泥""废包装材料""废磷化剂"，不扣分。

3. 现有磷化废水预处理系统是否满足扩建工程达产后的处理需求，并说明理由。（6 分）

【参考答案】

满足要求。理由如下：

（1）扩建达产后全厂磷化废水量 24+400=424（m^3/d），未超过预处理系统的处理能力 30 m^3/d×8×2=480（m^3/d），满足处理量的要求。

（2）扩建工程达产后，磷化废液和磷化废水的污染物浓度不变，即分别满足现处理设施进水（液）污染物浓度要求。

（3）磷化废液与磷化废水的配比：现有工程为 1∶15，扩建工程达产后全厂为 1∶16.7，即磷化废液所占比例不大于磷化废水所占比例，二者混合后进入预处理系统的废水水质亦不会恶化，满足处理水质要求。

考点分析与答题技巧：本题理由（1）（2）均不难答出。但答案（3）也是需要考虑的内容之一。如果废液所占比例高而导致最终进来的废水浓度较高，则会影响原设计处理效果。至于考虑“磷化废水预处理系统设计处理能力为30 m^3/h”的小时处理量与表中折合的“日处理量”及“间歇产生”，那就多虑了。另外，如果只答“可以满足扩建工程达产后的废水预处理要求”则为0分；答不能满足，也为0分。不能确定，依以下3条分别给分：① 处理能力满足（2分），拟建工程达产后，全厂需要处理的磷化废液（未考虑该废液得0分）、磷化废水量为424 t/d，小于磷化废水预处理系统日处理能力480 t/d（题干说明是两班制，按每班8 h计，则日生产2×8 h。实际污水处理设施的运行时数并非与企业生产时数一致，污水处理厂是可以24 h运行的。因此本题按2×8 h计算实际上也是正确的）；② 水质不变（2分），现有工程磷化废液和磷化废水的比例为10∶150，扩建工程达产后，磷化废液和磷化废水的比例为9∶150，磷化废液和磷化废水混合后的污染物浓度要略低于现有工程磷化废液和磷经废水混合的污染物浓度（说明浓度不变，即得2分）；③ 现有工程磷化废水预处理系统运行稳定达标（1分）。在上述基础上结论正确，得1分。

4．指出扩建工程环境空气质量现状监测的特征因子。（4分）

【参考答案】

VOCs、甲苯、二甲苯。

考点分析与答题技巧：本题问的是“环境空气”的“特征因子”，即现有工程及拟扩建工程可能排放的污染环境空气的污染物。根据题意，给出VOCs（写成“非甲烷总烃”或“NMHC”均可）、甲苯、二甲苯3个主要的即可。根据题意，答“甲苯、二甲苯、非甲烷总烃（NMHC）”，或答“甲苯、二甲苯、VOCs”，或答“甲苯、二甲苯、非甲烷总烃、VOCs”。三种答法均可得满分。根据评分要求，照抄题干内容“甲苯、二甲苯及其他有机类物质”得0分；出现TSP、酸雾、SO_2、NO_2或NO_x、二噁英、CO、CO_2中的其中一个扣1分，出现2个或2个以上，本小题得0分；出现SS、石油类、Ni、Mn、COD、pH、噪声、振动、有机废气、可燃气体、焊接烟气、含磷气体等或类似内容，本小题得0分；出现苯、氨、磷化氢、恶臭气体不扣分。

试题十六（2013年考题）

某新建专用设备制造厂，主体工程包括铸造、钢材下料、铆焊、机加、电镀、涂装、装配等车间；公用工程有空压站、变配电所、天然气调压站等；环保设施有电镀车间废水处理站、全厂废水处理站、危险废物暂存仓库、固体废物转运站等。

铸造车间生产工艺见下图。商品芯砂（含石英砂、酚醛树脂、氯化铵），以热芯盒工艺（200～300℃）生产砂芯；采用商品型砂（含膨润土、石英砂、煤粉）和砂芯经振动成型、下芯制模具，用于铁水浇铸。

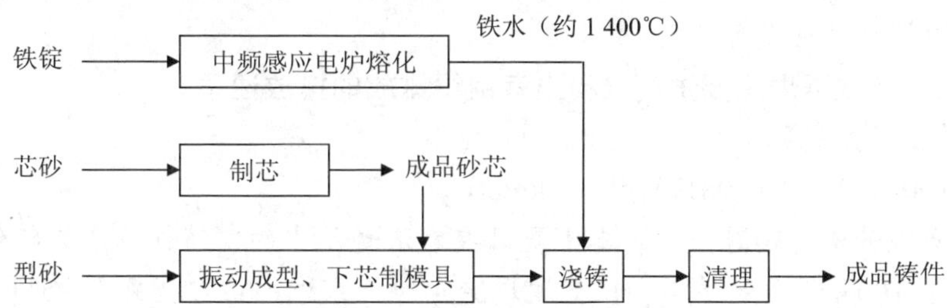

铸造车间生产工艺流程图

铸件清理工部生产性粉尘产生量 100 kg/h，铸造车间设置通风除尘净化系统，粉尘捕集率 95%，除尘效率 98%。机加车间使用的化学品有水基乳化液（含油类、磷酸钠、消泡剂、醇类）、清洗剂（含表面活性剂、碱）、机油。

涂装车间设有独立的水旋喷漆室、晾干室和烘干室。喷漆室、烘干室废气参数见下表。喷漆室废气经 20 m 高排气筒排放，晾干室废气经活性炭吸附处理后由 20 m 高排气筒排放；喷漆室定期投药除渣。

涂装车间喷漆室、烘干室废气参数表

设施名称	废气量/（m^3/h）	污染物浓度/（mg/m^3）		温度/℃	湿度
		非甲烷总烃	二甲苯		
喷漆室	60 000	50	25	25	过饱和
烘干室	2 000	1 000	500	100	忽略

注：《大气污染物综合排放标准》（GB 16297—1996）规定，二甲苯允许排放浓度限值为 70 mg/m^3；排气筒高度 20 m 时允许排放速率为 1.7 kg/h。

【问题】

1. 指出制芯工部和浇铸工部产生的废气污染物。

【参考答案】

（1）制芯工部：苯酚、甲醛，氯气、氯化氢（HCl）、氨气（NH_3）、三乙胺，以及颗粒物（或粉尘）。

（2）浇铸工部：SO_2、氮氧化物（NO_x）、烟尘或粉尘。

考点分析与答题技巧：对于没有接触过此类项目、不熟悉生产工艺的考生，只能根据题干提供的生产原料来推知可能产生的污染物。因此应该有苯酚和甲醛（酚醛树脂热解的产物），氯化铵加热会产生氯气、氯化氢和氨气；另外，砂芯还有煤粉，在 1 400℃下浇注应有 SO_2、NO_x和烟（粉）尘产生。在北京市地方标准《铸锻工业大气污染物排放标准》（DB 11/914—2012）中，排放的挥发性有机物（VOCs）均以“非甲烷总烃（NMHC）”为代表，因此将苯酚、甲醛、三乙胺答为非甲烷总烃也是可行的。

2. 计算清理工部生产性粉尘有组织排放的排放速率。

【参考答案】

100×95%×（1−98%）=1.9（kg/h）。

考点分析与答题技巧：本小题只要看清题干中的“铸件清理工部生产性粉尘产生量 100 kg/h，铸造车间设置通风除尘净化系统，粉尘捕集率 95%（未捕集到的则可视为无组织排放了），除尘效率 98%”，便可算得。

3. 指出机加车间产生的危险废物。

【参考答案】

废乳化液、废清洗剂、废机油。

考点分析与答题技巧：本小题只要看清题干的“机加车间使用的化学品有水基乳化液（含油类、磷酸钠、消泡剂、醇类）、清洗剂（含表面活性剂、碱）、机油”，即可答出。但要注意的是要答上“废”字，因为本题问的是“危险废物”。

4. 判断喷漆室废气二甲苯排放是否达标，并说明理由。

【参考答案】

（1）不能确定。

（2）排放速率：25×60 000×10^{-6}=1.5（kg/h），小于标准限值 1.7 kg/h，达标；排放浓度：25×273 ÷（25+273）=22.9（mg/m^3），小于标准限值 70 mg/m^3，达标。

（3）排气筒周围 200 m 半径范围内最高建筑物的高度未提供，若排气筒高度不满足要求，排放速率按标准严格 50%则是不达标的。

考点分析与答题技巧：本题（2）浓度计算的意义不大，因为如果在“过湿”情况下达标，则“干”的情况下一定是达标的。本题的考点有 3 个（速率、浓度、排气筒高度及与周围半径 200 m 范围内最高建筑物的关系）。由于本项目未明确是处于工业园区等周边环境条件，所以需考虑周围建筑物高度。很多考生仅从排放速率和浓度达标考虑，是不对的。至于“湿度过饱和”只是一个迷惑项，排放速率的单位是“kg/h”，即“时间—质量”单位，它的计算与湿度并无关系。而对于排放浓度，即使湿度过饱和，也不可能由过饱和情况下的 25 mg/m^3 增至干燥状态下的允许排放标准 70 mg/m^3。

5．针对烘干室废气，推荐一种适宜的处理方式。

【参考答案】

燃烧法。

考点分析与答题技巧：烘干室废气主要为有机物，燃烧法是最有效的一种方法。当然，也可以考虑活性炭吸附，或先燃烧后再经活性炭吸附（浓度高更适宜燃烧）。至于冷却后回收有机溶剂，理论上是可行的，实际工作中需考虑成本及回收利用的可行性。

试题十七（2013 年考题）

某公司拟在工业园区新建 6×10^4 t/a 建筑铝型材项目，主要原料为高纯铝锭，生产工艺见下图。

采用天然气直接加热方式进行铝锭熔炼，熔炼废气生产量 7 000 m^3/h，烟尘初始浓度 350 mg/m^3，经除尘净化后排放，除尘效率 70%；筛分废气产生量 15 000 m^3/h，粉尘初始浓度 1 100 mg/m^3，经除尘净化后排放，除尘效率 90%；排气筒高度均为 15 m。

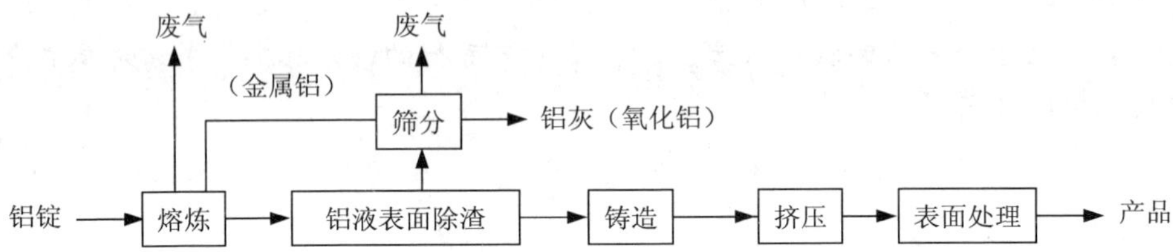

铝锭熔炼生产工艺流程图

表面处理工序生产工艺为：工件→脱脂→水洗→化学抛光→水洗除灰→水洗→阳极氧化→水洗→电解着色→水洗→封孔→水洗→晾干。各表面处理工序槽液主要成分见下表。表面处理工序有酸雾产生，水洗工段均产生清洗废水。拟设化学沉淀处理系统处理电解着色水洗工段的清洗废水。

各表面处理工序槽液主要成分

工段	槽液成分
脱 脂	硫酸 150～180 g/L
化学抛光	硫酸 150～180 g/L，磷酸 700～750 g/L，硝酸 25～30 g/L，硝酸铜 0.1～0.24 g/L
除 灰	硫酸 150～180 g/L，少量硝酸
阳极氧化	硫酸 150～180 g/L，少量硫酸铝
电解着色	硫酸 15～18 g/L，$NiSO_4\cdot6H_2O$ 20～25 g/L
封 孔	$NiF_2\cdot4H_2O$ 5～6 g/L

注：《大气污染物综合排放标准》（GB 16297—1996）规定，15 m 高排气筒颗粒物最高允许排放浓度为 120 mg/m^3，最高允许排放速率为 3.5 kg/h。《工业炉窑大气污染物排放标准》（GB 9078—1996）规定，15 m 高排气筒烟/粉尘排放限值为 100 mg/m^3。

【问题】

1．评价熔炼炉、筛分室废气烟尘排放达标情况。

【参考答案】

（1）熔炼炉，执行工业炉窑排放标准：

烟尘排放浓度 350×（1－70%）=105（mg/m^3），大于标准限值 100 mg/m^3，不达标。

（2）筛分室，执行大气污染物综合排放标准：

烟尘排放浓度 1 100×（1－90%）=110（mg/m^3），小于标准限值 120 mg/m^3，达标；排放速率 110×15 000×10^{-6}=1.65（kg/h），小于标准限值 3.5 kg/h，达标。假若排气筒不满足应超出半径 200 m 范围内建筑物高度 5 m 的要求，其排放速率按执行排放标准 50%执行（3.5 kg/h×50%=1.75 kg/h），1.65 kg/h 小于 1.75 kg/h，也是符合要求的。

因此，熔炼炉废气烟尘排放不达标，筛分室废气排放达标。

考点分析与答题技巧：本题主要考查工业炉窑标准和大气污染物综合排放标准适用的情况。《工业炉窑大气污染物排放标准》（GB 9078－1996）没有排放速率的规定，不必计算排放速率。《大气污染物综合排放标准》除了排放浓度、速率的规定，还需考虑排气筒高度的情况。

2．识别封孔水洗工段的清洗废水主要污染因子。

【参考答案】

氟化物、镍、pH。

考点分析与答题技巧：本题从表中的槽液成分中就能比较容易地识别出镍、氟化物。鉴于电解着色工段后的清洗废水用化学沉淀处理系统来处理，上一工序槽液成分并未被带入封孔工序。氟化镍作为铝合金的封孔剂，封孔后经水洗产生的废水可以确定为酸性废水（NiF_2 不易溶于水，而易溶于氢氟酸、稀硫酸、稀硝酸），因此 pH 也应作为其污染因子考虑。

3．针对脱脂、除灰、阳极氧化水洗工段的清洗废水，提出适宜的废水处理方案。

【参考答案】

脱脂、除灰及阳极氧化废水均为酸性废液，因而宜采用碱性药剂去脂、沉淀、中和法处理，应设置调节池、中和池和沉淀池，处理后回用。

4．给出表面处理工序酸雾废气净化措施。

【参考答案】

收集后用碱液吸收。

5．给出电解着色水洗工段的清洗废水处理系统产生污泥处置的基本要求。

【参考答案】

电解着色工艺废水含有重金属Ni，污泥属于危险废物，应委托有资质单位处理，在场内临时贮存应符合《危险废物贮存污染控制标准》要求。

试题十八（2012 年考题）

某汽车制造集团公司拟在 A 市工业园区内新建年产 10 万辆乘用车整车制造项目。建设内容包括冲压、焊接、涂装、总装、发动机（含机加工、装配）五大生产车间和公用工程及辅助设施，项目建设期为两年。

涂装车间前处理生产线生产工艺为：工件→脱脂槽→水洗槽 1→磷化槽→水洗槽 2→水洗槽 3，脱脂剂主要成分为碳酸钠；磷化剂为锌镍系磷化剂。脱脂槽配置油水分离装置，磷化槽有沉渣产生。各槽定期清洗或更换槽液。

面漆生产线生产工艺为：喷漆→晾干→烘干。面漆为溶剂漆，烘干以天然气做燃料，晾干工序的晾干室工艺废气产生量为 20 000 m^3/h，初始有机物浓度 200 mg/m^3。采用转轮式活性炭纤维吸附装置处理废气中的有机物，活性炭纤维有机物吸附效率为 90%；采用热空气进行活性炭纤维再生，再生尾气直接燃烧处理，有机物去除率 97%。

根据生产废水特性，涂装车间设废水预处理站。各车间生产废水和产区生活污水一并送全厂综合废水处理站处理。处理后的废水再经工业园区污水处理厂处理达标后排入甲河。

拟建厂址位于 A 市工业园区西北部，占地面积 64 hm^2。该地区年平均风速 1.85 m/s，主导风为西北风，厂址西北方向距商住区约 5 km。

工业园区按规划进行基础设施建设，市政污水管网已建成，污水处理厂正在建设中，一年后投入运行。

该项目大气评价等级为二级。

【问题】

1. 给出拟建工程环境空气现状监测方案的主要内容。

【参考答案】

根据题意，本项目大气评价等级为二级，则环境空气现状监测方案主要内容如下：

（1）至少应布设 6 个监测点。以监测期间的风向为轴向，分别在 0°、90°、180°、270°方向布点，在厂址西北 5 km 的商住区布设 1 个点，在下风向东南方向布设 1 个或 2 个监测点，并附监测布点图。

（2）监测因子主要有：包括 SO_2、NO_2、TSP、PM_{10}、O_3、Pb、BaP、甲苯、二甲苯等。

（3）监测时间与频率：选择一期不利季节（如冬季）进行监测，监测 7 d，每天有 2:00、8:00、14:00、20:00 的 4 个小时段浓度值。

考点分析与答题技巧：本题考查的是《环境影响评价技术导则　大气环境》现状监测的布点原则。该导则的修订版 HJ 2.2—2018 已于 2018 年 12 月 1 日实施，本年度考生及实际从事环境影响评价的技术人员应按照 HJ 2.2—2018 的要求收集资料或进行补充监测。还应掌握一级和三级评价的环境空气监测布点原则及其他相关要求。

2. 指出前处理生产线废水污染源和主要污染因子。

【参考答案】

（1）根据前处理工艺流程，污染源主要有：脱脂槽、水洗槽 1、磷化槽、水洗槽 2、水洗槽 3。

（2）主要污染因子有：pH、SS、COD、BOD、TP、石油类、Zn、Ni、LAS。

考点分析与答题技巧：本题根据前处理工艺过程即可给出污染源，污染因子根据所用药剂及产生的物质即可得出。LAS 是清洗剂成分，可以列入。

3. 计算面漆生产线晾干室活性炭再生废气焚烧有机物排放量和晾干室有机物去除率。

【参考答案】

（1）晾干室废气产生量：$20\ 000\ m^3/h \times 200\ mg/m^3 \times 10^{-6} = 4$（kg/h）。

（2）经活性炭吸附后废气排放量：$4 \times (1-90\%) = 0.4$（kg/h）。

（3）晾干室活性炭再生废气焚烧有机物排放量：$4 \times 90\% \times (1-97\%) = 0.108$（kg/h）。

以上（1）～（3）的计算过程也可简化为：$20\ 000 \times 200 \times 90\% \times (1-97\%) \times 10^{-6} = 0.108$（kg/h）。

（4）晾干室排放的废气总量：$0.4+0.108=0.508$（kg/h）。

（5）晾干室有机物去除率：$(4-0.508)/4 \times 100\% = 87.3\%$。

（其实这个去除率也可直接写为：$90\% \times 97\% = 87.3\%$）

考点分析与答题技巧：本题直接给出两个数据也是可以给满分的（但涉及计算题时，建议大家给出计算步骤或计算公式），排放量需附计量单位，去除率应以百分数表示。本工程面漆生产线经过两道废气处理过程，一是活性炭吸附，二是燃烧，但第二道废气燃烧处理工序处理的是活性炭再生所产生的废气，并非原废气经活性炭吸附处理后又经燃烧去除。即虽然排放量的计算需考虑两次的去除情况，但两次去除的意义不同。因此，本题难度不大，类似计算已经考过多次。这在工业类污染型建设项目的工程分析中经常会用到，应予掌握。但是，本题的有机物排放量是一个迷惑考生的“陷阱”，因为我们知道，计算得到的 4 kg/h

是排放速率，而不会想到它实际上是小时“排放量”，当然也是排放量，却很容易使考生想到用 4 kg/h×工作小时数/天×工作天数/年，来计算年排放的质量（kg）。另外，本题比较简便的计算方法有：1−[（1−90%）+90%×（1−97%）]=87.3%，或 1−（10%+90%×3%）=87.3%。但是，如果以为废气经活性炭吸附后，未被吸附的废气又经燃烧，则计算过程为：1−（1−90%）×（1−97%）=99.7%，则是错误的。因此，如果题干是“采用转轮式活性炭纤维吸附装置（吸附效率为 90%）处理废气中的有机物后，再经燃烧处理（有机物去除率 97%）”，则晾干室有机物的去除率就是 99.7%。至于还要延伸考虑的废活性炭纤维，可另行工序再生或由活性炭纤维生产厂家回收再生，或按危险废物处理。

4．判断工业废水是否可送工业园区污水处理厂进行处理，应从哪些方面分析？

【参考答案】

（1）调查工业园区污水处理厂的处理工艺、接管要求及可接纳量。

（2）分析本项目各工序产生的废水类型及排放量。

（3）明确涉及第一类污染物的工序以及其他需要对废水进行前处理或预处理的工序。

（4）分析各工序废水前处理或预处理的可行性，特别是第一类污染物是否能做到达标排放，确定废水水质是否满足污水处理厂的接管要求。

考点分析与答题技巧：在环境影响评价实际工作中，针对企业生产废水进入园区污水处理厂或城市污水处理厂，首先要调查清楚污水处理厂的情况，包括其处理工艺、规模，现状处理量，可接纳量，进水水质要求——接管要求等；同时，还需分析企业产生的废水类型、排放量、前处理结果，确定可否满足接管水质要求等。特别是涉及第一类污染物时，必须在车间或车间环保设施排放口达标。

试题十九（2012 年考题）

某公司拟在工业园区建设电解铜箔项目，设计生产能力为 0.8 万 t/a，电解铜箔生产原料为高纯铜。生产工序包括硫酸溶铜、电解生箔、表面处理、裁剪收卷。其中表面处理工序工艺流程见图 1。表面处理工序粗化固化工段水平衡见图 2。工业园区建筑物高 10～20 m。

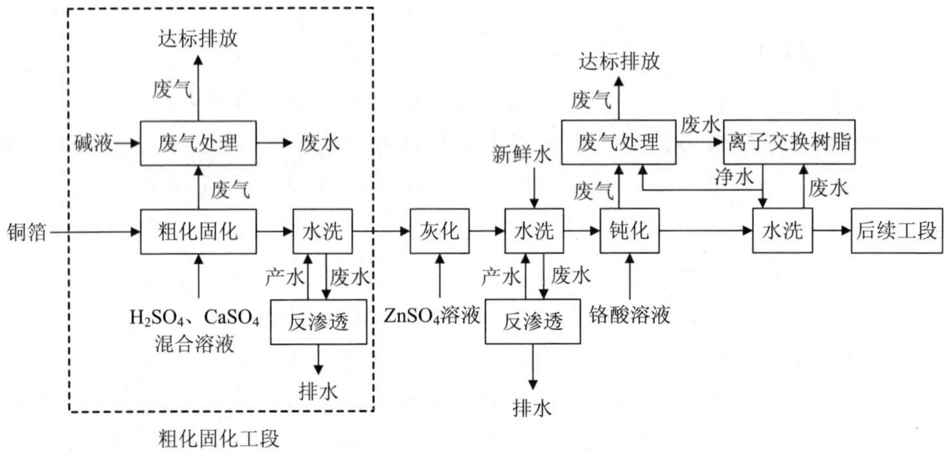

图 1　表面处理工序工艺流程

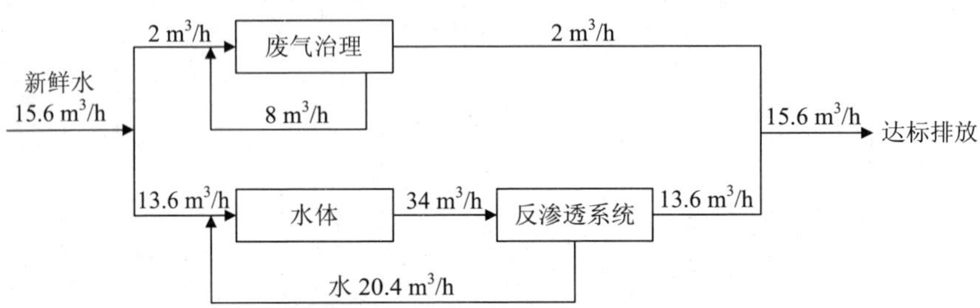

图 2　粗化固化工段水平衡

粗化固化工段废气经碱液喷淋洗涤后通过位于车间顶部的排气筒排放，排气筒距地面 15 m。拟将表面处理工序产生的反渗透浓水和粗化固化工段废气治理废水、一级离子交换树脂再生产生的废水混合后处理。定期更换的粗化固化槽液、灰化槽液和钝化槽液委外处理。

【问题】

1．指出本项目各种废水混合处理存在的问题，提出调整建议。

【参考答案】

（1）混合处理不符合废水“分类分质”处理的原则。表面处理工序产生的反渗透浓水含有重金属Cu、Zn，应在其车间处理达标；粗化固化工段废气治理废水pH值可能为碱性废水，应予中和预处理；一级离子交换树脂再生产生的废水中含有Cu、Zn及第一类污染物Cr^{6+}，应在车间处理达标。

（2）调整建议：表面处理工序的反渗透浓水可返回到灰化工序重新使用，或者采用电解、气浮、过滤、离子交换等方式进行处理；粗化固化工段废气治理废水可直接采用“中和+沉淀+过滤”的方法进行处理，处理后的水可回用；一级离子交换树脂再生废水为含铬废水，属于危险废物，可采用电解、气浮、活性炭过滤的工艺进行处理，车间排放口铬的浓度需达到《污水综合排放标准》第一类污染物排放标准限值或者将含铬废水交给有相应危险废物处理资质的单位进行处置。

考点分析与答题技巧：工业废水“分类分质”“分别处理”是基本原则，考试已出现多次。该题意在考查对第一类污染物的掌握程度。第一类污染物应单独处置，且监测位置为车间排放口。实际环评工作中，不要忽略了第一类污染物要在车间或车间处理设施排放口达标排放的要求，不得将含有第一类污染物的废水和其他废水合并后处理。虽然Cu、Zn没有纳入GB 8978—1996中的第一类污染物表中，但作为重金属离子，虽然未以标准形式要求其在车间或车间处理设施排放口达标，但也最好能够在车间处理达标。本小题的解答本书所写内容较多，主要是便于考生理解，实际考试时切不可答太多，只答将不同类型的废水分类分别处理，特别是第一类污染物在车间处理达标就可以了，否则既不能得高分，还可能导致答不完试卷。

2．计算表面处理工序粗化固化工段水的重复利用率。

【参考答案】

（1）根据题意，重复用水量=8+20.4=28.4（m^3/h）。

（2）用水总量=新鲜水量+重复用水量=15.6+20.4+8=44.0（m^3/h）。

（3）重复利用率=（重复利用量/用水总量）×100%=[重复利用量/（新鲜水量+重复利用量）]×100%=28.4÷44.0×100%=64.5%。

考点分析与答题技巧：理解了工业用水重复利用率的含义，解答本题就十分容易。有人认为应该将平衡图中的 34 m^3/h 也纳入重复用水，这是不对的。本题考试时写出：（8+20.4）÷（8+20.4+15.6）×100%=64.5%也是对的，或直接写出：64.5%。但建议大家分步骤写出以更有把握得分。工业水重复利用率的计算公式很简单，但关键是要分清楚总用水量、新鲜水用量和重复用水量的概念。如果过程中没有涉及水参与的化学反应（生成水或反应消耗水），则过程的总用水量=新鲜水量+重复用水量，且新鲜水量一定等于离开这个过程的水量，即排废水量和蒸发损失等消耗水量之和。对于重复用水量，凡是利用了一次以上的水量都必须计入。实际工作中注意把循环冷却水量、直接回用水量、污水处理后回用量等都统计在内。有些水不仅重复使用一次，比如有些工艺中的水洗阶段，是水逆向梯级利用，需要统计清楚，重复利用几次就要乘几次。另外，实际工作中计算整个项目的工业水重复利用率较多，注意总用水量要包括项目生活用水量，不能剔除。

3．评价粗化固化工段废气排放，应调查哪些信息？

【参考答案】

（1）排放的污染物种类（本项目为硫酸雾）。

（2）排气筒高度及周边半径 200 m 范围内建筑物的最高高度（本项目粗化固化工段废气排气筒高度为 15 m，而园区建筑物高度在 10～20 m，排气筒高度不满足应高出最高建筑物高度 5 m 的要求）。

（3）排放浓度。

（4）排放速率。

考点分析与答题技巧：根据 GB 16297—1996，以上 4 个方面是判断污染物排放达标与否的基本条件，当然也是应调查的信息。但是，如果考生答出：“① 调查粗化固化工序所涉及的污染因子、排放源强、排气筒高度、位置、内径、烟气量、处理措施及去除效率，从而得到废气排放的速率和浓度；② 排气筒周围 200 m 范围内建筑物的高度，分析排放速率是否需要严格 50%执行”也应得分。

4．指出表面处理工序会产生哪些危险废物？

【参考答案】

（1）粗化固化槽液、灰化槽液和钝化槽液。

（2）废树脂及离子交换树脂再生废液。

考点分析与答题技巧：粗化固化槽液、灰化槽液和钝化槽液题干已明确提供，废树脂根据题意可得。

试题二十（2012 年考题）

某铅酸蓄电池企业拟对现有两条生产能力均为 25 万 kV·Ah/a 的生产线（生产工艺流程见下图）实施改、扩建工程。

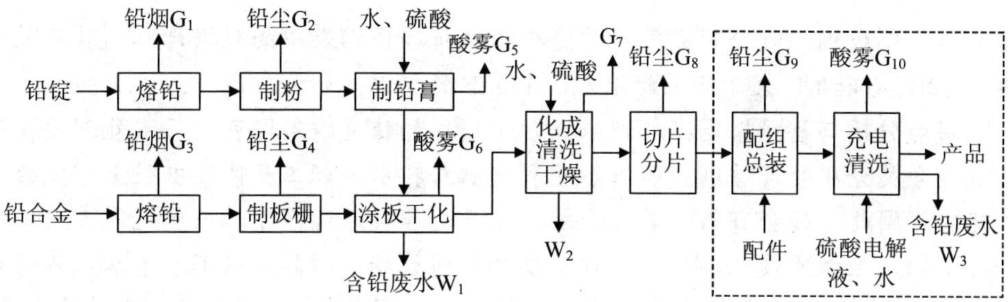

生产工艺流程

现有工程生产工艺废水经混凝沉淀处理达标后排入城市污水处理厂，地面冲洗水、职工浴室和洗衣房排水等直接排入城市污水处理厂。采用“旋风+水喷淋”或布袋除尘处理含铅废气，采用碱液喷淋洗涤处理硫酸雾。制板栅工段的铅污染物排放浓度监测结果见下表。

现有工程生产线制板栅工段含铅废气监测结果

工段	风量/（m^3/h）	初始浓度/（mg/m^3）	排放浓度/（mg/m^3）	排气筒高度/m
制板栅	4.0×10^4	4.26	0.34	15

改、扩建方案为：保留一条生产线，拆除另一条生产线中的熔铅、制粉、制铅膏、制板栅、涂板、化成、切片等前段工序，将其配组总装工序生产能力扩大为 50 万 kV·Ah/a。

注：《大气污染物综合排放标准》（GB 16297—1996）铅排放浓度限值 0.70 mg/m^3，排气筒高 15 m 时排放速率限值 0.004 kg/h；《工业炉窑大气污染物排放标准》（GB 9078—1996）铅排放浓度限值 0.10 mg/m^3。

【问题】

1. 分析现有工程存在的主要环境保护问题。

【参考答案】

（1）工艺废水经混凝沉淀处理达标排入城市污水处理厂不可行。仅混凝沉淀处理难以使重金属铅达标。

（2）地面冲洗水、职工浴室和洗衣房排水，直接排入城市污水处理厂不可行。可能含有铅。

（3）采用“旋风+水喷淋”除尘不可行。因其处理效率低，不能保证铅的排放达标。

（4）制板栅工段含铅废气排放速率不达标。根据表中的数据计算，其排放速率为 0.013 6 kg/h，大于排放标准 0.004 kg/h 的要求。

考点分析与答题技巧：本题根据题干提供的信息解答即可。污水处理要体现的就是分类分质处理原则。职工浴室和洗衣房排水因职工身体及衣服上可能会附着铅尘，因此可能会有第一类污染物。废气处理旋风及水喷淋虽然也能去除一部分污染物，但效率较低，特别是对于重金属污染物，因其一般不溶于水，不易被去除。至于制板栅工段的含铅废气，表中只给出排放浓度，还应考虑其排放速率，经计算即可判断其达标与否。关于工业企业现状环境问题，特别是改、扩建项目在分析其是否存在环保问题时，通常从以下几个方面考虑：① 现状污染物是否做到达标排放、排放方式是否合理？② 主要污染物的排放总量是否满足总量控制的要求？③ 现状污染物的处理方式是否先进？是否存在效率低下的现象？④ 排污口是否规范化设置？⑤ 清洁生产水平是否达到国内先进水平以上？⑥ 环境管理机构设置、设备、制度、手段等是否存在问题？日常管理是否满足要求等。主要是为了“以新带老”，在改、扩建中解决这些既有环境问题。

2. 说明工程分析中应关注的焦点。

【参考答案】

（1）既有工程生产工艺及产污环节，确定污染源、源强及排放方式。

（2）既有工程存在的环境问题。

（3）技改工程内容及生产工艺、产污环节、污染源及强度、污染物排放方式等。

（4）技改工程拟采取的环境保护措施及“增产减污”“以新带（代）老”情况。

（5）“三本账”的核算。

（6）技改后工程达标排放及总量控制。

（7）全厂平面布置合理性分析。

（8）改、扩建项目完成后前段工序与配组总装和充电清洗工序的配套合理性。

考点分析与答题技巧：对于改、扩建工程，既有工程工艺流程、污染源及排放情况分析、环境保护措施、环境问题，技改工程工艺、污染源及源强和污染物排放分析、“以新带（代）老”措施、“三本账”核算、达标排放与总量控制均是应关注的焦点。

3．指出生产工艺流程图中 W_2 和 G_7 的主要污染物。

【参考答案】

（1）W_2 主要污染物为：pH、SS、COD、Pb、SO_4^{2-}、LAS。

（2）G_7 主要污染物为：铅尘、硫酸雾。

考点分析与答题技巧：本题意在考查对工艺流程及产污环节的分析能力，根据某一道工序所使用的原辅材料及工艺情况，分析得出该工序产生的污染物。本题根据题干提供的工艺流程图，即可给出答案。由于添加了硫酸，排放的废水 W_7 就可能是酸性废水，因此 pH、SO_4^{2-} 应考虑在内；有化学合成与清洗，水中就会有 SS 和铅污染物，而 COD 也是其中之一，清洗可能会用到化学清洗剂或其他清洗液，就可能会有 LAS。同样，G_7 废气中就会有铅尘和硫酸雾。

4．通过计算，评价保留的生产线制板栅工段铅污染物排放达标情况，确定技改后制板栅工段铅尘的最小去除率。

【参考答案】

（1）根据表中数据，保留生产线制板栅工段铅尘排放浓度为 0.34 mg/m^3，小于标准规定的允许排放限值 0.70 mg/m^3，满足要求；铅尘排放速率为：4.0×10^4 m^3/h×0.34 mg/m^3×10^{-6}=0.013 6 kg/h，大于排气筒高度 15 m 时的排放速率限值 0.004 kg/h，不满足要求。

因此，该工段铅尘的排放不达标。

（2）技改后制板栅工段铅尘的最小去除率应为：

（4.0×10^4 m^3/h×4.26 mg/m^3×10^{-6}−0.004 kg/h）÷4.0×10^4 m^3/h×4.26 mg/m^3×10^{-6}=97.6%。

考点分析与答题技巧：本题的计算比较简单，主要考查对 GB 16297—1996 中排气筒排放浓度和速率的理解，排气筒必须满足 3 个条件才能判断其达标与否：排放高度、排放浓度、排放速率。至于最小去除率，当然是达标排放情况下的去除率，应通过产生量（初始量）与排放标准要求的量相减来计算。

试题二十一（2010 年考题）

某公司拟在工业园区建设一电子元器件生产企业 A 厂。元器件生产以硅片为基材，经氨水清洗、氢氟酸/磷酸蚀刻、砷化氢掺杂、硫酸铜化学镀等工序得到产品。其中掺杂工序和化学镀工序流程见下图。

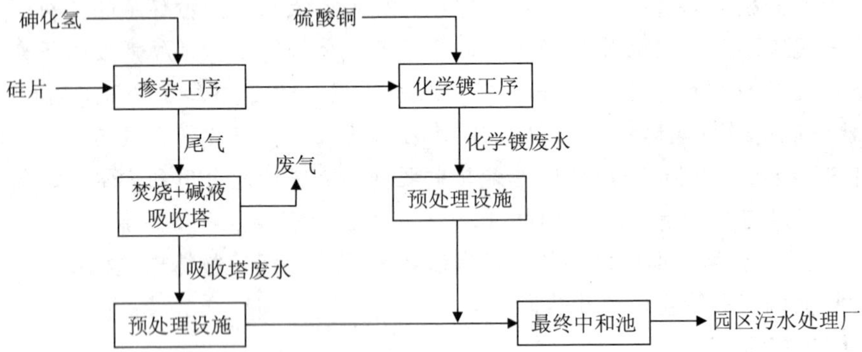

掺杂工序和化学镀工序流程

生产过程中产生的清洁下水、蚀刻废水、尾气洗涤塔废水、化学镀废水经预处理后进最终中和池，最终中和池出水排入园区污水处理厂。废水预处理后的情况见下表。园区污水处理厂处理能力为 5.0 万 m^3/d，目前实际处理量为 3.3 万 m^3/d，接管水质要求为 COD 350 mg/L、NH_3-N 25 mg/L、TP 8 mg/L，其他指标需达到 GB 8978—1996 表 1 及表 4 三级排放标准（氟化物 20 mg/L，Cu 2.0 mg/L，As 0.5 mg/L）。氨水清洗工序产生的清洗废水中氨含量为 0.02%，为降低废水中氨浓度，拟采取热交换吹脱法除氨，氨的吹脱效率为 80%，吹脱出的氨经 15 m 高排气筒排放（GB 14554—93 规定，15 m 高排气筒氨排放量限值为 4.9 kg/h）。

废水预处理情况一览表

废水	预处理方法	排放规律	水量/（m^3/d）	出水水质/（mg/L）					
				COD	NH_3-N	TP	F	As	Cu
清洗废水	吹脱法	连续	1 200	150	40	—	—	—	—
蚀刻废水	絮凝沉淀法	连续	3 600	150	5	20	8	—	—
尾气洗涤塔废水	絮凝沉淀法	连续	120	200	—	—	—	1.0	—
化学镀废水	絮凝沉淀法	连续	360	50	—	—	—	—	5.0

【问题】

1．给出掺杂工序和化学镀工序废水、废气特征污染因子。

【参考答案】

（1）掺杂废水：砷。［1.5 分，或答有关砷的分子式如砷化氢等即给分，多答铜不给分（此工序无铜排放）］

（2）掺杂废气：砷。（1.5 分，或答有关砷的分子式如砷化氢等即给分）

（3）化学镀废水：铜。（1.5 分，或答有关铜的化学式如铜离子或硫酸铜即给分）

考点分析与答题技巧：注意本题问的是“特征污染物”，如果答上常规污染物就不会得分。根据评分要求，只分工序不分废水、废气作答的一律不给分（如“掺杂工序特征污染因子砷”，不给分）。本题根据工艺流程图和题干信息可得出本题答案。如果考生曾经做过此类项目的环评，对半导体原件生产工艺熟悉，则会更容易地做出此题。其实，此类项目工序复杂，各工序废水和废气中的成分较多。但对于本题的考试问题，只能结合题干提供的素材来答，其中砷、砷化氢均是比较容易的，也是必须给出的答案。工业类建设项目污染源分析特别关注特征污染物，无论是参加环评师考试，还是针对某些工业类建设项目的环境影响评价实际工作均需注意识别。

2．根据项目废水预处理情况，判别 A 厂废水能否纳入园区污水处理厂，并说明理由。

【参考答案】

（1）不能纳入。（1 分）

（2）As 为一类污染物，应该在预处理排污口达标排放（出口浓度为 1 mg/L，大于 GB 8978—1996 表 1 要求的排放标准 0.5 mg/L）。（2 分）

（3）总磷混合后浓度为 $20\times[3\ 600\div(1\ 200+3\ 600+120+360)]=13.6$（mg/L），超过纳入园区污水处理厂的要求（8 mg/L）。（2 分）

考点分析与答题技巧：其实，化学镀处理车间预处理后的 Cu 离子（5.0 mg/L）也不符合进入园区污水处理厂的要求（2.0 mg/L），虽然不是一类污染物，但在实际工作及管理上（考试时可不考虑）应该视为一类污染物预处理后达标。达标排放是环境管理的基本要求。本题告诉我们，在实际工作中，不能认为企业产生的污染物排入污水处理厂就满足环境保护要求了而不予深入调查和分析。在排入污水处理厂之前，需考虑污水处理厂的接管水质要求。不能不经处理或处理不达标就随意排入污水处理厂。特别是第一类污染物，需在车间或车间处理设施处理后达标。清洗废水预处理后出水中的氨氮超标，但进入中和池混合后则符合入园接管水质要求。

3．列出掺杂工序、化学镀工序废水预处理产生的污泥处置要求。

【参考答案】

掺杂工序产生的污泥和化学镀产生的污泥含重金属砷、铜（1 分，只答砷或铜也给 1 分），属于危险废物（1 分），应该按照危险废物处置要求处置（1 分）。

考点分析与答题技巧：根据评分要求，如果只答重金属，没有危险废物，不得分；答重金属，并说明按危险废物处置，可得 2 分。其实，根据问题“污泥处置要求”来看，本题所给参考答案并不符合题意，因为并未将处置要求具体答出来。另外，有答案认为化学镀废水中无“铜”，是不正确的。

本小题主要考查对《国家危险废物名录》的熟悉程度，同时考查对大纲中要求掌握的危险废物污染控制标准的把握，特别应注意相关标准中针对进场危险的危废特性提出的一些预处理要求。工业废水处理后产生的污泥应经过鉴别后，根据其特性进行处理处置。特别是危险废物，绝不能不经鉴别就随生活垃圾一起进行填埋或作农肥使用。2016 年《国家危险废物名录》增加了部分危险废物的豁免管理，其最新版本（2021 年版）进一步完善了豁免管理方面的内容，考生应认真学习新版。

4．评价本工程采用的热交换吹脱法除氨废气排放达标情况，给出废气排放的控制措施。

【参考答案】

（1）不达标。（1.5 分）

（2）吹脱后氨气排放速率为：$1\,200 \times 0.02\% \times 80\% \times 10^3 \div 24 = 8$（kg/h），超过排放标准 4.9 kg/h。（3 分）

（3）措施：① 增加吸收措施（1.5 分）；② 提升排气筒高度，但必须考虑厂界是否达到标准（1.5 分）。

考点分析与答题技巧：根据评分要求，有关氨气排放速率计算公式，如果公式正确，但答案错（包括缺少单位换算，如少 10^3 或 10^{-3}），只给一半的分（1.5 分）；如果直接给出答案 8 kg/h，只给一半分（1.5 分）。有关废气控制措施，答“酸吸收、碱吸收、活性炭吸附、废气洗涤”等均视为吸收措施给 1.5 分，但只答“增加排气筒高度”不给分。从清洁生产考虑，污染控制措施，应从源头开始实施全过程控制，应通过改进清洗工艺，减少含氨废气、废水的产生，同时根据含氨废水污染特征选择更合理的废水处理工艺（如物化脱氮、生化脱氮、高级氧化等处理工艺），从根本上削减氨的排放。根据题意，可简单计算得出氨的排放速率，经对标后判定为不达标。针对废气，可采用简单的高空排放的方式做到达标排放，或者加装洗涤、吸收等处理工艺来实现达标排放，控制对环境的影响程度。从源头控制的角度来讲，可采用清洁生产水平更高的生产工艺，提高氨水利用率，减少含氨废气、废水的产生量，优化含氨废水处理工艺，在确保达标排放的前提下削减氨的排放。另外，本题中废水中氨的去除后以气体的形式排放，因此氨的质量需根据水来考虑（计算时有“小陷阱”就是水的密度，不必要考虑）。另外，吹脱效率显然是水中的氨 80%被吹到废气中了，因此不能按（1–80%）计算。根据题意，本题主要考查的是排放速率，在作答时可不考虑排放浓度。

试题二十二（2009 年考题）

拟建一厂年产电子元件 144 万件，年生产 300 d，每天工作 1 班，每班 8 h。各车间的厂房高 12 m，废气处理装置的排气筒均设置在厂房外侧，配套建设车间废水预处理设施和全厂污水处理站。

喷涂和烘干车间的单件产品二甲苯产生量为 5 g，产生的含二甲苯废气经吸收过滤后外排，净化效率为 80%，排气量 9 375 m^3/h，排气筒高 15 m。

各车间生产废水均经预处理后送该厂污水处理站，污水处理站出水达标后排入厂南 1 km 处的小河。各车间废水预处理设施、污水处理站的出水水质见下表：

拟建工程废水处理设施出水水质一览表

项目		废水量/（m^3/h）	COD/（mg/L）	磷酸盐/（mg/L）	总镍/（mg/L）	六价铬/（mg/L）	pH
生产车间预处理	阳极氧化废水	70	200	30.0	0.2	0.1	9.0
	化学镀镍废水	6	450	30.0	4.0	0.2	7.0
	涂装废水	1	0	6.0	2.0	20.0	3.0
	电镀废水	3	70	10.0	0.9	2.0	3.0
污水处理站		80	≤60	≤0.5	≤0.5	≤0.1	7.7
《污水综合排放标准》限值		—	100	0.5	1.0	0.5	6～9

注：二甲苯排气筒高度 15 m，《大气污染物综合排放标准》（HJ 16297—1996）规定最高允许排放速率为 1.0 kg/h，最高允许排放浓度为 70 mg/m^3。

【问题】

1. 该厂二甲苯的排放是否符合《大气污染物综合排放标准》要求？简述理由。

【参考答案】

不符合。理由如下：

（1）二甲苯排放速率：$5\times10^{-3}\times144\times10^{4}\times$（1−80%）÷（300×8）=0.6（kg/h）

（2）二甲苯排放浓度：（0.6 ÷ 9 375）$\times10^{-6}$=64（mg/m^3）

（3）排放高度：15 m，而厂房高度为 12 m，根据标准要求，处于厂房外的排气筒高度应高于周围 200 m 半径范围内建筑高度 5 m，因此，排气筒高度应为 17 m。

由以上计算可知，二甲苯排放浓度小于标准值 70 mg/m^3，排放浓度达标。根据题意，排放高度 15 m，厂房高度为 12 m，根据《大气污染物综合排放标准》要求，排气筒高度应高于周围 200 m 半径范围内建筑高度 5 m，否则应按现排放高度对应表列排放速率标准值严格 50%执行，即排放速率不应超过 0.5 kg/h，故目前二甲苯排放速率不达标。

考点分析与答题技巧：根据《大气污染物综合排放标准》，废气达标排放应该是排放浓度和排气筒对应的排放速率均达标的排放。在学习《大气污染物综合排放标准》时，除关注浓度和排放速率的标准限值外，还应该注意标准中提到的一些其他规定，特别是排气筒高度要求、等效排气筒的要求等。此题考查的是关于排气筒高度未达到应有的高度要求时排放速率要比标准值严格 50%执行的规定。本题根据评分要求，必须分情况考虑，仅用排放速率或排放浓度中其中一个数据判定二甲苯排放是否符合要求，不得分。速率和浓度可以没有算式，但不能没有计算结果。只用算式进行比较，例如，$5\times10^{-3}\times144\times10^{4}\times(1-80\%)\div300\times8<1.0$ kg/h，是不给分的。必须将排放速率和排放浓度都算出来，才能进行后面的讨论，如果只算了其中一个（速率或浓度），也只能得 1 分。此外，严格 50%针对的是排放速率而不是排放浓度。

2．计算污水处理站进水中的 COD 浓度及污水处理站的 COD 去除率。

【参考答案】

（1）污水处理站进水浓度：（70×200+6×450+3×70）÷80=211.4（mg/L）。（2 分）

（2）COD 去除率：（211.4−60）÷211.4×100%=71.6%。（2 分）

（3）所以，污水处理站的 COD 去除率≥71.6%。（1 分）

考点分析与答题技巧：此题考查工程分析中水平衡及废水源强确定的基本思路。计算过程并不复杂，需要的是细心，建议列出计算过程，避免遗漏。第一个问题注意浓度计算时可以不考虑涂装废水的 COD 为“0”，但水量却要加上其“1”。既是个“小陷阱”，但也算不上，因为污水站的进水量已给出是“80”。因此，本题基本没有难度。根据评分要求，给出正确计算式，结果正确，或直接给出正确结果，给 2 分；计算式正确，结果错误，只给 1 分；如果计算式错了，无论结果正确与否，均为 0 分。计算结果为 71.56%，72%也正确。由于题干表中所列污水处理站出水 COD≤60 mg/L，故最后答案一定要有 COD 去除率≥71.6%，否则，这 1 分就失去了。

3．指出该厂废水处理方案存在的问题。（4 分）

【参考答案】

（1）各生产车间废水经预处理后相关指标仍然不能达标，特别是重金属指标。

（2）化学镀镍废水中总镍浓度、涂装废水中总镍和六价铬浓度、电镀废水中六价铬浓度均在车间处理设施排放口处超标。

考点分析与答题技巧：本题的考点就是考查《污水综合排放标准》（GB 8978—1996）中关于第一类污染物的规定。根据评分要求，仅答总镍、六价铬浓度车间处理设施排放口处超标，只给 2 分。镍和铬属于第一类污染物，要求在车间排放口就要达标，部分车间有超标现象。题目中要求指出存在问题所在，因此答案一定要把“超标”二字写上，若写成“Ⅰ类污染物应在车间排放口达标”之类的答案，这样会被认为考生只是在照抄相关标准里的话，而没有找出问题所在。一定要具体指出各个车间的哪些污染物应该达标。最后，磷酸盐和 pH 因为不是第一类污染物，在污水处理站出水中达标即可，是符合标准的，在本题中属于干扰项。另外，电镀污染物排放应该执行《电镀污染物排放标准》（GB 21900—2008）。

4．进行水环境影响评价时，需要哪几方面的现状资料？（6 分）

【参考答案】

（1）河流水文资料（流速、流量、河宽等）。（2 分）

（2）区域河流水系分布。（1 分）

（3）沿河水污染源分布调查。（1 分）

（4）河流水环境功能要求。（1 分）

（5）河流水质现状。（1 分）

考点分析与答题技巧：本小题的考点是水环境“现状调查”的资料收集（类似考题在其他行业案例中也多次出现过）。根据评分要求，答案（1）还可以写“水深、坡度”等，写出 1 个得 1 分，两个以上得 2 分，但是，如果写的是“水文地质资料”，这样是不给分的（“水文地质”和“水文”不是一个概念），但如果写成“水文、地质资料”（有顿号），就可以得 2 分；答案（2）可以写“水系图、有否其他支流、其他河流汇入”等；答案（3）可以写“已有污染源调查、其他在建拟建污染源调查”等；答案（4）可以写“水体功能、水域功能区划”等；答案（5）可以写“污染物浓度、现状监测数据”等，但如果写成“水质标准”则不得分。如果给出以下参考答案：① 水环境规划功能及使用功能；② 水文及地质资料；③ 是否涉及饮用水水源地或取水口；④ 现状水质监测资料，特别是拟建排污口上下游水质资料；⑤ 调查所在水系或流域基本情况，上下游是否有支流汇入或其汇入的河流情况；⑥ 调查是否存在既有纳污口及其所纳水质与水量。也是符合题意的答案。

关于各环境要素评价工作中现状资料的收集，在相应的各“导则”中均有要求，本题的考点就在《环境影响评价技术导则　地表水环境》（HJ 2.3—2018）

中。现状调查是各环境要素评价的基础（水环境现状调查、空气环境现状调查、声环境现状调查、生态现状调查等），HJ 2.3—2018 实施后现状资料的收集更为重要。对于地表水现状调查，往往是在确定了调查范围、调查时段的基础上，进一步收集的水文及地质资料包括涉及河流的平直及弯曲情况、横断面、纵断面、水位、水深、河宽、流量、流速等环境影响预测需要的参数及边界条件；水环境功能区划及现状资料包括调查所在水系或流域基本情况，上下游是否有支流汇入或其汇入的河流情况；水资源利用情况；是否为环境敏感区（饮用水水源地或取水口）等；现有污染源调查资料包括点源、非点源，调查是否有既有纳污口及其所纳水质与水量；现状水质监测资料包括拟建排污口上下游水质资料、水质取样断面及取样点布设等。这些调查内容可以为影响预测工作提供所需的参数和边界条件等。具体到河流的现状调查，水质取样断面及取样点的布设、监测因子的确定等均是实际工作中需特别关注的，也是环评工程师常见考点之一。考试时，只需将要点答上，不必展开太多。

试题二十三（2008 年考题）

某新建铜冶炼项目采用具有国际先进水平的富氧熔炼工艺和制酸工艺。原料铜精矿含硫 30%，年用量 41 万 t。补充燃料煤含硫 0.5%，年用量 1.54 万 t。年工作时间 7 500 h。

熔炼炉产生的含 SO_2 冶炼烟气经收尘、洗涤后，进入制酸系统制取硫酸，烟气量为 16 万 m^3/h，烟气含硫 100 g/m^3。制酸系统为负压操作，总转化吸收率为 99.7%。制酸尾气排放量 19.2 万 m^3/h，经 80 m 高烟囱排入大气。

原料干燥工序排出的废气由 100 m 高烟囱排入大气，废气排放量为 20 万 m^3/h，SO_2 浓度为 800 mg/m^3。

对污酸及酸性废水进行中和处理，年产生的硫酸钙渣（100%干基计）为 8 500 t，年产生的冶炼水淬渣中含硫总量为 425 t。

环保行政主管部门要求本工程 SO_2 排放总量控制在 1 500 t 以内。SO_2 排放控制执行《大气污染物综合排放标准》，最高允许排放浓度分别为：550 mg/m^3（硫、二氧化硫、硫酸和其他含硫化合物使用），960 mg/m^3（硫、二氧化硫和其他含硫化合物生产）；最高允许排放速率：排气筒高度 80 m 时为 110 kg/h；排气筒高度 100 m 时为 170 kg/h。

注：S、O、Ca 的原子量分别为 32、16、40。

【问题】

1. 计算硫的回收利用率。

【参考答案】

（1）投入量：$41\times10^4\times30\%+1.54\times10^4\times0.5\%=123\ 000+77=123\ 077$（t/a）。

（2）回收利用量：$16\times10^4\times100\times99.7\%\times7\ 500\times10^{-6}=119\ 640$（t/a）。

（3）回收利用率：$119\ 640/123\ 077\times100\%=97.2\%$。

考点分析与答题技巧：本题难度较小，但计分是以每一步分别计分的，因此每一步计算都应正确，否则就将失分。这类计算也是建设项目环境影响评价工作“工程分析”中物料平衡计算的重要内容。如果不给出计算过程，则要求给出的计算结果一定要正确，也可能会得满分。但给出分步计算过程会使得分更有把握。有人考虑太多，认为既然经过收尘、洗涤、干燥工序，这部分原料干燥的损失在计算回收利用量的时候应该扣除，扣除回收利用量就是 119 640–

600=119 040（t/a），回收利用率就是 119 040/123 007=96.7%。由于考虑过多，居然忘记了回收率就是回收利用量与投入量之比这么简单的一个概念。

2. 计算制酸尾气烟囱的 SO_2 排放速率、排放浓度和原料干燥工序烟囱的 SO_2 排放速率。

【参考答案】

（1）制酸尾气烟囱的 SO_2 排放速率：$16\times10^4\times100\times(1-99.7\%)\times2\times10^{-3}$ = 96（kg/h）。

（2）制酸尾气烟囱的 SO_2 排放浓度：$96\div(19.2\times10^4)=5\times10^{-4}$（$kg/m^3$）= 500（$mg/m^3$）。

（3）原料干燥工序烟囱的 SO_2 排放速率：$20\times10^4\times800\times10^{-6}$=160（kg/h）。

考点分析与答题技巧：本题难度也不大，是计算污染源排放污染物源强及判断其是否达标的基本方法，也是预测其环境影响的基础数据。这类计算主要是要注意计量单位之间的关系，以及原子量等量纲的关系，如 S 的原子量是 32，SO_2 的分子量则为 64，相当于 2 倍硫原子量，所以第一问计算不能忘记乘以“2”。

3．列出下列硫平衡表中字母代表的具体数值。

项目	硫投入/（t/a）	硫产出/（t/a）
铜精矿	A	
燃煤	B	
硫酸		C
制酸尾气烟囱排气		D
原料干燥工序烟囱排气		E
硫酸钙渣		F
水淬渣		G
其他损失		H

【参考答案】

A=123 000

B=77

C=119 640

D=$96\times7\,500\times10^{-3}\times1/2$=360

E=$160\times7\,500\times10^{-3}\times1/2$=600

F=8 500×[32/（40+32+16×4）]=2 000

G=425

H=（A+B）－（C+D+E+F+G）=52

考点分析与答题技巧：本题计算难度不大，考查的也是环境影响评价工程分析中计算物料平衡的基本知识。可见，物料平衡计算在环评中是十分重要的。

4．简要分析本工程 SO_2 达标排放情况，并根据环保行政主管部门的要求对存在的问题提出解决措施。

【参考答案】

（1）SO_2 排放达标情况分析。

SO_2 主要是制酸废气和原料干燥废气的两个排气筒：

① 制酸尾气烟囱的 SO_2 排放速率 96 kg/h，排放浓度 500 mg/m^3。对照题干所给的 960 mg/m^3 排放控制标准，达标。

② 原料干燥工序烟囱的 SO_2 排放速率 160 kg/h，排放浓度 800 mg/m^3。对照题干所给标准，排放速率达标（小于标准规定的 170 kg/h），且排放浓度达标（小于标准规定的 960 mg/m^3）。

③ SO_2 排放总量：（96+160）×7 500×10^{-3}=1 920（t/a），不满足环保部门提出的控制在 1 500 t/a 以内的要求。

因此，虽然制酸和干燥两道工序的 SO_2 排放速率和浓度达标，但排放总量不符合环保部门的控制要求。

（2）应对原料干燥工序的 SO_2 进行脱硫处理，可以采用石灰石、碱吸收、氨法、石灰石-石膏法等进行脱硫。

考点分析与答题技巧：本项目存在硫、二氧化硫、硫酸和其他含硫化合物为铜冶炼中产生过程（并被“使用”）工艺。根据题干信息，有环境保护行政主管部门要求执行的排放标准。实质上是考查对《大气污染物综合排放标准》（GB 16297—1996）的理解与应用，包括排气筒高度、排放速率、排放浓度、排放总量，而且排气筒高度还应高出周围 200 m 半径范围的建筑高度 5 m 以上，不能达到要求高度的排气筒，则按其高度对应的排放速率（注意不是“排放浓度”）标准值严格 50%执行。本小题告诉我们，对标准应明确其应用范围、对象或其他特殊要求。

本案例是 2008 年的考题。2010 年，环境保护部发布了《铜、镍、钴工业污染物排放标准》（GB 25467—2010），此后修改单增加了大气污染物特别排放限值，此类项目的污染物排放从 2010 年 10 月 1 日起应执行该标准，不再执行《污水综合排放标准》（GB 8978—1996）、《大气污染物综合排放标准》（GB 16297—1996）和《工业炉窑大气污染物排放标准》（GB 9078 —1996）中的相关规定。

试题二十四（2008 年考试大纲例题）

某城市工业区内一汽车制造厂扩建年加工 5 万辆汽车车身涂装车间。生产工艺为：清洗除油→水清洗→磷化→水清洗→涂底漆→水清洗→干燥→喷中漆→烘干→喷面漆→烘干。清洗除油采用氢氧化钠和合成洗涤剂；磷化使用磷酸锌、硝酸镍，涂底漆使用不含铅的水溶性涂料；中漆和面漆含甲苯、二甲苯；烘干采用热空气加热方式。

生产过程中废气污染源主要包括喷漆过程和烘干过程产生的废气。喷漆室废气量为 8.6 万 m^3/h，漆物浓度 680 mg/m^3，漆雾中甲苯 12 mg/m^3 由 30 m 高的排气筒排放。两个烘干室废气量均为 2.1 万 m^3/h，甲苯浓度为 86 mg/m^3，废气采取直接燃烧法处理，净化效率 96.5%，分别由各自 30 m 高的排气筒排放，两个排气筒相距 50 m。

生产过程产生的废水有含油废水、磷化废水、喷漆废水，均进入汽车制造厂污水综合处理站，经处理达标后排入城市污水处理厂。产生的工业固体废物主要包括漆渣、磷化滤渣、污水处理站的污泥。

【问题】

1．推荐两种喷漆室漆雾净化方法，并说明其原理及可达到的效果。

【参考答案】

（1）吸收法：集中收集废气，通过装有水或水溶液等液态吸收剂的装置，将废气中的气态污染物（如漆雾中的气态污染物甲苯、二甲苯等）吸收去除的方法，其去除率一般可达 90%左右。

（2）吸附法：集中收集废气，通过装有活性炭等吸附剂的装置，将废气中的气态污染物吸附去除的方法，去除率一般可达 95%左右。

考点分析与答题技巧：废气中污染物的去除方法，除吸收法、吸附法外，还有催化燃烧法、热力燃烧法、冷凝法、膜分离法、生物氧化法等，随着科学技术的发展，还会有很多其他先进的方法出现。

2．计算烘干室排气筒甲苯的排放速率及两个排气筒的等效源高。

【参考答案】

（1）单个烘干室的排放速率：$2.1\times10^4\times86\times(1-96.5\%)\times10^{-6}=0.063\ 21$（kg/h）。则两个烘干室的排放速率为 0.126 42 kg/h。

（2）等效排气筒高度：$h=[（30^2+30^2）÷2]^{\frac{1}{2}}$=30（m）。

考点分析与答题技巧：本题难度不大，目的是考查《大气污染物综合排放标准》（GB 16297—1996）中关于排气筒速率及等效排气筒高度的计算。排气筒速率是相加的关系，所以本题题干并未分别将两排气筒的速率拆开来迷惑考生。关于等效排气筒的高度，尽管本题不用计算一看便知，但计算过程恰恰是本题的考点，必须给出才能得分。此外，关于等效排气筒速率、位置及排气筒最高允许排放速率的内插法和外推法的计算均应掌握。从本题等效排气筒高度的计算结果可知，如果两个排气筒的高度一样，则其等效排气筒的高度不变。从本题也可以看出，尽管等效排气筒的高度未变，但等效排气筒的速率却是原两个排气筒的速率之和，如果超标，同样需要严格治理。2006 年也考过同样的问题。

3. 给出涂装废水的主要污染物，列举理由说明本工程污水处理方案是否可行。

【参考答案】

（1）主要污染物有：pH、SS、COD、石油类、磷酸盐、LAS、Zn、Ni。

（2）本工程污水处理方案不可行。由于喷漆废水、磷化废水中均含有第一类污染物，应在车间进行处理，达标后再排入污水处理站。

考点分析与答题技巧：污染物分类分别处理是基本原则，特别是涉及第一类污染物的废水。此外，含油废水一般也应先行隔油预处理。至于 LAS，是合成洗涤剂的主要成分。解答本小题时，比较好的方式是按不同废水的类型分别给出主要污染物。如脱脂废水（液）：表面活性剂（LAS）、石油类、化学需氧量（COD）、悬浮物（SS）等；磷化废水（液）：总镍（Ni）、总锌（Zn）、磷酸盐、硝酸盐等；电泳废水（液）：COD、SS 等。关于废水处理方案不可行的主要理由，可以答：① 磷化废水（液）含有总镍，总镍为第一类污染物，应在车间或车间处理设施单独处理达标；② 脱脂废水（液）含石油类，应预处理后再与其他废水混合处理。

4. 本工程所产生的漆渣、磷化滤渣拟在厂内临时存放，以下哪些做法符合环境保护的要求？

（1）在废物产生点就地桶装、存放。

（2）在废物产生点装桶或装袋送集中贮存设施分类贮存。

（3）平整临时堆存场地后存放。

（4）夯实临时堆存场地面，并进行防渗处理（渗透系数小于 10^{-10} cm/s）。

（5）废物堆放处理要防风、防雨、防晒。

（6）废物堆场应设计雨水收集池，沥出的雨水和滤液收集后进入污水处理站。

（7）废物出售砖瓦厂综合利用。

【参考答案】（2）（4）（5）（6）。

考点分析与答题技巧：本小题当年对照原《危险废物贮存污染控制标准》（GB 18597 —2001）（2023 年修订后编制已改为 GB 18597—2023）即可知答案。对危险废物的环境管理是当前环境保护工作十分关注的方面，环境影响评价技术人员对此应充分掌握。另外，如果本小题设问要求说明理由，考生应简要而准确地说明（主要理由为：漆渣、磷化滤渣和污水处理站的污泥属于危险废物，应在废物产生点装桶或装袋后送危险废物集中贮存设施分类贮存。危险废物集中贮存场所地面必须进行防渗处理，渗透系数小于 10^{-10} cm/s，且危险废物堆放要采取“三防”（防渗漏、防扬散、防流失）及其他防止污染环境的措施。暂存的危险废物应定期委托有危险废物经营许可证的单位处置，不可以出售给砖瓦厂）。另外，解答本小题一定要注意设问，如果试卷上问的是哪些“不符合”环境保护要求，并说明理由，则就是另一个解答方式了。

试题二十五（2007 年考题）

某电子元件厂拟建构件表面处理工程，年处理电子元件 144 万件。厂房高 12 m，废气处理设施的排气筒均设置在厂房外侧。年工作日 300 d，每天 8 h。

生产过程产生的硫酸雾浓度为 200 mg/m^3，经处理后外排，排气筒高度 20 m，排气量 30 000 m^3/h，排气浓度 45 mg/m^3。喷涂和烘干产生的二甲苯有机废气经吸收过滤后外排，二甲苯产生量 5 g/件（产品），净化效率为 80%，经 15 m 高排气筒排放，排气量 9 375 m^3/h。

生产过程产生的废水有化学镀镍废水，涂装车间含六价铬、镍废水，电镀车间含六价铬、镍和磷酸盐废水。

生产过程中产生的废漆渣拟送该厂现在锅炉焚烧，废切削液由厂家回收，含铬镍废液送水泥厂焚烧，生活垃圾集中送市政垃圾填埋场处置。

注：二甲苯排气筒高度 15 m，《大气污染物综合排放标准》规定最高允许排放速率为 1.0 kg/h，最高允许排放浓度为 70 mg/m^3。

【问题】

1．列出环境空气现状评价应监测的项目。（4 分）

【参考答案】

SO_2、NO_2、TSP、PM_{10}、二甲苯、硫酸雾（或硫酸盐化速率）。（前 3 项各 1 分，硫酸雾和二甲苯为 1 分）

考点分析与答题技巧：前 4 个是常规污染物，后 2 个是特征污染物。硫酸雾在环境监测中是以硫酸盐化速率来表示的。PM_{10} 可以不答（但答上也不为错），主要是考虑到目前实际监测中较少监测 PM_{10}。从 2015 年开始，常规因子还需要根据环保要求增加 $PM_{2.5}$ 或《环境空气质量标准》（GB 3095—2012）中规定的其他常规因子，如臭氧（O_3）。

2．计算硫酸雾的净化效率和排放速率。（4 分）

【参考答案】

（1）净化效率：（200−45）÷200×100%=77.5%。（2 分）

（2）排放速率：$30\,000\times45\times10^{-6}=1.35$（kg/h）。（2 分）

考点分析与答题技巧：本题比较简单，只要厘清题干提到的关系及计量单位量纲转换即可，这是工程分析的基本知识。尽管有时答案只有最后的计算结果，但在答题时最好给出计算过程或计算公式，确保答案的正确性。

3．二甲苯的排放是否符合《大气污染物综合排放标准》的要求？简述理由。（4 分）

【参考答案】

（1）不符合。（1 分）

（2）二甲苯排放速率为 0.6 kg/h，排放浓度 64 mg/m^3。《大气污染物综合排放标准》规定排气筒高度应高出周围 200 m 半径范围内建筑高度 5 m 以上，现有排气筒高度不符合要求，则排放速率应比标准值严格 50%，为 0.5 kg/h。（3 分）

考点分析与答题技巧：根据《大气污染物综合排放标准》（HJ 16297—1996），考核大气污染物排放是否达标主要有 3 个方面：排气筒高度、排放速率和排放浓度。如果排气筒高度不符合要求，则排放速率（注意，不是排放“浓度”）按其高度对应的标准值的 50%执行，而排气筒的高度要求高出周围 200 m 范围内建筑 5 m 以上。《大气污染物综合排放标准》对某些污染物的排气筒高度有特别要求，大家需要牢记。另外，有行业污染排放标准或地方污染排放标准的应执行行业或地方污染物排放标准，执行特别排放限值的地区或行业，应执行标准中的特别排放限值。

4．给出本工程产生的危险废物种类，说明危险废物处理处置措施是否符合相关要求。（4 分）

【参考答案】

（1）危险废物主要有：废漆渣（0.5 分）、废切削液（0.5 分）、含铬镍废液（化学镀镍车间含镍废液、涂装车间的含铬镍废液、电镀车间的含铬镍废液。各 0.5 分）。

（2）废切削液由厂家回收符合环保要求（0.5 分）。

（3）废漆渣由现有锅炉焚烧及含铬镍废液送水泥厂焚烧均不符合环保要求（0.5 分），应送由环境保护行政主管部门认可的危险废物处置单位处理处置（0.5 分）。

考点分析与答题技巧：本题答上“废漆渣、废切削液、含铬镍废液”分别得 1 分。危险废物管理是环境保护的重点工作，其处理处置必须符合国家规定的相关标准和规范。这方面既是环评考试的重点，也是环境影响评价实际工作和监督管理的要求。

5．根据各车间废水性质，应如何配套建设污水处理设施？（4 分）

【参考答案】

产生镍、铬第一类污染物的化学镀镍车间（1 分）、涂装车间（1 分）、电镀车间（1 分）应分别建设处理重金属污水的设施（1 分），确保在车间污水处理设施排放口的铬、镍重金属达标排放。

考点分析与答题技巧：本题的考点就是考含第一类污染物（重金属）污水的处理。污染源就是“三个车间”，将三个车间写清楚，并答上“分别建设配套污水预处理设施”，即可得满分。本题主要考《污水综合排放标准》（GB 8978—1996）中“第一类污染物”不分行业和排放方式，也不分受纳水体的功能类别，一律在车间或车间处理设施排放口达标排放的要求。因此，第一类污染物要牢记。

试题二十六（2006 年考题）

某城市工业区内一汽车制造厂扩建年加工 5 万辆汽车车身涂装车间，生产工艺为：清洗除油→水清洗→磷化→水清洗→涂底漆→水清洗→干燥→喷中漆→烘干→喷面漆→烘干。清洗除油采用 NaOH 和合成洗涤剂；磷化使用磷酸锌、硝酸镍，涂底漆使用不含铅的水溶性涂料；中漆和面漆含甲苯、二甲苯，烘干采用热空气加热方式。

生产过程废气污染源主要有喷漆过程产生的废气。喷漆室废气量为 8.6 万 m^3/h，漆物浓度 680 mg/m^3，漆雾含甲苯 12 mg/m^3，由 30 m 高的排气筒排放。两个烘干室废气量均为 2.1 万 m^3/h，含甲苯浓度 86 mg/m^3，废气采用直接燃烧法处理。净化效率 96.5%，分别由各自 30 m 高的排气筒排放，两排气筒相距 50 m。

生产过程产生的含油废水、磷化废水和喷漆废水，均进入汽车制造厂污水综合处理站处理达标后排入城市污水处理厂。产生的工业固体废物有漆渣、磷化滤渣、污水处理站的污泥。厂址东侧有一乡镇。

【问题】

1．给出喷漆室可采用的漆雾净化方法（3 种即可）。

【参考答案】

吸收法、吸附法、燃烧法。

考点分析与答题技巧：吸收法的原理是利用气体混合物各组分在一定液体中溶解度的不同而分离气体混合物，主要适用于吸收效率和速率较高的有毒有害气体的净化。常用的吸收装置有填料塔、喷淋塔、板式塔、鼓泡塔、湍球塔和文丘里吸收塔等，其去除率一般可达 90%以上。吸附法的原理是用固态吸附剂对气体混合物中各组分吸附选择性的不同而分离气体混合物的方法。吸附法主要适用于低浓度有毒有害气体的净化。吸附工艺分为变温吸附和变压吸附。常用的吸附设备有固定床、移动床和流化床。常用的吸附剂有活性炭（纤维）、分子筛、活性氧化铝和硅胶等，其去除效率一般可达 95%左右。另外，还有燃烧法或催化燃烧法等。

2．计算各烘干室排气筒甲苯的排放速率及两个排气筒的等效源高。

【参考答案】

（1）单个烘干室排气筒排放速率=单位时间排气量×排气浓度×（1−净化去除

率）。即 $2.1\times10^4\times86\times10^{-6}\times$（1−96.5%）=0.063 21（kg/h）。

（2）两排气筒等效源高：$[(30^2+30^2)\div2]^{1/2}=30$（m）。

考点分析与答题技巧：本题难度不大。排放速率的计算比较简单，只需注意量纲换算，即可轻松解决。关于等效排气筒的计算，《大气污染物综合排放标准》（GB 16297—1996）中有计算公式，尽管本题不用计算一看便知，但计算过程恰恰是本题考试的要点，必须给出才能得分。此外，关于等效排气筒速率、位置及排气筒最高允许排放速率的内插法和外推法的计算均应掌握。从本题等效排气筒高度的计算结果可知，如果两个排气筒的高度一样，则其等效排气筒的高度不变。2008年考了同样的等效排气筒计算题。另外，在实际工作中需要注意的是，《锅炉大气污染物排放标准》（GB 13271—2014）中没有关于等效排气筒的计算，因此，等效排气筒的计算不适用于锅炉（因为一座锅炉房只允许设1根烟囱）。

3. 给出涂装废水的主要污染因子，列举理由说明本工程污水处理方案是否可行。

【参考答案】

（1）pH、COD、石油类、磷酸盐、LAS、Zn、Ni、SS等。

（2）本工程污水处理方案不可行。因为本工程废水类型有含油废水、磷化废水和喷漆废水等，较为复杂，加之含有重金属，应分类分别进行处理或预处理，最后再进入污水综合处理站，经污水综合处理站处理后可排入城市污水处理厂。

考点分析与答题技巧：在工程分析中，识别污染源项及污染因子是基本内容，也是确定污染源强的基础。其实，工程分析的实质就是确定污染源、源强及其污染物排放方式，进而才能有针对性地预测或分析各类污染物对环境的影响，并提出治理措施。对于废水处理，特别是不适宜采取混合处理的废水，应针对不同类型的废水分别采取有针对性的、具体的处理措施。这也是废水处理的技术原则，否则主要污染物被“稀释”而难以达到处理效果。

4. 本工程产生的工业固废中哪些属危险废物？

【参考答案】

（1）漆渣和磷化滤渣。

（2）经鉴定为危险废物的污水处理站的污泥。

考点分析与答题技巧：如本工程按题干所述方式处理污水，则污水处理站的污泥需进行鉴别后确定其是否为危险废物。根据《中华人民共和国固体废物污染环境防治法》，危险废物是指列入国家危险废物名录或者根据国家规定的危险废物鉴别标准和鉴别方法认定的具有危险特性的固体废物。危险特性是指腐蚀性、毒性、易燃性、反应性、感染性。

5. 危险废物拟在厂区内临时存放，以下符合危险废物处置原则的有哪些？（限答 4 项，多答本题无分，只答标题号。）

（1）各废物产生点，就地桶装、存放。

（2）各废物产生点装桶或装袋送集中贮存设施分类贮存。

（3）平整临时堆存场地后存放。

（4）夯实临时堆存场地面，做防渗，渗透系数小于 10^{-10} cm/s。

（5）废物堆放处要采取“三防”（防渗漏、防扬散、防流失）以及其他防止污染环境的措施（实际上本项目就应采取防风、防雨、防晒等措施）。

（6）废物堆场应设计雨水收集池，并能收集 25 年一遇的暴雨 24 h 降水量。

（7）将废物出售砖瓦厂综合利用。

【参考答案】（2）（4）（5）（6）。

考点分析与答题技巧：本题考的是《危险废物贮存污染控制标准》（GB 18597—2001）的内容（2023 年 1 月 20 日，生态环境部修订发布了该标准。修订后的编号为 GB 18597—2023，并于 2023 年 7 月 1 日实施）。关于固体废物污染控制，国家发布了一系列标准。这些标准既是环境影响评价工程师考试中的重要内容，也是固体废物处理处置与污染控制项目建设中须严格遵守的技术规定，环境影响评价技术人员应充分理解和掌握。在此类项目的环境影响评价中，必须严格执行这些国家标准。此题答案可以作为常用的危险废物暂存场所应采取的环保措施，应牢记。

6. 公司拟自建危废焚烧炉，焚烧炉的环境影响评价必须回答的问题是什么？（回答 3 项即可）

【参考答案】

（1）焚烧炉位置的选择及周边环境情况。

（2）焚烧炉工艺及技术指标，如排气筒高度、尾气净化、报警及应急处理装置。

（3）焚烧危险废物的贮存。

考点分析与答题技巧：本小题当年考的是原《危险废物焚烧污染控制标准》（GB 18484—2001）的内容（该标准已于 2020 年 11 月 26 日修订发布，2021 年 7 月 1 日实施，标准编号为 GB 18484—2020。考生应认真学习新标准）。在该标准中关于焚烧炉的技术指标较多，技术要求及监督监测也均有规定，应予掌握。

二、水利水电案例

试题一（2023 年考题）

拟建黑河水库工程位于云贵高原兰江水系黑河上，是已通过规划环评审查的《兰江流域水资源综合利用规划修编报告》中推荐近期实施的重点跨流域调水工程，开发任务为城乡生活、工业及灌溉供水，兼顾防洪。水库建成后，优先满足坝下黑河两岸农村生活供水及农田灌溉供水，并通过输水线路向位于盘江流域的 A 市提供城市生活及工业用水，以缓解 A 市水资源供需矛盾，促进 A 市社会经济的可持续发展。

黑河为兰江右岸一级支流，河道全长 46.5 km，流域面积 383 km^2。黑河水库工程坝址位于黑河河口以上 13.7 km 处，控制流域面积 297 km^2，多年平均年径流量为 12 960 万 m^3。坝上、坝下河道均有较小支流分布。拟建坝址上游 210 m 处现有 1 座小（1）型水库，1957 年建成投产，其功能为向下游黑河两岸 3 840 亩灌区提供灌溉用水。黑河水库建成后将淹没该小（1）型水库并完全取代其灌溉功能，并新增黑河两岸灌溉面积 7 167 亩。

黑河水库为大（2）型水库，大坝为混凝土面板堆石坝，坝高 55 m，坝长 333 m。水库正常蓄水位 1 995 m，死水位 1 970 m，总库容 13 500 万 m^3，兴利库容 10 932 万 m^3，具有多年调节性能。水库设计多年平均年供水量 4 715 万 m^3，其中向坝下黑河两岸供水 438 万 m^3，包括农村生活供水 32 万 m^3，农田灌溉供水 406 万 m^3，合计灌溉面积 11 007 亩（现有灌溉面积 3 840 亩，新增灌溉面积 7 167 亩）；向 A 市供水 4 277 万 m^3，包括城市生活供水 1 336 万 m^3，工业供水 2 941 万 m^3。

A 市调水取水口位于黑河水库坝前库区左岸，由取水箱涵和进水塔组成。向 A 市供水的输水线路总长 18.7 km，包括 11.2 km 隧洞、1.6 km 箱涵及 5.9 km 钢管道，隧洞穿越兰江与盘江两流域的分水岭地带。水库工程向坝下黑河两岸的供水方式为水库放水至河道，再经下游供水工程向沿岸进行供水。水库运行管理用房布置在右坝肩上游，日常管理人员约 44 人。

水库工程征占地总面积 1 395 hm^2，其中永久征地 1 224 hm^2，临时占地

171 hm^2，规划水平年搬迁安置人口 2 992 人，共设 5 个集中安置点，其中 4 个安置点在库区周边就近后靠建设。移民集中安置点均配套建设有公厕、污水处理站及生活垃圾中转站等基础设施。

根据相关水环境功能区划，兰江及黑河均为Ⅲ类水环境功能类别，现状水质均能满足水质目标要求。兰江在黑河汇入口下游 3.8 km 处已建有大（1）型水库工程兰江水库，黑河汇入口处于兰江水库库区河段。为保护兰江水库及兰江水环境，地方政府发布了《兰江保护条例》，对兰江流域实行分区保护，将兰江水库坝址以上集水区域划为兰江流域上游保护区，并进一步划分为水源保护核心区、重点污染控制区和重点水源涵养区。其中，黑河流域在黑河水库坝上为重点水源涵养区，坝下为重点污染控制区。根据条例规定，重点水源涵养区内禁止盗伐、滥伐林木和破坏草地，禁止使用高毒、高残留农药以及《中华人民共和国水污染防治法》中所禁止的行为；重点污染控制区除重点水源涵养区禁止行为以外，还禁止新建、扩建对水体污染严重的项目，禁止围河造地、围垦河道、网箱养殖、规模化畜禽养殖、挖砂、采石、取土、采矿等行为。

A 市受水区退水（受水区用水户排放的污废水）汇入盘江，退水河段为Ⅳ类水环境功能类别。A 市污染源以城镇生活和工业废水为主，建有城镇污水处理厂，出水执行《城镇污水处理厂污染物排放标准》一级 A 类标准。

环评文件编制单位调查显示：黑河流域内无工业污染源，分布有国家二级保护鱼类金线鲃、兰江特有鱼类德泽华吸鳅和兰江似原吸鳅。三种鱼类均产黏沉性卵，产卵期主要集中在每年 4—6 月，产卵场较为分散，无集中的规模性产卵场。为保护黑河鱼类资源，环评文件编制单位提出了建设过鱼设施、采用卧管分层取水、鱼类增殖放流、加强渔政管理等对策措施减缓项目对鱼类的不利影响。

【问题】

1．判定本工程水文要素影响型地表水环境评价等级，并说明理由。（4 分）

【参考答案】

（1）一级。（1 分）

（2）理由：（以下理由给出任意三项得 3 分）

① 影响范围涉及国家二级保护鱼类金线鲃、兰江特有鱼类德泽华吸鳅和兰江似原吸鳅产卵场，不低于二级。

② 本项目为跨流域调水项目，评价等级不低于二级。

③ 多年调节型水库，评价等级应为一级。

④ β=10 932÷13 500×100%=81＞20，评价等级应为一级。

⑤ r=4 715÷12 960×100%=36.4＞30，评价等级应为一级。

综合考虑评价等级为一级。

考点分析与答题技巧：在多年的案例考试中，有关“地表水”导则多考察确定评价范围。本小题考察对《环境影响评价技术导则　地表水》（HJ 2.3—2018）关于水文要素影响型评价等级确定的规定（导则中的“表2 水文要素影响型建设项目评价等级判定表”）。考生需认真学习HJ 2.3—2018。

2. 为加强对黑河鱼类的保护，除本案提出的对策措施外还需考虑哪些措施？（4分）

【参考答案】

（1）施工期尽量避开产卵期。

（2）人工营造产卵场。

（3）划定鱼类栖息地保护河段。

（4）设置专门的生态流量下泄孔，并实施在线监测。

（5）产卵期生态调度。

（6）对金线鲃、德泽华吸鳅和兰江似原吸鳅等重点保护鱼类实施生态监测。

（7）拆除拟建坝址上游现有小（1）型水库。

（8）若现有兰江水库未建设过鱼设施，则应考虑建设过鱼设施。

考点分析与答题技巧：本小题只要答上5项即可得满分。本小题并不易答，因为题干已给出主要鱼类保护措施（为保护黑河鱼类资源，环评文件编制单位提出了建设过鱼设施、采用卧管分层取水、鱼类增殖放流、加强渔政管理等对策措施减缓项目对鱼类的不利影响），不太容易想出其他措施，而且要归纳总结出能够准确表述的方式，有一定的难度。

3. 提出本工程运行期黑河水库库区周边应采取的水质保护对策措施。（4分）

【参考答案】

（1）库区周边应落实水源涵养保护要求，农田应退耕还林，提高库周植被覆盖率；确需保留的永久基本农田应采取节水灌溉措施，减少农田退水。

（2）库区周边水源涵养区的农村应考虑搬迁，搬迁后就地进行生态修复；确实不能搬迁的应对生活污水集中收集处理后回用或达标排放。

（3）调查库区周边村镇分布情况，本次环评规划的移民安置点应安置在水源涵养区以外；将水源涵养区未纳入移民安置规划的村镇纳入移民安置规划。

（4）灌溉区禁止使用高毒、高残留农药以及《中华人民共和国水污染防治法》中所禁止的行为；

（5）落实地方政府颁布的《兰河保护条例》。

（6）合理处理处置水库管理用房的污水，禁止进入库区。

（以上任意答上4个得满分）

考点分析与答题技巧：本小题是针对水污染防治的，给出任意五项可得满分。

回答本小题时应注意：一是营运期，二是水库库区周边。题干指出“坝址上游为重点水源涵养区”“共设 5 个集中安置点，其中 4 个安置点在库区周边就近后靠建设。移民集中安置点均配套建设有公厕、污水处理站及生活垃圾中转站等基础设施”，而且已经提供了较多的措施（重点水源涵养区内禁止盗伐、滥伐林木和破坏草地，禁止使用高毒、高残留农药以及《中华人民共和国水污染防治法》中所禁止的行为；重点污染控制区除重点水源涵养区禁止行为以外，还禁止新建、扩建对水体污染严重的项目，禁止围河造地、围垦河道、网箱养殖、规模化畜禽养殖、挖砂、采石、取土、采矿等行为），可以摘录选取引用，并根据题干信息简要回答。虽然“4 个就近后靠安置点及公厕、污水处理站、生活垃圾中转站选址在水源保护区范围之外，环卫及环保基础设施建设时做好防渗处理”也是可采取的措施，但不属于营运期的措施。题干提到《兰河保护条例》，黑河是兰河的支流，也应落实该条例。解答该小题应抓住库区为“重点水源涵养区”的要求。

类似考题在 2016 年的供水工程案例中考过。考生应注意相似考题在不同案例内容中的不同解答，即应与题干信息密切结合。

4．提出减缓本工程坝下黑河两岸受水区退水影响的环境保护对策措施。（4 分）

【参考答案】

（1）坝下两岸农田节水灌溉，减少退水。

（2）坝下两岸灌溉区禁止使用高毒、高残留农药以及《中华人民共和国水污染防治法》中所禁止的行为。

（3）建设生态沟渠，截污净化灌溉退水。

（4）坝下两岸农村生活污水集中收集处理回用（灌溉）或达标排放。

（5）监测坝下水质，根据水质情况，合理确定黑河水库下泄流量。

（6）禁止坝下退水区内新建、扩建对水体污染严重的项目，禁止围河造地、围垦河道、规模化畜禽养殖、挖砂、采石、取土、采矿等行为。

（7）落实地方政府颁布的《兰河保护条例》。

（答上以上任意 4 项得满分）

考点分析与答题技巧：本小题与上一小题的不同在于要求回答的是“坝下”“黑河两岸”，而且是针对受水区退水的环保措施。根据题干信息，黑河两岸受水主要是农村生活用水和灌溉用水，且坝下为重点污染控制区（重点污染控制区除重点水源涵养区禁止行为以外，还禁止新建、扩建对水体污染严重的项目，禁止围河造地、围垦河道、网箱养殖、规模化畜禽养殖、挖砂、采石、取土、采矿等行为）。解答该小题应抓住坝下河段为“重点污染控制区”的要求。

5. 为分析 A 市受水区退水对盘江水环境的影响，应开展哪些方面的工作？

【参考答案】

答案一：

（1）调查 A 市城镇污水处理厂情况（0.5 分）

（2）调查 A 市受水区退入盘江的水量（0.5 分）、退水口位置（0.5 分）、退水方式（0.5 分）及主要污染物浓度（0.5 分）等

（3）盘江退水河段河道特征（0.5 分）、水文情势或相关水文特征值（0.5 分）调查或测量及近 3 年水环境质量数据资料（0.5 分）或补充监测。

答案二：

（1）调查 A 市的调水量、产生的退水量，退水排放方式、退水口位置。退水中污染物种类、废水排放的速率、浓度等退水情况。

（2）调查 A 市目前城镇污水处理厂、工业污水处理能力，是否满足增加受水后的污废水治理能力，是否需要扩建升级改造污水治理设施；调查盘江流域水污染治理规划。

（3）监测盘江水质现状，判断是否满足Ⅳ类水环境功能，调查盘江是否有饮用水保护区等水环境保护目标，盘江区域水污染源调查。

（4）调查监测盘江流量、流速等水文水动力参数，有没有支流汇入（地表水系）。

考点分析与答题技巧：根据本小题设问，应开展哪些方面的工作，实质上是通过模型预测退水对河流水环境的影响，模型预测参数的获取即是应开展的相关工作。根据题干信息“A 市受水区退水（受水区用水户排放的污废水）汇入盘江，退水河段为Ⅳ类水环境功能类别。A 市污染源以城镇生活和工业废水为主，建有城镇污水处理厂，出水执行《城镇污水处理厂污染物排放标准》一级 A 类标准”。本小题主要考察对 HJ 2.3—2018 关于地表水环境影响预测的熟悉情况。答案一和答案二主要内容基本类似，答案一较为简洁、答案二稍复杂。

本案例后 3 个小题均与退水有关，很容易混淆答案。想要有针对性、清晰、有区别地解答这 3 个小题是有一定难度的，受第 3 小题和第 4 小题的影响，甚至第 5 小题也会被误答为应采取的环境保护措施。

试题二（2022 年考题）

西南某地溪水江自北向南流，左岸自上游往下有 A、B 两条主要支流汇入。汇口间相距 144 km，A 河全长 83 km，流域面积 1 581 km^2，河口处多年平均流量 42.7 m^3/s。清溪县位于 A 河右岸，距河口 42～44 km，县城临河展布，以 A 河支流作为供水水源。目前供水保障率低，县城生活污水经集中处理后排入 A 河。B 河自东向西穿过临江市区，河流全长 32 km，河口处多年平均流量 6.3 m^3/s，为临江市的主要排污受纳水体。临江市目前以城区北侧的红旗水库作为供水水源。随着城市发展，现有水源的水资源量已无法满足其发展需求。

为提高清溪县供水保证率和满足临江市发展对水资源的需求，临江市拟在 A 河距河口 61 km 处新建 R 水库工程以及清溪县取水工程和临江市调水工程。清溪县取水工程在 R 水库坝下 10 km 右岸取水，经 6.8 km 取水管道接入县自来水厂；临江市调水工程在 R 水库坝上 100 m 左岸取水，经 20 km 输水隧洞向红旗水库补水。

R 水库坝址处多年平均流量 8.79 m^3/s，水库正常蓄水位 2 380 m，死水位 2 310 m，水库长 9.3 km，总库容 9 437 万 m^3，具有年调节能力。R 水库由大坝枢纽、泄水建筑物和发电厂组成。大坝最大坝高 96 m，泄水建筑物包括 1 条溢洪道、1 条放空洞和 1 根生态泄放管。发电厂房位于坝下，根据下游综合需水量进行发电，当发电机组无法下泄水量时，R 水库通过生态流量泄放管下泄生态流量。

R 水库调度方式为 6—11 月为蓄水期，在满足防洪需求的情况下蓄水，下泄流量小于等于天然来流量；12 月至翌年 5 月为供水期，下泄流量大于天然来流量。

A 河上游受地形地质、气候等因素影响，生态环境极为脆弱。中下游河段具有较典型的干热河谷特征，河谷区植被以灌丛、灌草为主。调水工程输水隧洞穿越山区，在隧道中段设 1 条施工支洞。隧洞及支洞口附近分别设有弃渣场、施工场地与临时道路，山区植被以云南松林、桤木林、杜鹃灌丛等为主，野生动植物较丰富。

A 河现状水质为Ⅱ～Ⅲ类，渔业资源较丰富，距河口约 10 km 的河段分布有一处鱼类产卵场。B 河为Ⅲ类水环境功能类别，受临江市排污影响，市区以下河段现状水质仅为Ⅳ～Ⅴ类。

【问题】

1．给出地表水环境影响评价范围。

【参考答案】

A 河坝址上游 9.3 km 至汇入溪水江入河口、红旗水库、B 河临江市段至汇入溪水江入河口段。

考点分析与答题技巧：本小题类似考试已多次出现过，既是考察地表水导则的应用，也是考察在水利水电建设项目环评实际工作中地表水评价范围确定的方法。解答本题的难度不大，只要画图即可确定。但是如果将 20 km 的输水隧洞作为地表水评价范围，显然是错误的。

2．为计算 A 河生态需水，应考虑哪些主要因素？

【参考答案】

（1）维护坝下鱼类资源及其产卵场生境条件的需水量；

（2）维护干热河谷植被的需水量；

（3）维护下游河段Ⅱ～Ⅲ类水环境质量所需的稀释净化水量。

考点分析与答题技巧：本小题解答时应针对题干信息，具体地、有针对性地解答，不能原则性地回答。如答工农业生产和生活需水量、维持水生生态稳定所需水量、维护河道水质的最小稀释净化水量等，均不够具体。另外，尽管下泄生态用水考虑的因素较多，但根据题干信息，回答主要的即可。

3．从退水环境影响角度，分析临江市增加供水的环境制约因素，提出解决对策。

【参考答案】

（1）穿越临江市的 B 河临江市区以下河段为Ⅳ～Ⅴ类水，不符合Ⅲ类水环境功能区划；

（2）B 河为临江市的主要排污受纳水体，应截断城市污水直排 B 河的排污口；

（3）临江市应建设污水处理厂，收集、处理城市生产和生活污水，处理达标后，方可排入 B 河；

（4）整治 B 河穿越市区段及下游河道。

考点分析与答题技巧：本小题要求从退水影响角度回答问题，即引调水在利用之后产生的废水在退入地表水体则会产生污染。解决退水造成的环境污染问题，目的就是改善水环境质量，做到“增水不增污”。因此，必须针对临江市退水所入河流或河段进行分析和解答。一方面退入或排入 B 河的废污水必须达标，另一方面须针对 B 河存在的现状环境问题提出解决措施或方案。

4. 开展输水隧洞施工期环境影响评价需关注哪些主要生态影响?

【参考答案】

(1)隧洞及支洞设置的弃渣场占地的生态影响;

(2)隧洞施工疏排地下水,对洞顶植被的影响;

(3)支洞施工、施工场地及临时道路占地对植被及野生动物的影响;

(4)对洞口植被及景观的影响;

(5)施工人员及机械作业、车辆运输等活动对野生动物的影响。

考点分析与答题技巧:解答本小题应特别注意要求回答的是“施工期”,如果答上营运期的内容则可能得零分。而且只需要答上主要生态影响即可,不要求解答污染影响。题干提供的信息主要有“调水工程输水隧洞穿越山区,在隧道中段设 1 条施工支洞。隧洞及支洞口附近分别设有弃渣场、施工场地与临时道路,山区植被以云南松林、杞木林、杜鹃灌从等为主,野生动植物较丰富。”这些主要信息需要在答案中体现。

隧洞工程是很多建设项目(公路、铁路、输油管道、输气管道、输水管道等)的重点工程,在环评工程师考试中已经以不同的形式多次出现,考生应予重视。

试题三（2021年考题）

（航电枢纽案例。但题干信息不全，缺失较多）西南地区A江干流下游（河段总长150 km）为地方通航河段，现已建有3座航电枢纽工程，均采用河流径流式开发。根据A江干流下游航运发展规划，拟提升该河段的航道等级，规划方案为：近期对已建3座航电枢纽进行提标改造，远期在已建的最下面两座航电枢纽之间规划新建1座航电枢纽，最终形成4级开发的规划布局（自上游向下的第一级、二级、四级为改建，第三级为新建）。现拟首先对第二级航电枢纽进行改建，并开展改建工程环境影响评价工作。

第二级航电枢纽现有工程为于20世纪80年代末建成并通航发电，坝址位于A江河口上游约80 km处，与第一级、第三级（规划）、第四级航电枢纽坝址之间的距离分别为31 km、28 km、65 km，坝址多年平均流量为388 m^3/s。坝址上游约13 km右岸有支流汇入，支流B河河道全长70.8 km，河口处多年平均流量为17.9 m^3/s。枢纽建筑物由船闸、溢流坝、泄洪冲沙闸和发电厂房组成，最大坝高8.9 m，船闸等级为Ⅵ级，电站装机容量12.8 MW。水库正常蓄水位260.2 m，无调节性能，干流回水长度25.2 km，支流B回水长度9 km。上游来水主要通过发电机组下泄，船只过闸用水量可忽略不计；当来水流量大于最大发电量流量时，多余的水量经溢流坝或泄洪冲沙闸下泄。

工程的改建方案为：发电厂房和发电机组维持现状不变，船闸提标为Ⅳ级，将原溢流坝、泄洪冲沙闸拆除后改建为泄洪冲沙闸全闸坝，并增加坝高2.8 m。工程改建后水库正常蓄水位263.0 m，干流回水至第一级枢纽坝下，支流B回水长度增加2 km。同时工程增设死水位262.5 m，水库进行日调节运行，日内库水位在正常蓄水位和死水位之间变化；上游来水仍主要通过发电机组下泄。此外，因现有工程坝址水域泥沙淤积较为严重，改建工程设计提出在原坝址拆除时进行清淤；清除出的淤泥回用于农田造地或建设用地回填。

A江干流下游航电发展规划环评结论显示：历史记载的A江下游鱼类种类丰富，水生生物多样，部分鱼类具有洄游习性；已建航电枢纽阻隔部分鱼类洄游和种质交流，鱼类生境破碎化，近年来鱼类种类和资源量均有所减少。为此，规划环评从长远影响考虑，规定了拟建的第三级枢纽需在流域受损水生生态系统得到有效恢复的前提下才允许建设实施的规划优化调整建议，并拟定了保护鱼类生境、恢复河道连通性、增殖放流等鱼类保护措施体系。

A江干流下游分布有翘嘴鱼及其产卵场。

【问题】

1. 给出改建工程水生生态影响评价范围。（2分）

【参考答案】

A江第一级航电枢纽至第四级航电枢纽（96 km）江段或第一级航电枢纽至现状第三级航电枢纽江段（1分），支流B河河口至回水末端［9+2=11（km），1分］。

考点分析与答题技巧：本小题要求给出的是“水生生态”评价范围。根据题干信息，本次改建的是第二级航电枢纽，其上31 km处有已建成的第一级枢纽，其下28 km是规划建设但尚未建设的第三级枢纽，65 km是已建第四级枢纽。题干信息“工程改建后干流回水至第一级枢纽坝下，支流B回水长度增加2 km。”即明确评价范围上至第一级坝下，下至第四级电站。解答本小题时可在阅读题干时快速画一个草图，根据图示即可确定评价范围，然后以文字说明写在答题卡上即可。本小题的迷惑项是第三级是没有建设的规划枢纽，目前该处还是河道而不是枢纽，如果稍疏忽就会答错（错答为“下至第三级航电枢纽”）。

2. 给出现有工程地表水环境影响回顾性评价重点内容。（6分）

【参考答案】

答案一：

（1）水体理化性质及其变化情况；

（2）水生生物现状及变化情况；

（3）水体富营养化程度；

（4）水文情势变化；

（5）鱼类“三场”河段水环境质量；

（6）河口水质及水生生物状况；

（7）工程运行以来是否发生过水污染事件或环境风险事故等的调查、评价。

答案二：

（1）现有枢纽使A江、支流B形成回水段，水位升高、水域面积增大，使A江坝下减水，稀释自净能力降低，对水量、水质、泥沙情势等水文情势的实际影响。

（2）现有工程通航过程含油废水、船只发生事故导致溢油漏油或者货物（尤其是危险化学品）泄漏到A江，对A江造成的实际影响。

（3）评价减缓水文情势影响、防范船只事故水环境风险防范措施的有效性。

考点分析与答题技巧：本小题问的针对现有工程对地表水影响的回顾评价重

点，看似简单，但解答并不容易。因为关于“水环境”的内涵存在不同的理解，有人认为水环境只是水质理化性质而与水生生物或水生生态分开，有人却认为水生生物、水生态与水环境就是一体的，密不可分，应该整体考虑。如果本小题问“现有工程环境影响回顾性评价重点”则比较容易解答：现有工程有 3 个航电枢纽，其环境影响回顾性评价的重点显然是 3 个航电枢纽的环境影响评价与竣工验收情况调查、各枢纽采取的环保措施及其有效性调查、各枢纽存在的环境问题调查，3 个枢纽的累积环境影响，包括对河流水环境影响、对河流水文情势的影响、对鱼类等水生生物洄游的影响、对鱼类“三场”的影响等。但实际上本小题问的是“现有工程”对“地表水”环境影响，结合“地表水导则”应该考虑水环境、水文情势及与其关系密切的水生生态，是正确的。

答案一简洁，符合地表水环境评价的技术要点。答案二较为复杂，虽然在实际评价工作中会考虑这些内容，但在考试现场不容易解答。

3. 为分析改建工程对翘嘴鱼产卵繁殖的影响，还需重点开展哪些生态调查？

【参考答案】

答案一：

调查该类鱼种的生物学及生态学特性，包括其所产鱼卵为沉黏性还是漂流性、产卵所需的水文条件、产卵季节或时间段、产卵场的数量、分布或位置、范围、底质、水质及饵料生物条件等。

答案二：

（1）调查翘嘴鱼种群数量、分布、生活习性，是否洄游生态学特征，洄游时间，洄游路径及与大坝位置的关系；

（2）产卵时间、产卵繁殖需要的流速、水温等水文条件，项目施工时间；

（3）产卵场数量、分布及与项目大坝位置关系，产卵场的水文条件；

（4）库区淹没占用产卵场的个数和面积；下游水位、水量、流速等水文情势变化范围与产卵场位置的关系。

考点分析与答题技巧：由于题干信息不全，并不清楚题干提供了哪些关于该鱼类的信息。根据本小题的提问，要求为评价改扩建工程（即对现有第二级枢纽的改扩建）对翘嘴鱼产卵繁殖生命活动影分析需开展的生态调查工作。如此，则需要调查该类鱼种的生物学及生态学特性，包括其所产鱼卵为沉黏性还是漂流性、产卵所需要水文条件、产卵季节或时间段、产卵场的位置、范围、底质、水质及饵料生物条件等，是应该着重调查的生态信息。

4. 为判断清除出的坝前淤泥处置方式的合理性，应开展哪些工作？说明理由。

【参考答案】

答案一：

（1）对淤泥进行检测鉴定。

（2）用于农田造地和建设用地回填，须满足土壤环境质量农用地和建设用地标准。

答案二：

（1）对淤泥成分进行检测判定是否属于危险废物、是否满足农田使用的相关标准要求。

（2）理由：因为A江属于通航河段，船只发生事故导致溢油漏油或者货物（尤其是危险化学品）泄漏到A江，导致淤泥中可能含石油类和其他有毒有害物质，可能属于危废、污染农田土壤。

考点分析与答题技巧：本小题实质上是考察是否了解土壤环境质量相关的两个标准。根据题干信息“因现有工程坝址水域泥沙淤积较为严重，改建工程设计提出在原坝址拆除时进行清淤；清除出的淤泥回用于农田造地或建设用地回填。”一般而言，自然河道的淤泥用于农田是无需进行检测鉴定的，城市纳污河道清出的淤泥是需要鉴定的。本项目所在河道已有3个航电枢纽工程，存在底泥受到污染的可能性，应予检测鉴定。

5. 提出改建工程应采取的鱼类保护措施，说明理由。

【参考答案】

（1）工程需采取过鱼设施、增殖放流、对翘嘴鱼等实施栖息地保护、人工营造产卵场、在翘嘴鱼产卵繁殖期采取下泄流量调度等措施，实施生态监测，包括生态流量和鱼类资源等监测。

（2）理由：大坝阻隔河道连通性、库区水位升高、下泄流量受控、破坏鱼类生境，破坏翘嘴鱼产卵场，导致渔业资源下降。（或答“落实规划环评要求”）

考点分析与答题技巧：根据题干最后一段提供的信息，可以对本小题做出解答。因为规划环评是建设项目环评审批的前提条件，规划环评的重要作用就是指导建设项目环评，建设项目环评应落实规划环评的总体要求。

注：水利水电建设项目是最典型的以生态影响为主的建设项目。不仅可以考察陆生生态、水生生态影响，还可以考察施工期的污染影响等。几乎每年都会出题，考生必须高度重视此类案例。

试题四（2019 年考题）

（由于未能有效回忆 2019 年度的水利工程考题，本书只能将考生回忆的问题列出，并根据 4 个小问题及可能的题干情况提供一个思考方向或答题思路，供考生参考。2020 年度水利水电类考题是以竣工环保验收案例的形式出的，放在了本书竣工验收类别中。）

【问题】

1．指出本项目的现状污染源。

考点分析与答题技巧：从本小题来看，题干中应该是给出了项目所在流域或评价范围内的工矿企业或城镇生活等污染源，考生只需从题干中将其全部找出来，难度不大。此小题属于建设项目环境影响评价中现状调查、评价中的“区域污染源调查”。一方面是考试，另一方面也是告诉考生在环境影响评价实际工作中，是需要对现状污染源进行调查的。但是，如果是改、扩建项目，则“本项目现状污染源”主要是针对本项目改、扩建前的现状污染源。因为改、扩建项目要求对项目存在的现状环境问题提出解决方案，即“以新带（代）老”，所以对现状污染源进行调查是必要的。

2．指出本项目运行期对库区下游鱼类生境的影响因素。

考点分析与答题技巧：影响鱼类生境的因素主要是河流水文情势的变化以及底质条件。考生只要紧紧抓住这两个方面，就抓住了答题的重点。但是一定要根据题干的信息，看项目的哪些因素改变了河流的水文情势或导致河段底质发生改变，如闸坝建设会导致水文情势明显改变，即本项目的大坝是影响鱼类生境的重要因素。此外，电站或水库运行方式，特别是泄流方式，也是影响下游鱼类生境的主要因素。如果考生回忆没有错的话，本小题是十分别扭的，因为“库区下游”这个概念是令人头痛的，不明白出题者的“库区下游”究竟是指库区下游，还是指坝下河段。因为河道型水库，库区即河道回水段，也可以划分为库区上游和库区下游。如果是指大坝下游，还不如直接说大坝下游更有利于解答。另外，类似考题已多次考过，考生应特别重视。

3．水库库区监测如何布设断面？

考点分析与答题技巧：在水利水电案例考试中，关于水环境监测断面的布设以不同的方式已考过多次，属于高频考点（2017 年水利水电案例第 1 小题与本小题类似的考题）。但本小题只是针对库区，考生应根据题干信息，凡是库区范围内的河流均应布设断面监测。需要注意的是，河流和湖泊的水质监测布点是不同的。但是，作为河道型水库，其水质监测断面的布设仍然应该按照河流进行断面的布设。断面布设原则可参照新修订发布的《环境影响评价技术导则　地表水环境》（HJ 2.3—2018）和《环境影响评价技术导则　水利水电工程》（HJ/T 88—2003）（该导则正在研究修订）中的有关规定。

4．在不考虑二期灌溉工程回归水的前提下，栖息地最枯月生态需水有什么要求？

考点分析与答题技巧：解答本小题需要根据题干提供的信息进行适当的计算。由于无题干信息，这里无法进行计算。本小题所指的“栖息地”应该是坝下鱼类的栖息地，为维护鱼类的栖息地，应该维护其生态需水量，这就需要大坝下泄一定的生态流量。这是水利水电工程建设项目最关注、最重要的方面，已经成为水利水电建设项目水生态环境保护的基本要求。同类考试在以前的案例中已出现多次，考生要牢记。尽管在下泄生态流量时，可以考虑回归水、天然降水形成的地面径流汇入水，但也是有争议的。本小题在解答时要求不要考虑灌溉回归水，可见题干中应该有一期或二期回归水的相关信息。

试题五（2017 年考题）

西南山区某水库位于 A 江支流 B 河的中游河段，坝址距 B 河河口 35 km，是《A 江流域防洪规划》中确定的一座近期建设的大（2）型防洪控制性水库工程。工程开发任务以防洪为主，兼顾发电和改善下游供水条件。

该工程由混凝土重力坝（最大坝高 39.8 m）、电站厂房、泄水建筑物等组成。水库总库容 1.15 亿 m^3，防洪库容 0.75 亿 m^3，为年调节水库。电站装机容量 7 MW，多年平均发电量 0.22 亿 kW·h。水库回水长 27.6 km，工程建设征地面积 8.07 km^2。

B 河大致呈北—南流向，坝址处多年平均流量 33.1 m^3/s。支流 C 在坝址上游 3.7 km 处 B 河右岸汇入，河道长 68 km，河口处多年平均流量 6.9 m^3/s；支流 D 在坝址下游 11 km 处 B 河左岸汇入，河道长 43 km，河口处多年平均流量 8.0 m^3/s。

库区及 B 河下游河段水域环境功能为Ⅲ类，现状水质总体良好；坝下区间流域水污染源主要是城镇生活源和农业面源。坝址下游 0.5 km 处有一个农灌提水泵站，每年只在灌溉期 3—5 月取水，取水量 400 m^3/d。灌溉水稻等喜温性作物，作物生长适宜水温一般不低于 20℃；坝址下游 3 km 处有一个集中式生活饮用水取水口，全年无间断取水，取水量 3.0 万 m^3/d。

据现场调查，B 河坝下干流无拦河筑坝的水利水电工程。B 河干支流共有包括鳡和岩原鲤 2 种省级重点保护鱼类在内的 69 种鱼类，上述鱼类均无长距离洄游习性，但部分鱼类会在产卵和索饵时做短距离的迁移。鱼类产卵期主要集中在 3—7 月，大部分鱼类产黏沉性卵，少部分鱼类产漂流性卵。产黏沉性卵鱼类的产卵场相对集中的有 6 个，坝下 3 个产卵场上边界距坝址分别为 6.5 km、10 km、22.4 km，产卵场长度分别为 0.3 km、3.8 km、3.3 km；坝上 3 个在水库建成蓄水后将被淹没。B 河干支流无产漂流性卵鱼类的集中产卵场。鳡和岩原鲤均喜流水生境，特别是在产卵时需要一定水流刺激；鳡为产漂流性卵鱼类，产卵水温在 16～32℃，近几年已无捕获记录；岩原鲤为产黏沉性卵鱼类，产卵水温 14℃左右，目前尚有一定资源量。

工程设计采用底层取水方式。水库运行后，受径流调节影响，汛期（5—10 月）坝下流量有所减少，枯期（11 月—翌年 4 月）流量增加较大。电站在日调峰运行时，枯期流量、流速和水位有较大变化，汛期变化较小。

环评机构判别该水库为水温稳定分层型水库，经数值模拟预测，鱼类产卵期坝址处月平均下泄水量温度为 8.6～24℃，其中 5 月水温下降幅度最大，比同期自然月平均降低 2.1℃。为保护 B 河水域生态系统及鱼类资源，环评机构提出鱼类人工增殖放流、下泄生态流量、水库生态调度、加强运行期水生生态监测及渔政管理等多种鱼类保护措施。其中增殖放流种类为岩原鲤等 7 种鱼类。

【问题】

1. 本项目水质现状监测布点方案中，至少应有哪些代表性断面？（5 分）

【参考答案】

（1）B 河：坝址上游库尾处、库区河段、坝址处、坝下 0.5 km 农灌提水泵站处、坝下 3 km 集中式生活饮用水取水口处、坝下代表性产卵场处、坝址下游入 A 江前河口处。（每个断面 0.5 分）

（2）C 河：入 B 河前回水淹没处。（0.5 分）

（3）D 河：入 B 河前回水淹没处。（0.5 分）

（4）A 江：B 河汇入口下游水文情势稳定处。（0.5 分）

考点分析与答题技巧：根据题意，要求答“至少”而且要求是“代表性断面”。首先，水库建在 B 河上，B 河坝址处、库区河段、上游库尾处是应该布设断面的，基本能代表该河段水质。至于坝下农灌提水泵站处、集中式生活饮用水取水口处、代表性产卵场处的断面，是为了解农灌提水水质、集中式生活饮用水取水口处水质而设，而坝下入 A 江河口处，是为了解进入 A 江前的水质现状。C 河、D 河为 B 河支流，在其汇入口处设断面监测其入 B 河前水质情况即可。由于 B 河是 A 江支流，工程建设在 B 河中游，会对 A 江产生一定的影响，在 B 河汇入口下游布设 A 江水质监测断面也是必要的。关于水环境监测断面布设，2018 年之前主要根据《环境影响评价技术导则　地面水环境》（HJ/T 2.3—93）和《建设项目环境影响评价技术导则　水利水电工程》来确定监测断面。2018 年，《环境影响评价技术导则　地表水环境》（HJ 2.3—2018）发布，考生应认真学习。另外，答题时，支流 C 和 D 的断面可能容易丢失。关于现状监测点位或断面（河流监测一般称断面而不称“点位”）布设，此类问题已多次考过，回答此题比较好的方法就是先在草纸上画图。

2. 给出本项目水生生态现状调查的主要内容。（5 分）

【参考答案】

（1）评价河段水生生物（浮游生物、着生生物、底栖动物等）情况（0.5 分）及其生物量或生产力（任答一项 0.5 分）。

（2）调查评价河段 6 个产卵场的分布或范围（0.5 分）、适合黏性卵的产卵条件（0.5 分）、水文情势（0.5 分）等。

（3）重点调查保护鱼类鳡的情况（在收集资料的基础上了解重点保护鱼类

鳡的生理生态特性，调查其在评价河段及流域内是否确实已经多年捕获不到）。（1分）

（4）调查重点保护鱼类岩原鲤的情况（种群数量及其产卵特性、洄游特性、生境条件等）。（1分）

（5）其他鱼类的种群数量、洄游特性等。（0.5分）

考点分析与答题技巧：河流水生生态一般调查鱼类及饵料生物情况，特别是列入国家和地方重点保护或珍稀濒危鱼类，而且应重点关注其“三场”情况、产卵条件、洄游特性，也包括其水环境与水文情势等。由此，根据题干提供的信息进行总结、提炼便可给出答案。回答本小题难在总结、提炼上，因为题干给出的鱼类信息很多。参考答案中括号内的答案供选择或理解参考（答上不算错误）。维持鱼类等水生生物生境的适当水位和流量等是水电工程生态流量下泄需重点考虑的内容，而前提就是做好鱼类等水生生物及其生境条件的调查。

3．计算本项目的下泄生态流量时应主要考虑哪些类型的用水需求？（5分）

【参考答案】

（1）坝下3处鱼类产卵场水文情势等生境条件。（1分）

（2）鳡和岩原鲤产卵时人造洪峰，满足其足够水流刺激的需求。（1分）

（3）坝下提灌站农业取水的需求。（1分）

（4）坝下集中式饮用水水源地取水的需求。（1分）

（5）坝下河段水环境质量，确保饮用水水源地水质的需求（或坝下水体自净能力的需要）。（1分）

考点分析与答题技巧：下泄生态流量有多方面的需求。此类问题已多次考过，属于高频考点。本小题只要求根据“本项目”给出主要的即可。本项目坝址下的实际情况是：有鱼类产卵场3处、有提灌站、有集中式饮用水水源地取水口，同时题干还提示“坝下区间流域水污染源主要是城镇生活源和农业面源”，需要维持河段的水环境容量，否则汇入的生活源和农业面源污染物得不到净化，水质将恶化。本小题与上一小题及下一小题，构成了2017年度水利水电案例考题关于鱼类等水生生物调查、生态流量下泄和保护措施的3个要点。《环境影响评价技术导则　地表水环境》（HJ 2.3—2018）对生态流量计算有相关规定和要求，同时生态环境部发布的水利水电工程环境影响评价相关规范性文件，特别是《关于深化落实水电开发生态环境保护措施的通知》（环发〔2014〕65号）中亦有相关规定或要求，考生需认真学习。

4．环评机构提出的鱼类保护措施是否完善？请说明理由。（5分）

【参考答案】

（1）不完善。（1分）

（2）低温水。水温稳定分层型水库，需考虑低温水下泄对鱼类产卵的影响，采取措施（如叠梁门分层取水）解决低温水影响问题。（1分）

（3）洄游性鱼类过坝。河道鱼类有洄游习性，虽然“无长距离洄游习性，但部分鱼类会在产卵和索饵时做短距离的迁移”，需要考虑鱼类过坝措施。（1分）

（4）库区淹没的3处产卵场。应采取补偿措施，在上游或支流人工营造产卵场。（1分）

（5）增殖放流。除岩原鲤等7种鱼类外，还应研究受影响的其他鱼类的增殖放流。（1分）

考点分析与答题技巧：从题干最后一段来看，似乎鱼类保护措施是完善的，容易误导考生。题干称河道鱼类均无长距离洄游习性，却又称部分鱼类在产卵和索饵时有短距离的迁移，更迷惑人的是说了低温水的情况，但却没有提解决措施。重点保护鱼类鳡“近几年无捕获记录”。因此，低温水问题、短距离迁移受阻问题要解决，“近几年无捕获记录的鳡”（但不等于灭绝），一旦能够捕获到或在本流域其他河流中捕获到，则作为重点保护鱼类（鳡），仍应作为增殖放流研究的重点鱼种。

试题六（2016 年考题）

西北地区某市拟建一城市供水项目，由取水工程、净水厂工程及输水工程组成。取水工程包括水源取水口、取水泵房和原水输水管线。取水口设在 A 水库取水池内，取水泵房位于取水池北侧 500 m，原水输水管线由取水口至城区净水厂，全长 28 km。净水厂工程包括净水厂和净水厂供水管线。净水厂选址位于城区东北侧 3 km 处，设计规模为 13 万 m^3/d，采用混合—沉淀—过滤—加氯、加氨消毒净水工艺。净水厂占地面积 6.25 万 m^2，绿化率 40%，主要建（构）筑物有配水井、混合池、反应池、沉淀池、滤池、消毒池、加氯间、加氨间、加药间、贮泥池、污泥浓缩池、污泥脱水机房、中控室、化验室及综合办公楼。净水厂供水管线从净水厂清水池至市区供水管网，全长 3.6 km。

工程永久占地 8.2 万 m^2，主要为取水口、取水泵房、净水厂及沿线排气井和排泥井占地；临时占地 23 万 m^2，主要为管沟开挖、弃渣场和临时便道占地。取水泵房现状用地为耕地；原水输水管线沿途为低山丘陵，现状用地主要为耕地、园地和林地，途经 3 个村庄，穿越河流 2 处、干渠 3 处、道路 3 处；净水厂选址为规划的市政建设用地，现状用地为苗圃；净水厂供水管线主要沿道路和绿化带敷设。原水输水管线工程沿线拟设置 2 处弃渣场，总占地 0.6 万 m^2，1#弃渣场位于丘陵台地，现状用地为耕地；2#弃渣场位于低谷地，现状用地为草地，渣场平整后进行覆土复耕和绿化。

A 水库为山区水库，主要功能为防洪、城镇供水和农业灌溉供水。库区周边主要分布有天然次生林，覆盖率为 20%，库区内现有多处网箱养鱼区，库区周边散布有零星养殖户。库区上游现有两个乡镇，以农业活动为主，有少数酒厂、板材加工厂和小规模采石场，上游乡镇废水散排入乡间沟渠。

净水厂内化验室为生活饮用水 42 项水质指标分析室，常用药品有氰化物、砷化物、汞盐、甲醇、无水乙醇、石油醚以及强酸、强碱等。加药间主要存放聚丙烯酰胺、聚合氯化铝和粉末活性炭，其中，活性炭用于原水水质超标时投加使用。净水厂沉淀池排泥水量为 1 900 m^3/d（含水率 99.7%），排泥水送污泥浓缩池进行泥水分离，泥水分离排出上清液 1 710 m^3/d，浓缩后的污泥（含水率 97%）经污泥脱水机房脱水后外运（污泥含水率低于 80%）。

【问题】

1. 针对库区周边环境现状，需要采取哪些水源保护措施？（4 分）

【参考答案】

（1）划定水源保护区，设置隔离防护带。

（2）控制水源保护区内的养殖规模，严禁养殖污水进入水库。

（3）控制农田退水入库。

（4）两乡镇应建设污水处理厂，将散排入乡间沟渠的废水收集后集中处理，作为中水回用或达标排放；各酒厂废水经处理后进入乡镇污水处理厂或自建污水处理厂（站）处理，处理后回用，不能回用的达标排放。

（5）采石场不得破坏水源涵养林，应强化水土保持措施，严控采石场污水排入库区上游河道。

（6）板材加工厂生产不得砍伐水源涵养林。

考点分析与答题技巧：根据题意，本小题要求针对库区周边环境现状提出水源保护措施。实际上是要求识别出库区周边可能造成水污染的污染源或环境问题。从题干提供的信息来看，库区周边环境状况主要有“散布有零星养殖户，库区上游现有两个乡镇，以农业活动为主，有少数酒厂、板材加工厂和小规模采石场，上游乡镇废水散排入乡间沟渠”。据此可给出相关答案，比较容易。至于“库区网箱养鱼”，虽然不属于“库区周边环境现状”，但为了保护水源地水质，取缔或控制网箱养鱼也是可行的措施，答上“取缔库区网箱养鱼或控制库区网箱养鱼规模”不算错。该小题只要答上 4 项即可得满分。2023 年也考了类似的问题。

2. 说明原水输水管线施工期的主要生态影响。（4 分）

【参考答案】

（1）管沟开挖及施工作业带清理，将破坏沿线低山丘陵区的耕地土壤层及农作物、破坏园地和林地区植被，造成水土流失。

（2）施工穿越河流、干渠，若采取大开挖方式会对鱼类等水生生物造成不利影响。

（3）占用耕地的 1#弃渣场将对农田土壤和农作物造成破坏和水土流失。

（4）占用草地的 2#弃渣场将对草地生态造成破坏。

（5）管线施工对野生动物生境有分割影响，对其迁徙也将造成阻隔等不利影响。

考点分析与答题技巧：本小题并不陌生，此前在输油管线、输气管线、油田开发类案例考试与授课时均多次涉及。答题时，只需结合案例的内容解答即可。需要注意的是，本小题要求回答“原水输水管线施工期的生态影响”。因此，只针对“施工期”来回答，答运行期的影响将不得分；而且针对的是“原水输水管线”，答净水厂的供水管线也不得分。途经 3 个村庄和穿越道路主要是社会环境影响而非生态环境影响，可以不答。另外，第（5）条由于题干并未提到有关野生动物方面的内容，可以不答，但答上也不算错。

3．给出污泥浓缩池上清液的合理去向，并说明理由。（4 分）

【参考答案】

（1）上清液可返回净水车间再净化，或作为中水使用。（2 分）

（2）泥水分离排出上清液量较大（1 710 m^3/d），且水质较好，应首先考虑再净化或回用（清洗、冲厕等）。（2 分）

考点分析与答题技巧：污泥浓缩池上清液产生量较大，且水质较好，虽然能够达标排放，但从节水的角度来看，应首先考虑再净化或作为中水回用，避免或减少排放量。从本小题及下一小题来看，本案例是水利工程（水库）与供水的市政工程（供水厂及输水管线）相结合的综合性工程案例，是一个很好的案例，考生应该从此案例中学习水库工程和供水工程环境影响评价的基本要求。

4．计算脱水机房污泥的脱出水量。（4 分）

【参考答案】

算法一：

设脱水机房污泥的脱水量为 W（m^3/d），则根据污泥量质量守恒可得下式：

1 900×（1−99.7%）=（1 900−1 710−W）×（1−80%）（4 分）

解此方程可得：W=161.5（m^3/d）

算法二：

（1）浓缩前的污泥：

污泥量 M=排泥水量−上清液=1 900−1 710=190（m^3/d）（含水率 97%）

脱水前污泥中的含水量=190×97%=184.3（m^3/d）

干基量（理想状的无水干泥）=190×（1−97%）=5.7（m^3/d）（也就是 190−184.3=5.7）

（2）浓缩后的污泥：

已知浓缩后污泥含水率=80%

则干基在污泥中的百分比=1−80%=20%

由（1）可知，干基质量=5.7（m^3/d）

（3）脱水后污泥量（剩余污泥量或外运量）=5.7÷20%=28.5（m^3/d）

脱水后污泥中水的量=28.5−5.7=22.8（m^3/d）

脱水过程脱出水量=184.3−22.8=161.5（m^3/d）

算法三：

（1）入脱水机的污泥中的水量：1 900×99.7%−1 710=184.3（m^3/d），根据水

平衡，污泥总含水–浓缩分离上清液=进入脱水机的水（无须再乘以 97%）。

或者：（1 900–1 710）×97%=184.3（m^3/d）。

（2）出脱水机房中污泥的水量：污泥脱水前后含水率从 97%降至 80%，设脱水后污泥量为 y，根据泥质平衡（1 900–1 710）×（1–97%）=y（1–80%），得出 y=28.5（m^3/d）。

出脱水机房中污泥的水量：28.5×80%=22.8（m^3/d）

（3）因此，脱出水量为 184.3–22.8=161.5（m^3/d），或者直接根据污泥质量守恒计算，（1 900–1 710）–28.5=161.5（m^3/d）。

算法四：

进入脱水机的污泥量为 1 900–1 710=190（m^3/d），脱水前后含水率从 97%降至 80%，浓缩了 6.67（即 20÷3）倍之多。由此估算脱出的水量为 190×［1–1÷（20÷3）］= 161.5（m^3/d）。

考点分析与答题技巧：本小题按干泥平衡或水平衡理念均可以计算，但需注意题干给出的信息，计算时不要将理想的无水“干泥”与泥水、理想的无泥“纯水”与泥水弄混了。实际上即使题干不给出浓缩后污泥含水率，也可以计算出来，假定其为 x，则 1 900×（1–99.7%）=（1 900–1 710）×（1–x），x=0.97。（此类小题看似容易，如果“想当然”或思维上疏忽则很容易出错。感谢各位同人为本小题解答提供的计算方法。）

5. 净水厂运行期是否产生危险废物？请说明理由。（4 分）

【参考答案】

（1）会产生危险废物。（2 分）

（2）因为净水厂实验室常用药品有氰化物、砷化物、汞盐以及强酸、强碱等，在使用过程中会产生一定的危险废物。（2 分）

考点分析与答题技巧：本小题十分简单，因为题干已列举出净水厂实验室的常用药品，这些药品在使用过程中或废弃后将产生或成为危险废物。注意，关于危险废物在各行业案例考试中频繁出现，请考生结合新修订颁布的《固体废物污染环境防治法》，认真学习《国家危险废物名录（2021 年版）》以及相关的法规、污染控制标准等。

试题七（2016年考题）

西南地区某山区河流A河为L江的一级支流，共规划四级电站，均采用引水式开发。上游3级电站已建成发电，现拟建第4级电站，与上游第3级电站发电尾水衔接。

拟建电站坝址位于A河河口上游约11.5 km处，距离上游衔接梯级电站坝址18 km，坝址处多年平均流量37 m^3/s，经右岸引水隧洞引至下游10.5 km处建地面厂房发电。拟建坝址下游左岸0.5 km有支流B河汇入，以下河段无其他支流。B河河口处多年平均流量5 m^3/s。拟在支流B河河口上游约1 km处修建一座小型取水工程，将支流B河约80%的水量引至电站库区用于发电。电站装机容量10万kW，设计最大坝高35 m，水库正常蓄水位1 248 m，回水长度1.5 km，水库面积0.1 km^2，相应库容113万m^3，具有日调节性能，在电力系统中承担日调峰任务。

据调查，拟建电站库尾至A河河口段沿岸无工矿企业，散布有农村居民点与少量耕地和园地，农村人畜饮水及农业生产用水均不在A河干流取用。

根据历史资料记载，A河流域共有6种鱼类，均为喜流水性鱼类，无洄游习性，仅在鱼类产卵季节（3—4月）进行短距离迁移，未发现珍稀濒危与保护物种；鱼类广泛分布于干、支流，资源量丰富，且在各河段分布有多个鱼类产卵场。近期的水生生态现状调查发现，A河流域鱼类种类未发生变化，但受已建3级电站影响，目前鱼类主要分布于拟建电站坝址以下干、支流河段，且仅在A河河口上游0.5 km及支流B河河口上游0.3 km处尚存2处小型鱼类产卵场；已开发河段鱼类资源量严重萎缩。

已审查通过的A河水电规划环境影响报告书提出，支流B河应划定为A河流域鱼类保护河流，在电站建设项目环评阶段应充分论证需采取的鱼类保护措施。

【问题】

1．从水生生态保护角度提出工程方案优化调整意见，并说明理由。

【参考答案】

（1）取消在支流B河河口上游修建小型取水工程。因B河河口上游0.3 km处尚存1处小型鱼类产卵场，在B河河口上游1 km处修建取水工程将破坏该产卵场；规划环评已提出支流B河应划定为A河流域鱼类保护河流。

（2）将引水式电站改为堤坝式电站。因引水式电站坝下会产生减（脱）水段，改为堤坝式有利于减缓运行期坝下减（脱）水河段对水生生态不利的影响。

（3）优化电站位置（或降低大坝高度或电站低水位运行）。保障有较长的流水河段，满足喜流水性鱼类生境的要求。

考点分析与答题技巧：根据题干，B 河河口上游 0.3 km 处尚存 1 处小型鱼类产卵场，在 B 河河口上游 1 km 处修建取水工程将破坏该产卵场，是不可行的；已审查通过的 A 河水电规划环境影响报告书提出，支流 B 河应划定为 A 河流域鱼类保护河流，在 B 河河口上游建设取水工程是不符合规划环评的。至于答案（3），仅是一个可供论证的参考答案。如果引水式电站不能改为堤坝式，采取低坝方案或低水位运行也是可以考虑的方案，因为拟建电站坝址位于 A 河河口上游约 11.5 km 处，经右岸引水隧洞引至下游 10.5 km 处建地面厂房发电，在 A 河河口上游 0.5 km 处存 1 处小型鱼类产卵场，也就是说厂房距离产卵场仅 500 m，电站尾水对产卵场影响较大，优化电站位置也是有必要考虑的。需要说明的是，规划环境影响评价是特别重视规划方案的优化调整的，建设项目环境影响评价也是十分重视从环境保护角度对项目选址、布局等建设方案进行优化的，这是环境影响评价的基本功能和重要作用。

2. 指出拟建电站鱼类现状调查的重点范围与时段。

【参考答案】

（1）上一级电站大坝至拟建本级电站坝下入 L 河河口段（或拟建电站库尾至入 L 河河口段）、支流 B 河。

（2）3—4 月鱼类产卵及短距离迁移时段。

考点分析与答题技巧：根据《环境影响评价技术导则　水利水电工程》（HJ/T 88—2003）（该导则正在研究修订中），环境现状调查范围应为工程影响区域，包括工程上下游河段、河口区等。需要注意的是，回答本小题时应抓住“鱼类”“现状调查”“范围”“时段”这 4 个方面的要求，不必答出具体的调查内容。

3. 指出拟建电站坝下河段水文情势变化对环境的主要影响。

【参考答案】

（1）日调节运行下游水位涨落导致水生和两岸陆生生境的改变，特别是导致坝下入 L 河河口上游 0.5 km 处的鱼类产卵场生境的改变。

（2）流速变化，对河道喜流水性鱼类造成不利影响。

（3）水位、流量变化，引水式电站坝下减脱水导致水位降低或河床裸露，影响景观生态。

（4）下游土地盐碱化。

考点分析与答题技巧：类似题目已考过多次，诸如水文情势变化对鱼类的影响等。2018 年修订颁布的《环境影响评价技术导则　地表水环境》（HJ 2.3—2018）

将地表水环境影响评价分为污染类和水文情势影响两大类，可见对水文情势影响的重视，特别是在河道上建闸筑坝的建设项目，其生态影响评价等级还需考虑上调一级，这在原《环境影响评价技术导则 生态影响》（HJ 19—2011）及修订后替代该版本的新导则 HJ 19—2022 中均有规定。需要注意的是，本小题要求回答对环境的影响，内容相对较多。但答题时并不需要赘述，只需结合题干信息，简要答出即可。在《关于印发水电水利建设项目水环境与水生生态保护技术政策研讨会会议纪要的函》（环办函〔2006〕11号）、《关于规范火电等七个行业建设项目环境影响评价文件审批的通知》（环办〔2015〕112 号）附件中的“水利水电建设项目环境影响评价文件审批原则（试行）”、《关于深化落实水电开发生态环境保护措施的通知》（环发〔2014〕65号）中均有相应的要求。

4．提出两项可采取的鱼类保护措施，并说明理由。

【参考答案】

答案一：

（1）设置过鱼设施。大坝阻隔了鱼类洄游通道。

（2）建设鱼类增殖放流站。已开发河段鱼类资源量严重萎缩。

答案二：

（1）设置专用生态泄水孔及监控设施或增设生态小机组。A 河坝下河段须下泄满足喜流水性鱼类的流水生境和入 L 河河口上游鱼类产卵场的水文条件。

（2）取消拟在 B 河上建设的取水工程。保护 B 河河口上游的小型鱼类产卵场。

考点分析与答题技巧：保护鱼类首先要考虑资源状况，其次要考虑其迁徙要求，最后需考虑其产卵场及栖息生境条件。可在《关于规范火电等七个行业建设项目环境影响评价文件审批的通知》（环办〔2015〕112 号）中的《水利水电建设项目环境影响评价文件审批原则（试行）》、《关于深化落实水电开发生态环境保护措施的通知》（环发〔2014〕65号）中查找。本小题只需给出两项措施即可，但不要忘记说明理由。需要注意的是，关于鱼类的保护措施在以上规范性文件和导则中是比较多的，但一定要根据考试要求来解答（如本小题，只需提出两项主要的）。在实际工作中，所提环保措施一定要具体、明确，并具有可操作性、可行性和可靠性（“三性”），这也是《建设项目环境影响评价技术导则 总纲》（HJ 2.1—2016）的要求。

试题八（2015 年考题）

拟在桂江流域上游一级支流桂溪江建设桂溪口水库，工程任务为防洪、供水。库坝址以上集雨面积约 300 km^2，水库校核洪水位 180.2 m，总库容 3.6 亿 m^3，正常水位 170.0 m，正常蓄水位相应库容 2.9 亿 m^3。主要建筑物包括挡水建筑物（最大坝高 130 m）、泄水建筑物、取水建筑物、导流建筑等。拟建水库为水温分层型水库，配套建设分层取水装置。

拟选的 3 个沙砾料场分布在坝址下游河漫滩，2 个石料场分布在坝上游，其中 1#石料场距大坝 1.5 km，石料开采高程控制在 170.0 m；2#石料场距大坝 5 km，石料开采高程控制在 150.0 m。

流域多年平均气温 18.5℃，年平均最高气温 23.0℃，年平均最低气温 14.0℃，多年平均降水量 1 855 mm。流域内植被覆盖良好，山林茂盛，多松、栎和竹；上游河谷山高谷深，河道蜿蜒，河岸陡峭，河漫滩及阶地不发育；中游河谷地势稍缓，河道曲折，两岸有零星小台地和滩地。河床大部为沙砾覆盖。河流中分布有多种鱼类。项目可研报告中给出了坝址及下游河道典型断面流量水位关系曲线，建库前后典型断面、典型年、月、日径流量和水位过程线，建库前后枯水年年径流量和最枯月流量。

拟建坝址处多年平均径流量 11.2 m^3/s，工程拟按坝址多年平均流量的 10%泄放河道最小生态基流。坝址下游河流生态需水分析结果见下表。

桂溪口水库下游河道生态需水量 单位：m^3/s

月份	1	2	3	4	5	6	7	8	9	10	11	12
良好状态生态流量	3.0	3.0	3.5	5.5	5.5	6.5	5.5	5.5	5.5	3.5	3.0	3.0
一般状态生态流量	1.2	1.2	2.5	3.8	3.8	3.8	3.8	3.8	3.8	2.5	1.2	1.2

水库蓄水后河流沿岸有两个自然村落被淹没，库区无文物古迹和具开采价值的矿产。库区下游 8 km 处河道现有 1 座鱼类增殖放流站。

经分析，4—10 月，上层取水的低温水影响范围 2～10 km，底层取水的低温水影响范围达到 20 km。

【问题】

1．指出本案例中可以表明坝址下游水文情势变化特征的信息。（4 分）

【参考答案】

（1）大坝下游典型断面（日、月、年）径流量（1 分）和水位过程线（1 分）。

（2）大坝下游最枯年径流量（1 分）和最枯月流量（1 分）。

考点分析与答题技巧：此小题的答案已在题干中给出，抄录下来即可。但应知道，本小题考查的是“水文情势”，这也说明“水文情势”在水利水电建设项目环境影响评价中是十分重要的。另外，需要注意的是，本小题只问“坝址下游”的“水文情势”，不可答上游的任何信息。此外，虽然库区存在水温分层，有低温水问题，坝下也需要考虑下泄低温水的影响，即本题考虑低温水是正确的，题干也确实有这方面的信息。但根据本题设问的含义，不答低温水也不影响评分（答上也不算错），答上主要的即可。

2．指出本项目可能影响下游鱼类生境的主要因素，并说明理由。（6 分）

【参考答案】

（1）（最小）生态基流（1.5 分），低水温（1.5 分）。

（2）理由：（最小）生态基流一般小于生态流量；4—10 月上层取水（1.5 分）；低温水的影响范围为 2～10 km，而下游 8 km 的鱼类增殖放流站在此影响范围内（1.5 分）。

考点分析与答题技巧：水文情势是鱼类生境的重要内涵，泄放生态基流的重要作用之一是为了保护鱼类的生境条件。本小题的答案在题干中均可以找出。此外，不仅上层取水的低温水会影响到放流站的鱼类，底层取水的低温水由于其影响范围大，更会影响下游鱼类生境，因此，答上底层取水也是可以的。本小题提问的是影响鱼类生境的主要因素，按照一般思维应该是工程方面或工程行为对鱼类生境的影响，应该从工程方面来解答，但答案是“生态基流”和“低温水”，属于由于工程建设或运行引起的变化或问题（例如，大坝阻隔导致坝下流量减少；水温分层型水库，库区低温水）对鱼类生境产生影响。由于与工程建设内容未充分结合，该赋分答案似乎有些别扭。类似考题在 2013 年的水利水电案例中也考过。

3．简要说明沙砾场、石料场生态环境影响评价应关注的重点。（4 分）

【参考答案】

（1）沙砾场影响景观（1 分），造成河岸冲刷，漫滩取沙造成河床下切，影响河岸稳定性（1 分）。

（2）采石场影响生态景观（1 分），采石场场址植被类型，动植物，有无珍稀动物和植物（1 分）。

考点分析与答题技巧：3个沙砾料场在坝址下游的河漫滩，2个石料场在坝址上游的库区淹没范围内，因此，应该分别解答。从答案（1）来看，所答并非一般的生态影响评价内容，而是河岸稳定的地质问题；虽然其景观影响包含生态系统影响，为较高层次的影响，但往往人们关注的是对美景的影响，而非景观生态学意义上的景观影响。答案（2）中的“采石场影响生态景观”也是不妥的表述，因为景观是高于生态系统的一个层次，可以说“景观生态”，但一般不应该说“生态景观”。此外，由于采石场位于库区正常蓄水位以下，景观影响主要是施工期及蓄水期，达到正常蓄水位则无影响。

4．指出本项目陆地生态调查应包括的主要内容。（6分，每项1.5分）

【参考答案】

（1）评价范围内野生动物情况。

（2）评价范围内珍稀（濒危）动植物情况。

（3）工程建设永久、临时占地情况。

（4）坝址和淹没区土地利用类型、植被类型、生物量。

考点分析与答题技巧：此小题考查了陆生生态现状调查的内容。在环境影响评价实际工作中，原《环境影响评价技术导则　生态影响》（HJ 19—2011）及修订后替代该版本的HJ 19—2022中关于建设项目陆生生态现状调查与评价的内容要求是很多的。因此，确切地说，此评分答案并不全面，远不如实际工作中现状调查和编写环评报告时的内容那么全面、完整，但要点还是给出来了。该评分要点也是实际工作中通常调查的内容，难度不大，并未要求一定要按照导则的原话来答题，即对于可能有很多答案的内容，也并未要求面面俱到。尽管答案（3）是工程分析的内容，但在现状调查时也需说明；答案（4）有坝址和淹没区，并未写评价范围或调查范围，只是突出一下坝址和淹没区而已。可见，答题一定要结合问题要求和题干提到的信息，而不是摘抄导则。另外，需要注意的是，由于本小题问的是陆生生态，不可答鱼类等水生生态的内容。

试题九（2014 年考题）

拟在永乐河新建永乐水利枢纽，其主要功能为防洪、灌溉兼顾发电，并向邻近清源河流域的清源水库调水，主要建筑物为挡水坝、溢流坝及发电厂房等，大坝高 97 m。永乐水利枢纽向清源水库输水水量为 3 亿 m^3/a，输水线路包括 60 km 隧洞和 70 km 渠道。

永乐河流域上游为山区，中下游为丘陵平原，拟建坝址位于永乐河中游、永乐市上游 35 km 处，坝址处多年平均流量 15.8 亿 m^3。永乐水库为稳定分层型水库，具有年调节性能，其调度原则为：在优先保障永乐水利枢纽库区及坝下用水的前提下，根据水库来水情况向清源水库调水，其中汛期满足防洪要求，枯水期库区或坝下不能保障用水需求时停止调水。

永乐水利枢纽坝址以下河段用水主要为城市取水和现有灌区取水，坝下 22～30 km 河段为永乐市饮用水水源保护区。

永乐水利枢纽回水区内有两条较大支流汇入，坝址下有 3 条较大支流汇入。永乐河在坝址下 280 km 处汇入永安河。

经调查，永乐河现有鱼类 87 种，其中地方特有鱼类两种，无国家级重点保护鱼类和洄游性鱼类，支流鱼类种类少于干流。永乐水利枢纽库区有两处较大的鱼类产卵场，坝下游有 3 处鱼类产卵场。

永乐河中上游水质总体良好，永乐市饮用水水源保护区水质达标，永乐河市区段枯水期水质超标。

【问题】

1．指出永乐水利枢纽运行期地表水环境影响评价范围。

【参考答案】

（1）库尾至下游汇入永安河口处。

（2）坝上两条支流和坝下 3 条支流。

（3）清源水库及以下河段。

（4）输水路线。

考点分析与答题技巧：本题问的是“运行期”“地表水”的评价范围。在永乐河修建水库，上至其库尾，下至其坝下，凡是引起水文情势变化的区段（包括汇入干流的汇入口，如果入海，则包括入海口）均应纳入评价范围。由于回水区有两条较大支流，会受到库区淹没和回水的顶托，而且对水库蓄水有重要作用，所以也应纳入评价范围；坝下 3 条支流虽然在正常运行期不会导致其水文情势发生变化，但与坝下河道的生态用水有很大关系。至于 60 km 的输水隧洞内流动的水，也不应视为地下水，而应纳入地表水评价范围。实际上，该答案更适合回答“调查范围”。调查范围一般要求“不小于”评价范围，即使是水电开发建设项目，实际环评时，水环境评价范围也不会如以上答案这样考虑坝下 280 km 这么大(长)的范围，而只需考虑水文情势变化稳定处即可，只有涉及洄游性鱼类的水生态影响时才应考虑得更长远一些。当然，如果是梯级开发电站，评价电站下游已建另一电站，则本电站的水环境评价范围以本电站库尾至下游已建电站的库尾段即可。

2．指出永乐水利枢纽运行对永乐河水环境的主要影响。

【参考答案】

（1）坝上水位（或水量，或含沙量，或淤积）变化。

（2）坝下水位（或水量、含沙量，或河道冲刷）变化。

（3）水温分层（或富营养化）。

（4）低温水下泄、过饱和气体水。

考点分析与答题技巧：本小题问的“运行期”对“永乐河”“水环境”的影响，因此，不应出现施工期的内容，也不应出现环境空气、噪声、地下水等不合题意的内容，虽然水生生态与水环境有密切关系（如低温水和气体过饱和），但也不必提及对鱼类等水生生物影响。答案（1）和（2）实际上就是库区和下游河段水文情势的变化。此外，由于题干已明确调度原则为：在优先保障永乐水利枢纽库区及坝下用水的前提下，根据水库来水情况向清源水库调水，其中汛期满足防洪要求，枯水期库区或坝下不能保障用水需求时停止调水。因此，不应考虑运行期的脱水问题。有人可能会认为低温水与气体过饱和属于生态问题而不是水环境问题，这显然是错误的。另外，正常运行一般不会产生雾化，可以不答（但答上也不算错，不会扣分）。

根据此前考试的答题惯例，水环境主要是指环境质量，即污染方面的影响(主要指水体理化指标的变化）。本题的答案除含沙量、富营养化属于水环境外，其他答案并非严格意义上的水环境。因此，本题的答案对所设问的水环境含义有所拓展。

3．指出永乐水利枢纽运行对永乐河水生生态的主要不利影响，并提出相应的对策措施。（7 分）

【参考答案】

（1）主要不利影响：

① 大坝阻隔水生生物的交流（或答“阻隔鱼类洄游通道”）。② 坝下水文情

势（况）变化（或水量减少，或河道冲刷）。③ 坝上水文情势（况）变化（或急流变缓流，或富营养化）。④ 低温水下泄。

（2）措施:

① 设过鱼通道（或增殖放流，或人工繁育）。② 分层放水。③ 保障下泄生态流量。

考点分析与答题技巧：此题所涉及的内容在以前的水利水电案例考试中均反复出现。对于主要影响，得分答案有“阻隔鱼类洄游通道”，作为考试，是一个并不合适的答案，因为题干已明确“无洄游性鱼类”，显然该得分答案与题干信息不符。另外，题干已明确“无国家保护鱼类和洄游性鱼类”，也不需要设专门鱼道，因此本题参考答案的“措施”中给出设置鱼道并不符合实际情况（一些没有洄游性鱼类的电站设置鱼道后并无良好效果。因此，本题的“设过鱼通道”是存在争议的。从维护河道的“连通性”角度来看，设置过鱼通道有助于包括鱼类在内的水生生物的上下交流，是符合环境保护管理要求的，但其实用性或有效性需要论证。当然，实际工作中，考虑到有地方特有鱼类，采取增殖放流或人工繁育措施是必要的）。科学调度是解决水生生态影响的重要对策措施。由于是具有年调节性能的高坝，还需考虑低温水和气体过饱和问题。

4. 说明确定永乐水利枢纽生态流量应考虑的主要因素。（4分）

【参考答案】

（1）下游城市取水（或工业、生活用水），灌区取水。

（2）河道环境需水（或水体自净、稀释用水）。

（3）水生（生物）生态用水。

考点分析与答题技巧：此类问题已考过多次，本题应紧密结合题干将主要的答上即可。其实，如果仔细考虑，所要答的内容是比较多的。理论上需要考虑：① 坝下城市取水量和灌区取水量；② 维护坝下永乐市饮用水水源保护区水质（或水环境质量）的需水；③ 枯水期永乐市区段水环境（或水质）改善及景观需水；④ 维护坝下鱼类产卵场的需要；⑤ 坝下3条较大支流的不同水期的汇入量（如果坝下3条较大支流能汇入较多的流量，显然可以适当减少永乐水库的下泄流量）；⑥ 河道两岸植被生长的需水；⑦ 维护河道地表水与地下水动态平衡的需水。实际工作中需根据实际情况考虑，而考试则需应根据题干提供的主要信息来答题，不宜答太多。

试题十（2013 年考题）

某拟建水电站是 A 江水电规划梯级开发方案中的第二级电站（堤坝式），以发电为主，兼顾城市供水和防洪，总装机容量 3 000 MW。坝址处多年平均流量 1 850 m^3/s，水库设计坝高 159 m，设计正常蓄水位 1 134 m，调节库容 5.55 亿 m^3，具周期调节能力，在电力系统需要时也可承担日调峰任务，泄洪消能方式为挑流消能。

项目施工区设有沙石加工系统、混凝土拌和及制冷系统、机械修配、汽车修理及保养厂，以及业主营地和承包商营地。施工高峰期人数 9 000 人，施工总工期 92 个月。项目建设征地总面积 59 km^2，搬迁安置人口 3 000 人，设 3 个移民集中安置点。

坝址上游属高中山峡谷地貌，库区河段水环境功能为Ⅲ类，现状水质达标。水库在正常蓄水位时，回水长度 96 km，水库淹没区分布有 A 江特有鱼类的产卵场，其产卵期为 3—4 月。经预测，水库蓄水后水温呈季节性弱分层，3 月和 4 月出库水温较坝址天然水温分别低 1.8℃和 0.4℃。

B 市位于电站下游约 27 km 处，依江而建，现有两个自来水厂的取水口和 7 个工业企业的取水口均位于 A 江，城市生活污水和工业废水经处理后排入 A 江。电站建成后，B 市现有的两个自来水厂取水口上移至库区。

【问题】

1．指出本项目主要的环境保护目标。（6 分）

【参考答案】

答案一：

（1）A 江的特有鱼类。（2 分）

（2）A 江特有鱼类的产卵场。（2 分）

（3）B 市取水口（自来水、饮用水水源、生活用水或企业取水口）。（2 分）

答案二：

（1）A 江的特有鱼类及其产卵场。

（2）现状Ⅲ类水体的 A 江库区河段及建成后的库区（有供水功能）。

（3）电站下游 B 市现有的两个取水口及 7 个工业企业的取水口。

（4）需搬迁的居民区及其安置点。

考点分析与答题技巧：这里所说的“目标”实际上就是保护“对象”，并不需要将水环境、环境空气和声环境的功能区划或评价标准纳入。答案一为赋分答案，比较简洁；答案二为较为具体的答案，也是正确的。维护区域环境功能区划所规划的达标要求，是无可厚非的，但需要考虑的是综合影响或累积影响的后果。将“环境功能区划”本身作为环境保护目标就太宏观了。各类环境功能区划在环评工作中的一个重要作用就是用于确定环境标准或判定评价所采取的环境保护标准是否适当。因此，环评工作中对环境保护目标的鉴定一定要明确。关于是否将“需搬迁的居民区及其安置点”纳入保护目标，在实际工作中视搬迁时间及安置点与工程的位置关系而定，若在征地后即搬迁，工程先期“三通一平”对其无影响，则可以不纳入保护目标；如在开始蓄水期搬迁，工程建设期可能会对其造成影响，则应纳入保护目标。因此，答案二的（4）答与不答均可以，不属原则性错误。

2. 本项目运行期对水生生物产生影响的主要因素。（6 分）

【参考答案】

答案一：

（1）拦河建筑物使河流水生生境片段化，阻隔鱼类（洄游）通道。（1 分）

（2）库区水深、流速等水文情势的变化导致水生生境改变。（1 分）

（3）库区产卵场的淹没（给产卵造成影响）。（1 分）

（4）电站调峰（周调查）运行下泄不稳定流导致水生生境改变。（1 分）

（5）大坝下泄低温水（分层），对鱼类繁殖和生长的影响。（1 分）

（6）高水头挑流消能产生的溶解气体过饱和对鱼类的影响。（1 分）

答案二：

（1）大坝的阻隔。大坝建成后，阻隔了坝上和坝下水生生物的种群交流，特别是对 A 江特有鱼类及其他洄游性鱼类造成了阻隔。

（2）水文情势的变化。由于库区流速变缓，库区鱼类种群结构可能发生变化，原流水型鱼类减少或消失，而静水型鱼类会增加；库区饵料生物也会发生变化，某些饵料生物有进一步增多的趋势。

（3）库区淹没。破坏了 A 江特有鱼类的产卵场。

（4）低温水。对库区及坝上水生生物生活有不利影响。

（5）气体过饱和。若不采取有效措施，高坝大库及挑流消能产生的气体过饱和对鱼类有不利影响。

考点分析与答题技巧：本小题问的是影响水生生物的“因素”，其实只需将“大坝阻隔”“水文情势变化”“库区淹没”“低温水”“过饱和气体”答上即可。答案一为赋分答案，答案二与答案一基本一致，也可以得满分。因为答题时只需抓住要点，不要刻意模仿赋分答案。注意，本题给出的 3 月、4 月低温水的情况，有人认为水温相差不大且题干给出了水温的“弱分层”就不需考虑低温水，这是错误的。根据《地表水环境质量标准》（GB 3838—2002），温度非正常变化1～2℃已经是比较明显的变化了，对水生生物是有影响的。

3．本项目是否需要配套工程措施保障水库下游最小生态需水量？请说明理由。（3分）

【参考答案】

答案一：

不需要（2分）。水库流量大，仅过流发电不耗水，只需在日、周调度方案中考虑最小下泄流量满足下游生态需水量，而无须配套工程措施（1分）。

答案二：

（1）不需要。

（2）由于是堤坝式水电站，正常发电时下泄的水量可以满足下游生态用水；即使不发电，也可能通过溢流（洪）闸放水来保障下游生态需水。

答案三：

（1）需要。

（2）考虑到环境管理存在难以严格按规划实施的可能，应设置生态泄流底孔与生态泄流表孔[或答设置泄水涵洞（管）或增设生态小机组]，以确保能够下泄满足要求的生态需水量。

考点分析与答题技巧：本题问的是保障生态用水的“工程措施”。答案一为赋分答案，但比答案二略显拗口，而答案三则与答案一、答案二完全不同。从技术角度来看，答案一和答案二是正确的；从管理角度来看，答案三也并无不妥。这就需要考官认真思考来决断。尽管调峰运行时也会使坝下出现减（脱）水，但堤坝式水电站与引水式电站不同，其大坝与发电厂为一体式，一般均留设泄洪闸或溢流坝，只需通过溢流坝或泄洪闸开闸放水即可，不必再单独设置下泄生态需水的工程设施，只需管理措施到位即可（如可设置监控其下泄生态流量的监控设施——坝下水位在线自动测报系统和出库流量在线自动监控系统）。这也是堤坝式电站与引水式、抽水蓄能电站的不同之一。但是，即使是引水式电站，大坝也会设置泄洪闸、泄流孔，也能起到泄放生态流量的作用。

堤坝式电站可按水电站厂房所处位置的不同，分为坝后式、河床式和岸边式。坝后式水电站厂房设在堤坝下游坝处，河床式电站厂房与堤坝一同起挡水作用。岸边式水电站（发电厂一般处于岸边山体内地下）的厂房设在大坝下游的岸边，发电水流通过隧洞或埋管流入厂房。考虑到电站管理部门在具体实施生态泄水时，也存在不能有效实施按规定下泄生态流量的可能（如环保意识差等），增设专门的输水涵管（或钢管）或设置生态小机组也是可以考虑的（增设生态小机组在工程技术与经济上不一定合算，其必要性需要深入论证）。坦率地说，本题设置得不太理想，因为一般所说的配套工程措施都是要增加相应投资的，因此，对本题设问的工程措施考生不易鉴定（如有的堤坝式电站埋设的泄水钢管、留设的泄水孔），更何况问的是专门下泄生态用水的工程措施。如果问“是否需要采取一定的工程技术措施”，似乎更确切。

另外，设置生态泄流底孔和生态泄流表孔，只是考虑到环境管理出现的问题而顺应当前生态需水的要求而提出的一个说法。即使不考虑生态泄水，这个泄水底孔和表孔在工程建设中一般也是会留设的，因为还要考虑泄洪、排沙等。通过生态泄流底孔放水维护生态用水，就是在施工期也可以由导流洞来实现的，而生态泄流表孔放水也可以由排洪闸、泄洪孔或泄洪洞来实现。但是，根据当前环境保护管理要求，水电站设置生态泄水孔（管或闸）已经是基本要求（也可考虑设置生态小机组）。

4. 指出施工期应采取的水质保护措施。（5 分）

【参考答案】

答案一：（以下答对任 5 项即可，每项答对赋 1 分）

（1）砂石加工系统生产废水处理（沉砂池、SS 控制）。

（2）混凝土拌和及制冷系统冲洗废水处理（粉尘、泥浆控制等）。

（3）机械修配、汽车修理及保养废水处理（含油污水控制等）。

（4）业主营地、承包商营地生活污水处理。

（5）水库蓄水前按规范进行库底清理，垃圾等固体废物的处理。

（6）施工区水土流失防治。

（7）管理措施（合理安排工期、环保宣教、环境监理等）。

答案二：

（1）施工废水集中收集统一处理后回用。

（2）施工人员的生活污水（包括业主营地和承包商营地）生化处理后回用于场地绿化或洒水降尘。

（3）施工废水经处理后回用，不外排；如排放，则必须达标，并满足总量控制要求。

（4）施工场地尽可能远离河道。

（5）施工期间的固体废物及时处理，不向河道内弃土弃渣及生活垃圾等。

（6）加强施工期间的水土保持。

（应该考虑的措施较多，包括施工期间即做好库区蓄水前的清理工作、防止农田退水等，但对施工废水加强管理、处理后利用，或未经处理不达标不得排入水体是关键）

答案三：

（1）沙石加工系统废水采取沉淀措施后回用。

（2）混凝土拌和站废水采用中和、沉淀处理后回用。

（3）机械修配、汽车修理及保养厂的废水应先经隔油处理后，再经沉淀和生化处理后回用。

（4）生活污水经生化处理后回用。

答案四：

（1）不向地表水体排放未经处理不达标的施工废水和生活污水。

（2）不向水体倾倒弃土弃渣和生活垃圾。

（3）不在河道保护范围内设置各类施工场地。

（4）不破坏河道两岸的植被。

考点分析与答题技巧：以上 4 种解答方式均有道理，只不过前 3 个答案更明确，尤其是答案二和答案三更为具体。赋分答案一虽然很明确，但较为原则。因此，解答时可以采取不同的方式，但一定要结合题干信息和解答要求，抓住重点、要点，以简洁而又明确的方式完成答题。

本小题与以往的问法有所不同，并未具体问施工期工程废水的处理措施，而是问施工期的水环境保护措施，但二者实质内容无明显区别。因此，从工程施工期产生的废污水应采取污染控制措施的角度来答是可行的。当然，从水环境这一要素出发，在工程采取环保措施的基础上适当考虑施工布局、水土保持（以下简称“水保”）以及环境管理等也是可行的。

试题十一（2012年考题）

某市拟在清水河一级支流A河新建水库工程。水库主要功能为城市供水、农业灌溉。主要建设内容包括大坝、城市供水取水工程、灌溉引水渠首工程，配套建设灌溉引水主干渠等。

A河拟新建水库坝址处多年平均径流量为0.6亿m^3，设计水库兴利库容为0.9亿m^3，坝高40 m，回水长度12 km，为年调节水库；水库淹没耕地12 hm^2，需移民170人，库周及上游地区土地利用类型主要为天然次生林、耕地，分布有自然村落，无城镇和工矿企业。

A河在坝址下游12 km处汇入清水河干流，清水河A河汇入口下游断面多年平均径流量为1.8亿m^3。

拟建灌溉引水干渠长约8 km，向B灌区供水。B灌区灌溉面积7 000 hm^2，灌溉回归水经排水渠于坝下6 km汇入A河。

拟建水库的城市供水范围为城巾新区生活和工业用水，该新区位于A河拟建坝址下游10 km，现有居民2万人，远期规划人口规模10万人，工业以制糖、造纸为主。该新区生活污水和工业废水经处理达标后排入清水河干流。清水河干流A河汇入口以上河段水质现状为Ⅴ类，A河汇入口以下河段水质为Ⅳ类。

[灌溉用水按500 m^3/（亩*·a），城市供水按300 L/（人·d）测算。]

【问题】

1．给出本工程现状调查应包括的区域范围。

【参考答案】

（1）A河，拟建水库库尾至河口的干流河段与周边支流河口段，以及水库淹没范围。

（2）清水河，A河汇入的清水河上游500 m至下游由于工程建设引起水文变化段。

（3）灌溉引水主干渠区沿线区域。

（4）B灌区。

（5）供水服务的城市新区。

---

* 1亩≈666.67 m^2。

（6）移民安置区。

考点分析与答题技巧：虽然本小题的答案在《环境影响评价技术导则 水利水电工程》（HJ/T 88—2003）（该导则正在研究修订中）及《环境影响评价技术导则 非污染生态影响》（HJ/T 19—1997）（该导则早已被 HJ 19—2011 替代，且 HJ 19—2011 又被 HJ 19—2022 替代）中均有规定，虽然时间上已过时，但本小题并不因为原导则过时而在实际工作中过时，实际工作中仍需要考虑这样的调查、评价区域。考生需要注意的是，引调水工程评价范围需要考虑“调出区”“调入区”“输水管线沿线”“供水区”“引起水文变化的区域”。如此，解答本小题基本无难度。环境影响评价工程师的案例分析考试，其中一个方面就是考查环境影响评价技术导则的应用。这里需要注意的是，要将导则的表述与本工程结合起来。根据题意，移民安置区和水库淹没范围应纳入调查评价范围。

2．指出本工程对下游河段的主要环境影响并简述缘由。

【参考答案】

（1）对水生生物及鱼类的阻隔影响。由于是在 A 河上建设大坝，势必造成河道生境切割，产生阻隔影响。

（2）坝下河段的水文情势变化与减水段影响。由于库区蓄水以及引水灌溉、城市供水，导致坝下河段水量减少甚至局部河段断流，天然水文情势明显改变。

（3）水生生物生境及鱼类“三场”的变化影响。由于坝下河段天然水文情势的改变，造成水生生物的生境发生变化，如鱼类“三场”将受到不利影响或遭到破坏。

（4）灌溉回归水（即农田退水）的水质污染影响。由于灌溉回归水受到了不同程度的污染，会对 A 河拟建水库坝下 6 km 以下河段的水质造成不利影响。

（5）城市新区排水的水质污染影响。由于城市新区排水直接进入清水河，会对清水河纳污河段的水质造成不利影响。

考点分析与答题技巧：答题时只需将要点答上即可，不要展开太多，以节省答题时间（本书解答稍多，是为了让考生理解）。另外，要注意本题问的是下游河段，如果答了上游的内容，则不得分。在实际环评工作中，对供水工程的退水非常关注。本书建议对于工程建设的不同工程及不同时期（如不同建设单位分别负责、分期实施的），针对产生退水的工程予以评价。此类考题已考过多次，考生在备考及实际工作中均应重视。

3．为确定 A 河拟建水库坝下河段的最小基流水量，应主要考虑哪些生态环境用水需求？

【参考答案】

（1）维护坝下河段水质所需的河道稀释净化环境用水需求。

（2）坝下河段的河道内生态用水需求（维持水生态系统基本结构与功能及水生生物，特别是鱼类生存的基本用水需求等）。

（3）维持沿河附近地下水位动态平衡所需要的补水量需求。

（4）坝下河道外的生态用水需求（包括河岸植被需水量、相连湿地补给水量等）。

（5）坝下河段景观用水需求。

考点分析与答题技巧：2010 年的案例考试中已经考过此题，2012 年此题再次出现。生态需水量是水利水电建设项目关注的重点之一，尽管对此有不同的理解或解释，但维持河道一定的生态用水是十分必要的。因此，无论在考试还是实际做此类项目的环境影响评价中，均需特别关注。在考场答题时，只需将要点答上，不必答太多。另外，一定要结合题干的信息来解答。

4．本工程实施后能否满足各方面用水需求？请说明理由。

【参考答案】

（1）不能确定。

（2）因为城市新区工业以制糖和造纸为主，为高耗水行业，其发展规划（数量、产能、布局、用水量等）并不清楚，而且环境用水也不清楚（或答：需要明确工业用水和环境用水）。

考点分析与答题技巧：一般地，年调节水库的兴利库容应小于水库设计供水规模（如本题目中的设计灌溉用水+城市供水量之和），不应该大于水库坝址断面的多年平均径流量。而在此题目中拟建年调节水库的设计兴利库容为坝址断面多年平均径流量 1.5 倍的情形并不多见。本题实际上是借环评来考查水资源平衡（或用量）计算。回答本小题一定要弄清什么是兴利库容以及城镇社会经济发展的需水情况。

试题十二（2011 年考题）

青城市为解决城市供水水源问题，拟建设调水工程，由市域内大清河跨流域调水到碧河的碧河水库，年均调水量为 18.7 亿 m^3，设计引水流量为 0.75 m^3/s，碧河水库现有兴利库容为 0.3 亿 m^3，主要使用功能拟由“防洪、农业灌溉供水、水产养殖”调整为“防洪、城市供水和农业灌溉供水”。

本工程由引水枢纽和输水工程两部分组成。引水枢纽位于大清河上游，由引水低坝、进水闸和冲沙闸组成，坝址处多年平均径流量为 91.2 亿 m^3，坝前回水约 3.2 km，输水工程全长 42.94 km，由引水隧洞和管道组成，其中引水隧洞长 19.51 km，洞顶埋深 8～32 m。引水隧洞进口接引水枢纽，出口与 DN1 300 的预应力混凝土输水管相连，输水管道管顶埋深为 1.8～2.5 m，管线总长为 23.43 km。

按工程设计方案，坝前回水淹没耕地 9 hm^2，不涉及居民搬迁，工程施工弃渣总量为 17 万 m^3。工程弃渣方案拟设置两个集中式弃渣场，消纳引水枢纽工程和引水隧洞工程的弃渣。1#弃渣场容量 8.9 万 m^3，位于引水枢纽坝址下游的河滩上；2#弃渣场容量 120 万 m^3，位于引水隧洞出口附近的一荒沟内，弃渣场均设计有挡渣设施。工程施工道路主要依靠乡村道路。

青城市所在区域多年平均降水量 410 mm，土地沙化、荒漠化趋势严重，工程区分布有面积不等的固定沙地、半固定沙地、流动沙丘，引水工程沿线以沙生植被为主。大清河坝址处水质满足《地表水环境质量标准》（GB 3838—2002）II 类标准要求，拟建引水坝址下游 5 km 处为大清河灌区，该灌区是青城市粮食主产区，以大清河为主要灌溉水源。经水资源论证，调水工程不影响该灌区用水。

【问题】

1．该工程的环境影响范围应包括哪些区域？

【参考答案】

（1）调出区——大清河，包括水库回水段，坝下减水段及工程引起水文情势变化的区域。

（2）调入区——碧河水库与坝下河段、灌区与城市供水区、灌溉退水与城市排水受纳水域。

（3）调水线路沿线——输水工程沿线，即引水隧洞及管道沿线。

（4）各类施工临时场地及弃渣场。

考点分析与答题技巧：调出河段需要考虑其坝下减水段，一般不会出现脱水段，施工期间也有导流洞保障下游流水，但大坝施工期间如果施工方案或管理不完善，出现脱水情况也是有可能的。

2．给出引水隧洞工程涉及的主要环境问题。

【参考答案】

（1）隧洞施工排（疏）水引起的地下水径流或流场变化。

（2）隧洞顶部区域农作物、植被及植物生长受影响问题。

（3）隧洞弃渣处置环境影响问题。

（4）隧洞施工可能导致的塌方、滑坡等地质灾害及其环境影响问题。

（5）隧洞洞口结构、形式与周边景观的协调问题。

（6）隧洞施工引起的噪声与扬尘污染影响以及生产生活污水排放的污染问题。

考点分析与答题技巧：本小题曾在 2010 年的高速公路案例中考过，答题思路基本一致。很多工程可能涉及隧道施工，如公路、铁路、输水、输气、输油等。

3．分析说明工程弃渣方案的环境合理性。

【参考答案】

（1）1#弃渣场设置在下游河滩地上不合理，不符合《中华人民共和国河道管理条例》要求。

（2）2#设置在荒沟里比较合理。荒沟、山谷做弃渣场是比较常用的，通过设置拦渣坝并采取防洪排水等工程措施和生物措施，能够满足环保要求。

（3）由于 2#弃渣场容量大，足以满足工程弃渣所需，因此，可放弃 1#弃渣场。

因此，本工程弃渣方案不合理。

考点分析与答题技巧：2#弃渣场虽然在引水隧洞的旁边，但并不会对隧洞造成不利影响。个别考生考虑弃渣场的渗漏等均不是本题答题时应考虑的主要方面。最后的“本工程弃渣方案不合理”也是必须要答上的。

4．指出工程实施对大清河下游的主要影响。

【参考答案】

（1）水文情势变化，包括流量减少、流速减小、水位变化、含沙量变化等（2 分）。工程将会造成坝下减水，导致坝下河段水文情势改变，进而对各类用水产生影响。

（2）水生生态影响，水质变化，以及鱼类生境的改变（2 分）。减水河段环境的变化，会对水生生物产生不利影响，减水段的鱼类“三场”将受到破坏。

（3）如果不能保障下泄一定的生态流量，将影响下游河道及两岸植被的生态用水，造成下游区域沙化、荒漠化趋势加剧，使得流动沙丘数量和面积增加。

（4）坝下河段河床冲淤变化影响。库区冲淤下泄高含沙量水流容易导致下游河道局部泥沙淤积；库区下泄清水又容易导致河床与两岸受到清水冲蚀影响，进而形成河岸安全隐患。

考点分析与答题技巧：根据赋分要求，只要答上水文情势变化、水生生态影响以及水质变化、鱼类生境改变，即可得满分。答案中（1）（2）得分点相应后面的内容实质上是前面内容的细化；答案中出现生产、生活用水影响的不得分，出现水温、盐渍化、湿地、富营养化的不得分。很显然（3）（4）也是下游影响的主要方面，答上是可行的。但考试时毕竟分数赋值是有限的，只需答上要点即可。

5. 列出工程实施中需要采取的三项主要生态保护措施。

【参考答案】

（1）大清河取水工程建设需采取鱼类保护措施。

（2）大清河取水工程建设需设置下泄生态流量与监控的设施。

（3）对弃渣场及各类临时占地进行土地整治与生态恢复。

考点分析与答题技巧：关于工程实施中的生态保护措施，可以根据影响来考虑，凡是有不良生态影响的均应提出相应的保护措施。生态保护措施有很多，本小题要求答上 3 项即可，因此不可答太多。答题时，可以主要答施工期的生态保护措施，但营运期的生态影响也需要在工程实施阶段就同步采取措施，以便其在运行阶段发挥作用。这也是环境保护“三同时”制度的要求。

试题十三（2010年考题）

某拟建水利枢纽工程为坝后式开发，工程以防洪为主，兼顾供水和发电，水库具有年调节性能，坝址断面多年平均流量 88.7 m^3/s。运行期电站至少有 1 台机组按额定容量的 45%带基荷运行，可确保连续下泄流量不小于 5 m^3/s。工程永久占地 80 hm^2，临时占地 10 hm^2，占地性质为灌草地。水库淹没和工程占地共需搬迁安置人口 3 800 人，拟在库周分 5 个集中安置点进行安置。库区（周）无工业污染源，入库污染源主要为生活污染源和农业面源；坝址下游 10 km 处有某灌渠取水口。本区地带性植被为亚热带常绿阔叶林，水库蓄水将淹没古树、名木 8 株。库区河段现为急流河段，有 3 条支流汇入，入库支流总氮、总磷浓度范围分别为 0.8～1.3 mg/L、0.15～0.25 mg/L。库尾河段有某种保护鱼类产卵场 2 处，该鱼类产黏沉性卵，具有海淡洄游习性。

【问题】

1. 确定本工程大坝下游河段最小需水量时，需要分析哪些方面的环境用水需求？

【参考答案】

（1）下游生产（工业、农业、灌溉）用（供）水需求。

（2）下游河道生态（或水生生态）用水需求（答“渔业用水”“鱼类用水”“生物用水”亦可）。

（3）下游河道环境（或纳污、自净能力）用水需求（答“稀释能力”“保持下游水质”亦可）。

考点分析与答题技巧：根据评分要求，答案中提出“脱水河段生态需水”“库尾产卵场生态需水”“两处产卵场生态需水”的，无论其他要点有没有答上，全题给 0 分。因为从题干可看出，河段可能减水，但不可能脱水（坝后式开发）；库尾处于上游，而此小题问的是下游需水。本小题较易答上前两条，得 3 分，答案（3）很容易漏掉。出现得 0 分的情况，主要原因是没有分清楚上下游，在答案里面提到“库尾河段”“库区河段”等，这些都不是出题者想要考查的对象，答非所问，只能得 0 分。还有比较重要的一点是，水库仍有一定的下泄流量，因而并不会造成下游脱水（只会减水），如果提到“下游脱水河段”也是全题得 0 分。这些不仅影响本题得分，对下一题的得分也有影响，必须注意。

坝下下泄水量原则上应满足：① 维护坝下河段水质所需的河道稀释净化环境用水需求；② 坝下河段的河道内生态用水需求（维持水生态系统基本结构与功能及水生生物，特别是鱼类生存的基本用水需求等）；③ 维持沿河附近地下水位动态平衡所需要的补水量需求；④ 坝下河道外的生态用水需求（包括河岸植被需水量、相连湿地补给水量等）；⑤ 坝下河段景观用水需求。以上 5 条在考试答题时，应根据题干信息有针对性地解答，而不是照搬这 5 条。

生态需水量是水利水电建设项目关注的重点之一，尽管对此有不同的理解或解释，但维持河道一定的生态用水是十分必要的。这既是环评审查、评估和审批的要点，也是考试的要点。因此，无论在考试还是实际做此类项目的环境影响评价中，均需特别注意。

2. 评价水环境影响时，需关注的主要问题有哪些？请说明理由。

【参考答案】

（1）水库富营养化（水质改变）。

理由：支流来水中总磷或总氮浓度较高或水文情势发生改变（急流态转变为缓流态）等。

（2）水库水温分层（或水库低温水）。

理由：水库具有年调节性能，水温分层的可能性很大或下游有灌溉要求（或低温水对农作物有影响）等。

（3）下游河道自净能力改变（减小）。

理由：下游河道流量改变。（此项问题和理由答对任何一项均可得 1 分）

考点分析与答题技巧：由于本题问的是“水环境评价”，因此答题时如出现“陆域生态”“移民”“土地（耕地）保护”等脱离水环境的，全题得 0 分；答有关施工影响等非主要水环境问题的，不得分；答由于水流量减小，造成水库富营养化的，不得分（因为水库本身水流量并不减小）；提到有关下游河道鱼类问题不得分；提出脱水河道等的，不得分（提出减脱水河道的，结合答题者给出的前提条件看情况而定）；答对鱼类的影响，也不是本小题的考查点，因而也不得分。施工期虽然对水环境有影响，但运营期才是水环境影响的重点，因而答施工期的影响都不得分。此外，虽然题干中提到“入库污染源主要为生活污染源和农业面源”，但更重要的是题干中提到“入库支流总氮、总磷浓度范围分别为 0.8～1.3 mg/L、0.15～0.25 mg/L”，后者才是关键。因此，关于富营养化的原因，写成“农业面源”“生活污染源”是不得分的；另外，答案（3）中写成脱水河段的，这些也都不能得分。但是，如果答案（1）的理由写成“由于农业面源、生活污染源及入库支流总磷、总氮浓度较高”，则可得分。所以，本题要紧紧抓住“水环境影响”这个前提。

3．本工程带来的哪些改变会对受保护鱼类产生影响？并提出相应的保护措施。

【参考答案】

（1）大坝阻隔鱼类洄游；（水位提高）损害（破坏）产卵场或鱼类生境改变；库区水文情势改变（急流态转变为缓流态）；库区水质（水温）改变。

（2）建设过鱼设施（洄游通道）；对受影响的保护鱼类进行增殖放流（人工育苗）；确保最小下泄生态流量；该保护鱼类产卵期（产卵场）降低水位运行（或改变调度保障产卵需求）。

考点分析与答题技巧：本题围绕对“受保护鱼类”产生的影响，应按“哪些改变”和“保护措施”两部分来答。根据评分要求，措施中若提“人工养殖”不给分；“水库降低水位运行”这一措施不易答出来。如果考虑施工期的污染物影响水质从而导致对鱼类的影响，由此得出措施要对水质进行监测或者处理达标后才可排放，并不是此题的考查点，即答施工期的污染影响不会给分（也不会扣分）。根据题意，库区水质改变主要也是支流来水使氮、磷浓度升高，导致富营养化造成的，施工期的水质影响相对较小，不是重点。此外，题干中还有一个比较重要的信息——该保护鱼类产黏沉性卵，答案中“该保护鱼类产卵期降低水位运行或改变调度保障产卵需求”，即针对该信息的。目的是流速减缓，以便黏沉性卵能够尽快黏附水草或下沉，以便孵育。如果题干是产漂流性卵，则答案应该是在鱼类产卵期加大下泄水量，采取“人造洪峰”措施。因为漂流性卵需要一定流速的水流才能孵化并发育成幼鱼。我国“四大家鱼”的产卵活动不仅需要江水涨落的洪峰过程等自然环境条件的刺激，而且，产出的卵需要一定流速的水流才能孵化并发育成幼鱼。

4．提出陆生植物的保护措施。

【参考答案】

（1）将受淹没的古树名木进行移栽保护。

（2）对临时占地进行植被恢复或生态恢复。

（3）不占或少占地，严格限制施工范围。

（4）对占用的林地进行补偿或生态补偿。

（5）加强施工教育。

考点分析与答题技巧：关于陆生植物的保护措施，无论是原则性的要求，还是具体的措施，都可以答很多。对于考试而言，重要的是结合题干及问题要求来答（即解答要密切结合题干信息，答案应具体、有针对性）。本题应分 5 个要点回答，每个要点 1 分。由于问的是对“陆生植物”的保护措施，如果答案中出现有关水生态保护措施的，本题得 0 分；对各要点中没有明确表述的，不得分。答案（1）应突出“古树”“淹没”（其实还应考虑“8株”和“移栽”这两个要点），如果笼统给出名木古树保护或给出多种选择（看不出针对淹没特点）措施，不得分。此题大部分考生能得2分或者1分，因为基本能答出答案（1）。一定要注意提问是关于“陆生植物”的保护措施，从题干中能看出，除古树名木以外，还有地带性植被——亚热带常绿阔叶林，关于它们的保护措施也应该提出来。另外，答题要规范，如写“恢复性补偿”也只能得1分。

试题十四（2009 年考题）

某水利枢纽工程为西南地区 A 河梯级开发中的一级，水库具有日调节功能。水库淹没和永久占地 15 km^2（耕地 263 hm^2，其中基本农田 247 hm^2），临时占地 239 hm^2，其中基本农田 50 hm^2，其余为林、旱、灌草地。临时占地在施工结束后进行生态恢复。工程需搬迁安置移民 2 700 人，分 5 处集中安置点安置，生产安置 3 960 人，拟通过土地开发整理安置。土地平衡补偿可新增高质量耕地 160 hm^2。

工程影响区生态脆弱，有滑坡、崩塌等灾害性地质。河谷植被主要为灌草丛和灌木丛。水库淹没线以下有 36 株国家二级保护野生植物。枢纽建设区及周边为粮食高产区。河流坡降大，鱼类资源丰富，以适应流水生境的鱼类为主。其中有某种本地特有洄游性鱼类，卵苗需长距离顺水漂流孵化，库区内分布有该鱼类集中产卵场。

【问题】

1．列出运营期水文情势变化对库区产生的主要生态环境影响。

【参考答案】

（1）库区水体流速变缓，适应流水生态环境的鱼类将减少，鱼类种群结构将发生变化。

（2）洄游鱼类集中产卵场破坏。

（3）水位抬升，淹没大量农田和植被，包括基本农田和 36 株国家二级保护植物。

（4）水质变化。库区流速变缓，水体自净能力减弱，如果库区清理较差，容易造成库区水质下降，如果再有面源及农田高氮、高磷退水的汇入，易发生富营养化。

（5）泥沙沉积影响。上游裹挟泥沙的水流不断入库，造成库区泥沙淤积，改变水生生物的环境。

（6）修建水库对下游地下水水位的影响。

考点分析与答题技巧：本题的考点是“水文情势变化引起的生态问题”，抓住水文情势（水位、水温、流量、流速、含沙量等），就容易答题了。前 5 条是比较切合问题的，但答案（6）并不符合题意（如果加上“进而影响地表植被”则符合题意）。当然，也可以直接将主要生态影响答上，但要注意考点是“运行期”“库区”，如果答了施工期、坝下或库尾以上河段以及与水文情势变化无关的内容，则本小题只能得 0 分。

2．说明本工程建设对鱼类的影响。

【参考答案】

（1）施工期扰动水体，改变鱼类原有生境。

（2）营运期，若未设置过鱼通道，则将阻隔鱼类洄游，影响洄游性鱼类的生活习性；水库淹没，破坏其产卵场。

（3）水流变缓，影响适应流水生境鱼类的生活习性，改变库区种群结构。

考点分析与答题技巧：建闸筑坝的水利水电工程对河道鱼类的影响主要有大坝对洄游的阻隔、对“三场”的影响、生境的改变、种群的变化等。因此，将这 4 点写上就可得分。本题的考点显然就是“对鱼类的影响”，答题时要围绕鱼类来写，脱离了鱼类就不可能得分。

3. 本工程临时占地的生态恢复应注意哪些问题？请提出国家二级野生植物保护措施。

【参考答案】

（1）工程结束后，临时占地应首先考虑恢复为耕地；施工期应注意保存表土，施工结束后及时进行生态修复；选择当地物种。

（2）国家二级保护野生植物采取移栽保护措施。

考点分析与答题技巧：根据题意，本题要求回答的是生态恢复中应注意的“问题”，而且是针对临时占地的。根据题干提供的临时占地情况（征占了基本农田和林、旱、灌草地），回答本题并不困难。此类问题，可以答很多，但在考场上答题时由于时间限制，应予简化。简答是通过案例这科考试的利器。

4．按基本农田“占补平衡”原则，本工程还应采取什么措施？

【参考答案】

（1）在适宜区域开垦新的耕地。

（2）异地划补。

（3）劣质地改良。

（4）临时占用的 50 hm^2 基本农田，在施工结束后及时恢复为基本农田。

（5）根据实际情况，也可将部分临时占用的非农田或基本农田，恢复为农田或基本农田。

考点分析与答题技巧：根据评分要求，只要答上（1）和（3）即可。但其他 3 条也是可以采取的措施。

试题十五（2008 年考题）

南方某山区拟建水资源综合利用开发工程，开发目的包括城镇供水、农业灌溉和发电。工程包括一座库容为 24 亿 m^3 的水库、引水工程和水电站。水库大坝高 54 m，水库回水长度 27 km。水电站装机容量 80 MW。水库需淹没耕地 230 hm^2，移民 1 870 人，安置方式拟采用就地后靠。农业灌溉引水主干渠长 30 km，灌溉面积 6 万 hm^2。城镇供水范围主要为下游地区的 2 个县城。

库区及上游地区土地利用类型主要为林地、耕地，分布有自然村落、无城镇和工矿业。河流在水库坝址下游 50 km 河段内分布有经济鱼类、土著鱼类的索饵场、产卵场。

【问题】

1．大坝上游陆域生态环境现状调查应包括哪些方面？

【参考答案】

（1）对林地的调查（或调查上游区域林地分布及生态公益林划分情况，特别是可能受本工程征占或淹没的林地类型及面积，是否涉及保护种，并调查说明林地结构及其生物量情况）。

（2）对农田的调查（或调查上游耕地分布及基本农田情况，特别是受本工程征占或淹没的 230 hm^2 耕地类型）。

（3）对野生动物的调查（或调查林地是否涉及土著等受保护野生动物及其生境情况）。

（4）对生态问题的调查（或调查上游区域现状生态问题及其类型、分布、成因及发生特点等情况，如水土流失）。

（5）对村落的调查[或调查上游自然村落的分布及数量（村落数、户数及人数），特别是需要移民的 1 870 人的分布及生产与生活情况、民族习俗与文化传统等]，并调查安置区自然地形地貌等环境及其水土流失现状（本条可以不答，没答上也不属于原则性错误）。

考点分析与答题技巧：以上答案括号外和括号内的任答一个即可。生态现状调查是生态影响评价的基础。一般从事生态影响评价的技术人员均能解答该问题，但往往回答不完整。陆地生态环境现状调查不外乎植物、动物及其生境调查，在具体工作中从物种、种群、生态系统、景观 4 个层次入手，同时考虑气候、土壤、水系等自然因素。但考试就不能答得太多、太繁杂，如果将赋分的要点遗漏了是不得分的，若将不符合考题要求或与题干信息无关的答上了，还有可能得0分。另外，在复习这样的题时，可以联想一下对于下游地区的生态应调查哪些内容以及工程建设对上游和下游生态有哪些方面的影响。

2. 提出水库运行期对下游河段鱼类的主要影响因素。

【参考答案】

（1）大坝的阻隔影响（2 分）。大坝对下游鱼类与上游鱼类及其饵料生物交流的阻隔影响。

（2）水库运行期下游水文情势改变（如由于调度问题——供水、发电、农灌的协调）导致坝下 50 km 河段内经济鱼类和土著鱼类产卵场和索饵场原环境条件改变，进而影响鱼类的产卵和索饵等生理生态活动行为（可简答为：对下游经济鱼类和土著鱼类索饵场和产卵场的影响，2 分）。

考点分析与答题技巧：水库运行期对上游河段和下游河段的鱼类均有影响，但对下游的影响更明显一些。类似本小题的考题已考过多次，而且这类问题提出的方式也是多种多样的，如问大坝建设对下游鱼类有何影响？对坝上鱼类有何影响？对上游鱼类的“三场”有何影响？对下游鱼类的“三场”有何影响？基本大同小异，可根据题干提供的信息及提问的形式，结合实际工作来回答。但是，一定要注意区别“坝上”“坝下”以及“上游”“下游”，否则将不得分。

3. 该工程对上游陆生野生动物有哪些影响？

【参考答案】

（1）施工期大量的施工人员活动和施工机械噪声干扰，以及库区拆迁、清理等，改变野生动物生境或使其受到惊扰而发生逃逸。

（2）工程营运期，由于水库蓄水及水面积的扩大将造成野生动物生境的淹没、库区水面对野生动物跨河形成阻隔影响，会缩小野生动物的生存空间及活动范围，进而影响其种群及数量。

考点分析与答题技巧：以生态影响为主的建设项目，一般可按施工期和营运期两个方面进行影响分析与评价，水力发电站项目施工期和营运期对生态的影响均较为明显。对野生动物的影响主要是对其生境的改变。对于水利水电工程，在实际环评工作中可以调查淹没区河段上游区域包括陆生野生动物在内的生态环境现状，但一般不是生态影响评价的重点。因此，当时也有考生回忆称原试卷没有这一问（本书就当有此一问，试着做一解答无妨。因为毕竟题干有这样的一个信息，即“库区及上游地区土地利用类型主要为林地、耕地，分布有自然村落、无城镇和工矿业”）。

4．针对工程移民安置，环评需考虑哪些环境影响？

【参考答案】

（1）移民区搬迁遗迹的环境影响。遗留的固体废物：建筑残物、生活垃圾，特别是养殖垃圾若不能彻底清理，对库区蓄水将造成不利影响；若原来的陡坡开垦的农田不能及时退耕还林还草，其水土流失也将影响库区水质与水位。

（2）移民安置区的环境影响。对安置区资源承载力与环境容量的影响，增加了安置区的环境与资源压力，移民安置占地及土地开发植被变化对生态的不利影响，农药、化肥面源污染，水土流失等。

（3）对人体健康与民族文化多样性的影响。

考点分析与答题技巧：移民安置是水电开发项目关注的重要方面，当然也会是考试中考问的要点。一般主要关注的是安置区的环境影响，突出表现为生态影响，包括对征地区的土地类型改变、植被破坏、水土流失。此题也可以按环境影响要素来解答。实际答题时，可简要答上主要环境影响，不必写太多。

5．提出对水库工程需要考虑的环境保护工程措施和环境管理的建议。

【参考答案】

（1）应主要采取以下环境保护工程措施：

① 与水库工程建设有关的移民安置区环保措施和库底清理措施。② 防止农田排（退）水污染库区水质的措施。③ 水土保持措施。④ 保障洄游性鱼类正常洄游的过鱼设施，维护工程影响水域鱼类资源的人工增殖放流措施、鱼类替代生境保护措施等。⑤ 保障下游生态用水的工程措施，如生态泄流孔等。

（2）主要环境管理建议：

① 成立环境管理机构，制定管理制度、办法与方案，落实人员与经费，实施施工期的环境监理。② 制订监测计划或方案，开展库区水质定期监测、生态调查，特别是针对工程对鱼类“三场”的影响及变化情况应进行调查。

考点分析与答题技巧：本题也可以单独提出工程措施或环境管理计划。在单独提问的情况下，要进一步细化答案。本题解答可以进一步简化为：① 工程措施：对受影响的经济鱼类、土著鱼类采取人工增殖放流措施（2 分）；对占用的林地、耕地进行补偿（1 分）。② 管理建议：制订管理方案（1 分）；制订生态监测计划（1 分）。简化后的答案，更适合考试答题。

试题十六（2007 年考题）

拟在某河流下游建一河道型水库，建设目标为发电与航运，运行方式为日调节，坝高 14 m，正常蓄水位 36 m（黄海高程），回水长度 38 km，水库面积 28 km^2，库区无大的支流汇入。该河流经低丘和冲积平原，沿岸地面高程 30～38 m（黄海）。工程处于亚热带季风气候区，汛期为 6—10 月。在坝址处，河流丰、枯水期的水位在 29～35 m 变化，含沙量小（0.3 kg/m^3）。区内已无原生植被，无重点保护野生动物分布。区域农业开发程度较高，两岸土地利用方式主要为农田，水田、旱地面积大致相当。拟建工程库区有半洄游性鱼类产卵场分布，水库回水末端有一中型城市，工农业与生活取排水口皆布置于该河流两岸，水库淹没区主要为河漫滩地，不涉及移民。施工区布置在坝址两岸，对外交通主要利用现有公路和航运。施工期为五年半，施工高峰人数为 550 人，水库管理区生活污水和生活垃圾均能得到妥善处置。

【问题】

1. 识别营运期主要不利环境影响。

【参考答案】

（1）河流流速变缓（1 分），自净能力下降（1 分）（或“水文情势改变”，2 分）。

（2）大坝对洄游性鱼类的阻隔影响[或“阻隔（或影响）鱼类洄游”，2 分]。

（3）影响库区或库尾两岸农田（岸浸没、盐渍化、潜育化）（2 分）。

考点分析与答题技巧：实际上营运期的环境不利影响有很多，除以上答案外，还有水库淹没，造成大量的土地、植被损失；库区与坝下减水河段水文情势改变导致的水域生境变化，对其水生态系统及水生生物，特别是鱼类资源的不利影响；水库回水对库尾城市取、排水的不利影响；农业灌溉与城市供水使用后排（退）水对纳污水体的水环境影响；水库日调节运行导致的库区、下游河段水文情势变化（流量、水位等日内变化）对库区消落带景观、坝下河段各类用水与水生生物的不利影响。还有水土流失、诱发地质灾害造成的环境影响，发电厂营运期可能发生的水质污染影响等。但答上主要的即可。

2. 建库是否会影响坝址上游河段的稀释自净能力和工农业排水？请说明理由。

【参考答案】

（1）对自净能力有影响（1 分），水文情势变化或流速变缓（1 分）。

（2）对排水有影响（1 分），水位抬升，影响现有排水口（1 分）。

考点分析与答题要点： 注意，解答本小题可以写出较多、较为详细的内容，因为题干要求“说明理由”，而且通常在论述理由时可以写得很充分，但是根据历年环评师考试情况来看，作为考试解答，忌讳的就是答得太多、太繁杂。

3．简要说明水库大坝对半洄游性鱼类的影响。

【参考答案】

（1）阻隔鱼类洄游通道。（3分）

（2）淹没鱼类产卵场或影响鱼类繁殖活动。（2分）

考点分析与答题技巧： 水利水电工程建设对鱼类的影响主要有以下几个方面：拦河建筑物使河流水生生境片段化、阻隔鱼类的洄游通道、阻碍上下游鱼类种质的交流。库区水深、流速等水文情势的变化会造成原有水生生境的改变甚至消失，致使鱼类区系组成发生变化，特别是珍稀保护、特有鱼类物种的消失。泄流可能造成水体溶解气体过饱和，对部分鱼类特别是幼鱼造成严重影响。半洄游是指淡水鱼类在淡水水域中从一种类型的水体到另一种类型的水体以及栖居在浅海区或咸淡水区的鱼类进入江河的洄游。

4．指出本工程对两岸农田的不利影响途径与减缓措施。

【参考答案】

（1）（因水库水位抬升）库区两岸农田水位（抬升），或引起两岸低洼地带农田潜育化（答“盐渍化”也给分）（2分），占用农田（1分）。

（2）措施：完善两岸农田的排水渠系（或抽排设施）。（2分）

考点分析与答题技巧： 对两岸农田的主要不利影响有：① 坝上原河道两岸原来有农田，会被库区蓄水淹没。② 坝下河道两岸农田会因为水库蓄水而导致农灌用水的不足；同时，由于本工程为日调节电站，日内水位变幅大，以致影响农业灌溉。③ 处于库区及上游区域的农田，容易发生潜育化，答“盐渍化”也给分；而处于坝下区域的农田又容易盐渍化。减缓措施可考虑：① 由于库区有城镇取排水口，为保护库区水质，应对库区农田退水（特别是水田）严格控制，尽量排至坝下河道。② 保障一定的下泄流量，满足农灌用水。③ 对造成的农田损失进行补偿，对失地农民进行经济补偿，并进行异地开垦。虽然该答案比较复杂，但更具体，且更符合环评报告的写法。特别是措施，应该是具体的，具有可操作性的。在实际环评工作中，一般是要求写清楚具体该如何完善，而不是一句“完善农田排水渠系”就可以的，这是考试与实际工作的区别。

试题十七（2006 年考题）

某水电站 1996 年开工建设，于 2001 年通过工程环境保护验收。现有 3 台机组，总装机容量 600 MW。工程安排移民 3 万人，水库淹没面积 100 hm^2。电站下游为不通航河流，有多处取水口，也有城镇、村庄和厂矿企业。在坝址下游 40 km 处有一较大支流汇入。经调查，部分后靠安置的移民由于安置不太妥当，造成移民开垦陡坡、毁林开荒等现象严重。2001 年扩建拟新增 1 台 600 MW 发电机组，以提高该电站在电网中的调峰能力（日用电高峰是满发，日用电低谷时仅 1 台机组运行），不改变水库设计水位，不增加库区面积，在已建成的水库大坝左岸山体修建进水口和引水发电系统，采用地下厂房布置机组，除料场、渣场和部分运输道路外，施工场地均在电站厂区范围内，施工区周围除设有职工生活区外，没有其他集中居民点。工程所需沙石料为商品料，料场距坝址 20 km。由汽车运输至厂坝区，运输道路经过一个约 500 人的 A 村。弃渣场设在大坝下游 200 m 的河滩上，沿河堆渣近 300 万 m^3，并采取防护措施。施工区内无国家级、省级重点保护野生动植物。

【问题】

1．项目现有主要环境问题有哪些？确定项目主要环境保护目标及影响因素。

【参考答案】

（1）项目主要环境问题：弃渣场选址不符合要求，移民安置不当造成的陡坡开垦、毁林开荒，生态破坏与水土流失，水环境污染等问题。

（2）项目主要环境保护目标及影响因素：

① 引水隧洞顶部山体植被及生态系统，受工程在山体开挖隧道及施工作业影响。

② 下游河段生态用水各类用水对象，包括城镇、村庄和工矿企业或其分布的取水口，受工程运营导致的水文情势与水环境质量变化的影响。

③ 运输道路经过的约 500 人的村庄，受车辆运输扬尘及噪声影响。

④ 地下水水文及径流特性，受工程引水系统——隧道的影响。

⑤ 水生生物及生态，特别是洄游性鱼类，受大坝阻隔、水文情势变化的影响。

考点分析与答题技巧：考场上答题应注意简化，切不可答太多。但本小题有 3 个方面的提问：项目现有环境问题、环境保护目标及影响因素，简化可以在后两个方面体现。

2. 生态环境调查除一般需要外，还需重点注意哪些问题的调查？

【参考答案】

（1）既有工程造成的生态问题，及其采取的生态保护措施和效果、陆生与水生生态系统的变化等。

（2）坝下河段各类用水对象的用水现状与发展需求（包括生态与环境用水），坝下河段取水口环境现状。

（3）移民安置区的生态破坏与环境污染问题，特别是部分后靠安置不当区造成的陡坡开垦和毁林开荒的具体位置、程度等问题。

（4）弃渣场的合理性及其对行洪安全的影响，以及采取措施的可行性。

（5）库区和下游河段的水域生境及水生生物和鱼类资源的影响。

（6）库周消落带的生态景观影响。

（7）库岸稳定、库周浸没、水土流失、地质灾害等问题。

考点分析与答题技巧：曾经有人回答出调查动植物物种清单，生态系统完整性、稳定性、生产力，生态系统与其他系统的连通性和制约问题，水土流失等问题，但笔者认为这不是最佳答案。考场上答题应注意简化，切不可答太多。

3. 水电运行期对环境的主要影响因素有哪些？

【参考答案】

（1）生态影响因素。库区淹没、泥沙淤积、下游河道减（脱）水带来的水生生态系统变化、大坝对水生生物的阻隔、鱼类的“三场”破坏、低温水下泄、库区消落带景观等。

（2）水环境影响因素。河流上下游水文情势变化、库区水体富营养化、下游河段各类用水对象、电站维修事故排污（如油类污染）等。

（3）地质环境与河道稳定影响因素。水土流失与库岸稳定、下泄水量对下游河道的冲淤等。

（4）移民安置及其生产、生活的生态环境影响因素。开垦土地的生态破坏与农业生产、日常生活的排污。

考点分析与答题技巧：考场上答题应注意简化，切不可答太多。

4. 弃渣场是否合理？拟采取什么措施？

【参考答案】

（1）不合理。

（2）弃渣尽可能利用；弃渣不能完全利用的，应另行选择合适的弃渣场。采取设置挡渣墙或拦渣坝、防洪及雨水截（导）排系统及绿化等措施。

考点分析与答题技巧：本题主要考查对《中华人民共和国水法》《中华人民

共和国水土保持法》《中华人民共和国防洪法》《中华人民共和国河道管理条例》相关要求的熟悉程度。占用河滩地可能影响行洪，存在水毁及水土流失隐患。因此，不是一个合理的选址方案。实际上，我们也会看到弃渣置于河滩的情况，或采取了一定的拦挡等防排洪措施，并非不合理，但从合法性的角度来考虑，这是不合法的。另外，不能一味地将现实中的不合法或违规的事件认为是合理的而带到考试的答题中来。

5．结合已建工程的具体情况，提出改进措施。

【参考答案】

（1）妥善安置移民，对造成陡坡开垦、毁林开荒的问题，进行退耕还林等生态恢复。

（2）合理设置弃渣场，并采取水土保持工程措施和生物措施。

（3）下泄足够的流量，确保下游城镇、村庄和工矿企业及生态用水的需要。

（4）运输道路尽量避绕村庄，或采取设置声屏障等减缓措施，禁止夜间运输。

考点分析与答题技巧：其实本小题更适合与第 1 小题的“项目现有主要环境问题有哪些？”相结合。因此，改、扩建工程时应对现有（既有、已建）工程存在的环境问题提出解决方案，实施“以新带（代）老”。对于改扩建项目，对现有工程存在的环境问题提出解决措施是国务院 682 号令《建设项目环境保护管理条例》中“五个不批”的第 4 项规定。因此，这也成为改扩建项目环境影响评价关注的重点（调查问题、分析问题、解决问题）。

三、公路铁路与港口码头案例

试题一（2023 年考题）

华南某省现有连接武原市和清平市的高速公路，整体呈东西走向，起自武原市，向西终于清平市，全长 158 km，水泥混凝土路面，双向四车道，设计车速 100 km/h，路基宽 25 m。公路起点～K58 路段为低山丘陵区，K58～终点路段为平原区。公路沿线分布的环境保护目标包括 1 处市级鸟类自然保护区、50 个村庄和 8 所学校。

鸟类自然保护区位于公路 K35～K36 段的北侧，保护对象为鹭鸟及其生境。保护区以兴利村附近水塘为中心大致呈圆形分布，总面积 350 hm^2，由里及外分别为核心区、缓冲区和实验区，与公路边界线的最近距离分别为 700 m、500 m 和 230 m。保护区鹭鸟的活动规律为昼间觅食、夜间栖息，每年 6～7 月为繁殖高峰期。觅食区域主要集中在保护区及分布在其周边的池塘、水田、沟渠，主要食物为昆虫、鱼虾、两栖动物和底栖动物。夜间栖息场所主要为核心区林地。经调查，现有公路未对鹭鸟栖息觅食造成明显影响。

黎家湾村位于 K63+200～K63+460 路段北侧，平行公路分布有 5 排 1～2 层房屋共 120 家住户，各排房屋临路侧距公路中心线的距离分别为 30 m、58 m、75 m、95 m 和 120 m。该路段地势较平缓，村庄附近无工矿企业和其他交通噪声源，高速公路在该路段也未设置声屏障。

现拟实施高速公路扩建工程，车道数由现有双向四车道扩建至双向八车道，设计时速维持 100 km/h 不变。扩建工程路基加宽方案以路基两侧整体拼接为主，部分路段采用路基单侧加宽方式。其中，邻近鸟类自然保护区的路段，采取路基南侧加宽四车道方案，加宽部分将占用水田、池塘、荒地及林地；邻近黎家湾村的路段，采取两侧加宽方案，公路边界线与中心线距离由现状的 19 m 扩至 26 m。

扩建工程全线设弃渣场和取土场若干，其中一处弃渣场位于 K21+100～K21+400 路段南侧缓坡地带，占地面积 2.18 hm^2，占地范围内植物群落以蒲桃林、桃金娘林和五节芒丛为主。

经当地生态环境主管部门确认，本扩建工程公路边界线外 35m 区域内执行

《声环境质量标准》（GB 3096）的 4a 类标准，35 m 外的区域执行 2 类标准，面向交通干线一侧高于三层以上（含三层）建筑至交通干线边界线划定为 4a 类区域。

环评文件编制单位对黎家湾开展了噪声现状监测，测点分别为黎家湾临路第一排中间建筑物和第五排最东端建筑物的外窗前 1 m、离地面高 1.2 m 处（N1 和 N2 测点），以及距公路中心线 200 m 的农田处（N3 测点）。

【问题】

1．黎家湾村噪声监测布点方案是否合理？说明理由。（4 分）

【参考答案】

（1）不合理。（1 分）

（2）理由：

① N2 测点错误，N2 应该在第二排中间建筑物外窗前 1 m、离地面高 1.2 m 处（1 分）。

② 不同功能区分别设置监测点（0.5 分）。

③ 第一排距离现有工程边界线 3̃019=11 m＜35 m，执行 4a 类标准（0.5 分），第二排距离边界线距离为 5̃819=39＞35 m（0.5 分），从第二至第五排执行 2 类声功能区（0.5 分），N2 监测点位应设置在第二排。

考点分析与答题技巧：《建设项目环境影响评价技术导则　声环境》（HJ 2.4—2021）“7.3.1.1 监测布点原则”规定“当声源为移动声源，且呈现线声源特点时，现状测点位置选取应兼顾声环境保护目标的分布状况、工程特点及线声源噪声影响随距离衰减的特点，布设在具有代表性的声环境保护目标处”。本小题第一排监测了位于 4a 类功能区的敏感点，第二排和第五排均位于 2 类功能区，但第五排受前四排建筑的阻挡，相当于“声屏障”影响不能反映 2 类功能区受现状交通噪声实际影响情况。所以，N2 应该在第二排布设。

2．选择 N3 作为背景值进行黎家湾村声环境影响预测是否合理？说明理由。（2 分）

【参考答案】

答案一：

（1）合理。（1 分）

（2）理由：N3 距公路中心线 200 m 的农田处，不包含现有道路噪声影响，可以作为背景点。（1 分）

答案二：

（1）不能确定。（1 分）

（2）理由：不能确定 N3 的具体位置（1 分。或不能确定 N3 点是否确实不受现状高速公路的影响）。

考点分析与答题技巧：背景噪声值（background noise value）是指评价范围内不含建设项目自身声源影响的声级。答案一和答案二截然不同，说明题干信息不全（可能考生回忆的不全）。一方面，本项目 N3 点设置在距离公路中心线 200 m，若既不受现有道路影响，也不受村镇等生活噪声影响，显然是合理的。若 N3 点受现有道路影响，则是不合理的。但从题干信息来看“黎家湾村位于 K63+200～K63+460 路段北侧，平行公路分布有 5 排 1～2 层房屋共 120 家住户，各排房屋临路侧距公路中心线的距离分别为 30 m、58 m、75 m、95 m 和 120 m。该路段地势较平缓，村庄附近无工矿企业和其他交通噪声源，高速公路在该路段也未设置声屏障。”说明现状高速公路并未对临近的村庄造成影响。我们只能根据考生回忆的题干信息做出这样的两个答案。仅供参考。2017 年的公路案例考过与此类似的问题。

3. 说明位于 K21+100～K21+400 路段南侧弃渣场生态保护恢复内容。（4 分）

【参考答案】

答案一：

（1）在弃渣前先行剥离表土单独堆存保护好用于生态恢复。

（2）合理设置挡墙和导排水沟。

（3）合理设置边坡，并及时进行生态恢复。

（4）植被恢复时选用当地适生植物蒲桃、桃金娘和五节芒等物种。

答案二：

（1）合理调配土方减少弃渣场个数，取消该弃渣场，或者该弃渣场的选址避让林地，减少对蒲桃林等植被的破坏。

（2）弃渣场表土单独剥离妥善保存，用于后期植被恢复。

（3）建设挡渣墙、截水沟、排水渠等水土保持设施。

（4）对临时占用的 2.18 hm^2 土地全部恢复为原有蒲桃林、桃金娘林和五节芒丛。

（5）定期监测恢复植被的生长状况。

考点分析与答题技巧：本小题设问的是要求说明弃渣场生态恢复内容。根据题干信息“公路起点～K58 路段为低山丘陵区”“弃渣场位于 K21+100～K21+400 路段南侧缓坡地带，占地面积 2.18 hm^2，占地范围内植物群落以蒲桃林、桃金娘林和五节芒丛为主。”

4．给出鸟类自然保护区现状调查应包括的主要内容。（5 分）

【参考答案】

答案一：

（1）该鸟类保护区的设立的历史沿革。（可不答，但答上不算错）

（2）保护区级别及重点保护对象。

（3）鹭鸟等重点保护对象的生态特性。

（4）保护区功能区划及各功能区与公路的方位、距离。

（5）保护区生物多样性状况。

（6）保护区及分布在其周边的池塘、水田、沟渠等栖息地、觅食区生境状况。

（7）保护区的管理及保护情况。

（8）存在的环境问题。

（给出以上（2）至（8）任意 5 项得满分）

答案二：

（1）自然保护区保护级别、保护现状、保护要求，生物多样性，各个功能分区与公路位置关系。

（2）鹭鸟等受保护鸟类种类、数量、分布，觅食、喝水、繁殖、栖息的生活习性（活动规律）、繁殖高峰期时间，是否迁徙。灯光、噪声敏感性等生活习性。

（3）食源、水源、栖息地、繁殖地等（尤其是池塘、水田、沟渠）生境质量、分布，与公路位置关系。

（4）调查现有公路对自然保护区尤其是对鹭鸟栖息觅食造成的实际影响，已采取的生态保护措施有效性和存在问题。

考点分析与答题技巧：题干关于鸟类保护区的内容较多（公路沿线分布的环境保护目标包括 1 处市级鸟类自然保护区、50 个村庄和 8 所学校。鸟类自然保护区位于公路 K35～K36 段的北侧，保护对象为鹭鸟及其生境。保护区以兴利村附近水塘为中心大致呈圆形分布，总面积 350 hm^2，由里及外分别为核心区、缓冲区和实验区，与公路边界线的最近距离分别为 700 m、500 m 和 230 m。保护区鹭鸟的活动规律为昼间觅食、夜间栖息，每年 6—7 月为繁殖高峰期。觅食区域主要集中在保护区及分布在其周边的池塘、水田、沟渠，主要食物为昆虫、鱼虾、两栖动物和底栖动物。夜间栖息场所主要为核心区林地。经调查，现有公路未对鹭鸟栖息觅食造成明显影响），可以提炼总结一下直接作为答案写下来。关于生态敏感区的调查与评价，《环境影响评价技术导则　生态影响》（HJ 19—2022）要求："7.2.3 收集生态敏感区的相关规划资料、图件、数据，调查评价范围内生态敏感区主要保护对象、功能区划、保护要求等""e）涉及生态敏感区的，分析其生态现状、保护现状和存在的问题；明确并图示生态敏感区及其主要保护对象、功能分区与工程的位置关系”。可以参照导则要求，结合实际工作解答本小题。答案一和答案二虽然表述方式略有不同，但实质内容基本相当。

5. 提出减缓扩建工程对鸟类栖息觅食可能造成的不利影响的对策措施。（5分）

【参考答案】

答案一：

（1）施工期避开6—7月份繁殖高峰期，控制施工噪声和夜间光照时间、强度；运行期间路面不设置强光灯，采用降噪减震材料，车辆禁鸣等措施；

（2）严格控制施工带宽度，减少对栖息觅食生境的破坏。对道路加宽部分临时和永久占用的池塘、水田、沟渠等栖息生境及时恢复和补偿，对破坏的昆虫、鱼虾、两栖动物和底栖动物等食物进行补偿。

（3）加强施工期教育，禁止捕鱼虾，捕鸟。

答案二：

（1）临近保护区段施工避开6—7月鸟类繁殖高峰期。

（2）严格控制高噪声机械施工作业时间。

（3）避免夜间施工。

（4）严格控制车辆等施工机械的行驶路线和作业范围。

（5）严格控制施工人员的活动范围。

（6）采取减振降噪路面。

（7）道路两侧采取遮光防护措施。

（8）对加宽部分占的用水田、池塘、荒地及林地进行补偿。

（9）加强“野生动物保护法”等的宣传教育，严格保护鸟类及其栖息地和觅食地。

（答上任意5项得满分）

考点分析与答题技巧：本小题设问是要求针对“鸟类栖息觅食”提出环境保护对策措施，而题干提供了重要信息“保护区鹭鸟的活动规律为昼间觅食、夜间栖息，每年6—7月为繁殖高峰期。觅食区域主要集中在保护区及分布在其周边的池塘、水田、沟渠，主要食物为昆虫、鱼虾、两栖动物和底栖动物。夜间栖息场所主要为核心区林地。”HJ 19—2022 指出“项目建设对重点保护野生动物、特有动物及其生境造成不利影响的，应提出优化工程施工方案、运行方式，实施物种救护，划定生境保护区域，开展生境保护和修复，构建活动廊道或建设食源地等措施。”“项目建设和运行噪声、灯光等对动物造成不利影响的，应提出优化工程施工方案、设计方案或降噪遮光等防护措施。”考生根据导则要求并结合题干即可解答本小题。不利影响为行为的干扰和栖息地觅食地的破坏，针对这两项采取有针对性的措施。答案一与答案二仅是表述方式不同，实质性内容并无明显区别。

【扩展思考题】

1．简要说明现有道路回顾性评价应重点评价的内容。

2．说明工程取弃土场现状调查与影响评价的重点。

3．除鸟类保护区外，对沿线其他环境保护目标应调查说明的主要内容？

4．给出本项目环境监测计划。

试题二（2021 年考题）

某新建3 000 t级成品油码头项目位于西南某省桃江右岸规划的港口岸线利用区，占用岸线 140 m，由码头平台、系缆墩、栈桥、控制楼、输油管线等组成。码头平台长 50 m、宽 15 m，水工结构采用透水高桩梁板型式，布置有 4 台输油臂、2 个消防塔。系缆墩为 6 m×6 m 的高桩墩台，分别位于码头平台上、下游水域，每侧各 2 个。栈桥用于连接码头平台与陆域，桥长 16 m、宽 4.5 m。控制楼为 2 层建筑物，位于临岸陆域，设有装卸控制中心和环境应急物资用房，楼外设消防水池、泡沫罐和油气处理装置。输油管线沿码头平台、栈桥敷设并与陆域埋地输油干管相连，连接处设紧急截断阀。成品油储存依托后方相距约 1 200 m 的油库工程（陆域埋地输油干管和油库工程均已建成，不属于本项目建设内容）。

桃江现有主航道满足 3 000 t 级成品油船通航条件，油船锚泊利用河流下游 16 km 的已有危险化学品锚地。因吃水条件不足，码头前沿的港池和回旋水域需采用挖泥船进行水下土方开挖，开挖面积 0.6 万 m^2，挖出的泥沙用于附近工业区场地平整回填。为保持码头区岸滩稳定，部分岸滩在完成表层清理、削坡处理后，需抛石防护，防护面积 0.1 万 m^2。水工桩基采用钻孔灌注桩，钻孔前设置钢护筒，桩底嵌入中风化岩层，钻孔泥浆送陆域干化后再用于周边工业用地回填。桩基施工时搭设水上施工平台。码头设计装卸能力 33 万 t/a（其中汽油卸船 15 万 t/a、柴油卸船 12 万 t/a、汽油装船 6 万 t/a），每次作业只安排一艘油船靠泊。油品装卸流程：油舱⇔输油臂⇔平台及栈桥输油管⇔紧急截断阀⇔陆地输油干管⇔油库（油品装船和卸船流向相反）。用于卸船的输油管 3 根，管径均为 DN250，其中 2 根输送汽油，1 根输送柴油，单根卸船流量均为 200 m^3/h：用于装船的输油管 1 根，管径 DN200，装船流量 100 m^3/h。

装船作业时，船舱内挥发的油气经船舱呼吸孔、船上管道收集后，引入控制楼外的油气处理装置，采用“冷凝+吸附”工艺进行处理，处理后的尾气经 15 m 高排气筒排放。油气处理装置的非甲烷总烃（NMHC）的去除率和排放浓度满足《储油库大气污染物控制标准》（GB 20950—2020）的规定。卸船时产生的油气依托油库工程处理。

码头平台外缘有 10 cm 高混凝土集水围坎，梁板下方有集水池，用于收集码头平台区初期雨水，兼做码头平台面少量溢油的事故应急池。到港船舶油污水、集水池内污水和控制楼生活污水泵送油库工程配套的环保设施处理。

桃江自南向北流，码头所在河段河道较顺直，河宽约 300 m，岸滩分布点状或连片的辣蓼、喜旱莲子草等植物。根据近年调查资料，桃江有鱼类 55 种，码头所在河段有底栖生物 17 种；码头下游 10 km 范围内没有大型鱼类产卵场、越冬场、索饵场，无饮用水水源保护区、水生生物自然保护区、水产种质资源保护区和渔业养殖区；码头周边 500 m 范围没有集中居民区。环境质量现状调查显示，桃江评价范围河段现状水质达到《地表水环境质量标准》（GB 3838—2002）III类标准；所在区域为环境空气达标区，补充监测的 NMHC 浓度低于《大气污染物综合排放标准》提出的 2.0 mg/m^3 限值。

环评文件编制单位判定本项目为水文要素影响型建设项目，按照码头平台投影面积确定了地表水环境影响评价工作等级。按照行业技术规范《水上溢油环境风险评估技术导则》（JT/T 1143—2017）、《港口建设项目环境影响评价规范》（JTS 105—1—2011）确定了地表水环境风险评价等级为一级，预测分析了码头事故溢油对桃江的影响，并根据预测结果提出水上溢油应急物资配置和环境风险应急预案编制原则要求。

【问题】

1．本项目地表水环境影响评价工作等级判定考虑的因素是否完整？说明理由。（4 分）

【参考答案】

（1）不完整。（1 分）

（2）理由：

① 确定评价等级不仅要考虑码头平台投影面积，还需考虑栈桥投影面积，以及码头平台和栈桥投影面积的外扩范围。（1 分）

② 水文要素型评价等级确定还需考虑水下土方开挖等工程扰动水底面积。（1 分）

③ 本项目存在污染水环境的因素（如到港船舶油污水、集水池内污水和控制楼生活污水），所以还需考虑水污染型评价等级。（1 分）

考点分析与答题技巧：本小题是考查《环境影响评价技术导则　地表水环境》（HJ 2.3—2018）关于建设项目地表水影响评价等级确定的原则，其中水文要素影响型须考虑工程垂直投影面积及外扩范围（A_1，km^2）；工程扰动水底面积（A_2，km^2）；过水断面宽度占用比例或占用水域面积比例（R，%）。对比题干给出的信息，即可识别出其确定评价等级考虑的因素是不完整的。题干提供的信息已经明确“码头下游 10 km 范围内没有大型鱼类产卵场、越冬场、索饵场，无饮用水水源保护区、水生生物自然保护区、水产种质资源保护区和渔业养殖区；码头周边 500 m 范围没有集中居民区”，所以答题时可不考虑这些敏感保护区。另外，此类项目既是水文要素影响型建设项目，也是污染影响型建设项目，只考虑水文要素影响显然是不完整的。

2. 识别码头施工期的水生生态影响，给出减缓影响的措施。（5 分）

【参考答案】

答案一：

（1）码头前沿港池和回旋水域采用挖泥船进行水下土方开挖（0.5 分），部分岸滩削坡处理抛石防护（0.5 分），水工桩基施工搭设施工平台、钻孔灌注作业（0.5 分）及钻孔泥浆（0.5 分）等。

（2）减缓措施：围堰施工（0.5），采用环保型挖泥船作业（0.5），控制开挖面积（0.5）和抛石防护面积（0.5）并采取不损害鱼类的防护方式（0.5），确保施工作业泥浆转运安全（0.5 分）。

答案二：

（1）土方开挖、抛石防护、钻孔灌注桩、水上施工平台施工破坏水生植物，破坏桃江河底，破坏鱼和底栖生物及其生境，使悬浮物增加导致水质变差，影响水生生物（尤其是喜旱莲子草等水生植物、底栖生物和鱼）的种类、生物量和生物多样性。

（2）减缓措施：尽量减少或严格控制开挖和防护面积，尽量减少施工平台临时占用水面和河底面积。施工期避开底栖生物和鱼的产卵繁殖等重要时期。严格管理泥浆，禁止排入桃江。增殖放流底栖生物和鱼，对喜旱莲子草等进行植被恢复。

考点分析与答题技巧：本小题识别施工期水生态影响，属于“工程分析”的“环境影响因素识别”范畴。但应注意，本小题要求针对施工期解答，如果答上营运期则属于原则性错误。题干提供了施工期的工程涉水作业行为，这些涉水行为即是水生生态影响的因素，解答时从题干中找出即可，随之提出相应的减缓措施便完成了本小题的解答。答案一简洁，答案二将对水生生态的影响一并给出，无原则性错误，也是可以的。

3. 指出营运期环境监测计划中大气污染源监测点位。（3 分）

【参考答案】

答案一：

（1）有组织：油气处理装置 15 m 高排气筒（1 分）。

（2）无组织：码头下风向边界外可等距布设（1 分）3 处以上无组织废气监控点（1 分）。

答案二：

（1）有组织：

① 油气处理装置 15 m 高排气筒；② 污水集水池有机废气收集处理装置排气

筒（如果有）。

（2）无组织：

① 输油管、截断阀、油库、油气处理装置等可能泄漏点；② 码头边界无组织废气监控点。

考点分析与答题技巧：本小题要求给出针对运营期排放大气污染物污染源制订监测计划。关于建设项目实施环境监测，尽管是《中华人民共和国环境影响评价法》规定的环评报告内容，但很多编写人员不重视该内容的编制，建设单位在实际管理过程中完整、有效地实施环境监测的力度也不大。但关于环境监测（环评阶段的现状监测、施工期及生产运行期的环境监测计划等）的内容均在环评师考试中出现过。考生应重视。本案例题干提供的有关油气排放的内容较多，但从工作流程上只能判定有无组织排放，无法确定监测点位。但题干称“装船作业时，船舱内挥发的油气经船舱呼吸孔、船上管道收集后，引入控制楼外的油气处理装置，采用‘冷凝+吸附’工艺进行处理，处理后的尾气经 15 m 高排气筒排放”，则明显表示了针对排气筒应该设置监测点位。另外，题干称“梁板下方有集水池，用于收集码头平台区初期雨水，兼做码头平台面少量溢油的事故应急池”，如果没有收集排放设施，只能按无组织排放考虑。另外，解答本小题一定要注意是针对污染源的监测，而不是环境质量监测。因此，不要监测“评价范围”或受影响对象的“环境质量”，答案一相对较为简洁、具体，答案二较为原则。

4. 针对输油管线事故泄漏情形，计算事故泄漏量时应考虑哪些参数？（5 分）

【参考答案】

汽油柴油泄漏速率、管道内压力、环境压力、汽油柴油密度、裂口之上液位高度、裂口形状与对应的泄漏系数、裂口面积、泄漏时间。（答上任意 5 个可得满分）

考点分析与答题技巧：本小题是考查《建设项目环境风险评价技术导则》（HJ 169—2018）环境风险预测时需要的预测参数。考生在学习导则预测模型时应注意这些参数。对于做过模型预测的考生来说是很容易的，没有做过此类预测的考生只能认真学习、记忆。环境风险是涉及危险品或危险废物的很多建设项目环境影响评价的重点，在环评师考试中也是出题频率较高的考点，考生一定要认真学习国家有关法律法规、规范性文件和技术导则、标准等。

5. 分析本项目污染物依托油库工程环保设施处理的可行性，需调查哪些内容？（3 分）

【参考答案】

答案一：

（1）卸船油气依托油库工程处理，应调查油库处理油气的环保设施的规模（或能力。0.5 分）、处理工艺及处理效率（0.5 分）和处理后尾气的排放方式及能否满足环保要求（0.5 分），包括卸船作业时，船舱内挥发的油气收集方式，以及引入油库工程油气处理装置的方式，处理工艺（是否为“冷凝+吸附”工艺）。

（2）油库配套的废水处理设施的处理规模（能力）或剩余处理量（0.5 分）、处理工艺或入厂水质要求（0.5 分）、处理后中水的综合利用去向或能否确保满足达标排放要求（0.5 分）等。

答案二：

（1）卸船油气依托油库工程处理，需调查卸船油气浓度、气量；油库工程的油气处理设施设计进气浓度、处理量，处理工艺、规模，剩余处理能力，处理后废气稳定达标排放情况。

（2）含油废水和生活污水依托油库工程处理，需调查污废水水质、水量；油库工程配套的废水处理设施设计进水浓度、处理能力，处理工艺，剩余处理能力，处理后废水稳定达标排放情况，执行排放标准是否涵盖本项目排放的石油类等特征水污染物。

考点分析与答题技巧：在环评实际工作中，对依托工程进行可行性分析是很普通的一项分析、评价内容，一般对依托工程调查其环评及批复情况、竣工环保验收情况，然后进行相关分析即可。但本小题要求解答的是本项目污染物依托油库环保设施的可行性，并非要求分析本项目成品油依托陆上油库的可行性，如果考生解答为成品油依托陆上油库的可行性，则属于原则性错误。为解答本小题，首先要根据题干识别本项目哪些污染物依托了陆上油库的环保设施，而题干仅有 2 句话表述，即“卸船时产生的油气依托油库工程处理”和“到港船舶油污水、集水池内污水和控制楼生活污水泵送油库工程配套的环保设施处理”。卸船时产生的油气的处理需参照装船时产生的油气的处理方式来解答（不是照抄），而装船油气的处理方式题干给出的是“装船作业时，船舱内挥发的油气经船舱呼吸孔、船上管道收集后，引入控制楼外的油气处理装置，采用“冷凝+吸附”工艺进行处理，处理后的尾气经 15 m 高排气筒排放”。答案一相对简单，答案二较为具体，均无原则性差别。

注：我国各类港口、码头建设项目众多，几乎沿海地区及主要大江大河均有港口、码头，但此前的环评师考试中一直没有此类案例，2021 年为首次。今后要特别重视。

试题三（2020 年考题）

现有某高速公路连接 A、B 两市，自北向南走向，双向 4 车道，K0～K65 在 A 市，K65～K98 在 B 市，沿线为平原、微山丘及平原地带。K73～K76 经过 X 县建成区西边缘，属城镇规划区。

拟对其进行改扩建，扩建后整体为双向 8 车道。K0～K70 及 K85～K98 桩号采取单侧或两侧原地扩建，K70～K85 先向东 8 km，然后向南 10 km，再向西南接入原线路，改线段长 27 km。K60～K60+630 段经过 R 河，R 河 3 km 后汇入 S 河。跨越 R 河上建设 H 大桥，在原有桥旁边建设同等规模桥梁。原有跨越 R 河桥梁设 3 排水下桥墩，桥面宽 20 m，桥长 630 m，扩建 H 桥同样设置 3 排水下桥墩。桥面设置径流收集系统（含收集管及事故池），桥梁采取围堰施工。

跨越的 R 河及下游 S 河均为Ⅲ类水。河流上游 3 km 至下游 18 km 为某鱼类水产种质资源保护区，4—5 月是产卵期。河流枯水期有砂砾出露，桥梁背面是平地及低山。植被以农业和灌草丛为主。

K81+0～K81+350 为 3 m 高路基段，路基宽 42 m，中心线距离边界 26 m。周边村庄 C 分 C1 及 C2，平行道路分布，详细情况见下表。村庄主要为 1～2 层建筑，在距离道路 25 m 处为一土堤，长 40 m。根据规定，环评单位将土堤当成声屏障处理，边界外 35 m 范围内为 4 类区，35 m 范围外为 2 类区。

敏感点分布情况

名称	桩号	长度/m	各排与中心线距离/m	排数	每排户数/总户数
C1	K81+0～K81+150	150	60/85/110/135/160/185/210	7	12/84
C2	K81+150～K81+350	200	85/110/135/160/185/210	6	15/75

【问题】

1. 为分析 H 大桥扩建径流收集系统有效性，需要调查哪些内容？（5 分）

【参考答案】

（1）桥面导流孔（或泄流板）设置情况。（1 分）

（2）收集管与导流孔的连接情况。（1 分）

（3）收集管与事故池的连接情况。（1分）

（4）事故池位置（或与导流孔的高差）、容积。（1分）

（5）桥面初期雨水应收集量。（1分）

考点分析与答题技巧：本小题类似内容此前曾考过，只不过本次换了个说法。关于桥面径流收集系统的有效性，一是要保障桥面径流能够顺畅泄放，二是泄放后能够排入收集池（事故池）而不是直接进入河流，三是收集池要有足够的容积。此外，还应调查当地平均降雨强度、径流系数等，以计算收集池容积与桥面初期雨水收集量的符合性。当然，收集管的材质与密封性、收集池的防渗措施、阀门及切换方式等也很重要。另外，应注意本小题问的是"径流收集系统"并未问及危险品泄漏的收集问题，可以不答危险品泄漏的有关内容（危险品泄漏是环境影响评价应该考虑的，答上危险品泄漏的相关内容不算错误）。

2．评价扩建桥梁对河流鱼类影响，应调查哪些生态内容？（5分）

【参考答案】

（1）既有桥梁对鱼类及水产种质资源保护区的生态影响回顾调查及存在的生态环境问题（或对鱼类造成的不利生态影响，或采取的生态保护措施与效果）。（1分）

（2）水产种质资源保护区的具体范围及与桥梁的位置关系（图示）。（1分）

（3）鱼类种群情况（特别是需要调查是否有重点保护鱼类）。（1分）

（4）主要鱼类生态特性（如产卵期）、鱼卵类型（漂流性或黏沉性）、洄游规律。（1分）

（5）生境状况（包括产卵场底质情况、水环境质量与饵料生物等水生生物状况）。（1分）

考点分析与答题技巧：根据题干信息，跨越的R河及下游S河均为Ⅲ类水，该河流有鱼类水产种质资源保护区河段，有必要调查其水环境质量是否满足或优于Ⅲ类水；题干已明确"河流上游3 km至下游18 km为某鱼类水产种质资源保护区"，说明保护区的范围已经确定，但题干并未交代桥梁穿跨越位置、长度等；题干指出"4—5月是产卵期""河流枯水期有砂砾出露，桥梁背面是平地及低山"，说明有必要调查鱼类的生态特性和河流的生境情况。注意，本小题设问强调的是"生态内容"，因此，不应写上非生态的内容。

3．给出C村2类声环境功能区的户数，并说明理由。（5分）

【参考答案】

（1）C村2类声环境功能区户数为：84−12+75=147户。（2分）

（2）理由：

答案一：根据题干信息“边界外 35 m 范围内为 4 类区”，则 C1 的前排在 4 类声功能区范围内（1 分），其余户数在 2 类声功能区范围（1 分），则 C1 在 2 类声功能区的户数为 72 户（84–12），而 C2 距离公路较远，均为 2 类区（1 分），则 C1 和 C2 合计 C 村 2 类声功能区户数为 84–12+75=147。

答案二：① C1 第一排距离中心线 60 m，距离边界 60–26=34 m＜35 m，处于 4a 类功能区，第二排距离中心线 85 m，距离边界 85–26=59 m＞35 m，因此，其余 6 排均处于 2 类区。户数为 6×12=72（户）；② C2 第一排距离中心线 85 m，距离边界 85–26=59 m＞35 m，因此 6 排均处于 2 类区，户数为 75 户。

考点分析与答题技巧：本小题难度较小，基本是给考生送分（但简单问题往往被一些考生复杂化），本小题是在考查《声环境功能区划分技术规范》（GB/T 15190—2014）的应用。解答中的理由“答案一”侧重于文字说明，便于书写解答；理由“答案二”侧重于用数据说明，比较有说服力。由于公路相邻村庄为 2 类区，则公路在该段的声环境功能区 4a 类范围为边界外（35 ± 5）m（但题干已明确为 35 m，在答题时不应再考虑 ± 5 m 的变化），再往外，便属于 2 类区。如此，除 C1 首排被纳入 4a 类区外，其他均处于 2 类功能区。计算 C 村 2 类功能区户数为：84−12+75=147（户）。本小题考试实际意义不大，因为实际工作中，根据现场调查结果，立即可以确定声环境功能区范围和各功能区户数。

4．为计算土堤对 C 村噪声的削减量，需要收集哪些信息？（5 分）

【参考答案】

（1）交通噪声源强。

（2）土堤宽度。

（3）土堤高度及与 C1 和 C2 住宅的高差。

（4）土堤与 C1 和 C2 前排居民区住宅的距离。

（5）无土堤路段交通噪声扩散情况。

考点分析与答题技巧：只有已知噪声源强、距离、屏障的遮挡情况，才可计算屏障的削减量。噪声源强需要通过不同时段的车流量、车型比等进行计算，由于该声屏障为土堤，需要考虑长度、高度、宽度，而土堤宽度既是“声屏障材质”的反映，也是准确确定土堤与公路、村庄距离的重要参数。另外，通过与无土堤路段噪声扩散情况相比，才能有助于确认土堤现实的削减效果。

试题四（2019 年考题）

梅林市拟对连接城市近郊和市西北乡镇武源镇的四级公路进行扩建。武源镇位于山岭重丘区。现在公路全长 56 km，为砂石路面，沿线土地利用类型主要为林地、草地和耕地，公路穿越市级森林公园的一般游憩区，不涉及自然保护区、风景名胜区。武源河发源于市域西北部，流经武源镇、市级森林公园和梅林市中心区。梅林市城区上游 6.0 km 处建有一座梅林水库，主要功能为防洪和农业灌溉。

工程拟将现有四级公路改、扩建为二级公路，铺设沥青路面。工程可行性研究报告拟定的工程方案为：沿现有公路改、扩建，局部改移路段累计长度约 5.6 km（其中森林公园改造段 3 处累计长度 1.2 km），在梅林水库回水区上游 2.5 km 原桥址处新建 S 大桥跨越武源河，线路全长 54.2 km。拟定的工程方案部分技术指标见下表。

拟定工程方案部分技术指标

项目	单位	数量	备注
线路长度	km	54.2	
大桥	m/座	182/1	没有水中墩
中小桥	m/座	420/6	
涵	道	37	
高填深挖路段	m	1 903	
取/弃土场	处	3/5	占地类型均为草地

S 大桥至城市近郊路段东侧山坡有一处敬老院，院内有前后相距 12 m 的平行布置的 A、B 两栋二层建筑，楼宽 8 m，层高均为 3 m，B 栋一层室内地面较 A 栋一层室内地面高 7 m，敬老院围墙高 2 m。扩建后公路红线距正对公路的敬老院围墙 10 m，距首排正对公路的 A 栋建筑 40 m，路面比 A 栋建筑一层室内地面低 1 m。评价技术单位拟在敬老院围墙前 1 m、A 栋建筑二层窗前 1 m 各设 1 处声环境监测点。

【问题】

1．评价施工期生态环境影响还需了解哪些工程建设信息？

【参考答案】

（1）改、扩建道路的宽度。

（2）高填深挖路段分布及挖方量和填方量，以及破坏植被的类型与面积。

（3）取弃土场的位置、面积与新修运输道路情况。

（4）改移路段的位置及3处森林公园改造段的长度、施工作业带宽度及施工方式。

（5）施工营地及沥青拌和站等施工场地数量、分布及占地类型与面积。

考点分析与答题技巧：注意本小题是针对“施工期”“生态影响”需要了解的工程建设信息。如果答上营运期的、以污染影响为主的或有环境风险的工程内容将不得分。由于题干表中已明确说明大桥不设水中墩（大桥不设水中墩，中小桥就更不用考虑了），因此不必答水生生态影响；由于表中已明确取弃土场占地类型为草地，也不必答占地类型。关于生态影响，主要与占地类型、占用不同类型植被的面积以及施工方式关系最为密切，因此答题应针对施工期的工程占地情况（包括永久占地和临时占地）和施工方式两个方面来考虑。此类考点（“了解工程建设信息”的问题）已经考过多次。在建设项目环境影响评价工作中属于工程概况内容，尽管《建设项目环境影响评价技术导则 总纲》将工程概况并入工程分析，但是工程概况绝对不是工程分析。工程分析的实质是识别工程的环境影响源（污染源、生态影响源和环境风险源）、核算源强（如污染源的源强就是污染物排放的强度，即速率或浓度；而与“占地”有关的信息是生态影响源的源强之一）。当然，不充分了解工程概况是不可能有针对性地进行工程分析的，所以充分了解工程信息是工程分析的基础，本小题即如此。

2．开展森林公园的路线评价，需关注哪些主要影响（列举四项）？

【参考答案】

（1）征占森林公园土地造成的植被破坏及对主要林木资源、野生动物栖息条件的影响和对通行的阻隔影响。

（2）对森林公园整体或完整性的影响。

（3）对森林公园的景观影响。

（4）对穿越森林公园一般游憩区的功能影响。

考点分析与答题技巧：从题干信息来看，公路穿越了森林公园的一般游憩区，且改造路段有3处，共1.2 km。本小题结合题干提供的信息列出主要影响即可。当然也可以分施工期和营运期来解答：施工期主要是占地对森林公园植被及主要林木砍伐的影响，土石方作业的影响；营运期主要是交通噪声对野生动物的影响，道路对动物通行的阻隔影响。如果本小题问的是生态现状调查，则与2005年公路案例考试中的穿越林区路段有相似之处。实际环评工作中，对于涉及环境敏感区的建设项目，首先考虑的应该是“避让”，在确实无法避让的情况下，再进行深入分析、论证，采用尽可能减少（缓）不利影响的方案。

3. 为评价S大桥施工期水环境影响，需要收集哪些资料？

【参考答案】

（1）武源河的水文情势（如，至少一个水文年内不同时段的流量、流速、水位、水深或泥沙量等）。

（2）武源河及下游梅林水库的水生生物，特别是洄游性鱼类及其“三场”情况。

（3）工程所跨河段水环境功能及现状水质监测资料。

（4）现有大桥情况、对河流产生的实际影响及环境保护措施或环境风险防范措施。

（5）武源河河道自然属性及两岸工程地质资料。

考点分析与答题技巧：与本小题类似的问题此前考过，属于针对某一类或某一阶段的环境影响，进行资料收集或现场调查的工作内容。对于本小题，尽管题干的表中已说明大桥建设不设水中墩，但仍需对所跨河流的水文情势、水环境质量、水生生物及河道自然属性进行调查，收集必要的资料；由于本项目为改、扩建工程，新建大桥在原桥址处，需要对原有大桥的基本情况及其环境影响、采取的环保措施，特别是环境风险防范措施进行调查。

4. 对敬老院的声环境监测布点应做何调整？

【参考答案】

答案一：

调整为：在A栋和B栋的一层和二层窗前1 m均需设1处声环境监测点。

答案二：

可取消围墙前的监测点，但应在A栋一层、B栋一层和二层1 m前各增设1个监测点。

答案三：

调整为：在现有道路红线外、围墙前后、A栋和B栋的一层和二层窗前1 m设1处声环境监测点。

考点分析与答题技巧：本小题考查改、扩建工程中针对声环境敏感点的环境现状监测布点要求。答案一和答案二较为简洁，内容一致，均重点关注受影响的A、B两栋建筑，是正确的；答案三虽然有一定道理并在实际工作中常用，因为作为敬老院的声环境影响源，现状公路交通噪声源有必要了解并监测，围墙对A

栋有部分遮挡功能，有必要了解其减噪效果，但答案三更适合“为评价对敬老院的声环境影响，给出现状监测布设的监测点位”的提问。解答本小题时可以在草稿纸上先根据题干信息画一个剖面图来考虑布点情况（当然，对于从事环评工作的技术人员或监测人员来说不画图也基本能够判断）。类似考题在 2012 年的公路案例中是以临路一所小学的监测要点来考查的，其中布点是最重要的监测要点。

关于交通噪声监测布点的要求，可以参照《环境影响评价技术导则　声环境》（HJ 2.4—2009）（该导则已被新修订的 HJ 2.4—2021 替代。考生应认真学习 HJ 2.4—2021）。另外，《环境影响评价技术导则　公路建设项目》已经完成征求意见，考生也应注意该导则的颁布实施时间。

【扩展题】

1. 确定本项目生态影响评价等级与范围。

【参考答案】

（1）本项目涉及森林公园，为重要生态敏感区，线路长度大于 50 km，根据《环境影响评价技术导则　生态影响》（HJ 19—2011），生态影响评价等级为二级。

（2）生态影响评价范围以公路中心线两侧 300 m 为宜（或答 200～300 m）。

考点分析与答题技巧：根据题干信息本小题比较简单，根据当年的 HJ 19—2011 的评价等级判定表即可确定评价等级为二级。关于评价范围，原 HJ 19—2011 并未确定，但对于编制过公路、铁路、管道等线路工程环境影响报告的技术人员来说，确定该项目的生态影响评价范围不是问题。高速公路一般按 300～500 m 考虑，但本项目公路等级较低，按 200～300 m 考虑是适宜的。需要说明的是修订后的 HJ 19—2022 给出了一系列关于评价等级和评价范围的规定。考生必须认真学习 HJ 19—2022。

2. 除森林公园外，本项目生态现状调查与评价还应确定哪些内容？

【参考答案】

（1）沿线主要生态系统类型、植被类型及主要植物，特别是重点保护野生动植物。

（2）需明确改、扩建工程是否征占天然林或生态公益林、永久基本农田和基本草原以及征占面积与分布等。

（3）山岭重丘深挖高填段植被类型及重点保护野生动植物。

（4）武源河及梅林水库水生生态现状。

（5）现状生态问题。

考点分析与答题技巧：本小题主要考查生态现状调查、评价的主要内容。根据总纲及要素导则，生态现状调查与评价的内容较多，但考试时一定要结合题干信息，给出主要调查、评价内容即可。本小题设问已明确“除森林公园外”，答案中不得出现有关森林公园的内容，否则可能得零分。

3. 对既有大桥进行回顾性评价，应调查清楚大桥的哪些内容？

【参考答案】

（1）调查大桥的基本情况，包括长度、宽度，结构形式等。

（2）调查大桥是否设置了水中墩及墩数。

（3）调查大桥是否采取了桥面径流及环境风险防范措施。

考点分析与答题技巧：根据题干信息，尽管本次扩建工程新建的S大桥不设水中墩，但原大桥是否设置了水中墩并未说明。需要注意的是，本小题并未要求调查、评价既有大桥的环境影响或回顾其环境影响，而是要求对既有大桥本身进行调查。如果是对既有大桥的环境影响回顾，则主要是大桥对所跨武源河造成的实际环境影响，以及回顾大桥采取的环境保护措施，特别是环境风险防范措施的有效性。另外，虽然题干给出梅林水库的功能为防洪和农业灌溉，但武源河的水环境功能并未给出。

4. 为减少山岭重丘段的生态影响，可考虑采取哪些工程技术措施？

【参考答案】

（1）深挖路段应考虑以隧道形式替代。

（2）高填路段应考虑以桥梁形式替代。

（3）土石方移挖作填。

考点分析与答题技巧：对于山岭重丘区，往往涉及高填深挖工程。由于挖填作业会破坏地表植被，土石方量较大，对生态影响较大，而采取隧道替代深挖，采取桥梁替代高填，则是减少生态影响的较好方式。但需要考虑挖深和填埋高度、工程地质条件及施工的便利性及投资大小等综合因素。而土石方“移挖作填”也是减少场外取土或弃土，进而减少生态影响的措施之一。需要注意的是，本小题要求回答的是“工程技术措施”，不应答上环境管理、监测等非工程技术方面的措施。

5. 经现状监测，临近公路的敬老院A、B两栋建筑声环境质量均有不同程度的超标，应该考虑采取哪些可行的降噪措施？

【参考答案】

（1）在公路路基临近敬老院路段设置声屏障。

（2）给A、B两栋建筑安装隔声窗。

（3）适当加高围墙高度。

（4）加大公路与敬老院之间的绿化密度并种植高大乔木。

（5）在该段设置减速标志，降低行车速度。

考点分析与答题技巧：根据题干信息，解答本小题一定要注意公路是在山坡下，而敬老院与公路之间有围墙，且院内两栋二层小楼也是有高差的。因此，实际上 A 栋建筑是比公路路面高出 7 m 的建筑，而 B 栋建筑相对公路是 14 m 高建筑。因此，2 m 高的围墙对 A 栋一层降噪效果不明显，对 B 栋则几乎无降噪效果。为减少公路对敬老院的影响，应考虑在公路路基处设置声屏障、给学校安装隔声窗，也可以考虑适当加高临近公路一侧的围墙高度。

试题五（2018 年考题）

南方某城市轨道交通建设规划共包含 5 个项目，总规模 170 km。其中 3 号线穿越城市中心区域，全长 37 km（K0+000～K37+000）。采用 B 型车 6 辆编组，设计速度 100 km/h；根据规划，3 号线 K0+000～K11+000 区段基本按民主路布线，包括高架线路 6 km（K0+000～K6+000）、地下线路 5 km（K6+000～K11+000），设高架车站 4 座、地下车站 4 座、停车场（红旗停车场，仅供停车使用）1 座。红旗停车场在红旗湖汇水范围内，位于红旗湖东侧 1 km，占地面积 10 hm^2，现状用地为林地。红旗湖为Ⅲ类水环境功能水体。

规划环评文件载明：3 号线 K0+000～K6+000 区段所在的民主路道路红线宽度 40 m，临街第一排分布有 40 栋 14～24 层高的集中居民住宅。3 号线实施后，该区段临街第一排建筑声环境预测值超标，需在此区段设置全封闭声屏障。规划环评审查意见要求：3 号线 K0+000～K6+000 区段应进一步优化线位或采用地下线敷设方式，减轻对沿线区域声环境质量的影响。

与建设规划及规划环评文件对比，3 号线设计阶段对部分路由及线路敷设方式进行了调整：将 K0+000～K4+000 区段由民主路调整至解放路中段，采用单箱梁桥梁结构，桥梁高 9 m、宽 13 m；将 K4+000～K6+000 区段调整为民主路地下线路，采用盾构法施工。工程设计全线车站均采用明挖法施工。3 号线设计阶段委托开展环评。根据项目环评调查，K0+000～K4+000 区段所在的解放路道路红线宽度 50 m，居民住宅建筑退红 12 m，沿线临街第一排分布有 30 栋、8 层高（每层层高 3 m）的商业与居住混合建筑。该区段受既有道路交通噪声影响，临街第一排居民住宅现状声环境质量超标，昼、夜间最大超标量分别为 2.9 dB（A）、6.8 dB（A）。工程设计提出在高架区段桥梁边缘处设置高于桥面 4 m 的直立式连续声屏障，环评预测采取声屏障措施后，营运近期临街第一排居民住宅噪声预测值昼间最大超标量 3.0 dB（A），夜间最大超标量 7.0 dB（A）。K4+000～K6+000 地下区段沿线临街第一排敏感建筑环境振动现状达标，环评预测营运期临街第一排敏感建筑近期昼、夜最大铅垂向 Z 振级 70.9 dB。工程设计阶段红旗停车场用地已调整为城市建设用地，3 号线全线区域已覆盖城市污水管网。

注：①《城市区域环境振动标准》（GB 10070—88）规定：居民、文教区铅垂向 Z 振级限值：昼间 70 dB，夜间 67 dB；混合区、商业中心区铅垂向 Z 振级限值昼间 75 dB，夜间 72 dB；交通干线道路两侧铅垂向 Z 振级限值昼间 75 dB，夜间 72 dB。② 声源位置可简化为：位于桥

梁中心线与桥面等高处。

【问题】

1. 3 号线 K0+000～K6+000 区段设计是否落实了规划环评的审查意见要求？请说明理由。（5 分）

【参考答案】

落实了规划环评审查意见的要求（1 分）。理由如下：

（1）将 K0+000～K4+000 区段由民主路调整至解放路中段，受影响楼栋数量及人数较调整前有所减少（1 分），道路红线变宽且居民住宅退红 12 m，距离较远（1 分），而且噪声影响基本未增加［1 分，昼夜仅增加 0.1 dB（A）、0.2 dB（A）可以忽略］。

（2）K4+000～K6+000 区段由高架线调整为地下线路，落实了规划环评审查意见的要求。（1 分）

考点分析与答题技巧：只要写“落实”两个字就至少给 1 分。根据题干提供的信息，规划环评审查意见要求“3 号线 K0+000～K6+000 区段应进一步优化线位或采用地下线敷设方式，减轻对沿线区域声环境质量的影响”。理由说明中优化线位一方面应体现与调整前相比受影响楼栋及人数是否明显减少，另一方面是调整后不会对沿线居民造成明显不利影响（如距离是否较调整前更远、噪声与振动影响是否显著减少）。线路 K0+000～K4+000 由民主路调整到解放路中段后受影响楼栋数量明显减少，而且红线较调整前为宽，居民住宅退红后，距离变远，更重要的是临街第一排居民住宅噪声基本无所增加，落实了规划环评审查意见中的“优化线位”。本小题体现了考试大纲中案例分析一科关于规划环境影响评价“结合规划环境影响评价工作成果提出对规划所包含的建设项目环境影响评价的指导意见”。

2. 为保护红旗湖水质，给出红旗停车场施工期和营运期的水污染防治措施。（4 分）

【参考答案】

（1）施工期：

① 严格控制施工范围，尽可能少破坏周边林地，控制水土流失；（0.5 分）

② 施工废水经处理（隔油、沉淀）后回用不外排或排入城市污水管网；（0.5 分）

③ 各类物料（土石料等）应布置在远离红旗湖水库的一侧，采取苫盖或设置拦挡设施，施工结束后及时清运；（0.5 分）

④ 尽可能不设施工营地或施工营地设置在红旗湖汇水范围外，生活及施工垃圾及时清理；（0.5 分）

⑤ 施工结束后，对施工临时占地及时进行生态恢复。（0.5 分）

（2）营运期:

① 停车场周边应加大绿化力度，防止面源污染或水土流失；（0.5 分）

② 停车场初期雨水及站场污水（车辆整备保养废水，地面、设备、车辆冲洗废水）收集处理后回用（或排入城市污水管网，或达标排放）；（0.5 分，或答停车场设置污水处理站或处理设施）

③ 停车场管理人员产生的生活污水处理后用于场外绿化（或洒水降尘，或达标排放，或排放城市污水管网）。（0.5 分）

考点分析与答题技巧：题干提供的信息“红旗停车场在红旗湖汇水范围内，位于红旗湖东侧 1 km，占地面积 10 hm^2，现状用地为林地。红旗湖为Ⅲ类水环境功能水体”，而且题干告知沿线城市污水管网已覆盖。因此，答题时在思路上既要避免或减缓污染影响，也要注意保护、恢复生态。沿线污水管网覆盖，说明污水可以进入市政管网，Ⅲ类水环境功能允许纳污，但须处理后符合排放标准要求。按照这个思路答题，答案均是正确的（语言可以自行组织）。在答题时，还需注意本小题要求给出“施工期和营运期”，而且是针对红旗湖的水污染防治措施，所以分别只给出施工期，或仅给出营运期是不完整的。

3. 依据声屏障声程差计算结果，判断该线段解放路两侧临街第一排 8 层高建筑是否位于声屏障声影区范围内？（4 分）

【参考答案】

答案一：

（1）声屏障声程差计算:

如图所示，声程差=$OA+OB-AB$。

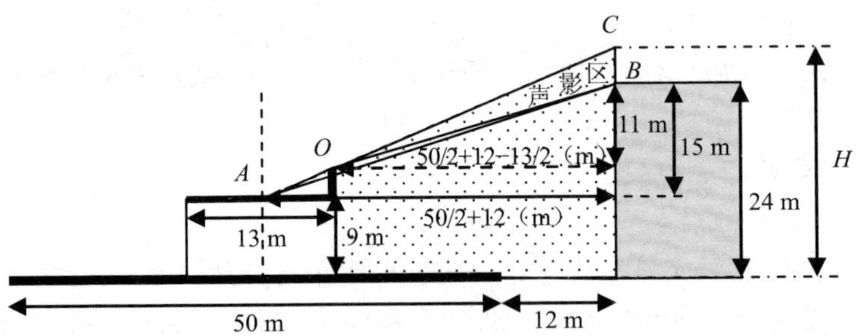

① $OA=\sqrt{(13\div 2)^2+4^2}=7.63$（m）；

② $OB=\sqrt{(11)^2+(50\div 2+12-13\div 2)^2}=32.42$（m）；

③ $AB=\sqrt{(15)^2+(50\div2+12)^2}$ =39.92（m）。

因此，声程差= 7.63+32.42−39.92=0.13（m）。

（2）根据声屏障衰减公式 $A_{bar}=-10\lg[1\div(3+20N_1)]$（$N_1$=2×声程差/$\lambda$）可知，如果 $N_1=0$，A_{bar}=5 dB，本项目 $N_1>0$，$0<[1\div(3+20N_1)]<0.3$，$A_{bar}>5$ dB 有一定衰减量，因此第一排 8 层高建筑在声影区范围内。

答案二：

（1）设轨道交通声源位置到声屏障顶端的距离为 a，$a=(6.5^2+4^2)^{0.5}$=7.63 m。

（2）声屏障顶端到临街第一排建筑顶部的距离为 b，$b=(11^2+30.5^2)^{0.5}$ = 32.42 m。

（3）轨道交通声源位置到临街第一排建筑顶部的距离为 c，$c=(15^2+37^2)^{0.5}$ = 39.92（m）。

（4）声屏障声程差为：$\delta=a+b-c$=0.13 m。

（5）声程差为正数，根据声屏障衰减公式，可知衰减量的存在，从而判断第一排 8 层高建筑位于声屏障声影区范围内。

考点分析与答题技巧：一般而言，依据声屏障高度与建筑物高度之差，大致可以估算建筑物是否在声影区。本小题要求依据声屏障声程差计算结果来判断，考点也就是计算声程差。所以，计算声程差是本小题的答案关键。据《环境影响评价技术导则　城市轨道交通》（HJ 453—2018）附录 C 计算声屏障插入损失时应考虑声程差δ。HJ 453—2018 是对 HJ 453—2008 的修订，虽然考试大纲中并未规定此类行业导则的考试内容，但在相关技术方法及案例考试中时常会出现。

4．K4+000～K6+000 区段民主路两侧临街第一排建筑环境振动是否满足标准要求？请说明理由。（3 分）

【参考答案】

不满足。（1 分）

理由：环评预测营运期该段临街第一排敏感建筑近期昼、夜最大铅垂向 Z 振级 70.9 dB，均超过应执行的居民、文教区铅垂向 Z 振级昼间 70 dB，夜间 67 dB 限值，特别是夜间超标显著，不达标。（2 分）

考点分析与答题技巧：根据 HJ 453—2008 或其修订后的 HJ 453—2018，无论按 VL_{Z10}，还是 VL_{Zmax}，只要评价量存在超标问题，就可以确定其不满足标准要求。

5. 给出本项目施工期和营运期环境监测计划中的监测对象和监测因子。（4 分）

【参考答案】

（1）施工期

废水：SS；废气：TSP；噪声：L_d、L_n；地下水：水位。

沿线居民住宅区的环境空气质量：颗粒物；声环境质量：昼夜等效声级（L_d、L_n）；红旗湖：pH、SS、COD、BOD_5、石油类、氨氮等。

（2）营运期

沿线第一排有代表性的居民住宅楼：噪声昼间、夜间等效 A 声级；振动、铅垂向 Z 振级。

风亭：氨、硫化氢、臭气浓度。

车站、停车场废水和生活污水：pH、SS、COD、BOD_5、石油类、氨氮。

地下水：水位、溶解性总固体、总硬度、硫酸盐、氯化物、硝酸盐氮、亚硝酸盐氮、氨氮等。

考点分析与答题技巧：环评报告中的监测计划实质上就是环评后的跟踪监测，是《环境影响评价法》规定的环评工作内容之一。尽管在实际环评报告编写中很少引起关注，甚至不作为评估重点。但是，随着事中事后监管的强化与实施，环评所提出的监测计划的实施就十分重要了。关于工程建设的环境监测一般分为污染源监测及其对保护目标（或对象）造成的环境影响监测（环境质量监测）。本小题只要求给出施工期和营运期的监测对象和监测因子，而本工程为城市轨道交通，施工期监测为常规监测，营运期主要是噪声和振动监测；另外，并未要求施工期和营运期分别解答，可以集中在一起分别解答。本小题看似容易，但在考场写答案时，会感觉十分难答（得满分或高分不易）。因为监测对象是比较广泛的，既包括项目的污染源设施或设备监测，也包括废水、废气、噪声以及环境保护目标或受影响对象的监测；至于监测因子则更为广泛。因此，在考场只能答主要的。对于本小题，可以考虑列表，分施工期和营运期在列表中给出答案。

试题六（2017 年考题）

东南沿海某市拟建的西北绕城高速公路工程由主线和一条连接线组成。主线全长 57.55 km，按照双向六车道高速公路标准建设，设计行车速度 100 km/h，路基宽度 33.5 m。主线起点（K0+000）接城西已建高速互通，在城区外围向东北方向展线，以桥梁形式（K26+120～K28+480）跨越 H 江后向东延伸，终点接城东北另一在建高速互通。连接线全长 12.32 km，按照一级公路标准建设，设计行车速度 80 km/h，路基宽度 23 m，起点（LK0+000）从主线 T 互通（K32+310）处引接，向北延伸至终点 C 镇（LK12+320）。连接线起点～LK6+330 为新建段，LK6+330～终点为利用现有二级公路扩建段。

工程沿线地势总体平缓，局部为山地丘陵。H 江大致呈西北—东南流向，径流随季节变化，夏丰冬枯。H 江大桥桥位附近河道平顺微弯，桥位处大堤之间河道宽度 600 m，水域环境功能为Ⅲ类。大桥在河道中设有桥墩，采用钢围堰临时围护进行涉水桥墩基础施工。

根据历史资料，H 江鱼类资源丰富，有鳗鲡等 3 种珍稀保护鱼类，3 种鱼类均有洄游习性，洄游期为 3—5 月、10—11 月。H 江大桥桥墩处无珍稀保护鱼类的产卵场、索饵场和越冬场分布，但桥墩位于鱼类洄游通道上。H 江大桥桥位上游 190～5 000 m 段右岸江滩为市级湿地自然保护区，保护区主要保护对象为中华结缕草等保护植物、冬候鸟（越冬时间 11 月至翌年 3 月上旬）及其栖息生境。环评机构拟于 4—5 月在大桥桥位附近开展水域和陆域生态现状调查。

工程可行性研究报告的数据模拟计算结果表明，大桥桥墩建设对桥位附近 H 江水文情势影响较小，但提出跟踪监测该河段江滩冲刷或淤积情况，并根据监测结果采取抛石护滩等措施。工程可行性研究报告环境保护篇章提出：大桥桥墩围堰在枯水期 11 月至翌年 3 月施工，施工期控制夜间光照时间和强度；运行期桥台不设置强光灯，桥面采用降噪减震材料、车辆禁鸣等措施；为防止化学品运输车辆事故泄漏物直接流入河道，大桥设置桥面径流收集管，河堤两侧设置事故池。

连接线扩建段中心线两侧 200 m 范围内有 7 处居民点，其中 A 居民点住宅多为二层建筑物，呈三排沿路（LK8+000～LK8+200）平行布置，临路第一排、第三排建筑物距离公路中心线分别为 40 m、80 m，该居民点无工业企业、交通噪声源。为预测公路建设后对 A 居民点的声环境影响，环评机构拟在公路 LK8+100 处垂线方向设置 3 个声环境现状监测点。测点 N1、N2 分别设置在临路第一排、第三排建筑物窗前，测点 N3 设在距离公路中心线 160 m 的农田处。

【问题】

1．大桥桥位附近生态现状调查时间安排是否合理？请说明理由。（4 分）

【参考答案】

（1）不合理。（2 分）

（2）理由：

① H 江现有鳗鲡等 3 种珍稀保护鱼类，有两个洄游时间段（洄游期为 3—5 月、10—11 月），环评机构仅调查一个时间段（4—5 月）是不够的（应该分别在这两个时间段进行调查）。（1 分，或简答为：错过了 10—11 月鱼类洄游的时间段）

② 桥位上游有市级湿地自然保护区，冬候鸟的越冬时间在 11 月至翌年 3 月上旬，环评机构 4—5 月的调查时间错过了候鸟越冬时间。（1 分，或简答为：错过了冬候鸟的越冬时间）

考点分析与答题技巧：本小题属于现状调查内容，但考了一个调查时间的确定问题。在实际工作中，现状调查有很多方法，但调查时间和频率在报告编写中常被忽略。在此特提醒大家。题干提供的信息较为丰富，而且给出了时间情况，如“H 江鱼类资源丰富，有鳗鲡等 3 种珍稀保护鱼类，3 种鱼类均有洄游习性，洄游期为 3—5 月、10—11 月。H 江大桥桥墩处无珍稀保护鱼类的产卵场、索饵场和越冬场分布，但桥墩位于鱼类洄游通道上。H 江大桥桥位上游 190～5 000 m 段右岸江滩为市级湿地自然保护区，保护区主要保护对象为中华结缕草等保护植物、冬候鸟（越冬时间 11 月至翌年 3 月上旬）及其栖息生境。环评机构拟于 4—5 月在大桥桥位附近开展水域和陆域生态现状调查”，那么调查时间应该与生物活动时间相结合，而不是避开。

2．给出本项目鸟类现状调查应包括的主要内容。（4 分）

【参考答案】

（1）应调查鸟类种类及种群（0.5 分）、数量（0.5 分）、分布（0.5 分）、稀有性及保护级别（0.5 分）等。（1 分，答上任意 3 项给 1 分）

（2）候鸟的迁徙习性与规律（1 分）、生境或栖息地条件（1 分）等。

（3）湿地保护区保护状况。（1 分）

考点分析与答题技巧：上一小题考查的是调查时间的确定，本小题主要考查某一类动物的调查内容。对于鸟类，除种群、分布等一般调查内容外，很重要的是调查迁徙特性和生境条件。生态环境部发布了一系列《生物多样性观测技术导则》（HJ 710.1～710.13），考生应注意学习。由此可以扩展学习 HJ 710 系列导则关于两栖爬行类、哺乳类等的调查方法与调查内容等。

3. 从环境保护角度说明跟踪监测 H 江大桥桥位附近河段冲淤变化的目的。（5 分）

【参考答案】

（1）监测冲刷对右岸江滩湿地自然保护区（1 分）及重点保护对象中华结缕草等野生植物和冬候鸟及其生境的影响（1 分）。

（2）因桥墩位于鱼类洄游通道（1 分），需监测桥墩处泥沙淤积对鱼类洄游的影响（1 分）。

（3）根据冲淤监测结果，便于落实抛石护滩措施（1 分）。

考点分析与答题技巧：根据题干提供的信息，可行性研究模拟计算结果为“大桥桥墩建设对桥位附近 H 江水文情势影响较小，但提出跟踪监测该河段江滩冲刷或淤积情况，并根据监测结果采取抛石护滩等措施”。很显然，首先是为了观测对江滩冲刷的影响，保护湿地自然保护区；其次，桥墩位于鱼类洄游通道上，对鱼类洄游的影响也是跟踪监测的目的。此外，冲淤导致河床变化，河段水文情势将有所变化，尽管模拟结果认为影响较小，但究竟影响如何，也应该进行监测[要注意的是，本小题跟踪监测的是冲淤变化，答案（3）可不答]。本小题实际上考查了环评中监测计划内容，只是用了跟踪监测的表述方式。

4. 给出确定大桥事故池容积应考虑的因素。（3 分）

【参考答案】

桥面面积（1 分）、化学品运输车辆在该桥段的最大泄漏量（1 分）、当地短时最大降雨量（10 min）或消防用水量（1 分）。

考点分析与答题技巧：事故池以收纳事故径流为目的，其容积应能满足一般危化品事故径流收纳要求。鉴于事故的发生具有突发性、不确定性，泄漏量也具有不可预知性。但是作为环境风险应急，设置一个事故池从理论上讲是合理的，但事故池容积究竟该设计多大才能满足要求存在争议。但设计事故池容量总得有个依据或理由，那就只能考虑泄漏在桥面上的化学品最有可能进入河流的因素了（即危险品泄漏后的桥面径流处理），以桥面上泄漏的化学品在短时最大降雨量或消防用水量情况下进入河流的量作为参考。根据相关行业专业人员的调查，目前我国常见的运输液态危化品的车辆包括运输油品的槽罐车和化工液体运输车，其容积为 2～50 m^3，较常见的多在 30 m^3 以下。国外对油罐车发生事故时不同泄漏量概率的研究结果表明，油罐车特定事故的泄漏总概率为 0.064%。虽然全部泄漏的概率较小，但事故池容积设计时应考虑极限情况，即假设在设计暴雨强度条件下，危化品运输车辆所载液态危化品在桥上全部泄漏，且泄漏物与雨水混合后形成的事故径流全部通过截流管进入事故池。因此，事故池的容量应为液态危化品体积与危化品从开始泄漏至从桥面上冲刷干净期间的雨水体积之和。

5. 选择 N2 作为背景值进行 A 居民点声环境影响的预测是否合理？请说明理由。（4 分）

【参考答案】

不合理。（2 分）

理由：N2 点不具备作为背景值的条件（2 分）。或答：① 测点 N2 设在第三排建筑物窗前易受社会生活噪声等人为活动影响，不能反映背景值；② 受前两排建筑物阻挡，交通噪声衰减情况不清楚，不能反映背景值；③ 该测点只能反映现状公路运行情况下第三排建筑物窗前噪声，不能反映背景值。

考点分析与答题技巧：背景通常是指未受任何人为影响，此情况下的监测值即背景值。显然，N2 点不具备这个条件。简言之，N2 点不具备作为背景点的监测条件。（N3 作为背景值是可行的，距离公路较远，也不受前三排建筑物遮挡影响。）2023 年的公路案例考了类似的问题。

试题七（2016 年考题）

拟建连接甲、乙两市的高速公路，采用新建+改、扩建方案，全长 152 km。新建段以甲市为起点，向南布线 75 km（K1～K75），在 K75 通过互通 H 与现有高速公路相接。改、扩建段为自互通 H 向东至乙市的长 77 km（K75～K152）的现有高速公路路段。新建路段为双向四车道，路基宽度 24.5 m，沥青混凝土路面，设计车速 100 km/h。

工程施工期在 K72 附近设置 1 处沥青拌和站，站内设拌和楼、沥青储罐、料场、辅助生产建筑物等。采用间歇式热拌工艺，矿粉、烘干的碎石和砂与经柴油导热油炉加热的沥青在拌和楼内搅拌后出料。

公路 6+000～K9+400 路段与西侧已建铁路平行布线，公路红线距铁路外轨中心线 60 m，距西侧居民点 M1 临路建筑 100 m。

公路 K30～K45 路段经过山岭区，植被以天然林为主，郁闭度较高。其中，K32～K36 东侧有一省级自然保护区，公路距保护区边界最近距离为 300 m，保护区主要保护对象为森林生态系统及野生保护动物大灵猫、林麝。K30～K45 路段部分为桥梁、隧道，部分为路堤、路堑，工程可行性研究提出拟在该路段设置动物保护通道。

公路 K59～K66 路段经过平原区，分布有人工林地、水田、鱼塘、沟渠、小型河流，河流均由西向东流向湖泊 L。K61～K62+600 东侧有一市级湿地自然保护区，距公路最近距离为 500 m，主要保护对象为湖泊湿地生态系统、两栖保护动物虎纹蛙和鸟类繁殖地，公路跨越小河处设置桥梁，其他路段采用高路基（平均高度 3.5 m）。

公路 K145～K146 路段向南单侧扩建。居民点 M2 位于该路段北侧，距离公路红线 55 m，执行 2 类声环境质量标准[昼间 60 dB（A）、夜间 50 dB（A）]。原路堤边设有一道声屏障，现状监测降噪效果 4 dB（A）。在不考虑插入损失情况下，工程运行中期 M2 的昼夜间噪声预测值分别为 63 dB（A）、57 dB（A）。工程可行性研究针对居民点 M2 声环境质量中期达标要求，拟保留现有声屏障，增设一道降噪效果相同的声屏障。

拟在居民点 M1 临路建筑物前 1 m（距地面 1.2 m）处设噪声监测点，昼夜各测 1 次，测 2 d，每次 20 min。在回收的 500 份公众问卷中有 5%的公众建议 K61～K62+600 路段架桥替代高路基。

【问题】

1. 给出沥青拌和过程中的主要大气污染因子。

【参考答案】

沥青烟、苯并[a]芘、VOC、TSP（或颗粒物、粉尘）。

考点分析与答题技巧： 本小题属于工程分析内容的考查，是对沥青拌和过程中的主要大气污染因子的识别。这4个因子是主要的，答对1个应该可得0.5分。答上 NO_x、SO_2 和烟尘、燃油烟气等均不影响得分。但是，如果答噪声、废水等均为原则性错误，是不会得分的。

2. 针对居民点M1的监测方案是否合适？请说明理由。

【参考答案】

（1）不能确定。

（2）未明确监测时铁路列车的通行情况。另外，监测时还需考虑居民点临路建筑物类型（平房、楼房及层数等）、结构、有无围墙及高度，以及铁路采取的降噪措施等。

考点分析与答题技巧： 根据题意，拟建公路与居民点M1之间有铁路。若监测时无列车通过，则监测值是居民点M1的现状值；但如有列车通过，则监测值反映的是铁路对居民点M1的影响情况。根据敏感点现状监测的要求，监测时应避开主要噪声源，而影响评价时则需要考虑与现有噪声源对其影响的叠加影响。

3. 为确定保护动物通道位置，应了解K30～K45路段哪些生态关键信息？

【参考答案】

（1）野生保护动物大灵猫和林麝的迁徙路线和迁徙活动规律。

（2）拟建公路路堤和路堑段是否处于保护动物迁徙通道段。

考点分析与答题技巧： 本小题是针对动物通道而设问需要提供的生态信息，显然，动物迁徙路线是最关键的。另外，拟建公路在该段既有桥梁、隧道，也有路堤和路堑，只有路堤和路堑段位于动物迁徙通道上时才需要考虑设置专门通道，而桥梁和隧道段是不需要设置动物通道的。至于有考生答野生保护动物大灵猫、林麝的类型、分布、保护级别、保护状况、生境、生活习性、K32～K36东侧省级自然保护区的功能区划、保护要求等野生动物现状调查内容，均不是关键信息（因为与“通道”关系不密切），不得分。

4. 居民点M2采取工程可行性研究提出的降噪措施是否可行？请说明理由。

【参考答案】

答案一： 可行。

既有声屏障+增设的一道降噪效果相同的声屏障能够使居民点M2处声环境质量满足2类声环境质量标准要求。

答案二：无法确定。

增设的一道声屏障位置不明确。

考点分析与答题技巧：本小题可以给出两个不同的答案，个人认为答任意一个均可得分。设一道声屏障，理论上是可行的，但实际上在公路降噪方面很少看到两道并列的声屏障。此外，由于增设的声屏障位置不确定，因此无法确定可行性研究提出的降噪措施是否可行。在实际工作中，增设声屏障的情况会在可行性研究或初步设计报告中有具体说明并会有图示，即使没有，也可以通过与可行性研究或设计单位沟通清楚，从而有针对性地分析其提出的降噪措施是否可行。但考试与实际工作还是有区别的。此题告诉从业人员对可行性研究、设计提出的环保措施应根据评价结果结合实际进行可行性分析，从而优化可行性研究、设计的环保措施。

5. K61～K62+600 路段方案是否应采纳公众建议？请说明理由。

【参考答案】

（1）应采纳。

（2）以桥代路基，可避免阻隔湿地水力联系，满足两栖保护动物虎纹蛙通行的需要。

考点分析与答题技巧：本小题比较容易解答，因为题干已有明确信息。桥梁具有保障河流、湿地水力联系的功能，同时也可作为动物通道。至于答法可以有多种，如保障市级湿地自然保护区的水力联系，或维护湿地面积，或保障鸟类繁殖地生境条件，为虎纹蛙提供通道（或生物通道或穿行通道），均可。从 2017 年 1 月 1 日起，建设单位为环评公众参与的唯一责任主体。修订后的《环境影响评价公众参与办法》已于 2019 年 1 月 1 日实施，公众参与需按新规定执行。

试题八（2012年考题）

某地拟对现有一条三级公路进行改、扩建。现有公路全长82.0 km，所在地区为丘陵山区，森林覆盖率约40%，沿线分布有旱地、人工林、灌木林、草地和其他用地。公路沿线两侧200 m范围内有A镇、10个村庄和2所小学（B小学和C小学）。A镇现有房屋结构为平房，沿公路分布在公路两侧300 m长度的范围内，房屋距公路红线10.0～20.0 m不等；B小学位于公路一侧，有两排4栋与公路平行的平房教室，临路第一排教室与公路之间无阻挡物，距公路红线45.0 m，受现有公路交通噪声影响。公路沿途有1座中型桥和5座小型桥。中型桥跨越X河，桥址下游1.0 km处有鱼类自然保护区。

改、扩建工程拟将现有公路改、扩建为一级公路，基本沿现有公路单侧或双侧拓宽，局部改移路段累计长约8.2 km，改、扩建后公路全长78.0 km，路基平均高度0.5 m，其中，考虑到城镇化发展的需要，改、扩建公路不再穿行A镇，改为从A镇外侧绕行；在途经B小学路段，为不占用基本农田，公路向小学一侧拓宽，路基平均高度0.3 m；拟在跨X河中型桥原址上游800 m处新建一座跨越X河的中型桥，替代现有跨河桥。

【问题】

1. 给出B小学声环境现状监测要点。

【参考答案】

（1）在B小学第一排两栋平房教室的前1 m，高度1.2 m处分别设监测点。

（2）应连续监测两天，每天昼间上午和下午分别进行，每次监测时间不少于20 min。

（3）测量时避开其他噪声源及天气环境的干扰。

（4）监测指标量应为L_{eq}，单位dB（A）（除L_{eq}外，写上L_{10}、L_{50}、L_{90}、L_{max}和L_{min}也可，但这不是重点，因为有时是需要监测的，但并无相应的评价标准）。

（5）在公路路肩及红线处各设一监测点，监测现状噪声源及衰减情况，并记录车型及车流量。

考点分析与答题技巧：本小题当年是根据原《环境影响评价技术导则　声环境》（HJ 2.4 —2009）（现已被HJ 2.4—2021替代）及《声环境质量标准》中的相关要求考查对敏感点现状监测技术要求的掌握程度。本小题给的答案较多，但在实际考试时，只需将监测点位、监测频次、关键注意事项答上即可。由于是小学，一般夜间不上课，因此，可不监测夜间噪声。如果是居民区住宅则应进行昼夜监测，分别评价。再者，由于是改建工程，存在既有工程对敏感点的影响，要对现状主要噪声源（既有公路）进行必要的噪声源及衰减情况的监测。环境监测是环境影响评价的重要基础工作，尽管在实际工作中均委托当地或其他有资质的机构进行，但环境影响评价技术人员须掌握水环境、环境空气、声环境、土壤等相关监测的技术要求，这是基本功，考试中也常出现。本小题的类似考题在2019年的公路改、扩建案例中是以一座临路敬老院的监测布点要求来考查的，很显然"监测布点"是重要的考点。

2. 为评价改、扩建工程对A镇声环境影响，需要调查哪些基本内容？

【参考答案】

（1）调查A镇与改、扩建公路的位置关系及距离（1分）；调查A镇的发展总体规划或土地利用规划（1分），给出A镇规划布局图。

（2）调查公路影响范围内的声环境功能区划（1分）及声环境质量（1分）或噪声源情况现状。

（3）调查绕行A镇的路段影响范围内敏感保护目标的分布情况（1分），包括其方位、距离、结构、朝向等。

考点分析与答题技巧：根据赋分情况，更为简洁的是将赋分的5个要点答上即可。

3. 为了解公路沿线植物群落的类型和物种构成，哪些植被类型需要进行样方调查？

【参考答案】

（1）灌木林、草地。

（2）其他用地中的自然植被，特别是森林植被。

考点分析与答题技巧：本题答案中不应该有旱地和人工林。因为旱地和人工种植的农作物应该是已知的，不需要做样方调查。人工林也是人工栽种的，什么树种也是已知的，显然是不必进行样方调查的。这个题出得比较隐蔽，因为实际工作中，就有人犯在农田和人工林中设置样方进行调查的错误。题干已告知沿线森林覆盖率高，对森林植被进行样方调查是必要的。根据评价等级，对自然植被类型进行必要的样地、样方调查，是生态现状调查的基本内容。生态导则几经修订、变化，但这一基本要求一直没有改变。

4. 跨越X河的新的中型桥梁设计应采取哪些环保工程措施？

【参考答案】

（1）设置防撞护栏。

（2）设置桥面径流或事故水收集系统，或设置挡流板、导流槽。

（3）设置事故池。

（4）优化水中墩数量（或减少水中墩）。

考点分析与答题技巧：本小题已考过多次，在环评工作中如果公路桥梁涉及饮用水水源或水环境功能较高的水体时，至少应提出前3项基本的水环境风险防范措施，答上（1）（2）（3）即可得满分。而优化水中墩数量恰恰应该是设计阶段应考虑的有利于保护环境的措施之一。另外，注意问的是“工程措施”，不必答“管理措施”。此外，考生须认真学习《关于规范火电等七个行业建设项目环境影响评价文件审批的通知》（环办〔2015〕112号），其中“高速公路建设项目环境影响评价文件审批原则（试行）”中的一些内容，对答题具有一定的指导意义。考生可从生态环境部网站下载原文认真学习。

试题九（2011 年考题）

拟对某一现有省道进行改、扩建，其中拓宽路段长 16 km，新建路段长 8 km，新建、改建中型桥梁各 1 座，改造后全线为二级干线公路，设计车速 80 km/h，路基宽 24 m，采用沥青路面，改、扩建工程需拆迁建筑物 6 200 m^2。

该项目沿线两侧分布有大量农田，还有一定数量的果树和路旁绿化带。改建中型桥梁桥址位于 X 河集中式饮用水水源二级保护区外边缘，其下游 4 km 处为该集中式饮用水水源保护区取水口。新建桥梁跨越的 Y 河为宽浅型河流，水环境功能类别为Ⅱ类，桥梁设计中有 3 个桥墩位于河床，桥址下游 0.5 km 处为某鱼类自然保护区的边界。公路沿线分布有村庄、学校等，其中 A 村庄、B 小学和某城镇规划住宅区的概况及公路营运中期的噪声预测结果见下表：

敏感点	距红线距离	敏感点概况	营运中期预测结果	路段
A 村庄	4 m	8 户	超标 8 dB（A）	拓宽
城镇规划住宅区	12 m	约 200 户	超标 5 dB（A）	新建
B 小学	距离围墙 30 m、教学楼 120 m	学生 100 人、教师 10 人，夜间无住宿	教学楼昼间达标，夜间超标 2 dB（A）	拓宽

【问题】

1．给出 A 村庄的声环境现状监测时段及评价量。

【参考答案】

（1）现状监测时段为昼间（或答 06:00—22:00）、夜间（或答 22:00—06:00）。

（2）评价量分别为昼间和夜间的等效声级 L_{eq}，单位 dB（A）（或 L_{Aeq}、L_{eq}）、L_d、L_n。

考点分析与答题技巧：监测时间也可答成昼间（06:00—22:00）、夜间（22:00—06:00）。当然某些地方也可以按当地时差答（如新疆，与内地时差约两个小时），但只要答出昼间（白天）、夜间（夜晚）就可得分。

2．针对表中所列敏感点提出噪声防治措施，并说明理由。

【参考答案】

（1）A 村应搬迁。因为该村距公路很近且超标较高（8 dB），且处于 4 a 类区，采取声屏障降噪也不一定能取得很好的效果，宜搬迁。

（2）城镇规划的住宅区，可采取以下措施:

① 调整线路方案；② 设置声屏障、安装隔声窗以及绿化；③ 优化规划的建筑物布局或改变前排建筑的功能。

因为该段为新建路段，可以通过优化线路方案，使线路远离规划的住宅区；也可以采取设置声屏障并安装隔声窗、建设绿化带的措施以达到有效的降噪效果；当然，作为规划住宅区，也可以调整或优化规划建筑布局或改变建筑功能。

（3）B 小学，不必采取噪声防治措施。因为营运中期昼间达标，夜间虽然超标，但超标量较小，且夜间学校无人住宿。

考点分析与答题技巧：根据评分要求，如果不是逐一针对敏感点而是泛泛地提出措施，则不得分。该题争议非常大，有人认为只要超标就应采取措施。但是按照《中华人民共和国环境噪声污染防治法》，噪声污染有两个基本条件：一是环境噪声超标，二是干扰他人正常生活、工作和学习。考试时就应该依法作答。实际上，解答本小题时，也可以列表，将题干表中的敏感点，噪声防治措施、理由或依据在表中简要写明，也是解答本小题更简洁的方式。

3．为保护饮用水水源地水质，应对跨 X 河桥梁采取哪些配套环保措施？

【参考答案】

建设（强化）防撞护栏、桥面径流导排系统及事故池。

考点分析与答题技巧：在环境影响评价实际工作中，跨河桥梁涉及饮用水水源地及水环境功能较高的河段时的防撞护栏应为“加高型”或“加强型”。尽管桥面径流收集系统及事故池在实践中存在不完善的方面，其作用在不同地区有很多问题，有一定的争议，但从环境管理角度来看，仍需考虑这些措施。

4．列出 Y 河环境现状调查应关注的重点。

【参考答案】

鱼类保护区、Y 河水质、水生生物、鱼类“三场”。

考点分析与答题技巧：以上回答非常简单明了。如果答：① 关注拟建桥位下游是否有饮用水水源地及取水口；② 关注桥位下游鱼类保护区的级别、功能区划，主要保护鱼类及其保护级别、生态特性、产卵场分布，自然保护区的规划及保护要求等；③ 调查河流的水文情势，包括不同水期的流量、流速、水位、水温、泥沙含量的变化情况；④ 调查水环境质量是否满足Ⅱ类水体水质；⑤ 沿河是否存在工业污染源，是否有排污口入河。这也是符合题意的，只是很复杂，不能满足考试时间上的要求。本答案在水利水电工程建设项目的水生生态现状调查中更为普遍。可见，鱼类等水生生态现状调查，不仅在水利水电工程环境影响评价中是重点，在公路、铁路等交通类建设项目中也是需要考虑的，特别是涉及水中墩建设方案的。

5. 可否通过优化桥墩设置和施工工期安排减缓新建桥梁施工对鱼类自然保护区的影响？请说明理由。

【参考答案】

（1）可以。

（2）尽量选择在枯水期，避开汛期和鱼类产卵期，缩短工期。

考点分析与答题技巧：以上答案比较好地回答了“施工工期”安排这个要求，但该得分答案没有回答“优化桥墩设置”这个要求。如果答：减少桥墩数量（甚至可以考虑不设水中墩），这样就减少了对河道的扰动，降低了对水质的污染，可以减缓新建桥梁施工对保护区的影响。施工工期安排时，避开鱼类繁殖或洄游季节施工，避免对水文情势的改变，也可以减缓对保护区鱼类的影响，也是符合题意的。

试题十（2010 年考题）

某省拟建一条全长 210 km 的双向 4 车道高速路连接甲、乙两个城市，高速公路设计行车速度 100 km/h，路基宽度 26 m，平均路基高 2.5 m。沿线地貌类型为低山丘陵、山间盆地、河流阶地等。在山岭重丘区拟开凿一条隧道，隧道长 4 500 m，埋深 50～200 m，隧道穿越的山体植被为天然次生林，山体主要为石灰岩，山脚下有一条小河，沿河村落的居民以河水为饮用水水源。高速公路有 4 km 路段伴行一处重要天然湿地，线路距湿地边缘最近距离为 50 m。公路以一座大桥跨越 A 河，河中设 3 处桥墩，桥下游 5 km 范围内有一县城的饮用水水源地取水口。有 3 km 路段沿山间盆地从张家庄（80 户）、李家庄（18 户）两个村庄中间穿过，道路红线距张家庄前排住宅 110 m，距李家庄前排住宅 27 m，声环境现状达 1 类声环境功能区要求。高速公路达到设计车流量时，张家庄的预测等效声级昼夜分别为 62.6 dB（A）、57.6 dB（A），李家庄的预测等效声级昼夜分别为 68.1 dB（A）、63.1 dB（A）。

【问题】

1. 从环保角度考虑，跨 A 河大桥桥位选址是否可行？请说明理由。

【参考答案】

（1）不能确定。（2 分）

（2）应调查是否处于饮用水水源保护区或调查水环境功能区划。（1 分。笔者认为，本条也可以答为：应通过环境影响评价结果来判定）

考点分析与答题技巧：作为环境影响评价考试，答案不应该为“不能确定”（但从实际考试来看，这种解答方式在环评考试中频繁出现，考生应注意）。因为环境影响评价的结果，就是必须明确行还是不行，如果评价来评价去，评价结果却不能确定，那还做什么环境影响评价！很少见环境影响评价的结论是不能确定。这是环评考试与学校考试最明显的区别。另外，这个小题的设问确实是很别扭。因为现实中在饮用水水源保护区建设公路、铁路的情况是存在的，而且生态环境部还曾有一个关于建设项目涉及饮用水水源保护区的法律解释。但本题称取水口是在 5 km 范围内，而且有个前提条件是让从环保角度考虑，并没有让从工程等方面考虑。

2. 给出本项目隧道工程生态环境影响评价需要关注的主要内容。（5分）

【参考答案】

（1）弃渣的影响或水土流失或弃土的影响。（只要答对任一就得1分）

（2）对山顶植被的影响或天然次生林的影响。（只要答对任一就得1分。必须是“山顶”，只答“植被”不给分）

（3）对洞口植被的影响或洞口景观的影响。（只要答对任一就得1分。必须是“洞口”）

（4）对小河的影响或对居民饮水的影响。（只要答对任一就得1分。只写“河流”或“地表水”不给分）

（5）对地下水的影响。（答“地下径流”也给分）

考点分析与答题技巧：从本题的解答及给分情况来看，在考试时关键是答上要点，要紧紧抓住题干提供的信息，特别是一些关键性的词语，如题干提供的“山顶”“洞口”“小河”等。也就是答案要与题干内容紧密结合，不要答得太多。笔者认为，本题的答案（5）并不属于生态影响，是不适宜的答案。

3. 为保护湿地，本项目施工布置时应采取哪些措施？（5分）

【参考答案】

（1）不在湿地保护范围内设施工营地、料场、拌和场、施工便道、施工场地等。（只要答对任一就得1.5分，或施工营地、料场、拌和场、施工便道、施工场地等设在另一侧或远离湿地）

（2）施工路线绕避湿地或合理设置施工线路。[根据赋分情况，答上合理布置酌情给1分。不设取弃土（渣）场、临时堆场等，只要答对任一就得1.5分，或取弃土（渣）场、临时堆场等远离湿地或设在另一侧]

（3）严格控制最小施工作业带或控制作业范围或控制施工活动范围。（只要答对任一就得0.5分）

（4）不破坏湿地的水力联系。（0.5分）

（5）不向湿地排放施工废水。（1分，只答施工废水、生活污水等不给分）

考点分析与答题技巧：本题的答题要点在于针对“湿地”保护的“施工布置”，显然施工期的各类临时占地布局及施工产生的废水和固体废物是影响湿地的主要因素，应重点考虑。其实上述（4）和（5）是比较勉强的答案，并未体现施工布置的意义。但根据国家林业和草原局发布的《湿地保护管理规定》，生活污水也是不能排入湿地的。

笔者认为，如果给出以下答案至少得4分：

（1）该湿地为重要的天然湿地，施工时不得在其保护范围内（或靠近湿地径流补给区的区域）设置各类临时用地，包括取土场、弃土场、施工营地、物料堆放场、沥青拌和站等。

（2）施工生产废水和生活污水处理设施不设在湿地范围内。

（3）运输便道尽量远离湿地。

（4）施工所产生的各类固体废物和生活垃圾堆放场及处理站远离湿地。

4. 分别说明声环境影响评价时张家庄、李家庄适用的声环境功能区类别？（3 分）

【参考答案】

张家庄为 1 类，李家庄为 4 类。（3 分，或回答“张家庄为 2 类，李家庄为 4 类”也给分。张家庄只能是 1 类或 2 类，李家庄答前排 4 类，后排 1 类或 2 类也给分）

笔者认为，按以下作答，也应得分：

（1）张家庄适用于 1 类（或 2 类）声环境功能区。因其在红线（45±5）m 范围外，且为居民集中区，根据《声环境质量标准》适宜作为 1 类（或 2 类）功能区。

（2）李家庄包括前排在内的红线（45±5）m 范围内居民适用于 4a 类声环境功能区，红线（45±5）m 范围外适用于 2 类功能区。因为李家庄规模较小，且前排位于红线范围内，应视不同情况划分，根据《声环境质量标准》及声功能区划分技术要求，分别适用于 4a 类和 2 类。

考点分析与答题技巧：这里实际上是《声环境质量标准》适用于声环境功能区划的问题。声环境功能区划不是环评所能决定的，应由地方政府或其所属环境保护主管部门划定［未划定声环境功能区的，环评或验收时可以按照2015年1月1日实施的《声环境功能区划分技术规范》（GB/T 15190—2014）确定］。

5. 简要说明对李家庄需采取的噪声防治措施。（4 分）

【参考答案】

村庄搬迁，设置声屏障或隔声窗。（各 2 分，隔声板也给分，拆迁、迁移等都给分，隔声罩、隔声网、隔声装置、隔声设备等不给分。）

笔者认为，按以下作答，也应得分：

（1）搬迁（或环保搬迁），特别是前排距离红线一定范围内受影响的住宅。

（2）安装声屏障或公路声屏障加居民通风隔声窗。

（3）前排房屋功能转换，如住宅转变为商用；后排如超标再安装通风隔声窗。

此外，本段公路还应考虑建设为低噪声路面，与居民区之间的空闲地予以乔、灌、草搭配，密植绿化。

考点分析与答题技巧：该题考查的是环评中的常规性措施，难度不大。有考生可能会考虑到优化线路，让线路从张家庄和李家庄之间的中间线穿过，即距离两村的距离均为 68 m，或避让这两个村庄。这样答虽不算错误，但并不符合题意（只有 3 km、山间盆地），也可能不符合实际（实际上难以全部绕避）。

试题十一（2009 年考题）

拟对某连接 A、B 两市的二级公路进行改、扩建。该公路于 2002 年建成通车，目前公路两侧主要为农业区，沿线分布有多处村庄、学校。公路跨 X 河、Y 河。跨 X 河桥梁下游 3 km 处为 A 市的集中式饮用水水源地。Y 河为Ⅲ类水体。

改、扩建工程主线采用高速公路标准建设。线路充分利用现有二级公路进行改、扩建，部分路段无法利用将废弃。改、扩建工程仍在原桥址跨越 X 河、Y 河，水中设桥墩。新建一处服务区和两条三级公路标准的连接线。

沿线无自然保护区、风景名胜区。

【问题】

1. 列出本工程主要环境保护目标。（3 分）

【参考答案】

主线及连接线沿线的村庄、学校、河流（X 河、Y 河，特别是饮用水水源地）、农田（特别是基本农田）。

也可以分开，以如下方式作答:

（1）学校（0.5 分）、村庄（0.5 分）。

（2）X 河及其水源保护区（0.5 分，只答 X 河不得分）、Y 河。

（3）农田（耕地）、基本农田（1 分，如果照题干抄下来，答“农业区”，不给分）。

考点分析与答题技巧：其实答案（1）应答“沿线影响（或评价）范围内的”学校和村庄，因为沿线有多处学校和村庄，不在影响评价范围内的无须考虑；答案（2）应为 X 河桥梁跨越处及下游的饮用水水源保护区；答案（3）应为工程拟征占的（永久和临时）农田。这 3 个答案更明确。从历年的案例考题来看，答题关键是答上要点，紧紧抓住题干提供的信息，特别是一些关键性的词语，如 2010 年那道公路案例题题干中提到的“山顶”“洞口”“小河”等。从本小题的答案来看，对于题干提供的信息，在答题时也要识别出其合理与不合理，要将不合理的成分剔除。本题不能答“农业区”，而是给出农业区中的农田，特别是“基本农田”，才是正确的。因为从广义上讲，除了城市，其他均为农业区。

2．现有二级公路环境影响回顾性调查应重点关注哪些内容？（5 分）

【参考答案】

（1）现有公路环境影响评价（0.5 分）、竣工环保验收制度执行情况（0.5 分）。

（2）现有公路建设情况（或路线走向、占地、长度、车流量、车型等，0.5 分）、环境敏感性目标分布情况（或村庄、学校、人口分布等，0.5 分）。

（3）现有公路生态影响（或农田、动植物、植被影响等，0.5 分）、生态影响保护措施（或农田保护、取弃土场水土保持措施）有效性（0.5 分）。

（4）现有公路的沿线声环境影响（0.5 分）及敏感点交通噪声污染防治措施有效性调查（0.5 分）。

（5）应调查饮用水水源保护区范围（或对饮用水水源的影响）。（1 分）

考点分析与答题技巧：根据评分要求，本题如果答水、气、风险的影响和措施，社会、公众参与均不得分。显然只需要将最主要的答上即可。实际工作中，关于改、扩建项目的环境影响评价，对既有工程进行回顾性调查与评价是必要的。

3．为减少对河流水环境的影响，改、扩建工程施工期应采取哪些污染防治措施？（5 分）

【参考答案】

（1）生活垃圾、弃渣、弃土等固体废物，严禁倒入河流。（1 分）

（2）合理安排施工营地（或施工营地应远离河流，0.5 分），避开雨季（0.5 分）。

（3）进行围堰施工（0.5 分），钻渣、泥浆设沉淀池，污水达标排放（0.5 分）。

（4）调查 X 河饮用水水源保护区的范围，不应在保护区内有施工行为，若必须在保护区内施工，则不得新增污染物排放（1 分）；若在保护区外施工，则废水尽量回用，多余的达标排入 X 河（1 分）。

考点分析与答题技巧：与上一题不同的是，本题不是针对现有工程的，而是针对其“改、扩建工程”的“施工期”的“水环境”影响的“污染防治措施”。考点是“措施”，但是有特定对象和环境要素的措施。除了答案（4）比较别扭，其他均为施工期应采取的环保措施的一般性要求，从此条答案也应看到，需特别关注对敏感或重要保护目标的影响及措施，实际环评工作中也是如此。

4．为确保营运期饮用水水源安全，对跨 X 河的桥梁需采取哪些工程措施？（2 分）

【参考答案】

（1）强化桥梁的防撞护栏（或“加高型防撞护栏”）。（1 分）

（2）设置桥梁雨水（或答径流或事故水）收集系统（或答设桥面导流孔、设挡流板）。（1 分）

考点分析与答题技巧：答题时补充“事故池”或“收集池”也无妨（因为“收

集系统”本身是可以包括事故池或收集池的）。

5. 结合本工程的特点，提出保护耕地的措施。（5 分）

【参考答案】

（1）根据实际需要考虑收缩边坡。

（2）降低路基高度。

（3）取弃土场尽量不占用农田。

（4）新建服务区及连接线尽量不占或少占用农田，特别是基本农田。

（5）废弃路段尽可能考虑造地复垦。

（6）保护并合理利用所占耕地的耕作层（或答土壤层）。

（7）施工过程防止污染农田。

（8）施工的临时用地应及时恢复。

（以上 8 条，答 5 条即可得满分。）

考点分析与答题技巧：根据新修订的《中华人民共和国土地管理法》，永久基本农田应重点保护。在环境影响评价实际工作中，应特别重视永久基本农田，并将其作为重要生态环境保护目标。该小题与 2008 年的公路案例第 4 小题基本一致。

试题十二（2008 年考题）

根据某省公路网规划，拟在 A、B 两市之间新建一条双向 6 车道高速公路，工程总投资约 70 亿元，属于大型工程。按工程可行性研究，设计营运中期交通量为每天 28 000 辆（折合小客车），行车速度 120 km/h，路基宽 35 m，平均路基高度 2.5 m，路基边坡为 1∶1.2；工程土石方量约 910 万 m^3，拟设取土场 18 处，弃土场 5 处；全线需征地 320 hm^2，基本为耕地（其中旱地 260 hm^2，水浇地 35 hm^2）；工程临时占地 75 hm^2（全部为旱地）。全线仅在公路中段建设中型桥梁 1 座，共设服务区 1 处，收费站 5 处。

据初步了解，工程所处的 A、B 两市均属平原微丘区，存在水土流失；该地区以旱地农作物种植为主，有国家重点保护野生动物活动。A、B 两市共有两座燃煤电厂，目前粉煤灰均用汽车送各自贮灰场贮存。

评价范围内有村庄 38 处，现状声环境质量总体较好。根据初步预测，工程建成后可能使部分村庄噪声级增高 3～11 dB（A）。桥梁跨越 X 河（属Ⅲ类水体），其下游 10 km 范围内有一城镇集中式饮用水水源地。

【问题】

1．确定本项目声环境影响评价工作等级，并说明理由。

【参考答案】

（1）一级评价。

（2）该高速公路为大型建设项目，沿线村庄较多，涉及人口较多，声环境功能区为居民集中区，噪声影响声级变化幅度较大，且有国家保护野生动物。

考点分析与答题技巧：本小题当年考查的是原《环境影响评价技术导则　声环境》（HJ 2.4—2009）（该导则已被 HJ 2.4—2021 替代）。学习时不仅要知道一级评价确定的方式，也要知道二级、三级评价确定的理由及方式。

2．在预测营运中期对各村庄的噪声影响时，需要的主要技术资料有哪些？

【参考答案】

（1）工程技术资料：公路路段，道路结构、坡度，路面材料、标高，地面材料，交叉口、道桥数量。

（2）车流情况：分段给出公路、道路昼间和夜间各类型车辆的平均车流量、车速。

（3）环境状况：公路至预测点之间的地面类型，公路与预测点之间的障碍物，地形高差等。

（4）敏感点参数：敏感点名称、类型、所在路段、桩号（里程）和路基的相对高差，人口数量，沿线分布情况，建筑物的朝向、层数、现状噪声，采用的评价标准。

考点分析与答题技巧：以上答案虽然略显复杂，但给出的解答思路很重要。即从工程技术指标、车流、环境状况、敏感点情况这 4 个方面来考虑。至于内容，可以进一步简化。

3. 为进行生态影响评价，现状调查时还需要收集有关国家重点保护野生动物和水土流失的哪些信息？

【参考答案】

（1）调查并收集野生动物名称、保护级别、种群数量、分布、生境条件，包括栖息地、活动范围、食源、水源（饮水地）、庇护所、繁殖区、迁徙路线及领地范围等。（每个要点 0.5 分，答对任意 4 个得 2 分。）

（2）调查并收集当地水土保持区划及水土保持要求，收集沿线水土流失类型（1 分）、水土流失现状（1 分，或流失量，或侵蚀模数）、成因（1 分），以及当地已采取的成熟有效的水土保持措施或治理效果（1 分）。

考点分析与答题技巧：公路建设对陆生哺乳动物和两栖、爬行动物的生境分割与迁徙阻隔影响明显，特别是涉及此类国家或地方重点保护动物时在环境影响评价工作中应特别重视。首先需采取有效的调查方法（收集资料、访问调查、样线或样带调查、动物活动痕迹或其生理生态学特征——毛发、足迹、叫声、气味、粪便、卧迹、食迹、咬痕或对人畜、农作物的伤害的调查，或采用遥感技术调查其生境状况），调查清楚野生动物的情况（种类、种群、个体大小与集群行为、生理生态特性及其生境等，给出分布图或迁徙活动线路图，明确与工程的位置关系），为设置野生动物通道采取有效的保护措施提供支持。至于水土流失，调查内容一般为类型、现状（流失量或侵蚀模数）、成因、水保措施及效果。本题水土流失的考点与 2007 年公路案例其中一题的内容基本相似。

4. 根据本工程基本情况，简要说明保护耕地的具体措施（限列 6 种措施）。

【参考答案】

（1）工程选线尽可能少占耕地。

（2）采用低路基或以桥代路基方案。

（3）尽可能利用弃渣做路基填料，减少从耕地取土。

（4）临时占地选址尽可能避开耕地或合理设置取弃土场，避免占用耕地。

（5）保护土壤层，工程建设时先将表层土壤剥离，堆放保存好，用于植被恢复或重建。

（6）利用两地电厂粉煤灰做为路基填料之一，减少从耕地取土。

考点分析与答题技巧：还有保护水保设施，防止发生水土流失；保护农田水利设施等。但本题限6项，少答或多答了均可能不得分或酌情扣分。该小题与2009年的公路案例第5小题基本一致。

5．针对本工程桥梁，提出其营运期水环境风险防范的具体措施及建议。

【参考答案】

（1）措施：设置防撞护栏；设置桥面径流导排系统及事故池。

（2）建议：设置警示标志和监控设施；设置限速标志，限制车辆速度；实施运输危险品车辆的登记和全程监控制度；制订环境风险应急预案。

考点分析与答题技巧：风险评价是当前环境影响评价的重要内容。首次在公路案例中考查环境风险是在2007年。在2007年的公路案例考试题中考查了公路经过跨河桥梁时应关注哪些问题，实际上考的就是运输危险品的车辆经过桥梁段时发生事故的环境风险问题。2007年考的公路案例其中一问要求指出公路营运期的水环境风险，2008年又考了相似的内容，可见对水环境风险的关注。

试题十三（2007 年考题）

拟建一全长 210 km 双向 4 车道高速，使 A 城与现有高速路相连接，沿线地貌类型以低山丘陵为主，部分地段为山岭重丘区、山间盆地、河流阶地等。按照工程可行性研究，公路设计行车速度 100 km/h，路基宽 26 m，平均路基高 4.5 m；公路跨越 X、Y、Z 3 条河流，建设 3 座大型桥梁；在山岭重丘区开凿 6 条隧道，总计长 5 km；公路在出 A 城后沿 X 河左岸逆流敷设路段，长度 20 km，X 河为 A 城饮用水水源。公路通过水土流失重点监督区、重点治理区和重点预防区分别为 30 km、15 km 和 50 km。公路工程土石方总量 1 900 万 m^3，设取土场 26 处，弃渣场 36 处。全线需征地 1 540 hm^2，其中耕地 724 hm^2、林地 690 hm^2，其他 126 hm^2。据初步了解，局部路段的评价范围内有二级保护植物，跨越少许的大型桥梁与下游某县城地块 15 km。该河流为县城主要水源。沿线评价范围内有村庄、学校 8 处敏感点，其中 1 所中学处于公路东侧，临路两栋平房敏感点距公路中心线约 90 m。

【问题】

1．简要说明二级保护植物调查应给出的结果。（4 分）

【参考答案】

（1）给出二级植物种类名称、生物特性、数量、分布及保护现状。（2 分）

（2）二级植物与路段的空间位置关系（分布图）、面积或株数。（2 分）

考点分析与答题技巧：其实本小题可以给出较多的内容。但在考场上时间是有限的，应该答要点和重点，不宜答太多。本小题问的是二级保护植物，当然，对于一级保护植物也需要做以上调查（国家并未颁布三级保护植物，但国家林业和草原局及有关学者提出了关注“极小种群”野生植物，考生在实际工作中应注意）。植物调查关注样方，需要清楚样方如何设置，调查哪些内容或样方调查表包括哪些内容。

2．简要说明水土流失现状调查应给出的结果。（4 分）

【参考答案】

（1）现有的土壤侵蚀模数。（1 分）

（2）土壤侵蚀面积。（1 分）

（3）水土流失原因。（1 分）

（4）水土流失治理现状。（1 分）

考点分析与答题技巧：本小题的考点与 2008 年公路案例其中一题相似。关于水土流失的考点，一是水土流失调查内容，二是调查形成的成果，还有预测、计算结果。水土流失可作为生态现状问题进行调查。《建设项目环境影响评价技术导则　总纲》（HJ 2.1—2016）发布实施后，水土保持不再作为环评报告的重要内容（因其由水利行政主管部门负责）。但是水土流失是生态问题或生态影响的一种情况，在环境影响评价中仍然需要重视。需要注意的是，水土流失是问题、现象，而水土保持是针对水土流失的措施。

3. 简要说明线路选线应从哪几个方面考虑减轻公路对环境的不利影响。（6 分）

【参考答案】

（1）避免对国家二级保护植物的影响。（2 分）

（2）减少占用林地。（1 分）

（3）避免占用耕地。（1 分）

（4）通过选线尽量减少在重点治理区和重点监督区的道路长度。（1 分）

（5）合理设置取土和弃渣场。（1 分）

考点分析与答题技巧：本小题实际环评工作中可供解答的内容很多，但考试时一定要结合题干提供的信息具体解答，而且特别关注重要保护目标（避免对国家二级保护植物的影响赋 2 分，其余均为 1 分），这也是我们通常进行环境影响评价时关注的重点。

4. 给出对学校教室声环境现状监测布点方案。（3 分）

【参考答案】

（1）对两栋教室分别进行监测。（2 分）

（2）监测点应设在教室窗外 1 m 处。（1 分）

考点分析与答题技巧：本题为建设项目环境影响评价现状监测而非竣工验收监测，不要与竣工验收监测弄混了。此外，在学习此题时，应认真学习国家颁布的《声环境质量标准》（GB 3096—2008）、《工业企业厂界环境噪声排放标准》（GB 12348—2008）和《社会生活环境噪声排放标准》（GB 22337—2008）。类似考题已出现多次，本案例所给的声环境敏感点是平房结构的小学，不需要考虑分层布点，而 2019 年的考题是针对临路的一座 2 栋层高 3 m 的二层结构的敬老院的布点方案，需要考虑不同楼层的布点。

5. 指出公路营运期的水环境风险。（3 分）

【参考答案】

危险化学品运输过程中发生风险事故造成的对河流、水源地的影响。（3 分）

考点分析与答题技巧：根据赋分标准，只要答上“危险化学品”就可得1分，答上“河流”“水源地”可各得1分。我们曾给出以下答案：运输危险品车辆在跨河桥梁处（X河、Y河、Z河）发生事故，化学品泄漏造成水环境污染的风险。特别是X河为饮用水水源，在跨越X河及伴行X河段风险影响更明显，需采取工程措施和风险管理措施，包括风险应急预案。该参考答案更为具体和详细，应该也可以得满分。

本题与2007年公路案例其中一题基本相似，只不过提问的方式不同。本题应结合题干提到的河流来答，必须指出X河的风险问题。随后的2008年又考查了相似的内容。

试题十四（2005 年考题）

某省拟建设 4 车道全封闭全立交高速公路，全长 90 km，设计行车速度 80 km/h，路基宽度 24.5 m，分离式路基宽 12.5 m。全线共设计特大桥与大桥 35 座，其中跨河桥多处，隧道 22 座，互通式立交 5 处，分离式立交 8 处，生活服务区 1 处。永久占用林地 130 hm^2。全线土石方总量 220 万 m^3。拆迁建筑物 1.8 万 m^2。全线设取土场 8 处，弃土（渣）场 22 处。项目总投资 66 亿元。

该公路经过地区气候温和，多年平均降雨量 550 mm。公路沿线多数路段地处山岭重丘区，相对高差 100～300 m。评价范围内有崩塌、滑坡、泥石流等地质灾害现象。拟建公路沿线经过两个林场，林地植被覆盖率 50%～60%，且以人工林为主。路中心线两侧 300 m 范围分布有声环境敏感点 58 个；路中心线两侧 200 m 范围内分布有声环境敏感点 39 个；路中心线 200 m 范围内各有一所中学和一所小学，两校均有 3 层教学楼面向公路，且小学校门前 30 m 处有二级公路通过。

【问题】

1. 说明本项目施工期和营运期的环境噪声评价范围，以及突出的环境问题各是什么？

【参考答案】

（1）施工期和营运期的环境噪声评价范围为公路中心线两侧各 200 m 范围。另外，各类施工场地周边 200 m 范围。

（2）施工期突出的环境问题是对沿线所经过的两个林场的生态破坏，施工噪声和扬尘污染，崩塌、滑坡、泥石流等地质灾害及其导致的环境问题。

（3）营运期突出的问题是对沿线声环境敏感点的交通噪声影响和跨河桥梁段可能发生的环境风险（特别是桥位下游如果有饮用水水源地）。

考点分析与答题技巧：根据当年原《环境影响评价技术导则　声环境》（HJ 2.4—2009）（该导则已被 HJ 2.4—2022 替代），公路噪声影响的评价范围为中心线向两侧外扩 200 m 范围。除非确定依据建设项目声源计算得到的贡献值到 200 m 处仍不能满足相应功能区标准值时，应将评价范围扩大到满足标准值的距离。至于各期“突出”的环境问题，则只需将“突出”的噪声影响问题答上（根据设问的前后逻辑关系，生态影响问题可以不答），不必答多。

2. 给出本公路林区路段生态现状调查的主要内容和主要调查方法。

【参考答案】

（1）主要调查两个林场的生态系统类型、功能或分类经营区划，分布范围、面积，主要树种及其林分组成（有无重要物种）与结构、森林郁闭度、生物量或蓄积量、覆盖率，以及本工程经过各林场林地的线路长度、征占面积等。林地内的野生动物情况（有无重要保护动物）。同时，调查在经过的林区路段是否存在易发生崩塌、滑坡、泥石流地质灾害发生的路段，调查其灾害成因及发生特点，水土流失现状。

（2）主要调查方法有收集资料法、现场踏勘、必要的样方法、遥感技术、专家咨询等。

考点分析与答题技巧：本题问的是“林区路段”的生态现状调查内容，以上答案稍多一些。答上其生态系统类型、组成、主要树种及其林地覆盖率等生物量和物种多样性指标以及生态问题即可。2019 年的公路改、扩建案例是对穿越市级森林公园的“生态影响”作为考查要点提出问题的。本小题是对穿越林区路段的现状调查，如果要求回答生态影响，则有相似之处。

3. 对小学的噪声预测与评价的主要内容有哪些？

【参考答案】

（1）预测该路段施工期工程主要噪声源对学校的影响程度。

（2）营运期不同时段交通噪声对该小学的贡献值、预测值、预测值与现状噪声值的差值。

（3）该小学有 3 层，应预测不同楼层所受的噪声影响。

（4）按贡献值绘制等声级线（答成“等声值线”也不影响赋分）图，分析该小学所受本公路噪声影响的程度，确定影响范围。

（5）根据该小学现状所受二级公路的影响情况，分析本工程建成后该小学可能承受的叠加噪声影响程度。

考点分析与答题技巧：本小题是根据当年导则 HJ 2.4—2009（已被 HJ 2.4—2021 替代）即可答。如问对中学的影响也可参考上述参考答案，但可不考虑二级公路的现状噪声（尽管实际造成的影响需要考虑叠加，但在环评预测分析时往往关注本项目的贡献值）。

4. 本公路所跨越的某条河流下游有饮用水水源地，环评工作应特别注意什么？

【参考答案】

（1）施工期的弃渣、施工废水和生活污水对河流及水源地的污染问题。

（2）营运期的环境风险问题，即运输危险品的车辆在跨河桥梁段发生泄漏而导致下游饮用水水源地污染的风险。

试题十五（2005—2007 年考试大纲例题）

某大城市规划建设的高速公路，4 车道，全长 80 km，设计行车速度 80 km/h，路基宽度 24.5 m。全程有互通式立交 5 处，跨河特大桥 1 座（1 750 m），大桥 5 座（共 1 640 m），隧道 4 座（共 3 800 m），其中单洞长隧道（2 400 m）。公路位于规划未建成区，起点接城市环路，沿线为山岭重丘区、相对高差 50～300 m，线路穿岭跨河，沿山谷行进，过山间盆地，有支线通向旅游区。该公路征用土地 640 hm^2，其中农田 150 hm^2、林地 300 hm^2、草坡和未利用地 140 hm^2，其余为水塘、宅基地等，土石方量 864 万 m^3，有高填方段 2 400 m。项目总投资 38 亿元。

该项目所在区域雨量充沛，夏多暴雨。森林覆盖率约 40%，包括人工林和天然林。公路沿线农业发达，村庄较密集，穿越两个村庄，附近有两个较大乡镇，另有山岳型风景名胜区和农业观光区各 1 处。

根据上述背景材料，回答以下问题（参考答案均为原大纲所给出的，考点分析与答题技巧为本书增加的）。

【问题】

1．说明工程概况介绍部分有关生态影响的工程分析应包括的主要内容。

【参考答案】

（1）隧道名称、规模、建设地点、施工方式、弃渣场设置点位及环境类型，占地特点；隧道上方及周边环境；隧道地质岩性及地下水疏水状态；景观影响。

（2）大桥和特大桥的名称、规模、点位；跨河大桥的施工方式，河流水体功能，可能的环境影响。

（3）高填方路段占地合理性分析，占地类型，占地基本农田情况。

（4）边坡防护；深挖路段，弃渣场设置及其占地类型、数量、环境影响。

（5）主要取土场设置及其恢复设计；公路采石场及砂石料场情况。

考点分析与答题技巧：本题实际上只要抓住重点工程及主要临时工程就可以顺着来解答了。大纲提供的参考答案给出了 5 个主要方面的工程分析内容，但仍然不够完整。还应给出工程的基本情况，包括线路长度、走向、路基高度及宽度、工程挖方量、填方量、互通式立交、收费站及服务区设置情况，工程永久占地、临时占地情况。这些也都是与生态影响有关的内容。

2. 说明生态现状调查与评价的主要内容及生态环境现状调查主要采用的方法。

【参考答案】

（1）森林调查：类型、面积、覆盖率、生物量、组成的物种等；评价生物量损失、物种影响、有无重要保护物种、有无重要功能要求（如水源林等）。

（2）农业生态调查与评价：占地类型、面积、占用基本农田数量、农业土地生产力、农业土地质量。

（3）水土流失调查与评价：侵蚀面积、程度、侵蚀量及损失，发展趋势及造成的生态环境问题，工程与水土流失的关系。

（4）景观资源调查与评价：公路沿线景观敏感点段，主要景观保护目标及保护要求，公路建设与重要景观景点的关系。

本项目现状调查方法有：现场资料收集、分析，规划图件收集；植被样方调查，主要调查物种、覆盖率及生物量；现场勘察景观敏感点段；也可利用卫星遥感信息测算植被覆盖率、地形地貌及各类生态系统面积、水土流失情况等。

考点分析与答题技巧：生态现状调查与评价，首先要弄清工程沿线影响范围内的生态功能区划情况、沿线生态系统类型，识别生态保护目标及要求。根据题意，本工程沿线生态系统类型有森林生态系统（人工林和天然林）、农田生态系统、草地生态系统和水域生态系统，要分别给出应重点调查的内容。除大纲提供的答案外，对于森林还需要调查清楚森林分类经营区划情况，森林郁闭度、主要树种及生长情况、估算其森林蓄积量。景观资源应调查该山岳型风景名胜区等级、主管部门、建设时间，景区规划及保护要求等基本情况。

3. 简要说明该项目评价的重点和评价中需注意的问题。

【参考答案】

本工程评价的重点是生态环境影响（含水土流失问题）、噪声影响（略）。

需要注意的问题有：

（1）对森林植被影响及可能对重要物种的影响。

（2）森林生态系统切割（森林生境切割）与阻隔导致对野生动物的影响。

（3）农业占地和占用基本农田问题。

（4）取土场、弃渣场等非永久占地的复垦与生态恢复（植被重建）。

（5）水土保持方案的编制。

（6）景观美学评价。

（7）噪声敏感点的监测、影响评价及保护措施。

（8）水环境尤其是水源保护问题（跨河大桥段）。

考点分析与答题技巧：一般情况下，公路建设项目环境影响评价的重点主要有生态影响和噪声影响两个方面。生态影响主要表现在施工期由于永久占地和临时占地对植被的破坏及其引发的水土流失；噪声影响主要是营运期交通噪声。对于评价中需要注意的问题，按大纲提供的参考答案来作答，很容易遗漏。其实，可以按施工期和营运期需关注的内容分别来作答，结合项目特点和题干所给的项目区环境特征，抓住生态系统类型及敏感保护目标，该题就比较好答。如施工期：施工作业对森林植被及野生动物有不利影响；占地对农田特别是对基本农田及农业生产、土壤有不利影响；施工期取土场及取土作业、工程开挖及弃渣对生态有不利影响；施工作业破坏山丘区的地形地貌及植被，容易导致水土流失，需要编制水土保持方案。营运期：公路切割与阻隔影响野生动物通行；车辆营运噪声影响靠近公路的居民生活，需要进行监测、预测，并根据预测结果提出相应的保护措施；运输危险品车辆在经过跨越河流的桥梁段发生事故时，容易导致河流水环境污染。抓住敏感保护目标，就不会忘记题干给出的风景名胜区和农业观光区的影响与保护。

四、油气管道工程案例

试题一（2022 年考题）

某新建天然气管道干线工程起自 H 站，止于 M 站，全长 120 km。管径 1 219 mm，压力 10.0 MPa，设计年输送能力 400.0 亿 m^3，工程全线包括首站、末站共 6 座场站和 8 座监控阀室。全线管道外防腐采用普通级三层 PE 防腐层。设置阴极保护站对管道进行保护，对全线采用监控与数据采集系统，监控阀室设置终端装置，场站设置站控系统和安全仪表系统等措施，提高系统的安全性。

其中 K 分输站的主要功能为过滤分离、调压和计量。主要建设内容包括新建过滤分离系统（3 座旋风分离器和 3 座过滤分离器）、放空系统（1 具放空立管）、计量调压系统（4 套计量撬和 4 套调压撬）和环保工程（1 座污水暂存池和 1 座化粪池）等。过滤分离系统是对输送介质中含有的沙粒和其他固体杂物进行过滤分离，过滤分离器每年定期进行一次监测，泄漏的少量天然气和系统超压天然气泄放均通过放空系统的放空立管放空，超压放空频率为每年 1～2 次。运营期 K 分输站产生的生活污水经化粪池处理后暂存，定期由罐车清运至城镇污水处理厂处理。

管道干线工程沿线经过平原区和丘陵区，用地类型有农田、荒地、一般林地和公益林区。其中，穿越高速公路和等级公路等交通设施 12 处、小型河流 4 处。在第三、第四监控阀室之间在大岗省级自然保护区（以下简称大岗保护区）外围经过的管道长度为 1 000 m，横跨了湿地汇流区，距实验区最近距离 100 m，距核心区最近距离 2 000 m。

大岗保护区主要保护对象为湿地生态系统及其珍稀濒危鸟类等，涉及鸟类达 140 多种，其中有国家保护野生动物一级鸟类 6 种，二级鸟类 17 种。大岗保护区也是东亚鸟类迁徙中的驿站，候鸟迁徙为 4—5 月和 9—11 月。工程穿越段的区域生境与保护区生境相似，管道沿线现状主要为农田和虾池，涉及部分鸟类的栖息与觅食地。

管道建设施工方案有挖沟池、定向钻法和顶管法。挖沟法用于管线穿越平原区和丘陵区的农田、荒地、一般林地和公益林地处的施工，作业带宽度 24～26 m，管顶埋深不小于 1.2 m，土方全部用于管沟回填或场地平整，不设置取弃土场。顶管法用于管线穿越交通设施处施工，管顶最大埋深 5 m，最大穿越长度 100 m。定向钻法适用于管线穿越环境敏感区或河流处的施工，最大穿越深度 15 m，最大穿越长度 1 200 m，定向钻法施工所采用泥浆的主要成分是膨润土和少量（一般为5%左右）的添加剂（羟基纤维素钠，CMC）。

大岗保护区附近的管段采用定向钻法施工，在施工场地定向钻的出、入土点，布置泥浆配置间、泥浆池，材料和管材堆放场及定向钻等。泥浆池底采用可降解防渗透膜进行防渗处理，泥浆池的大小按 30%的余量设计以防止雨水冲刷外溢。施工结束后泥浆经固化后覆土复垦。

管道工程安装完成后，分段试压以监测管道的强度和严密性，管道试压采用清洁水，试压排水含少量悬浮物（SS），经沉淀处理后用于沿线农田和林地灌溉。

对大岗保护区附近的管段，工程设计单位提出如下进一步提高系统安全性的措施：提高监控与数据采集系统（SCADA）监控报警的设定精度、降低紧急截断系统（ESD）控制关断阀值、减少自动控制响应时间，同时强化人员值守和巡线。

根据《环境影响评价技术导则　生态影响》（HJ 19—2022）开展生态影响评价工作，大岗保护区段涉及自然保护区，因采用定向钻施工，且未在自然保护区设置永久和临时工程，确定生态影响评价工作等级由一级降为二级。

【问题】

1．分析临近大岗保护区段管道采用定向钻敷设方式的合理性。

【参考答案】

答案一：

（1）管线在该段管道长度为 1 000 m，横跨了湿地汇流区，而定向钻最大穿越长度 1 200 m，施工可以避开湿地汇流区，可行。

（2）最大穿越深度 15 m，既不影响湿地汇流区地表植被生长，也较为安全，不易发生环境风险。

答案二：

（1）定向钻方式最大穿越长度 1 200 m，大于需要穿越长度 1 000 m，技术上可行。

（2）避免地表清理、开挖等对农田和虾池的破坏，保护农业及珍稀濒危鸟类的栖息、觅食地。避免破坏湿地汇流条件，保护湿地的水力联系。

（3）穿越深度 15 m，满足管道安全要求，对大岗保护区环境风险较小。

考点分析与答题技巧：答案一与答案二的实质性内容并无区别，仅仅是表述方式有所不同而已。本小题属于环评实际工作中“施工方案合理性分析、论证”

内容。定向钻法施工穿越深度大，不会对穿越段地表形态及植被等造成破坏，是穿越敏感区时较为环保和安全的施工方式。但是，定向钻施工也有不利的方面，如出入口施工场地较大，出入口处环境影响较大，工期相对较长，且受地质条件的制约，实际施工时应考虑各种条件，综合论证。

2. 提出临近大岗保护区段敷管施工过程中的主要生态保护措施。

【参考答案】

（1）严格控制施工作业带宽度；

（2）不得在保护区内及其湿地汇流区内设置各类施工场地；

（3）施工避开4—5月和9—11月候鸟迁徙时间；

（4）保护管道沿线涉及鸟类的栖息与觅食地的农田和虾池。

考点分析与答题技巧：注意本小题属于“生态保护措施”范畴。类似考题已考过多次。但回答本小题必须结合保护区这个生态敏感区提出，而且应突出施工过程这一要求。有关施工期的生态环境保护措施很多，但作为考试只需给出主要的即可。

3. 识别K分输站场运行期废水的主要污染因子，给出应执行的排放标准。

【参考答案】

（1）K分输站运行期废水包括生活污水和管道试压排水，生活污水主要污染因子为pH、COD、BOD_5、氨氮、总氮、总磷、恶臭气体、油类等，管道试压排水主要为SS；

（2）生活污水执行排入城镇污水处理厂水质标准；管道试压排水执行农田灌溉水质标准。

考点分析与答题技巧：本小题是考试大纲要求的工程分析“污染因子识别”和“评价标准确定”范畴。根据题干信息：运营期K分输站产生的生活污水经化粪池处理后暂存，定期由罐车清运至城镇污水处理厂处理。管道工程安装完成后，分段试压以监测管道的强度和严密性，管道试压采用清洁水，试压排水含少量悬浮物（SS），经沉淀处理后用于沿线农田和林地灌溉。

4. 管道工程设计中，为防范环境风险，临近大岗保护区的管段还应在哪些方面加强管道本质安全措施。

【参考答案】

（1）优选管材；

（2）增加管材壁厚；

（3）采用加强级PE防护；

（4）减少焊缝或保证焊接质量。

考点分析与答题技巧：本小题是环评工作中特别关注的“环境风险”评价中

防范环境风险措施。根据题干信息：“对大岗保护区附近的管段，工程设计单位提出如下进一步提高系统安全性的措施：提高监控与数据采集系统（SCADA）监控报警的设定精度、降低紧急截断系统（ESD）控制关断阀值、减少自动控制响应时间，同时强化人员值守和巡线”。有关环境风险防范的措施也是很多的，但应根据考试“小题”要求回答的“要点”进行作答。在实际工作中，题干提到的监控措施，以及环境风险应急预案等均是十分重要的。“本质安全”，顾名思义，就是本身质量方面的安全。

5．给出生态现状评价中关于大岗自然保护区的工作内容。

【参考答案】

（1）核实并明确保护区与线路的关系（图示），包括出入点及穿越长度、穿越方式；

（2）调查说明保护区类型、级别、功能区划（图示）、主要保护对象、保护要求、现状环境问题等；

（3）调查、评价保护区湿地生态系统结构、功能、湿地主要植物、湿地水力联系、水环境质量及生物多样性；

（4）调查评价保护区重点保护鸟类及其迁徙等生态特性与生境条件。

考点分析与答题技巧：根据题干信息：确定生态影响评价工作为二级。大岗保护区主要保护对象为湿地生态系统及其珍稀濒危鸟类等，涉及鸟类达140多种，其中有国家保护野生动物一级鸟类6种，二级鸟类17种。大岗保护区也是东亚鸟类迁徙中的驿站，候鸟迁徙为4—5月和9—11月。本小题根据这些信息即可解答。但要注意，本小题要求解答的是生态现状评价，如果答上生态影响评价或生态保护措施方面的内容则是不符合要求的。

试题二（2021 年考题）

某新建输油管道工程位于 Q 市，设计输油规模 1 000 万 t/a，全长 55.1 km，管道材质为 L415MPSL2 直缝埋弧焊钢管，管径 DN711 mm，设计压力 6.3 MPa。全线设首站、分输清管站和末站 3 座站场和 1 个截断阀室。管道路由为：东起设在 D 港区原油油库内的首站，向西敷设 5 km 后折向南，再敷设 20.1 km 到达分输清管站，从分输清管站继续向南敷设 15.3 km 至截断阀室，从截断阀室向南再敷设 14.7 km 至 H 炼化厂内的末站。

管道工程永久占地 8 132 m^2，用于布置站场和“三桩”（里程桩、转角桩、标志桩）；临时占地 145 万 m^2，用于布置施工带（宽度 18 m）和施工便道（总长 14 km）。管材防腐采用双层 PE，管道壁厚 8.8 mm，穿越河流等特殊敷设段采用 3 层 PE，并将壁厚增加至 11.9 mm，全线设阴极保护。根据地貌地质特征及地面既有设施情况，管道敷设施工方法有挖沟法、顶管法和定向钻法。其中，挖沟法应用于管道经过的平原区和丘陵区，包括一段 3.8 km 的一般林地段和一段 0.7 km 的公益林区段；顶管法应用于管道穿越等级公路和铁路，包括 1 条等级公路和 1 条铁路；定向钻法应用于管道穿越河流河、引水干渠，包括 1 条中型河流和 1 条引水干渠。挖沟法施工的管道埋深为管道的管顶距地面 1.2 m。顶管法施工的最大穿越深度为 5 m，最大穿越长度 100 m。定向钻法施工的最大穿越深度为 15 m，最大穿越长度 1 200 m，施工场地设在河流或干渠两岸的出、入土点附近，布置有泥浆配置间、泥浆池、材料和管材堆放场及定向钻机等。

站场工艺包括输油和清管两个流程。输油流程：来自油库的原油通过首站输油泵输送至分输清管站，再通过分输清管站内的分输阀组和输油泵输送至末站；末站接收的原油经过滤、计量后，通过输油泵输送至 H 炼化厂储罐。清管流程：采用清管球去除黏附在管道内壁上含有岩屑的蜡质油泥等附着物，清管球由设置在分输清管站内的发送设施发出，由设置在末站的接受设施接收。管道全线设智能检测监控系统（SCADA），在截断阀室设有阀组间，配 1 个远控切断阀，在首站、分输清管站和末站均设有进、出站紧急切断阀（ESD）。

拟采取的生态保护措施：挖沟法施工采用分层开挖、分层堆放、分层回填和施工带临时占地植被恢复等措施。顶管施工采用弃渣土处置措施。定向钻施工采用及时清理机械设备漏油、异地处置废弃泥浆等措施。管道试压废水经沉淀处理后排入附近河沟。

拟采取的污染防治措施;3 座站场均设 1 台 10 m^3 的卧式污油罐和 1 台污油泵，收集泄压或检修产生的污油。各站场输油泵均采用减振基础。分输清管站和末站各设置 1 处 10 m^2 的危险废物暂存间，暂存检修产生的含油抹布、污油及清管废物（末站）。首末站均设 1 座 50 m^2 的含油污水池和 1 座 10 m^2 的生活污水暂存池，污水处理分别依托油库和 H 炼化厂的污水处理设施。在分输清管站和截断阀室配备干粉灭火器等消防设施，全线抢、维修和溢油应急均依托油库和 H 炼化厂的应急物资库配备的溢油围栏堵排设施和物资。

管道工程沿线主要经过平原区，土地现状多为农田，主要种植高粱、玉米和小麦等农作物；有 7 km 管线经过丘陵区，土地现状为林地和农田，林地主要分布有杨树、槐树、松树等乔木。全线评价范围无珍稀濒危野生动植物分布，河道两侧及田间多分布灌丛和草本植物。引水干渠为自西向东流向，在当地生态保护红线区块登记表上被列为饮用水水源保护红线区，保护范围为输水渠道的水域和两岸堤坝背水面坡角外延 30 m 范围内的陆域。干渠在管道穿越处下游 55 km 汇入 M 水库。每年 5—7 月、12 月—次年 2 月干渠输水量较少。

根据土地类型、占地面积、项目类别等，环评文件编制单位初步判定分输清管站土壤环境影响评价工作等级为二级。可研文件载明该站占地区内工艺设施、输油管道及仪表控制室等均在地面布置，站界处的进、出站管道埋地敷设。

【问题】

1．列出末站工艺废气排放源，并提出控制措施。（5 分）

【参考答案】

（1）根据末站工艺流程，其工艺废气排放源主要有：进站紧急切断阀（0.5 分）、过滤设施（0.5 分）及计量设施（0.5 分）、输油泵（0.5 分）、末站收球装置（0.5 分）、出站紧急切断阀（0.5 分）。

（2）采用密闭性能高的设施或设备（0.5 分），过滤及收球含油残渣及时收入污油罐（1 分）、收集泄漏的废气（0.5 分）。

考点分析与答题技巧：注意本小题设问的 3 个关键词："末站""工艺废气""排放源"，如果答的是首站或截断阀室的废气、或答上废水、噪声、固体废物等则为原则性错误。"工艺废气"是在工艺流程及相应设施或节点产生、排放的废气。根据题干提供的工艺流程："站场工艺包括输油和清管两个流程。输油流程：来自油库的原油通过首站输油泵输送至分输清管站，再通过分输清管站内的分输阀组和输油泵，输送至末站；末站接收的原油，经过滤、计量后，通过输油泵输送至 H 炼化厂储罐。清管流程：采用清管球去除粘附在管道内壁上含有岩屑的蜡质油泥等附着物，清管球由设置在分输清管站内的发送设施发出，由设置在末站的接受设施接收。管道全线设智能检测监控系统（SCADA），在截断阀室设有阀组间，配 1 个远控切断阀，在首站、分输清管站和末站均设有进、出站紧急切断阀（ESD）。”因此，只能在这个工艺流程中查找排放源。至于末站内的“收集泄压和检修污油的卧式污油罐和污油泵、危险废物暂存间、含油污水池和生活污水暂存池”属于配套环保设施，并不属于末站工艺流程的设施。

另外，如果本小题去掉“工艺”两个字，则以下内容是合适的解答：

排放源	控制措施
过滤及计量设施	密闭管道输送，在密闭空间内操作，废气经收集处理后达标排放
卧式污油罐、污油泵、输油泵、进出站紧急切断阀等设施	开展泄漏检测与修复工作
危险废物暂存间	含油抹布、污油及清管废物采用容器密封贮存，暂存间设置气体导出口，废气经收集处理后达标排放
含油污水池	加盖密闭、负压收集，处理后达标排放

2. 给出分输清管站场内土壤调查 3 个柱状样点和 1 个表层样点的布设方案和特征监测因子。（5 分）

【参考答案】

（1）3 个柱状样：在分输阀组和输油泵（1 分）、卧式油污罐（1 分）、污油泵（1 分）位置各设置 1 个柱状样点。

（2）1 个表层样：在危险废物暂存间位置设置一个表层样点（1 分）。

（3）特征监测因子：石油烃（1 分）。

考点分析与答题技巧：本小题主要考察《环境影响评价技术导则　土壤环境（试行）》（HJ 964—2018）中监测布点的原则。本小题虽然针对的是“分输清管站”，但本项目总体上是一个线性工程。按照该导则关于线性工程的布点原则“线性工程应重点在站场位置（输油站、泵站、阀室、加油站及维修场所等）设置监测点，涉及危险品、化学品或石油等输送管线的应根据评价范围内土壤环境敏感目标或厂区的平面布局情况确定监测点布设位置”。再看题干提供的分输清管站主要设施（分输阀组和输油泵、污油罐、污油泵和危废暂存间），便可确定监测样点。由于分输阀组和输油泵、污油罐、污油泵均有处于地下的设施，以垂直入渗影响为主，而危险暂存间位于地表，以地面漫流影响为主，因此分别设柱状样和表层样。至于监测的特征因子，很显然就是石油类了。

3．针对引水干渠穿越段还应补充哪些施工期水环境保护措施？（4分）

【参考答案】

答案一：

（1）施工场地设置在干渠两岸30 m范围外（避开生态红线）。（1分）

（2）选择在5—7月、12月—次年2月期间施工（枯水期）。（1分）

（3）泥浆循环利用或合理处置，严禁排放至水体。（1分）

（4）施工结束后及时整理场地、恢复生态。（1分）

答案二：

（1）施工场地和出入土地点不在生态保护红线内，尽量远离河道布置。

（2）施工废水、生活污水处理后回用，不排入干渠。钻屑和泥浆禁止排入干渠。

（3）避开雨季施工。临河侧设置拦挡或者截水沟。

（4）施工期定期监测干渠水质。

考点分析与答题技巧：注意本小题的设问关键词“引水干渠穿越段”“施工期”“水环境保护措施”。题干中关于穿越引水干渠，提供了3个方面的信息：①本项目采用定向钻穿越引水干渠；②施工场地设在干渠两岸的出、入土点附近，布置有泥浆配置间、泥浆池、材料和管材堆放场及定向钻机等；③引水干渠为自西向东流向，在当地生态保护红线区块登记表上被列为饮用水水源保护红线区，保护范围为输水渠道的水域和两岸堤坝背水面坡角外延30 m范围内的陆域。干渠在管道穿越处下游55 km汇入M水库。每年5—7月、12月—次年2月干渠输水量较少。由此可以提出相应的措施，施工场地设置在干渠两岸30 m范围外（避开生态红线），选择在5—7月、12月—次年2月施工（枯水期），泥浆循环利用或合理处置，严禁排放水体。施工结束后及时整理场地、恢复生态。答案一与答案二主要是表述方式不同，二者内容基本一致，无原则性差别。

4．给出公益林区段生态环境影响最小的管道敷设替代方案，并说明理由。（4分）

【参考答案】

答案一：

（1）定向钻替代挖沟法。（1分）

（2）理由：公益林段恰好在定向钻最大施工距离范围内（1分），定向钻施工深度不影响林木根系生长（1分），定向钻施工既不破坏生态公益林，公益林也不影响管道安全（1分）。

答案二：

（1）定向钻。（1分）

（2）理由：定向钻最大施工距离1 200 m，大于公益林长度700 m（1分），技术上可行。定向钻最大施工深度15 m，在满足一定深度条件下地下施工，可以避免大开挖地表清理占用公益林造成的直接生物量损失，保护土壤、保护公益林根系（1分），不会影响林木生存，避免大开挖工艺管线中心线两侧5 m范围内不能恢复为林地的生物量损失（1分），保护景观。

考点分析与答题技巧：关于替代方案，一般包括选址选线的替代、项目组成和内容的替代、工艺和生产技术的替代、施工和运营方案的替代、生态保护措施的替代等。该内容在历年考试技术方法科目的选择题和案例分析科目中出现过。本小题属于施工方案的替代。根据题干信息，生态公益林段长度为0.7 km，定向钻法施工的最大穿越深度为15 m，最大穿越长度1 200 m，用定向钻替代挖沟法是一个可行的替代方案，而且不需要像挖沟法那样破坏施工作业带范围内的植被（公益林），由于定向钻深度在公益林根部之下，既不影响管道安全，也不影响林木生长。答案一与答案二只是语言表述不同，无原则性区别。

5．说明管道经过的一般林地段生态恢复内容。（2分）

【参考答案】

答案一：

（1）分层开挖，分别堆放，分层回填土壤。表土妥善保存用于后期植被恢复。

（2）管道中心线两侧5 m范围内恢复当地浅根易成活的草本或耕地。（1分）

（3）管线中心线两侧5 m范围外恢复原有一般林木种类。（1分）

答案二：

（1）中心线两侧5 m范围内，选择沿线浅根系的灌丛和草本植物恢复生态。（1分）

（2）中心线两侧5 m范围外的施工场地和施工便道，可恢复为原来的一般林地类型。（1分）

（3）对于平原段的一般林地，也可以恢复为耕地。

（4）对于丘陵段的一般林地，可结合水土保持方案恢复生态。

考点分析与答题技巧：注意本小题的设问是要求说明“生态恢复”内容，诸如严格控制施工作业带宽度、分层开挖、分层堆放、分层回填等均属施工方式，而非生态恢复内容，但与生态恢复又有密切的关系。根据题干提供的信息“3.8 km的一般林地段采用的是挖沟法，施工采用分层开挖、分层堆放、分层回填和施工带临时占地植被恢复等措施”“挖沟法应用于管道经过的平原区和丘陵区，包括一段3.8 km的一般林地段和一段0.7 km的公益林区段”（未明确一般林地段处于平原区还是丘陵区，或者既占用平原区也占用丘陵区）且题干提供“施工作业带宽度为18 m”。关于生态恢复的内容较多，但考试有时间限制和赋分限制，不要求答太多。答案一结合题干信息有所拓展，答案二侧重于生态恢复，两个参考答案中的其他内容虽然没有斌分，但均不属于原则性错误。

试题三（2020 年考题）

华东某原油管道工程建于 1978 年，全长 65 km，总体走向自东向西，设计年常温输出量为 1 800 万 t，设计压力为 4.2 MPa。全线共设 A～H 8 座输油站，32 个截断阀，其中 A 为首站，H 为末站，B～G 为中间站。管道采用外径 720 mm、壁厚 6 mm 的螺旋焊缝钢管，钢管外壁采用石油沥青玻璃布防腐和阴极保护措施。C、D 中间站之间的管道位于平原区，走向为管道出 C 中间站，向西 12 km 处穿越 R 河，穿越 R 河后继续西行 23 km 设手动截断阀，然后向西再经过 15 km 到达 D 中间站。

C 中间站具有分输功能，站内主体设施包括 4 座用于中转和存储原油的 10 万 m^3 的外浮顶罐；2 座分别用于储存污油和泄放油的 2 000 m^3 的固定储罐，4 台输油泵，8 个紧急切断阀，1 个中控室；环保设施包括 1 套含油污水处理设施，1 套生活污水处理设施，1 个约 30 m^2 的危废暂存间，1 座备有围油栏、收油机、布栏艇等应急物资库。

该管道工程目前实际年输油量为 1 500 万 t。

安全隐患整治发现，受上游沙闸长期汛期排洪影响，穿越 R 河的管段有 70 m 露出河床，需实施相应的改线。改线工程拟将穿河管线向下游平移 0.8 km，再自东向西敷设 1.2 km 并穿越 R 河，最后自北向南敷设 0.8 km 至 L 点与原管连接。改线工程建议内容为：新建管线总长 2.8 km，拆除旧管道总长为 1.2 km，在 C 站以西 14.3 km 外新建一个永久占地 30 m^2 的截断阀（内设一个远控截断阀），改线工程管材为直缝埋弧焊钢管，外径和壁厚不变，外壁采用 3 层 PE 加强防腐和阴极保护措施。改线段运营由 C 站负责，改线工程实施后，该管道工程每千米管段内原油最大存在量为 400 t。

C、D 两中间站之间沿线多为耕地，农作物有小麦、玉米、蔬菜等，距 L 连接点南侧 110 m 和 340 m 分别有甲村（350 户，1 440 人）、乙村（200 户，1 000 人），R 河为三类水体，自南向北流向，改线管道穿越河槽宽 100 m，两堤间宽 220 m，两岸有耕地，分布有杨树、低矮灌丛，下游 7.5 km 处为某饮用水水源保护区上边界。

陆地管线施工设置 12 m 宽施工带，管沟挖深 2.5 m，宽 2 m。施工过程包括挖沟、布管、吊管入沟、组焊、试压、回填及场地恢复。

改线管道R河穿越段施工采用定向钻穿越方式，在河床底部最深处可达15 m，穿越长度 500 m，在 R 河两岸分别设占地 2 000 m^2 的施工场地，场地内布置有料棚、泥浆配制间和泥浆池等设施，泥浆主要成分为膨润土，添加少量纯碱和羟甲基纤维素钠，定向钻施工过程产生的钻屑、泥浆循环利用，施工结束后，废弃泥浆及钻屑属于一般工业固体废物。

旧管道拆除包括开挖、管道两段的封堵、抽出原油、管道清洗、分段切割、取出管道及回填恢复地貌等作业，旧管道拆除抽出的原油及管道清洗产生的油泥、含油污水等依据 C 站现有设施处理或暂存。经测定，本项目环境风险评价等级为二级，新建阀室土壤环境影响评价等级为三级，改线管道土壤环境影响评价等级为二级。

根据《建设项目环境风险评价技术导则》，原油的临界量为 2 500 t。

【问题】

1. 收集与处理旧管道拆除环节的原油、油泥及含油废水可分别依托 C 站哪些设施？（3 分）

【参考答案】

（1）原油，依托 4 座外浮项罐。（1 分）

（2）油泥，依托危废暂存间。（1 分）

（3）含油废水，依托 C 站的含油污水处理设施。（1 分）

考点分析与答题技巧：根据题干，从中直接提取信息即可（无难度）。但要注意，油泥是危险废物，应依托危废暂存间，而不应答“2 座分别用于储存污油和泄放油的 2 000 m^3 的固定储罐”，因为油泥毕竟不同于污油和泄放油。本小题设问只需指出可依托的设施即可，并未要求进行可行性分析，但在环境影响评价实际工作中，如果污染物需要依托既有工程或已建成的环保设施，则需要分析依托工程的可行性。

2. 给出陆地管道开挖与回填施工应采用的生态保护措施和恢复措施。（5 分）

【参考答案】

（1）开挖应尽可能缩小并严格控制施工作业带宽度（0.5 分），严格保护表土（熟土）层（0.5 分），采取分层开挖（0.5 分）、分层堆放（0.5 分）、反序回填（或分层回填，或先回填生土层，最后将表土层覆盖在最上面。0.5 分）。

（2）占用的耕地应优先恢复耕地（0.5 分），占用的灌草丛土地应采用当地植物种（0.5 分），在管道两侧 5 m 范围内（0.5 分）及占用的杨树林地区域（0.5 分）应种植浅根系植物（或严禁种植深根系植物，0.5 分）。

考点分析与答题技巧：本小题已在此前的管道案例考试中多次出现，解答几乎无难度。本小题的回答应注意几个关键点：作业带宽度的控制，表土层的保护与利用，生态恢复植物种的选择等。注意，本小题设问是针对陆地开挖和回填的，不得答任何穿越河流施工的信息（尽管题干中关于河流施工的内容很多），否则为原则性错误。另外，表土层（土壤层或耕作层）的保护与利用已被纳入《中华人民共和国土壤污染防治法》，今后应进一步注意，不得将表土层作为弃渣随意抛弃。

3．指出截断阀与改线管道段土壤环境质量现状监测点的布点类型和数量。（4 分）

【参考答案】

（1）截断阀室，在占地范围内设置 3 个表层采样点。（1 分）

（2）改线管道，应在占地范围内设置 3 个柱状采样点（1 分）、1 个表层采样点（1 分），在占地范围外设置 2 个表层采样点（1 分）。

考点分析与答题技巧：本小题实质上考查的是《环境影响评价技术导则　土壤环境（试行）》（HJ 964—2018）的应用，根据导则中的“表 6　现状监测布点类型和数量”解答即可。导则中的表 6 分为污染影响型和生态影响型，但本案例题干并未明确“污染影响型”，因为此类项目大多是 HJ 964—2018 中的污染影响型，故不应判断为生态影响型。本小题看似容易，但答起来较难：一是导则中的表 6 不容易记住；二是题干虽然给出了阀室和管道的土壤环境影响评价等级，但与导则中的表 6 分为污染影响型和生态影响型有差别；三是题干给了很多内容，容易引起考生心理烦躁。至于题干指明的“新建阀室土壤环境影响评价等级为三级，改线管道土壤环境影响评价等级为二级”，可以写在答案中，也可以不写，不影响赋分。2020 年案例分析考试中的“危险废物处置中心改扩建项目”第一小问就考了土壤环境监测布点问题，此前的 2019 年案例分析科目以“铜矿采选项目案例”考查了土壤环境监测布点方面的内容。考生需要牢记 HJ 964—2018 中的表 6。

4．计算改线管道段环境风险评价的 Q 值。

【参考答案】

（1）新设的远控截断阀室距离 C 站的管线总长度：14.3+2.8–1.2=15.9（km）。

（2）改线工程实施后每千米管段内原油最大存在量为 400 t，原油的临界量为 2 500 t，则 Q=15.9×400/2 500=2.544（t）。

考点分析与答题技巧：本小题主要考查对《建设项目环境风险评价技术导则》（HJ 169—2018）及附录 C 的应用，根据题干信息很容易计算出改线后 C 站与新建远控截断阀室间的线路长度。题干已告知“改线工程实施后，该管道工程每千米管段内原油最大存在量为 400 t”，且题干结尾也给出“原油的临界量为 2 500 t”，由此便很容易算出 Q 值。但是，由于题干内容太多，而且存在很多干扰项或干扰数据，如果考生选择在草稿纸上画图来理解这个问题，则会浪费很多时间。

5. 环境风险评价时，用甲、乙两村总人数判断大气环境敏感程度是否合理？请说明理由。

【参考答案】

（1）不合理。

（2）不应考虑乙村。因为其不在管道环境风险大气环境敏感性分级确定范围 200 m 之内。

考点分析与答题技巧：本小题考查了对《建设项目环境风险评价技术导则》（HJ 169—2018）附录 D“环境敏感程度（E）的分级”的熟悉程度。该附录中的“表 D.1 大气环境敏感程度分级”指出了油气、化学品输送管线管段周边 200 m 范围内每千米管段人口数。

【扩展思考题】

1. 改线方案是否可以进一步优化？
2. 为评价改线段的水环境风险，应重点调查清楚哪些内容？
3. 指出本项目的固体废物类型，并给出合适的处理处置措施。
4. 除题干提出的风险防范措施外，还应采取哪些环境风险防范措施？

注：管道项目在此前案例考试中常见，主要考查生态影响和环境风险。但本案例除生态影响和环境风险外，主要考查新颁布实施的土壤导则和新修订的环境风险导则。虽然该案例总体难度不大，但题干内容太长且表述有些烦琐，很容易让考生越读越烦躁而处于紧张和混乱状态。很多考生阅读题干会花费较长的时间，导致考试失误。考生在学习本案例时，应注意延伸学习导则的相关内容，如针对本项目的改线工程，为进一步有效防范环境风险，还可以考虑哪些方案？对管线穿越河流设置的两处施工场地，应考虑采取哪些环境保护措施？

试题四（2019 年考题）

华北某天然气管道工程首站东起 T 市，末站西迄 S 市，全长 194 km。管材为内径 914 mm 的直缝埋弧焊钢管，设计输气压力 12 MPa，输气规模 300 亿 m^3/a。工程全线设 5 座站场（首站、末站、2 个分输站和 1 个分输清管站）、11 个截断阀室。工程于 2016 年 4 月取得环评批复。

环评文件载明：各站场均配置一定数量的旋风分离器、过滤分离器、计量设施和调压设施，配套建设 1 根 20 m 高放空立管、电加热取暖设施和 1 套一体化生活污水处理设施。分输清管站设有收、发球装置，配收球筒和发球筒。站场输气流程为：上站来气先进入旋风分离器，分离后气体再进入过滤分离器滤出岩屑等杂质后，经计量设施计量后部分外输到用户，其余经调压后输送到下游管道。

陆地管道敷设采用挖沟法，施工作业带宽度为 18 m。穿越工程包括采用顶管 9 次穿越等级公路；采用挖沟法（辅以围堰导流）穿越 A 河；采用定向钻法从河床下 15 m 深处穿越 B 河。工程采取的主要环保措施为：管沟采用分层开挖、分层堆放、分层回填和施工带临时占地恢复措施；定向钻施工产生的废弃泥浆异地处置，顶管产生的弃土渣用于铺路；站场污水经处理后用于绿化，清管废物在储存罐暂存并定期送填埋场处置；旋风分离器和过滤分离器等设备采用减振降噪措施后噪声低于 75 dB（A）。

设计阶段工程发生以下变化：管道路由总体走向不变，但为使管道两侧 100 m 范围内无村庄，调整了局部管道路由，调整段总长度共 45 km，调整后管道总长度 200 km；管道设计输气规模不变，但内径增大至 1 016 mm，压力降至 10 MPa；全线陆地管道施工作业带宽度增至 24 m；截断阀室增至 14 个；1 个分输站改为压气站，调整后的压气站站场边界长 320 m，是边界最长的站场，站内增设电机驱动压缩机及配套的空压机各 6 台。电机驱动压缩机和空压机设备声功率级分别为 105 dB（A）和 90 dB（A）；因管道穿越 A 河点位于新设立的国家湿地公园宣教和综合管理区，该段管道施工方式采用定向钻法，在 A 河及湿地公园外部设施工场地和出入土点；地质勘探发现 B 河河床下存在 40 m 厚连续砾石层，不适合定向钻法施工，经对挖沟法、定向钻法、顶管法、隧道法、盾构法和多跨桁架法等穿越方式的工程比选，设计推荐挖沟法。建设单位界定工程属于重大变动，拟重新批环评文件。

变更环评编制单位调查得知：管道沿线陆地穿越段土地利用类型主要为耕地，间有少量林地，农作物为小麦、水稻和棉花等。压气站西侧 165 m 处有 1 个村庄共 20 户居民；A 河国家湿地公园面积为 387 hm^2，划分为湿地保育区、恢复重建区、合理利用区、宣教和综合管理区，植被以柽柳、芦苇、红蓼和香蒲等湿地植物群落为主，主要保护动物有鸳鸯、大天鹅、游隼、红脚隼等国家重点保护野生动物以及鲫鱼、黑斑蛙等省级重点保护野生动物。湿地保育区是鸟类主要栖息地和产黏性卵鱼类的产卵区。

【问题】

1．指出界定工程重大变动的因素。

【参考答案】

（1）路由调整（包括线路长度变化和线位摆动）。

（2）管道内径变大。

（3）站场工艺发生变化（分输站改为压气站，工艺发生变化）。

（4）管道敷设方式发生变化（或答施工方案发生重大变化——作业带宽度及重要点段穿跨越方案）。

（5）管线穿越涉及新建环境敏感区（或答设计阶段所穿越 A 河点位在新设立的国家湿地公园内）。

考点分析与答题技巧：注意，本小题并不是要求界定本项目是否发生了重大变动，而是要求给出界定重大变动的因素。环境保护部发布的《关于印发环评管理中部分行业建设项目重大变动清单的通知》（环办〔2015〕52 号）涉及九个行业建设项目重大变动清单，明确规定当建设项目的性质、规模、地点、生产工艺和环境保护措施五个因素中的一项或一项以上发生重大变动，且可能导致环境影响显著变化（特别是不利环境影响加重）的，界定为重大变动。因此，本项目的重大变动界定，应以建设项目的性质、规模、地点、生产工艺和环境保护措施五个方面来考虑。但是，如果不结合题干信息，而是答“性质、规模、地点、生产工艺和环境保护措施”五个方面内容，则不得分。

环办〔2015〕52 号文的附件中有“油气管道建设项目重大变动清单（试行）”，本小题应该结合该清单进行解答。

2018 年，环境保护部发布了 14 个行业建设项目重大变动清单（环办环评〔2018〕6 号）；2020 年 12 月 13 日，生态环境部发布了《污染影响类建设项目重大变动清单（试行）》，以后仍将会陆续发布不同行业的重大变动清单，考生应留意。

2. 分析工程重大变动后的环境影响，说明变更环评的重点工作内容。

【参考答案】

（1）重大变动后的主要环境影响。

答案一：

① 生态影响：由于线路长度增加和线位摆动、施工作业带宽度增大、站场面积增加等，特别是穿越 A 出入点位于新建国家级湿地公园内和穿越 B 河改为挖沟方式对湿地和 B 河的水生生态影响。

② 环境风险：由于管道内径变大（尽管输气压力有所减小）、阀室增加及站场功能的变化，环境风险与原环评阶段相比将有所不同。

③ 污染影响：由于一分输站改为压气站，且面积增大，高噪声设施增加，施工期污染影响和运行期噪声影响将有所增加。

答案二：

① 由于线路长度变化和线位摆动，施工期生态影响和污染影响将发生不同变化。

② 管道内径变大，施工作业带宽度改变，不利生态影响将增大，且由于管道内气体容量增加，运行期环境风险有增大的可能性。

③ 站场工艺发生变化（分输站改为压气站，工艺发生变化），占地面积增加且增加了高噪声设施，对土地利用类型、植被破坏面积及场外声环境保护目标（西侧村庄居民）噪声影响均有所增加。

④ 穿越 A 河和 B 河的管道敷设方式发生变化，且 A 河涉及新建国家级湿地公园，施工期水生生态的敏感性和影响程度均增加。

（2）评价重点。

答案一：

生态影响、环境风险。

答案二：

① 管线穿越 A 河国家级湿地公园的生态影响以及挖沟法施工对 B 河的水生生态影响。

② 环境风险：管线内径增大及站场、阀室变化的环境风险。

考点分析与答题技巧：本小题与第 1 小题是密切结合的，因此，主要环境影响就根据变动情况回答即可。但由于本小题前后两部分（重大变动后的环境影响、变更环评的重点工作内容）的重点不好把控，而可写的内容又似乎很多，所以，答好本小题有较大难度，会消耗较多的时间。对于本书的解答，虽然看似答案一比答案二有所简化，但实质内容并未改变。考生在考场上也可以给出不同的解答方式。

3. 对国家湿地公园应补充哪些生态现状调查内容？

【参考答案】

（1）湿地公园不同功能区的面积与布局，收集湿地公园功能区划图。

（2）湿地水环境质量（或湿地水质类别）。

（3）湿地水文特征。

（4）湿地公园的现状生态问题。

考点分析与答题技巧：本小题属于对生态敏感保护目标的现状调查。敏感保护目标是环境影响评价工作关注的重中之重，此前类似考题已频繁出现。虽然本小题问的是对湿地公园的生态现状调查，但此前关于湿地的现状调查、影响预测评价、保护措施等均考过。但是，需要注意的是本小题要求回答的是“补充”生态现状调查内容。鉴于题干已给出“A河国家湿地公园面积为387 hm^2，划分为湿地保育区、恢复重建区、合理利用区、宣教和综合管理区，植被以柽柳、芦苇、红蓼和香蒲等湿地植物群落为主，主要保护动物有鸳鸯、大天鹅、游隼、红脚隼等国家重点保护野生动物以及鲫鱼、黑斑蛙等省级重点保护野生动物。湿地保育区是鸟类主要栖息地和产黏性卵鱼类的产卵区”，答案中再出现这些内容则不属于补充调查内容，不得分。

4. 指出穿越B河不同施工方式的环境比选主要内容。

【参考答案】

（1）对B河鱼类等水生生物的影响（或水生生态影响）。

（2）对B河水环境质量的影响（或水环境功能、水质的影响）。

（3）对B河底质的影响。

考点分析与答题技巧：对建设项目的不同施工、建设方案进行环境影响比较并从中选择环境影响可行的方案，是环境影响评价的重要工作，在环境影响评价相关法规、规范性文件、原HJ 19—2011（已被HJ 19—2022替代）和HJ 2.1—2016（总纲）等技术导则中也有要求。虽然不同的穿河方案环境影响有所不同，但本小题只要求回答穿越B河的不同施工方案的环境影响比较或环境比选，即突出“环境”或“环境影响”，非环境因素（如施工难度、投资等）在解答本小题时不宜考虑。解答本小题也需要一点儿技巧，如果将不同的施工方式分别答上再比较其不同的环境影响，则会导致答得太多、太复杂，将消费很多时间，而且还不能确保将本小题要求的“主要内容”答上，是得不偿失的。

5. 识别本项目环境风险评价的危险单元。

【参考答案】

首站、末站、1个分输站、1个压气站和1个分输清管站、14个截断阀室、两个阀室间的输气管道。

考点分析与答题技巧：本小题要求识别的是“危险单元”，与 2019 年案例分析的“水泥窑协同处理生活垃圾项目”第 5 小题是一致的。危险单元是由一个或多个风险源构成的具有相对独立功能的单元，事故状况下应可实现与其他功能单元的分割；风险源是指存在物质或能量意外释放，并可能产生环境危害的源；危险物质是指具有易燃易爆、有毒有害等特性，会对环境造成危害的物质。如果只是原则性或泛泛地答为“站场、阀室、两阀室间的输气管道”恐怕不得分。修订后的《建设项目环境风险评价技术导则》（HJ 169—2018）是一个非常重要的技术规范，无论在导则科目考试、技术方法科目考试，还是案例分析科目考试中均会频繁出现，考生一定要认真学习。

【扩展思考题】

1．建设单位将本项目界定为重大变动是否正确？请说明理由。

2．穿越 B 河改为开挖方式，应采取哪些必要的环境保护措施？

3．指出本项目的主要环境保护目标。

4．为减少对压气站西侧村庄的噪声影响，应采取哪些必要的措施？

5．简要分析本项目针对湿地公园的主要生态影响。

试题五（2015 年考题）

某原油管道工程设计输送量为 800 万 t/a，管径 720 mm，壁厚 12 mm，全线采用 3 层 PE 防腐和阴极保护措施。经路由优化后，其中一段长 52 km 的管线走向为：西起 A 输油站，向东沿平原区布线，于 20 km 处穿越 B 河，穿越 B 河后设 C 截断阀室，管线再经平原区 8 km、丘陵区 14 km、平原区 10 km 布线后向东到达 D 截断阀室。

A 输油站内有输油泵、管廊、燃油加热炉、1 个 2 000 m^3 拱顶式泄放罐、紧急切断阀、污油池和生活污水处理设施等。

沿线环境现状：平原区主要为旱地，多种植玉米、小麦或棉花；丘陵山区主要为次生性针阔混交林和灌木林，主要物种为黑松、刺槐、沙兰杨、枸杞、沙棘、荆条等，林下草本植物多为狗尾草、狗牙根和蒲公英等；穿越的 B 河为Ⅲ类水体，河槽宽 100 m，两堤间宽 200 m，自北向南流向，丰水期平均流速为 0.5 m/s，枯水期平均流速为 0.2 m/s，管道穿越河流处下游 15 km 为一县级的饮用水水源保护区上边界。

陆地管道段施工采用大开挖方式，管沟深度 2～3 m，回填土距管顶 1.2 m 左右，施工带宽度均按 18 m 控制，占地为临时用地。管道施工过程包括清理施工带宽地表、开挖管沟、组焊、下管、清管试压和管沟回填等。

B 河穿越段施工采用定向钻穿越方式，深度在 3～15 m，在河床底部最深处可达 15 m，穿越长度为 480 m，在西河堤的西侧和东河堤的东侧分别设入、出土点施工场地，临时占用约 0.8 hm^2 的耕地，场地内布置钻机、泥浆池和泥浆收集池、料场等。泥浆池规格为 20 m×20 m×1.5 m，泥浆主要成分为膨润土，添加少量纯碱和羟甲基纤维素钠。定向钻施工过程产生钻屑，泥浆循环利用。施工结束后，泥浆池中的废弃泥浆含水率 90%。废弃泥浆及钻屑均属于一般工业固体废物。

为保证 B 河穿越段管道的安全，增加了穿越段管道的壁厚，同时配备了数量充足的布栏艇、围油栏及收油机等应急设施。

工程采取的生态保护措施：挖出土分层堆放、回填时反序分层回填，回填后采用当地植物恢复植被。

【问题】

1. 识别 A 输油站营运期废气源及其污染因子。（3 分）

【参考答案】

（1）废气源为燃油加热炉（0.5 分），污染因子包括 SO_2（0.5 分）、NO_2（0.5 分）、烟尘（或颗粒物、TSP、PM_{10}）（0.5 分）。

（2）另一废气源为泄放罐或无组织源（0.5 分），污染因子为非甲烷总烃或 VOC（0.5 分）。

考点分析与答题技巧：本题问的是“废气源”“污染因子”，而且是“营运期”的，因此，如果考生答“施工期”的则不得分，而且本小题应答出“源”和“因子”两部分内容。从题干信息可知，废气污染源有两个，分析可得二者共有 4 个污染因子。本题的考点属于工程分析内容。

2. 给出大开挖段施工带植被恢复的基本要求。（6 分）

【参考答案】

（1）管沟开挖土分层堆放，表层土单独堆放，回填按照反序分层回填方式覆土。（1 分）

（2）恢复种植时优先采用当地物种。（2 分）

（3）5 m 内恢复种植浅根系植物。（3 分）

考点分析与答题技巧：根据评分要求，第（1）条只答分层堆放或表层土单独堆放的，给 0.5 分。其实这个评分要点是比较别扭的，因为已在题干中明确，不必再在答案中给出。第（3）条评分要求“没有明确 5 m，只答丘陵山区恢复种植浅根系植物的（2 分）；明确 5 m 内恢复种植的（3 分）”。由于问的是“植被恢复”要求，本小题的关键答案就是采用当地的（或原有的）、浅根系植物种。至于 5 m 的要求，是《石油天然气管道保护法》第三十条的规定“在管道线路中心线两侧各五米地域范围内，禁止下列危害管道安全的行为：（一）种植乔木、灌木、藤类、芦苇、竹子或者其他根系深达管道埋设部位可能损坏管道防腐层的深根植物；（二）取土、采石、用火、堆放重物、排放腐蚀性物质、使用机械工具进行挖掘施工；（三）挖塘、修渠、修晒场、修建水产养殖场、建温室、建家畜棚圈、建房以及修建其他建筑物、构筑物。”

3. 分别给出废弃泥浆和钻屑处理处置建议。（5 分）

【参考答案】

（1）钻屑送固废填埋场或用于铺路之一，或按一般工业固体废物规定处置。（2 分）

（2）废弃泥浆干化后送固废填埋场或按一般工业固体废物规定处置。（1.5 分）

（3）经相关部门同意后，可将废弃泥浆选择场地直接固化填埋。（1.5 分）

考点分析与答题技巧：根据赋分情况，答“钻屑用于建筑材料”也得分，但答“用于植被恢复”不得分，答将废弃泥浆“委托有资质单位处理”也给 0.5 分。根据题干，本工程所用泥浆成分不含危险物成分，但在钻进作业中地层会有一些物质进入，增加了废弃泥浆成分的复杂性。但根据有关监测，此类废弃泥浆一般不会达到危险废物鉴别标准的规定，多数不属于危险废物，处理方式一般为在防渗池内进行干化、固化，再覆土绿化。

4．为减轻管道泄漏对 B 河的影响，提出需考虑的风险防范和应急措施。（6 分）

【参考答案】

（1）穿越 B 河前增设截断阀室。（1 分）

（2）提高管材等级。（1 分）

（3）采用套管。（1 分）

（4）加强巡护。（1 分）

（5）制订应急预案。（2 分）

考点分析与答题技巧：根据评分要求，第（1）条如果未答“B 河段”，但答“需设置截断阀室”的，给 0.5 分；第（2）条笼统答“提高管道设计性能”的，给 0.5 分；第（4）条只答“加强日常检查”的，给 0.5 分；第（5）条只答“在河流和保护区设置围油栏、事故池和收油机等拦油设施”，或答“储备应急物资”的，也给 2 分。其实，笔者认为制订应急预案，应该属于“管理”层面，并不属于“措施”范畴，但又确实属于风险防范内容。除以上措施外，还有诸如加大埋深、加厚管壁、采取防渗措施，以及监控和数据采集系统（SCADA）和设备泄漏检测与修复制度（LDAR）等，这些措施也十分必要。

试题六（2005 年考题）

某天然气输气管道工程，管道全长约 860 km，设计输量为 120 亿 m^3/a，管径为 1 016 mm，设计压力为 10 MPa。工艺站场共 9 座，其中首末站各 1 座，中间压气站 1 座，分输清管站 1 座，分输站 3 座。工程穿越大型河流 12 次（长达 18.4 km），穿跨越中小型河流 140 次（长达 1 787 m）。新修四级道路 18 km，整修道路 74 km，房屋拆迁 6 处。

该工程管道沿线途经 3 省 1 市，沿途跨越了 39 个市（县）。管道线路经过了 4 个生态区：毛乌素沙漠区、黄土丘陵区、太行山地山间盆地区、华北平原农业生态区。线路所经地区属大陆性季风气候，分为两大部分：西北一带为干旱、半干旱大陆性气候，基本特征为冬长夏短、寒暑变化剧烈、气温日较差较大，干旱少雨，蒸发强烈；东南一侧则为温带半湿润大陆性气候，降雨量较前者为多，具有春季风大沙多，甚至出现沙尘暴，夏季炎热多雨，秋季晴朗少云，冬季严寒干燥的特点。

管道线路横贯黄河水系和海河水系。管道沿线经过的主要环境敏感区域有：毛乌素沙漠生态脆弱区、水土流失和自然灾害易发区、自然保护区、天然林保护区、水源地及文物古迹等。重要穿越段有黄河隧道穿越段。距管道 80～250 m 有 4 所学校和县城、村乡居民点。文物古迹为明代长城，是省级文物保护单位，管线穿越该长城豁口，豁口宽约 200 m。

【问题】

1. 该项目的工程分析应分为几个时期？各期的重点分析内容是什么？

【参考答案】

（1）施工期和营运期。

（2）施工期工程分析重点：工程线路走向、站场布局，工程征占不同类型土地面积，土石方量、施工方案及工艺，特别是穿越毛乌素沙漠生态脆弱区、水土流失和自然灾害易发区、自然保护区、天然林保护区、水源地及文物古迹等。重要穿越段有黄河隧道穿越段的施工工艺及其临时占地与站场的设置等。

（3）营运期工程分析重点：管线营运方案，采取的环境保护措施的有效性，站场阀室的营运方案及其环境安全（或环境风险），绿化及生态补偿方案。

考点分析与答题技巧：该类工程的环境影响评价一般分为施工期和营运期，

当然，加上施工前期或勘察期也是可以的。其工程分析的重点内容可以在以上答案的基础上予以简化。如施工期主要是施工行为或施工方式产生的生态影响，营运期则主要是非正常工况下的污染影响与环境风险。

2．该项目环境现状调查与评价的主要内容是什么？

【参考答案】

（1）调查沿线区域自然环境特征。

（2）调查工程沿线穿越不同生态区段的生态现状，调查不同类型生态系统的结构、功能及演变情况，调查植被类型及主要植物、野生动物情况，明确是否有国家及地方保护物种；调查沿线经过的环境敏感区域（自然保护区、生态脆弱区、天然林保护区、水源地等）情况，特别是与工程的位置关系；调查沿线存在的环境问题；评价生态系统的完整性、稳定性、演替趋势及环境问题。

（3）调查沿线城镇、学校、居民点环境质量现状，评价其环境空气质量、声环境质量状况。

（4）调查、评价沿线河流水环境功能及水质现状。

3．该项目需重点关注的环境影响问题与影响对象有哪些？

【参考答案】

（1）应关注的主要环境影响问题：

① 穿越毛乌素沙漠区、黄土丘陵区、太行山地山间盆地区导致的生态影响：植被破坏，可能加剧的沙尘暴及生态脆弱性、导致的水土流失与地质灾害，特别是对自然保护区、天然林区的破坏与影响。

② 穿越河流施工可能导致的水污染及水生生态影响，以及对饮用水水源地的影响。

③ 穿越华北平原农业生态区对农田生态的破坏与影响。

④ 环境风险发生可能造成的危害，特别是站场、阀室，以及穿越河流和饮用水水源地段发生风险的危害。

⑤ 施工对沿线影响范围内的4所学校、县城及沿线居民区的噪声、扬尘等不利影响，以及对省级文物保护单位——明代长城的影响。

（2）工程的主要影响对象：毛乌素沙漠生态脆弱区、水土流失和自然灾害易发区、自然保护区、天然林保护区、黄河等大中型河流、水源地、文物古迹（省级文物保护单位——明代长城）、基本农田保护区、4所学校和县城、乡村居民点。

考点分析与答题技巧：主要环境影响问题可以简化为：植被破坏、水土流失、沙丘活化、地质灾害，以及水源地污染与文物受到破坏。本书给出较复杂的答案，主要是为了便于理解。

4．该项目需要采取的有针对性的环境保护措施有哪几个方面？

【参考答案】

（1）工程沿线穿越不同生态区段的生态保护措施。

（2）穿越大中型河流的水污染防治措施，特别是针对饮用水水源地的保护措施。

（3）经过 4 所学校和县城、村乡居民点的噪声影响防治措施。

（4）针对省级文物保护单位——明代长城的保护措施。

（5）站场及阀室的环境风险防范措施。

（6）全线的环境管理与监测措施。

考点分析与答题技巧：本题问的是环境保护措施，所以既需要考虑生态保护措施，也需要考虑污染防治措施及环境风险防范措施，只需原则性地说明即可。

5．该项目需要采取的生态环境保护措施有哪几个方面？

【参考答案】

（1）线路及站场尽量避让自然保护区、天然林保护区、水源地、基本农田保护区等生态敏感区。

（2）新修 18 km 四级道路尽量避开生态敏感区。

（3）严格控制施工作业带的宽度。

（4）施工时管沟分层开挖、分层堆放、反序回填（或分层回填）。

（5）采用当地植物恢复植被，管线中心线两侧 5 m 范围内种植浅根系植物。

考点分析与答题技巧：本小题根据题干信息，对应保护目标有针对性地给出具体措施。不应只是泛泛地、原则性地给出一些缺乏针对性的措施或要求。

五、金属矿采选案例

试题一（2019 年考题）

某铜矿位于中南部某省低山丘陵区，矿区面积 0.375 km^2，开采标高+55～+320 m，矿石类型主要为黄铜矿（$CuFeS_2$），含少量硫砷铜矿（$CuAsS_4$），脉石主要为石英、钾长石。矿山现有 200 t/d（6.6 万 t/a）采选工程，包括地下开采巷道、地面采矿工业场地（内有主井、副井各 1 口及临时废石场 1 座）、风井工业场地（内有回风井 1 口）、选矿厂（位于采矿工业场地西北侧的矿区边界）、尾矿库（位于选矿厂南侧 1.1 km 的山谷内）和集中办公生活区，地面设施占地 25.05 hm^2。矿山地下采出的铜矿石由主井提升至地面筒仓暂存后转入选矿厂，经碎磨后加入丁黄药等药剂浮选产出铜精矿产品。现有工程井下涌水量 563 m^3/d，经中和沉淀处理后优先回用于生产，剩余 255 m^3/d 外排西边河(外排水质见下表)，西边河傍矿区西侧边界由南向北流过。选矿产生的含固率 55%的尾矿浆由 1.6 km 长压力管道送往尾矿库，尾矿浆在库内沉淀后，澄清水通过溢流井排出尾矿库并全部回用于选矿生产。集中办公生活污水生化处理并消毒后用于矿区绿化，不外排。现有工程采矿废石露天堆存于副井旁的临时废石场，定期送建材厂综合利用，废石场仅设有拦挡坝。现有尾矿库总库容 136 万 m^3，剩余库容 103 万 m^3，尾矿浆于主坝前均匀排入尾矿库，在库内自然沉积形成堆体和干滩面。2018 年年底，该省公告该矿区所在区域列入落实“水十条”实施区域差别化环境准入的管控区域，该区域的矿产资源开发项目执行水污染物特别排放限值。

现有工程井下涌水外排水质　　单位：mg/L，pH 量纲一

污染物项目		pH	COD	SS	石油类	砷	铜
排放浓度		7.7	16.8	13	0.04	0.003	0.3
铜镍钴工业污染物排放标准	排放限值	6～9	60	80	3.0	0.5	0.5
	特别排放限值	6～9	50	30	1.0	0.1	0.2

矿山计划依托现有工程，通过新建深部盲主井和盲风井，改造提升设备，扩

建选矿设施实现采选扩能。新建尾矿充填站实现部分尾矿充填井下采空区，进而延长尾矿库原服务年限；为缓解废石外运不畅暂存压力，扩能工程拟在采矿工业场地以北的山坳处新建 1 座废石场，库容 2 万 m^3，需新征占地 35 hm^2。矿山扩能后矿区范围不变，开采深度延伸到−500 m，总采选规模 500 t/d（16.5 万 t/a），可继续服役 17.7 a。扩能工程实施后，矿山井下涌水正常产生量 2 441 m^3/d，采用三级接力排到地面中和沉淀处理后，905 m^3/d 回用于采选生产，剩余 1 536 m^3/d 依托现有排放口外排西边河。扩能工程选矿尾矿浆先送尾矿充填站分级，其中粗粒尾矿与水泥混合后胶结充填井下采空区，剩余含固率 40%的细粒尾矿浆（干重 6.8 万 t/a）送现有尾矿库。扩能工程建成后，尾矿浆澄清水、生活污水仍然回用，不外排。

西边河矿山所在河段不涉及饮用水水源保护区等水环境保护目标，评价技术单位判定扩能工程地表水环境影响评价等级为一级；在地表水评价范围内有一处民采铜矿废水排放口，为保障区域水环境质量，政府已将该铜矿列入关停计划。矿区土壤类型包括红壤、紫色土，主要植被为次生马尾松林和人工杉木林；评价技术单位判定扩能工程涉及土壤环境生态影响与污染影响，其中污染影响型评价工作等级为一级，在矿区下游河道宽缓带两侧有少量水稻田位于土壤评价范围内。为掌握经尾矿充填站分级后排入尾矿库的细粒尾矿浆固废属性，评价技术单位提出在扩能工程投产后重新取样进行浸出毒性试验的要求。

【问题】

1. 指出现有工程存在的生态环境问题，并提出“以新带老”措施。

【参考答案】

（1）废石场仅设拦挡坝，不符合固体废物处置要求，应鉴定废石类型，并依标准建设废石场。

（2）外排矿井涌水中的 Cu 不满足特别排放限值规定，应采取除铜措施。

考点分析与答题技巧：在多年来的环评实际工作中，改、扩建项目的“以新带（代）老”是环评工作的重要内容。在《建设项目环境保护管理条例》（国务院令 第 682 号）中，明确要求改、扩建项目必须对现有工程存在的环境问题提出解决方案。在 2019 年度的案例考试中，除本小题外，水利水电案例也考了“指出本项目现状污染源”的小题，与本小题所要考查的主题类似。另外，关于废石场的建设要求，2014 年度考试中的铁矿案例第 1 小题给出了简易的评分答案，也是可以参考的。

2. 本扩能工程地表水环境影响评价工作等级判定是否正确？请说明理由。

【参考答案】

（1）正确。

（2）理由：本扩能工程矿井水虽然采用三级接力排到地面中和沉淀处理后排放，但涉及第一类污染物砷和铜，且排放的铜离子浓度不符合环保要求，排放行为属于直排第一类污染物。

考点分析与答题技巧：本小题主要考查了《环境影响评价技术导则　地表水环境》（HJ 2.3—2018）关于地表水影响评价工作等级确定的依据（说明理由，即将评价依据指出来），该导则将地表水环境影响评价等级的判定分为污染型和水文要素型。对于考试而言，导则提供的两个判定表比较复杂，理解和学习记忆均有一定难度。考生必须认真学习该导则。

3．指出开展正常工程下的地表水环境影响预测需调查的水污染源。

【参考答案】

（1）评价范围内的民采铜矿废水。

（2）现有工程及扩能工程的矿井水处理站外排水。

（3）现有废石场和新建废石场的淋溶水。

（4）场地地面初级雨水。

考点分析与答题技巧：由于本小题要求回答的是正常工况下，所以不应考虑矿井水处理站的事故排放和选矿废水的事故排放，生活污水处理站处理后的水全部回用不外排，也不应考虑其事故排放。民采铜矿是评价范围内存在的污染源、矿井水处理站处理后的水有一部分回用，但外排量仍较大，是本项目的地表水主要污染源。

4．按污染影响型，给出本扩能工程土壤环境现状监测布点位置和布点类型。

【参考答案】

（1）项目占地范围内：在现有和扩建工程的废石场、尾矿库、选矿场、矿井水处理站、新建尾矿充填站区域设置1个柱状样，在矿区内矿区植被为次生马尾松林和人工杉木林的红壤和紫色土区域分别设置1个表层样。

（2）项目占地范围外：矿区下游河道宽缓带两侧水稻田分别布设1个表层样。

考点分析与答题技巧：本小题主要考查考生对《环境影响评价技术导则　土壤环境（试行）》（HJ 964—2018）的学习情况。该导则列表规定了不同评价等级和影响类型（生态影响型、污染影响型）对应的土壤环境监测布点要求。2020年考试中的原油管道案例和危险废物处置中心案例均考查了土壤环境监测布点方面的内容。

5．给出扩能工程投产后尾矿进行浸出毒性试验的取样位置、取样方式及推荐采用的浸提剂。

【参考答案】

（1）取样位置：尾矿库的尾浆排放口或充填站分级后细颗粒物排出口。

（2）取样方式：采用合适的容器等时间间隔摘取所需份样量的尾矿浆。

（3）浸提剂：硝酸/硫酸混合溶液。

考点分析与答题技巧：本小题主要考查学生对《危险废物鉴别技术规范》（HJ 298—2019）、《固体废物浸出毒性浸出方法 硫酸硝酸法》（HJ/T 299—2007）的学习情况，相关考点在《危险废物鉴别技术规范》（HJ 298—2019）、《固体废物鉴别标准 通则》（GB 34330）等相关规范标准中均有规定。据题干信息“扩能工程选矿尾矿浆先送尾矿充填站分级，其中粗粒尾矿与水泥混合后胶结充填井下采空区，剩余含固率 40%的细粒尾矿浆（干重 6.8 万 t/a）送现有尾矿库”，显然在充填站或尾矿库取样更合适。在选矿厂尾矿产生或排出口取样则不合适，因为选矿厂产生的尾矿在充填站进行分级，粗颗粒与水泥混合成胶结物后充填到井下去了，已不是排放到外环境的尾矿了。

由于固体废物、危险废物鉴别技术规范和标准较多，技术方法也很复杂，从事监（检）测、鉴别（特别是固体废物、危险废物鉴别）的技术人员不难解答该小题，其他人解答该小题并不容易。

【扩展思考题一】

1. 简要说明对现有工程环境影响回顾性调查评价的重点内容。

2. 题干表中所列现有矿井涌水监测指标能否满足扩建工程环评工作的要求？说明理由。

3. 扩建工程矿井水处理方案是否符合环保要求？请说明理由。

4. 按生态影响型，给出本扩能工程土壤环境现状监测布点位置和布点类型。

5. 提出扩建工程地下水分区防控的重点区域。

【扩展思考题二】

1. 分别按污染影响型和生态影响型，给出本项目土壤环境评价等级确定的过程。

2. 给出本项目土壤环境影响评价的范围。

3. 简要说明本项目生态影响评价应明确的主要内容。

4. 对现有工程尾矿库应重点调查哪些内容？

5. 给出本项目地下水环境监测计划。

试题二（2014 年考题）

拟新建一大型铁矿，采选规模 35 万 t/a，服务年限 25 a。主要建设内容为：采矿系统、选矿厂、精矿输送管线、尾矿输送管线等主体工程，配套建设废石场、尾矿库和充填站。采矿系统包括主立井、副立井、风井和采矿工业场地等设施。主立井参数：井筒直径 5.2 m，井口标高 31 m，井底标高−520 m。

矿山开采范围 5 km^2，开采深度−210～−440 m，采用地下开采方式，立井开拓运输方案。采矿方法为空场法嗣后充填。矿石井下破碎，通过主立井提升至地面矿仓，再由胶带运输机输送至选矿厂；废石经副立井提升至地面，由电动机车运输至废石场。

选矿厂位于主立井口西侧 1 km 处，选矿工艺流程为“中碎→细碎→球磨→磁选”；选出的铁精矿浆通过精矿输送管线输送至 15 km 外的钢铁厂；尾矿浆通过尾矿输送管线输送，85%送充填站，15%送尾矿库。精矿输送管线和尾矿输送管线均沿地表铺设，途经农田区，跨越 A 河（水环境功能为Ⅲ类）。跨河管道的两侧各设自动控制阀，当发生管道泄漏时可自动关闭管道输送系统。

经浸出毒性鉴别和放射性检验，废石和尾矿库属于第Ⅰ类一般工业固体废物，符合《建筑材料用工业废渣放射性物质限值标准》（GB 6763—86）。

废石场位于副立井附近，总库容 200 万 m^3，为简易堆放场，设有拦挡坝。施工期剥离表土单独堆存于废石场。尾矿库位于选矿厂东南方向 5.3 km 处，占地面积 80 hm^2，堆高 10 m，总库容 750 万 m^3，设有拦挡坝、溢流井、回水池。尾矿库溢流水送回选矿厂重复使用。尾矿库周边 200～1 000 m 有 4 个村庄，其中 B 村位于南侧 200 m，C 村位于北侧 300 m，D 村位于北侧 500 m，E 村位于东侧 1 000 m。拟环保搬迁 B 村和 C 村。

矿区位于江淮平原地区，多年平均降雨量 950 mm。矿区地面标高 22～40 m，土地利用类型以农田为主。矿区内分布有 11 个 30～50 户规模的村庄。矿区第四系浅层水埋深 1～10 m；中下更新统深层水含水层顶板埋深 70 m 左右。矿区内各村庄均分布有分散式居民饮用水取水井，井深 15 m 左右，无集中式饮用水取水井。

【问题】

1．判断表土、废石处置措施和废石场建设方案的合理性，并说明理由。（4 分）

【参考答案】

（1）废石场建设方案不合理。（2 分）

（2）理由：① 不应按简易堆放场建设，应按相关标准建设；② 应设置截水沟和废水收集池；③ 废石和表土应分区堆放（表土单独堆存）。（每 1 点给 1 分，总分为 2 分。）

考点分析与答题技巧：答案（1）中只给出“废石场建设方案”合理与否的判断，并未根据题意明确“表土、废石处置措施”是否合理，是不合适的。表土（土壤层）作为植物生长的基本条件，应保护好（采取遮挡或苫盖等防止流失的措施），并用于土地整治和生态恢复。本题给出的表土处置措施仅仅是“单独堆存”在废石场，而未提到应采取的水保措施，也是不合理的；废石应首先考虑综合利用和充填采空区，不能利用的再考虑运至废石场堆存；废石场虽然是一般固体废物堆存场，但也应按标准建设，采取必要的挡、防、截排等措施。

2．说明矿井施工影响地下水的主要环节，并提出相应的对策措施。（4 分）

【参考答案】

（1）井筒在穿透相对隔水层（或隔水顶板，或含水层）环节。（1 分）

（2）造成水位变化（或地下水流失）。（2 分）

（3）在施工过程中做止水处理（或封堵，或阻断水力联系）。（1 分）

考点分析与答题技巧：本题问的是“矿井”“施工”过程影响“地下水”的“环节”，即题干提到的几类“井”在掘进过程中可能会导致地下水（第四系浅层水和中下更新统深层水）串层，或钻井泥浆污染地下水水质。对策措施主要是合理选择井场位置，先探明地下水情况，再掘井矿井，发生涌水或串层及时封堵。答案（2）与本题所提问的含义并不相符，属于产生的“影响”或可能导致的“后果”，并不属于“环节”。需要注意的是，2016 年 1 月，环境保护部修订颁布了《环境影响评价技术导则 地下水环境》（HJ 610—2016），考生需认真学习该导则的要求。

3．拟订的尾矿库周边村庄搬迁方案是否满足环境保护要求？请说明理由。（4 分）

【参考答案】

（1）无法判断（或尚不能确定）。（2 分）

（2）理由：应按大气环境污染影响预测及环境风险评价结果确定。（2 分）

考点分析与答题技巧：尾矿区影响居民的因素主要是溃坝风险、扬尘污染及地下水污染。除距离关系外，还需考虑地面标高、当地风向风力，以及库区地质结构与地下水流向，尾矿库与村庄的防护距离应经环境影响评价来确定，题干并未指出经环评确定防护距离内只有 B 村和 C 村。如果“理由”答上应根据大气环境污染（尾矿库扬尘）影响预测结果确定、环境风险（如溃坝）评价结果确定，任一项均可得分。

4．提出精矿输送管线泄漏事故的环境风险防范措施。（4 分）

【参考答案】

（1）设置事故收集池。（3 分）

（2）环境敏感区域加套管（或设置管沟、备用管道）。（1 分）

考点分析与答题技巧：在相类似的 2012 年的铜矿采选尾矿输送管线参考答案中给出了较多的内容，从本题来看，那个题的解答有不合适之处，更应注重的是具体的工程措施。但从本题来看，究竟在输送管线的何处设置事故收集池，如何设置事故收集池，还是一个问题。另外，如果问的是尾矿输送管线，也应该这样回答。

5．给出本项目地下水环境监测井的设置方案。（4 分）

【参考答案】

（1）在矿区（工业场地、选厂、周围村庄）、废石场、尾矿库区域设置地下水监测井。（2 分，废石场和尾矿库缺 1 项扣 1 分）

（2）在各区域地下水流向的上游、周边（两侧）、下游布设监测井。（2 分，缺 1 项扣 1 分）

考点分析与答题技巧：在环评或竣工环境保护验收时，废石场和尾矿库是地下水监测的重点区域，一般是分别在废石场、尾矿库上游布设对照井，在其下游布设污染监控井和污染扩散观测井（可选场、库下居民饮用水井）。本题扩大了地下水监测的范围，虽然与实际工作及相关要求并不一致，但不为错。另外，本题与 2012 年铜矿采选案例的第 4 个问题的不同之处在于：本题是针对“本项目”，而 2012 年的问题是针对“废石场”的。在修订颁布的《环境影响评价技术导则　地下水环境》（HJ 610—2016）中，规定了不同评价等级的地下水现状监测要求，考生需认真学习。

试题三（2012 年考题）

某拟建铜矿主要矿物成分为黄铁矿、黄铜矿。该矿山所在区域为低山丘陵，年平均降雨量为 1 800 mm，且年内分配不均。矿山所在区域赋存地下水分为第四系松散孔隙水和基岩裂隙水两大类，前者赋存于沟谷两侧的残坡积层和冲洪积层中，地下水水量贫乏，与露天采场矿坑涌水关系不大；后者主要赋存于矿区出露最广的千枚岩地层中，与露天采场矿坑涌水关系密切。拟订的矿山开采方案如下：

（1）采用露天开采方式，开采规模 5 000 t/d。

（2）露天采场采坑最终占地面积为 50.3 hm^2，坑底标高−192 m，坑口标高 72 m。采坑废石和矿石均采用汽车运输方式分别送往废石场和选矿厂。采坑废水通过管道送往废石场废水调节库。

（3）选矿厂设粗碎站、破碎车间、磨浮车间、脱水车间和尾矿输送系统等设施。矿石经破碎、球磨和浮选加工后得铜精矿、硫精矿产品，产生的尾矿以尾矿浆（固体浓度 25%）的形式，通过沿地表铺设的压力管道输送至 3 km 外的尾矿库，尾矿输送环节可能发生管道破裂尾矿浆泄漏事故。

（4）废石场位于露天采场北侧的沟谷，占地面积 125.9 hm^2，总库容 1 400 万 m^3，设拦挡坝、废水调节库（位于拦挡坝下游）和废水处理站等设施。废水处理达标后排入附近地表水体。

（5）尾矿库位于露天采场西北面 1.6 km 处的沟谷，占地面积 99 hm^2，总库容 3 131 万 m^3，尾矿浆在尾矿库澄清，尾矿库溢流清水优先经回水泵站回用于选矿厂，剩余部分经处理达标后外排。

【问题】

1．指出影响采坑废水产生量的主要因素，并提出减少产生量的具体措施。

【参考答案】

（1）主要因素：降雨及地表径流水汇入量；开采对千枚岩的破坏程度及基岩裂隙水涌出量，这与矿区开采时序或方式、开采面积、开采深度等有较大的关系。

（2）措施：采区外围设置围堰或截（排）水沟、防洪沟；采区“先探后采”，分区分期开采、划定禁采区，坑内设置雨水收集池、设置防止突水（或涌水）的维护带，或将基岩裂隙水封堵或截流。

考点分析与答题技巧：由于是露天开采，采坑废水来源一方面是地下水涌水，另一方面是地表径流的汇入。本项目所处地区降水丰沛，基于这两个产生量的因素，相应地减少产生量的措施就可以提出来了。因此，本题实际上考查的是思维能力和思维方式。

2. 给出废石场废水的主要污染物和可行的废水处理方法。

【参考答案】

（1）pH、SS、COD、铜、铁、硫化物以及铅、锌、铬、镉、汞等其他重金属。

（2）工程在废石场设置了废水调节库和废水处理站，均应做好防渗处理，废水可经中和、化学络合沉淀（或絮凝沉淀）处理后，回用于选矿厂。处理后的废水经监测达标后回用于采场内降尘、绿化，尽量少排或不排入附近地表水体。

考点分析与答题技巧：本题在回答常规污染物的同时，一定要注意特征污染物，可按常规污染物与特征污染物分别来答。2010 年，国家发布了《铜、镍、钴工业污染物排放标准》（GB 25467—2010），适用于铜、镍、钴的采选、冶炼工业企业，此类项目的污染物排放从 2010 年 10 月 1 日起应执行本标准，不再执行《污水综合排放标准》（GB 8978—1996）、《大气污染物综合排放标准》（GB 16297 —1996）和《工业炉窑大气污染物排放标准》（GB 9078—1996）中的相关规定。另外，各位考生及环评、环保工作者应高度重视，认真学习 2016 年国务院发布的《土壤污染防治行动计划》和 2018 年颁布实施的《中华人民共和国土壤污染防治法》。

3. 针对尾矿输送环节可能的泄漏事故，提出相应的防范措施。

【参考答案】

（1）选用优质管材。

（2）合理设置阀门，并确保安全可靠。

（3）设置备用输送管道。

（4）设置安全防护隔离带。

（5）避开山丘容易发生地质灾害的区域。

（6）加强巡查，必要时设置远程监控系统。

（7）制订应急预案，加强演练，发生泄漏事故时，及时启动。

考点分析与答题技巧：本题是借矿山采选工程考查管道工程相关环境风险防范措施。对于输油和输气管道更需关注。特别是输油管道的泄漏事故，国内已发生多起。可以考虑安全防护隔离带，但输送管道防渗、设截流设施和事故水收集池并不多见。

4．给出废石场（含废水调节库）地下水污染监控监测点布设要求。

【参考答案】

（1）上游设置背景监测井（孔）。

（2）在废石场及废水调节库的下游设置污染观测井（孔），并设置扩散监控井（孔）。

考点分析与答题技巧：注意本案例虽然为2012年考题，但本小题具有一定的代表性，对修订后的《环境影响评价技术导则　地下水环境》（HJ 610—2016）仍然适用。对于诸如金属矿采选工程的尾矿库、废石场，煤炭采选的矸石场及其他相关工程的固体废物填埋处置场、危险废物储存处置场等，其地下水的污染监测监控是重要内容，其监测布点要求基本是一致的。考生需认真学习HJ 610—2016关于地下水水位和水质监测布点的要求。

试题四（2011年考题）

某大型金属矿山所在区域为南方丘陵区，多年平均降水量1 670 mm，属泥石流多发区。矿山上部为褐铁矿床，下部为铜、铅、锌、镉、硫铁矿床。矿床上部露天铁矿采选规模为150万t/a，现已接近闭矿。现状排土场位于采矿西侧一盲沟内，接纳剥离表土、采场剥离物，选矿废石，尚有约8万m^3可利用库容。排土场未建截排水设施，排土场下游设拦泥坝，拦泥坝出水进入A河，露天铁矿采场涌水直接排入A河，选矿废水处理后回用。

现在拟在露天铁矿开采基础上续建铜硫矿采选工程，设计采选规模为300万t/a，采矿生产工艺流程为剥离、凿岩、爆破、铲装、运输，矿山采剥总量约2 600万t/a，采矿排土依托现有排土场。新建废水处理站处理采场涌水。选矿生产工艺流程为破碎、磨矿、筛分、浮选、精矿脱水，选厂建设尾矿库并配套回用水、排水处理设施；其他公辅设施依托现有工程。尾矿库位于选厂东侧一盲沟内，设计使用年限30 a，工程地质条件符合环境保护要求。

续建工程采、选矿排水均进入A河。采矿排水进入A河的位置不变，选矿排水口位于现在有排放口下游3 500 m处进入A河。

在A河设有3个水质监测断面，1#断面位于现有工程排水口上游1 000 m，2#断面位于现有工程排水口下游 1 000 m，3#断面位于现有工程排水口下游5 000 m。

1#、3#断面水质监测因子全部达标；2#断面铅、铜、镉均超标。土壤现状监测结果表明：铁矿采区周边表层土壤中铜、铅、镉超标。采场剥离物、铁矿选矿废石的浸出毒性试验结果表明：浸出液中危险物质浓度低于危险废物鉴别标准。

矿区周边有两个自然村庄，甲村位于A河1#断面上游，乙村位于A河3#断面下游附近。居民以种植水稻、果树、茶叶为主，生产生活用水均为地表水。

【问题】

1. 列出该工程还需配套的工程和环保措施。

【参考答案】

（1）续建工程拟利用的原铁矿排土场，需建设截排水设施及拦泥坝出水回用设施。

（2）对原有排土场进行扩容，如果扩容后的原排土场不能满足本次扩建排土排石需要，则需另建新的排土场。

（3）续建工程的尾矿库需建设截排水设施及坝后渗水池（或消力池），且尾矿库及渗水池需采取防渗措施。

（4）需配套建设续建工程选厂至尾矿库的输送设施。

（5）破碎、磨矿、筛分车间的粉尘治理设施。

（6）泥石流防护工程。

考点分析与答题技巧：还可以答选矿厂和尾矿库排水的监测设施。其实这个题不太好答，因为题干给的信息比较模糊，而且称“公辅设施依托现有工程”，事实上辅助设施与配套设施经常是难以严格区分的。

2．指出生产工艺过程中涉及的含重金属的污染源。

【参考答案】

（1）产生含重金属的扬尘或粉尘污染源：采矿中的凿岩、爆破、铲装、运输；选矿中的破碎、磨矿、筛分。

（2）排放（特别是非正常排放）的水体中含有重金属的污染源：选厂排水设施，尾矿及排水设施，采场涌水及处理站。

考点分析与答题技巧：对于涉及重金属的开发建设项目（包括重有色金属采选业、重有色金属冶炼业、化学原料及化学制品制造业、铅蓄电池制造业、皮革及其制品业），其重金属是环境影响评价的重点，当然也是考试的重点。2009 年国务院办公厅转发了环境保护部等部门的《关于加强重金属污染防治工作的指导意见》，2014 年环境保护部发布了《重金属污染综合防治“十二五”规划》，2016 年国务院发布了《土壤污染防治行动计划》，2018 年全国人大常务委员会会议通过《中华人民共和国土壤污染防治法》。考生应注意，学习国家及生态环境部发布的有关法规、规范性文件及导则、标准等，才能扩展答题思路。

3．指出该工程对甲、乙村庄居民饮水是否会产生影响？请说明理由。

【参考答案】

（1）对甲村饮水不会产生影响。因为甲村位于现有工程排水口上游 1 000 m 的 1#监测断面上游，且所处河段的水质不超标；同时，甲村距离拟建工程选厂排水口（1 000 m+3 500 m = 4 500 m）较远。所以，拟建工程选矿排水不会影响到甲村。

（2）对乙村饮水将产生影响。因为乙村位于本工程新建排水口下游 5 000 m 附近，虽然现状水质不超标，但根据现有采选规模较小的铁矿排水口下游 1 000 m 的 2#断面重金属超标，且采场周边土壤中重金属也超标的情况来看，续建规模较大的本工程营运后可能会导致乙村所处河段出现重金属超标。

考点分析与答题技巧：这个题有很大的争议，原因就在于采、选工程与河流的位置关系，特别是甲、乙两村庄与采选厂的位置关系以及常年主导风向等因素均不明确。1#断面不超标，2#断面重金属超标，3#断面不超标，说明 2#断面水质已受到重金属污染，那么处于下游的 3#断面在本次扩建中再加上选矿废水的排入，就难以达标。有人认为甲村水质也必然受到污染，这是环评人的惯性思维，但对于考试而言，只能根据题干提供的信息来判断。尽管采场周边土壤中的重金属超标，土壤中的重金属可能进入水体（也有可能不进入水体），但我们判断的依据只能是“1#断面并未超标”，而且题干已明确告诉采场排水是从 1#断面的下游 1 000 m 的排口进入 A 河的，处于 1#断面上游的甲村就不能确定是否一定会受到污染。回答此题时，画图帮助理解会很容易。

4．说明该工程对农业生态影响的主要污染源和污染因子。

【参考答案】

（1）农业生态影响的主要污染源为：① 采场及采矿中的凿岩、爆破、铲装、运输；② 选矿厂的破碎车间、磨矿车间和筛分车间；③ 采场涌水处理站及选矿厂排水设施；④ 尾矿库及其渗水池。

（2）根据题意，该工程对农业生态影响的污染因子主要是铜、铅、锌、铬、镉、砷、汞、镍等重金属。

考点分析与答题技巧：本案例为 2011 年考题，本小题实际上属于工程分析的内容，只是要求指明针对农田土壤可能造成污染的“污染源”和“主要污染因子”。《土壤污染防治行动计划》《中华人民共和国土壤污染防治法》及《环境影响评价技术导则　土壤环境（试行）》（HJ 964—2018）的颁布实施，进一步突出了环境影响评价中“土壤环境影响评价”的重要性。在实际环评工作中应在确定评价等级后，根据导则制订土壤环境监测方案。环评师考试中对确定污染型和生态影响型评价等级与范围，特别是布设土壤监测采样点位（表面样和柱状样），以及监测指标的确定是考试的重要内容。因此，考生一定要认真学习 HJ 964—2018。

试题五（2009 年考题）

拟建生产规模 800 万 t/a 的露天铁矿位于山区，露天开采境内有大量灌木，周边也有耕地。露天采场北 800 m 处有一村庄，生活用水取浅层地下水。采矿前需清理地表，剥离大量岩土。生产工艺为“采矿→选矿→精矿外运”。

露天采场平均地下涌水 1.25 万 m^3/d，通过泵站输送至选矿厂。选矿厂年排尾矿 3.06 万 m^3，尾矿属第 I 类一般工业固体废物。尾矿库选在距露天采场南 1 000 m 沟谷内。该沟谷东西走向，汇水面积 15 km^2，沟底纵坡较平缓，有少量耕地，沟谷两侧坡较陡，生长较茂密的灌木，有一由北向南的河流从沟口外 1 000 m 处流过，河流沿岸为耕地。沟口附近有一依山傍水的村庄，现在 20 户居民。尾矿坝设在沟口，初期坝高 55 m 的堆石坝，后期利用尾矿分台阶逐级筑坝，最终坝高 140 m，坝下设置渗水收集池。尾矿库渗水和澄清水回用生产，一般不外排。尾矿库设有符合防洪标准的库内、外排洪设施，为保障尾矿筑坝安全，生产运营时坝前保持滩长大于 100 m 的尾矿干滩。

【问题】

1．应从哪些方面分析地表清理、岩土剥离引起的主要生态环境问题？

【参考答案】

（1）地表植被的破坏、对土壤层的干扰、水土流失。

（2）土地利用格局改变。

（3）野生动物生境的破坏，影响区域的生物多样性。

（4）地质灾害。

（5）景观影响。

考点分析与答题技巧：回答本题要关注并集中体现“地表清理”“岩土剥离”和“生态问题”这 3 个方面的要求。根据题干信息，开采境内有大量灌木、耕地，还靠近山体，很容易就会想到“植被破坏”“农田征占与破坏”“水土流失”与“地质灾害”。《中华人民共和国土壤污染防治法》颁布以后，对地表土壤层的保护更加重视，土壤层的保护与利用应该作为答案之一。至于景观影响，肯定是有的。笔者曾给出如下参考答案：对地表植被的破坏，造成一定的植被生物量损失及其生态效益的损失；破坏农田，造成农田面积的减少和粮食产量的损失；地表清理及岩土剥离会造成新的水土流失；由于处于山区，还需分析是否会造成山体滑坡、泥石流等地质灾害的发生，进而破坏生态环境；清理、剥离活动是否会对山区野生动物造成不利影响。这个参考答案也是合理的。

2．露天采场营运期的主要水环境影响有哪些？

【参考答案】

（1）对矿区由南向北河流的影响：采矿废水一旦排入地表水体——矿区由南向北的河流，会对该地表水造成污染。

（2）对采场北侧800 m处一村庄居民饮用浅层地下水的影响：抽排地下涌出水会影响地下水水位、水质，将对该村庄饮水造成饮水不足或水质污染。

（3）对采场南、沟口附近依山傍水的20户居民饮用地下水的影响：导致地下水水位下降或水质污染，影响居民生产和生活。

考点分析与答题技巧：本题的考点是"水环境影响"，而且是针对"营运期"的"露天采场"的（所以答案中出现"尾矿库"是错误的）。水环境影响就应考虑地表水和地下水，地表水环境一般考虑水量和水质（本题主要考虑水质），地下水需考虑水位、径流或流向、水质。因此，如果将采矿废水写成选矿废水或采选废水，应该是不得分的，因为问的是采场，而非选厂。

3．给出尾矿库区植被现状调查内容。

【参考答案】

（1）植被类型、面积和分布。

（2）各种类型植被生物量、生产力、覆盖率、优势度和物种重要性等。

（3）珍稀物种的调查及其分布和数量等。

考点分析与答题技巧：本题的考点实际上就是植被调查，是生态现状调查的基本工作，难度不大。以上答案是一般性内容，并不具体，因为并未充分体现题干关于尾矿库所处的环境特征——沟底纵坡较平缓，有少量耕地，沟谷两侧坡较陡，生长较茂密的灌木。

4．简述营运期尾矿库对环境的主要影响。

【参考答案】

（1）渗滤液处理不当对地表水、地下水水质的影响。

（2）尾矿扬尘对大气环境的影响。

（3）机械设备运行等产生的噪声污染。

（4）尾矿堆存诱发的地质灾害以及溃坝等风险事故。

（5）景观协调性的影响。

考点分析与答题技巧：本题的考点就是"尾矿库"的环境影响，而且是营运期的，如果答建设期或施工期的就不会给分。同时，要注意问的是综合的、多要素的环境影响，并未具体限制某一特定环境要素（如地表水、地下水、噪声、生态）。笔者曾给出以下参考答案：造成沟底农田及周边灌木丛的破坏（在尾矿不断排入的过程中发生）；尾矿干滩产生的扬尘对环境空气的污染；尾矿区人员活动及尾矿坝堆高作业的噪声影响；尾矿库渗漏可能对沟口附近居民饮用水造成影响；对周边区域的景观影响；溃坝风险影响。与本书给出的 5 条参考答案基本是一致的。

5．尾矿库建设是否涉及居民搬迁？请说明理由。

【参考答案】

（1）不能确定。

（2）因为“20 户居民处于沟口附近”的位置并不确定。

考点分析与答题技巧：这题是个有争议的题，而恰恰有争议，说明其不确定。按照惯性思维，尾矿库有溃坝风险，附近的居民就应该搬迁，但这个“附近”究竟是在何处？（高程、距离是多少？）在不明确的情况下，就不能确定是否应该搬迁。这种“不能确定”类的考试，很不适用于环评实际工作。（实际环评工作是不允许不能确定的，因为不能确定就无法进行环境影响评价，也不能给出确定性的评价结论。如果评价结论不科学或不正确，评价单位是要受处罚的。但是，在环评考试中，“不能确定”此类评分答案仍会出现，考生在答题时一定要注意。）

试题六（2008 年考题）

某拟扩建金矿采选项目，现在矿石开采规模约 3 600 t/d，井下开采。采矿大量抽排矿井涌水，目前没有明显影响该区域内 4 个村庄地下水的取用。评价区内有地表沉陷发生，采矿中的废石堆置于甲废石场，废石场堆存量已接近设计容积。生产中产生的氰化矿渣，装入草编织袋内，先堆置于铺设普通水泥地面的堆棚内，堆棚有渗滤液收集池，然后由有处理资质的公司运走处置。选矿废水回用不外排，尾矿浆含有 Pb、Cu、Ag、Cr 等重金属离子，排入尾矿库，尾矿库的上清液回用。

扩建主体工程为扩大井下采场，扩建后矿石开采能力将达到 7 200 t/d。在山谷型冲沟新建乙废石场，占地 2.3 hm^2，该冲沟植被现状以草灌为主。采矿废石为Ⅰ类一般工业废物，排入乙废石场。生产中产生的氰化矿渣，仍临时堆置于现有堆棚，再适时运往某化工厂由环保行政主管部门批准使用的填埋场填埋。扩建后工程尾矿仍排至现尾矿库，生产废水也回用不外排。

【问题】

1. 本项目环境质量现状监测中除环境空气和地表水外，还应对哪些环境要素进行监测？请简述理由。

【参考答案】

（1）地下水：矿井涌水、尾矿库下游地下水、村庄地下水；堆棚渗滤液收集池及下游地下水。氰化厂、尾矿浆中含有重金属，存在对地下水污染的可能性。

（2）噪声：选矿厂噪声、运输道路沿线噪声。破碎、选矿噪声源强大，会对周边居民区产生不利影响。

（3）土壤：本工程采选作业涉及重金属排放，因此，还应监测土壤环境质量，特别是重金属因子的监测。

考点分析与答题技巧：本题给出的地下水、噪声及土壤环境现状监测，是常规环境影响评价的基本内容。考虑到本项目的特性，对地下水与土壤的监测更为必要。至于地表沉陷与生态的监测，主要是考虑到本项目为扩建工程，存在既有工程造成的地表沉陷，引发生态问题和社会问题，有必要进行监测，应监测其沉陷范围、深度等；另外，废石场占地区土地利用及植被情况，对生态影响比较明显，工程占地及植被破坏有一定的持续性，也有必要对其植被及生态系统的变化进行监测。但地下水、土壤及噪声监测是主要的。因此，答这三个方面即可。考生需认真学习《环境影响评价技术导则　地下水环境》（HJ 610—2016）。

2. 说明氰化矿渣处理方式是否符合现行危险废物储存和填埋要求，并简述理由。

【参考答案】

（1）氰化渣属于危险废物，本工程的储存与填埋要求不符合《危险废物贮存污染控制标准》的要求。

（2）理由:

① 草袋没有防渗功能，既不能装在草袋内，也不能堆放在不符合安全要求，且防风、防雨、防晒、防漏、防流失条件差的堆棚内。② 普通水泥地面，容易产生裂缝，防渗功能差。即本工程目前所采取的措施不能保证氰化废渣临时储存的安全。③ 适时运往由环保部门批准的另一化工厂填埋也不符合要求，要弄清该化工厂所设填埋场的类型，不能将氰化废渣与其不相容的固体废物填埋在一起。

3. 指出扩建工程对评价区域生态环境影响较大的生产活动，并简述理由。

【参考答案】

（1）地下开采导致的地表沉陷将进一步加剧。

（2）乙废石场占地对植被的破坏及其可能存在的水土流失与地质灾害问题。

（3）尾矿库因扩建而增加了库区占地对生态的破坏。

（4）尾矿库溃坝风险对生态的不利影响。

（5）扩建时地面相关的工程建设对植被的破坏。

考点分析与答题技巧：注意本题问的是对生态的影响，对其他影响不必答。

4. 针对甲、乙两个废石场，分别说明环评时需要关注的主要环保问题。

【参考答案】

（1）甲废石场关注服役期满后的生态恢复，对地下水的污染、会不会在洪水情况下发生崩塌等问题。

（2）乙废石场需关注在废石堆放过程中对植被的破坏、水土流失影响、扬尘影响、能否保障洪水宣泄的畅通，是否会发生滑坡、泥石流等地质灾害，对周边景观造成的影响。

5. 简述新建废石场应采取的防治水土流失的措施。

【参考答案】

（1）沟口需建设拦渣坝。

（2）沟外需设截洪沟（或排洪沟、防洪坝）。

（3）场内设渗漏水（或淋溶水、雨水）导排系统（或排水涵洞）。

（4）根据山沟的地质情况，考虑是否采取防治地质灾害及其引发的水土流失措施，如护坡工程等。

（5）废石场关闭后应进行土地整治，如场地平整、覆土恢复植被等。

六、煤炭采选案例

试题一（2010 年考题）

某矿区拟新建 12.0 Mt/a 的煤矿，井田以风沙地形为主。西高东低，相对高差 20 m，地表典型植被为沙生植物群落，植被覆盖率为 25%；区域为半干旱温带高原大陆性气候，蒸发量远大于降水量。

矿井服务年限 35 a，开采侏罗纪中统的 9 个煤层，总厚度平均约 30 m，开采方式为井工开采，矿井以三个水平分六个采区，逐次开拓全井田。开采煤层平均含硫量为 1.8%，配套建设选煤厂，矸石产生量为 1.2 Mt/a，属 I 类一般工业固体废物，拟排至矿区现有排矸场。该排矸场位于井田南边界外一条东西走向的荒沟内，该荒沟附近有一个村庄，现在居民 25 户。

井田内含水层主要为第四系沙砾层潜水，潜水位仅埋深 2～5 m，煤炭开采不会导通地表第四系沙砾层潜水。预计煤矿井开采地表沉陷稳定后，下沉值平均为 20 m。

项目建设期为 26 个月，建设期主要施工废水包括井下施工排出的少量井下涌水、砂石料系统冲洗废水、混凝土拌和系统冲洗废水、机械车辆维护冲洗废水。

【问题】

1．列出沙生植被样方调查的主要内容。（5 分）

【参考答案】

样方内的植物种类、数量、生长状况（或物候期、不同种类的高度等）、生境状况、优势种、频度、覆盖率、密度、估算生物量。（给出任意 5 个指标可得满分，每个指标 1 分。）

考点分析与答题技巧：设置必要的样方是对自然植被进行现状调查的重要方法。人工植被，如人工林、农田、果园等，一般不需要设置样方。样方调查一般依据植株的大小和密度而定，但并非硬性规定。样方调查内容较多，不同植被类型调查内容也有较大的差异（有关书籍及实际工作中，不同人员所编制的样方调查表各异），但一般应包括：样地自然环境特征，样方内的植物情况，对于珍稀濒危的重点保护物种应重点调查；对于分层明显的群落需调查不同层植物的种类、生长状况、物候期（如是否处于开花期）。本题应该主要答样方内的植物情况。

类似考题曾在一公路案例中考过，只不过问的是“二级植物调查应给出的结果”。

《环境影响评价技术导则　生态环境》（HJ 19—2022）中对生态影响一级评价和二级评价样方调查做了严格的规定。考生应认真学习该导则。

2. 简要分析地表沉陷稳定后地貌的变化趋势，给出因地表沉陷导致的主要生态影响。（6 分）

【参考答案】

（1）由于地表沉陷，该地可能形成季节性或永久性水域。（2 分）

（2）生态系统改变，由陆生生态系统转化为水生生态系统。（2 分）

（3）地表沉陷导致植被破坏（水土流失、植被受到影响）。（1 分）

（4）该地蒸发量大，导致土壤盐渍化。（1 分）

考点分析与答题技巧：从问题来看，本题应该从两个方面来答题，一是地貌的变化趋势，二是深陷导致的生态影响。回答“趋势”要反映“过程”，但从以上 4 条答案来看，并未反映这一特点。而沉陷的影响也不只是水土流失和植被影响问题。本题难度较大。虽然知道下沉后会形成盆地，由于潜水埋藏浅，再加上季节降水，盆地会出现季节性积水现象，但要求描述变化趋势，语言上也不好组织。但地表裂缝、形成盆地、盆地积水应该是关键内容。生态影响主要应该是水土流失、植被类型的变化、盆地外围沙生植被生长受到影响。这些应该是得分点。

3. 排矸场现状调查时，应关注的主要环境问题有哪些？（5 分）

【参考答案】

（1）选址合理性（2 分）。（或“地下水埋深、地质、气象、风向、与村庄距离、周围敏感性目标、与地表水距离”等，答上任一要点 0.5 分）

（2）对周围环境影响（2 分）。（或“地表水、地下水、村庄居民、扬尘、景观、水土流失、植被破坏、溃坝风险”等，答上任一要点 0.5 分）

（3）环保措施（1 分）。（或“库容、防尘措施、挡矸坝、排水沟”等，答上任一要点 0.5 分）

考点分析与答题技巧：本题解答时需要注意的是，要求回答“主要环境问题”，而且是“现状调查”的环境问题，根据题意，属于现有排矸场的现状调查。关于排矸场“现状环境问题”，需关注的内容较多。虽然所评价的项目是新建项目，但区域存在“现有排矸场”，说明有其他相同或相关工程存在。因此，厘清题意是答好本题的关键。很多考生被题干“新建”项目所困惑。虽然排矸场的选址合理性是应高度重视的，但对于现有排矸场，选址合理性问题并非应关注的主要环境问题。

需要特别强调的是，国家发展改革委等十部委、总局联合发布的《煤矸石综合利用管理办法（2014 年修订版）》（2015 年 3 月 1 日施行）第十条规定：

新建（改、扩建）煤矿及选煤厂应节约土地、防止环境污染，禁止建设永久性煤矸石堆放场（库）。确需建设临时性堆放场（库）的，其占地规模应当与煤炭生产和洗选加工能力相匹配，原则上占地规模按不超过 3 年储矸量设计，且必须有后续综合利用方案。煤矸石临时性堆放场（库）选址、设计、建设及运行管理应当符合当年有效的原《一般工业固体废物贮存、处置场污染控制标准》（GB 18599—2001）［该标准已修订为《一般工业固体废物贮存和填埋污染控制标准》（GB 18599—2020）］、《煤炭工程项目建设用地指标》等相关要求。我国是煤炭生产与利用大国，关于煤炭的产业政策很多，更新快，考生应注意学习新颁布的相关法规、政策与技术要求等，包括《煤炭清洁高效利用行动计划（2015—2020 年）》等。

4. 给出建设期主要施工废水处理措施。（4分）

【参考答案】

答案一：

统一收集（0.5 分）、沉淀（0.5 分）、过滤（0.5 分）、除油（0.5 分）、回用（2 分）。（如答“统一收集处理回用”则可得 3 分）

答案二：

井下用水经沉淀处理后回用（1 分）；砂石料冲洗废水及混凝土搅拌系统冲洗废水经沉淀处理后回用（2 分）；机械车辆维护冲洗废水经除油沉淀处理后回用（1 分）。

考点分析与答题技巧：从以上答案来看，“处理后回用”是要点。不仅在工业类建设项目中对废水或污水实行分类分质处理——清污分流、污污分流（或污污分治——不同性质的污水分别治理）、雨污分流，对生态影响型项目亦如此。分类分质分别处理是基本原则。对于答案一强调的“统一收集”，尽管这样做可能最好，但实际中不一定能做到，因为施工点可能较多或分散，难以统一收集。

试题二（2007 年考题）

国家规划某矿区拟建原煤生产能力 240 万 t/a 的煤矿。井田面积 55 km^2，煤层埋深 100～300 m，储量丰富，煤质优良，平均含硫量 1.6%。拟同步建一矸石电厂，矸石电厂与矿井工业场地相距 1 km，公路可达。电厂用水拟采用地表水。

煤矿位于以风蚀为主的黄土高原，井田内耕地约占 15%，其中基本农田约占耕地的 1/3，井田内植被类型主要为灌丛和天然牧草，植被覆盖率约 38%。区内属大陆性季风气候，年均降水量 460 mm，降水集中在 6—8 月，年蒸发量 2 880 mm。

井田内有 7 个村庄（360 户 1 500 人），西北部有明长城遗址（省级文物保护单位），有由西北向东的一级公路通过；一小河 A（属Ⅲ类水体）从井田中部流过；矿井工业场地位于公路南侧，拟占用一部分耕地（已取得征地手续）。

煤矿原煤经筛分破碎分级出售；矿井水拟经一级沉淀处理后 60%回用于井下，其余达标排入小河 A；年产煤矸石（Ⅰ类固体废物，热值 7.0 MJ/kg）60 万 t。

经可行性研究预测，矿井运行后地表沉陷深度为 4～5 m。

【问题】

1. 根据国家煤炭开采政策，本工程应配套建设的工程是什么？请说明理由。（3 分）

【参考答案】

（1）应配套建设同等规模的选煤厂。（2 分）

（2）因原煤含硫量大于 1.5%。（1 分）

考点分析与答题技巧：国家在煤炭开采、利用方面的产业政策较多，更新也比较快，应关注其最新的产业政策要求，包括矿井水、煤层气（瓦斯）、煤矸石综合利用，以及土地复垦等。考生应从有关考试辅导材料和网站上下载学习。根据《大气污染防治行动计划》（国发〔2013〕37 号），原煤入选率要达到 70%以上。按照《关于落实大气污染防治行动计划严格环境影响评价准入的通知》（环办〔2014〕30 号），实行煤炭总量控制地区的燃煤项目，新改、扩建煤炭项目，必须配套煤炭洗选设施。《大气污染防治法》第三十三条规定，“新建煤矿应当同步建设配套的煤炭洗选设施，使煤炭的硫分、灰分含量达到规定标准”。如此，就没有 1.5%的要求了。应予以注意。

此外，国务院办公厅印发的《能源发展战略行动计划（2014—2020 年）》

中有关于煤炭基地建设、严格环保与安全准入标准，以及加大洗选比重、清洁燃烧技术的要求。

2．列出地面主要环境保护敏感目标。（5 分）

【参考答案】

（1）耕地，特别是基本农田。

（2）灌丛及天然牧草植被，特别是黄土高原植被。

（3）井田内的 7 个村庄。

（4）明长城。

（5）小河 A。

（6）公路。

考点分析与答题技巧：本题答上任意 5 项即可得满分。环境保护敏感目标的识别是环境影响评价的基本工作，也是非常重要的工作。任何项目在环境影响评价时，均需要识别保护目标。对国家规定的重要敏感保护目标应牢记。本题问的是“环境保护目标”，明长城、7 个村庄均为应答内容。公路是基础设施，一般归为社会环境保护目标。这里一定要注意，环境保护目标就是受保护对象，而不是环境功能区划或标准等。注意，环评工作中切不可遗漏环境保护目标，但也不要将不是环境保护目标的列入保护目标，如市政道路两侧的污水管线、雨水管线、光电缆或电力线等，均不应作为环境保护目标。

3．针对明长城遗址，提出煤矿开采的保护措施。（2 分）

【参考答案】

留设保安煤柱予以保护。（2 分）

考点分析与答题技巧：本题也可以直接写“留设保安（护）煤柱”，或者“保安（护）煤柱”“煤柱”。其实，也可以给出以下答案：① 地上，不在遗址保护范围内打井及建设其他设施；② 井下，留保护煤柱；③ 划定禁采范围，将明长城遗址划在开采范围以外。这 3 条答案给出的前提是考虑到该遗址为不可移动文物，应当尽可能避开（确实不能避开的，应当实施原址保护，无法实施原址保护，必须迁移异地保护或者拆除的，应当报省、自治区、直辖市人民政府批准。全国重点文物保护单位不得拆除，需要迁移的，须由省、自治区、直辖市人民政府报国务院批准），是合理的。这道题容易想到留设煤柱保护，以免塌陷，但往往容易忘记地上还应采取保护措施。

4．从节约水资源的角度，给出矿井水的回用途径。（4 分）

【参考答案】

（1）处理后用于井下抑尘、消防。

（2）处理后用作电厂水源。

（3）处理后用于洗煤。

（4）用于煤场、工业广场、道路、居民区喷洒抑尘。

（5）深度处理后用作居民生活用水。

（6）处理后用于绿化等生态用水或农田灌溉。

考点分析与答题技巧：矿井水的回用途径较多，但一般煤矿主要用于以上几个方面。以上答案，只要答上任意 4 项即可得满分。

5．给出本工程矸石场选址的环境保护要求。（6 分）

【参考答案】

（1）矸石场界距居民区不少于 500 m［根据 2013 年原环境保护部发布的当年有效的《一般工业固体废物贮存、处置场污染控制标准》（GB 18599—2001）等 3 项国家污染物控制标准修改单，2013 年以后，不再以此数为据而应以环境影响预测结果来确定防护距离］。但 GB 18599—2001 已被 GB 18599—2020 替代，且名称改为《一般工业固体废物贮存和填埋污染控制标准》。

（2）避开明长城遗址保护区。

（3）避开小河。

（4）避开基本农田，少占耕地、林地。

（5）避开地下水主要补给区和饮用水水源含水层。

（6）避开断层、天然滑坡或泥石流影响区。

（7）应符合当地城乡建设总体规划要求。

（8）应选在承载力和防渗性能好的地基上。

考点分析与答题技巧：以上答案只要答上任意 6 项即可得满分。矸石多数为Ⅰ类一般固体废物（注意，如果未注明为Ⅰ类一般固体废物，则应进行淋溶试验，根据浸出液检验结果判断属性后，再依规定处理处置），基本按一般固体废物填埋场的选址要求来答即可。需要特别提示的是，2020 年 10 月 30 日，生态环境部、国家发展改革委、国家能源局联合发布《关于进一步加强煤炭资源开发环境影响评价管理的通知》（环环评〔2020〕63 号），对煤矸石提出了一系列要求：鼓励对煤矸石进行井下充填、发电、生产建筑材料、回收矿产品、制取化工产品、筑路、土地复垦等多途径综合利用，因地制宜选择合理的综合利用方式，提高煤矸石综合利用率。技术可行、经济合理的条件下优先采用井下充填技术处置煤矸石，有效控制地面沉陷、损毁耕地，减少煤矸石排放量。煤矸石的处置与综合利用应符合国家及行业相关标准规范要求。禁止建设永久性煤矸石堆放场（库），确需建设临时性堆放场（库）的，其占地规模应当与煤炭生产和洗选加工能力相匹配，原则上占地规模按不超过 3 年储矸量设计，且必须有后续综合利用方案。建议考生认真学习该文件，对案例考试会有一定帮助（即使不考煤炭案例，对类似的矿山采选项目也是有帮助的）。

试题三（2006 年考题）

拟建生产能力 150 万 t/a 的煤矿。井田面积约 46 km^2，煤层埋深 380～450 m。井田处于平原农业区。井田范围有大、小村庄 16 个，约 3 700 人，区域北部有白水河自西向东流过，地下水埋深为 2～3 m，井田范围内有二级公路由东部通过，长约 2.1 km，区内土地大部分为农田，并有少量果园和菜地。白水河下游距井田边界 3 km 处为合庄水库（小型水库，农田用水）。区内西边界内 200 m 有占地 1 hm^2 的宋朝古庙，为省级文物保护单位。工业场占地将搬迁两个自然村约 450 人，在井田外新建一个村庄集中安置居民。工程主要内容有采煤、选煤和储运等。煤矿预计开采 59 年，投产后的矿井最大涌水量为 12 216 m^3/d，水中主要污染物是 SS（煤粉和岩粉）。污水处理后回用，剩余部分排入白水河。矸石量约 29.5 万 t/a，含硫率为 1.6%，属 I 类一般固体废物。开采期煤矸石堆放场设在距工业场地西南侧约 400 m 的空地上，堆场西方约 0.4 km 有 A 村，东方约 0.6 km 有 B 村，东南方约 0.4 km 有 C 村，西南方约 0.71 km 有 D 村。本区域年主导风向为 NW 风。

【问题】

1．按相关标准规定，对矸石场选址有制约作用的村庄有（　）。

A．A 村　　B．B 村　　C．C 村　　D．D 村

【参考答案】A　C。

考点分析与答题技巧：回答此题时，应根据题意画图周边 500 m 范围［根据 2013 年原环境保护部发布的《关于发布〈一般工业固体废物贮存、处置场污染控制标准〉（GB 18599—2001）等 3 项国家污染物控制标准修改单的公告》，2013 年以后，不再以此数为据及处于矸石场下风向的村庄均为其制约村庄］。原 GB 18599—2001 已被 GB 18599—2020 替代。

2．煤矸石堆场大气污染控制因子应有（　）。

A．颗粒物　　B．NO_x　　C．SO_2　　D．F　　E．CO

【参考答案】A　C。

考点分析与答题技巧：这个题存在不确定性。因为全国各地的煤质情况差异较大。在一些氟含量较高的产煤地区，F 作为污染控制因子也并非不可。

3．本项目主要环保目标有（　）。

A．井田范围内村庄　　B．农田

C．宋朝古庙　　D．白水河井田河段

【参考答案】A　B　C　D。

考点分析与答题技巧：本题问的是环境保护目标而非生态保护目标，那就应考虑各环境要素的保护目标。因此，4个选项均应选择。

4．生态评价中主要工作包括（　）。

A．地表沉陷区范围和沉降深度预测　　B．生态恢复方案编制

C．地下水位影响预测　　D．移民新村选址环境合理性论证

【参考答案】A　B　D。

考点分析与答题技巧：地下水评价是相对独立的一个专题，尽管地下水位变化会对地表植被造成影响，确与生态影响也有一定的关系，但本小题C选项显然不在生态影响评价内容之中。

5．在编制环保措施时，优先考虑的措施应该是（　）。

A．沉陷地带复垦　　B．控制水土流失

C．建设防风林带　　D．异地开垦土地

【参考答案】A。

考点分析与答题技巧：对于煤矿井工开采，由于存在深陷问题，当然应该优先考虑深陷地带的复垦。鉴于本题问的是"优先"考虑措施，应该为单项选择题，否则就不是优先了。

6．该项目环评中表征井田区自然环境现状的技术图件应有（　）。

A．区域行政区划图　　B．井田及周边水系分布图

C．区域地质构造图　　D．植被分布图

【参考答案】B　C　D。

考点分析与答题技巧：选项A不属于自然环境现状技术图件，行政区划图可粗可细，有的行政区划图只是将行政区界标明而已，并不能反映出自然环境现状。

7．对两个自然村搬迁的环评中应论证分析的主要内容有（　）。

A．新村环保措施　　B．迁入区土地资源利用影响

C．搬迁地生态适宜性分析　　D．新村对古庙的影响分析

【参考答案】A　B　C。

考点分析与答题技巧：村庄由井田内搬至井田外，而古庙在井田内，因此，新村对古庙的影响不必考虑。而其他3个选项则是应该在环评中论证分析的。

8．矿井排出的疏干水可直接作为（　）。

A．选煤厂生产用水　　B．煤堆场和煤矸石堆放场降尘用水

C．工业场地绿化用水　　D．井下降尘用水

【参考答案】B。

考点分析与答题技巧：其实矿井疏干水的利用方式取决于疏干水的性质，包括其酸碱性和 SS 等主要污染物含量。但不需考虑，直接可以利用的就是 B。

9．古庙保护可以采用的措施有（　）。

A．搬迁移建　　B．井田范围将其划至井田区外

C．拍照存档后拆除　　D．预留煤柱支撑

【参考答案】B　D。

考点分析与答题技巧：不可移动文物，无论是国家级还是省级，非特殊情况下不应搬迁移建，拍照存档后拆除更不可行。

10．深度超过 4.5 m 的沉陷区面积约为 1.8 km^2，该沉陷区合理的恢复和利用措施主要有（　）。

A．工业建筑用地　　B．复垦建田

C．开辟成水产养殖区　　D．填平绿化

【参考答案】B　C。

考点分析与答题技巧：这个题争议最大。因为在全国有关煤矿区，确实存在复垦建田的，也有开辟成水产养殖区的，但要看沉陷程度及范围。本题沉陷程度不大，地表应该不会出现大的裂缝。因此，复垦建田和开辟成水产养殖区是可以的。至于填平绿化，则需要大量的土石方。如果用煤矿的矸石进行填平，某些地区也曾有过，但仍需在其表面进行覆土后，才能进行绿化。2005 年和 2006 年均有两道选择题（客观题），之后均为问答题（主观题）。

七、石油天然气开发案例

试题一（2018 年考题）

西北 H 气田规划天然气产能 56 亿 m^3/a，现有工程产量 50 亿 m^3/a，已建有 220 口天然气开采井、5 个集气站、1 座天然气净化处理厂（内设污水处理站）、1 个回注水站以及集输管道。现有工程已通过竣工环保验收。现拟实施 H3 区块天然气开发工程，新增天然气产量 5 亿 m^3/a。

H3 区块东西长 35 km，南北宽 20 km，西边界与现有天然气净化处理厂相邻。建设内容包括钻采工程、集气站合建工程及集输管道工程。钻采工程建 5 个井场，每个井场由 4 口水平定向井组成丛式井。集气站合建工程包括 1 个无人值守集气站、1 个阴极保护站和 1 个截断阀室，集气站内配置 2 个气液分离沉降罐、2 个过滤器、1 台电机驱动压缩机和 2 个埋地污水储存罐。集输管道工程包括井场到集气站支线管道 24 km，集气站至天然气净化处理厂的干线管道 10 km。位于 H3 区块东北部的 5 号井场到集气站的管道长 14 km，其余 4 个井场分布在集气站东南侧 3 km 内，管道总长 10 km。管道施工采用大开挖方式，施工作业带宽 14 m。站场永久占地 6.67 hm^2，管道段和施工便道临时占地 50.60 hm^2。天然气净化处理、污水处理及污水回注等依托现有工程设施。

H3 区块所在区域地貌类型为沙丘地，以固定沙丘和半固定沙丘为主，局部有流动沙丘。土壤类型有风沙土、黄绵土等。沙生植被覆盖度较低，以油蒿灌丛和沙地先锋植物群落为主体。人工乔木林呈小斑块散生，灌木中的本地物种沙柳和柠条是防风固沙的主要植物种类，人工种植长成需 2 年以上；草本植物种类以豆科、禾本科植物为主。

H3 区块开发工程 5 号井场及 4 km 长的管道东侧临近毛乌素沙地柏省级自然保护区，井场和管道与实验区边界最近距离 0.15 km，与核心区边界距离 3.5 km，该段不涉及缓冲区。沙地柏省级自然保护区的保护对象为沙地柏、樟子松、甘草和文冠果等，多分布在核心区。沙地柏在实验区和保护区外也有零星分布。集气站北侧分布有 2 个村庄，站址边界与村庄最近距离 0.12 km。

H3 区块开发工程拟采取的环保措施包括：站场选址、管道选线避绕人口密集区；邻近自然保护区段不设施工营地；管道施工结束后进行植被恢复，涉及固定和半固定沙丘破坏的，先采用草方格固沙；涉及沙层薄或流动沙丘破坏的，先采用黏土固沙等防风固沙措施；井场采出的气液混合物在集气站气液分离过程产生的污水用罐车送天然气净化处理厂，与集气站气液分离后的气态物在天然气净化处理厂净化过程产生的污水一并进入污水处理站处理后管输至回注水站回注地下；对集气站电机驱动压缩机［源强 100 dB（A）］采取基础减震的降噪措施；在井场、集气站设放空火炬等应急设施。

【问题】

1. 提出进一步降低本项目集气站电机驱动压缩机噪声影响的途径。（4 分）

【参考答案】

（1）压缩机尽量布置在站址南边界处（远离北边界外的村庄）。

（2）选用低噪声压缩机。

（3）将压缩机设置在封闭厂房内，厂房墙壁采用吸声材料。

（4）对受影响村庄根据影响程度，特别是距离站址边界 0.12 km 最近的村庄，采取隔声窗或搬迁措施。

（5）对压缩机连接管道采取吸声或隔声包装措施。

考点分析与答题技巧：答上前 4 个即可得满分。本小题是针对电机驱动压缩机噪声应采取的措施，根据题干信息，基础减震已明确，考生答题时不宜再给出。减缓噪声影响或污染防治措施的基本思路为，控制噪声源（如选用低噪声设备）、阻断传播途径（如设置屏障、采取封闭措施等）、保护受影响对象（距离衰减——噪声源远离受影响对象，对受影响对象采取一定远“距离”的保护措施等）。按场址北侧边界考虑对 0.12 km 距离村庄的影响，也可以计算影响超标程度［已知噪声源强为 100 dB（A）、距离 0.12 km，便可根据距离衰减公式计算］。

2. 为分析本项目污水送现有污水处理站处理的可行性，应调查哪些信息？（4 分）

【参考答案】

（1）现在污水处理站设计处理工艺、处理规模，现状处理量或剩余可处理量。

（2）本项目产生污水的量及水质情况。

（3）本项目设置的 2 个地理污水储存罐的储存量。

（4）运输罐车的运输量、线路走向及其长度，运输时间及频次，罐车与污水处理站设施的接收方式。

考点分析与答题技巧：根据题干提供的有关污水处理的基本信息：所开发的井场拟建“2 个埋地污水储存罐”“井场采出的气液混合物在集气站气液分离过程产生的污水用罐车送天然气净化处理厂，与集气站气液分离后的气态物在天然气净化处理厂净化过程产生的污水一并进入污水处理站处理后管输至回注水站回注地下”。本小题要求明确在分析本项目污水送既有天然气净化厂污水处理站处理的可行性时需要收集的资料。

3. 恢复邻近自然保护区的临时占地植被，可优先选择哪些植物种类？（3 分）

【参考答案】

（1）优化选择油蒿灌丛和沙地先锋植物。

（2）草本植物优化选择本地豆科、禾本科等。

（3）灌木优先选择具有防风固沙功能的本地物种沙柳和柠条。

考点分析与答题技巧：根据题干信息：沙生植被覆盖度较低，以油蒿灌丛和沙地先锋植物群落为主体，灌木中的本地物种沙柳和柠条是防风固沙的主要植物种类，草本植物种类以豆科、禾本科植物为主。尽管题干中提到人工乔木，但毕竟为少数、散生，不应作为优先选择物种。需要注意的是，题干中指出“沙柳、柠条人工种植长成需 2 年以上”，但作为具有防风固沙功能的本地植物是本地适生物种，应作为优先选择对象——灌、草搭配。当然，也可以选择自然保护区内的常见物种，包括沙地柏（人工种植成活率也比较高）等。

4. 指出本项目生态现状调查的重点内容。（5 分）

【参考答案】

（1）评价范围内的地貌类型、土壤类型，以及固定、半固定沙丘、流动沙丘情况。

（2）生态系统类型（及其结构与功能，所处区域生态功能区划及保护要求等）。

（3）植被类型及主要植物种类（特别是重点保护种类及其分布情况）。

（4）主要野生动物及其生境条件（特别是重点保护野生动物及其集中栖息地情况）。

（5）沙地柏省级自然保护区情况（功能划分、重点保护对象、保护现状、保护要求）及其与本项目的空间位置关系。

（6）主要生态问题（包括成因、空间分布、发生特点等，包括风蚀情况）。

考点分析与答题技巧：以上给出 5 个即可得满分（括号内的可不给出）。本小题当年是根据原 HJ 19—2011（已被 HJ 19—2022 替代）关于生态现状调查的要求结合题干信息进行解答。据题干提供的生态信息“有地貌、土壤类型、植被及主要植物、自然保护区等”，这几项不应遗漏。其他的则视情况适当补充。此类现状调查、资料收集等内容频繁考查，大家在学习技术导则时应特别关注相关要求。此小题相关调查内容可以适当细化，包括给出一些调查指标，如植物优势种的频度、密度等重要值指标、生物量、物种多样性等。但不宜过多，因为考试时间有限，简答为宜。类似考题已频繁出现，考生应高度重视。

5．指出项目营运期生产设施环境风险识别的具体内容。

【参考答案】

（1）钻采区 5 座井场及其气井。

（2）集气站。

（3）集气站内配置 2 个气液分离沉降罐和 2 个埋地污水储存罐。

（4）集输管线，包括干线管道、支线管道。

（5）污水运输罐车。

考点分析与答题技巧：环境风险识别是环境风险预测评价的重要前提。虽然《建设项目环境风险评价技术导则》（HJ/T 169—2004）已被 HJ 169—2018 替代，但该导则修订前后均明确规定了风险识别的内容。HJ 169—2018 要求风险识别主要有 3 个方面的内容，其中的“7.1.2”就是针对生产设施（生产系统）的。本小题要求针对营运期的生产设施识别其环境风险的“具体内容”，关键点在具体内容上，主要是题干提到的本项目建设的有关设施中的涉及风险物质的“设施”。考生如果答施工期及非生产设施的任何内容均不得分，甚至导致本小题得零分。有关环境风险的案例考题频繁出现，考生应高度关注，并认真学习 HJ 169—2018 及相关法规和规范性文件。

注：2019 年 12 月 13 日，生态环境部发布了《关于进一步加强石油天然气行业环境影响评价管理的通知》（环办环评函〔2019〕910 号），对石油天然气行业建设项目与规划、规划环境影响评价依法提出了更为明确的管理要求。考生应认真学习该通知，有助于实际工作和拓宽答题思路。

试题二（2016 年考题）

西南地区某高硫油气田项目组成包括 40 口油井、2 座转油站、1 座注水站、1 座联合站以及 110 km 的集输管线；管线穿越工程包括两处隧道，隧道长均为 1.5 km，高和宽均为 2.5 m；管道施工带宽 14 m，管道敷设包括施工带清理、挖沟、下管、覆土和地表恢复，管道中心线两侧 5 m 内可恢复种植农作物或草本植物。油田生产过程为：油井采出液和伴生气经管道输送到转油站进行油气分离，分离出的伴生气和采出液分别经管道输送到联合站，在联合站内进行采出液脱硫、脱水处理和伴生气脱硫处理等。

油气田开发区域分布低山浅丘、中山丘陵、台地和平坝。管道穿越的山区以林地为主，无珍稀濒危物种。乔木植被包括柏木+麻栎—黄荆+岩花海桐群落和马尾松—短柄抱栎群落，灌木植被包括黄荆、马桑、短黄栌群落，草本植被由毛茛科、伞形科的植物构成。隧道段水文地质条件简单，主要发育地层为白垩系红色砂岩，厚 100 m，下伏侏罗系泥质页岩。表层红色砂岩风化程度一般，浅层风化裂隙水埋深 1～3 m。隧道从泥质页岩中穿越，隧道顶部距山顶埋深 230 m，穿越的泥质页岩层与上部地下水层水力联系很弱。

山区段管道施工带临时占地采用种植当地植物恢复植被。在 2 个隧道的进口附近低洼草地各设置 1 处渣场，渣场弃渣量分别为 9 875 m^3 和 7 850 m^3，渣场建挡渣墙。

联合站脱硫系统设计规模为 70 万 m^3/d，包括采出液脱硫和伴生气脱硫两部分，设备有采出液脱硫塔、伴生气脱硫塔、真空过滤器、常压滤液罐、轻烃闪蒸罐及火炬等。采出液脱硫塔脱出的含硫化氢气体与伴生气混合后进入伴生气双塔脱硫装置，经吸收、氧化处理后，塔底产物（液硫）进入真空过滤器直接生成含水率为 30%的硫黄，塔顶气再经脱烃脱水处理后成为天然气产品，无尾气放空。进站采出液和伴生气中总硫量为 8 287 t/a，脱硫系统硫黄产量为 2 896 t/a，净化天然气（含硫≤20 mg/m^3）产量 1.015 亿 m^3/a。

联合站设 2 台采出液脱水沉降罐，3 台脱出水污水沉降罐。脱除硫化氢后的采出液经脱水沉降罐处理后得到原油产品（含硫量 0.53%），原油年产量 100 万 t，送油罐区储存。脱出水经污水沉降罐处理后送注水站回注。

常压滤液罐、轻烃闪蒸罐、各类沉降罐及原油储罐有逸散气体排放。

【问题】

1. 说明山区段管道施工对植被的影响并给出恢复种植的植物种类。（5分）

【参考答案】

（1）山区段管道施工对植被的影响:

① 施工带清理造成地表植被生物量直接损失。（1分，答“植被损失，或植物量减少，或破坏林地草地，或植被破坏”也给分）

② 5 m 内不能恢复种植乔木和灌木，引起该区段生物量降低和产生生态影响。（2分，只答“生物量降低或生态景观影响”的得1分）

（2）恢复种植的植物种类:

① 5 m 内可种植毛茛科、伞形科的草本植物。（1分，只答“草本”，也给分）

② 5 m 外应选择柏木、麻栎、马尾松、短柄抱栎或黄荆、马桑、矮黄栌等。（1分，未答“5 m 外”的不给分）

考点分析与答题技巧：本小题评分答案较为简单，但答题时多答一些并不影响得分。如答“管道开挖施工带清理、开挖将使作业带全部植被及其依赖的土壤层将全部被清除、剥离，造成沿线乔、灌、草植被破坏；穿山隧道施工将对隧道洞口植被造成破坏”等均会给满分。容易遗漏的是“5 m 外”植被恢复种类，这1分考生丢失得较多。这个5 m 的要求是《中华人民共和国石油天然气管道保护法》第三十条中规定的，本意是为了保护管道安全。此题实际上在2015年的管道案例及以前的考试中出现多次，本次结合题干信息进一步细化了。

2. 隧道段施工对隧道上方植被是否会造成影响？请说明理由。（4分）

【参考答案】

（1）不会对隧道上方植被造成影响或影响很小。（1分）

（2）理由：① 隧道段水文地质条件简单（1分）；② 浅层风化裂隙水埋深较浅或隧道埋深较深（1分）；③ 穿越泥岩层与上部地下水层水力联系很弱（1分）。

考点分析与答题技巧：本小题关于理由的答案在题干中是明确的，可直接从题干中抄写下来，也有考生补充了“隧道上方植被主要依靠降水和浅层地下水”，均可得分。本小题对包含有隧道的公路、铁路及输水等线路工程均可出题考查，但一定要结合题干的信息来解答。

3. 隧道弃渣场应补充哪些生态保护措施？请说明理由。（4分）

【参考答案】

（1）应补充措施：渣场排水沟或排水系统（0.5分）、渣场覆土（0.5分）、恢复植被或绿化（1分）。

（2）理由：改善景观（1分）；防止渣场产生水土流失影响（1分）。

考点分析与答题技巧：题干只说明“渣场建挡渣墙”，因此，答案中就不应再答采取“挡渣墙”的措施。网上给出的答案内容较多，如“先行剥离渣场低洼草地的植被及土壤层，将土壤层单独堆存并保护好，最后用于渣场植被恢复。因为植被恢复需要覆盖土壤层，应首先充分利用渣场占地区的土壤层；除挡渣墙外，还应设置截排水沟。以防山洪冲蚀，弃渣流失或导致地质灾害；恢复植被，防止水土流失，维护区域生态和景观”，均可得满分。

4. 指出联合站无组织排放源和污染因子有哪些。（3分）

【参考答案】

（1）无组织排放源：脱水沉降罐、常压滤液罐、污水沉降罐及原油储罐等逸散（2分，每个0.5分）。

（2）特征因子：非甲烷总烃（0.5分，答“VOCs、NMHC、挥发烃”也给分）、硫化氢（0.5分，答“H_2S”也给分，但答“硫化物”不给分）。

考点分析与答题技巧：题干已明确无组织排放源：“常压滤液罐、轻烃闪蒸罐、各类沉降罐及原油储罐”，抄下来即可得2分。虽然不排除有甲烷气体，但答“甲烷气体”不得分，也不扣分。联合站是“油气集中处理联合作业站”的简称，是将原油、气体及水进行分离的场所，其设施、设备较多，是油气田开采工程的重点工程。

5. 本项目给出的信息是否满足联合站硫平衡分析的要求？请说明理由。（4分）

【参考答案】

（1）不能满足。（1分）

（2）理由：

① 题干只给出了入方总硫量。（1分）

② 缺少出方信息或未给全出方量，如各产品中含硫量、无组织排放量或挥发排放量、污水中含硫量、生产中损失量等。（答出其中任一项即给2分）

考点分析与答题技巧：根据赋分要求，理由② 只要答上“缺少出方信息或未给全出方量”“没给全信息”即可得1分。另外，此小题给出公式或画图表示均给分。如有考生给出计算过程：① 脱硫系统脱除的硫，即硫黄：2 896 t/a×（1−30%）= 2 027.2 t/a；② 净化天然气所含硫：（1.015×10^8 m^3/a×20 mg/m^3）/10^9=2.03 t/a；③ 原油产品中的硫：1.0×10^6 t/a×0.53%=5 300 t/a。以上三者相加为 7 329.23 t/a，小于进站采出液和伴生气中总硫量 8 287 t/a，所以不平衡。

试题三（2013 年考题）

某油田开发工程位于东北平原地区，当地多年平均降水量 780 mm，第四系由砂岩、泥岩、粉砂岩及沙砾岩构成；地下水含水层自上而下为第四系潜水层（埋深 3～7 m）、第四系承压含水层（埋深 6.8～14.8 m）、第三系中统大安组含水层（埋深 80～130 m）、白垩系上统明水组含水层（埋深 150～200 m）；第四系潜水与承压力间有弱隔水层。油田区块面积为 60 km^2，区块内地势较平坦，南部、西部为草地，无珍稀野生动植物；北部、东部为耕地，分布有村庄。

本工程建设内容包括：生产井 552 口（含油井 411 口、注水井 141 口），联合站 1 座，输油管线 210 km，注水管线 180 km，伴行道路 23 km。工程永久占地 56 hm^2，临时占地 540 hm^2。油田开发井深 1 343～1 420 m（垂深）。本工程开发活动包括钻井、完井采油、集输、联合站处理、井下作业等过程，钻井过程使用的钻井泥浆主要成分是水和膨润土。工程设计采用注水、机械采油方式，采出液经集输管线输送至联合站进行油、气、水三相分离处理，分离出的低含水原油在储油罐暂存，经站内外输泵加压、加热炉加热外输；分离出的伴生天然气进入储气罐，供加热炉作燃料，伴生天然气不含硫；分离出的含油污水经处理满足回注水标准后全部输至注水井回注采油层。

【问题】

1．指出联合站排放的两种主要大气污染物。

【参考答案】

（1）石油烃（或总烃、非甲烷总烃、烃、烃类气体、含油气体、VOCs 均可）。

（2）NO_2（或 NO_x）。

考点分析与答题技巧：本小题要求只列出两种即可，而且是大气污染物。如果列出水污染物估计本题就不得分。尽管还有其他污染物，如 CO、甲烷等，但这二者显然不是主要的。另外，若伴生天然气含硫（有参加当年考试者回忆题干是“含硫”），而加热炉作为联合站的设备，则会有 SO_2 产生。至于有人考虑苯并[*a*]芘等更复杂的污染物，尚不能确定。

2．给出本工程环评农业生态系统现状调查内容。

【参考答案】

（1）农田土壤质量的调查，特别是土壤石油类含量的监测，以及土壤结构、厚度、肥力、pH、有机质及金属离子等主要成分的监测。

（2）基本农田面积及分布。

（3）主要农作物及其种植方式与产量。

（4）水土流失（原因、强度、面积及治理现状）。

（5）工程可能征占（永久与临时）的基本农田面积。

考点分析与答题技巧：这是农业生态现状调查的基本内容。但本题的关键是要将“土壤质量现状调查与监测”答上，特别是其中要提到石油类的监测。石油类是本项目的特征污染物之一。另外，本小题本身也是有问题的，可以将农田作为生态系统，但不能将“农业”作为生态系统。

3．分别说明钻井、采油过程中产生的一般工业固体废物和危险废物。

【参考答案】

（1）一般固体废物主要是钻井岩屑或钻渣。

（2）危险废物主要是落地油。

（3）废弃泥浆应根据其有害成分进行危险废物鉴别后再确定其是一般固体废物，还是危险废物。

考点分析与答题技巧：本小题问的是“钻井”和“采油”过程中的固体废物。虽然存在工作人员的生活垃圾，但并非钻井和采油所产生。另外，本小题答案中的“废弃泥浆”，不得写成“钻井泥浆”，因为尽管钻井泥浆主要成分是水和膨润土，但往往需要加配其他成分，而且在钻井过程中会有其他成分进入，因此，应进行属性鉴别后确定。

4．分析采油、集输过程可能对第四系承压水产生污染的途径。

【参考答案】

（1）由于钻井密封不严，导致第四系潜水层和承压水层的串层。

（2）由于注水井套管破裂（注水及压裂酸化施工时压力过大、腐蚀破坏等）或因注水井的固井质量差，导致井壁出现裂缝时，回注水套外上返进入承压水层。

（3）采场钻井设施的泥浆池、钻井废水未做好防渗或有效回收导致潜水层污染，甚至通过弱隔水层污染至第四系承压水。

（4）在集输过程中，由于地下管线或油罐漏油事故，也会渗漏到地下污染承压水。

考点分析与答题技巧：本题实际上是考查地下水的“影响因素”，但如何体现“途径”则在语言表述上要多加注意。如果只将影响因素写明，也是可以得分的（因为要说明影响途径，就要适当展开陈述，不同人的答法就有很大的差别。这与当前考试只要答上“要点”的答题要求不一致）。

试题四（2008 年考题）

某油田拟新开发一个 35 km^2 区块，年产原油 60 万 t，采用注水开采，管道输送。该区块新建油井 800 口，大多数采用丛式井；钻井废弃泥浆，钻井岩屑、钻井废水在井场泥浆池中自然干化，就地处理；集输管线长约 110 km，均采用埋地敷设方式。开发区块土地类型主要为林地、草地和耕地。区内有小水塘分布，小河甲流经区内，并在区块外 9 km 处汇入中型河乙，在交汇口处下游 8 km 处进入县城集中式饮用水水源地二级保护区，区块内有一省级天然林自然保护区，面积约 600 hm^2，在自然保护区内不进行任何生产活动，井场和管线与自然保护区边缘的最近距离为 500 m。集输管线穿越河流甲一次。开发区块内主要土地类型和工程永久占地类型见下表。

开发区块主要土地类型和工程永久占地类型　　单位：hm^2

类型	基本农田	草地	林地	河流水塘	合计
区块现状	1 210	900	1 300	90	3 500
工程占用	7.9	11.9	0.8	0.4	21.0

【问题】

1．确定本项目的生态评价范围。

【参考答案】

（1）根据题干信息，本项目生态影响评价等级应为一级。

（2）对于井场及区块，生态影响评价范围应为项目影响范围并外扩 2～3 km（影响区边界涉及自然保护区部分外扩 3 km）。

（3）集输管线评价范围为工程占地区外围 500 m，但由于 500 m 外涉及敏感保护目标——省级自然保护区，虽然在保护区内没有任何生产活动，井场、集输管理生态影响评价范围应将该保护区包括在内。

考点分析与答题技巧：解答本小题应先确定其评价等级。从题干提供的内容来看，本项目生态影响评价等级应为一级（当年只能根据原 HJ 19—2011 确定）。然后再根据《环境影响评价技术导则　陆地石油天然气开发建设项目》（HJ/T 349—2007）（该导则已被 HJ 349—2023 替代）规定的评价范围，就很容易确定了。

2．指出本项目的生态保护目标。

【参考答案】

区块内的省级天然林自然保护区、区块内的基本农田、草地、林地、小河甲及小水塘。

考点分析与答题技巧：注意，本题考的是生态保护目标。地表水饮用水水源保护区应作为生态保护目标。很多人认为水塘不应作为生态保护目标，这是不对的。一般小水塘（尤其是臭水塘），当然不是生态敏感区，但天然形成的小水塘并非不重要，也许是鸟类或其他动物的水源地，且在其周边也会形成特有植被，这在干旱的西北地区是很重要的。关于“县城集中式饮用水水源保护区”，由于远离开发区块，不在生态影响范围内，根据《环境影响评价技术导则　陆地石油天然气开发建设项目》（HJ/T 349—2007）（已被 HJ 349—2023 替代）规定的评价范围，可不列入生态保护目标。

3．识别本项目环境风险事故源项，判断事故的主要环境影响。

【参考答案】

（1）主要是钻井作业井喷事故、集输管线破裂、站场等储油设施破损油类外泄。

（2）石油烃外泄造成环境空气、地表水、土壤、植被的污染，甚至遇火引发环境风险事故。

① 污染空气，对人群及生态环境造成不利影响。

② 落地油会造成土壤的污染，使土壤透气性下降，影响植物生长，严重时可导致植物死亡。

③ 随地表径流进入地表水，造成水体污染，影响水生生物正常生长与繁殖，影响地表水功能。

④ 石油烃类着火发生爆炸易酿成安全事故，同时对环境也有一定的污染危害；在灭火过程中大量的人员、机械活动会对生态造成破坏，还存在灭火剂对环境的污染问题。

考点分析与答题技巧：环境风险评价是环境管理的重要方面，也是环境影响评价的重要内容。在做任何一个项目时，均应考虑其是否有环境风险因素，如果有，就需要深入进行评价。不只是污染型项目需进行环境风险评价，交通运输项目也涉及环境风险评价，如公路、铁路、石油天然气输送管道等；采掘类项目也涉及环境风险评价，如石油开采、天然气开采、煤层气开采、煤矿开采等。

4．从环境保护角度判断完井后固体废物处理方式存在的问题，并简述理由。

【参考答案】

（1）钻井废弃泥浆、钻井岩屑、钻井废水采取在井场泥浆池中自然干化，就地处理存在环境污染问题。

（2）这三类物质虽然都产生于井场钻井过程，但分别属于不同的污染物类型，其具体来源、成分均不同，不应混合在一起处理，且现状处理方式不符合固体废物处理的“减量化、资源化、无害化”原则，而应分别进行处理。

考点分析与答题技巧：固体废物处理处置的“减量化、资源化、无害化”原则，是《中华人民共和国固体废物污染环境防治法》的要求，但有效处理的前提条件应是“分类”。当前，无论从国家层面的法律法规和地方各级政府的规范性文件，还是实际管理，均将分类作为重要前提，并组织实施。关于固体废物分类处理处置的考试已在历年不同行业案例中频繁出现，考生一定要牢记。

5．简述输油管道施工对生态的影响。

【参考答案】

（1）施工将改变原来的土地利用类型。

（2）施工破坏了原地表的土壤层。

（3）施工破坏植被，形成一个较宽的破坏带。

（4）管沟开挖产生较多的土石方，在两侧堆放，容易造成水土流失。

（5）管道虽然距离自然保护区有 500 m，但施工会产生间接不利影响：一是临时用地的变更可能选择在距离保护区更近的区域；二是施工活动对林内野生动物的干扰；三是使保护区外围地带的生态环境变差。

考点分析与答题技巧：本小题也适用于输气、输水管线等线路工程，以及较少涉及沟挖的公路、铁路工程等。需要注意的是本小题要求回答的是“施工期”，而且是“生态影响”，如果答上营运期的内容或废水、废气、噪声、环境风险等污染影响，则本小题可能得 0 分。答题时一定要理解清各小问题的要求，并结合题干信息来解答。

试题五（2007 年考题）

某公司拟开发的天然气田面积约 1 500 km^2，设计井位 215 个、集气站 7 个、防冻液甲醇回收处理厂 1 座，天然气集气管线总长约 1 700 km。

该区年降水量小于 200 mm，属干旱气候区，主要植被类型为灌丛和沙生草地。在拟开发区块内的东北部有一面积为 14.5 km^2 的天然湖泊，为省级自然保护区。保护区总面积为 52.6 km^2（含岸线以上部分陆地），没有划分核心区、缓冲区和实验区。拟开发区块内的东南部有一面积约 1 km^2 的古墓葬群，属国家级文物保护单位，文物专家判定暂不宜发掘。

【问题】

1. 指出本项目涉及的环境敏感目标，给出其中某一类生态环境敏感目标现状调查应获取的资料。（6 分）

【参考答案】

（1）灌丛和沙生草地、天然湖泊（或答省级自然保护区，或开发区块东北部面积 14.5 km^2 的天然湖泊）。（各 1 分，共 3 分）

（2）灌丛和沙生草地：土地利用现状、野生动植物种类和分布、评价相关图件（或答"天然湖泊：保护对象、范围、面积，动植物种类及分布，评价相关图件"）。（各 1 分，共 3 分）

考点分析与答题技巧："古墓葬群"为地下文物，是社会环境保护目标（不属于生态、大气、噪声、水环境保护目标），答题时可以写上，也可以不写，不影响得分（有考生认为原考试答案中有这一内容，笔者认为其属于不准确答案）。

2. 自然保护区内可否布设井位？请说明理由。（4 分）

【参考答案】

（1）不可布设井位。（2 分）

（2）因为没有划分功能区的自然保护区均执行核心区和缓冲区的管理要求。（2 分）

考点分析与答题技巧：如给出以下答案：① 自然保护区内不能布设井位；② 该保护区没有进行功能区划，按照《中华人民共和国矿产资源法》及《中华人民共和国自然保护区条例》，保护区需按核心区和缓冲区的要求严格管理，不能在保护区进行任何生产建设活动。这也是正确的和规范的解答，只是不够简明。

3．指出天然气集气管线建设期生态环境影响的途径及主要影响。（4 分）

【参考答案】

（1）植被破坏。（2 分）

（2）水土流失。（2 分）

考点分析与答题技巧：笔者认为此答案并不符合题意，只是给出了“主要影响”而并未给出“影响途径”。根据此类建设项目的特点，生态影响途径主要有：管道施工作业带清理、伴行道路建设、管沟开挖、工艺站场土地平整等活动。主要生态影响表现在：机械挖掘作业，人员活动、车辆碾压等将对沿线本来脆弱的生态环境造成明显的不利影响，包括植被破坏、强烈的土壤扰动并加剧土壤侵蚀。这个答案应该也是正确的。

4．给出气田运行期环境风险源及风险因素。（4 分）

【参考答案】

井场、集气站、输气管线、防冻液甲醇回收处理厂。（各 1 分，共 4 分）

考点分析与答题技巧：此参考答案只给出环境风险源，并未给出风险因素，因此是不完整的。环境风险因素主要有：由于设备本身的缺陷或自然与人为因素，导致管线、储气设施损坏、破裂，天然气泄漏、防冻液泄漏，特别是遇火引发的火灾与爆炸事故，伤害人群并伴生次生事故造成环境污染和生态影响。再次提示，考生一定要认真学习《建设项目环境风险评价技术导则》（HJ 169—2018）。

5．确定气田开发对古墓葬群应采取的保护措施。（2 分）

【参考答案】

避让。（2 分）

考点分析与答题技巧：此题的答案只有这两个字“避让”。实际环境影响评价工作中，建设项目涉及（征占、穿越）重要保护目标时，是要首先考虑避让的，但也要考虑在不能避让的情况下应采取的保护措施。因此，本题所给的答案有些机械。实际上对于此类保护目标应考虑以下措施：① 划定文物保护范围（当然由文物保护部门确定）；② 避免在文物保护范围内进行打井、铺设管线等建设活动；③ 由于本工程涉及的古墓葬群为国家级文物保护单位，在文物保护范围内铺设管线，需征得国家文物管理部门同意，经省级人民政府批准；④ 如果文物分布范围内地下天然气储量丰富，经批准后，可以在文物保护范围以外采取丛式井或其他先进工艺将井打至文物分布层以下再改变方向抽取下层天然气，避免损毁文物；⑤ 施工中发现地下文物，应立即停止施工并及时上报，保护现场，等候文物管理部门处置；⑥ 加强宣传教育，落实管理责任制。

试题六（2006 年考题）

北方某地拟开发一新油田，油田区地势平坦，中西部为农业区，有一条中型河流自北向南流过油田边界，滨河地带为宽阔的河滩，属“洪泛区”，每年夏秋两季洪水暴涨时有 35 km^2 以上区域成为水面，“洪泛区”内水生植物茂盛，有多种候鸟分布其中，其中有国家和省级保护鸟类 12 种，拟建油井分布在东西长 18 km，南北宽约 8 km 的带状区域，按 7 个块区进行开采（见下图），规划在位于油田西北部的镇建设油田生产和生活基地，拟建设道路网将各油田块区连通。

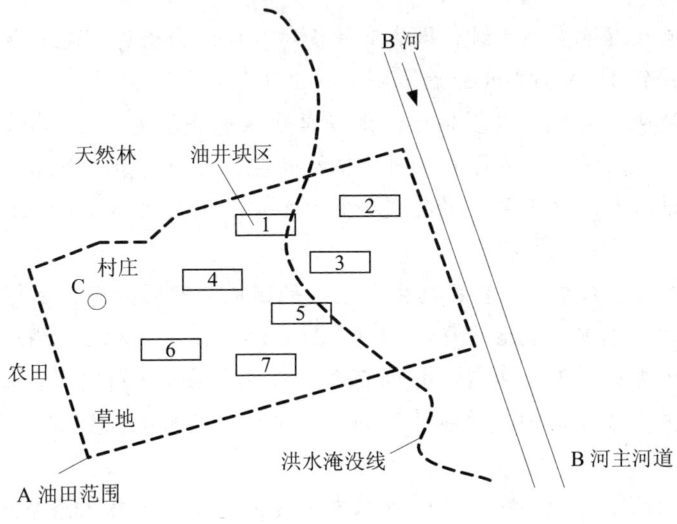

【问题】

1. 按照自然生态系统类型划分的常用方法，说明油田开发涉及哪几种生态系统类型？

【参考答案】

（1）河流及湿地生态系统。

（2）草地生态系统。

（3）天然林（森林）生态系统。

考点分析与答题技巧：本题应根据题意及图示来解答。从图中可以看到生态系统类型包括农田生态系统、河流及湿地生态系统、草地生态系统、人工林生态系统、人居生态系统。但本题问的是按“自然生态系统类型划分”的，显然不包括人工林生态系统和半自然生态系统。

2．该油田建设项目环境影响评价应分几个时期？

【参考答案】

勘探试采期（施工前期）、施工期、生产营运期、闭井期（退役期）。

考点分析与答题技巧：分期评价是环境影响评价的基本要求。根据修订后的《建设项目环境影响评价技术导则　总纲》（HJ 2.1—2016），建设项目环境影响评价一般分为施工期、营运期和退役期（视建设项目情况而定），而且根据目前“放”“管”“服”的要求，小规模的勘探试采可以简化为登记表，实施备案管理。因此，本小题的“勘探试采期”可不答，但答上也不影响赋分。

3．按自然生态系统类型划分，项目环境现状调查与评价的重点因子和要点是什么？

【参考答案】

（1）河流及湿地生态系统：调查、评价对湿地水力条件、连通性、湿地动物，特别是受保护的12种鸟类的影响。

（2）草地生态系统：设置样地，调查草地植被覆盖率、主要植物种类、优势种及频度、有无国家或地方保护物种、植被长势、生物量等，给出草地覆盖度图。评价项目建设对草地生态系统的完整性、多样性、稳定性的影响，以及造成的生物量损失与生态效益的损失。

（3）森林生态系统：调查森林生态系统的组成与空间分布，主要树种及胸径、频度、密度，有无国家或地方保护树种，计算单位面积蓄积量、森林郁闭度、覆盖率等，给出森林类型分布图，并调查森林中主要动物种群情况。重点评价项目建设对森林生态系统结构与功能的影响，对森林生态系统完整性、稳定性、多样性的影响。

考点分析与答题技巧：注意，如果本小题问的不是自然生态系统而是涉及人工生态系统，则需将农田生态系统和人居村落生态系统一并回答。农田生态系统：调查土地利用格局、农田分布，特别是基本农田分布情况，调查土壤类型及肥力，水土流失状况；分析评价对区域土地利用格局的影响，特别是对农田土壤及农作物的影响。人工林生态系统：主要调查人工林主要树种、株间距及行间距，栽种时间、现状郁闭度，主导生态功能；分析评价项目实施可能造成的林木蓄积量的损失与生态效益的损失。人居生态系统（人居或聚落生态系统）：调查人居环境结构或组成、布局、现状环境质量、居住适宜性，分析评价对人居环境质量的影响。

4．说明油田道路修建的主要生态环境影响和应采取的环保措施。

【参考答案】

（1）道路修建占用较多的土地，压占植被造成一定的生物量损失与生态效益的损失；施工时设置的各类取、弃土场等临时用地也对植被及土壤造成一定的破坏；油田道路往往呈网格状分布，路网密度较大，对生境的切割明显，使生境破碎化，进而影响生物物种的交流，造成生物阻隔影响；区域土地利用格局变化较为明显。

（2）优化道路布局，降低路网密度；尽量采取低路基方案，减少土石方用量；设置足够的桥涵等通道，保障水力和生物物种交流的畅通。

考点分析与答题技巧：本小题实际上是借着油田考查道路的生态影响与环保措施，其所问和所答均为道路交通类项目的一般性或广泛适用性、通用性内容。但考试时一定要结合题干信息来解答，否则只能得低分或不得分。

5．油田项目的最大生态环境影响是什么？应采取什么有效措施减轻这种影响？

【参考答案】

（1）本项目最大的生态影响是对洪泛区——湿地生态系统及多种候鸟，尤其是对 12 种国家和省级保护鸟类的影响。

（2）不在洪泛区内建设任何工程。道路、管线建设尽可能不分割洪泛区，保障水力畅通。严格控制施工及生产营运期废水排入洪泛区。保护鸟类巢穴、停息地和食源等生境条件（或栖息地）。

考点分析与答题技巧：根据题干信息，本项目的重点保护对象就是“多种候鸟”，尤其是“12 种国家和省级保护鸟类”以及为鸟类提供生境条件（栖息地）的洪泛区——湿地。因此，最大的生态影响就是对鸟类及栖息地的影响。而栖息地保护是保护野生动物（包括鸟类）最重要的措施，因此，措施应紧紧围绕保护栖息地来解答。根据原 HJ 19—2011 和替代后的新版本 HJ 19—2022，对生态敏感区首先应考虑“避让”措施。

八、农业开发案例

试题一（2021 年考题）

某牧业集团拟在南方某县新建一座年出栏 6 万头仔猪的繁育场。繁育场分生产区、辅助区、管理区、隔离区和粪污处理区等 5 个功能区。其中生产区建设配种舍、妊娠舍、分娩舍、保育舍、公猪舍、后备舍等猪舍；辅助区建设供水、供电、维修、饲料加工和贮存等设施；管理区建设办公技术用房、职工生活用房、食堂、人员车辆消毒设施等；隔离区建设兽医室、隔离舍、病死猪暂存冷库、危废暂存库等；粪污处理区建设有机肥加工车间、黑膜沼气池、沼液暂存池、沼气柜等设施。

繁育场采用“配种→妊娠→分娩哺乳→仔猪保育”四阶段流水作业，以“周”为节律滚动平衡生产，每年按 52 周计。空怀母猪在配种舍群养 4 周，完成配种和孕检，确认妊娠的母猪转入妊娠舍限位饲养 12.5 周后，在产前 1 周转入分娩舍；母猪分娩后，在分娩舍哺乳 4 周，仔猪断奶；断奶仔猪转入保育舍，培育 6 周后出栏。繁育场处于正常繁殖周期的基础母猪 3 000 头，生产指标为基础母猪年均产仔 2.2 窝，每窝活仔 10.5 头、哺乳仔猪成活率 92%、保育仔猪成活率 95%。繁育场包括种公猪、后备猪在内的年存栏总数 16 308 头，全年出栏仔猪 60 632 头，转入牧业集团的商品猪育肥场继续饲养。

繁育场采用雨污分流、干清粪方法从源头减少废水产生量。粪污经猪舍地缝落入地坑后利用重力进行固液分离，液体粪污与冲洗废水一并通过管道送往粪污处理区，经格栅过滤后进入黑膜沼气池厌氧消化产沼气、沼液、沼渣；沼气经气水分离、干法脱硫后送沼气柜储存，再经管道送有机肥加工车间烘干工序和管理区食堂作为燃料利用，多余沼气火炬排空；沼液进入大容量暂存池，施肥季通过自建管道送附近的协议果园作为液体肥料利用；沼渣与固体粪污、格栅渣、饲料残渣等一并送有机肥加工车间，掺入在该车间粉碎后的秸秆等辅料并引入菌种混合后，在堆肥区采用条垛堆积、定期机械翻动方式完成一次好氧堆肥，再经过静态陈化完成二次堆肥，两次堆肥后已完全腐熟的产物先圆筒造粒再通入沼气燃烧热风烘干，产出合格的固体有机肥外售。

繁育场有机肥加工车间堆肥区封闭并负压抽风，臭气通过生物滤池净化后排放。环评文件编制单位在分区防渗的基础上，按《地下水环境监测技术规范》（HJ 164—2020）要求制定了场区地下水跟踪监测方案。

注：猪当量为用于衡量畜禽氮磷排泄量的度量单位，1 头生猪为 1 个猪当量。按体重折算，5 头保育仔猪等于 1 头生猪。

【问题】

1. 计算存栏保育仔猪的猪当量。（3 分）

【参考答案】

答案一：

（1）母猪一年生育仔猪量：（1 分）

3 000×2.2×10.5×92%×95%=60 568.2

（2）仔猪的保育周期为 6 周，一年按 52 周计算的仔猪存栏量：（1 分）

60 586.2×6/52=6 990.7

（3）按 5 头保育仔猪等于 1 头生猪，则存栏保育仔猪的猪当量：（1 分）

6 990.7 ÷ 5=1 398.14

即存栏保育仔猪的猪当量为：1 398。

答案二：

3 000×2.2×10.5×92%×95%×（6/52）÷5=1 397.73≈1 397（或 1 398）个。（3 分）

考点分析与答题技巧：根据《中国养猪大成》：“保育仔猪数=总母猪数×年产胎次×每胎产仔数×哺乳成活率×断奶成活率×仔猪保育时间（仔猪饲养日数）÷365”，题干信息中仔猪保育时间为 6 周，每年按 52 周计。

本小题问的是存栏仔猪的猪当量，如果计算成实际出栏仔猪的猪当量（60 632/5=12 126.4）则是原则性错误，是不得分的。本小题结果取 1 397 或 1 398 均可得分。

2. 为核算沼液利用的土地承载力，需收集果园的哪些信息？（4 分）

【参考答案】

（1）果树：品种、果园面积（1 分）、种植密度、果品产能、单位面积或单位产能养分需求量（1 分）。

（2）土壤：类型、不同类型面积、土体构型、肥力或质地（1 分）、单位面积养分供给量（肥力）（1 分）。

考点分析与答题技巧：根据《农业部办公厅关于印发〈畜禽粪污土地承载力测算技术指南〉的通知》（农办牧〔2018〕1 号），“区域畜禽粪污土地承载力等于区域植物粪肥养分需求量除以单位猪当量粪肥养分供给量（以猪当量计）”，其中区域植物粪肥养分需求量等于植物需求养分总量减去原土壤提供的养分量，因此，除了调查植物相关内容外，还需调查土壤。一般均能过测土配方来测算。

3．指出校核沼液暂存池有效容积应考虑的因素。（4 分）

【参考答案】

年存栏猪当量（1 分）、粪污产生量、固液分离效率、液体粪污与冲洗废水产生量（1 分）、厌氧消化反应效率、沼液产生量（1 分）、沼液贮存时间（1 分）。

考点分析与答题技巧：根据《农业部办公厅关于印发〈畜禽规模养殖场粪污资源化利用设施建设规范（试行）〉的通知》，沼液贮存池容积不小于单位畜禽日粪污产生量（m^3）×贮存周期（d）×设计存栏量（头）。考试时宜结合题干信息答题。实际上考虑的因素很多，但各因素之间关系密切，在计算时互有关系，如粪污产生量与存栏猪当量关系互为核算关系，固液分离效率与液体粪污产生量关系密切、厌氧消化反应效率与沼液产生量有关。所以，解答此类问题，答上主要的几项即可（因为考试时间、赋分或评分是有限的）。

4．针对有机肥加工车间其他废气污染源，推荐可行的治理措施。（5 分）

【参考答案】

答案一：

（1）其他废气污染源主要有：秸秆粉碎（0.5 分）、掺混（0.5 分）、造粒（0.5 分）、烘干（0.5 分）；

（2）可行的环保措施可采取负压抽风（1 分）、袋式除尘过滤（1 分）、生物滤池（1 分）。

答案二：

其他废气污染源	主要污染物	可行的治理措施
秸秆等辅料粉碎	颗粒物	封闭并负压抽风+袋式除尘器
掺入、混合	颗粒物、氨、硫化氢、臭气浓度	封闭并负压抽风+袋式除尘器+生物滤池
造粒尾气排气筒	颗粒物、氨、硫化氢、臭气浓度	袋式除尘器+生物滤池
烘干尾气排气筒	颗粒物、氮氧化物、氨、硫化氢、臭气浓度	降温+袋式除尘器+生物滤池

考点分析与答题技巧：有机肥加工车间特征污染物为臭气，但题干已明确“繁育场有机肥加工车间堆肥区封闭并负压抽风，臭气通过生物滤池净化后排放”。所以主要污染源及主要污染物臭气已明确并采取了环保措施。本小题要求解答其他废气污染源，需要注意的是污染源是指排放污染物的设施（装置）或工艺环节，根据有机肥加工车间生产过程便可识别除臭气以外的其他废气污染源主要是秸秆粉碎、掺混、造粒、烘干，这些环节的主要污染物虽然为颗粒物，但同时也伴生

恶臭气体。答案一简单，直接针对污染源而未答污染物；答案二详细、具体，但复杂(此前曾经有案例考题虽然要求指出污染源,但评分答案却给出的是污染物)，但两个答案并无原则性错误和差别，均可。另外，生态环境部发布了《排污许可证申请与核发技术规范　磷肥、钾肥、复混钾肥、有机肥料及微生物肥料工业》（HJ 864.2—2018），考生可参照学习。

5．简述项目选址环境合理性论证的主要内容。（4 分）

【参考答案】

（1）与土地利用、畜牧业发展等相关规划的相符性。

（2）与禁养区、限养区划定的管理要求的相符性。

（3）与生态保护红线管控要求的相符性。

（4）与饮用水水源保护区等环境保护目标的方位和距离防控要求的相符性。

考点分析与答题技巧：对于新建项目，其选址的环境合理性分析论证是环境影响评价的重要内容。一般主要判断其是否有重大制约，从相关法律法规及法定规划的符合性、是否符合“三线一单”空间管控要求（如是否占用或影响生态保护红线或饮用水水源保护区等环境敏感区）等。对于养殖项目，由于当地划定了禁养区或限养区，这是选址时必须考虑的。根据《畜禽养殖业污染防治技术政策》（环发〔2010〕151 号），贯彻执行当地人民政府颁布的畜禽养殖区划，严格遵守“禁养区”和“限养区”的规定，已有的畜禽养殖场（小区）应限期搬迁；结合当地城乡总体规划、环境保护规划和畜牧业发展规划，做好畜禽养殖污染防治规划，优化规模化畜禽养殖场（小区）及其污染防治设施的布局，避开饮用水水源地等环境敏感区域。《畜禽养殖业污染防治技术规范》（HJ/T 81—2001）规定了禁养区及与环境保护目标位置距离控制要求。

此外，更为重要的是，考生需要认真学习《畜禽规模养殖污染防治条例》（国务院令　第 643 号），条例中明确规定了禁止规模化养殖的区域。同时，《关于做好畜禽规模化养殖项目环境影响评价管理工作的通知》（环办环评〔2018〕31 号）规定了“优化项目选址，合理布置养殖场区”。这些均是选址时应该考虑的。

注：为保障民生，党中央、国务院审时度势做出大力发展养殖业的决定，全国各地在发展养殖方面做了大量工作，一方面要发展养殖，另一方面又要防治养殖污染，提高粪污综合利用率。在一个时期，此类项目曾经是一些地区环境影响评价的主要建设项目。为加快建设，生态环境部门曾将此类项目的环评审批制改为备案制以落实国务院关于简政放权、加强事中事后监管的要求。

试题二（2011年考题）

某公司拟在工业园区内新建屠宰加工厂，年屠宰牲畜50万头。工程建设内容主要有检疫检验中心，待宰棚、屠宰车间、加工车间、冷库、配送交易中心、供水及废水收集和排水系统、供电系统、办公设施等，总建筑面积1.3万m^2，以及在园区外城市垃圾处理中心规划用地内配套建设堆肥处置场。工程生产用气、用水由园区已建集中供热系统及供水系统供给，年生产300 d，每天16 h。

待宰棚、屠宰车间、加工车间等地面需经常进行冲洗。屠宰车间、加工车间产生的生产废水量约为900 t/d，COD浓度为1 600 mg/L，氨氮浓度为70 mg/L，BOD_5浓度为 810 mg/L。工程拟采取的防污措施有：生产废水收集到调节池后排至园区污水处理厂进行处理；生活污水排入园区污水处理厂进行处理；牲畜粪尿收集后运至园区外堆肥处置场处置；病死疫牲畜交有关专业部门处理；在屠宰车间设置异味气体的收集排放系统。

工业园区位于A市建成区的西南约3 km（主导风向为NE），主导产业为机械加工、农副产品加工、日用化学品等。园区污水处理厂一期工程已投入运行，设计处理能力10万t/d，处理后达标排至工业园区外的河流。屠宰加工厂位于园区西南角，园区外西侧2 km处有一个12户居民的村庄。

【问题】

1．指出该工程的大气环境保护目标。

【参考答案】

（1）园区外西侧2 km处12户居民的村庄。

（2）工业园区内的企业，特别是农副产品加工业。

（3）A市建成区。

考点分析与答题技巧：A市虽然处于主导风向上风向，但作为居民集中居住的城镇，还需考虑非主导风向的不利情况，A市（建成区，甚至还应包括其规划区）作为保护目标考虑是应该的。根据赋分要求，答案（1）必须答上“园区外西侧2 km处”，可见，即使是答案的要点，也须完整。关于环境保护目标（环境保护对象，尤其是敏感保护目标）的识别，既是环境影响评价实际工作中需特别关注、绝对不能疏忽和遗漏的部分，也是环评考试频繁出现的考点（主要是识别环境保护目标，调查评价环境保护目标现状或环境质量、分析评价建设项目对其可能造成的不利影响，针对不利影响采取的环保措施等）。

2. 应从哪些方面分析该项目废水送工业园区污水处理厂处理的可行性?

【参考答案】

（1）污水处理厂的处理工艺、处理能力是否满足要求。

（2）污水处理厂接受污水水质要求，即本项目污水排放的废水类型、水量、水质及预处理效果，能否满足园区污水处理厂接管要求。

（3）本项目污水送入污水处理厂的方式是否满足环保要求。

考点分析与答题技巧: 在工业园区规划环境影响评价中，包括污水处理厂（站）等环境保护设施通常是要求落实的基本内容。如此，园区规划实施的各类建设项目所产生的污染物（如废水）在采取适当的措施或工艺进行预处理后，再纳入园区污水处理厂等环保设施统一处理。但在园区内各类建设项目进行环境影响评价时需要分析依托园区环保设施的可行性。

3. 指出哪些生产场所应采取地下水污染防范措施?

【参考答案】

（1）待宰棚。

（2）屠宰车间。

（3）加工车间。

（4）污水收集系统或收集池、调节池。

（5）堆肥处置场。

（6）病死疫牲畜处置场。

考点分析与答题技巧： 根据题干信息及本小题要求回答的问题，主要是在题干中找出容易产生废水（液）可能污染地下水的场所，解答难度不大。实质上考查了地下水保护在建设项目环境影响评价中应考虑采取的分区防控要求（要采取分区防控，首先要识别可能造成地下水污染的场地）。

4. 针对该工程堆肥处置场，应关注哪些主要的环保问题?

【参考答案】

（1）猪粪尿及其恶臭污染问题。

（2）病源生物污染与传播问题。

（3）地下水污染防治问题。

（4）猪粪尿运输过程中散（漏）落、事故产生的问题，如可能对地表水造成污染的问题。

考点分析与答题技巧： 本小题是针对建设项目的某一重点工程进行环境影响因素识别，本质上属于工程分析。根据本小题要求，只需将主要环保问题答上即可。本案例是屠宰项目，但案例中考虑了堆肥场；如果是畜禽养殖，堆肥场是更重要的设施，其本身既是建设项目的一部分，也是固体废物综合利用的环保设施。

5．给出该工程异味气体排放主要来源。

【参考答案】

待宰棚、屠宰车间异味气体收集排放系统，加工车间，堆肥处置场，污水收集池及调节池。

考点分析与答题技巧：本小题实质上是对某一污染物污染源的识别，属于工程分析。这里所说的异味气体，也就是通常所说的“恶臭气体”，所以本题也可以提问“指出该工程恶臭气体产生的场所或环节”。

注：2019 年全国生猪养殖数量骤减，猪肉价格上涨，在全国引起很大反响。国家出台了一系列措施鼓励扩大养殖规模或新建养猪项目，随后全国各地纷纷建设了很多养猪项目，而且很多地方对此类项目的审批采取的是环评承诺制。考生要认真学习《畜禽养殖污染防治条例》（国务院令　第 643 号）、《畜禽养殖业污染防治技术政策》《畜禽养殖污染防治技术规范》《畜禽养殖业污染治理工程技术规范》《国务院办公厅关于建立病死畜禽无害化处理机制的意见》《关于加快推进畜禽养殖废弃物资源化利用的意见》《关于做好畜禽规模养殖项目环境影响评价管理工作的通知》（环办环评〔2018〕31 号）、《畜禽养殖业污染物排放标准》《恶臭污染物排放标准》《关于促进畜牧业持续健康发展的意见》（国发〔2007〕4 号）、《畜禽养殖禁养区划定指南》《畜禽规模养殖场粪污资源化利用设施建设规范（试行）》（农办牧〔2018〕2 号）、《规模畜禽养殖场污染防治最佳可行技术指南（试行）》（环发〔2013〕）44 号）、《农业部办公厅关于印发〈畜禽粪污土地承载力测算技术指南〉的通知》《农业部关于印发〈畜禽粪污资源化利用行动方案（2017—2020 年）〉的通知》等。

九、房地产开发案例

试题一（2014 年考题）

某市在城区北部 S 河两岸规划建设大型居住区项目，其中位于 S 河南岸的一期工程已建成，尚未入住。现在拟建设位于 S 河北岸的二期工程，二期工程规划占地面积 3 km^2，建设内容包括：居住楼房，配套幼儿园、小学、综合性医院、超市、饮食等服务设施，以及燃煤集中供热锅炉房和垃圾中转站、公共地下停车场等，供排水接市政给排水系统，民用燃气由天然气输配管网供应。S 河按景观河道进行环境综合整治。

项目规划用地范围内现有两个村庄，人口约 2 000 人；有废弃的化肥和农药仓库、简易的废品堆存场、建筑垃圾堆存以及遗留的生活垃圾等。

项目规划用地西侧隔 200 m 宽绿化带为规划的电子工业园区；北侧 50 m 处为规划的城市主干道；东侧紧邻城市次干道，该次干道以东为正在建设的另一大型居住区；S 河流向为自西向东，现状为城市纳污河道，规划用地范围内的生活污水以及城市北部建成区未纳入城市排水管网的污水均排入 S 河，河道淤积严重，夏季有明显异味。

【问题】

1．指出本项目二期工程建成后的主要大气污染源。（3 分）

【参考答案】

（1）锅炉房燃煤烟气。（1 分）

（2）垃圾中转站臭气。（0.5 分）

（3）地下停车场废气。（0.5 分）

（4）饮食业油烟。（0.5 分）

（5）医院污水处理站臭气。（0.5 分）

考点分析与答题技巧：本题意在考查考生工程分析时对污染源识别的掌握程度。需要注意的是，本题只要求给出“二期工程”“建成后”的“大气污染源”，所以，不得答上“一期工程”的，也不得答上“施工期”的，更不得答上“噪声、废水、固体废物”等非“大气污染源”的内容。另外还要注意，问题要求指出的是污染“源”，而不是污染物，而污染源是一种装置或设施（本题的答案将污染源与所排污染物的类型一并给出，也是可以的）。因此，比较规范的答案应该是饮食业（包括幼儿园、小学的食堂）的油烟排气筒、综合性医院污水处理站、燃煤集中供热锅炉房排气筒及其堆煤场、垃圾中转站、公共地下停车场排气口。环评实际工作中将居民楼排气筒作为主要污染源进行分析评价的较少，但是可以肯定它是大气污染源（考试答上显然不算错）；根据《大气污染防治行动计划》的要求，城市居民家庭也需采取高效油烟净化器。

2. 指出本项目二期工程需对哪几类污水配套建设预处理设施，并分别提出应用的处理工艺。（3分）

【参考答案】

（1）医院废水预处理（1分）、饮食业含油污水预处理（1分）。

（2）医院废水，主要含有消毒处理工艺（0.5分）；饮食业含油污水，主要含有隔油处理工艺（0.5分）。

考点分析与答题技巧：本题的考点在于“预处理”，即在进入市政污水管网之前有必要进行预处理的废水类型及处理工艺。尽管需处理的废水较多，除医疗废水和餐饮废水外，还包括居民楼及幼儿园、小学的废污水（一般设置化粪池预处理），公共地下停车场冲洗废水（可采取隔油、沉淀预处理），锅炉房的冲洗水（可采取中和、沉淀工艺），甚至垃圾中转站渗沥水（采取收集调节、消毒工艺也不影响赋分，因为要看中转站的规模和清理时间等情况）。但考试时只需答上主要的即可。此外，根据《水污染防治行动计划》，“自2018年起，单体建筑面积超过2万平方米的新建公共建筑，北京市2万平方米、天津市5万平方米、河北省10万平方米，以上集中新建的保障性住房，应安装建筑中水设施。积极推动其他新建住房安装建筑中水设施”。

3. 需对哪些环境要素进行环境质量现状调查？分别说明理由。（5分）

【参考答案】

（1）环境要素：地表水（0.5分）、大气（0.5分）、声环境（0.5分）、地下水（1分）、土壤（1分）。

（2）理由：地下水，项目用地范围内现有化肥农药仓库、生活垃圾堆存场等，可能对地下水产生污染（1分，只要答上前者就可得1分）；土壤，项目用地范围内现有化肥农药仓库、生活垃圾堆存场等，可能对土壤产生污染（0.5分，答建筑垃圾不得分）。

考点分析与答题技巧：根据题意，本题的重点是土壤和地下水。但地表水、环境空气（大气）、声环境作为常规调查、监测内容也是必要的，评分未给出赋分要求，但考生答题时写出这 3 项常规监测的理由不能算错（不写，则可以节省时间）。

4. 对于本项目二期工程配套幼儿园、小学的选址，应考虑规避哪些噪声影响？

【参考答案】

（1）城市主干道，次干道噪声影响（答“道路噪声”或“交通噪声”也可以）。

（2）垃圾中转站噪声影响（主要是由于有垃圾车）。

（3）锅炉房噪声影响（主要是水泵、风机设备）。

考点分析与答题技巧：拟建的幼儿园、小学对噪声敏感，避开主要噪声源是选址的基本要求。因此，视所在小区及小区周边的主要噪声源情况即可给出相应的答案。至于规划用地西侧隔 200 m 宽绿化带为规划的电子工业园区，不是制约因素，可不考虑。需要特别注意的是，这里考查的是“噪声”。另外，实际上当前燃煤集中供热锅炉房的噪声影响并不大，因为现在的锅炉房水泵、风机均在室内封闭，而且均采用低噪声风机，噪声影响不大。至于超市噪声、餐饮业噪声、地下停车场口车辆噪声也应尽量避开，考虑到也是合适的。

5. 指出 S 河环境综合整治应包括的工程内容。（6 分）

【参考答案】

（1）河道清淤（1 分）、淤泥属性鉴别（1.5 分）、淤泥处置（1.5 分）。

（2）关闭排污口或截污或建设污水管网（1 分）。

（3）河岸生态景观建设（1 分，只答绿化或护坡可得 0.5 分）。

考点分析与答题技巧：在《水污染防治行动计划》中，要求“整治城市黑臭水体。采取控源截污、垃圾清理、清淤疏浚、生态修复等措施”。污染河道整治的主要内容一般是“引清”“截污”“清淤”“河岸整治（景观建设）与绿化”。本项目“引清”不能确定，可不考虑。至于城市污水处理厂能否接纳规划用地范围内未纳入管网的生活污水和北部建成区未纳入城市管网污水，则是另一回事（污水处理厂应考虑）。至于本题答案中的“淤泥属性鉴别和淤泥处置”，虽然也是应该做的工作，但应属于对淤泥本身的处理处置，而不属于“河道整治”的“工程”内容，有些牵强。但这就是考试的规则，不答无分。

注：根据党中央、国务院关于优化营商环境、简化行政审批手续、提高审批效率的要求，生态环境部发布了《建设项目环境影响评价分类管理名录（2021 年版）》，只有“涉及环境敏感区”的“房地产开发、商业综合体、宾馆、酒店、办公用房、标准厂房等”才需要编制环境影响报告表，其他则不需要编制环境影响评价文件。

试题二（2011年考题）

某市拟结合旧城改造建设占地面积 1 000 m×300 m 经济适用房住宅小区项目，总建筑面积 63.4 万 m^2（含 50 幢 18 层居民楼）。居民楼按后退用地红线 15 m 布置。西面、北面临街居民楼通过两层裙楼连接，西、北面临街居民楼的一层、二层及裙楼拟作商业用房和物业管理处。部分裙楼出租做小型餐饮店。市政供水、天然气管道接入小区供居民使用，小区生活污水接入市政污水管网，小区设置生活垃圾收集箱和一座垃圾中转站。

项目用地范围内现有简易平房、小型机械加工厂、小型印刷厂等，有一纳污河由东北向南流经本地块，接纳生活污水和工业废水。小区地块东边界 60 m、南边界 100 m 外是现有的绕城高速公路，绕城高速公路走向与小区东、南边界基本平行，小区的西边界和北边界外是规划的城市次干道。

小区南边界、东边界与绕城高速公路之间为平坦的空旷地带，小区最南侧的居民楼与绕城高速公路之间设置乔灌结合绿化带，对 1～3 层住户降噪 1.0 dB(A)。查阅已批复的《绕城高速公路环境影响报告书》评价结论，2 类区夜间受绕城高速公路的噪声超标影响范围为道路红线外 230 m。

【问题】

1．该小区的小型餐饮店应采取哪些环保措施？

【参考答案】

（1）水污染控制措施：含油污水需经隔油池隔油处理后与小区生活污水合并纳入市政污水管网。

（2）大气污染控制措施：油烟废气需经高效油烟净化设施处理后经专用烟道达标排放。

（3）噪声污染控制措施：对于产生噪声的设施或设备（送排风机、油烟净化器等）采取选择低噪声设备、风口消声、安装减震垫等措施；严格控制其为招揽顾客进行户外播放高噪声宣传等。

（4）固废污染控制措施：实行分类存放，餐厨垃圾应放置在有盖容器内，废油脂需由专业机构收集处理；能回收的应由有资质专业机构优先进行回收处理或综合利用，不能回收的及时送往小区垃圾中转站，做到日产日清。

考点分析与答题技巧：此题很简单，是一般餐饮项目所涉及的内容，可以针对水、气、声、渣（固体废物）四类污染源分别提出有针对性的措施。主要依据《饮食业油烟排放标准（试行）》（GB 18483—2001）和《饮食业环境保护技术规范》（HJ 554—2010）中的相关规定进行回答，但一定要结合题干。以上答案与实际环评报告中所提出的环保措施的思路一致，只是实际中需进一步具体化，包括隔油池、油烟净化器的位置，油烟排放口的朝向、高度、与住宅楼的距离等均需明确，并分析是否符合相关要求。答题时，为节省时间，可以不答前面的"水污染控制措施""大气污染控制措施"等表述，主要回答要点。另外，根据《大气污染防治行动计划》，须安装高效油烟净化设施。

2．分析小区最东侧，最南侧居民楼的噪声能否满足 2 类区标准？

【参考答案】

（1）夜间不能满足，昼间不能确定。

（2）根据题意，"绕城高速"环评结论认为 2 类区夜间影响超标范围为道路红线外 230 m，而小区最东侧距公路 60 m、最南侧距公路 100 m，即使居民楼按后退红线 15 m 布置，2 类区夜间仍在绕城高速公路夜间超标影响范围内，因此夜间不能满足。根据题干提供信息，不能确定昼间是否满足 2 类区标准。

考点分析与答题技巧：此题仅需根据题干信息，简单对比距离即可得出夜间不能满足的结论，但要注意题干并没有给出昼间的噪声超标范围，因此不能简单地回答"满足"或"不满足"，要按昼、夜分别考虑，而昼夜的评价标准是不一样的。此题是房地产环评常遇到的问题。本项目是住宅小区，本身也是受保护对象，教育科研类建筑也是如此，实际环评工作中除分析项目本身对外环境的影响外，还需分析外环境（交通噪声、电磁辐射、餐饮油烟、工业污染等）对项目的影响。

3．对该项目最东侧声环境可能超标的居民楼，提出适宜的防治措施。

【参考答案】

（1）首选对绕城高速在该段设置声屏障。

（2）根据超标情况可以考虑以下综合措施：

① 临路居民楼安置隔声窗。② 对公路经过的该路段安装夜间禁鸣标志。③ 进一步加强绿化，设置更宽的乔灌草隔声林带。

考点分析与答题技巧：噪声防治措施是常考内容，防治措施主要立足于声音"三要素"（声源、传播途径、受体）分别结合实际情况进行考虑。在实际环评工作中也是如此，因规划高速的立项、环评手续在先，因此需查阅高速环评中是否将本项目居住小区作为敏感点考虑，是否拟设声屏障或其他措施，采取措施后交通噪声在小区最近居民楼处是否达标均需在本项目环评中说明。另外，本项目的设计应执行《民用建筑隔声设计规范》（GB 50118—2010）中关于外窗隔声标准的相关规定，即“交通干线两侧卧室、起居室窗的隔声量≥30 dB，其他窗的隔声量≥25 dB”，然后进一步分析居民楼噪声是否达标，根据超标程度再综合考虑其他措施。

4. 拟结合城市景观规划对纳污河进行改造，列出对该河环境整治应采取的措施。

【参考答案】

（1）拆迁项目用地范围内的平房和小型机械加工、小型印刷厂等企业。

（2）建设城市二级污水处理厂，市政污水管网的水应排入污水处理厂而不应排入该河道中；污水处理厂出水达到景观用水标准后可作为该河的补水。

（3）对河道进行疏浚，清理底泥污染（清淤）。

（4）划定滨河绿化带实施绿化措施。

（5）防止生活垃圾倾入河道。

考点分析与答题技巧：本题是旧城区改造、平房区拆迁新建地产项目常遇到的问题，需考虑河道环境整治的措施。即使没做过河道整治项目也不影响答题，基本思路：首先是切断污染源（禁止纳污、禁止随意倾入垃圾），但区域生活污水和生产废水总得有去向，因此需配套城市二级污水处理厂；其次是已经污染的需采取河道疏浚、清淤等治理措施；最后是实施绿化让环境进一步变好，同时加强管理维护。

5. 对于小区垃圾中转站，应考虑哪些污染防治问题？

【参考答案】

（1）恶臭污染问题。

（2）蚊蝇及其他病原微生物污染防治。

（3）垃圾渗沥液污染防治。

（4）垃圾转运中的遗撒与车辆噪声污染问题。

考点分析与答题技巧：本题仅需回答污染防治问题即可，而不需回答如何防治。根据常识，想象一下小区垃圾中转站的情况即可正确作答。房地产项目环评中也将垃圾中转站的污染作为分析对象，其选址合理性也是需要考虑的方面。

试题三（2005 年考题）

某大城市拟建设一个超高层的、多功能的特大型商贸中心，该项目包括 4 座超高层办公写字楼，2 座饭店，1 座公寓，1 座会议中心，2 个展览厅，1 座商场，1 个地下车库，总建设面积 10 万 m^2。锅炉房有 3 台 7 t/h 的燃油锅炉，并配有小型地下油库一座，锅炉烟囱高度 100 m。距烟囱 150 m 处有一塔楼高 200 m。该城市已建有污水处理厂。项目给水与排水管网拟和市政管网相连。项目用地是化工厂搬迁后腾出的空地，原厂区的地面建筑物及取水井尚未拆除。本地块的用地性质定为商贸服务业用地。项目西侧为城市主干线道路；北侧有多层建筑物，包括住宅区；东侧 200 m 处有一古庙建筑群；南侧有湖泊。4 座写字楼的外墙均采用玻璃幕墙。地下车库有 1 500 个停车位。

【问题】

1．对该项目进行环境影响评价，还需了解该项目的哪些最基本的信息？

【参考答案】

（1）原化工厂环境影响评价及竣工验收情况，特别是原辅材料堆放和利用情况以及生产工艺和产品等情况；原化工厂是否发生过污染事件。

（2）拟建工程总平面布局情况。

（3）地下水影响评价需要了解项目区工程地质及水文地质情况，地下油库储油罐数量、采取的防渗措施等基本情况；周边地下水是否受到污染。

（4）环境空气影响评价需了解饭店规模，燃料，锅炉型号、使用情况（是否有备用锅炉）及燃油种类，地下车库排气方式及排气筒位置、高度等。

（5）噪声影响评价，需了解其动力设施的布局及主要动力设备情况，特别是与周边各声环境保护目标的位置关系。

考点分析与答题技巧：此题的意思其实是“除了题干提供的信息，还需哪些最基本信息，才能正常推进环评”。对于任何一个项目进行环评，首先需了解清楚工程情况（详细程度需能满足工程分析——污染源分析）、用地现状及环境质量现状。一个有实际工作经验或复习到位的考生应该做到只要阅读题干中的每一句话，就马上能猜到相应出题点。要学会从题干中迅速提取有效信息，一个好的案例考题是几乎没有废话的，即使有废话也是专门用作干扰考生的。注意：按照《大气污染防治行动计划》（国发〔2013〕37 号）（学习中要注意，还有环境保护部 2013 年第 59 号公告《环境空气细颗粒物污染综合防治技术政策》）中关于全面整治小锅炉的要求，到 2017 年年底需考虑淘汰该项目的锅炉。此外，本题答案（1），实际上也是场地环境调查、评价的内容之一（2014 年 2 月 19 日，环境保护部以公告〔2014〕14 号颁布了 5 项场地环境评价标准 HJ 25.1—2014、HJ 25.2—2014、HJ 25.3—2014、HJ 25.4—2014、HJ 25.5—2014，于 2014 年 7 月 1 日开始实施）。

2. 环境现状监测方案中，已确定了地表水、气、声的监测要素，还需考虑哪些监测内容？请说明理由。

【参考答案】

（1）还需监测土壤和地下水。

（2）项目用地是化工厂搬迁后腾出的空地，原厂区的地面建筑物及取水井尚未拆除，存在原有环境污染问题，需进一步查明，解决遗留问题。

考点分析与答题技巧：考生一定要看清楚并理解问题后作答，否则既浪费时间又画蛇添足。此题第一问仅需回答土壤和地下水两个要素即可，不需要回答具体的监测点位、指标等。国家环境保护总局《关于切实做好企业搬迁过程中环境污染防治工作的通知》（环办〔2004〕47 号），以及《土壤污染防治行动计划》和《土壤污染防治法》需认真学习。场地环境影响评价是一项很重要的工作，今后将会更加重视。

3. 分析判断该项目对环境的主要影响有哪几个方面？

【参考答案】

（1）施工期的噪声、扬尘及施工垃圾、施工期污水排放是主要影响。

（2）营运期锅炉房烟气、饭店油烟、地下车库尾气对环境空气的影响；各功能区产生的固体废物如果处理处置不当，将会造成环境污染；排水管网、地下油库等渗漏可能会对地下水造成污染；此外，还有高楼风、光遮挡和光污染。

考点分析与答题技巧：本题需结合题干全面列出各环境要素的影响。房地产项目的主要影响是施工期影响和一些特殊影响（高楼风、光遮挡和光污染）及社会环境影响。另外，作为受保护对象，还需考虑外环境对本项目的影响。

4. 说明烟囱高度的合理性及理由。

【参考答案】

（1）不能确定。

（2）因为燃油的油品种类（是否为轻柴油、煤油或重油、渣油）没有确定。

考点分析与答题技巧：此题是对当年原《锅炉大气污染物排放标准》（GB 13271—2001）的考查。题干中只给出是燃油锅炉，但并没有说明是燃轻柴油、煤油或其他燃料油。若是燃轻柴油、煤油锅炉，烟囱高度应按批准的环境影响报告书要求确定，但不得低于 8 m，本工程 100 m，符合最低高度要求，基本是合理的。若是轻柴油、煤油除外的燃油锅炉，本工程锅炉房装机总容量 21 t/h，标准要求烟囱高度最低 45 m，本工程 100 m，满足最低高度要求。但本项目锅炉房烟囱高度却不满足应高于周围半径 200 m 范围内最高建筑物（本工程周围半径 150 m 内有 200 m 高楼）3 m 以上的要求，排放标准须严格 50%执行，即如果排放浓度能够达标，则高度合理，否则不合理。

需要指出的是，《锅炉大气污染物排放标准》（GB 13271—2001）已被 GB 13271—2014 替代，已无“烟囱高度不满足半径 200 m 范围内最高建筑物 3 m 时，排放标准应严格 50%”的要求。如此，则只能加高烟囱以满足标准要求。因此，考生应该学习 GB 13271—2014。锅炉是常见供热设施，很多项目中会涉及，而且常常是重点监管对象，其污染物排放标准是监管的重要依据。因此，在环评考试中出现的频率比较高，考生一方面应认真学习相关法律法规及规范性文件，另一方面也需要认真学习《排污许可证申请与核发技术规范　锅炉》（HJ 953—2018）等相关标准。

十、废物处理处置案例

试题一（2023 年考题）

某新建的年处理 1×10^4t 含锌炉渣综合利用项目位于有色金属产业园区，建设内容主要包括原料贮存及预处理车间、浸出车间、净化车间、电积车间、废水处理站、固体废物暂存库、锅炉房和供配电、给排水等设施，配备的设备主要有球磨机、反应槽、电解槽、整流器、空气冷却塔、中频电炉、铸锭机和燃气锅炉等。项目以铜加工企业黄铜（铜锌合金）熔铸工序产生的含锌炉渣（成分见下表）为原料，采用“硫酸浸出→电解沉积”的主工艺路线回收其中的锌金属，工艺流程见下图。

含锌炉渣中主要元素质量百分比分析结果　　单位：%

元素	Zn	Cu	Fe	Pb	Cd	As	Ni	Cr
含量	32.80	15.30	2.00	0.032	0.003 6	0.002 4	0.006	0.002 4

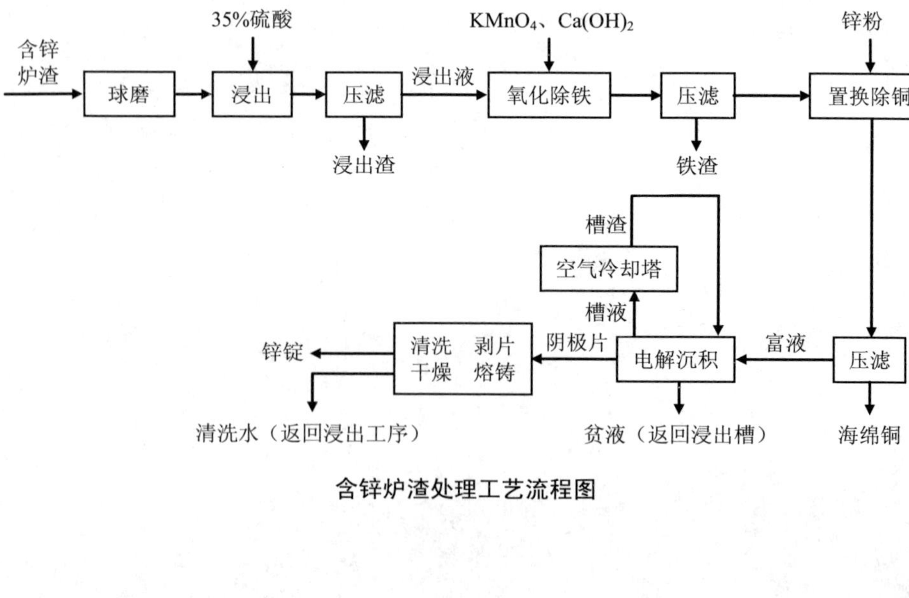

含锌炉渣处理工艺流程图

图中，首先在原料贮存及预处理车间采用球磨机将含锌炉渣细磨至合格粒度，然后在浸出车间的敞口式浸出反应槽中，采用浓硫酸配制的 35%硫酸将炉渣中的锌以硫酸盐的形式浸出，并经压滤得到浸出液和浸出渣。为保证炉渣中的锌被充分浸出，浸出反应槽配有蒸汽盘管加热和搅拌装置，反应温度维持在不低于 80℃，并保持硫酸相对过量，控制 pH 在 1～2。浸出车间压滤分离出的浸出渣的产生量为 8 580 t/a，含水率为 28%。

净化车间包括氧化除铁和置换除铜两道工序，目的是去除浸出液中被过量硫酸浸出的铁和铜。氧化除铁工序首先采用高锰酸钾将浸出液中的二价铁氧化为三价铁，然后通过消石灰沉淀、压滤，将铁以铁渣的形式去除；置换除铜工序采用锌粉将浸出液中的铜离子置换为单质铜，并经压滤，将铜以海绵铜的形式去除。净化车间获得的合格硫酸锌溶液（中性，Zn^{2+}浓度 170 mg/L，简称富液）送电积车间电解槽。置换除铜工序锌粉（含锌 98.00%）消耗量为 100 t/a，副产品海绵铜的产量为 150 t/a，含水率为 28%，铜品位为 70%（按干基计）。

在电积车间，重复使用的阳极板和阴极板按顺序排列在电解槽中，在直流电的作用下开始电解沉积作业，硫酸锌溶液中的 Zn^{2+}在阴极获得电子并以金属锌的形式沉积在阴极板上，经一个电解周期（48 h）的沉积形成阴极片，然后再经清洁水清洗、剥片、干燥、熔化和铸锭等作业得到最终的锌锭产品。经电解沉积作业后的硫酸锌溶液（Zn^{2+}浓度 50 mg/L、H_2SO_4浓度 120 mg/L，简称贫液）返回浸出车间浸出槽循环使用。在电解沉积过程中，电解槽中的硫酸锌溶液会因为电流的作用而导致液温升高，为维持 35～40℃的液温，需将一定量的槽液持续抽出并经空气冷却塔与空气直接换热降温后返回电解槽。电积车间的锌锭产量为 3 000 t/a，产品品质为锌含量 99.50%。阴极片清洗产生的清洗水直接回用浸出车间，用于浸出工序的硫酸配制。

废水处理站主要处理浸出、净化、电积等生产车间的地面冲洗水和厂区受污染区域的初期雨水。固体废物暂存库用于暂存浸出渣、铁渣等工业固体废物。

本项目厂址区域分布岩（土）层多为亚砂土，中等透水，包气带防污性能分级为“弱”。

【问题】

1. 指出本项目排放硫酸雾的工艺环节，并给出可行的污染防治措施。（4 分）

【参考答案】

（1）排放硫酸雾的工艺环节：浸出（1 分）、电解沉积（1 分）。

（2）污染防治措施：

① 浸出车间、电积车间日常密闭作业并保持负压状态（0.5 分）；

② 敞口式浸出槽、电解沉积槽改为密闭设计（0.5 分），无法密闭时上方设

集气罩（0.5 分）；

③ 废气收集后采用“网格凝聚法+碱液喷淋吸收法”（0.5 分）处理后达标排放。

考点分析与答题技巧：根据题干信息“在浸出车间的敞口式浸出反应槽中，采用浓硫酸配制的 35%硫酸将炉渣中的锌以硫酸盐的形式浸出”“浸出反应槽配有蒸汽盘管加热和搅拌装置，反应温度维持在不低于 80℃，并保持硫酸相对过量，控制 pH 在 1～2”“经电解沉积作业后的硫酸锌溶液（Zn^{2+}浓度 50 mg/L、H_2SO_4浓度 120 mg/L，简称贫液）返回浸出车间浸出槽循环使用。在电解沉积过程中，电解槽中的硫酸锌溶液会因为电流的作用而导致液温升高，为维持 35～40℃的液温，需将一定量的槽液持续抽出并经空气冷却塔与空气直接换热降温后返回电解槽。”显然浸出和电解沉积环节会有硫酸雾产生。题干称浸出车间反应槽为敞开式，故污染防治应该采取“密闭”措施，包括车间密闭与负压、浸出槽、电解沉积槽的密闭等，对挥发收集的硫酸雾可以采用凝聚（如冷凝，从题干信息来看，反应温度较高）、碱吸、活性炭吸附等措施。有称“35%硫酸配置环节”也是硫酸雾产生的环节，也是可以认可的；有称“采用喷淋塔碱洗”工艺去除硫酸雾，也是可行的。

【补充知识】

硫酸雾等酸雾治理方法有抑制法和净化法两种。净化法中有吸收法、吸附法、丝网过滤法、除雾法。

（1）吸收法：通过排气罩捕集的含酸雾废气进入吸收设备，用流体吸收液吸收净化酸雾的方法。常用的化学吸收法有碱液吸收、氧化吸收和还原吸收三种。碱液吸收采用的吸收剂有 NaOH、$CaCO_3$ 等吸收剂。氧化吸收主要是在碱液中加入适量氧化剂，如 $KMnO_4$ 或臭氧，以提高净化效率。还原吸收是用还原剂如 Na_2S、NaOH 等与酸雾反应：常用的吸收设备有喷淋塔、填料塔和筛板塔等。

（2）吸附法：使通过排气罩捕集的含酸雾废气进入吸附设备，用吸附剂吸附净化酸雾的方法。吸附剂吸附酸雾分为物理吸附和化学吸附两种。吸附剂主要为活性炭或其它一些对介质有较强吸附能力的物质。

（3）丝网过滤法：使含酸雾废气通过用细丝编织成的过滤网除去酸雾的方法。丝网材质有金属丝、玻璃丝和塑料丝等。过滤法的除雾机理是：不同粒径的酸雾滴悬浮在气流中，由于互相碰撞而凝聚成较大的颗粒，在经过丝网、板网或纤维层时，通道弯曲狭窄，在惯性效应和钩住效应（咬合效应）作用下，附着在丝网、板网或纤维上。不断附着的结果使细小的酸液滴增大并降落下来，最后流入集液箱回用。酸雾过滤器的滤层主要包括板网、丝网和纤维三种型式。板网除雾器的滤层通常由聚氯乙烯材料制作，交错叠置于设备内。丝网除雾器中的丝网一般由聚乙烯或耐腐蚀不锈钢材料制作而成。纤维除雾器的纤维材料则以聚丙烯和玻璃纤维居多。

（4）静电除雾法：通过电除雾器除去酸雾的方法。与静电除尘相仿，通过静电控制装置和直流高压发生装置，将交流电变成直流电送至除雾装置中，在电晕线和酸雾捕集极板之间形成强大的电场，使空气分子被电离，瞬间产生大量的电子和正、负离子，这些电子和离子在电场力的作用下作定向运动，构成了捕集酸雾的媒介。同时使酸雾微粒荷电，这些荷电的酸雾粒子在电场力的作用下，作定向运动，抵达到捕集酸雾的阳极板上之后荷电粒子在极板上释放电子，于是酸雾被集聚，在重力作用下流到除酸雾器的储酸槽中，这样就达到了净化酸雾的目的。

2. 指出进入废水处理站废水的主要污染因子，给出适用的处理工艺和回用途径。（6 分）

【参考答案】

（1）污染因子：pH、SS、总锌、总铜、总铁、总铅、总镉、总砷、总镍、总铬、总锰、硫酸盐；（总分 3 分。少答 1 项扣 0.5 分）

（2）处理工艺：中和+化学沉淀法+膜分离法；（1 分。或答中和+物理沉淀+化学沉淀）

（3）回用途径：根据处理后的水质情况回用于阴极片清洗用水（0.5 分）、浸出工序硫酸配制用水（0.5 分）、锅炉房用水（0.5 分）、地面冲洗用水（0.5 分）等。

考点分析与答题技巧：根据题干信息，“废水处理站主要处理浸出、净化、电积等生产车间的地面冲洗水和厂区受污染区域的初期雨水”“阴极片清洗产生的清洗水直接回用浸出车间，用于浸出工序的硫酸配制”。另外，题干的“表格”中已给出“含锌炉渣中主要元素质量百分比分析结果（%）”，废水中的这些金属成分是不能避免的；工艺过程硫酸用量较大，废水为酸性废水。化学沉淀法是去除重金属的常用方法。

3. 计算本项目锌总回收率和浸出渣的铜品位（按干基计）。（4 分）

【参考答案】

答案一：

（1）锌投入量：$1\times10^4\times32.80\%+100\times98\% = 3\ 378$ t/a;

（2）锌回收量：$3\ 000\times99.50\% = 2\ 985$ t/a;

（3）锌总回收率：$2\ 985\div3\ 378\times100\% = 88.4\%$;

（4）铜投入量：$1\times10^4\times15.30\% = 1\ 530$ t/a;

（5）海绵铜含铜量：$150\times（1-28\%）\times70\% = 75.6$ t/a;

（6）浸出渣含铜量：$1\ 530-75.6 = 1\ 454.4$ t/a;

（7）浸出渣的铜品位：1 454.4÷[8 580×（1–28%）] = 23.5%。

答案二：

锌回收率：（3 000×99.50%）÷（1×10^4×32.80%+100×98%）=0.883 7=88.4%（2 分）

浸出渣的铜品位：{（1×10^4×15.30%）–[150×（1–28%）×70%]} ÷[8 580×（1–28%）]=0.235 4=23.5%　（2 分）

考点分析与答题技巧：根据题干信息，锌投入项的信息有：本项目为“年处理 1×10^4 t 含锌炉渣综合利用项目”（表中给出含锌量为 32.80%），“置换除铜工序锌粉（含锌 98.00%）消耗量为 100 t/a”这个锌粉是添加的，即人为投入的；锌回收项即产品项信息为“电积车间的锌锭产量为 3 000 t/a，产品品质为锌含量 99.50%。”有了这些信息，锌回收率即可计算。关于浸出渣中铜的信息，题干有“年处理 1×10^4t 含锌炉渣综合利用项目（表中给出含铜量为 15.30%）”“浸出车间压滤分离出的浸出渣的产生量为 8 580 t/a，含水率为 28%”“副产品海绵铜的产量为 150 t/a，含水率为 28%，铜品位为 70%（按干基计）”根据这些信息即可计算。

虽然本小题很容易计算，几乎无难度，但使用题干中的相关数据较多，且在题干中较分散，需要耐心寻找，考验考生的耐心。答案一有步骤地解答，容易得分，但其中一步算错了，就会失分；答案二虽然简洁，但一不小心也会丢分。

4．指出浸出渣的危险特性，并说明理由。（4 分）

【参考答案】

（1）危险特性：腐蚀性、毒性；

（2）理由：

① 浸出渣为危险废物；

② 浸出渣含水率为 28%，浸出液硫酸相对过量、pH 在 1～2；

③ 主要成分含锌铜铅镉砷铬等重金属。

考点分析与答题技巧：危险废物是环境管理的重点工作，也是多年来环评工程师考试出题的高频点。考生一方面需要认真学习固体废物污染防治法以及《国家危险废物名录》等相关法律法规、规范性文件、危险废物处理处置的相关标准等。本小题根据题干提供的表格及本项目工艺过程，不难确定浸出渣为危险物，而其强酸性和重金属含量也决定其具有腐蚀性和金属毒性。

5．给出净化车间地下水污染防渗技术要求，说明理由。（2 分）

【参考答案】

（1）防渗技术要求：等效黏土防渗层 Mb≥6.0 m（0.5 分），K≤1.0×10^{-7} cm/s（0.5 分）。［或答：参照《危险废物填埋场污染控制标准》（GB 18598）执行，

即赋 1 分]

（2）理由：包气带防污性能分级为“弱”（0.5 分）、污染物类型为锌铜铅镉砷铬等重金属（0.5 分）。（或直接答：防渗分区为重点防渗区，即赋 1 分）

考点分析与答题技巧：本小题实质上是考察对地下水污染防治措施。根据题干信息，净化车间涉及危险废物，且“本项目厂址区域分布岩（土）层多为亚砂土，中等透水，包气带防污性能分级为‘弱’”，为重点防渗区。根据 HJ 610—2016 的“表 7 地下水污染防渗分区参照表”即可答出本项目地下水防渗技术要求。

【扩展思考题】

1．给出危险废物暂存库的环境管理与防渗要求。

2．指出本项目需要采取防渗措施的工程单元。

3．说明浸出渣、铁渣的处理处置方式。

4．根据工程分析的需要，除题干信息外，还需调查工程方面的哪些关键信息。

试题二（2022 年考题）

根据环卫规划，为服务东部行政区，H 市拟在城市主导风向西南风的下风向、距主城 25 km 处新建一座生活垃圾焚烧发电厂。该厂设计日处理生活垃圾 2 400 t。采用 3×800 t/d 机械炉排焚烧炉和配套 2×40 MW 汽轮发电机组配置形式。工程内容包括新建生活垃圾焚烧、烟气净化、渗滤液处理、飞灰稳定化处理、炉渣综合利用等生产、环保设施，半地下柴油储罐、地面氨水储罐、循环冷却水系统等仓储公用设施以及生活、办公等设施。

生活垃圾由汽车运输进厂，经地磅称重后，在卸料大厅（地面标高+0.0）卸入垃圾池（池底标高−7.0 m）而后由吊车抓斗提升倒入料斗，经落料槽、给料器送入焚烧炉焚烧。设计入炉垃圾低位发热值为 7 573 kJ/kg，当入炉垃圾热值不足时，采用 $0^{\#}$轻柴油助燃。焚烧炉炉渣由排渣机送入贮渣池（池底标高−4.5 m），再输送至炉渣综合利用区处置。

每台焚烧炉配套单独烟气处理系统，烟气经过 SNCR（炉内喷入 25%氨水）、余热锅炉、半干法吸收（氢氧化钙浆液）、干法吸收（碳酸氢钠粉料）、吸附（活性炭细粉）、袋式除尘、换热和 SCR（25%氨水）处理达标后，由引风机引至车间外 80 m 高的 3 管集束式烟囱中的 1 管排放。

垃圾池产生的渗滤液自流进入渗滤液收集池（池底标高−12 m），经提升进入渗滤液处理系统，采用“预处理+厌氧+好氧+超滤”工艺处理，经处理达到《污水综合排放标准》（GB 8978—1996）三级标准后，再由市政管道进入 H 市第三污水处理厂处理，超滤系统产生的浓缩液经雾化喷嘴喷入焚烧炉处理。渗滤液处理过程中产生的脱水污泥送焚烧炉焚烧处置。

卸料大厅为负压形式，垃圾池采用全封闭结构，卸料大厅通风排气与垃圾池产生的恶臭气体全部收集后，作为助燃空气送焚烧炉焚烧净化。焚烧炉停运、检修期间，垃圾池产生的臭气采用一套活性炭吸附装置净化后，通过 44 m 高排气筒排放。卸料大厅适当喷洒植物除臭液抑臭。

烟气净化系统收集的飞灰在稳定化车间经投加螯合剂进行稳定化处理后，送飞灰暂存间养护 3～5 天，经检测达到生活垃圾填埋场接收标准后，送填埋场处置。

项目生产用水 3 000 m^3/d，主要用于余热锅炉软化水制备、循环冷却水系统补水、氢氧化钙浆液配制、污水处理及飞灰稳定化药剂配制、炉渣综合利用配料、卸料大厅及生产车间地面清洗等。

H 市为北方缺水城市。本项目设计生产生活用水近期采用地下水，待供水管网完善后采用城市供水厂供水。经调查，H 市第三污水处理厂位于项目厂址西侧 26 km 处，采用“A^2O+深床滤池+臭氧氧化”处理工艺，处理规模为 45×10^4 t/d。历史监测数据表明，该污水处理厂稳定运行，出水稳定达到《城镇污水处理厂污染物排放标准》（GB 18918—2002）一级 A 标准。

项目厂址北面为林地，170 m 处有 R 河经过，东、南两面毗邻农田，西面 0.3 km 处有一家一期已经投产、二期在建的危险废物焚烧处置厂。最近的环境空气保护目标 A 村位于厂址南侧 1 100 m 处。

环评编制单位判定土壤、大气环境影响评价工作等级均为一级。本项目大气评价范围处于规划的二类环境空气功能区。环评文件编制单位以本项目新增污染源贡献值叠加现状浓度后，预测得出二氧化氮（NO_2）95%保证率日平均质量浓度和年平均质量浓度均符合大气环境质量标准，据此判定 NO_2 环境影响可接受。

【问题】

1. 本项目用水方案是否合理？说明理由。

【参考答案】

（1）不完全合理（或答生活用水方案合理，生产用水方案不合理）

（2）理由：

① 生活用水近期采用地下水，待供水管网完善后采用城市供水厂供水是可行的；但生产用水也采用地下水和城市供水厂供水显然是不合理的。

② 生产用水首先应考虑采用 H 市第三污水处理厂处理后的中水，而且该污水处理厂出水稳定达一级 A 标准，满足本项目利用方式。

考点分析与答题技巧：根据题干信息“H 市为北方缺水城市。本项目设计生产生活用水近期采用地下水，待供水管网完善后采用城市供水厂供水，经调查，H 市第三污水处理厂位于项目厂址西侧 26 km 处，采用“A^2O+深床滤池+臭氧氧化”处理工艺，处理规模为 45×10^4 t/d。历史监测数据表明，该污水处理厂稳定运行，出水稳定达到《城镇污水处理厂污染物排放标准》（GB 18918—2002）一级 A 标准”“项目生产用水 3 000 m^3/d，主要用于余热锅炉软化水制备、循环冷却水系统补水、氢氧化钙浆液配制、污水处理及飞灰稳定化药剂配制、炉渣综合利用配料、卸料大厅及生产车间地面清洗等”。因此，生产用水要求水质较低，采用城市污水处理厂处理后的中水是可行的。

2023 年的兽用疫苗案例考了排水方案的合理性分析。考试思路基本类似。

2．指出焚烧炉烟气净化系统各处理单元的作用。

【参考答案】

（1）SNCR：去除 NO_x；

（2）余热锅炉：回收烟气热能降低烟气温度，急冷防止二噁英炉外低温区再生成，为后续吸收、吸附法创造条件；

（3）半干法吸收、干法吸收：二级去除 SO_2、HCl、HF 等酸性气体，确保达标；

（4）吸附：吸附二噁英类、重金属及其化合物；

（5）袋式除尘：去除颗粒物、二噁英类及重金属及其化合物；

（6）换热：提升烟气温度，为 SCR 创造条件；

（7）SCR：进一步去除 NO_x，确保稳定达标排放。

考点分析与答题技巧：本小题考察对环保设施处理工艺不同环节的功能或作用的了解情况。根据题干信息，每台焚烧炉配套单独烟气处理系统，烟气经过 SNCR（炉内喷入 25%氨水）、余热锅炉、半干法吸收（氢氧化钙浆液）、干法吸收（碳酸氢钠粉料）、吸附（活性炭细粉）、袋式除尘、换热和 SCR（25%氨水）处理达标后，由引风机引至车间外 80 m 高的 3 管集束式烟囱中的 1 管排放。因此，对应这个信息，便可做出解答。

3．给出焚烧烟气净化系统环境管理台账中需记录的消耗性材料。

【参考答案】

（1）25%氨水、脱硝催化剂；

（2）氢氧化钙、碳酸氢钠粉料；

（3）活性炭细粉；

（4）布袋滤料；

考点分析与答题技巧：本小题属于建设项目环境管理范畴，或企业日常管理中对耗材进行记录的基本工作。本小题设问明确，而且题干中有相应的信息，根据上一小题也可以完成解答。解答难度不大。

4．指出厂区内 5 个土壤柱状样点布置位置，说明厂区柱状样点的最大取样深度。

【参考答案】

（1）半地下柴油储罐、垃圾池（池底标高−7.0 m）、贮渣池（池底标高−4.5 m）、渗滤液收集池（池底标高−12 m）、飞灰暂存间；

（2）渗滤液收集池采样点深度最大，最大深度位于−15～−12 m。

考点分析与答题技巧：本小题是考察“土壤导则”关于柱状样取样布点及采样深度要求的应用。当然是针对会对深层土壤环境及地下水造成污染的主要污染源所在区域进行布点了。根据题干识别出 5 个主要污染源即可完成本小题的解答。

2023 年的兽用疫苗案例也考了有关土壤监测的问题，与本小题类似。

5. 环评文件编制单位判定 NO_2 环境影响可接受的做法是否正确？说明理由。

【参考答案】

（1）不正确;

（2）理由:

① 本项目大气环境影响评价等级为一级，仅以新增污染源贡献值叠加预测的做法是不够的，还应叠加危险废物焚烧处置厂二期在建污染源贡献值。

② 没有判断是否属于达标区，就叠加 A 村现状值的做法错误，应先判断是否属于达标区，达标区叠加现状，不达标区叠加规划目标值。

③ 95%保证率错误，应为 98%保证率。

④ 缺失新增污染源短期最大浓度贡献值占标率、年平均质量最大浓度贡献值占标率评价内容。

考点分析与答题技巧：本小题的设问在“考试大纲”中是有要求的，即判定评价结论是否正确或可信、可行等。本小题实质上也是考察《环境影响评价技术导则　大气环境》（HJ 2.2—2018）关于一级评价预测的规定。因此，考生必须认真学习各类技术导则、规范、标准等。

试题三（2020年考题）

在2020年度环境影响评价工程师考试案例分析科目中，废物处理处置案例有一危险废物处置中心改扩建项目。题干信息缺失，本书只能将问题列出，并根据4个小问题及可能的题干情况提供一个思考方向，供备考者参考。

【问题】

1．调查现有项目下渗和沉降污染影响还需考虑的土壤现状监测点位。

本小题考查了对《建设项目环境影响评价技术导则　土壤环境（试行）》（HJ 964—2018）中关于土壤环境现状监测点位布设的熟悉情况，加上前文中的输油管线改线案例，2020年的案例考试有两个案例考了土壤环境监测布点方面的内容。因此，土壤环境监测的采样点位布设是十分重要的。本案例有下渗和沉降污染，显然应根据确定的土壤环境污染影响型评价等级布设相应数目的柱状样和表层样采集位置，其采样位置布设要求在HJ 964—2018中有具体的规定。题干中要么给出了土壤环境影响评价的等级，要么给出了确定评价等级的信息而需考生在解答本小题时自行确定，之后才能根据评价等级再确定监测点位。因此，题干信息一定要弄清楚。从2019年和2020年度的案例科目均考了土壤监测点位的情况来看，关于土壤环境监测布点的要求，考生应牢记。

2．列出改扩建项目实施后发生变化的有组织废气污染源。

本小题的设问属于工程分析“环境影响源识别”的范畴，即识别废气有组织排放源。题干应该给出了改扩建项目实施前的有组织废气污染源和实施后的有组织排放废气源，由此才能说明变化情况。关于发生变化，可能是位置、排气筒高度、排放速率、排放浓度、排放废气的种类等发生变化，还可能是分散的变为集中的或集中的变为分散的，或无组织排放变为有组织排放等。要注意看题干信息。本小题的解答应注意，要求的是“发生变化的”“有组织”“废气污染源”，如果答上未发生变化的、无组织的、废气以外的其他污染源，如环境风险、废水等，均不得分。

3．指出绝氧热解系统燃烧烟气排放达标说法的可疑之处及原因。

由本小题可以看出，本案例的危险废物处置中心有焚烧工艺，题干给出了绝氧热解系统燃烧烟气排放达标的说法，但存在可疑之处。这就需要根据题干提供的信息，通过计算判断烟气或其中的某一污染物不达标或不能判定其达标，或题干提供的信息不足而无法判定为达标（与给定的标准对比，主要包括排放速率、排放浓度、排气筒高度）。此类问题已考过多次，难度应该不大。但要注意，这个“原因”的说明一定要准确。

4．判断高盐废水蒸发盐泥的处置方案是否合理并说明理由。

本小题与前一小题设问方式一致，是针对固体废物处理处置措施的。根据《固体废物污染环境防治法》，固体废物的处置原则是“减量化、资源化、无害化”。已经产生了的一般固体废物，应首先考虑资源化，危险废物则应首先采取无害化措施。题干中应该给出了盐泥的处理方案，但是否合理，需要考生根据题干给出的信息并依据掌握的有关法律法规、规范性文件、技术规范、标准等进行判定。首先，根据其成分与含量判定是一般固体废物还是危险废物，然后根据固体废物的处置技术判断其是否符合相关技术规范与标准。题干所给的处置方案可能是合理的，也可能是不合理的，但判断的“理由”的说明必须是合法合规的、准确的、充分的。

注：2019 年，生态环境部颁布《排污许可证申请与核发技术规范　危险废物焚烧》（HJ 1038—2019），对进一步了解此类项目和解答此类考题有重要的指导意义，考生应认真学习。

试题四（2020 年考题）

在 2020 年度环境影响评价工程师考试案例分析科目中，废物处理处置案例另有一“废铅酸蓄电池回收利用项目”。该案例的题干信息缺失，本书只将问题列出，并根据 5 个小问题及可能的题干情况提供一个思考方向，供备考者参考。

【问题】

1. 指出预处理车间的主要污染物，推荐可行的处理方法。

本小题设问属于工程分析中的污染物识别和环境保护措施中的污染物治理或污染防治措施的范畴。解答本小题的关键是看清楚题干给出的预处理车间的处理工艺，根据工艺环评即可指出主要污染物。知道了主要污染物，就可以根据实际工作储备的或学习过的、掌握的有关标准、规范和技术方法提出处理方法。

2. 计算水淬渣的含镍率，说明是否满足园区规划环评的要求。

从本小题来看，题干中给出了本项目处于某产业园区，该园区进行了规划环境影响评价，而且给出了规划环评结论或审查意见的要求。让计算某物质的含量，则题干一定会给出相应的信息。至于说明是否满足园区规划环评的要求，则题干一定给出了园区规划环评关于含重金属固体废物处理处置方面的具体要求，只需根据该要求分析水淬渣的含镍率或处理处置措施是否符合要求。2020 年案例科目的考题，还有一个电镀线的案例也考了含镍率的计算，即有两个案例要求计算这个含量的。

3. 工人洗洗废水与洗浴废水处理方案是否合理？说明理由。

本小题据考生回忆应该是有问题的，不应该是“洗洗废水”。根据本小题的设问，题干应该给出了废水的处理方案，但是否合理需要考生判定。考生应该清楚废水处理的基本原则，即不同种类或不同性质的废水应分别进行处理或至少应该分别进行预处理，特别是含有第一类污染物的废水，以及“清污分流（清洁下水与污水应分别收集处理）”“污污分流（不同性质、不同类型的污水应分别收集处理）”“治污用清（污水应予处理，清洁下水应予再利用）”“综合利用”等。一般这样设问，往往题干给出的废水处理方案是有问题或不合理的，但考生在答题时一定要将理由表述准确。

4. 指出本项目产生的危险废物，分析拟采取处理措施的合理性。

虽然本小题设问别扭，但难度不大。根据题干给出的信息，有一定环评工作经验的考生应该能够准确找出危险废物。如果考生认真学习了《国家危险废物名录（2021 年版）》也不难判断。关于采取的处理措施的合理性分析，应该是题干给出了一些危险废物的处理措施，需要考生分析其合理性。这个合理性的分析一要注意危险废物处理处置的基本原则（如无害化、减量化、资源化），以及应该采取的分类分别处理处置和“三防”措施等。解答本小题，一定要根据题干提供的不同种类危险废物及其处理措施分别列出并准确分析、说明。虽然解答本小题离不开题干信息，但本小题一定程度上也考查了考生对《中华人民共和国固体废物污染环境防治法》《国家危险废物名录（2021 年版）》以及国家发布的一系列有关危险废物的标准和技术规范等的了解情况。

5. 指出进行 PM_{10} 日平均质量浓度预测还需要开展的工作内容。

本小题实际上考查了考生对《环境影响评价技术导则　大气环境》（HJ 2.2—2018）的熟悉程度。进行 PM_{10} 预测，题干应该是给出了一些信息，但根据预测模式，题干提供的信息还不够。只要掌握了导则给定的预测模式及参数、指标，很容易就可以答出还需要开展的工作内容。类似考题多次出现过，考生一定要对各技术导则中常用的预测模型有所了解，并知悉预测需要的参数、指标及关联性等。

注：2019 年生态环境部颁布《排污许可证申请与核发技术规范　废弃资源加工工业》（HJ 1034—2019），2020 年颁布实施了《废铅蓄电池处理污染控制技术规范》（HJ 519—2020），对进一步了解该行业和环评工程师考试解答此类案例有重要的指导意义，考生应认真学习。

试题五（2019 年考题）

在 2019 年度环境影响评价工程师考试案例科目中，废物处理处置方面是以水泥窑协同处理生活垃圾项目的形式给出的。该案例的题干信息缺失，本书只能将问题列出，并根据 5 个小问题及可能的题干情况提供一个思考方向，供备考者参考。

【问题】

1. 指出技改工程产生的危险废物。

在固体废物考试方面，危险废物一直是重点，出题频率较高。2019 年多个案例考题中涉及危险废物。从本小题来看，要求根据题干所给信息，将技改工程产生的危险废物指出来。注意，虽然指出危险废物离不开对产生危险废物工艺环节的识别，但指出危险废物种类是本小题的重点。答题时可以将产生危险废物的环节及危险废物名称一并给出。

2. 指出技改工程需重点考虑的防渗单元。

上一小题是识别危险废物，本小题与上一小题似乎是对应关系。防渗的重点区域并非产生环节，而是堆存场所，这些场所即一个防渗单元。凡是涉及危险废物堆存、处置的场所，均应采取防渗措施。另外，防渗区域分为重点防渗区、一般防渗区和简单防渗区，重点防渗区即重点防渗单元。因此，要解答本小题就应根据题干信息，识别出重点防治区，也就可以答上重点要考虑的防渗单元了。

3. 指出开展环境空气质量现状调查与评价补充监测的大气污染物。

本小题出题的主题思想与 2019 年“废物处理处置案例”中的水泥窑协同处理生活垃圾项目的第 3 小题是一致的。从本小题来看，题干应该给出了一些环境空气质量监测指标，考生应该根据题干信息，指出需要补充的大气污染物监测指标；除常规污染物外，特别重要的是特征污染物，无论在工程分析、影响预测评价，还是环境保护措施等中均需考虑。在环境影响评价实际工作中，遗漏特征污染物是大错。考生一定要牢记。

4. 评价技术单位确定 NH_3 大气环境防护距离的做法是否正确？说明理由。

一段较长的时间内，环境影响评价中的大气环境防护距离，往往是以卫生部门的行业规范——卫生防护距离为依据的，是指产生有害因素的部门（车间或工段）的边界至居民区边界的最小距离，即在正常生产条件下，无组织排放的有害气体（大气污染物）自生产单元（生产区、车间或工段）边界到居住区满足GB 3095与TJ 36规定的居住区容许浓度限值所需的最小距离。之后，生态环境部要求通过大气环境影响评价预测结果来确定大气环境防护距离，即以无组织排放面源中心达到环境质量标准的最小距离，超出厂界以外的范围为大气环境防护区域。该要求强调的是“面源中心”“无组织排放”，而且大气防护距离由软件计算，是从污染源开始的，但防护区域是从厂界算起的。从本小题来看，案例题干中应该是提出或核算了一个防护距离，需要考生进行预测分析，并将根据预测结果可确定的防护距离与题干所给出的结果进行比较，从而确定防护距离是否正确。

5. 指出全厂的危险单元，并说明理由。

危险单元是指由一个或多个风险源构成的具有相对独立功能的单元，事故状况下应可实现与其他功能单元的分割。本小题与2019年度案例分析的“输气管道变更项目”第4小题实质上是一致的，只是本小题还需要答上确定为危险单元的理由。根据《建设项目环境风险评价技术导则》（HJ 169—2018），识别、确定危险单元的要素有：有危险物质（易燃易爆、有毒有害）存在、有物质或能量意外释放（泄漏、火灾、爆炸）可能、有相对独立性（事故状况下应可实现与其他功能单元的分割）。但是，需要注意“危险单元”与“重大危险源”的区别，重大危险源一般是危险单元，但不是所有的危险单元都是重大危险源，重大危险源需要根据标准判定。依据《危险化学品重大危险源辨识》（GB 18218—2018），重大危险源辨识指标以单元内存在危险化品数量等于或超过危险化学品重危险源辨识GB 18218—2018中表1、表2规定的临界量即被定为重大危险源：单元内存在的危险化品为单一品种时，该危险化学品数量即单元内危险化学品总量，若等于或超相应临界量则定为重危险源；单元内存在的危险化学品时，按照每危险化学品总量与其表临界量比值之和作为辨识指标（Q），若$Q \geqslant 1$则定为重大危险源。其他内容考生请学习GB 18218—2018。

注：2019年，生态环境部发布了《排污许可证申请与核发技术规范　生活垃圾焚烧》（HJ 1039—2019），对考生进一步了解此类项目以及解答此类考题有重要的指导意义，请考生认真学习该规范。

试题六（2018 年考题）

某城镇现有一座生活垃圾综合处理厂，日处理生活垃圾 300 t，生产有机肥并回收玻璃和金属。主体工程包括卸料间、分选车间、降解车间、制肥车间，附属工程包括仓库、办公楼、废水处理站、燃气锅炉房。全厂用汽用热由燃气锅炉房提供。该厂生产工艺包括垃圾卸料、分选、闪蒸喷爆、干燥、制肥、造粒、包装等工序。垃圾称重后卸入卸料间垃圾储槽，由输送机送至分选车间，采用人工分拣、筛选、磁选方式，分选出垃圾中的金属、玻璃、灯管、砖块、纸板、电池。分选后的垃圾进入降解车间闪蒸喷爆机，经高温高压降解为泥浆状物料，卸入泥浆料仓。泥浆状物料经制肥车间干燥窑干燥（热源为燃气热风炉的热烟气）、粉碎机粉碎后，与氮、磷、钾微量元素及少量黏土在混料罐内混配成有机肥，再经造粒机造粒后装袋出厂。卸料间和分选车间保持负压状态，恶臭气体采用生物滤池净化塔处理；闪蒸喷爆废气采用植物液喷淋+活性炭吸附方法处理；干燥废气采用旋风除尘+活性炭吸附方法处理；混料废气采用袋式除尘方法处理；造粒废气采用旋风除尘方法处理。处理后的废气经各自配套的排气筒排放。废水处理站采用"水解+接触氧化+MBR"工艺，对全厂生产废水和生活污水进行处理，出水回用于闪蒸喷爆、造粒、设备冲洗等环节，不外排。日常监督监测显示：现有工程各有组织废气排放源均达标排放；厂界处各污染物浓度均低于厂界标准限值；厂界环境噪声达标排放；固体废物处置满足环保要求。

该厂拟实施技术改造项目，工程内容包括：在分选车间内增设风选机，分选出垃圾中的塑料；新建一座塑料造粒车间，将分选出的塑料粉碎、水洗甩干、挤出成型、切粒后包装出厂。挤塑机为电加热，操作温度 150℃。挤出、造粒废气特征污染物主要为非甲烷总烃、粉尘等，经集气系统（集气率 70%）收集后，管输至废气处理装置，采用"袋式除尘+活性炭吸附"方法处理。处理后的废气由新增的 15 m 高排气筒排放。项目所在区域全年主导风向为西北风，厂址北侧 550 m 为 A 村。环评机构经论证得出，塑料造粒车间排气筒废气污染物可实现达标排放，结合现有工程日常监督监测结果，认为技改后全厂各废气污染物均满足达标排放要求。

【问题】

1．列出制肥车间干燥废气污染因子。（4 分）

【参考答案】

颗粒物、NO_x、SO_2、H_2S、NH_3、甲硫醇、苯及苯系物、氯化氢、非甲烷总烃（或答 VOCs）。（答对一项得 0.5 分，共 4 分）

考点分析与答题技巧：根据题干，分选后的垃圾进入降解车间闪蒸喷爆机经高温高压降解为泥浆状物料，卸入泥浆料仓。泥浆状物料经制肥车间干燥窑干燥。闪蒸喷爆和高温高压降解，既会产生常规污染物，也会产生一些特征污染物。有关恶臭气体的，题干中已有所提示。至于苯及苯系物、氯化氢、非甲烷总烃等其实就隐含在要实施“技术改造项目”之意中，只是在制肥车间污染物量已经很少，甚至可以忽略。

2．识别全厂营运期可能造成地下水污染的装置或设施。（4 分）

【参考答案】

卸料间垃圾储槽、分选车间的废电池贮存设施、降解车间的泥浆料仓、塑料造粒车间的水洗甩干装置、废水处理站。（答对任意四项各得 1 分，共 4 分）

考点分析与答题技巧：污染地下水主要是产生渗滤液或废水的装置或设施。分选车间垃圾基本不落地，但分选出的废旧电池贮存不当会造成地下水污染；制肥车间的干燥、粉碎、混合、造粒工序基本无废水和废液产生。另外，答题时应注意，本小题问的是装置或设施，答“车间”可能不得分。

3．说明技改后全厂产生的固体废物及其属性。（4 分）

【参考答案】

（1）分选出的金属、玻璃、砖块、纸板（共 1 分，少答一项便得 0 分）、除尘装置收集的粉尘（0.5 分），为一般固体废物（0.5 分）。

（2）分选出的灯管、电池（共 0.5 分，少答一项得 0 分）、污水处理站的污泥（0.5 分）、废活性炭（0.5 分），为危险废物（0.5 分）。

考点分析与答题技巧：污水处理站处理生产废水和生活污水，考虑到垃圾渗滤液及设备冲洗等环节，生产废水中可能含有一些持久性有机物，按危险废物处理较为合适。废活性炭由于吸附的成分复杂，多含有持久性有机物等，应按危险废物处理。从题干来看，本项目环保设施旋风除尘、袋式除尘收集的粉尘按一般固废处理是合适的。

4．评价技改项目对 A 村的环境空气影响时，应收集哪些资料？（5 分）

【参考答案】

（1）A 村的大气环境质量现状，包括可能受现在工程影响的 VOCs 或非甲烷总烃等特征污染物浓度。（1 分）

（2）新增排气筒的参数：几何高度（m）、出口内径（m）、底部海拔高度。（1 分）

（3）新增排气筒正常工况和非正常工况的废气量、污染物排放速率（kg/h）、年排放小时数、烟气流速（m/s）、排气筒出口处烟气温度。（1 分）

（4）分选车间新增的废气无组织排放源强及其面源参数。（1 分）

（5）大气环境预测模型所需资料：气象、地形数据等。（1 分）

考点分析与答题技巧：尽管《环境影响评价技术导则　大气环境》（HJ 2.2—2008）已被 HJ 2.2—2018 替代，但当时环评师考试时 HJ 2.2—2018 尚未正式发布实施。所以该小题考查的仍然是 HJ 2.2—2008，实际上就是考大气影响预测各参数，包括地形参数、气象资料。另外，技改项目需要考虑与现有项目的叠加影响，因此现有项目排放情况是需要收集的。对于做过大气污染预测的考生，是比较容易的。应试考生一定要认真学习 HJ 2.2—2018。

5．技改收后全厂各废气污染物达标排放的评价结论是否正确？请说明理由。（3 分）

【参考答案】

（1）不正确。（1 分）

（2）未考虑技改后分选车间 30%未被集气系统收集的无组织排放废气污染物。（2 分）

考点分析与答题技巧：题干指出，技改项目集气系统的集气率为 70%，说明有 30%的废气为无组织排放，评价结论中未明确厂界是否达标。

试题七（2018 年考题）

某汽车产业园区拟在园区内建设一座固体废物综合处理厂，处理处置汽车生产企业、汽车零部件加工企业的工业废物，包括废桶（油桶、漆桶和胶桶等）、废有机溶剂（含苯、甲苯和异丁醇等）和废胶（含废 PVC 胶）。固体废物综合处理生产工艺流程见下图。工程建设内容包括原料库、洗桶车间、溶剂再生车间、焚烧车间、产品库、锅炉房、废水处理站和办公楼。原料库为全封闭式，设有导气口、安全照明设施、报警装置和观察窗口，地面和裙角进行防渗处理，分区存放待处理的工业废物。

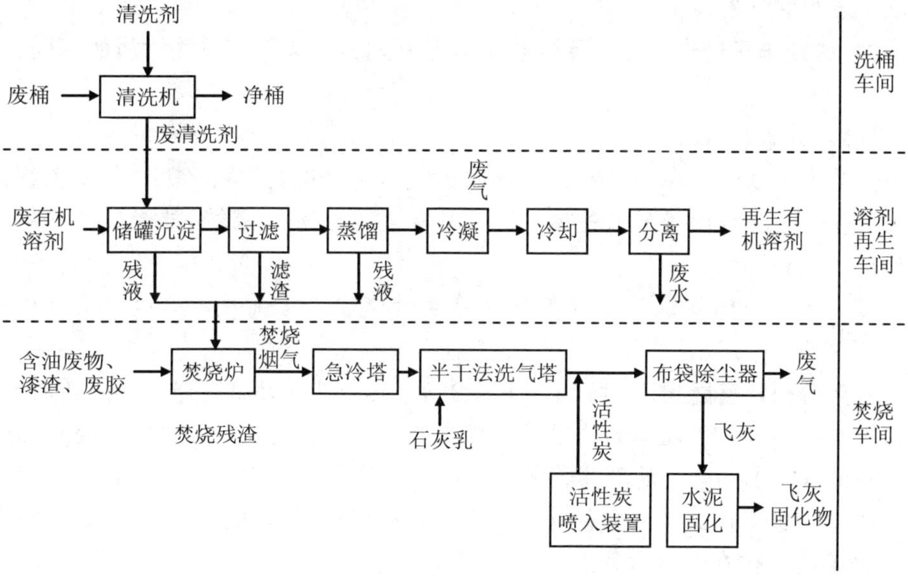

固体废物综合处理生产工艺流程图

洗桶车间使用清洗机洗涤废桶，清洗剂为有机溶剂（主要成分为丁醇、乙二醇、醋酸和二甲苯等），产生的废清洗剂送溶剂再生车间处理。溶剂再生车间采用蒸馏法处理废有机溶剂得到有机溶剂成品，产生的残液和滤渣送焚烧车间处理。焚烧车间采用焚烧方式处理漆渣、含油废物、废胶及溶剂再生车间产生的残液和滤渣。工程可研测算，入炉焚烧的废 PVC 胶约占入炉焚烧物质总量的 5%。焚烧温度≥1 100℃，焚烧残渣和飞灰固化物均送危险废物填埋场填埋。废水处理站出水执行《污水综合排放标准》（GB 8978—1996）三级标准，废水处理后排入园区污水处理厂。

【问题】

1．指出溶剂再生车间冷凝废气中的主要污染因子。（4 分）

【参考答案】

答：VOCs（或答非甲烷总烃或 NMHC）、苯、甲苯、二甲苯、异丁醇、丁醇、乙二醇、醋酸。（每项 0.5 分）

考点分析与答题技巧：根据题干及图，进入溶剂再生车间的主要物料为废清洗剂和废有机溶剂。图示清洗剂清洗的是废桶，而废桶则主要是油桶、漆桶和胶桶，主要大气污染物是 VOCs；另外，题干已分别给出清洗剂和废有机溶剂的主要成分。如此，则再生车间冷凝废气中的主要污染因子即可给出。此类问题已频繁考到，因为这是工程分析的实质性内容之一，是环境影响预测、分析、评价的基础。考生需特别注意。

2．说明半干法洗气塔和活性炭喷入装置对减少大气污染物排放的作用。（5 分）

【参考答案】

（1）半干法洗气塔：中和、吸收酸性气体（氯化氢、硫化氢、氮氧化物、二氧化碳等碳氢化合物等酸性气体），并具有减缓后续布袋除尘器受酸性气体腐蚀的作用。（3 分）

（2）活性炭喷入装置：吸附焚烧产生的烟尘、重金属、二噁英类气体等。（2 分）

考点分析与答题技巧：根据题干及图示，进入半干法洗气塔的物料为石灰乳，具有中和、吸收酸性气体的作用。活性炭具有吸附功能，可以吸附焚烧产生的烟尘、重金属。虽然此类危险废物成分复杂，焚烧易产生二噁英类，但由于焚烧温度较高（1 100℃以上）且配备有急冷塔，有利于控制二噁英类的产生，可不予考虑二噁英类。但在考试时答上二噁英类不算错，不影响得分。

3．焚烧残渣和飞灰固化物处置方式是否合理？说明理由。（4 分）

【参考答案】

答案一：合理（1分）。理由如下：焚烧残渣和飞灰为危险废物（1分），其固化物性质稳定（1分），不易导致二次污染（1分），且适合填埋处理（1分）。

答案二：不能确定（2分）。理由如下：所依托的危险废物填埋场情况不明。（2分，即未明确危险废物填埋场是否符合环保要求，如是否进行环评或验收等或其运行情况等。）

考点分析与答题技巧：尽管两个答案明显不一致，但此类不确定性问题在环评考试中经常出现，但要求考生解答时给出充分的理由。危险废物焚烧的残渣和飞灰均为危险废物，处置前固化处理是正确的，固化后的固化物送危险废物填埋场处置也是合理的，但危险废物填埋场建设是有严格的环境保护要求的，可题干并未说明危险废物填埋场是否符合环保要求。一般而言，有焚烧设施的固体废物综合处理厂是会包括危险废物填埋场建设内容的，但也有另行建设的。题干未提供危险废物填埋场情况。解答本小题时会有一些困惑，需要明确合理与否，并需给出充分的理由。本次解答给出两个不同的答案，且理由是充分的，均可得分。此类小题主要考查考生的思路。

4. 指出完善原料库环保措施的建议。（6分）

【参考答案】

（1）入口处应设置醒目的危险品标识。

（2）库门口应设置围堰、导流槽。

（3）分类分区存放，但应设置明显的分区标志（或分区线，或设置间隔、围栏）。

（4）库内挥发性气体经收集净化处理后经导气口集中排放，且导气口排放高度需满足环保要求。

（5）地面和裙角防渗需满足渗透系数标准要求。

（6）有必要设置管理间，并有计量设备（如台称）、出入记录台账。

（7）配备必要的应急物资（包括消防设备、吸附物质等）。

考点分析与答题技巧：以上答案给出任意5项即可得满分。根据题干，本项目的原料库实际上是危险废物贮存库，需要满足危险废物贮存的要求。考生需认真学习危险废物贮存污染控制标准。

试题八（2016 年考题）

某市生活垃圾焚烧发电厂规划日处理生活垃圾 900 t，分两期建设，一期工程日处理生活垃圾 600 t，二期工程日处理生活垃圾 300 t。一期工程已于 2007 年通过竣工环保验收并投产运行，目前日处理垃圾 600 t。现拟建二期工程。

一期工程建设内容包括 2 台 300 t/d 机械炉排炉、2 套热能利用系统、2 套烟气净化系统、1 个垃圾贮坑、1 套渗滤液处理系统及 1 套其他废水生化处理系统（敞开式），一期工程厂房内预留二期工程焚烧炉位置。

垃圾贮坑按照规划总规模设计，贮坑能力 14 000 t，已采取封闭负压、防腐防渗、渗滤液导排收集等措施。坑内空气经风机引至焚烧炉作为助燃空气，检修期间垃圾暂存在贮坑内（年停炉检修 3 d）。焚烧燃气经半干法+干法除酸，活性炭喷射除二噁英和重金属，布袋除尘净化后经 80 m 高 3 管集束（使用 2 管，预留 1 管）烟囱排放，排放烟气中颗粒物、SO_2、NO_x、HCl、Hg、二噁英类和 CO 浓度分别为 25.5 mg/m^3、89.2 mg/m^3、320 mg/m^3、46.3 mg/m^3、0.002 mg/m^3、0.03 ngTEQ/m^3 和 20 mg/m^3。

渗滤液处理系统设计规模为 300 t/d，处理工艺为“预处理+UASB 厌氧反应器 + MBR 生化处理+纳滤”，现状渗滤液最大处理量 180 t/d，运行稳定。出水接管送至稳定运行的城市污水处理厂处理。

焚烧炉渣定期外运至砖厂制砖，焚烧飞灰在场内进行水泥固化（添加螯合剂）后送危废填埋场填埋。经检测，飞灰固化物二噁英含量（1 μgTEQ/kg）和浸出液成分低于生活垃圾填埋场入场要求。

拟建二期工程建设内容包括 1 台 300 t/d 机械炉排炉、1 套热能利用系统和 1 套烟气净化系统，与一期工程并联布置。配套建设 1 个 45 m^3 氨水储罐，其余公辅工程均依托现有设施。焚烧烟气拟采用 SNCR 脱硝、半干法+干法除酸、活性炭喷射除二噁英和重金属，布袋除尘净化后经预留的 1 管烟囱排放，设计脱硝效率 50%。

拟将二期工程垃圾渗滤液送一期工程渗滤液处理系统处理，对一期工程烟气采用相同脱硝工艺进行整改，并将一期、二期工程飞灰固化物送生活垃圾填埋场填埋。

注：《生活垃圾焚烧污染控制标准》（GB 18485—2014）排放烟气中污染物 1 h 均值限值要求：颗粒物 30 mg/m^3、SO_2 100 mg/m^3、NO_x 300 mg/m^3、HCl 60 mg/m^3、Hg 0.05 mg/m^3、二噁英类 0.1 ngTEQ/m^3、CO 100 mg/m^3。

【问题】

1．评价二期工程 NO_x 达标排放情况。（5 分）

【参考答案】

（1）达标排放。（2 分）

（2）类比一期工程估算二期工程 NO_x 浓度为 320 mg/m^3，设计脱硝效率 50%，NO_x 排放浓度为 160 mg/m^3，低于 300 mg/m^3 排放标准限值要求。（3 分）

考点分析与答题技巧：根据赋分要求，答达标排放，但计算结果错误的，只能给 2 分。答案（2）可以答：二期工程 NO_x 排放浓度 160 mg/m^3，低于 300 mg/m^3 排放标准限值要求；或答类比一期估算二期工程 NO_x 浓度为 320 mg/m^3，设计脱硝效率 50%，NO_x 排放浓度低于 300 mg/m^3 排放标准限值；或答一期和二期工程 NO_x 混合浓度为 240 mg/m^3，低于 300 mg/m^3 的排放标准限值要求。这几种答法均可得 3 分。答此题时，最好给出计算过程。

2．二期工程依托现有渗滤液处理系统是否可行？请说明理由。（6 分）

【参考答案】

（1）可行。（2 分）

（2）理由：

① 渗滤液处理系统设计处理规模满足二期新增渗滤液处理要求。（2 分）

② 渗滤液处理工艺可行，稳定运行，出水浓度满足接管标准要求（或答出水接管至稳定运行的城市污水处理厂）。（2 分）

考点分析与答题技巧：根据赋分要求，对于回答“是否可行”，如果答“不可以，或不可行，或答无法确定”，则本小题为 0 分。理由① 也可以答渗滤液处理系统剩余处理规模（剩余容量）满足二期工程新增渗滤液，或答渗滤液处理系统剩余处理能力 120 t/d，类比一期工程渗滤液产生情况，估算二期工程新增渗滤液量为 90 t/d，渗滤液处理系统剩余处理能力足够；理由② 如果只答稳定运行或出水深度满足接管标准，可得 1 分。答题思路按从处理能力、处理工艺、处理后出水去向 3 个方面考虑就能较好地解答该小题。

3．给出减少恶臭气体排放的改进措施。（4 分）

【参考答案】

（1）增设垃圾坑的除臭装置，停炉检修时将垃圾坑的恶臭气体引入除臭装置处理后排放（或处理后排放）。（2 分）

（2）应将其他废水处理系统封闭（敞开式废水处理系统应密闭或废水处理系

统应密闭），恶臭气体经收集处理后排放。（2 分）

考点分析与答题技巧：本题可参考《大气污染治理工程技术导则》（HJ 2000—2010）作答。但根据赋分要求，考生只写出原文而未结合案例实际的不得分。答案（1）答“掩蔽”“加盖”均不得分；答“垃圾焚烧系统封闭”给 1 分，“单独建焚烧设施”给 2 分。答案（2）只答“收集处理”也给 2 分，但只答“收集”给 1 分；答“渗滤液处理系统”不得分。

4．二期工程拟定的飞灰固化物处置去向是否合理？请说明理由。（5 分）

【参考答案】

（1）合理。（2 分）

（2）理由：

① 二噁英含量（1 μgTEQ/kg）满足 3 μgTEQ/kg 的限值要求。（1 分）

② 浸出液中有害成分满足入场要求。（1 分）

③ 水泥固化，含水率小于 30%。（1 分）

考点分析与答题技巧：根据赋分要求，理由只答“飞灰固化后满足生活垃圾填埋场入场要求”的，得 1 分；答“无法确定或不合理或不能，原因是：二噁英和浸出液满足入场要求，但不知道含水率，如含水率小于 30%则合理或可以送生活垃圾填埋场的”，得 5 分；只答“不知道含水率，如含水率小于 30%则合理或可以送生活垃圾填埋场的”，得 3 分。生活垃圾焚烧飞灰属危险废物，将一期、二期工程飞灰固化物送生活垃圾填埋场填埋处置合理。虽然要求不得照搬原文，但深刻记忆和理解导则、标准的要求，显然是十分重要的。

注：废物处理处置建设项目环评工作难度较大，其中选址的可行性与环境合理性，污染控制要求等要求十分严格，且公众参与工作难度大。有关不同类型的废物处理处置污染控制标准较多。此类案例考试，一般不会超出相关污染控制标准的要求。因此，考生需认真学习固体废物污染控制相关标准。

试题九（2014 年考题）

某市拟在城市东北郊区新建一座日处理能力为 1 000 t 的生活垃圾焚烧发电厂，工程建设内容包括 2×500 t/d 的垃圾焚烧炉（机械炉排炉）、垃圾贮坑、焚烧发电系统、烟气净化系统、污水处理站等，年运行 333 d，每天运行 24 h。入炉生活垃圾含有 C、H、O、N、S、Cl 等元素及微量元素重金属，其中收到基含硫率为 0.06%，燃烧过程中 S 元素转化为 SO_2 的份额为 80%。

该厂拟采用“炉内低氮燃烧+急冷+半干法烟气净化+活性炭吸附+布袋除尘”工艺处理焚烧烟气，烟气排放量为 10.24 万 m^3/h，设计脱硫效率为 80%，处理后的烟气由高 100 m 烟囱排放；垃圾贮坑的气体收集送垃圾焚烧炉燃烧处理；拟建厂内污水处理站处理垃圾渗滤液、卸料大厅清洗废水、循环冷却水和厂区生活污水，设计出水达到《污水综合排放标准》（GB 8978—1996）二级标准，废水处理达标后就近排入 A 河；焚烧炉渣定期外运至砖厂制砖，焚烧飞灰固化处理后送城市生活垃圾填埋场分区填埋，污水处理站污泥脱水后送垃圾焚烧炉焚烧处理。

拟建厂位于城市东北部，距城市规划区约 4 km。城区至厂址公路途经 B 村庄，厂址与 B 村庄相距 1.5 km，距厂址东侧 800 m 有 A 河由北向南流过。A 河城市市区河段上游水环境功能为Ⅲ类，市区河段水环境功能为Ⅳ类，现状水环境质量达标。

注：《生活垃圾焚烧污染控制标准》（GB 18485—2001）中规定，焚烧炉的 SO_2 排放限值为 260 mg/m^3。

【问题】

1．分别指出垃圾临时贮存、焚烧过程中产生的主要废气污染物。

【参考答案】

答案一：

（1）垃圾贮存时排放的废气污染物为：NH_3、H_2S、甲硫醇、臭气浓度、恶臭气体。（1.5 分。这几个答案答对 1 项得 1 分，答对 2 项得 1.5 分）

（2）垃圾焚烧时排放的废气污染物为：二噁英、烟尘、NO_x（NO_2）、SO_2、CO、酸性气体（HCl）、重金属。（3.5 分。答上二噁英得 2 分，其他答上 1 项得 1 分，答 2 项以上只给 1.5 分）

答案二：

（1）临时贮存：氨气（NH_3）、硫化氢（H_2S）、甲硫醇。

（2）垃圾焚烧：氮氧化物（NO_x）、二氧化硫（SO_2）、一氧化碳（CO）、烟尘、二噁英、重金属、氯化氢（HCl）。

[答案二的评分要求：每个 0.5 分，共计 5 分。临时贮存答恶臭气体给 0.5 分，同时答出恶臭气体及氨气（NH_3）、硫化氢（H_2S）、甲硫醇等时，恶臭气体不计分；焚烧答酸性气体，计 0.5 分，同时答酸性气体和氯化氢（HCl），则只算 1 个。]

考点分析与答题技巧：根据题意，答此题时如果不区分贮存和焚烧过程，统一给出污染物的，将不得分。实际上“臭气浓度”并非“污染物”而是一个反映指标；而所谓的“恶臭气体”也包括 NH_3、H_2S、甲硫醇等。因此，答“临时贮存产生的主要废气污染物有：NH_3、H_2S、甲硫醇等臭气”是正确的。垃圾焚烧关注的主要大气污染物是二噁英。

2．评价该厂 SO_2 排放达标状况。

【参考答案】

答案一：

SO_2 排放浓度：

[1 000×0.06%×80%×2×（1−80%）×10^9] ÷（24×1.024×10^5）=78.1（mg/m^3）

低于标准限值 260 mg/m^3，满足达标排放的要求。

答案二：

SO_2 排放达标：

1 000×2×0.06%×80%×（1−80%）×10^9 ÷（102 400×24）=78.125（mg/m^3）＜260（mg/m^3）

（答案二的评分要求：本题不需要考虑周围建筑等的影响，也不需要计算排放速率，若计算，只要最终结果为排放达标，即给分；公式正确，结果错误给 2 分，公式错误不给分。）

考点分析与答题技巧：根据评分要求，结果正确，并给出达标排放结论的，得 4 分；结果正确，未判定达标排放的，得 3 分；公式正确，结果错误，得 2 分；公式错误，结果正确，不得分；只答达标排放，无公式和计算结果的，不得分；计算结果约为 80、78、78.1、78.2、78.125、79 的，均视为结果正确。本题计算过程比较简单，考生容易出错的地方可能是 S 转化为 SO_2 计算时需要乘以 2，这是中学就学过的。另外，本题根据题意是按标准 GB 18485—2001 进行达标评价的，本项目烟气处理后经 100 m 烟囱排放，由于其处于郊区，高度能够满足“超过半径 200 m 范围最高建筑物 3 m 以上”的要求，即使不满足，按排放标准严格 50%执行（260 mg/m^3×50%=130 mg/m^3），SO_2 仍达标。今后考试时需要注意的是，GB 18485—2001 已被 GB 18485—2014 替代，排气筒高度不符合要求时已无严格 50%要求（只能加高烟囱）。

3．针对该厂污水处理方案存在的缺陷，提出相应的改进建议。

【参考答案】

答案一：

（1）清污分流：循环冷却水为清净下水，可直接排放（或循环冷却水直接排放，或循环冷却水单独处理，或循环冷却水单独排放，或循环冷却水回收利用或循环利用）。（2 分，答上任意一项得 2 分）

（2）如水环境功能为Ⅲ类，需提高污水处理站出水设计指标，并执行《污水综合排放标准》（GB 8978—1996）一级标准；如水环境功能为Ⅳ类，则污水处理站设计出水达标或引至市区Ⅳ类水体段排放。（3 分，答任意一条得 3 分）

答案二：

（1）实现清污分流（1 分），循环冷却水可直接排放（1 分）[循环冷却水是洁净下水，可直接排放（2 分）；循环冷却水可回用于清洗用水（2 分）]。

（2）首先确定排污口的环境功能区类别（1.5 分）。若排放到上游，则需要达到《污水综合排放标准》一级标准，若排放到下游，则水质达标（1.5 分）。

（答案二的评分要求：仅答出上游是Ⅲ类水体，需满足《污水综合排放标准》一级标准，1.5 分；若仅答出敷设管道引到下游排放，1 分。）

考点分析与答题技巧：实际上本题的答案一和答案二并未指出“缺陷”，与所问并不紧扣。本题的考点主要是两个方面：污水处理后首先考虑是回用还是排放以及排放的达标问题。因此，答本题时，应主要从以下几个方面考虑：① 如何有效处理各类废污水。② 设计污水处理站的出水，首先应考虑满足作为城市中水使用的回用要求；循环冷却水可不进入污水处理站，应回用。③ 由于本项目位于城市东北郊区，而 A 河由北向南经过市区，项目位于河流城区上游段，市区河段上游水体类别为Ⅲ类，如污水处理后排入该河段，出水达到二级排放标准是不可行的，应达到一级排放标准。④ 如污水排入城区段，由于城区河段为规划的Ⅳ类水体，污水处理站设计出水达到二级排放标准，则可行。

4．判定该厂产生的固体废物的类别，并分析处理方案的合理性。

【参考答案】

答案一：

（1）焚烧炉渣为一般固体废物，可用于制砖，处理方案合理。

（2）污泥为一般固体废物，可在厂内自行焚烧处理，处理方案合理。

（3）焚烧飞灰为危险废物，经固化处理满足要求后可送生活垃圾填埋场填埋处置，处理方案合理。

答案二：

（1）炉渣，一般废物（1分），方案合理（0.5分）。

（2）飞灰，危险废物（1分），方案合理（1.5分）。

（3）污泥，一般废物（1分），方案合理（1分）。

（答案二的评分要求：未指出固体废物名称，或者固体废物类别判断错误，不给分，若固体废物名称及判断类别都正确，处理方案中列举出了别的方案，只要说出材料中的方案即给分，说答出需要判定是否合理，如检测炉渣中重金属含量是否适宜制砖，飞灰需满足一系列条件才可进城市生活垃圾填埋场，污泥需含水率达到条件方可进行焚烧，正常计分。）

考点分析与答题技巧：对于本题，如果答题时未判定固体类别，则不会给分；判定固体废物类别错误的，也不会给分。判定固体废物类别正确，认为处理方案不合理，需要检测达到相关要求后方可行的，则会给满分，例如，焚烧炉渣为一般固体废物，检测满足要求后可用于制砖的；污泥脱水达到要求后可焚烧的；焚烧飞灰经处理满足卫生填埋要求的，或含水率、二噁英等指标满足要求后，送生活垃圾填埋场填埋处置或单独分区填埋的。没有分别判定固体废物类别，同时没有分别判断处理方案合理性的，不得分，例如，该厂产生的固体废物均为一般固体废物，处理方案合理。统一判定固体废物类别，分别分析处理方案合理性的，则判定和分析都正确的项得分，例如，该厂产生的固体废物均为一般固体废物；焚烧炉渣可用于制砖，污泥可用于焚烧，焚烧飞灰处理后可送垃圾填埋场填埋处理。其中焚烧炉渣和污泥固体废物类别判定正确，处理方案分析正确，可得3分；焚烧飞灰固体废物类别判定错误，不得分。实际上，本题所给出的答案让人很无奈，因为以焚烧炉渣为主辅料制备建筑材料，符合国家现行标准要求，否则应进行卫生填埋；焚烧飞灰为危险废物，固化、稳定化处理后，含水率和浸出毒性等指标应满足要求，才能进行卫生填埋；污水处理站的污泥脱水后应进行鉴别，如为危险废物应送有资质的单位处理，均是有条件的，即满足相应的条件则是合理可行的，不满足条件则是不合理或不可行的。

另外，提醒考生应认真学习《生活垃圾焚烧污染控制标准》（GB 18485—2014）及其修改单的规定。

试题十（2012 年考题）

某平原城市拟新建一座生活垃圾卫生填埋场，设计库容 83 万 m^3。填埋体呈棱台形，填埋区占地 10 hm^2，挖深 2 m，堆体高度 13 m。按日填埋生活垃圾 300 t 计算，填埋场服务年限为 10 a。主体工程建设内容包括：填埋区截流和雨污分流系统、防渗系统、地下水导排系统、渗滤液导排系统、渗滤液处理系统、填埋气导排系统等。工程建设周期 13 个月。工程设计的渗滤液处理方案为：垃圾渗滤液经渗滤液处理系统达到《污水综合排放标准》（GB 8978—1996）三级标准后，用罐车送城市二级污水处理厂处理达到《城镇污水处理厂污染物排放标准》（GB 18918—2002）一级标准的 A 标准后排放。工程设计的填埋气导排方案为：垃圾填埋气由导气管收集，经高出垃圾填埋面 1 m 的 50 座导气石笼排放。垃圾填埋气成分主要为 CH_4、CO_2、O_2、N_2、H_2、NH_3、H_2S，预计封场后第 1 年产气量最大。拟选场址位于城市西南侧 5 km 处，厂址及周边的土地类型主要为一般农田；厂址所在区域主导风向为西北风，多年平均风速为 2.2 m/s，场址地下水主要为第四系孔隙潜水，水位埋深为 2.6 m，地下水由南向北排泄，下伏白垩系岩层为隔水层。填埋区天然基础层厚度为 6 m，饱和渗透系数为 1.45×10^{-6} cm/s。工程配套新建 5 km 垃圾运输道路，道路两侧 200 m 范围内分布有 3 个村庄。工程服务期总覆土量为 13 万 m^3。由新建取土场提供，取土场占地为灌木林地。

【问题】

1．指出拟建工程运行期存在的主要环境问题。

【参考答案】

（1）渗滤液在正常工况下对地表水的影响及渗滤液在非正常工况下对地下水的影响。

（2）填埋气体、覆土过程中产生的扬尘及恶臭对环境空气的影响。

（3）对生态环境的影响，尤其是取土可能造成的水土流失以及占用土地、破坏植被造成的生态影响。

（4）对周围景观的不利影响。

（5）作业及堆体对周围地质环境的影响，如造成滑坡、崩塌、泥石流等。

（6）运输车辆对沿线 3 个村庄的噪声影响及场内覆土机械噪声对声环境的影响。

（7）填埋场滋生的害虫、昆虫及在填埋场觅食的鸟类对环境卫生造成的影响。

（8）填埋场内塑料袋、纸张及尘土等在未来得及覆土压实情况下可能飘出场外对环境造成的影响。

（9）运行期地表径流可能受到撒漏垃圾的污染。

考点分析与答题技巧：此题目的考点在于“掌握填埋方式处置固体废物产生的主要影响”，相关参考资料中也均有垃圾填埋场对环境可能造成影响的 9 个方面。在垃圾填埋场对环境可能造成影响的 9 个方面中，前 5 个方面在服务期满后将继续存在。垃圾填埋场对环境可能造成的影响是全时段的影响，在施工期、运行期和服务期满后都存在，故垃圾填埋场的环境影响评价也一定是全时段的环境影响评价。

2．指出影响渗滤液产生量的主要因素。

【参考答案】

（1）垃圾含水量（或垃圾特性）。

（2）填埋场区降雨情况（或当地降雨量，或其他外部来水的渗入，或气象、气候条件）。

（3）填埋作业区（面积）大小。

（4）场区蒸发量。

（5）风力的影响和场地地面情况（或地形地貌）。

（6）种植情况（或表面覆盖、植被情况）。

考点分析与答题技巧：生活垃圾填埋场渗滤液产生量的理论计算公式：$Q=(W_p-R-E)A_a+Q_L$，其中 Q 为渗滤液年产生量；W_p 为年降水量；R 为年地表径流量（$R=C\times W_p$，C 为地表径流系数，受地形地貌和植被情况影响）；E 为年蒸发量；A_a 为填埋场地表面积；Q_L 为垃圾产水量。据此即可写出本题的答案。

3．指出本工程渗滤液处理方案存在的问题。

【参考答案】

垃圾渗滤液经渗滤液处理系统达到《污水综合排放标准》（GB 8978—1996）三级标准后，用罐车送城市二级污水处理厂处理的方式不合理。

（1）根据有关规定要求，生活垃圾填埋场应自行处理生活垃圾渗滤液并达标排放。

（2）使用罐车运送渗滤液，可能由于交通事故造成沿途泄漏，污染沿线土壤及地下水。

考点分析与答题技巧：《生活垃圾填埋场污染控制标准》（GB 16889—2008）规定：① 生活垃圾填埋场应设置污水处理装置，生活垃圾渗滤液（含调节池废水）等污水经处理并符合本标准规定的污染物排放控制要求后，可直接排放。② 自 2011 年 7 月 1 日起，现有全部生活垃圾填埋场应自行处理生活垃圾渗滤液并执行《生活垃圾填埋场污染控制标准》中表2规定的水污染排放浓度限值。

4. 筛选大气环境影响评价的两项主要特征因子，给出采用估算模式时应输入的参数。

【参考答案】

（1）特征因子：H_2S、NH_3。

（2）应输入的参数：面源排放速率、排放高度、长度、宽度。

考点分析与答题技巧：垃圾填埋场大气污染物主要涉及6项因子：颗粒物、甲烷、氨、硫化氢、甲硫醇、臭气浓度，其中适用于大气导则估算模式的包括颗粒物、氨、硫化氢和甲硫醇，在其中选择2项即可。题干中给出的填埋气体成分CH_4、CO_2、O_2、N_2、H_2、NH_3、H_2S中，列入《生活垃圾填埋场污染控制标准》（GB 16889—2008）的为CH_4、NH_3和H_2S 3项，对比环境质量标准，针对此题要回答H_2S和NH_3。另外，大气导则对面源估算模型要求的参数有明确要求，应按照大气导则作答。

5. 指出填埋区渗滤液可能污染地下水的几种情形。

【参考答案】

（1）填埋场防渗（系统）衬层破裂而致渗滤液入渗地下水。

（2）渗滤液处理系统防渗层破损或故障导致的渗漏。

（3）渗滤液导排系统渗漏或事故。

考点分析与答题技巧：渗滤液对地下水的影响存在于事故情况下；影响途径在于地下水水位上升的影响和对地下水水质的污染。根据实际工作经验，判断事故发生的可能情形可参考垃圾填埋场的选址要求，因为选址的目的就是避免这种影响的发生。

补充资料：① 天然基础层饱和渗透系数小于 1.0×10^{-7} cm/s，且厚度不小于2 m，可采用天然黏土防渗衬层；天然基础层饱和渗透系数小于1.0×10^{-5} cm/s，且厚度不小于 2 m，可采用单层人工合成材料防渗衬层；天然基础层饱和渗透系数不小于 1.0×10^{-5} cm/s，或者天然基础层厚度小于 2 m，应采用双层人工合成材料防渗衬层。② 填埋区基础层底部与地下水年最高水位距离不足1 m时，应建设地下水导排系统。③ 导气竖管应高出最终覆土层上表面1 m以上。④ 设计填埋量大于250万t且垃圾填埋厚度超过20 m生活垃圾填埋场，应建设甲烷利用设施或火炬燃烧设施处理含甲烷填埋气体。小于上述规模的生活垃圾填埋场，应采用能够有效减少甲烷产生和排放的填埋工艺或采用火炬燃烧设施处理含甲烷填埋气体。

试题十一（2010 年考题）

某城市拟建设一座危险废物处置中心，拟接纳固体危险废物、工业废液、电镀污泥、医疗废物，以及生活垃圾焚烧厂的飞灰和炉渣。填埋场处置能力约 4 万 m^3/a，服务年限 20 a。其主要建设内容包括：

（1）危险废物收运系统、公用工程系统。

（2）危险废物预处理站。

（3）总容积 86 万 m^3 的填埋场，包括边坡工程、拦渣坝、防渗系统、防排洪系统、雨水集排系统、场区道路、渗滤液收排系统等。

（4）污水处理间，包括渗滤液处理装置，一般生产废水和生活污水处理装置。

建设项目所在地区为低山丘陵，地下水以第四系含水层为主，下伏花岗岩，包气带厚度为 1.5～6.5 m。区域年降水量 1 200 mm，降水主要集中在夏季，地表覆盖率高。

经踏勘、调查，提出两个拟选安全填埋场备选。备选场址概况见下表。

条件	A 场址	B 场址
地形	丘陵山谷	丘陵山谷
植被	山坡地分布马尾松	山坡地分布灌木林
土地类型	林地	荒地
工程地质	符合建场条件	符合建场条件
水文地质	不详	不详
地表水	地表水主要为大气降水，场区汇水面积 200 万 m^2，暴雨径流经沟谷流入沟口外 1.5 km 的河流，最终汇入河流下游一中型水库	地表水主要为大气降水，场区汇水面积 160 万 m^2，暴雨径流经沟谷流入沟外的河流
运输	场外运输公路路况较好，沿途有 3 个居民村庄，经过一座桥梁，需修进场公路 1 200 m	场外运输公路路况较好，沿途有 2 个居民村庄，需修进场公路 1 600 m
社会环境	场区周边 3.0 km 内有 3 个村庄，其中 1 个村庄在沟口附近，与场区边界相距约 1.2 km。在 4.0 km 内没有军事基地、飞机场	场区周边 3.0 km 内有 2 个村庄，其中 1 个村庄在沟口附近，与场区边界相距约 1.0 km。在 4.0 km 内没有军事基地、飞机场
自然景观	场区外 4.0 km 范围无“需特别保护的区域”	场区外 4.0 km 范围无“需特别保护的区域”
供电、供水	条件具备	条件具备

【问题】

1. 为判断 A、B 场址优劣，简要说明上表哪些项目还要做进一步调查。（8 分）

【参考答案】

（1）A、B 两场址的水文地质情况（1 分），地下水埋深/流向（1 分）。

（2）A、B 两场址地表水的使用功能（1 分），农村居民生活用水水源地（1 分），环境功能区划。

（3）A、B 两场址村庄的位置、人口（1 分）。

（4）B 场址与河流的相对距离（1 分）。

考点分析与答题技巧：对于危险废物处置场选址，水文地质条件是重要限制因素，而列表中为“不详”，显然是需要进一步调查的内容。对于周边的地表水，除需要调查其使用功能外，还有必要监测其水质状况——本题问的是“调查”，所以水质监测情况可以答，也可以不答（尽管实际工作需要监测，但对考试来说并非主要的）。因为周边有村庄，居民生活用水水源是必须要调查的内容。环境功能区划既包括地表水，也包括环境空气、地下水水源地一级、二级功能区的划分，还有生态及噪声功能区划，视不同地区情况而异。列表中虽然给出周边 3 km 范围内有村庄，但村庄的具体位置未知，这也是应该详细调查的内容。对应 A 场址关于地表水的说明，B 场址与河流的位置关系不清楚，也应调查。

2. 简要说明项目运行期是否会对沟口附近村庄居民生活用水产生不利影响。（6 分）

【参考答案】

答案一：

不能确定（3 分）。

理由：

（1）填埋场渗滤液废水去向不明确。（1 分）

（2）村民生活用水情况不清楚。（1 分）

（3）水文地质调查结果不详。（1 分）

答案二：

（1）地表水：有影响。（2 分）

（2）地下水：如防渗膜破损则会造成污染。（2 分）

（3）自来水、山泉水：无影响。（2 分）

考点分析与答题技巧：从答案一和答案二来看，环评考试中答案存在不确定性或不完全一致性。也就是案例分析的考试并不要求大家答的一样或与所谓的“标准答案（本来就没有标准答案，只能是参考答案或答案要点）”一致。只要考生答上应该具备的要点就会得分的。但是环评考试中的“不能确定”这类答案实在不是好答案，因为与环评工作的思路不对应。在实际工作中环境影响评价就是要考虑不利影响，甚至是最不利的影响，如果环评工作中动辄就是“不能确定”，那环评的意义就丧失了。

3．说明本项目是否需要配套其他环保设施。（4分）

【参考答案】

（1）废气导排系统。（2分）

（2）地下水监测系统。（2分）

考点分析与答题技巧：题干已给出了4个方面的建设内容，但填埋场还需关注填埋气体的导排与处理，且需加强地下水的监测，这些均是要点。

4．给出进一步优化本项目拟接纳的危险废物种类。

【参考答案】

（1）医疗废物不能进入。（2分）

（2）生活垃圾焚烧厂炉渣不得进入。（2分）

另外，生活垃圾焚烧炉飞灰二噁英含量低于3 μgTEQ/kg，根据HJ/T 300进行鉴定，若鉴定结果满足要求则进入生活垃圾填埋场，不满足则进入危险废物填埋场（一般在没有上面答案的情况下，酌情加1分）。

考点分析与答题技巧：该题考查了考生对《危险废物填埋污染控制标准》（GB 18598—2001）（该标准已修订，修订后的标准编号为GB 18598—2019）中关于危险废物分类分别处理要求的掌握情况。生活垃圾焚烧飞灰、底渣经处理后满足二噁英含量低于3 μgTEQ/kg、含水率小于30%可以进入生活垃圾填埋场，而不必进入危险废物填埋场。即生活垃圾焚烧飞灰应先经处理，根据处理后的鉴定情况决定其是进行生活垃圾填埋场，还是进入危险废物填埋场。生活垃圾焚烧炉渣可以直接进入生活垃圾填埋场，不必进入危险废物填埋场。但要注意，生活垃圾焚烧的底渣与飞灰一样，应经过鉴定后确定处理方式。另外，环境保护部于2013年6月8日发布了《关于发布〈一般工业固体废物贮存、处置场污染控制标准〉（GB 18599—2001）等3项国家污染物控制标准修改单的公告》，对一般固体废物和危险废物贮存、填埋与周围人群距离，重点关注的污染因素及环境影响评价重点提出了要求。需要特别注意的是GB 18599—2001已被GB 18599—2020替代，且名称改为《一般工业固体废物贮存和填埋污染控制标准》。

试题十二（2009 年考题）

某市有一座处理能力 600 t/d 的生活垃圾填埋场，位于距市区 10 km 处的一条自然冲沟内，场址及防渗措施均符合相关要求。现有工程组成包括填埋场、填埋气体导排系统、渗滤液收集导排系统以及敞开式调节池等。渗滤液产生量约 85 m^3/d，直接由密闭罐送距填埋场 3 km、处理能力为 4 万 m^3/d 的城市二级污水处理厂处理后达标排放。填埋场产生的少量生活污水直接排入附近的一小河。随着城市的发展，该市拟新建一座垃圾焚烧发电厂，设计处理能力为 1 000 t/d，建设内容包括 2 座焚烧炉，2×22 t/h 余热锅炉和 2×6 MW 发电机组。设垃圾卸料、输送、分选、储存，焚烧发电，飞灰固化和危险废物暂存等单元，配套建设垃圾渗滤液收集池、处理系统和事故收集池。垃圾焚烧产生的炉渣、焚烧飞灰固化均送现有的垃圾填埋场。垃圾焚烧发电厂距现有垃圾填埋场 2.5 km，不在城市规划区范围内。厂址及其附近无村庄和其他工矿企业。

【问题】

1．简要说明现有垃圾填埋场存在的环境问题。

【参考答案】

（1）调节池未采取消除恶臭的措施（或调节池敞开）。

（2）垃圾渗滤液未经处理直接进入城市二级生活污水处理厂处理（需达到相关标准后才能进入城市污水处理厂）。

（3）生活污水未经处理直接外排。

考点分析与答题技巧：此题目的考点是寻找现有环境问题。对于现有环境问题的寻找一是要以垃圾填埋场对环境影响的 9 个方面为基础，二是要紧密对照标准的要求。

《生活垃圾填埋场污染控制标准》（GB 16889—2008）规定：

（1）生活垃圾填埋场应设置污水处理装置，生活垃圾渗滤液（含调节池废水）等污水经处理并符合本标准规定的污染物排放控制要求后，可直接排放。

（2）2011 年 7 月 1 日前，现有生活垃圾填埋场渗滤液（含调节池废水）等污水满足以下条件时可送往城市二级污水处理厂进行处理：

① 生活垃圾渗滤液在填埋场经过处理后，总汞、总镉、总铬、六价铬、总砷、总铅等污染物浓度达到 GB 16889—2008 中表 2 规定的浓度限值。

② 城市二级污水处理厂每日处理生活垃圾渗滤液总量不超过污水处理量的0.5%，并不超过城市二级污水处理厂额定的污水处理能力。

③ 生活垃圾渗滤液应均匀注入城市二级污水处理厂。

④ 不影响城市二级污水处理厂的污水处理效果。

2011 年 7 月 1 日起，现有全部生活垃圾填埋场应自行处理生活垃圾渗滤液并执行 GB 16889—2008 表 2 规定的水污染排放浓度限值。

2．列出垃圾焚烧发电厂主要恶臭因子。

【参考答案】

硫化氢（H_2S）、甲硫醇（CH_3SH）、氨（NH_3）、臭气浓度。

考点分析与答题技巧：根据评分要求，凡写入常规污染物，如二氧化硫、氮氧化物、颗粒物、COD、BOD 等的，此题一律不得分。垃圾焚烧发电厂对环境空气的影响主要包括焚烧烟气的影响以及垃圾储仓气体的影响。焚烧烟气对环境空气的影响主要包括 5 项污染因子：颗粒物、酸性气体、氮氧化物、重金属和二噁英类有机污染物。垃圾储仓气体对环境空气的影响参考垃圾填埋场，也主要包括 5 项污染因子：甲烷、氨、硫化氢、甲硫醇和臭气浓度。在上述污染因子中判定恶臭因子即可。

3．除了垃圾储存池和垃圾输送系统，本工程产生恶臭的环节还有哪些？

【参考答案】

垃圾卸料、分选、焚烧单元及渗滤液收集池及处理系统，甚至事故池等均可产生恶臭。

考点分析与答题技巧：根据评分要求，如果答上渗滤液导排系统，则不得分。

4．给出垃圾储存池和输送系统控制恶臭的措施。

【参考答案】

（1）采用密闭设计。

（2）采用负压、微负压、引风、吸气等（导气排气不得分）。

5．简要分析焚烧炉渣、焚烧飞灰固化处置方式的可行性。

【参考答案】

（1）焚烧炉渣的处置方式可行，根据《生活垃圾填埋场污染控制标准》，炉渣可直接进入填埋场。

（2）不能确定飞灰固化处置方式的可行性。固化体需进行相关检验，符合生活垃圾填埋场污染控制标准的相关要求，才可以进入垃圾填埋场填埋。

考点分析与答题技巧：本题考点在于生活垃圾填埋场的入场条件。根据标准规定：① 生活垃圾焚烧炉渣可以直接进入垃圾填埋场，其他废物焚烧后的炉渣须经处理，并经检验满足含水率、二噁英及浸出液毒性指标要求后，方可进入生活垃圾填埋场；② 焚烧飞灰属危险废物，须经处理（包括固化）并经检验满足含水率、二噁英及浸出液毒性指标要求后，方可进入生活垃圾填埋场。另外，环境保护部 2014 年 1 月 28 日以环办函〔2014〕122 号回复湖北省环保厅：满足《生活垃圾填埋场污染控制标准》（GB 16889—2008）规定的含水率、二噁英含量和浸出液中污染物等限值要求的飞灰，由地方环保部门认可的监测部门检测，并经地方环保行政部门批准后，可进入生活垃圾填埋场，但应单独分区填埋。考生对生活垃圾填埋场的入场条件（GB 16889—2008 的规定）要逐条掌握，标准中规定的具体的指标数据也有必要牢记。

试题十三（2005 年考题）

南方某城市拟建设危险废物安全处置中心，用来处置该市每年需填埋处理的约 4 万 m^3 的危险废物。其主要建设内容包括：

（1）危险废物收运系统、公用工程系统。

（2）危险废物稳定化、固化车间，包括水泥固化、药剂稳定、中和预处理、脱水预处理设施等。

（3）安全填埋场，总容积 86 万 m^3，服务年限 20 a，包括土方、边坡工程、拦渣坝、防渗系统、防排洪系统、场区道路、渗滤液收排系统、地下水监测井等。

（4）污水处理间，包括渗滤液处理装置，一般生产废水和生活污水处理装置。

建设项目所在地区为低山丘陵地带，地层主要为第四系覆盖层和下伏花岗岩。全年降水丰沛，日照充足，夏季炎热，冬季一般较温暖，地表覆盖率高。

建设单位经踏勘、调查，提出两个拟选安全填埋场备选。对两个备选场址的初步调查情况见下表。

条件	A 场址	B 场址
地形	丘陵山谷	丘陵山谷
植被	山坡地遍布马尾松、芒萁群落，谷地有稻田、菜地	山坡地有成片灌木林，部分为果园；谷地有稻田、竹林
地表水	地表水主要为大气降水，场区汇水面积 45 万 m^2，径流经沟谷流入一中型水库，水库功能为防洪、养殖和灌溉，非饮用水水源地	地表水主要为大气降水，场区汇水面积 45 万 m^2，径流经沟谷流入 5 km 外的河流，河流水环境功能为 4 类水体
运输	场外运输公路路况较好，沿途有 3 个居民村庄，经过一座桥梁，需修进场公路 800 m	场外运输公路路况较好，沿途有 2 个居民村庄，需修进场公路 1 600 m
与周围环境协调性	离最近居民点 1.2 km，西紧邻森林公园。在居民集中区的下风向	离最近居民点 1 km，距离森林公园 8 km。在居民集中区的下风向
环境质量现状	大气、声环境质量现状良好。地表水质量基本项目中粪大肠菌群超标	大气、声环境质量现状良好。地表水水质基本项目中氨氮、石油类超标
供电、供水、生活条件	具备	具备

【问题】

1．根据表中给出的拟选场址初步调查情况，应选择哪个场址？并简述理由。

【参考答案】

（1）应选择 B 场址。

（2）从植被情况来看，B 场址仅破坏一般灌木和果园，而 A 场址会破坏自然植被；B 场址径流经沟谷流入 5 km 外的 4 类水环境功能的河流，而 A 场址经沟谷流入一座具有防洪、养殖和灌溉功能的中型水库，比 A 场址对水环境的影响小（而且生活垃圾填埋场的选址应在水库等人工蓄水设施的淹没区和保护区之外）；B 场址距离森林公园比 A 场址远，对森林公园影响小；B 场址虽然距离村庄距离较 A 场址近，但均不在影响范围之内，可以接受。因其他条件相当，综合比选后，B 场址较 A 场址更适合。

考点分析与答题技巧：本题考点在于《危险废物填埋污染控制标准》（GB 18598—2001）（该标准已修订，被 GB 18598—2019 替代）关于填埋场的选址要求。实际上，地下水的水文及地质情况是填埋场选址重大制约因素。但题干及其场址调查情况表中并未给出地下水水文及地质情况，因此，如果考生答“根据表内所述情况，不能确定”也是可行的，但解答的理由要充足。本题的设问比较别扭，根据表内选址“初步”调查情况来选哪一个？二者选其一，显然 B 比较合适。

2．为进一步论证场址的合理性，还必须调查哪些基本情况？

【参考答案】

（1）填埋场水文及地质情况。

（2）防渗用的黏土来源。

（3）周边居民饮用水水源情况，特别是地下水水源。

考点分析与答题技巧：本关于危险废物填埋场选址的要求，《危险废物填埋污染控制标准》不论是 GB 18598—2001 版，还是其替代版 GB 18598—2019 均规定了场址选择要求。考生须认真学习。

3．阐述除场址比选论证外，该项目工程分析中还应关注的重点问题。

【参考答案】

（1）拟填埋危险废物的数量、来源、组分、性质和特点，以及危险废物的收集转运、运输途径和车辆配备等。

（2）关于项目整体布局和工程内容的论述（如场区面积、设计填埋年限和填埋方案；场地各填埋单元及地面各设施的平面布局、构筑物及公共工程；填埋工艺、填埋坝工程、防渗工程、渗滤液导排、气体导排、场区防洪、场地道路和覆土方案等），在论述过程中应重点说明工程防渗措施的可行性。

（3）应明确项目对环境的主要影响。

（4）重点论述渗滤液和大气污染物源强的确定方法、确定过程及结果。

（5）说明项目污染防治措施，特别是渗滤液和大气污染物的处理和排放方式，以此为基础确定其排放量。

（6）施工布局、施工作业方式、取土及弃渣方案、水土保持方案。

4．指出项目建设期、运行期可能造成的主要环境问题。

【参考答案】

建设期主要环境问题有：

（1）施工造成的植被破坏及对动物活动的不利影响、取土和弃土造成的水土流失。

（2）噪声对道路沿线居民及周边环境的不利影响。

（3）施工作业及运输产生的扬尘、废气对环境空气质量的不利影响。

（4）施工污水处理不当排入地表水体对水环境的影响。

运行期主要环境问题有：

（1）渗滤液在正常工况下对地表水的影响及渗滤液在非正常工况下对地下水的影响，特别是对周边居民饮用水水源地的影响。

（2）覆土过程中产生的扬尘、填埋气体对空气环境的影响。

（3）对生态环境的影响，尤其是取土可能造成的水土流失以及占用土地、破坏植被造成的生态影响。

（4）对周围景观的不利影响。

（5）作业及堆体对周围地质环境的影响，如造成滑坡、崩塌、泥石流等。

（6）车辆及覆土机械噪声对声环境的影响。

（7）运输危险废物的车辆对沿线居民产生的噪声及扬尘的影响以及事故情况下危险废物泄漏产生的危害。

考点分析与答题技巧：本小题给出的参考答案内容太多，不便于考生在考场答题。考生在学习中应注意提炼和总结，在考场上简洁地进行解答。

5．安全填埋场服务期满后，应采取哪些环境管理措施？

【参考答案】

（1）编制封场计划，并报当地环保部门核准。

（2）设置封场标志，并对封场结果进行检测。

（3）提出填埋场封场、植被恢复层和植被建设的具体措施，特别是封场后30年的管理和监测方案，尤其是对地下水的监测。

（4）环境风险管理和应急预案及救援体系。

考点分析与答题技巧：本小题主要考察对原《危险废物填埋污染控制标准》（GB 18598—2001）关于封场的管理规定。该标准修订后的GB 18598—2019在“9 封场要求”中的“9.6”项也有相关规定。考生应认真学习GB 18598—2019。

十一、海水淡化及污水处理厂案例

试题一（2023 年考题）

华北沿海地区某高新产业园区为向区内企业提供高品质工业用水，拟实施海水淡化项目。项目组成包括取水工程、海水淡化厂、淡水供水管线和浓海水排放管线。

取水工程包括 1 座取水泵站和 2 根 DN1200、长 13.5 km 的输水管线。取水泵站位于园区东北方向的海湾，与海水淡化厂距离 10 km，设计取水规模 32 万 m^3/d。原海水经布置在取水泵房内的格栅池拦截杂物后，由输水管线送往海水淡化厂。在取输水过程中，需连续添加次氯酸钠，同时冲击性添加非氧化型杀贝剂。

海水淡化厂位于园区东部，占地面积 10.8 hm^2，主要建设内容包括海水预处理及淡化车间、成品淡水池、污泥处理间、换热站、中和水池、废水池、泵房、变配电站和综合楼。

海水淡化厂采用“气浮→超滤→一级反渗透（SWRO）→二级反渗透（BWRO）”工艺生产淡水，海水输入量为 319 384 m^3/d，相应的淡水产量为 150 000 m^3/d，其中外供淡水 149 414 m^3/d，自用淡水 586 m^3/d。淡化过程产生的浓海水为 167 748 m^3/d，产生的排泥水为 1 636 m^3/d（泥所占体积忽略不计）。

海水淡化工艺过程为：首先在预处理工序向海水中投加三氯化铁（$FeCl_3$）和聚丙烯酰胺（PAM），并采用气浮法去除悬浮物、胶体等杂质；然后在淡化工序用盐酸调节 pH 值，再依次经超滤、投加次氯酸钠（NaClO）和两级反渗透等处理单元即制得成品淡水。气浮分离出的排泥水送污泥处理系统；超滤系统反冲洗水返回预处理工序，回收用于淡水生产；反渗透系统浓水即为浓海水，经浓海水排放管线外排入海。

按照反渗透系统的维护保养要求，生产期间需在一级反渗透进水池中投加抗氧化剂亚硫酸氢钠（$NaHSO_3$）和阻垢剂聚羧酸盐类等药剂，相应的药剂配制用淡水量为 519 m^3/d；需定期采用盐酸和氢氧化钠溶液对反渗透膜组件进行在线清洗，相应的淡水用量为 15 m^3/d。停产期间，需采用 1%～1.5%的 $NaHSO_3$ 保护液浸泡维护反渗透系统，并定期更换保护液。

海水淡化厂采用絮凝沉淀方式处理排泥水。在污泥处理间，首先向污泥浓缩池投加絮凝剂聚丙烯酰胺（PAM）、聚合氯化铝（PAC）等药剂，使排泥水中的微细颗粒形成絮凝物，相应的药剂配制用淡水量为 52 m^3/d；然后再采用带式浓缩机和板框压滤机进行固液分离，产生的泥饼量为 73 t/d，滤液量为 1 645 m^3/d。泥饼送生活垃圾填埋场。

海水淡化厂排水采用雨污分流制，生活污水经市政污水管网排往园区污水处理厂处理；浓海水、反渗透系统清洗废水、定期更换的保护液和污泥处理间滤液一并经浓海水排放管线外排入海；厂区雨水直接排入流经园区的 A 河。

淡水供水管线从海水淡化厂向南沿市政道路敷设至园区给水管网接口处，总长 1 850 m，管径 DN1200。

浓海水排放管线从海水淡化厂向东埋地敷设至设于临港港区的排海口，长 2 280 m，管径 DN1400。排放管线穿越港区港池堤岸的长度为 30 m，采用破堤方式施工；海域段水下管线长度为 100 m，采用抓斗挖泥船和 500 吨级船舶等进行施工。

经调查，浓海水排海口北侧 4.7 km 处为区域的河口湿地保护区，其主要保护要求为：维护河口湿地生态功能，保护鸟类栖息地，保障行洪排涝安全。排海口东南侧 11 km 处海域为金湾重要渔业功能区，其保护要求为：保护近海水生生物、洄游生物种群及产卵场，恢复中国对虾、三疣梭子蟹等经济鱼、虾、蟹与贝类资源，海水水质不低于二类标准，海洋沉积物质量和海洋生物质量不低于一类标准。该海域重要水生生物产卵繁殖期集中在每年 4 月 25 日—6 月 15 日。

排海口附近海域海水盐度约 31.8‰，浓海水排海口数值模拟预测结果表明：排海口大于 2‰的盐升包络面积为 1.29 km^2，最远距排海口 1.8 km；大于 5‰的盐升包络面积为 0.66 km^2，最远距排海口 1.2 km；盐升影响范围均局限在港口区内，对港区外部海域基本没有影响。

【问题】

1. 指出 NaClO、非氧化型杀贝剂、$FeCl_3$、PAM、PAC 等处理药剂的作用。（4 分）

【参考答案】

答案一：

（1）NaClO：去除海水中细菌病毒和海藻等微生物（1 分）；

（2）非氧化型杀贝剂：去除海水中贝类等软体动物（1 分）；

（3）$FeCl_3$、PAM：使海水中的悬浮物、胶体形成絮凝物（1 分），为气浮法创造条件；

（4）PAM、PAC：使排泥水中的微细颗粒形成絮凝物（1 分），为固液分离创造条件。

答案二：

（1）NaClO：消毒；

（2）非氧化型杀贝剂：去除海水中贝类等软体动物，防止附着在管道上堵塞管道；

（3）$FeCl_3$、PAM、PAC：絮凝剂，沉淀水中悬浮物。

考点分析与答题技巧：解答本小题需考虑化学药剂的特性和海水的特性。题干中提供了一些必要的信息，如“投加三氯化铁（$FeCl_3$）和聚丙烯酰胺（PAM），并采用气浮法去除悬浮物、胶体等杂质”等。若想深入了解此类项目，不妨到沿海地区的海水淡化厂做一次调研、或考察、学习。答案二较答案一稍简洁，实质内容一致。

2. 计算海水淡化厂泥饼的含水率。（2分）

【参考答案】

答案一：

（1）泥饼含水量：1 636+52−1 645=43 m^3/d=43 t/d；（1分）

（2）泥饼含水率：43 ÷ 73×100%=58.90%。（1分）

答案二：

（1 636+52−1 645）/73=0.589 0=58.90%　（2分）

考点分析与答题技巧：本小题只是一个简单的计算。根据题干给出的信息，“淡化过程产生的排泥水为 1 636 m^3/d（泥所占体积忽略不计）”“在污泥处理间，首先向污泥浓缩池投加絮凝剂聚丙烯酰胺（PAM）、聚合氯化铝（PAC）等药剂，使排泥水中的微细颗粒形成絮凝物，相应的药剂配制用淡水量为 52 m^3/d；然后再采用带式浓缩机和板框压滤机进行固液分离，产生的泥饼量为 73 t/d，滤液量为 1 645 m^3/d。”解答本小题，不应将简单问题复杂化，需要注意的是题干关于 1 636 m^3/d 排泥水括号中的“泥所占体积忽略不计”，那 1 645 m^3/d 的滤液更不应该考虑泥的体积了，至于泥饼的“量”用的是“t/d”而未用“m^3/d”需要考虑换算，也是无需多虑的，因为直接将忽略泥所占体积的泥水“m^3/d”视为“t/d”即可。

3. 指出涉海管线施工产生的主要环境影响。（4分）

【参考答案】

答案一：

（1）挖泥船挖泥导致中国对虾、三疣梭子蟹等鱼虾蟹贝水生生物直接死亡，施工船只噪声、灯光对它们的惊扰；破坏沉积物、使悬浮物增加，海水水质恶化；水动力变化和地形地貌的改变；破坏它们生境。

（3）影响它们洄游和产卵。影响鱼、虾、蟹与贝类等的分布，导致生物资源直接损失量，海洋生产能力受损。

答案二：

（1）抓斗挖泥船和 500 吨级船舶的施工作业与运输对排海口北侧 4.7 km 的河口湿地保护区及河口湿地生态功能、鸟类栖息地的影响。

（2）对排海口东南侧 11 km 处海域金湾重要渔业功能区的影响，尤其是近海水生生物，中国对虾、三疣梭子蟹等经济鱼、虾、蟹与贝类资源，洄游生物种群及产卵场的影响。

（3）施工作业搅动泥沙对海域水环境质量的影响。

（4）对海洋沉积物质量和海洋生物质量的影响。

考点分析与答题技巧：本小题设问强调了“涉海管线施工”，答题的要点是“涉海”和“施工”。因此，本小题如果答了与涉海无关的内容则不得分，答的不是施工期而是营运期的内容也不得分。根据题干信息，“浓海水排放管线从海水淡化厂向东埋地敷设至设于临港港区的排海口，长 2 280 m，管径 DN1400。排放管线穿越港区港池堤岸的长度为 30 m，采用破堤方式施工；海域段水下管线长度为 100 m，采用抓斗挖泥船和 500 吨级船舶等进行施工”（提供了工程信息——工程活动或工程行为。主体），“经调查，浓海水排海口北侧 4.7 km 处为区域的河口湿地保护区，其主要保护要求为：维护河口湿地生态功能，保护鸟类栖息地，保障行洪排涝安全。排海口东南侧 11 km 处海域为金湾重要渔业功能区，其保护要求为：保护近海水生生物、洄游生物种群及产卵场，恢复中国对虾、三疣梭子蟹等经济鱼、虾、蟹与贝类资源，海水水质不低于二类标准，海洋沉积物质量和海洋生物质量不低于一类标准。该海域重要水生生物产卵繁殖期集中在每年 4 月 25 日—6 月 15 日”（提供了保护对象或影响对象的信息，以及保护要求。受体）。有了“主体”和“受体”，即可解答本小题。对鸟类保护区和金湾重要渔业功能区的影响主要考虑施工期 500 吨级航舶运输的影响。

也有考生回忆本小题设问为：给出施工期浓海水管线施工产生的主要环境影响。如果确实是这样设问的，则既要考虑陆地段施工的环境影响，也要考虑涉海段施工的环境影响，但一定要简洁。

4．给出施工期海洋环境影响减缓措施。（4 分）

【参考答案】

答案一：

（1）避开 4 月 25 日—6 月 15 日重要水生生物产卵期。

（2）严格控制施工范围。

（3）采用水帘围堰施工。

（4）选用环保型挖泥船。

（5）补偿造成的生态损失。

（6）加强施工期环境监理。

（以上答任意 5 项得满分）

答案二：

（1）采用低噪声、环境友好型挖泥船。

（2）施工期监控驱赶救助。

（3）合理安排施工期，避开重要水生生物集中产卵繁殖期、洄游期。

（4）设置人工鱼礁，增殖放流。

考点分析与答题技巧：本小题接续上一小题。上一小题设问的是环境影响，本小题设问的是减缓措施。因此，对应着上一小题的影响提出相应的环保措施即可。答案一与答案二均是可行的解答，并无实质性差别。

5. 给出浓海水排放对海洋生态环境影响分析的主要内容。（4 分）

【参考答案】

答案一：

浓水排海影响海水水质和沉积物，破坏洄游生物种群及产卵场，影响海洋生物及其生境，使近海水生生物，尤其是中国对虾、三疣梭子蟹等经济鱼、虾、蟹与贝类资源生产能力受损，生物多样性下降、生物质量恶化。

答案二：

（1）根据模型预测浓海水排放的生态影响范围（0.5 分），给出不同盐升梯度包络线范围图（0.5 分）；

（2）结合现状海水盐度及水生生物对盐度的耐受性（0.5 分），分析评价对影响范围内水生物的影响（0.5 分）；

（3）估计影响范围内的生物多样性变化（0.5 分）、生物质量的变化情况（0.5 分）；

（4）分析、评价并明确对河口湿地生态功能及鸟类栖息地生境（0.5 分）、金湾重要渔业生态功能区及重要保护渔业资源的影响（0.5 分）；

（5）明确评价结论。

考点分析与答题技巧：根据现行《海洋工程环境影响评价技术导则》（GB/T 19485—2014）的“表 1 海洋工程建设项目各单项环境影响评价内容”，海水淡化等海水综合利用工程环境影响评价必选内容有“海水水质环境、海洋沉积物环境、海洋生态和生物资源环境、海洋水文动力环境、环境风险”，但本小题设问的是浓盐水排海对海洋生态环境影响的评价内容，如此，则仅涉及其中的一项“海洋生态和生物资源环境”。该导则“10.8.3 环境影响评价结果”规定了海洋生态和生物（渔业）资源的影响评价内容和结果的“a ~ j” 10 项内容。但是，很显然不能抄导则。结合题干信息“排海口附近海域海水盐度约 31.8‰，浓海水排海口数值模拟预测结果表明：排海口大于 2‰的盐升包络面积为 1.29 km^2，最远距排海口 1.8 km；大于 5‰的盐升包络面积为 0.66 km^2，最远距排海口 1.2 km；盐升影响范围均局限在港口区内，对港区外部海域基本没有影响”。简要给出主要影响评价内容即可。答案一与答案二是从不同的角度进行的解答，一些内容基本相似，但表述方式不同。

试题二（2017 年考题）

某县拟实施环境综合整治规划，规划方案由 R 河河道整治工程和污水治理工程两个项目组成，拟进行河道清淤、河岸修整和绿化，改善河道景观；对现状沿河排污口进行截流封堵，完善市政污水收集管网，新建污水处理厂，解决地区污水排放问题。

拟建污水治理工程建设内容包括截流封堵沿河 3 处排污口、修建 12 km 污水管道、新建一座二级生化污水处理厂。污水处理厂设计处理能力 5×10^4 m^3/d，选址于县城东南郊经济开发区的东侧，收水范围为沿河两岸老城区、经济开发区以及规划新城区。老城区生活污水和经济开发区生产废水现状排放量共计 2.6×10^4 m^3/d，经 3 个排污口排入 R 河。

污水处理厂工艺流程为：进水→格栅→沉砂池→A/A/O 生物池→二沉池→反应沉淀池→转盘滤池→消毒池→出水。排水执行《城镇污水处理厂污染物排放标准》一级 A 标准。设计 TP 总去除率为 92%，其中反应沉淀池和转盘滤池的除磷效率合计为 80%。污泥处理拟采用“浓缩脱水+生物干化”工艺，其中生物干化采用嗜高温好氧微生物进行好氧生物发酵；浓缩脱水后污泥产生量为 60 t/d（含水率 80%），生物干化处理后污泥产生量为 20 t/d（含水率 40%）。

该县城地势西高东低，R 河由西向东从县城中心穿过，R 河城区段长约 12 km，在县城入口处断面多年平均流量为 17.6 m^3/s，枯水期平均流量为 4.5 m^3/s，水域环境功能为Ⅳ类。R 河南岸老城区下游经济开发区主要行业为食品加工、机械加工等，区内有一座人工景观湖。北岸老城区东北方向约 2 km 处有一座燃煤热电厂，从 R 河引水为循环冷却水。污水处理厂外东侧有多处砖厂废弃取土坑和成片林地。污水处理厂达标尾水拟排入 R 河。

【问题】

1. 说明本项目可能的尾水资源化途径。（5 分）

【参考答案】

（1）用于人工景观湖（1 分）、燃煤热电厂循环冷却水（1 分）。

（2）用于砖厂废弃取土坑营造人工水塘、湿地（1 分）以及成片林地浇灌（1 分）。

（3）作为 R 河两岸老城区及经济开发区相关企业的中水利用（1 分）。

考点分析与答题技巧：本小题比较简单，因为题干已经提示了相关信息。尾水资源化，就是尽可能就近综合利用。处理后的尾水达到一级 A 标准，水质较好。题干提到“区内有一座人工景观湖。北岸老城区东北约 2 km 处有一座燃煤热电厂，从 R 河引水为循环冷却水。污水处理厂外东侧有多处砖厂废弃取土坑和成片林地”这些信息为尾水资源化利用提供了途径。答案直接从题干中摘取即可，难度不大。

2. 计算本项目生物除磷效率。（4 分）

【参考答案】

算法一：

设生物去除率为 x，根据题干给出的污水处理工艺，可列方程式：

1−92%=（1−x）（1−80%）　解方程得 x=60%

算法二：

设生物去除率为 x，92% = x+（1−x）80%　解得 x=60%

考点分析与答题技巧：根据题意，无论是按设计处理的废水总量，还是实际处理的废水总量，处理的废水中 TP 是定数。设计的去除率不变，可按 TP 去除量或处理后中水中剩余的 TP 量分别列式计算。既然设计 TP 去除率为 92%，则处理后排放的中水中 TP 的含量为 8%。从污水处理工艺过程来看，先是经过 A/A/O 处理总磷后，剩余的 P 再经反应沉淀池和转盘滤池处理。算法一即根据处理后的中水中剩余或残留的 TP 量列的算式，算法二则是按处理去除 P 的总量列式的。本小题明确要求“计算”，因此，列计算公式（或方程，或分别计算过程）是必要的。这是初中数学知识在环评工作中的应用，基本无难度。

3. 定性说明本项目的水环境改善作用。（5 分）

【参考答案】

（1）清淤。河道清淤去除沉积在底层的污染物，有利于改善河道水环境。（1 分）

（2）截污。对现状排污口进行截流封堵，完善市政管网，将大幅减少向河道排放污水。（1 分）

（3）污水处理。建设污水处理厂，不仅可对污水进行处理，还可将污水资源化，解决城区污水排放问题，避免向河道排放污水。（1 分）

（4）景观改造和绿化（2 分）。对河岸进行修整和绿化，改善河道景观，一定程度上也可以起到改善水环境的作用。

考点分析与答题技巧：根据题意，本项目“拟进行河道清淤、河岸修整和绿化，改善河道景观；对现状沿河排污口进行截流封堵，完善市政污水收集管网，新建污水处理厂，解决地区污水排放问题”体现了清淤、截污、污水处理、景观改造和绿化的河道整治理念。这是一个完整的解决城市河道污染的治理体系。但定性说明不好组织语言，这方面需要斟酌语言。本小题从 4 个方面解答，希望有助于大家理解。

4. 给出本项目污泥资源化利用方式和去向（限 2 项），并说明理由。（6 分）

【参考答案】

（1）浓缩脱水后的污泥（1 分）可用于土地整治利用（1 分）。如填充污水处理厂外东侧的多处砖厂废弃取土坑。理由是其含水率低，可用于填整场地。（1 分）

（2）生物干化处理后的污泥（1 分）可用作有机肥，用于农业肥田（1 分）。生物干化污泥进行好氧生物发酵，含有较丰富的有机质。（1 分）

考点分析与答题技巧：根据题意，本项目污水处理工艺为针对生活污水以生物处理为主的污水处理厂。污泥处理拟采用“浓缩脱水+生物干化”工艺，其中生物干化采用嗜高温好氧微生物进行好氧生物发酵；浓缩脱水后污泥产生量为 60 t/d（含水率 80%），生物干化处理后污泥产生量为 20 t/d（含水率 40%）。注意，关于污泥资源化利用方式及去向，实践中视污泥情况有很多方式和去向，但本小题限 2 项，如果答多了，不但浪费时间，也不会得分。

注 1：本案例虽然是以“环境综合整治”的名义将河道整治与污染处理厂相结合出的一道考题，但考的内容还是污水处理厂。

注 2：2018 年生态环境部颁布了《排污许可证申请与核发技术规范　水处理（试行）》（HJ 987—2018），其中的污染物处理处置措施对解答此类项目的“环境保护措施或设施”等是有重要指导作用的，请考生注意学习。

试题三（2015年考题）

某城市现有污水处理厂设计规模为30万m^3/d，采用“A^2O+高效沉淀+深床滤池”处理工艺，处理后尾水达到《城镇污水处理厂污染物排放标准》一级A标准后排入景观河道。厂区内主要构筑物有进水泵房、格栅间、曝气沉砂池、生物池、二沉池、高效沉淀池、深床滤池、污泥浓缩脱水机房和甲醇加药间（内设6个甲醇储罐，单罐最大储量为16 t）。其中，进水泵房和污泥浓缩脱水机房分别采用全封闭设计并配套生物滤池除臭设施，废气净化后分别由15 m高排气筒排放。

拟在厂区预留用地内增建1座污泥处置中心，设计规模为160 t/d，总绝干污泥量采用“中温厌氧消化+板框脱水+热干化”处理工艺。经处理后污泥含水率40%，外运作为园林绿化用土。污泥消化产生的沼气经二级脱硫处理后供给沼气锅炉。沼气锅炉生产的热水（80℃）和热蒸汽（170℃）作为污泥消化、干化的热源。污泥脱水产生的滤液经除磷脱氮预处理后回流污水处理厂。

新建污泥处置中心的主要构筑物有污泥调理间、污泥消化间、污泥干化间和污泥滤液预处理站。其中，污泥调理间、污泥干化间和污泥滤液预处理站均采取封闭压排风设计，分别配套生物滤池除臭设施（适宜温度22～30℃），废气除臭后分别经3根15 m高排气筒排放。污泥干化产生的废气温度60～65℃，H_2S、NH_3浓度是其他产臭构筑物的8～10倍，沼气罐区与污水处理厂甲醇加药间相距280 m，设有16个800 m^3的沼气囊（单个沼气囊储气量为970 kg）。

本项目所在地区夏季主导风向为西南风，现状厂界东侧650 m有A村庄，东南侧1 200 m有1处新建居民小区。本项目环评第一次公示期间，A村庄有居民反映该污水处理厂夏季常有明显恶臭散发，导致居民无法开窗通风，并有投诉。

经预测分析，环评机构给出的恶臭影响评价结论为：污泥处置中心3根排气筒对A村庄的恶臭污染物贡献值叠加后满足环境标准限值要求，本项目对A村庄的恶臭影响可以接受。

注：《危险化学品重大危险源辨识》（GB 18218—2018）中沼气临界量50 t，甲醇临界量500 t。

【问题】

1．污泥干化间废气除臭方案是否合理？请说明理由。（5分）

【参考答案】

不合理。（2分）

理由：（可答下列之一，3 分）

（1）废气温度过高、浓度过高，不适用生物滤池法。

（2）除臭效率不稳定。

（3）改为以下方法：碱洗+酸洗；喷淋降温+生物滤池法；生物滤池法+活性炭吸附法。

考点分析与答题技巧：本小题看似简单，要答全则不易。“不合理”和“废气温度高”可以确定，但其他答案则需要对工程、臭气处理的其他工艺技术及生物滤池除臭工艺有一定的了解才行。但本小题评分时并未要求将 3 条理由全部答上，只要求答上 1 条即可。

2．本项目是否存在重大危险源？请说明理由。（5 分）

【参考答案】

不存在重大危险源。（1 分）

理由：$q_1/Q_1+q_2/Q_2=6×16/500+0.97×16/50=0.5<1$。（4 分）

考点分析与答题技巧：根据评分要求：公式正确，计算结果或判定结果错误得 2 分；没有公式，仅有判断结果得 2 分；未考虑危险源叠加而分别判定得 1 分；未进行计算直接判定不得分。重大危险源确定的方法需掌握。此外，考试时凡涉及计算的，一定要给出计算公式或过程。考生须认真学习《建设项目环境风险评价技术导则》（HJ 169—2018）。

3．给出本项目大气环境质量现状评价监测因子。（4 分）

【参考答案】

H_2S、NH_3、臭气浓度（答“臭气”“恶臭”不得分）、甲硫醇、SO_2、NO_x（NO_2）。

考点分析与答题技巧：根据评分要求，以上因子，答上 1 个得 1 分，答满 3 个得 4 分。当然，最高不超过 4 分。

4．指出环评机构的恶臭影响评价结论存在的问题。（6 分，每项 2 分）

【参考答案】

（1）预测未叠加 A 村庄现状值。

（2）未考虑项目的无组织排放（或答“其他产臭构筑物”）。

（3）未考虑公众意见（或答“未提出以新带老建议”，或“未给出提高现有除臭效率的措施”）。

考点分析与答题技巧：其实本小题主要考查的是恶臭对 A 村庄影响情况。由于是技改工程，原来存在恶臭污染（公众意见有反映），应该考虑叠加现状值；同时，此类项目存在无组织排放也是应该考虑的。关于答案（3），题干已突出此问题，必须答上。

试题四（2014 年考题）

某新设立的工业园区规划建设一座规模为 30 000 t/d 的污水处理厂，收水范围包括工业园区和相距 3 km 处的规划新农小区。工业园区定向招商入区企业的工业废水总量 15 300 t/d，拟收集的生活污水总量为 9 200 t/d。拟将入区企业工业废水分类收集送至污水处理厂进行分质预处理。污水处理厂收集的各类废水水质见下表。

污水处理厂收集的废水水质汇总

污水类别	水量	主要污染物浓度/（mg/L）（pH 量纲一）								
	m^3/d	COD	BOD	SS	氨氮	TP	氰化物	TDS	石油类	pH
含氰废水	1 500	350	200	50			85			
高浓度废水	6 000	6 200	2 100	850	200					
酸碱废水	1 000	800	350	90	5	45				2～11
含油废水	1 600	2 500	800	1 200	100				120	
一般工业废水	3 000	220	80	150	20					
生活废水	9 200	400	250	300	35	3				
合计	22 300	COD 加权平均浓度为 2 102 mg/L；BOD_5 加权平均浓度为 765 mg/L								
冷却塔废水	800	90		20		8		1 000		
除盐站废水	1 400	60		260				3 000		

污水处理厂采用“预处理+二级生化+深度处理”工艺，其中冷却塔排水和除盐站排水直接进入深度处理段，出水水质执行《城镇污水处理厂污染物排放标准》一级 A 标准。污水处理厂生化处理段设计 COD 进水水质为 1 000 mg/L，COD 去除率为 80%；深度处理段 COD 去除率为 75%。

污水处理厂采用“浓缩+脱水+热干化”工艺处理污泥，干污泥含水率小于 50%，拟运至距厂址 12 km 的城市生活垃圾卫生填埋场处置或用于园林绿化。

污水处理厂位于 B 河流域一级支流 A 河东侧。A 河流经拟建厂址西侧后于下游 2.5 km 处汇入 B 河，多年平均流量 10.2 m^3/s，水环境功能为Ⅲ类，现状水质接近Ⅲ类水质标准限值。B 河多年平均流量 30.5 m^3/s，自 A 河汇入口上游 10 km 至下游 25 km 河段执行Ⅲ类水质标准，自 A 河汇入口下游 5～25 km 为规划的纳污河段，现状水质达标。

工程可行性研究提出两个排水方案。方案 1：污水处理厂尾水就近排入 A 河；方案 2：污水处理厂尾水经管道引至 B 河排放，排放口位于 A 河汇入口下游 8 km 处。

【问题】

1．指出宜单独进行预处理的工业废水类别以及相应的预处理措施。（6 分）

【参考答案】

（1）含氰废水（1 分）：氧化除氰法（0.5 分）。

（2）高浓度废水（1 分）：厌氧生物（或二级厌氧）（0.5 分）、水解酸化等方法。

（3）酸碱废水（1 分）：中和（0.5 分）、均质调节等方法。

（4）含油废水（1 分）：隔油、气浮（0.5 分）等方法。

考点分析与答题技巧：本题问的是工业废水的预处理，不应出现生活污水。另外，高盐含量的冷却塔废水和除盐站的废水直接进入深度处理，也无须考虑。关于不同类型或性质的废水应该分别进行处理，这在环评实际工作中是基本要求，同类考题在 2020 年电镀线项目案例中再次出现，考生应予注意。

2．计算污水处理厂出水 COD 浓度。（4 分）

【参考答案】

（1）生化处理段后 COD 浓度：

1 000×（1−80%）=200（mg/L）（1 分）

（2）进入深度处理阶段混合废水水质浓度：

（22 300×200+800×90+1 400×60）÷（22 300+2 200）=188.4（mg/L）（2 分）

（3）深度处理后 COD 浓度：188.4×（1−74%）=47.1（mg/L）（1 分）

因此，污水处理厂出水 COD 浓度为 47.1 mg/L。

考点分析与答题技巧：根据题意，污水处理厂生化处理段设计 COD 进水浓度为 1 000 mg/L，无论收水水质浓度如何，均需经过满足或经预处理后满足设计进水水质。因此，计算时只需根据进水水质及去除率，即可算出出水水质。

3．指出污泥处置方案存在的问题。（5 分）

【参考答案】

（1）预处理系统的污泥、工业废水处理污泥（1 分）应进行危险废物特征鉴别（0.5 分），如属于危险废物，则应送有资质单位处理（0.5 分）；如果不属于危险废物，经设计的污泥处理系统处理后，可送至城市生活垃圾卫生填埋场处置。

（2）“二级生化+深度处理”系统产生的污泥属于一般固体废物（1 分），经设计的污泥处理系统处理后，可送至城市生活垃圾卫生填埋场处置或土地利用（1 分）；若污泥用于园林绿化，在鉴别其不属于危险废物后，污泥还应符合园林绿化用土标准（1 分）。

考点分析与答题技巧：本题既考查了污水处理厂污泥的处理处置，也考查了生活垃圾填埋场的污染控制要求。工业废水处理站的污泥在处理处置之前需要鉴别其属性。

4. 在工程可行性研究指出的排水方案中确定推荐方案，并说明理由。（5 分）

【参考答案】

推荐方案为方案 2（1 分）。理由如下：

（1）方案 1，A 河为小河，现状水质已接近标准限值，环境容量有限（1 分），且不是排污河段。

（2）方案 2，B 河为中河，有环境容量（1.5 分），且拟设排污口处于规划的排污河段（1.5 分）。与方案一相比，污水处理厂事故排水、非正常工况时水环境影响小，风险较低（1.5 分）。

考点分析与答题技巧：题干已给出答案，本题比较容易。但是某些考题虽然题干中有答案，如果一味照抄下来，则可能是错误的，例如，2019 年铜冶炼案例第 3 小题要求提出主要污染物，如果答案中有题干提到的有机物或有机相，则不得分，甚至可能导致整个小题为 0 分。又如，2009 年公路案例第 1 小题要求指出“环境保护目标”，如果照题干将“农业区”抄在答案中，也是不得分的。

试题五（2013 年考题）

某市拟对位于城区东南郊的城市污水处理厂进行改、扩建。区域年主导风向为西北风，A 河由西经市区流向东南，厂址位于 A 河左岸，距河道 700 m。厂址西南 200 m 处有甲村，南 240 m 处有乙村，东北 900 m 处有丙村。按新修编的城市总体规划，城区东南部规划建设工业区，甲村和乙村搬迁至丙村东侧与其合并。按照地表水环境功能区划，A 河市区下游河段水体功能为Ⅲ类。

现有工程污水处理能力为 4 万 t/d，采用 A^2/O 处理和液氯消毒工艺，出水达到《城镇污水处理厂污染物排放标准》（GB 18918—2002）二级标准后排入 A 河。采用浓缩脱水工艺将污泥脱水至含水率 80%后送城市生活垃圾填埋场处置。

扩建工程用地为规划的城市污水处理厂预留地，新增污水处理规模 4 万 t/d，采用“A^2/O 改良+混凝沉淀+滤池”处理和液氯消毒；新增污水处理系统出水执行《城镇污水处理厂污染物排放标准》一级 A 标准，经现排污口排入 A 河；扩建加氯加药间，液氯贮存量为 6 t；新建 1 座甲醇投加间用于生物脱氮，甲醇贮存量为 15 t。

拟对现有工程污泥处理系统、恶臭治理系统进行改造：新建 1 座污泥处置中心，采用生物干化/好氧发酵工艺，将全厂污泥含水率降至 40%；全厂构筑物采用加盖封闭集气除臭方式，设置 3 处离子除臭间处理污水区、污泥区和污泥处置中心恶臭气体，净化达标后的废气由 3 根 15 m 高排气筒排放。

环评单位拟订的综合评价结论为：该工程建设符合国家产业政策、城市总体规划；经采取“以新带老”污染治理措施后，各种污染物可实现达标排放；工程不涉及重大危险源；环境效益改善明显；该工程建设环境可行。

注：《危险化学品重大危险源辨识》（GB 18218—2018）规定液氯和甲醇的临界量分别为 5 t 和 500 t。

【问题】

1．判断工程设置的“以新带老”方案是否全面，并说明理由。（4 分）

【参考答案】

答案一：

（1）不全面。（1 分）

（2）A 河城区下游河段水体功能为Ⅲ类，城市污水处理厂出水应执行一级标

准，因此在扩建时，应通过“以新带（代）老”对现有工程进行升级改造，使其出水达到一级标准。（3 分）

答案二：

（1）不全面。

（2）应对现有污水处理工艺进行改造，改造为与本次扩建采用的处理工艺（“A^2/O 改良+混凝沉淀+滤池”处理和液氯消毒）一致，使全厂污水的排放达到一级 A 标准。

考点分析与答题技巧：改扩建项目“以新带（代）老”是环境保护的基本要求。回答本题只需抓住题干，分析现有污水处理厂存在哪些环境保护问题，扩建采取的“以新带（代）老”措施是否全面考虑了现工程存在的环境问题即可答出。本小题可以采取多种解答方式，特别是理由说明。回答理由时也可以直接指出存在的问题，如现有工程存在问题，改造不完善，现有工程仍执行二级标准不符合要求或未考虑现有工程与本次改、扩建应执行一致的标准等的问题。答案一和答案二实质并无明显不同，均可得分。根据赋分要求，理由说明应包含现有工程要升级、出水达一级标准，否则，不予赋分。

2. 识别本项目重大危险源，请说明理由。（3 分）

【参考答案】

答案一：

本项目加氯加药间液氯储量高于贮存场所临界量 5 t（1 分），加氯加药间为重大风险源（2 分）。（只答液氯为重大风险源的赋 1 分）

答案二：

（1）扩建后液氯贮存量达 6 t 的加氯加药间。

（2）液氯存储量为 6 t，超过了临界量（5 t）。

考点分析与答题技巧：对于危险品，超过规定的临界量即为重大危险源或风险源（注意“重大”两个字）。同时也要注意，如果本题问的不是“重大危险源”而是“危险源”，则贮存危险品的设施或地方均为危险源。答案一与答案二是一致的，均可得满分。识别或判断重大风险源并说明理由，或识别风险源之类的考题，在案例分析考试中已多次出现过（2020 年的原油管道案例再次考查了重大危险源 Q 值的计算），为出题频率较高的考点。考生应认真学习《建设项目环境风险评价技术导则》（HJ 169—2018）。

3. 为分析工程对 A 河的环境影响，需调查哪些方面的相关资料？（7 分）

【参考答案】

答案一：

（1）（A 河）水文资料。（2 分）

（2）A 河水环境质量现状（答“水质现状”或“COD、NH_3-N”等也视为正确答案）。（2分）

（3）河流环境保护目标情况（或A河的水环境功能区划，或水环境污染治理规划，或地方对A河的环保要求，任意选项均可赋分）。（1分）

（4）现有污水处理厂排污口位置及排污情况。（1分）

（5）收水区域现污水污染源排放情况及排污口位置、数量（或收水区域外排至A河的在建污染源排污情况）。（1分）

答案二：

（1）A 河的水功能区划。

（2）A 河及其水系分布。

（3）A 河的水文情势。

（4）现状水质及主要污染因子。

（5）A 河水生生物调查，明确是否有国家和地方保护水生生物。

（6）A 河现状及预计未来纳污状况。

考点分析与答题技巧：答案一赋分答案，括号外或括号内的答案任选其一即可。答案二与答案一要点基本一致，但没有答案一具体，如排污口位置、数量。答题时一定要注意结合题干信息。

4. 指出综合评价结论存在的错误，并说明理由。（6分）

【参考答案】

答案一：

综合评价结论存在以下错误：

（1）“各种污染物可实现达标排放”是错误的，因为现有工程污水排放超标（未对现有工程进行“以新带老”升级改造，现有工程出水应满足一级标准）。（2.5分）

（2）“工程不涉及重大危险源”是错误的，因加氯加药间为重大风险源。（2.5分）

（3）“该工程建设环境可行”是错误的，由于现有工程污水超标排放，还不能得出如此结论。（1分）

答案二：

（1）“工程不涉及重大危险源”错误。由于有加氯加药间，液氯的贮存将可能构成重大危险源。

（2）“环境改善效益明显”错误。由于原污水处理系统没有与本次扩建工程同步进行改造升级，原厂处理后污水排放是否达标不确定；若不达标，仍可能对A河水质造成较大影响。

（3）“各种污染物可实现达标排放”错误。本项目拟设3根15 m的排气筒，由于没有说清楚各排放源的位置及其必要性，涉嫌分摊排放量，应首先考虑合并为1根排气筒。

（4）“该工程建设环境可行”错误。根据题干信息的分析不能得出如此结论。

考点分析与答题技巧：题干指出环评结论为：该工程建设符合国家产业政策、城市总体规划，这应该是正确的。因为污水处理厂属国家支持的建设项目，而且本项目是在原厂（处于城南工业区）基础上改、扩建，原厂建设时就应考虑与城市总体规划的符合性。经采取“以新带老”污染治理措施后，各种污染物可实现达标排放，这实际上“不能确定”，因为题干并未提供这方面的信息，归为“错误”。由于涉及6 t的液氯贮存量，说“工程不涉及重大危险源”是明显错误的。至于环境效益改善明显，污水处理厂是具有一定的环境效益，但由于原污水处理系统处理后水质情况如何不清楚，是否达标并未明确（应该达标，否则还建污水处理厂做什么。所以说此题出得比较别扭），明显改善也就是个疑问，也是“不能确定”的，归为“错误”。本小题答案一将主要错误指出，并说明理由，根据赋分要求，只指出错误，不说明理由，则不赋分。答案二虽然指出较答案一为多，也给出了理由，但较为烦琐，且存在主要漏项，如现有污水超标排放问题，或理由说明不具体的情况，如第4项。

试题六（2006 年考题）

某城存在水资源及水环境问题主要是由于上游建供水水库，由北向南流经市区东部的 S 河天然径流明显减少，且枯水期断流，城市部分污水未经处理排入 S 河市区河段，导致其水质污染较重；另外，由于长期超采，导致城市地下水位持续下降。S 河市区段为景观用水功能区，市区下游段为农业用水功能区。S 河出市区后经 25 km 进入 B 县城，区间有一支流汇入。

本次拟建处理规模为 20 万 t/a 的二级污水处理厂，厂址位于城市东南角规划预留用地，对排入 S 河市区段的城市东部地区全部污水进行截流（其中工业废水量占 40%）纳入新建污水处理厂，尾水排入 S 河下游。处理工艺为曝气活性污泥法，设计进出水水质见下表。

指标	BOD_5	COD	SS	NH_3-N	TP
进水水质/（mg/L）	200	350	250	25	8
出水水质/（mg/L）	20	60	20	15	0.3

拟将沉淀池污泥经浓缩、脱水，添加石灰稳定后送城市垃圾填埋场进行填埋处置。拟建污水处理厂北厂界 200 m 有企业，西厂界 300 m 有村庄。该地区主导风向为 NW。

【问题】

1. 说明该污水处理项目能否实现 S 河市区段水体用水功能目标？列举实现用水功能的可行措施。

【参考答案】

（1）不能实现。

① S 河市区段水质已严重污染，无环境容量。

② 污水处理厂出水水质较差，达不到Ⅴ类农业用水及一般景观用水水质标准。

（2）要实现用水功能可行的措施有：

① 上游供水水库应下泄一定的流量。

② 将排入 S 河的全部污水截流纳入污水处理厂（本污水处理厂不能满足处理能力时，应扩建或新建）。

③ 增加或改善污水处理厂工艺，使处理后的水质不低于V类。

2．从环境保护角度，列举理由说明优化污泥处理、处置措施。

【参考答案】

（1）尽管污泥经脱水稳定后可以进行填埋，但进入城市垃圾填埋场与垃圾一并填埋并不合理。

（2）污水处理厂的污泥量较大，填埋占地面积大，将占用填埋垃圾的空间。

（3）由于污水处理厂处理了较多的工业废水（40%），污泥中有毒有害成分较多，容易对地下水等造成二次污染。

（4）污水处理厂污泥应采用厌氧、好氧和堆肥等方法进行稳定化处理，也可采用卫生填埋的方法予以妥善处理，如土地施用、陆地填埋、焚烧。在对污泥充分鉴定、保证不会造成土壤污染、充分设计合理利用方式的条件下，优先用于土地施用。

考点分析与答题技巧：本小题在考试解答时应进一步简化，不宜写太多。

3．该污水处理厂 BOD_5 的去除率是多少？

【参考答案】

BOD_5 的去除率 =[（进水 BOD_5 浓度−出水 BOD_5 浓度）÷进水浓度]×100%

=[（200−20）÷200]×100%=90%

考点分析与答题技巧：本小题解答时，虽然十分简单，但计算过程是赋分点。

4．预测排放口下游 20 km 处的 BOD_5 浓度所需要的参数。

【参考答案】

（1）污水处理厂排放口上游S河的水质与水量。

（2）区间汇入S河的支流水质与水量。

（3）S河的流速。

（4）BOD_5 的降解系数。

（5）污水处理厂排放的水量与 BOD_5 值。

考点分析与答题技巧：该题与2007年以石化公司污水处理厂为案例的考题是一样的。考察的是对 BOD_5 预测模型参数选取中有关参数的意义。

5．公众参与时，应公开的环境影响信息有哪些？

【参考答案】

按照《环境影响评价公众参与暂行办法》，本项目公众参与应公开以下环境信息：

（1）建设项目主要工程内容，包括污水处理厂建设位置、处理规模、工程组成、占地面积及类型、产生及排放的主要污染物类型及数量等。

（2）建设项目占地区及周边区域环境现状及特征。

（3）主要环境保护目标及与建设项目的位置关系。

（4）建设项目在施工期及营运期可能造成的环境影响。

（5）建设项目拟采取的预防或减轻不良环境影响的措施。

考点分析与答题技巧：本小题当年考查的是原《环境影响评价公众参与暂行办法》，但该办法已被《环境影响评价公众参与办法》替代。从 2017 年 1 月 1 日开始，公众参与已与环评报告剥离，不再是环评单位和环评工作的内容，而是由建设单位承担主体责任的一项重要工作，单独编制公众参与说明。

十二、验收调查与验收监测案例

试题一（2020 年考题——水电工程验收调查）

西南地区某水电站为 R 河水电规划的最末一级，该水电站于 2014 年取得环评批复，于 2015 年开工建设，并于 2019 年建成，现进行竣工环境保护验收工作。该水电站采用引水式开发，装机容量为 340 MW，水库正常蓄水位 1 782 m，死水位为 1 750 m，调节库容为 269 万 m^3，具有日调节功能。该水电站由主体工程和移民安置工程组成，主要包括枢纽大坝、引水隧洞、发电厂房、业主营地等永久工程和综合加工厂、综合仓库，施工营地、渣场、料场等施工临时辅助工程；移民安置工程包括 2 处集中移民安置点、1 家迁建企业和 7.5 km 复建公路，坝址多年平均流量 282 m^3/s。正常蓄水位 30 m（这个没有说清楚，应该是考生题干回忆不全面所致），水库库区长 8.5 km。大坝与发电厂房尾水汇入口之间减水河段长 7.8 km，沿岸无生活取用水需求。发电厂房尾水汇入口与下游河口之间河段长 20 km，目前为天然河尚无开发利用。

环评文件载明的工程区域环境概况为：坝址上游左岸分布有一处国家级森林公园，森林公园边界与大坝工程区最近 500 m，与水库淹没线最近 300 m，水库淹没及工程占地区域植被主要为流域内广泛分布的稀树灌草丛，零星分布有国家 II 级保护植物红椿，未见保护动物活动；工程区河段土著鱼类均喜流水生境，产黏性卵，产卵期（3—4 月）需一定涨水刺激，坝址下游共分布有 3 处土著鱼类产卵场，分别位于坝下 3 km，厂房尾水汇入口下游 1 km，厂房尾水汇入口下游 15 km。

环评及批复文件的主要环境保护措施包括：建设生态流量泄放洞及在线监控系统，坝址处常年泄放不少于 30 m/s 的生态基流，在业主营地范围内建设鱼类增殖放流站，对受影响的鱼类进行增殖放流，修建鱼道；移栽受影响红椿，恢复施工迹地植被等。同时提出 2 处集中安置点和企业、公路复建等工程需开展专项环评的要求。

竣工环境保护验收拟定的调查范围为水库淹没区，主体工程施工区及坝下受影响河段。

工程调查显示：主体工程建设内容及主要技术指标与环评基本一致；施工场

地有局部调整，将 1 处综合加工厂和 1 处施工营地调整至原施工征地范围外，新增占地不涉及森林公园。同时边坡及隧洞开挖不存在倾渣的情况。

环境保护措施落实调查显示：建设单位每月采用人工监测的方法对下泄流量进行定期监测；将鱼类增殖站调至业主营地外，位于原设计下游约 2 km，增殖放流对象、规模、规格未发生变化，其余环境保护措施均按照原环评及批复文件进行落实。

水文情势调查显示：汛期（7—9 月）因大坝泄洪，减水河段流量大于 30 m^3/s，非汛期均维持 30 m^3/s，受电站日调峰运行影响，非汛期日内发电流量最大变幅达 39.7 m^3/s，发电厂房尾水汇入口下游 5 km 范围内河道水位日内波动显著。

水生生态影响调查显示：工程运行后，坝下游河段鱼类组成较工程建成前未发生变化，减水河段鱼类产卵场产卵规模及厂房尾水汇入口下游 1 km 处的产卵场鱼苗孵化率有下降趋势，但由于验收调查时工程运行时间短，尚无法判断对鱼类资源的影响程度。

【问题】

1．竣工环境保护验收调查范围是否合适？请说明理由。（4 分）

【参考答案】

（1）不合适。（2 分）

（2）理由：遗漏了原环评阶段纳入评价的引水隧洞、发电厂房、业主营地等永久工程和综合加工厂、综合仓库，施工营地、渣场、料场等施工临时辅助工程等所在区域（1 分。或答“未涵盖应该纳入验收的环评阶段的全部工程所在区域”，或答“遗漏了应纳入验收的环评阶段的其他工程所在区域”，或答“遗漏了除另行专项环评的 2 处集中安置点和企业、公路复建等以外的其他永久工程和施工临时辅助工程所在区域”）；水文情势与水生态调查范围应该延伸至下游河口处（1 分，或答“凡是引起水文情势变化的区段均应考虑”）。

考点分析与答题技巧：本小题设问及解答均很别扭，因为竣工环保验收范围一般分为工程范围和地理范围两个层次：工程范围应包括环评所包括的所有工程，特别是环境保护工程；地理范围一般应与环评阶段的各环境要素评价范围一致（如有变更应根据变更情况重新确定）。本小题显然要求回答地理范围，但题干却未提供环评阶段各环境要素的评价范围。而题干提供的诱导性解答方向“竣工环境保护验收拟定的调查范围为水库淹没区，主体工程施工区及坝下受影响河段”似乎只是水环境或水生生态的评价范围。本小题解答时应避免将“2 处集中安置点和企业、公路复建等工程”纳入验收调查范围，否则为原则性错误（因为这些工程要求开展专项环评，应另行专项环保验收）。其实，根据国务院 682 号令，建设项目竣工环境保护验收的本质性工作应该是对环境保护设施的验收，即应关注工程范围。对本项目而言，环保验收应该重点验收施工期各类临时工程施工迹地的恢复情况、红椿移植保护情况、过鱼设施、鱼类增殖放流站、生态流量泄放设施及在线监控系统，以及为保护坝下鱼类种质资源保护区而采取的生态调度方案落实情况等。

2. 指出陆生生态验收调查的重点内容。（3 分）

【参考答案】

（1）1 处综合加工厂和 1 处施工营地调整至原征地范围外造成的环境影响（或答“污染与生态影响”，0.5 分）以及采取的环保措施与效果（0.5 分）。

（2）施工迹地植被恢复情况（或答“综合加工厂、综合仓库，施工营地、渣场、料场等施工临时辅助工程等施工迹地植被恢复情况”，1 分）。

（3）红椿移植保护情况（0.5 分）。

（4）施工对邻近的国家级森林公园影响情况及采取的生态保护措施（0.5 分）。

考点分析与答题技巧：本小题设问为陆生生态验收调查的重点，则施工迹地恢复、红椿移植保护是很明显的两个重点，但一定要关注变更工程情况。另外，由于邻近国家级森林公园，施工期间是否对森林公园及其保护对象造成不利影响，也是应该重点调查的内容。

3. 指出鱼类增殖放流措施落实情况调查的重点内容。（4 分）

【参考答案】

（1）鱼类增殖站调整的原因（依据或其合法合规性，0.5 分），以及调整前后环境影响的变化及环境影响的可接受性（0.5 分）。

（2）鱼类增殖站布局、相关设施建设及管理情况。（1 分）

（3）鱼类繁育情况。（或“繁育的鱼种、规模等实际情况”，1 分）

（4）放流站位置及放流设施建设情况。（1 分）

考点分析与答题技巧：根据题干信息，鱼类增殖站位置发生了调整，无疑需要对调整的原因、依据或合规性进行调查，对调整前后占地及施工造成的影响等进行调查；尽管题干已明确“增殖放流对象、规模、规格未发生变化”，但对其实际建设内容、鱼种繁育情况仍应调查清楚，因为验收调查阶段可能只是初级阶段，很多情况下并未进行增殖放流能力。另外，需要注意的是，放流站与增殖站是不同的，放流站位于河道岸边，也是需要配套建设相应的设施的。

4. 针对工程及环境保护措施落实情况的调查结果，建设单位应完成哪些整改内容？（5 分）

【参考答案】

（1）将目前的生态流量下泄“人工每月监测”整改为按环评要求安装“在线监控系统”。（1 分）

（2）坝下 3 km 处于减水河段的产卵场所需的生境条件或水文情势的维护措施。（1分）

（3）厂房尾水汇入口下游 1 km 处的鱼类产卵场流量变幅的调控措施。（1分）

（4）与上游梯级电站联合调度方案，确保原库区河段喜流水生境的鱼类在库尾上游有一定的流水生境。（1分）

（5）优化调度方案，在鱼类产卵期（3—4 月）加大泄流量（或人造洪峰）以刺激鱼类产卵。（1分）

考点分析与答题技巧：本小题设问为针对“工程”及“环保措施落实”存在的不当或不符合环评要求的问题进行完善或整改，即指出需要整改的问题即可。首先，生态流量泄放监控由人工每月监测不符合环评要求，其次，坝下 3 km 处鱼类产卵场的水文情势须切实维护，否则将受到破坏；最后，发电厂房尾水汇入口下游 1 km 处有一处产卵场，但所处河段流量、水位日内变幅大，产卵场将受到影响，应提出控制措施。另外，由于本项目为河流梯级开发的最末一级，则须与上游梯级电站联合调度，否则原库区河段喜流水生境的鱼类将无适宜的生境河段，同时生态流量的泄放也将没有保障。

5. 针对短期未显现的鱼类资源影响，应提出哪些后续的环境保护工作建议？（4分）

【参考答案】

（1）制定长期调查、监测计划，并按计划实施。（1分）

（2）根据长期调查、监测结果，若造成产卵场孵化率下降，鱼类资源受到明显影响，则应制订科研计划（1 分），进行深入的科学研究，弄清原因，并提出解决对策与措施（1分）。

（3）适时开展环境影响后评价。（1分）

考点分析与答题技巧：根据题干提供的信息“工程运行后，坝下游河段鱼类组成较工程建成前未发生变化，减水河段鱼类产卵场产卵规模及厂房尾水汇入口下游 1 km 处的产卵场鱼苗孵化率有下降趋势，但由于验收调查时工程运行时间短，尚无法判断对鱼类资源的影响程度”，那就需要进行长期调查或监测；如果长期调查、监测的结果表明鱼类资源确实受到影响，无疑应进行深入研究（这也是 HJ/T 88—2003 和 HJ 19—2011 的规定），而研究的目的也是解决问题，应提出补救措施；另外，进行环境影响后评价也是生态环境部相关规范性文件的要求。这三个方面的工作是主要的，当然还可以进行其他方面的工作。

试题二（2019年考题——汽车喷涂项目验收监测）

由于2019年度的汽车整车喷涂项目验收案例（属于以污染影响为主的验收监测类）题干信息缺失，本书只能将问题列出，并根据5个小问及可能的题干情况提供一个思考方向，供备考者参考。

【问题】

1．指出本项目验收应重点调查的废气、废水环保设施。

根据《国务院关于修改〈建设项目环境保护管理条例〉的决定》（国令 第682号），竣工环保验收以“环境保护设施”为重点，即环评报告提出的，特别是生态环境行政主管部门批复文件要求的环保措施或设施为验收重点。对于考试，这些措施或设施在题干中会给出，考生只需从题干信息中将废气、废水治理或处理的环保设施找出答上即可；若题干不直接给出环保设施，但隐含在相关内容中，考生需根据题干信息判断建设项目必须采取相应的环保设施。

2．本项目X车间废气的监测方案是否合理？

关于竣工验收的废气监测，国家是有监测规范的，应该依照规范采样，包括监测孔或取样位置，或排气筒断面取样点位布设、采样方法与频次等。从本小题来看，本次验收监测主要是监测企业废气排放是否符合国家或地方规定的排放标准及排污许可要求。因此，在排气筒出口或能够反映污染物排放量的适当位置布设监测点位是必要的。如果安装有环保设施，且环评报告或批复文件要求环保设施需达到一定的效率，则在环保设施前后均应布设采样点位。取样应在一定稳定的生产运行周期内分批次取样。

3．本项目废水总排放口需要增加监测的污染物有哪些？

对废水排放口的验收监测，应根据废水类型，特别是污水中的污染物种类，确定监测指标，一般应包括常规污染和特征污染物，尤其是一类污染物或特征污染物切不可遗漏。从本小题来看，题干中应该给出了废水排放口的一些监测指标，但有所遗漏，考生应该根据题干信息，判断出应该补充或增加的监测指标。

4．磷化改锆化处理工艺，现场检查有哪些内容？

2015年12月30日，环境保护部发布了《关于印发建设项目竣工环境保护验收现场检查及审查要点的通知》（环办〔2015〕113号）并附了水电等9个行业建设项目环境保护验收现场检查及审查要点，之后又发布了其他行业的验收要点。

这些要点虽然当时主要是为环境保护行政主管部门执法人员提供依据，但企业或为企业服务的中介机构、技术人员也是应该了解的。作为考试答题，只需将主要的答上即可。

5. 指出危险废物暂存设施现场检查的主要内容。

尽管本小题也是“现场检查”，但实际上是考查考生对危险废物暂存场所污染控制标准的掌握情况，同时也是在考查考生对有关危险废物管理的法规等要求的掌握程度。或许题干中给出了一些可用作答案的信息，但即使不直接给出环保设施，考生也应该根据危险废物暂存设施必须采取的“三防”要求或管理要求给出答案。

注：2017 年 10 月 1 日《国务院关于修改〈建设项目环境保护管理条例〉的决定》（国令 第 682 号）实施后，建设项目竣工环境保护验收由环境保护行政主管部门的行为变为建设单位的自主行为，而且验收工作突出了针对“环保设施”的验收。该条例要求：编制环境影响报告书、环境影响报告表的建设项目竣工后，建设单位应当按照国务院环境保护行政主管部门规定的标准和程序，对配套建设的环境保护设施进行验收，编制验收报告。建设单位在环境保护设施验收过程中，应当如实查验、监测、记载建设项目环境保护设施的建设和调试情况，不得弄虚作假。除按照国家规定需要保密的情形外，建设单位应当依法向社会公开验收报告。随后环境保护部发布了《建设项目竣工环境保护验收暂行办法》和针对以污染影响为主的《建设项目竣工环境保护验收技术指南 污染影响类》，并启动了以生态影响为主要建设项目环保设施验收规范的修订工作。2021 年，生态环境部发布了一批行业建设项目竣工环境保护设施验收规范，下一步随着相关法律法规的完善和其他有关行业验收规范的修订，建设项目竣工验收将进一步得到规范。

试题三（2018 年考题——水利工程验收调查）

某新建成的水利工程位于平原区，功能为防洪、城市供水和灌溉。工程由拦河坝、提灌工程、护岸工程、排涝工程、城市供水提水工程和附属工程组成。水库正常蓄水位 139.4 m，校核洪水位 144.1 m，坝址控制流域面积 14 860 km^2，城市供水提水工程取水口位于大坝上游左岸距大坝 780 m 处。工程永久占地 362 hm^2，临时占地 21 hm^2，部分占地为耕地。岸区周边土地利用类型以耕地为主，其中水田占 63%，水库回水区内左、右岸各有 1 条支流汇入，入库河流执行Ⅲ类水质标准。

经行政主管部门同意水库已蓄水至正常蓄水位。现开展该水利工程的竣工环境保护验收调查。据环评报告书记载，左岸入库支流上游 15 km 河段沿岸分布有工矿企业及固体废物堆存场，工业废水排放总量约 6.8 万 m^3/a。环评批复文件要求，应进一步加强排涝设施等建设，减轻对农业生态的影响；水库应按集中式生活饮用水地表水源地进行管理与保护。

据初步调查，工程建设内容与环评批复的工程建设内容基本一致：坝前断面各项水质监测指标达标；按工程设计方案，坝下左、右两岸各设 1 个弃渣场，均占用耕地。施工过程中只启用了左岸弃渣场，工程施工总弃渣量与设计的总弃渣量基本一致；已按设计要求完成沿岸农田排涝设施的改建，沿岸农田灌溉回归水就近排入库区；当地已编制饮用水水源地保护方案，正上报审批。

【问题】

1．提出水库水质监测断面布设方案。（5 分）

【参考答案】

（1）提灌工程取水口处。

（2）城市供水提水工程取水口处。

（3）左岸和右岸支流汇入水库入口处。

（4）坝前、库区中心和库尾处。

（5）受农田灌溉回归水影响的水域。

考点分析与答题技巧：无论是环境影响评价，还是竣工环保验收，对监测工作均十分重视，在环评考试中也多次出现。本小题只要在答题草纸上依题干画出一个草图，便可知悉应该在何处布设断面或点位，难度不大。如果仅从本小题的设问来看，似乎只在库区布设监测断面即可（这是必需的，也是本小题最合适的得分项）。但在实际验收监测工作中，我们还要考虑与其相关的其他断面。

2. 说明本工程农业生态影响调查的主要内容。（5分）

【参考答案】

（1）调查工程施工建设期间实际永久和临时征占的农田类型（水田、旱田）、分布与面积、损失补偿。

（2）调查水库淹没的水田和旱田分布与面积。

（3）调查左岸弃渣场占用耕地的类型与面积，调查右岸弃渣场未启用的原因，原拟弃于该地的弃渣去向及其环境合理性与环境保护措施情况。

（4）库区蓄水和灌区灌溉导致的农田土壤潜育化、盐碱化情况。

（5）沿岸农田排涝设施实际建设情况及效果。

考点分析与答题技巧：注意，本小题问的是“农业生态影响调查”，与环评的环境影响有类似之处，只不过环评是预测未知，而验收是调查“实际”。水利水电工程对农业生态的影响主要表现在占地、淹没、灌溉等方面。结合题干，本项目施工建设期间征占了农田、水库淹没了农田、两个弃渣场占用了农田（其中一个未启用）、引水灌溉农田，还有农田排涝设施建设（改建）。如此梳理，基本能够答全。但要注意“简答”，不要答太复杂了。另外，施工期间征占农田造成的损失与补偿、各类临时工程占用农田后的恢复及效果等，虽然也是调查内容，但属于“措施”方面的内容，可以不答，答上了也不算错。

3. 弃渣场验收调查应包括哪些主要内容？（5分）

【参考答案】

（1）右岸弃渣场未启动的原因及现状耕地利用情况。

（2）左岸弃渣场实际弃渣量与原设计弃渣量的一致性或差异量。

（3）左岸弃渣场采取的拦挡、截排、防护等工程措施情况，尤其是采取的生态恢复措施及效果。

（4）左岸弃渣场占用的是耕地，最终是否恢复为耕地或对原耕地的补偿情况。

（5）在工程施工总弃渣量与设计的总弃渣量基本一致且右岸弃渣场未启动的情况下，剩余弃渣的去向或其处理处置情况及其环境符合性调查。

考点分析与答题技巧：本小题在相关项目的验收调查与讲课中均作为重点讲过，考生答此题难度并不大。注意的要点有：产生的弃渣总量基本未变、右岸弃渣场未启动、弃渣场需要采取工程措施和生物措施、弃渣场占用的是耕地。当然，在考场上难以很好地组织语言，答上要点即可。

4．针对水库担负的城市供水功能，应关注哪些调查内容。（5分）

【参考答案】

（1）“水库建成后按集中式饮用水水源地管理与保护”的要求是否在上报审批的水源地保护方案中充分落实（或答“水源地保护方案是否合法合规”）。

（2）调查左岸入库支流上游15 km河段沿岸工矿企业废水类型、主要污染物等情况，调查固体废物堆存场所存废物属性、数量及采取的环保措施情况，明确是否存在问题，如存在问题应依法整治，确保不会对水库水质造成污染或风险隐患（或答“左岸支流上游工业废水和固体废物堆存场是否对水库构成威胁”）。

（3）对沿岸农田灌溉回归水就近排入库区应采取整改措施，满足要求方可排入库区，防止农药污染及库区富营养化（或答“农田回归水水质、水量及对水库造成的影响”）。

（4）水库环境管理制度与环境监测计划。

（5）水环境风险应急预案。

考点分析与答题技巧：根据题干信息“当地已编制饮用水水源地保护方案，正上报审批”说明水源地划分与保护方案已完成，只是其中的主要内容是否体现环评批复要求和法规要求应调查说明。本小题最关键的是“左岸入库支流上游15 km河段沿岸分布有工矿企业及固体废物堆存场”且工业废水排放总量较大（约6.8万m^3/a），还有灌溉回归水的问题。当然管理、监测、环境应急也不应忽略。在给出的参考答案中括号内的更简洁，更便于在考场答题。

试题四（2017 年考题——原油管道验收调查）

华北地区某原油管道工程于 2014 年取得环评批复，2016 年建成试运行，现拟开展竣工环境保护验收调查。工程起于 A 首站，由南向北终于 B 末站，全长 88 km，管道常温输送中东进口原油（含硫率 1.82%），规模为 800 万 t/a，设计压力为 5.1 MPa，管材为ϕ599×6.4 的 L360 螺旋埋弧焊钢管。A 首站建设 4 台输油泵、3 台给油泵、6 个 10 万 m^3 外浮顶储罐、1 套含油污水处理设施和 1 套一体化生活污水处理设施，B 末站建设 1 套计量设施和 1 套一体化生活污水处理设施。

管道路由包括 KⅠ段和 KⅡ段，KⅠ段（K0～K43）长 43 km，位于滨海冲积平原区，KⅡ段（K43～K88）长 45 km，位于平原微丘区。管道施工方式以开挖敷设为主，施工作业带宽 16 m。K14～K14+280 段和 K26～K26+450 段管道采用定向钻从河床下 15 m 处由南向北分别穿越 C 河和 D 河，并在 D 河两岸各设 1 座自动截断阀室。工程站场和截断阀室永久占地 2.33 hm^2，施工作业带和施工便道临时占地 140.93 hm^2。

环评文件中记载的管道沿线基本情况为：KⅠ段占地类型多为水田和滩地，K0～K7 段邻近 E 湿地自然保护区，A 首站和管道距该保护区实验区边界最近距离分别为 0.18 km、0.15 km，距核心区边界最近距离分别为 5.2 km、3.5 km。植被样方调查表明，保护区植被类型主要为芦苇群落、碱蓬草群落等，多分布在核心区。核心区是鸟类的越冬地和繁殖地，有东方白鹳、黑鹳、丹顶鹤等 6 种国家一级重点保护动物；实验区用地现状多为水田和滩地。C 河和 D 河均属引黄输水河道，引黄输水期为每年 6—9 月。KⅡ段多为旱地，农作物主要为玉米、小麦和棉花。K65～K78 段管道两侧 0.2 km 范围内有黄村等 5 个村庄。

环评文件批复要求：管沟施工须实施土壤分层开挖、分别堆放、分层回填，在附近 E 湿地自然保护区段禁止设施工营地、排放试压废水；穿越引黄河段管道施工，禁止设泥浆池，废弃泥浆异地处理，且须避开引黄输水期；引黄河流两侧设自动监控、自动阻断设施，管道穿越河流段和管道邻近保护区段配备用于溢油拦截与回收的应急物资，A 首站设事故污水应急收集池、布设地下水监测井。

建设单位提供的资料表明：由于 K65～K78 段管道路由局部改移，最大偏移距离 0.8 km，工程管线实际长度增加了 3 km。C 河穿越段管道施工时间为 2015 年 10—11 月，因地质原因 C 河穿越段管道施工方式由定向钻改为大开挖，并将管道敷设在洪水冲刷线以下4 m，管道壁厚增加3 mm。其他工程实际建设内容与批复的环评文件一致。验收调查期间实际输油量按设计压力折合709万t/a。

竣工环境保护验收调查方案提出：调查局部改移段环境保护目标，生态影响调查阶段侧重核算原评价范围内工程占地面积变化及施工作业带上农作物损失情况，开展环保措施运行效果验收监测，检查环评文件提出的环境风险防范与应急措施落实情况及突发环境事件应急预案备案情况等。

【问题】

1．验收调查期间运行工况是否满足竣工环保验收工况要求？（2分）

【参考答案】

（1）满足。（1分）

（2）此类项目在工程正常运行情况下即可开展验收调查工作。（1分）

考点分析与答题技巧：在竣工环保验收案例考试中，类似工况之类的情形已考过多次了。依据《建设项目竣工环境保护验收技术规范 生态影响类》（HJ/T 394—2007），对于水利水电项目、输变电工程、油气开发工程（含集输管线）、矿山采选可按其行业特征执行，在工程正常运行的情况下即可开展验收调查工作。不严格要求达到75%以上。2017年国令第682号对《建设项目环境保护管理条例》做出修改，环境保护部《关于发布〈建设项目竣工环境保护验收暂行办法〉的公告》（国环规环评〔2017〕4号）不再强调验收工况，要求以环保设施正常运行为原则，而且由建设单位按规定自主进行验收。

2．给出K65～K78改移段环境保护目标核查的主要内容。（3分）

【参考答案】

（1）与环评阶段相比，核查改移前5个村庄在改移后管道沿线的分布情况及与管线的实际距离，明确哪些仍在影响调查范围内，哪些已经不在影响调查范围内。（1分。简言之，核查5个村庄与改移后的管线实际距离，明确影响范围内的保护目标数量。）

（2）核查由于改移线位偏移，影响范围内新增加的环境保护目标数量及与管线的距离。（1分）

（3）核查实际征占农田面积及造成的农作物损失情况。（1分）

考点分析与答题技巧：注意，本小题要求回答的是对改移段“环境保护目标”的核查内容。线路改移，原环评阶段确定的环境保护目标与线路的位置关系必然随之变化，原有的保护目标可能不在影响范围内而不必再作为保护目标，也可能会有新增的环境保护目标。这些内容从题干提供的信息基本可以给出相应的答案，如“K65～K78段管道两侧0.2 km范围内有黄村等5个村庄”“最大偏移距离0.8 km”“KⅡ段多为旱地，农作物主要为玉米、小麦和棉花”。验收调查方案提出“生态影响调查阶段侧重核算原评价范围内工程占地面积变化及施工作业带上农作物损失情况”等。

3. 给出邻近湿地自然保护区段管道施工生态影响验收调查的主要内容。（5分）

【参考答案】

（1）调查施工期在邻近湿地自然保护区段是否存在设置施工营地、排放试压废水等环评批复禁止的行为。（1分）

（2）调查、核实A首站和管道与保护区边界实际的距离（1分），是否存在线位变更情况（更加靠近或进入保护区的施工行为）。

（3）施工作业带宽度控制是否符合环评要求。（1分）

（4）核查施工期间管沟施工需实施土壤分层开挖、分别堆放、分层回填等措施。（1分）

（5）调查对保护区鸟类，特别是对东方白鹳、黑鹳、丹顶鹤等6种国家一级重点保护动物造成的实际影响情况。（1分）

考点分析与答题技巧：一般而言，施工期已经结束，再调查施工期生态影响已无实际意义。施工期的环境影响与管理应该由建设单位实施的“环境监理”来负责。当前，竣工环保验收调查的核心内容是调查环保措施或设施的落实情况及效果。根据题干信息，在附近E湿地自然保护区段禁止设施工营地、排放试压废水，这是环评批复的要求，应作为调查重点；与保护区的位置关系需要调查清楚，明确在该段是否存在线位变更；对保护区重点保护目标的影响情况也应该是调查内容。

4. C河穿越段管道施工期环境影响调查应关注哪些内容？（5分）

【参考答案】

（1）施工期间河道水体情况，大开挖是否对水环境（水质）造成污染，采取的水污染防治措施是否可行。（1分）

（2）施工作业带宽度实际控制，以及对河道水生生态及两岸植被造成的实际破坏（或影响）情况。（1分）

（3）与环评阶段相比，实际埋深是否满足安全要求。（1分）

（4）施工弃渣处理处置情况。（1分）

（5）河流两侧自动监控、自动阻断设施施工范围内生态影响及恢复情况。（1分）

考点分析与答题技巧：注意，本小题也如上题一样强调了“施工期”。一般而言，施工期的环境影响随施工期的结束也就结束了，调查其影响已无实际意义，竣工环保验收调查重在调查其环保措施或设施、生态恢复措施的落实情况及效果。对于建设项目而言，施工方式或施工工艺发生变更，属于重大变更，应该取得行政许可（环保部门或河道管理部门）。环评批复要求避开引黄输水期，题干已明确“C 河穿越段管道施工时间为 2015 年 10—11 月”，而且施工方式变更原因也已交代“地质原因”。由于改为大开挖方式施工，不涉及“泥浆池，废弃泥浆处理”问题，但批复要求的“引黄河流两侧设自动监控、自动阻断设施”需在施工期落实，其生态影响及恢复情况应予调查。

5. 指出环境风险防范与应急措施落实情况检查的重点内容。（5 分）

【参考答案】

（1）引黄河流两侧自动监控、自动阻断设施落实情况。（1 分）

（2）管道穿越河流段和管道邻近保护区段配备用于溢油拦截与回收的应急物资落实情况。（1 分）

（3）A 首站设事故污水应急收集池情况［位置、容积、采取的防渗措施、收集管（沟）设置等］、地下水监测井布设情况（数量、位置、井深及可监测的含水层、水位等）。（1 分）

（4）管道本质防护（管壁增厚 3 mm）与埋深（管道敷设在洪水冲刷线以下 4 m）。（1 分）

（5）突发环境事件应急预案编制与备案情况。（1 分）

考点分析与答题技巧：本小题主要答案均已在题干中给出，摘抄下来即可（本小题属于送分题）。答案（1）也就是常说的远程数据监控系统（SCADA）。为避免发生风险事故，一般首先应对管道本身采取措施（即本质防护），尽最大努力控制管道本身因质量问题或防护问题出现油品泄漏。其次，针对不可绝对避免的泄漏采取预防措施。

试题五（2015 年考题——高速公路验收调查）

西南地区某高速公路于 2009 年完成环评审批，2013 年建成试运行，现拟开展竣工环境保护验收调查，该高速公路主线长 95 km，双向四车道，其中 KⅠ段（K0～K62）长 62 km，位于平原微丘区，设计车速 100 km/h，路基宽度 26 m；KⅡ段（K62～K95）长 33 km，位于山岭重丘区，设计车速 80 km/h，路基宽度 24.5 m。公路在 K75 建设 1 座桥长 300 m 的大桥跨越青龙河，在 K87～K94 建设 1 座 7 km 的特长隧道，隧道在 K90 设置 1 个通风竖井（衬砌后竖井内径 6 m，井深 280 m），竖井采用自上而下方式开挖，从井口出渣，井口至已有二级公路建设 3.5 km 施工便道。2014 年和 2020 年设计车流分别为 KⅠ段 8 000 pcu（标准小客车辆）/d、14 000 pcu/d，KⅡ段 7 000 pcu/d、12 000 pcu/d。

环评报告书中记载的公路基本情况概述为：公路 KⅠ段以农业植物为主，KⅡ段以山区林木植被为主；青龙河水环境功能为Ⅲ类，桥址下游 5 km 处为一饮用水水源保护区上边界；特长隧道穿越的山体植被覆盖度较高，隧道出口（K94）附近有河溪及水田；公路沿线 200 m 范围内共有 29 个声环境敏感点，全部为村庄。声环境影响评价表明：在 2020 年设计车流量条件下，有 10 个村庄声环境质量超标，应采取声屏障措施；位于公路 K33 的 M 村庄距离公路路肩 90 m，预测声环境质量达标，不设置声屏障。

环评报告批复文件提出：应进一步优化路线设计方案，减少土石方开挖和植被破坏；采取措施减缓隧道施工排水对农田的影响；对山顶植被实施生态监测；对预测声环境质量超标的村庄采取声屏障等措施；跨河桥梁路段应采取防范车辆事故泄漏措施。

建设单位提供的资料表明：试运行阶段车流量 KⅠ段 6 500 pcu/d，KⅡ段 4 500 pcu/d；为减少土石方开挖和植被破坏，改移 K82～K85 约 3 km 路面线位，最大改移距离 330 m，声环境敏感点由 2 个增至 4 个，其中，新增 P 村庄距离公路路肩 90 m；特长隧道施工期间产生的涌水量较环评预测水量显著增加；根据图纸，跨青龙河桥梁已设置桥面事故水收集管道，按环评要求在河岸基岩上设置了 200 m^3 事故应急池，事故应急池底板高程 95 m，桥址处设计防洪水位 90 m；制定了环境风险应急预案，配备了事故应急设施。

验收调查单位制订噪声验收监测计划时，认为 P 村庄与 M 村庄距离公路路肩距离一致，可以类比 M 村庄的监测结果，不需要开展 P 村庄的噪声验收监测。

【问题】

1. 给出 K82～K85 改移路段验收调查时需了解的声环境敏感点信息。（5 分，每项 1 分）

【参考答案】

（1）建筑物基本情况（建筑结构类型）。

（2）受影响的户数或人数。

（3）建筑物与公路的位置关系（距离）。

（4）建筑物与路基的高程差。

（5）建筑物与公路间的地形、植被情况。

考点分析与答题技巧：此答案要点是环评和验收调查工作中需关注的重点内容，考生应予熟悉，以后还会在相关考试中出现。此外，建筑物的高度、朝向、所处声环境功能区等均需调查。

2. 采用 M 村庄的监测数据类比 P 村庄噪声影响的做法是否正确？请说明理由。（6 分）

【参考答案】

（1）不正确。（2 分）

（2）仅考虑 P 村庄与 M 村庄距公路路肩的距离一致还不够（1 分），还需考虑村庄与路肩之间的地形条件（高差）（1.5 分）、车流量（1.5 分）。

考点分析与答题技巧：根据评分要求，描述 P 村庄与 M 村庄地形地貌的不同点，没有具体说明地形条件（高差）和车流量可得 1.5 分。

3. 指出特长隧道排水对植被影响调查应重点关注的内容。（4 分）

【参考答案】

（1）隧道施工地下水疏干后山顶植被受影响的程度、范围（面积）。（2 分，只说“植被”没有具体指出“山顶”可得 1 分）

（2）隧道施工生产废水、疏干水排出后对农田植被的影响程度、范围（面积）。（2 分）

考点分析与答题技巧：类似内容在此前的案例考试中已经考过。隧道工程环境影响是交通类项目环评和验收调查的重点，应予关注。

4. 说明青龙河桥事故应急池验收现场调查的主要内容。（5 分）

【参考答案】

（1）现场调查时，对照图纸核查事故应急池是否满足事故应急池容积设计要求。（1.5 分）

（2）事故应急池底板高程是否高于设计最高防洪水位。（1.5 分，说出应急池

地板高程和最高洪水位也可得分）

（3）桥面收集管道是否有效接入事故池。（1分）

（4）事故应急池采取防渗措施。（1分）

考点分析与答题技巧：注意此题的要求是说出“现场调查”需做的工作，而且是针对特定对象“事故池”。显然，其容积、高程、防渗漏及接管是调查的主要内容。2015年，环境保护部发布了《关于印发〈建设项目竣工环境保护验收现场检查及审查要点〉的通知》（环办〔2015〕113号），规定了水电等9个行业建设项目竣工环境保护验收现场检查及审查要点。考生需认真学习该通知。

试题六（2013年考题——高速公路验收调查）

某高速公路工程于2009年取得环评批复，2010年3月开工建设，2012年9月建成通车试运营。路线全长160 km，双向四车道，设计行车速度100 km/h，路基宽度26 m，设互通交6处，特大桥1座，大中小桥若干；服务区4处，收费站6处，养护工区两处。试运营期日平均车流量约为工程可行性研究报告预测交通量的68%。建设单位委托开展竣工环境保护验收调查。

环境保护行政主管部门批复的环评文件载明：路线在Q自然保护区（保护对象为某种国家重点保护鸟类及其栖息地）实验区，内路段长度限制在5 km之内；实验区内全路段应采取隔声和阻光措施；沿线有声环境敏感点13处（居民点12处和S学校），S学校建筑物为平房，与路肩水平距离30 m，应在路肩设置长度不少于180 m的声屏障；养护工区、收费站、服务区污水均应处理达到《污水综合排放标准》（GB 8978—1996）二级标准。

初步调查表明：工程路线略有调整，实际穿越Q自然保护区实验区的路段长度为4.5 km，全路段有声屏障（非透明）或密植林带等隔声阻光设施；沿线声环境敏感点11处，相比环评阶段减少2处居民点；S学校建筑物与路肩实际水平距离40 m，高差未变，周边地形开阔，路肩处建有长度为180 m的直立形声屏障；服务区等附属设施均建有污水处理系统，排水按《污水综合排放标准》（GB 8978—1996）一级标准设计。

【问题】

1. 对于Q自然保护区，生态影响调查的主要内容有哪些？

【参考答案】

（1）调查线路穿越自然保护区的具体位置（或明确出入点桩号）及穿越保护区的功能区，并附线路实际穿越保护区位置图。

（2）调查保护区主要保护对象——重点保护鸟类的种类、保护级别、种群、分布及其生态学（或生物学）特征，栖息地条件（或植被类型、水域条件等）及受保护现状。

（3）调查工程建设（包括各类临时占地的设置是否邻近或位于保护区内）及运行对保护区结构、功能及重点保护鸟类及其栖息地与活动造成的实际影响。

（4）调查工程采取的声屏障与密植林带等隔声阻光措施的具体情况及其有效

性（或是否满足环评及批复的要求）。

考点分析与答题技巧： 此题应考虑的还较多，包括在保护区段变更线路的原因，或通过对保护区管理部门的调查，了解实际施工期间是否对鸟类栖息地造成破坏，或对鸟类活动造成干扰；取土场及弃土弃渣场、运输道路等是否设置在保护区保护范围内等。答上要点即可。验收时也需要进行必要的所谓“现状调查”，否则就难以判断实际影响情况。

2．对于居民点，声环境影响调查的主要内容有哪些？

【参考答案】

（1）调查 10 处居民点与公路的空间位置关系并附图，明确各居民点所处功能区。

（2）调查工程对沿线受交通噪声影响的居民点采取的降噪措施情况。

（3）选择有代表性的与公路不同距离的居民点进行昼夜监测。

（4）根据监测结果（或对不同距离内或处于不同功能区居民点的监测结果），并结合中期车流量预测情况的分析，对超标敏感点提出进一步采取措施的要求。

考点分析与答题技巧： 本题问的是对居民点的噪声影响调查，实际沿线影响范围内只有 11 个居民点，其基本情况及与线路的空间位置关系的调查是十分重要的，另外就是进行监测，不监测是不能判断出其实际影响的，考虑到现状车流量较低，还应根据“规范”的要求，考虑达到预测中期车流量情况下的超标应采取的措施。

3．为确定声屏障对 S 学校的降噪量，应如何布设监测点位？

【参考答案】

答案一：

（1）在 S 学校教室前 1 m 处布点。

（2）在无声屏障的开阔地带，等距离布设对照点。［或答：选择无声屏障的开阔地带（或答：距离声屏障 100 m 外的开阔地带），在与 S 学校与声屏障距离相等处布点（或答：布对照点）］

答案二：

在声屏障中部、屏后 10 m、20 m、30 m 和 S 学校教室前 1 m 处，并在无声屏障（或距离声屏障 100 m 外）的开阔地带选择对应的监测点。

考点分析与答题技巧：答案一为优先答案，因为问的是声屏障对学校的降噪量。但考虑到答案二也选择了在学校教室前布点，所以也包括正确的答案。

4．按初步调查结果，污水处理系统能否通过环保验收？请说明理由。

【参考答案】

（1）不能确定。

（2）应通过实际监测排水水质结果来确定。（或答：因为实际水质监测结果不知，或因为未进行水质监测）

考点分析与答题技巧：污水处理设施是否满足要求，应通过实际监测来判断，不能仅仅依靠设计来判断。一般而言，设计时按一级排放标准考虑，排放时也能够达到一级，当然能够满足环评要求的二级排放标准了。但很多情况下是设计得很高，却因技术或质量、管理等不完善，也不能保障出水就能满足要求。本题与车流量虽然有关系，但实际并不大，即并非本题的关键点。

试题七（2012 年考题——井工煤矿验收调查）

某井工煤矿于 2011 年 10 月经批准投入试生产。试生产期间主体工程运行稳定，环保设施运行正常，拟开展竣工环境保护验收工作。项目环境影响报告书于 2008 年 8 月获得批复。批复的矿井规模为 3.00 Mt/a，配套建设同等规模的选煤厂；主要建设内容包括：主体工程、辅助工程、储装运工程和公用工程。场地平面布置由矿井工业场地、排矸场、进矿道路、排矸场道路四部分组成。工业场地（含道路）占地 40.0 hm^2，矿井井田面积 1 800 hm^2，矿井开采区接替顺序为“一采区—二采区—三采区”，首采区为一采区，服务年限 10 年。

环评批复的主要环保措施包括：3 台 20 t/h 锅炉配套烟气除尘脱硫系统，除尘效率 95%，脱硫效率 60%；地埋式生活污水处理站，处理规模为 600 m^3/d，采用二级生化处理工艺；矿井水处理站，处理规模为 1.0 万 m^3/d，采用“混凝—沉淀—过滤”处理工艺；排矸场库容 45.0 万 m^3，配套建设拦矸坝、截排水设施；对受开采沉陷影响的地面保护对象留设煤柱。

竣工环境保护验收调查单位初步调查获知：工程未发生重大变动，并按环评报告书与批复要求对受开采沉陷影响的地面保护对象留设了保护煤柱。试生产期间矿井与选煤厂产能达到 2.2 Mt/a，生活污水和矿井水处理分别达到 480 m^3/d、8 000 m^3/d，3 台 20 t/h 锅炉配套烟气除尘脱硫设施建成投入运行，排矸场拦矸坝、截排水工程已建成。调查发现 2010 年 8 月批准建设的西气东输管线穿越井田三采区。

环评批复后，与本工程有关的新颁布或修订并已实施的环境质量标准、污染物排放标准有《声环境质量标准》（GB 3096—2008）、《工业企业厂界环境噪声排放标准》（GB 12348—2008）。

【问题】

1．指出竣工环境保护验收调查工作中，还需补充哪些工程调查内容？

【参考答案】

（1）西气东输管线穿越井田三采区的具体情况（包括位置、长度、埋深、地面设施及其环保要求等）及实际采取的保护措施。

（2）三个采区的划分与布置，以及井下留设保护煤柱的布局情况。

（3）选煤厂规模、选煤工艺，特别是洗煤废水能做到循环利用不外排。

（4）输煤栈桥（或廊道）、煤炭转载点及其环保措施。

（5）原煤堆存方式（或原煤仓）、精煤储存方式（或精煤仓）及外运方式（或外运道路）。

（6）风井场地及其噪声治理设施。

（7）矿井水及生活污水处理效果及处理后的利用途径。

（8）3 台锅炉的环保设施运行效果。

（9）矸石场的堆放方式及生态恢复方案。

考点分析与答题技巧：从本题来看，验收调查的工程内容很多，考试题时估计答上五六个方面就可以了，不必答太多，否则浪费太多时间，影响解答其他试题。其中（1）为必答项，否则本题可能为 0 分。实际工作中应尽可能具体、详细地进行全方位的调查。其实本题很不容易作答，不容易掌握回答的深浅程度和范围。因其设问很模糊，不明确，如果问环保工程就很明确了——实际上就应该回答与环境保护有关的工程内容。

2．确定本项目竣工环保验收的生态调查范围。

【参考答案】

（1）与环境影响评价时生态影响评价的范围一致。

（2）重点调查矿井首采区（一采区）、工业场地周边、运矸道路及运煤道路（或铁路专用线）两侧以及排矸场范围，特别是施工期各类临时工程造成的生态影响。

考点分析与答题技巧：答上（1）即可得满分。验收调查的范围大致有两个方面，一方面是与环境影响评价范围基本一致的工作范围，如果工程发生变更则根据实际变更情况重新确定。另一方面是根据工程及环境保护工程措施确定的“工程建设内容”范围。对于本工程而言，凡验收期间涉及生态影响的工程内容均应纳入调查范围之中。至于赋分答案中有“穿越第三采区的西气东输管线沿线”，笔者认为应为该管线验收时的调查范围，而且该管线穿越第三采区，已在原环评的评价范围内。

3．在本项目声环境验收调查中，应如何执行验收标准？

【参考答案】

（1）以环评阶段的《城市区域环境噪声标准》（GB 3096—93）和《工业企业厂界噪声标准》（GB 12348—90）进行验收。

（2）以新颁布的《声环境质量标准》（GB 3096—2008）和《工业企业厂界环境噪声排放标准》（GB 12348—2008）进行校核或达标考核。

（3）符合旧标准，又符合新标准，则通过验收；符合旧标准，但不符合新标准，则建议通过验收，但应按新标准要求进行整改。

考点分析与答题技巧：尽管不同行业验收规范中关于验收标准的要求不尽一致，除陆地石油天然气开采验收规范要求采用新标准验收外，大多数验收规范均要求应执行环评时确认的标准。如果有被替代的新标准颁布，则应以新标准进行校核或达标考核。此外，如果环境保护行政主管部门另有要求时，则应根据环境保护行政主管部门的要求执行。对于本题，笔者认为如果答“声环境以现行标准《声环境质量标准》和《工业企业厂界环境噪声排放标准》作为验收标准”也可。

4．指出生态保护措施落实情况调查还需补充哪些工作？

【参考答案】

（1）对穿越第三采区的西气东输工程沿线采取的生态保护措施。

（2）首采区沉陷变形及生态整治。

（3）各类临时占地的生态恢复。

（4）排矸场的生态恢复计划。

（5）井田土地复垦及生态整治计划。

（6）厂区及企业运输道路绿化情况。

考点分析与答题技巧：其中（1）是必答项，否则本题可能为0分。注意：本题要求答的是与生态保护有关的措施落实情况，陆生生态均与占地有关（水生生态除外），本着与占地有关的内容来考虑就是了。但占地又分为永久占地和临时占地，而且关系到占用不同类型土地的面积。

5．判断试生产运行工况是否满足验收工况要求，并说明理由。

【参考答案】

（1）不满足验收工况要求。

（2）本项目试生产工况：2.2（Mt/a）/3（Mt/a）=73.3%，小于75%，不满足验收工况75%的要求。

考点分析与答题技巧：这道题问得比较别扭。如果从工况数据来看，确实达不到75%的要求，是不满足工况负荷的。但是，对于煤炭采选工程，如果工况确实达不到75%，在主体工程运行稳定，环保设施运行也正常的情况下，是可以进行验收的。显然本工程是达到了“主体工程运行稳定，环保设施运行正常”这一条件的，即不满足工况（但可以进行竣工验收调查工作）。2017年国令第682号对《建设项目环境保护管理条例》进行了修改，环境保护部发布《关于发布〈建设项目竣工环境保护验收暂行办法〉的公告》（国环规环评〔2017〕4号）不再强调项目运行工况，要求以环保设施正常运行为原则，而且由建设单位按规定自主进行验收。

试题八（2011年考题——原油管道验收调查）

某原油管道工程于2009年4月完成，准备进行竣工环境保护验收。原油管道工程全长359 km，管线穿越区域为丘陵地区，土地利用类型主要为园地、耕地、林地和其他的土地，植被覆盖率为30%。管道设计压力10.0 MPa，管径457 mm；采用加热密闭输送工艺，设计最大输油量500万t/a。工程沿线共设站场6座，分别为首站、末站及4个加热泵站。管道以沟埋放置方式为主，管顶最小埋深1.0 m，施工作业带宽度16 m。批准的临时占地588.4 hm^2（其中耕地84.7 hm^2、林地21.2 hm^2），永久占地49.2 hm^2（其中耕地7.1 hm^2）。

环评批复中要求：穿越林区的4 km线段占用林地控制在6.2 hm^2，应加强生态恢复措施；穿越耕地线段的耕作层表土应分层开挖分层回填；工程建设实施工程环境监理。

竣工环境保护验收调查单位当年8月进行调查，基本情况如下：项目建设过程中实施了工程环境监理；临时占用耕地大部分进行了复垦，其余耕地恢复为灌木林地；对批准永久占用的耕地进行了占补平衡；有关耕地的调查情况见下表。管道穿越林区4 km线段，占用林地7.1 hm^2，采用当地物种，灌草结合对施工作业段进行了植被恢复，植被覆盖率20%。有5 km管道线路段发生了变更，主要占地类型由原来的林地变为园地和其他土地。

项目占地情况　　单位：hm^2

	永久占用耕地	临时占用耕地
批准占用量	7.1	87.7
验收调查占用量	7.8	84.7
实际补偿量	7.1	—
实际复垦量	—	82
恢复为灌木林地量	—	2.7

【问题】

1. 说明该工程在耕地复垦和补偿中存在的问题。

【参考答案】

（1）主要问题是占补不平衡。其中，永久占用增加的0.7 hm^2耕地未得到复垦和补偿；临时用地实际占用耕地数量虽然比环评阶段有所减少，但却有 2.7 hm^2 临时占用的耕地未恢复为耕地而恢复为林地，也未予以异地补偿。

（2）复垦和补偿的耕地质量未调查清楚。

考点分析与答题技巧：耕地复垦和补偿的基本原则是“等量等质”，即数量和土壤质量两方面相当，并依法补偿。回答本题时应注意，问的是“耕地”，不需要回答其他类型土地的复垦与补偿问题。

2．为分析耕地复垦措施的效果，需要调查哪些数据资料？

【参考答案】

（1）耕地复垦面积、分布。

（2）耕地复垦后的土壤质量，包括肥力和质量指标。

（3）复垦的耕地的农作物的产量。

考点分析与答题技巧：注意本题问的是耕地复垦的“效果”，而且是通过调查哪些数据资料来判断其效果。

3．指出竣工环境保护验收调查中反映的生态问题。

【参考答案】

（1）生态恢复植被覆盖率比自然植被覆盖率减少 10%。

（2）穿越林地段破坏林地面积增加了 0.9 hm^2（或答：环评批复要求穿越林地段占地面积控制在 6.2 hm^2，实际却占用了 7.1 hm^2）。

（3）耕地占补不平衡。

（4）有 5 km 管道线路发生了变更，对林地的影响变为对园地和其他土地的影响。

考点分析与答题技巧：本题问的是调查反映出的“生态问题”，这只能从题干中寻找，而题干中涉及的主要问题已很明确。

4．从土地利用的角度对管道变更线段提出还需补充开展调查的工作内容。

【参考答案】

（1）调查变更段占用园地和其他土地的面积，明确其他土地的具体类型，调查其审批手续与合理性。

（2）调查变更段占地类型改变造成的园地及其他土地利用格局的变化情况。

（3）通过布点监测，了解变更段及周边区域土壤和地下水受影响情况，是否影响区域土地利用，特别是园地的生产。

（4）调查变更段是否存在环境风险（如是否存在场站或阀室）及风险防范措施，明确影响土地利用，特别是园地的生产与产品质量。

考点分析与答题技巧：本题要求从土地利用角度，针对变更段进行补充调查。根据题干可知，变更段征占的是园地和其他土地，因此，应结合工程特性与占地情况进行调查。

试题九（2010 年考题——油田开发验收调查）

某油田开发工程环境影响报告书于 2006 年 3 月获得批复。目前，该工程已试运行 3 个月，现对其进行竣工环境保护验收调查。

该工程处于半干旱地区，区域以农业生态系统为主，零星分布有湿地，有少量天然草本植物，无受保护的野生动植物，该地区主导风向为西北风。工程开发面积 32 km^2，设计产能 20 万 t/a。敷设地下集油管线长度 140 km，建设联合站 3 座，全年生产。环境保护行政主管部门批准联合站废水 COD 的排放总量为 11 t/a。

联合站污水处理装置稳定运行，月均排放废水 1.5 万 m^3。出水 COD 实测浓度 70 mg/L，出水排入一天然湿地。湿地与一河流连通，河流为Ⅲ类水体。COD 排放浓度限值为 100 mg/L。经测算，天然湿地水力停留时间约 36 d，COD 的去除率为 20%。联合站设 2×2.8 MW 燃油锅炉，1 用 1 备。锅炉房烟囱高 35 m，实测 SO_2 排放量为 420 mg/m^3。联合站东边有一村庄，两者相距 90 m。村庄最高建筑物高 15 m，距离锅炉房烟囱最近距离 130 m。

注：《锅炉大气污染物排放标准》（GB 13271—2001）规定：燃油锅炉浓度限值为 900 mg/m^3；装机总容量为 2.8～7 MW 的锅炉房烟囱最低允许高度 35 m。

【问题】

1. 锅炉房 SO_2 排放是否满足环境保护要求？请说明理由。

【参考答案】

（1）满足环保要求。

（2）理由：锅炉 SO_2 实测浓度 420 mg/m^3＜标准限值 900 mg/L，达标；烟囱高度 35 m，符合 GB 13271—2001 关于锅炉房总吨位（5.6 MW）的标准高度要求；且烟囱高度比半径 200 m 范围内最高建筑物高出 3 m 以上。

（3）联合站不在东边村庄主导风向的上风向，锅炉排放的大气污染物对周边居民的环境空气质量影响较小。

考点分析与答题技巧：本题在解答时可进一步简化，第 3 条也可以不答。本题的考点就是考查对《锅炉大气污染物排放标准》（GB 13271—2001）的了解情况。需要注意的是，GB 13271—2014 已经发布，取代了 GB 13271—2001。一定要认真学习新标准，注意新标准的要求。根据题意，本项目进行的是竣工验收的监测，既然进行的是验收监测，就应该是在符合负荷要求或调节后符合负荷的情况下进行的，题干并没有提供过剩空气系数，即使考虑过剩空气系数，浓度也是可以达标排放的，再者也不可能无原则地人为鼓入太多的空气。题干也没有提供总量控制指标的任何信息，不必延伸考虑。尽管有 3 座联合站，确实应该给出总量控制指标，但题干提到了 COD 的排放总量，却没有提及 SO_2 的总量。原因：一是确实没有明确 SO_2 的总量，二是即使确认总量也是根据环评结论确认的，而本工程并没有说锅炉吨位或燃料等发生了变更，其总量应该是符合要求的。至于烟囱高度没有考虑到“200 m”范围内建筑情况而是写的“130 m”，这一点本身说明已经考虑了 200 m 范围情况，因为题干已明确整个村庄最高建筑距离本项目是 130 m。

2．竣工环境保护验收调查时应如何执行《声环境质量标准》和《城市区域环境噪声标准》？

【参考答案】

（1）竣工验收调查应执行《城市区域环境噪声标准》。

（本项目 2006 年环评获得批复，其噪声影响评价执行的是《城市区域环境噪声标准》，因此，竣工验收调查仍应执行环评时的标准。）

（2）《声环境质量标准》可作为校核标准或验收后的达标考核。

[由于《声环境质量标准》（GB 3096—2008）已替代《城市区域环境噪声标准》（已于 2008 年 8 月 19 日废止），验收调查在执行原标准的同时，还应以新标准对本项目的噪声影响进行进一步的校核或达标考核。]

（3）符合旧标准，同时又符合新标准要求的，则符合环保要求；符合旧标准，但不符合新标准要求的，则不影响其验收，但应在验收后进行整治，以满足新标准的要求。

考点分析与答题技巧：括号内的字可以不答。其实只答前两条就可以得满分了。但是，根据《建设项目竣工环境保护验收技术规范　石油天然气开采》（HJ 612—2011），要求验收时执行新标准。这与当前大家一直在做的不相符，因此，如果答成以《声环境质量标准》（GB 3096—2008）验收也是应该给分的。这确实是一种无奈。当前的规定或业内公认的是应该执行新标准（普遍的看法是，既然新标准颁布了，业主及咨询服务机构就应该关注、执行。如果按环评阶段的标准验收，法律上虽说得过去，但验收后还得按新标准进行整改，那就不如在验收前就按新标准建设或整改，以免浪费时间和资金等）。

3．评价联合站废水排放达标情况。

【参考答案】

（1）联合站废水排放 COD 实测浓度为 70 mg/L，排放浓度达标。

（2）总量：$1.5\times10^4\times12\times10^3\times70\times10^{-9}=12.6$（t/a），大于批准的总量 11 t/a，总

量不达标。

（3）天然湿地不能视为企业的污水处理设施，企业不经环境保护或湿地主管部门同意将污水排放天然湿地是不符合环境保护要求的违法行为。

因此，联合站废水排放不达标。

考点分析与答题技巧：本题只要答上前两条就可以得满分。题中天然湿地是个“陷阱”或称其为“干扰项”。因为大家通常认为湿地对污水是有净化作用的，将湿地视为氧化塘或污水处理场。但是，湿地具有多方面重要的功能，也是重要的环境保护目标。一是天然湿地应该是本项目的环境保护目标，是否允许排放污水应经过分析评价，并经环境保护部门或湿地主管部门同意；二是该湿地为天然湿地，不是企业自建的人工湿地，不能允许其随意排放污水。当然如果是企业自建的人工湿地，那就另当别论。

4．指出评估集油管线生态环境保护措施效果应开展的现场调查工作。

【参考答案】

（1）植被样方调查。

（2）土壤监测。

（3）水土流失调查。

考点分析与答题技巧：本题看似不难，想要答完整并不容易，因为问得比较宏观、抽象。回答本题要注意：一是针对“管线”，因而不必回答“站场”；二是针对“生态保护措施”的，所以不必考虑地表水、地下水、环境空气和噪声等。植被恢复情况是否做样方调查，要看其必要性。实际验收调查中，进行植被样方调查的意义并不大，远不如通过照片反映更直观。因此，答案（1）改为沿线植被恢复情况调查似乎更合适。答案（2）的土壤监测也并非必需，如果并未发生输油管线泄漏，验收时进行土壤监测并无意义（反而有劳民伤财之嫌）。答案（3）宜改为“水土流失及水土保持措施调查”，因为验收调查更关注水土保持措施落实情况（如果调查水土流失情况，似乎需要进行水土流失量的监测。《国务院关于修改〈建设项目环境保护管理条例〉的决定》发布后，竣工环保验收重点是环境保护设施的落实情况及效果，而且是由建设单位作为主体自行进行验收即可，无须生态环境部门的行政许可与参与，但生态环境部门须加强事中事后监管。因此，生态环境保护措施的效果调查的重点为管线施工期间施工作业带、各类施工场地或施工迹地的生态恢复、管线上部土地利用类型或植被类型的恢复情况）。

试题十（2009 年考题——油田开发验收调查）

某油田开发建设工程与新开发的区块位于西北干旱地区，区域面积 30 km^2，新开发区块与已有区块相邻，依托已有联合站，开发建设工程设计年产油 30 万 t，原油通过新建的 70 km 管线输送至联合站。经脱水除气处理后外输。脱水除气过程产生的天然气不含硫，用作燃气伴热加热炉燃料，加热炉用于原油输送伴热。联合站原有 3 台 A 型 10 t/h 燃气伴热加热炉，2 用 1 备；两台 4 t/h 燃煤供暖炉，1 用 1 备。在联合站预留场地新建 1 个 5 万 m^3 原油储罐和两台 B 型 10 t/h 燃气伴热加热炉。联合站内部设施有非甲烷总烃排放。联合站周围 200 m 范围内为平坦空地，新建的输送管线有 5 km 沿途两侧分布稀疏灌草，该段管线 1 km 外有稀疏胡杨林分布。

环评中生态评价范围含油田开发区域、联合站及周边、输油管线中心线两侧 300 m。环评批复要求，工程建设过程中减少植被破坏，及时进行植被恢复，联合站 SO_2 排放总量不得增加。工程拟申请竣工环保验收，经初步调查确定，该油田的环保设施与环评批复一致，年产油达 20 万 t。生产设施与环保设施运行正常，联合站没有增加燃煤量，但煤的来源有变化。在工程建设期间与胡杨林分布区相距 1 km 的管线地段被划入了省级胡杨林自然保护区。

【问题】

1. 本工程运行工况是否满足竣工验收调查要求？请说明理由。（3 分）

【参考答案】

（1）满足验收调查要求。（1 分）

（2）根据《建设项目竣工环境保护验收技术规范　生态影响类》要求，该类项目在正常运行情况下即可开展验收调查工作（或石油开采生产设施与环保设施正常运行即可开展验收）。（2 分）

考点分析与答题技巧：本题考点是关于生态类项目验收工况的规定。在《建设项目竣工环境保护验收技术规范　生态影响类》中对此有较为具体的说明。因此，本题难度不大。根据评分要求，如果答“不满足”或“不确定”，不给分；如果答“满足”，但理由不正确，只给 1 分；如果答“满足”，通过计算得出 66.7%＜75%，而没有其他理由，不给分。《国务院关于修改〈建设项目环境保护管理条例〉的决定》发布后，对于以生态影响为主的建设项目，只要配套建设的环境保护设施已经建成，并正常运行即可验收，不再强调工程的运行工况。

2. 确定生态环境验收调查范围，并说明理由。

【参考答案】

（1）验收调查范围为生态评价范围（油田开发区域、联合站及周边、石油管线两侧 300 m）（1 分）和胡杨林自然保护区（1 分）。

（2）理由：验收调查范围应涵盖生态评价范围（1 分）和新增敏感点（或答“省级胡杨林自然保护区”）（1 分）。

考点分析与答题技巧：一般而言，验收调查范围有工程范围和地理范围之分，但本题显然是要回答地理范围的，即与环评时的评价范围相关。如果工程没有明显变化，那么验收调查的范围与环评时的评价范围是一致的。考虑到题干提到的新增省级胡杨林自然保护区的情况，这是验收时必须高度关注的情况。因此，答题时必须考虑。根据评分要求，对于涉及生态评价范围：如果直接答验收调查范围为“油田开发区域、联合站及周边、石油管线两侧 300 m”，可得 2 分（因为这句话就是具体的生态评价范围，可以不用说下面的理由）；如果答案为“油田开发区域、联合站及周边、石油管线两侧”或“油田开发区域、联合站及周边、石油管线两侧 1 000 m”，也就是说答案的具体范围比标准答案要大，可得 1 分，若说出理由为“验收调查范围应涵盖生态评价范围”再给 1 分。对于涉及自然保护区：如果答“胡杨林”或“胡杨林自然保护区”，可得 1 分；理由为“新增的省级胡杨林自然保护区”或“新增敏感点”可再得 1 分；如果答范围的时候直接说“新增的省级胡杨林自然保护区”可得 2 分。可见，新增省级胡杨林自然保护区是重要得分点。

3. 为判断联合站大气污染物是否达标，应至少设置哪些监测点位？请说明理由。

【参考答案】

（1）有组织排放：应在燃煤锅炉（0.5 分）、旧伴热加热炉（0.5 分）、新伴热加热炉排气筒设置监测点（0.5 分）。

理由：新老污染源都要监测（1 分）；同一类型可只测一个（1 分）。

（2）无组织排放：在联合站厂界 10 m 范围内上风向设置 1 个点，下风向设置 2～4 个点（2.5 分）。

理由：监测联合站内非甲烷总烃的无组织排放（1.5 分）。

考点分析与答题技巧：联合站（污水集中处理联合作业站）是油田开发的一个重要场所，也是重点污染源。由于其工程特性决定，既有有组织排放，也有无组织排放（题干已提供信息）。验收时需对污染源及其污染物排放情况进行调查和监测。根据评分要求，对于有组织排放：① 如果监测点位答“燃煤锅炉和加热炉的附近”，不给分；② 如果监测点位答出燃煤锅炉或加热炉中的一种，给 1.5 分；如果两者都答出，给 2.5 分；对于加热炉，如果仅答出旧加热炉或新加热炉，则只给 0.5 分；③ 如果监测点位回答正确，但是后面写出的监测物质只有 SO_2，则不给分；监测物质可以不写，或者写 SO_2、NO_x、烟尘等污染物。对于无组织排放：① 监测点位回答正确，理由必须是“监测联合站内非甲烷总烃的无组织排放”或者“监测非甲烷总烃的无组织排放”，才给 2.5 分；② 监测点位写出“上风向 1 个点，下风向 2～4 个点”或“上风向 1 个点，下风向不多于 4 个点”，可给 1 分。

4．SO_2 排放总量能否满足环评批复要求？请说明理由。

【参考答案】

（1）不能确定 SO_2 排放是否符合总量控制的要求。

（2）因为尽管联合站燃煤量没有增加，但煤的来源发生变化，SO_2 的排放量存在一定的变数。

考点分析与答题技巧：根据评分要求，如果答：“能”（0 分）；如果答“不能，因为煤的来源发生变化，如果新煤的含硫量高，则会超标”（2 分）；不能确定是否满足环评批复要求（1 分），因为煤的来源发生变化（1.5 分）或答“因为煤种有变化”。

5．在进行生态保护措施及其有效性调查时，除落实以上措施外，还应开展哪些工作？

【参考答案】

（1）调查自然保护区的区划情况。（1 分）

（2）调查保护现状。（1 分）

（3）了解其他管理部门的要求。（1 分）

（4）调查环保措施的落实情况。（1 分）

考点分析与答题技巧：本题比较抽象，确实不好回答。所称“以上措施”不明确（实际上就是题干提到的措施），而工程涉及的生态保护措施是比较多的，这需要揣摩出题人的意图。从答案来看，就是要考生回答针对保护区需要做的工作。

试题十一（2008 年考题——焦化厂验收监测）

某焦化厂新建的 60 万 t/a 焦炉煤气气源工程位于 A 县城东北 6 km 的煤化工工业集中区。本工程所在地环境空气质量以煤烟型污染为主，环境影响报告书中的环境空气监测表明 SO_2、NO_2、TSP 等浓度达标，氟化物浓度超标。该区常年主导风向为南风。

经环评批复的新建工程主要包括焦炉、煤气净化系统和输气管线工程。新建焦炉产生的煤气经两级脱硫装置处理，一级脱硫后的煤气用于焦炉加热和用作粗苯管式加热炉燃料，剩余煤气经二级脱硫后外供县城居民。该厂焦油和氨水贮槽处于焦炉北侧，粗苯贮罐位于厂区西侧，10 000 m^3 煤气贮柜位于厂区西南角。

本工程废气排放的特征污染物为苯、苯并[*a*]芘、硫化氢和氨。生产废水和生活污水经新建污水处理场处理，设计出水水质应达《污水综合排放标准》三级。处理后废水 90%回用，其余废水送煤化工工业集中区处理。该工程实际建设与环评批复一致，环保设施运行正常，经过 3 个月试生产已逐步达到设计生产能力的 75%。

【问题】

1. 说明该工程竣工环保验收应调查的内容。

【参考答案】

（1）调查工程建设情况。

（2）调查工程落实环境影响评价要求及审查、审批要求的环境保护措施的落实情况（或答“污染物达标排放监测：粗苯管式加热炉、污水处理场”）。（1 分）

（3）调查工程所采取的环保措施效果，包括污染治理设施运行及污染物达标排放情况。主要是废气排放的特征污染物处理设施及达标情况，生产废水和生活污水处理设施及达标情况。（1 分）

（4）调查工程清洁生产指标落实情况（1 分）与总量控制情况。

（5）调查工程建设的实际环境影响，特别是对周边环境保护目标的实际影响情况（或答“A 县城的环境质量监测”）。（1 分，实际工作并不一定监测，视情况而定）

（6）针对环境风险源所采取的风险防范措施及环境风险应急预案。（0.5 分）

（7）调查环境管理情况，包括建设期间的环境管理。（0.5 分）

（8）调查工程投资、环境保护投资及所占比例。

考点分析与答题技巧：要调查的内容较多，只需列出主要的即可。对于工业类项目，一般以监测为主，编制的验收报告为竣工环保验收“监测报告”，但也有要调查的内容；对于以生态影响为主的建设项目的竣工验收，以调查为主，编制的为竣工环保验收“调查报告”，但也有需要监测的内容。

2．若要求进行环境空气质量监测，应监测哪些污染物？

【参考答案】

（1）常规污染物包括 SO_2、NO_2、TSP、PM_{10}、氟化物。

（2）特征污染物包括苯、苯并[*a*]芘、硫化氢和氨。

考点分析与答题技巧：工业类项目的环境影响评价一定要关注其排放的特征污染物情况。不仅现状监测时需要考虑，污染影响预测时更要关注，同样，竣工验收监测时也不能忽视。需要注意的是，常规污染物是指环境质量标准中规定的 SO_2、NO_2、颗粒物（TSP、PM_{10}，从 2015 年开始还应根据环保要求增加 $PM_{2.5}$）、CO 等污染物；特征污染物是指除常规污染物之外的特有污染物，主要指项目可能导致潜在污染或对周边环境空气保护目标产生影响的污染物。

3．给出污水处理场验收监测点位置和监测频次。

【参考答案】

（1）监测点位：污水处理场接纳污水的入口、各单元的进出口、污水处理场排放口。

（2）以企业生产周期为采样周期，至少两个周期，每个周期采样 3～5 次。

考点分析与答题技巧：其实必须监测的是污水处理厂接纳污水的水质和污水处理场排放口的水质。不仅要求水质处理后符合要求，而且要检验污水处理场的处理效率。

4．为验收煤气脱硫装置的有效性，说明应设置的监测点位和监测内容。

【参考答案】

（1）监测点位：分别在一级和二级脱硫装置的入口和出口设置。

（2）监测内容：一级和二级脱硫装置的实际运行效果（1 分）；H_2S、SO_2 的浓度（1 分）；通过监测核算处理效率（或去除效果，1 分）。

考点分析与答题技巧：对于污染治理或处理环保设施，由于要考核其处理效率，一般需在污染物入口和出口进行取样监测。实际上，答案中的“一级和二级脱硫装置的实际运行效果”与其后的“去除效果”是重复的，并无必要。

5．环境监测部门在试生产期间取得的数据是否可作为验收的依据？并说明理由。

【参考答案】

（1）不能确定。

（2）若是环保行政部门所属环境监测部门进行的监测，需注明试生产期间监测的工况，如果是在达到 75%以上进行的监测，则可以作为验收的依据；如果是在低于 75%工况下的监测，则不可以作为验收的依据。若是企业自有的环境监测部门的监测结果，则不可作为验收依据。

考点分析与答题技巧：对于工业类项目，验收监测期间的工况要求是一个硬指标，这与生态类项目有所不同。尽管生态类项目也要求在达到“工况”条件下进行验收，但大多数以生态影响为主的开发建设项目只要“工程正常运行，环保设施运行稳定”，是可以开展验收调查工作的。本项目试生产期间工况逐步达到 75%，但未交代环境监测部门的监测时间，所以不能确定其是否在 75%工况下进行的监测，因而不能确定。另外，如果是企业自身监测，考虑到社会方面的原因，也不能作为验收依据。本题评分的答案是：（1）不可以（2 分）。（2）试生产期间工况不稳定（1 分），不能满足验收监测的工况要求（1 分）。但题干称“经过 3 个月的试生产已逐步达到设计生产能力的 75%”，所以评分答案很别扭。

试题十二（2007 年考题——化工厂验收监测）

某化工厂南距 A 江 3 km。化工厂污水经处理后排入 A 江。距排放口下游 10 km（中间无支流汇入）有一江边湿地，并有部分水产养殖；排水口上游 500 m 处有工业取水口。

该厂改、扩建工程包括：在厂区新建一套 B 装置，设计规模为 30 万 t/a；同时配套改、扩建液体化工码头；改、扩建现在污水处理厂。B 装置生产废水经预处理排入扩建后污水处理厂，由全厂总排口外排。项目于 2003 年完成环境影响报告书并经环保主管部门批复，2005 年 3 月建成投入试生产，工况稳定，环保设施运行正常，其生产负荷为 78%。利用 A 江流域区域管理的区域救援预案作为扩建码头的环境风险应急预案。

在验收监测方案中，水环境监测拟利用 2004 年 12 月排污口至下游 10 km 江段的水环境监测数据。

【问题】

1．给出 B 装置竣工环保验收应调查的内容。（5 分）

【参考答案】

（1）核实工程组成、规模、工艺的建设情况。（1 分）

（2）环保设施与主体工程适应性。（1 分）

（3）环保设施运行情况及效果，判断达标情况。（1 分）

（4）与报告书及批复的相符性。（1 分）

（5）对环境关心点的影响。（1 分）

考点分析与答题技巧：本书 2013 年版曾给出以下参考答案：B 装置名称、工艺流程及产污环节；B 装置所排污染物类型及强度；B 装置采取的环保设施及其运行状况；B 装置所排污染物达标情况。主要是针对“装置”进行的调查，基本也是符合答题思路的，但未考虑到答案（4）和（5）两项，“规模”在题干中已经明确也未考虑，只能得 3 分。

本题为工业类建设项目环保验收监测。在验收监测中也有调查的内容。但本题为针对某个装置进行的调查，显然是针对其基本情况及污染物治理设施及污染物达标情况的调查，这个调查中是有监测成分的。

2．给出废水处理和排放验收监测点位布置和监测频次。（4 分）

【参考答案】

（1）B 装置污水预处理设施进、出口；污水处理厂进、出口；全厂总排口。（2 分）

（2）连续监测 2 天，每天 3 次。（2 分）

考点分析与答题技巧：关于企业污水处理与排放的监测，一是要注意污水产生源及污水性质，以及各污水处理单元的预处理情况；二是全厂污水处理量；三是全厂排放口（需满足纳污水体环境功能及达标排放与总量控制）。一般而言，对于有生产周期的工业企业，应以生产周期确定监测频次，不应少于两个生产周期，每个周期采样 3～5 次。

3．现有 2004 年 12 月 A 江江段监测数据能否作为扩建工程竣工环保验收的依据？请说明理由。（4 分）

【参考答案】

（1）不能。（2 分）

（2）因为该时期工程尚未投入试生产，其监测数据不能代表工程试生产期间对 A 江的实际影响情况。（2 分）

考点分析与答题技巧：理由可以简答为“当时本工程尚未投产”。需要注意的是，工业生产类项目的验收监测，“试生产期间”的工况不小于“75%”的要求是一个硬性指标。

4．确定验收监测水环境断面位置。（2 分）

【参考答案】

与报告书阶段的水环境监测断面相同。（2 分）

考点分析与答题技巧：关于验收时的水环境监测断面，一般应与环评阶段的水环境监测断面相同，但也不完全如此，应根据工程实际情况而定。如果企业能够做到污水不外排，可以不监测水环境；如果企业污水排放口的位置、排放的方式等有变更，则要根据实际情况确定。本题根据题干提供的情况，应在排污口上游 500 m 处、排污口下游混合均匀段（控制断面）及下游 10 km 接近湿地处布设断面。另外，应在环境敏感点处（如取水口）设置监测点以监测是否满足保护目标的要求。参考答案竟是如此简单的一句话，让很多考生不敢相信！考生在答题时往往会答很多，导致既答不上关键得分点，又浪费了时间，甚至不能完成规定的 6 个案例考题。

5．试生产期间取得的数据是否可作为竣工环保验收的依据？请说明理由。（3 分）

【参考答案】

（1）可以。（1 分）

(2) 因为该项目自 2005 年 3 月建成投入试生产，工况稳定，环保设施运行正常，其生产负荷为 78%，满足验收工况不低于 75%的要求。（2 分）

考点分析与答题技巧：理由只需说明“试生产期间满足 75%以上工况要求”即可。本题与第 3 题是相呼应的。

6．根据已有信息，指出该厂改、扩建项目存在的问题。（2 分）

【参考答案】

根据题意，本改、扩建项目存在的主要问题是：利用 A 江流域区域管理的区域救援预案作为扩建码头的环境风险应急预案，是不可行的。（2 分）

考点分析与答题技巧：也有当年考生回忆称，当时的问题就是“可否利用 A 江流域区域管理的区域救援预案作为扩建码头的环境风险应急预案？”如是，则本答案与其十分吻合。环境风险应急预案要有针对性，应针对特定风险源制订，但应注意与相关环境风险应急预案的联动。本扩建液体化工品码头应该制订码头自身的环境风险应急预案，且应该与 A 江流域区域管理的区域救援预案联动，还应与当地政府制订的区域应急预案联动。

试题十三（2006年考题——高速公路验收调查）

某段高速公路2005年建成通车，建设单位申请竣工环境保护验收。该项目在可行性研究阶段完成环境影响评价的报批手续，在初步设计和实际建设中对线路走向和具体的建设工程内容有少量调整。该段高速公路全长50 km，设计时速80 km/h，设1 104 m特大桥1座，中小桥若干座，特大桥桥面设排水孔；双洞单向隧道2座，单洞长3 200 m，互通式立交1处，分离式立交1处，服务区1处，取土场8处，弃渣场20处，共征用土地206 hm^2，公路所经地区为山岭重丘区，其中通过水土流失重点治理区的线路长度5 km，特大桥从A城市的集中式饮用水水源二级保护区边界跨越。由于线路偏移，声环境敏感点由原来的12处变为6处，其中4处与环评审批时一致，8个取土场有2个分布在水土流失重点监督区，有1个在重点治理区，弃渣场均分布在沿线的沟壑，服务区靠近一人口约2 000人的村庄，设有1.5 t/h燃煤锅炉1座，烟囱高度20 m，服务区废水经化粪池处理后排放到服务区外冲沟，经过100 m汇入经该村的小河上游。公路沿线部分敏感点情况见下表。

名称	与路肩距离/m	与路肩高差/m	临路户数	临路情况
上湾村	168	8	10	侧向公路，有围墙
青龙坪村	68	3	6	面向公路，主要为二层楼，位于隧道出口处
英雄中学	90	2		面向公路，二层楼房
马兰村	180	−6	1	村庄大，周围绿化好，树木高大，枝叶茂密
牟家村	102	0	3	面向公路
楼前村	68	4	5	平房，面向公路

【问题】

1. 简要给出本项目生态环境影响调查的重点内容。

【参考答案】

（1）工程占地造成的植被损失情况。通过调查公路沿线的生态环境状况，包括植被类型及分布、生长状况，进行必要的估算或测算。

（2）调查野生动物分布及活动情况，调查是否设置生物通道，并分析生物通道设置的合理性。

（3）调查公路经过水土流失重点监督区、重点治理区段及高填深挖路段所造成的水土流失情况、所采取的水土保持措施及效果。

（4）调查取土场和弃渣场的生态恢复情况，特别是分布在重点监督区的两个取土场和重点治理区的 1 个取土场的工程措施与生物措施情况，弃在沟壑内的 20 个弃渣场是否采取工程与生态治理措施。

（5）调查隧道、特大桥、互通式立交等重点工程造成的生态影响及恢复情况。

（6）工程生态补偿及生物通道设置情况。

2. 指出本项目水环境影响调查需关注的问题。

【参考答案】

（1）调查工程施工期对饮用水水源保护区可能造成的不利影响，调查工程所采取的措施及其有效性。

（2）分析工程运营期可能发生的水环境风险，调查是否有应急预案。

（3）工程特大桥设排水孔不可行。此特大桥跨越 A 城市集中式饮用水水源二级保护区边界，一旦发生运输危险品车辆事故，很容易污染水源。应设置导水设施，将桥面径流导至保护区外处理。

（4）调查流经服务区附近村庄的小河的水环境功能及利用情况，调查服务区废水经化粪池后汇入小河造成的水环境影响。

3. 根据表中信息，指出不需要采取隔声措施的敏感点。

【参考答案】

上湾村、马兰村。

考点分析与答题技巧：上湾村距离公路较远，侧向公路，且有围墙，公路对其影响小，一般也不会超标，因此不必再采取隔声措施。马兰村距离公路更远，与公路路基高度相差 6 m，处于声影区，且临路绿化状况好，能够起到隔声作用，因此也不必再采取隔声措施。

4. 指出英雄中学噪声监测布点应注意的问题。

【参考答案】

（1）布点时应注意周边是否有其他噪声源的干扰。

（2）在教学楼前 1 m、高 1.2 m 处布点。

考点分析与答题技巧：由于英雄中学距离公路 90 m，实际工作中常设置衰减监测断面，即在与公路与英雄中学之间，垂直公路从路肩（或距离公路中心线）开始，在距离 20 m、40 m、60 m、80 m 及英雄中学教学楼前设噪声监测点，并在一楼和二楼的教室均应进行监测。但是，由于是敏感点监测，一般只在敏感点前 1 m、高 1.2 m 处布点即可。

5．说明本项目运营期存在的环境风险隐患。

【参考答案】

主要是运输危险品的车辆在行驶到特大桥路段时发生事故，危险品大量泄漏进入集中式饮用水水源地，造成水质污染，危及城市供水。

6．从环保角度考虑，对服务区设施提出改进建议。

【参考答案】

（1）服务区废水应经化粪池处理后，再进行必要的生化处理，处理后的水尽可能用于绿化、冲厕等。

（2）燃煤锅炉烟囱高度应增高到 25 m 以上。

考点分析与答题技巧：本题是考查对《锅炉大气污染物排放标准》（GB 13271—2001，已被 GB 13271—2014 替代）中关于烟囱高度的有关规定。需要注意的是，不同规模的锅炉，要求设置的排气筒（烟囱）高度也不同，且 1 个锅炉房只能有 1 根烟囱。

试题十四（2005 年考题——电子企业验收监测）

某电子企业芯片生产线建设项目，1999 年完成环评，环保局批准建设，2000 年 7 月开工建设。2002 年 2 月企业向环保局提出在原环评批复的污水排放量基础上增加 1 000 t/d 污水排放量的申请，并获环保局批准。2003 年 3 月建成并投入试生产。各生产工艺污水中含有氟、氨等污染因子，同时部分污水中含有砷和镍等污染因子。污水来源、处理及流向见下图。在建设项目竣工环境保护验收监测中，对污水总排放口水质监测结果见下表。企业污水排放执行 GB 8978—1996 表 1 和表 4 的二级标准：COD 150 mg/L、氨氮 25 mg/L、总砷 0.5 mg/L、总镍 1.0 mg/L、氟化物 10 mg/L。

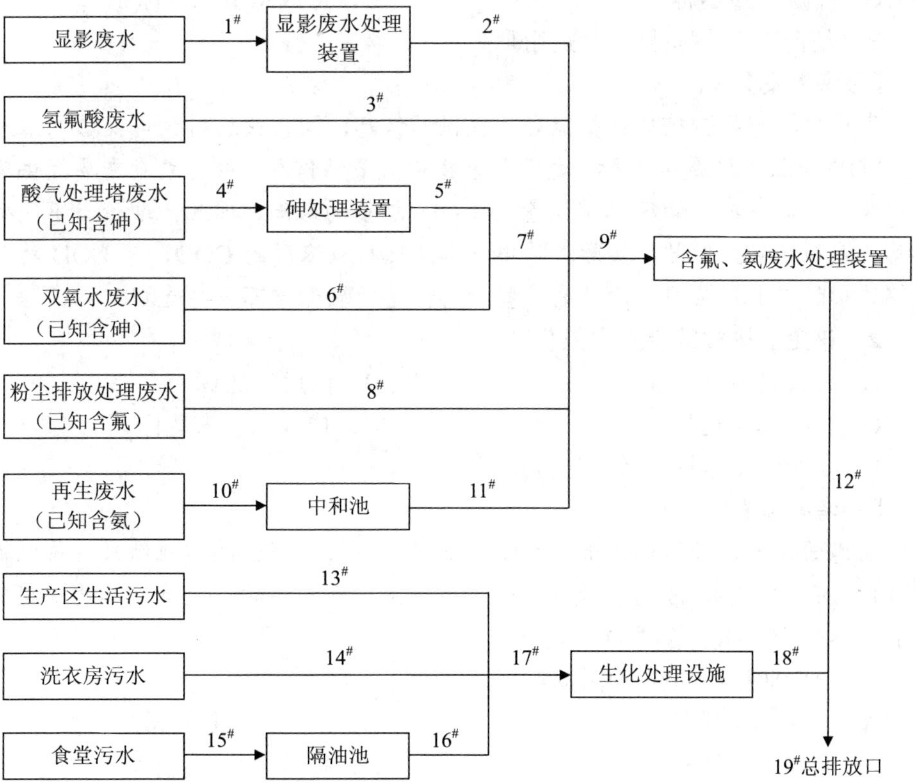

该企业污水处理及流向示意图

该企业污水总排放口污水监测结果 单位：mg/L

时间	监测次数	COD	氨氮	氟化物	总砷	总镍
第一天	1	60	11.0	15.6	0.02	0.02
	2	55	10.1	14.4	0.01	0.01
	3	45	18.0	17.1	0.01	0.01
	4	55	11.3	15.3	0.02	0.01
日均值		54	12.6	15.6	0.02	0.01
第二天	1	52	8.0	10.5	0.01	0.02
	2	45	9.0	18.3	0.02	0.01
	3	55	9.8	15.2	0.01	0.01
	4	63	10.8	20.0	0.02	0.01
日均值		54	9.4	16.0	0.02	0.01

【问题】

1．该企业排放的废水中 COD（　）。

A．浓度达标排放　　B．浓度未达标排放

C．排放总量达标　　D．排放总量未达标

E．是否浓度达标排放无法判断

【参考答案】A。

考点分析与答题技巧：根据题干提供的信息，该企业总排放口 COD 浓度达标。COD 排放总量是否达标，题干并未提供太多的信息，核算总量需要提供废水排放量，原环评批复的废水排放量及 COD 总量均未知，因此，理论上不能确定其总量是否达标。但是，实际工作中，如此低排放浓度的 COD，其 COD 总量是能够达标的。本题是用于考试的，鉴于其信息的缺乏，不应再选 C。

2．该企业排放的废水中氟化物（　）。

A．浓度达标　　B．浓度未达标

C．排放总量达标　　D．排放总量未达标

E．是否浓度达标排放无法确定

【参考答案】B　D。

考点分析与答题技巧：根据 GB 8978—1996 附表提供的监测结果，氟化物浓度 100%超标，因此 B 选项是肯定性答案。浓度在总排放口超标，其总量超标也具有必然性，因此，选项 D 也是可以确定的。

3．该企业排放的废水中总砷（　）。

A．浓度达标排放　　B．浓度未达标排放

C．排放总量达标　　D．排放总量不达标

E．浓度是否达标无法确定

【参考答案】 E。

考点分析与答题技巧： 总砷属于第一类污染物。对于第一类污染物，GB 8978—1996 要求其在车间或车间处理设施的排放口达标。根据 GB 8978—1996 附表监测结果来看，总砷是在总排放口达标，而车间或车间处理设施排放口是否达标不知。因此，只能选择 E 选项。

4．该企业排放的废水中总镍（　）。

A．浓度达标排放　　B．浓度未达标排放

C．排放总量达标　　D．排放总量不达标

E．浓度是否达标无法确定

【参考答案】 E。

考点分析与答题技巧： 理由同第 3 题。

5．根据 GB 8978—1996 附表所列监测结果，含氟、氨废水处理设施（　）。

A．满足氟达标排放的要求　　B．未满足氟达标排放的要求

C．需要改进　　D．处理效率在验收监测中无须考虑

E．对总砷、总镍达标排放也有明显的作用

【参考答案】 B　C。

考点分析与答题技巧： 根据 GB 8978—1996 附表监测结果，氨氮在总排放口达标排放，但氟化物未能达标排放，可以判定其处理设施目前还不满足氟化物达标排放要求，当然也就需要进行改进，至于是技术上的，还是管理上的，那就是另一回事了。

6．根据附图和 GB 8978—1996 附表所列监测结果，含镍废水（　）。

A．已经过单独处理　　B．直接排放

C．现处理方式符合要求　　D．必须增加处理设施

E．是否需要增加处理设施，无法确定

【参考答案】 A　E。

考点分析与答题技巧： 根据附图和附表，含镍的显像废水是经过显像废水处理单独装置处理，未直接排放；虽然在总排放口达标，但第一类污染物必须在车间或车间处理设施排放口达标，本项目未给出处理设施排放口的监测结果，就不能确定其是否达标。因此，是否需要增加处理设施就不能确定了。

7．含砷废水（　）。

A．经过处理后排放　　B．没有经过处理后排放

C．处理工艺是否合理，无法判断　　D．处理设施满足达标排放要求

E．可以与含镍废水一同处理

【参考答案】 A B C。

考点分析与答题技巧： 根据附图，含砷的酸气处理塔废水经过砷处理装置处理，但含砷的双氧水废水未经过处理，因此，A、B 两选项的情况均是存在的。由于砷属于第一类污染物，必须在车间或车间处理设施排放口监测达标，才能判定其处理设施合理，而题干未给出在车间或车间处理设施的监测情况，因此处理工艺是否合理是不能判断的。第一类污染物是不允许混合处理的，因此“E”选项是错误的。

8．检查砷处理装置处理效率的监测点应设在示意图中（ ）处。

A. 4#、5#　　B. 4#、12#　　C. 4#、9#　　D. 4#、19#　　E. 4#、7#

【参考答案】 A。

考点分析与答题技巧： 处理设施处理效率的监测是在污染物进入处理设施的入口和出口分别进行监测。因此，只能选 A。

9．检查氟化物处理设施处理效率的监测点位应在示意图中（ ）处。

A. 7#、12#　　B. 9#、12#　　C. 3#、9#　　D. 8#、19#　　E. 9#、19#

【参考答案】 B。

考点分析与答题技巧： 理由同第 8 题。

10．还必须通过水质监测确定其是否达标排放的废水有（ ）。

A．氢氟酸废水　　B．酸气处理塔废水

C．双氧水废水　　D．粉尘排放处理废水

E．办公和生活区生产污水

【参考答案】 B C。

考点分析与答题技巧： 题干附表给出了总排放口的监测结果，附表中涉及的二类污染物在总排放口监测后就不必再在其他部位监测了。但未给出第一类污染物的监测结果，第一类污染物就应在车间或车间排放口进行监测，因此 B、C 两选项应选。

十三、规划环境影响评价案例

试题一（2023 年案例）

宋唐煤矿区位于冀中平原，已开采 70 年。该省发展改革委 2007 年组织编制了矿区规划，规划矿区面积 188.0 km^2，矿区含煤地层为石炭～二叠系，有 10 个可采煤层，煤层倾角小，平均总厚度 15.8 m。矿区划分 6 个井田，设 6 个矿井，规划生产能力为 1 500 万 t/a，采用地下综采放顶煤采煤方法，垮落法管理煤层顶板。

矿区地下含水层有 4 个，自上而下依次为第四系冲积层含水层，埋深 10.0～13.0 m；第二、第三层为煤系地层的二叠系中统砂岩裂隙含水层和石炭系上统砂裂隙含水层；第四层为煤系地层下伏的奥陶系岩溶承压含水层。矿区地势平坦，永久基本农田广泛分布，间或有一般农田、水域、城镇规划区、居民村庄等。矿区内分布有 A、B 两条河流，水环境功能类别为Ⅲ类，是矿区目前及今后各矿井（煤矿）富余水外排的受纳水体，近两年矿区下游控制断面的石油类、氨氮监测数据存在超标现象。

按照矿区规划和规划环评、项目环评和土地复垦方案等相关要求，在开采过程中，各矿井采用在河流下方留设保护煤柱的措施保护地表水体，采用禁止开采的方式保护城镇规划区；采用留设保护煤柱、货币补偿异地安置或民房加固维护等措施保护村庄或安置居民；矿区煤炭开采沉陷观测的地表下沉系数为 0.60～0.75，最大下沉值在 9.0～12.0 m，部分沉陷区因地下水出露、降雨汇流形成积水区。对开采形成的沉陷积水区采用挖深垫浅、矸石地表充填的方式进行治理，对其他区域进行了土地复垦。

根据开发需要，现拟开展矿区规划修编工作。本期规划修编概况为：矿区面积 272.0 km^2，较现有矿区面积扩大 84.0 km^2，其中 47.0 km^2 为新勘察探明资源区，37.0 km^2 为矿区现有生产矿井的预留后备资源区。矿区煤炭可采储量 12.35 亿 t，规划生产能力 1 800 万 t/a，均衡服务年限 61 年。矿区划分 7 个井田，设 7 个矿井，其中 6 个为现有矿井，1 个为新建矿井；现有生产矿井的生产规模维持现状不变，只是将各矿井田毗邻的预留后备资源区划入各矿井田范围，延长服务年限；新建矿井的生产规模为300万t/a，井田范围为47.0 km^{2}的矿区为新勘察探明资源区，配套建设同规模选煤厂，新建矿井、现有矿井采用与矿区目前生产矿井相同的开拓开采方式和采煤方法。规划过程中采用预测模型，查表选取沉陷预测参数，初步预测新建矿井的沉陷情况。

现有矿井井田的未开采区和本期扩大井田范围划入的预备后备资源区内分布有15.0 km^{2}永久基本农田与4.0 km^{2}的一般农田、1个城镇规划区和4个村庄，新建矿井的井田范围有0.27 km^{2}的天然林，28.0 km^{2}的永久基本农田和5.3 km^{2}的一般农田，有5个村庄，有一条高速公路和一条国铁线路，路段长度分别为3.6 km和4.7 km。

规划指出的废水和矸石的环境保护方案为：各矿井的生产生活污水处理后全部回用于工业场地洒水降尘和绿化；井下排水处理方案与现有矿井相同，处理后优先回用于各矿生产，富余部分达到煤炭工业污染物排放标准后排入A河或B河，井下掘进产生的矸石不出井，用于充填井下废弃巷道；选煤厂煤炭洗选的矸石处置方案沿用矿区现有处置方式，用于沉陷积水区的充填。

【问题】

1. 列出矿区涉及的环境敏感区。（3分）

【参考答案】

永久基本农田、1个城镇规划区和9个村庄、天然林、A河、B河

（每项0.5分。总分3分）

考点分析与答题技巧：本小题只需从题干中找出即可。但不能只写“城镇规划区”“村庄”，不写数字，同样A河、B河，不能只写“河流”二字。需要注意的是河流也是环境敏感区，尽管其水环境功能为Ⅲ类。但公路、铁路此类基础设施不能作为环境敏感区。

2. 说明生态环境影响回顾性分析应开展的调查或监测工作。（5分）

【参考答案】

答案一：

（1）调查为河流和村庄留设煤柱情况和城镇规划区禁止开采实际落实及有效性。货币补偿异地安置或民房加固维护等措施落实及有效性。

（2）调查城镇规划区实际地表沉陷、调查村庄或安置居民的建筑物破坏情况。

（3）调查监测地表沉陷变形情况，调查积水区域挖深垫浅、矸石充填治理效果，监测周围土壤、地下水是否被污染，调查其他沉陷区域土地复垦的效果。

（4）监测土壤，地下水水位、水质，A、B河流水量、水质。

（5）调查农田尤其是永久基本农田面积、分布、产量。

答案二：

（1）收集规划修编前上轮矿区规划、规划环境影响评价及审查意见，并收集相关图件；

（2）调查现状 6 个井田环境影响评价、竣工环保验收、实际开采情况及环境影响后评价开展情况，并收集其相关资料；

（3）调查 A、B 河矿区下游河流断面氨氮、石油类超标的原因，并进行补充监测；

（4）调查保护煤柱留设效果，尤其是对地表水、城镇规划区、村庄的保护情况；

（5）调查地表下沉范围和程度，尤其是积水区形成的面积和分布情况；

（6）调查地表天然林及其野生动物、永久基本农田现状及受煤矿开采的影响情况；

（7）调查或监测地下水水位及水质变化情况；

（8）调查或监测土壤环境质量情况；

（9）调查矸石充填情况；

（10）调查土地复垦情况及效果。

（以上答上任意 5 个得满分）

考点分析与答题技巧：在规划修编的环境影响评价工作中，对上轮规划实施情况进行回顾性评价是一项必要的工作。本小题设问是针对生态影响回顾性评价时需要开展的前期调查或监测工作。一般而言，主要通过调查或监测，说明上轮规划环境影响评价及审查意见的落实情况及效果或存在的环境问题；上轮规划未进行环境影响评价的，则据实际情况简要回顾。答案一与答案二主要内容基本一致，答案二可供选择的相对多一些。

3. 指出矿区规划修编中提出的废水和矸石环境保护方案存在的问题。（4 分）

【参考答案】

答案一：

（1）井下排水处理后仍然排入 A 河或 B 河，加重对河流水质污染，不能满足环境质量底线要求。

（2）选煤厂煤炭洗选的矸石直接用于沉陷积水区的充填，不满足《一般工业固体废物贮存和填埋污染控制标准》，可能污染土壤和地下水。

答案二：

（1）鉴于现状 A、B 河矿区下游河段氨氮、石油类超标，应查找超标原因，如果是现状井下排水造成的超标，则继续排放是不可行的；如果矿井水进一步处理后达到 A、B 河的水环境质量标准，则可以排放。

（2）选煤厂煤炭洗选的矸石直接用于沉陷积水区的充填，不可行。应全部充填井下。确实不能全部充填井下的，应考虑综合利用或用于土地复垦。

考点分析与答题技巧：本小题似乎很简单，且题干最后一段提供了信息，但解答时不好下笔，不易组织语言。考生可以进一步提炼和总结。

4. 针对矿区涉及的保护目标，提出规划的优化调整建议。（4 分）

【参考答案】

答案一：

（1）综采放顶煤采煤方法，垮落法管理煤层顶板的采煤方法调整为充填开采。

（2）井下排水处理满足回用水标准后全部回用，禁止排到 A 河、B 河。

（3）选煤厂煤炭洗选的矸石用于沉陷积水区的充填前对积水进行抽排、处理、达标排放或者回用，沉陷区进行防渗。

答案二：

（1）采煤方法优化调整为充填开采；（1 分）

（2）矿井水处理后应尽可能全部回用（0.5 分），或根据用途不同，采用不同的处理方式而尽可能全部回用，确实不能回用的，应以改善水环境质量为原则，达标排入 A、B 河（0.5 分）；

（3）洗煤厂的煤矸石应尽可能全部充填井下（0.5 分），确实不能全部充填井下的，应考虑综合利用或土地复垦等处理（0.5 分），不用于充填积水区；

（4）除在河流下方留设保护煤柱，采用禁止开采的方式保护城镇规划区，采用留设保护煤柱、货币补偿异地安置或民房加固维护等措施保护村庄或安置居民外，对矿区内的高速公路、国铁线路也应留设煤柱（1 分），严格落实“三下采煤”规程。

考点分析与答题技巧：本小题设问是针对“保护目标”，则应包括公路和铁路。根据题干提供的信息，解答本小题难度不大，只是与上一小题类似，答题的语言不易组织，可能会答太多而耽误时间。答案一与答案二基本类似，考生可以考虑进一步提炼和总结，用更为简洁的语言解答问题。

5. 为提高新建矿井沉陷影响预测工作的准确性，应重点关注哪些因素？（4 分）

【参考答案】

（1）煤层开采方法（0.5 分）、顶板管理方法（0.5 分）、上覆岩层性质（0.5 分）、工作面宽度（0.5 分）、重复采动次数（0.5 分）以及采深采厚比（0.5 分）等；

（2）采用《建筑物、水体、铁路及主要井巷煤柱留设及压煤开采规程》中提供的概率积分法；（答上采用概率积分法，0.5 分）

（3）本矿区已有其他矿井开采且开采多年，新建井优先利用本矿区或临近矿区已有的岩移观测数据确定预测参数；（答上后半句 0.5 分）

考点分析与答题技巧：关于新建矿井，题干提供的信息主要有“新建矿井的生产规模为 300 万 t/a，井田范围为 47.0 km^2 的矿区为新勘察探明资源区，配套建设同规模选煤厂，新建矿井、现有矿井采用与矿区目前生产矿井相同的开拓开采方式和采煤方法。规划过程中采用预测模型，查表选取沉陷预测参数，初步预测新建矿井的沉陷情况。”即题干表明的仅是查表初步预测，显然是不准确的。根据《环境影响评价技术导则　煤炭采选工程》（HJ 619—2011）的“6.7.2 采煤地表沉陷影响预测与评价”，地表沉陷变形预测模式推荐采用《建筑物、水体、铁路及主要井巷煤柱留设及压煤开采规程》中提供的概率积分法，预测参数选取优先利用本矿区或临近矿区已有的岩移观测数据确定预测参数；对于没有可利用资料的煤矿，应根据《建筑物、水体、铁路及主要井巷煤柱留设及压煤开采规程》确定预测参数。分析参数选取的合理性。而概率积分法的主要参数有：地表移动变形计算的主要参数有下沉系数 q、主要影响角正切 $\mathrm{tg}\,\beta$、水平移动系数 b、拐点偏移距 s 和开采影响系数 k 等，这些参数的取得主要与煤层开采方法、顶板管理方法、上覆岩层性质、工作面宽度、重复采动次数以及采深采厚比等因素有关。

【扩展思考题】

1. 说明矿井地表变形预测的主要内容；
2. 说明矿井地表变形影响评价的主要内容；
3. 为回顾性评价现有矿井开采对地下水的影响，应重点开展哪些方面的调查或监测工作？
4. 有效进行新建矿井的地下水影响评价，应重点关注哪些方面？
5. 为调查现有 6 个矿井开采的环境问题，应重点关注哪些方面？

注：国家和地方关于煤炭行业的产业政策、规范性文件或相关法规等较多，生态环境部发布了 HJ 619—2011、《规划环境影响评价技术导则　煤炭矿区总体规划》（HJ 463—2009）等，考生应认真学习。

试题二（2022 年考题）

南方某市经济技术开发区位于城市主城区西侧 10 km 处。成立于 2006 年，规划面积 30.1 km^2，成立之初，开发区编制了规划环境影响报告书。2015 年，开发区进行控规修编并编制了规划调整暨跟踪评价环境影响报告书。经过十多年发展，北部已形成工业发展集中区，汽车、通用设备、电气机械和建材、计算机通信和其他电子设备等制造业规模以上企业达到 100 余家，南部以研发和居住为主，研发已初具规模，东南部有红星社区。到目前为止，土地利用率已接近 60%。开发区内部尚有零星农户散布。

开发区水、电、气供应设施完善。现有生产需热企业全部采用天然气锅炉自行供热，区内供水依托外部供水厂，排水采用雨污分流制。现有企业废水收集后全部纳入开发区内东北部的污水处理厂处理。污水处理厂设计处理规模 5 万 m^3/d，实际处理 4.8 万 m^3/d，尾水去向为 R 河。

低碳经济已经起步。部分工业厂房屋面已安装太阳能发电系统。公共交通全部采用纯电动车辆，道路已采用太阳能照明灯，红星社区生活垃圾已实现分类收集。

为打造成为先进制造业基地和产业升级示范区，开发区编制了 2020—2035 年产业发展规划。规划近期至 2025 年，远期至 2035 年。规划主导行业包括电子器件制造、高端智能制造以及新材料新能源等行业。用地布局保持不变，在北部工业用地与南部研发、居住用地之间设置缓冲绿带。保留红星社区，在其南部规划集中居住区。开发区规划人口总规模 7 万人。现有零星农户也将安置在集中居住区。

规划供水依托外部供水厂。完善雨污排水管网。扩建开发区污水处理厂，处理能力 2025 年达到 7 万 m^3/d，2035 年达到 10 万 m^3/d，出水水质仍执行《城镇污水处理厂污染物排放标准》（GB 18918—2002）一级 A 标准，尾水去向仍为 R 河。

该市地处河网地区，水资源丰沛。附近有 R 河和 Q 河。R 河位于开发区东北侧，为Ⅳ类水环境类别，自西流向东北。在 R 河汇入口上游 5 km 处为该市饮用水水源准保护区下游边界。R 河和 Q 河均为感潮河流。

开发区所在区域为环境空气二类功能区，主导风向为东南风。

规划环评文件编制单位先后开展了以下工作：

对历史监测数据统计分析，区域环境空气二甲苯浓度趋势上升，个别点位浓度值占标率接近 90%，地表水、土壤和地下水环境监测全部达标。

对重点企业调查发现，区内有 10 家企业单位产值能耗和 8 家水耗均高于该市行业平均水平；有 5 家涉 VOCs 废气收集、处理不规范，其中一家大型家具企业近年来投诉不断。

结合产业发展规划和“十四五”规划的相关要求，预测到 2025 年，区内新增污染物氮氧化物、二氧化硫和 VOCs 排放量分别为 767 t/a、100 t/a、149 t/a。

地表水环境影响预测结果显示，当污水处理厂尾水排放量超过 7 万 m^3/d 时，丰水期，除 R 河排放口混合区外，评价范围内 R 河、Q 河水质均满足地表水环境功能区目标要求；枯水期，受潮汐影响，Q 河饮用水水源准保护区范围的部分河段水质将超过地表水环境功能Ⅲ类区水质目标的要求。

【问题】

1. 分析开发区发展面临的环境制约因素。

【参考答案】

（1）土地利用率已接近 60%，新入驻企业土地利用及选址受制约；

（2）污水处理厂设计处理规模 5 万 m^3/d，实际处理废水 4.8 万 m^3/d，2025 年之前接纳新入驻企业废水受制约；

（3）区域环境空气二甲苯浓度趋势上升，个别点位浓度值占标率接近 90%；

（4）枯水期，受潮汐影响，Q 河饮用水水源准保护区范围的部分河段水质将超过地表水环境功能Ⅲ类区水质目标的要求。

考点分析与答题技巧：环境问题（或重要环境保护目标——对象，如法定严禁占用的保护目标等）往往就是制约因素。因此，从题干中找出环境问题即是本小题的答案。

2. 针对“区域环境空气二甲苯浓度趋势上升，个别点位浓度值占标率接近 90%”的现状，规划环评应开展哪些方面的工作？

【参考答案】

（1）充分收集监测资料，核实监测数据，进行必要的补充监测；

（2）查清污染源情况。特别是“5 家涉 VOCs 废气收集、处理不规范，其中一家大型家具企业近年来投诉不断”的原因并提出解决措施；

（3）分析规划实施涉及二甲苯排放的建设项目新增排放量，预测区域二甲苯浓度变化趋势；

（4）提出优化规划调整方案，减量替代，减少二甲苯排放量，改善环境空气质量。

考点分析与答题技巧：根据“查污染源、分析原因、预测变化、提出解决措施或方案”这个思路即可完成本小题的解答。

3．大气环境影响预测因子是否考虑二次污染物？说明理由。

【参考答案】

（1）应考虑。

（2）理由：

① 预测到 2025 年，区内新增污染物氮氧化物、二氧化硫和 VOCs 排放量分别为 767 t/a、100 t/a 和 149 t/a；

② SO_2+NO_x = 867 t/a＞500 t/a，应增加 $PM_{2.5}$ 作为预测因子。

考点分析与答题技巧：根据题干信息：结合产业发展规划和“十四五”规划的相关要求，预测到 2025 年，区内新增污染物氮氧化物、二氧化硫和 VOCs 排放量分别为 767 t/a、100 t/a、149 t/a。本小题主要考察《环境影响评价技术导则　大气环境》（HJ 2.2—2018）的应用。

4．针对区水域水环境承载力不足，开发区可考虑采取哪些措施？

【参考答案】

（1）园区建设项目提高水资源利用率、采用清洁生产，减少废水产生量和排放量；

（2）改造污水处理厂处理工艺，提高污水处理厂出水水质，加大尾水回用量，减少外排 R 河的水量，改善 R 河水环境质量；

（3）调整排污口位置，远离饮用水水源保护区，避免潮水上溯污染饮用水水源保护区。

考点分析与答题技巧：本小题答案要点是“节水、减排、控污”。关于解答本小题，题干提供的信息很多：“区内供水依托外部供水厂，排水采用雨污分流制。现有企业废水收集后全部纳入开发区内东北部的污水处理厂处理。污水处理厂设计处理规模 5 万 m^3/d，实际处理 4.8 万 m^3/d，尾水去向为 R 河。”“规划供水依托外部供水厂。完善雨污排水管网。扩建开发区污水处理厂，处理能力 2025 年达到 7 万 m^3/d，2035 年达到 10 万 m^3/d，出水水质仍执行《城镇污水处理厂污染物排放标准》（GB 18918—2002）一级 A 标准，尾水去向仍为 R 河。”“该市地处河网地区，水资源丰沛。附近有 R 河和 Q 河。R 河位于开发区东北侧，为Ⅳ类水环境类别，自西流向东北。在 R 河汇入口上游 5 km 处为该市饮用水水源准保护区下游边界。R 河和 Q 河均为感潮河流”“地表水环境影响预测结果显示，当污水处理厂尾水排放量超过 7 万 m^3/d 时，丰水期，除 R 河排放口混合区外，评价范围内 R 河、Q 河水质均满足地表水环境功能区目标要求；枯水期，受潮汐影响，Q 河饮用水源准保护区范围的部分河段水质将超过地表水环境功能Ⅲ类区水质目标的要求”。但答题时如果一味摘抄题干的这些信息，将会书写内容太多、混乱，且没有重点，导致答题失败。因此，需要根据这些信息进行提炼和总结。

5．关于开发区碳减排路径设计，可考虑采取哪些措施？

【参考答案】

答案一：

（1）拆除企业自行供热锅炉，采用集中供热；

（2）降低10家高耗能企业的能耗；

（3）加大清洁能源使用范围和力度；

（4）整治5家涉VOCs废气收集、处理不规范企业及投诉不断的一家大型家具企业；

（5）推动居民低碳生活。

答案二：

（1）全部工业厂房屋面安装太阳能发电系统；

（2）现有生产需热企业淘汰天燃气锅炉，改用电能、新能源供热；

（3）集中居住区生活垃圾分类收集、建设超低能耗的绿色智慧住宅区；

（4）对高耗能企业、涉VOCs企业制定产业准入及退出清单制度，对现有企业尤其是单位产值能耗高于该市行业平均水平的10家企业、涉VOCs废气收集、处理不规范的5家企业（尤其近年来投诉不断的1家大型家具企业）进行整改或者清退。

考点分析与答题技巧：答案一相对简洁，答案二较为具体，二者并无实质性差别。减碳的核心工作之一在于节能或采用清洁能源。解答本小题据主要根据题干提供的信息：现有生产需热企业全部采用天然气锅炉自行供热；对重点企业调查发现，区内有10家企业单位产值能耗和8家水耗均高于该市行业平均水平；低碳经济已经起步。部分工业厂房屋面已安装太阳能发电系统。公共交通全部采用纯电动车辆，道路已采用太阳能照明灯，红星社区生活垃圾已实现分类收集。简要总结给出即可。

试题三（2020年考题）

H市某产业园区成立于2014年，同年完成规划编制，于2015年通过环评审查，并取得批复。

产业园区规划面积40 km^2，规划近期为2020年，规划远期为2025年。主导产业为高端制造业、高新技术研发示范、仓储物流业。规划分为北部制造加工组团、东部技术研发组团、西都仓储物流组团和中南部生活办公组团4个组团。

根据专项排水规划，园区近期污水管网覆盖率为80%，建设一座5万 m^3/d 规模的污水处理厂，并配建一座2万 m^3/d 规模的再生水厂和一个相应库容的景观湖，污水处理厂尾水执行《城镇污水处理厂污染物排放标准》（GB 18918—2002）一级B标（COD＜60 mg/L），其中3万 m^3/d 的尾水排入东部清溪河，2万 m^3/d 的尾水输至配套建设的再生水厂，经深度处理达到《城市污水再生利用　景观环境用水水质》（GB/T 18921—2019）后供市政工程使用，多余部分作为同物配建的景观湖的补给水水源，景观湖不与其他地表水发生水力联系，远期污水管网覆盖率100%。

污水处理厂和再生水厂分别扩建至10万 m^3/d 和4万 m^3/d，景观湖也做相应的扩建，尾水排放去向不变。根据供热专项规划，园区采取集中供热汽的方式集中供热。

规划环评审查要点：园区规划与相关规划具有相符性，产业定位及功能分区合理；园区污水管网、污水处理厂、再生水厂及景观湖应同期投入使用；规划实施阶段落实环境影响跟踪评价规划，并纳入日常环境监管；入区项目应符合环境准入清单要求，其防护距离设置由具体项目环评确定，园区排入清溪河的水污染物总量控制指标要求为COD 1 314 t/a、氨氮225.6 t/a。

2020年，园区管委会组织开展跟踪评价工作。经调查，园区已入驻企业139家，其中机电设备生产及装备制造企业97家、板材加工企业19家、仓储物流企业23家。已建的5万 m^3/d 规模的污水处理厂已接近满负荷运行。

经现场踏勘，规划区内生活区周边为道路和绿化用地，与研发用地、仓储用地最近的距离分别为160 m和90 m，园区西北侧260 m处新增一回迁小区。2018年批复的《H市生态红线划定方案》划定清溪河河道控制线内及控制线两侧外延25 m范围为红线区。

清溪河为4类水，枯水期平均流量为18.5 m^3/s，清溪河园区段长4.7 km，设有入区、出区控制断面W1、W2，之间仅有园区污水处理厂一个污水排放口。现状W1和W2的COD浓度分别为28.6 mg/L、29.4 mg/L。为实现区域减排任务，满足规划总量控制目标，园区提出实施清溪河园区段总量减排项目，建设内容包括园区污水处理厂扩建，远期再生水厂及景观湖建设工程，同时对园区污水处理厂提标改造，达《城镇污水处理厂污染物排放标准》（GB 18918—2002）一级A标（COD＜50 mg/L），清溪河园区段总量减排项目拟于2022年全部投入使用。

据调查，园区拟引入一个新能源汽车项目，主要建设冲压、焊接、涂装、电池组装及总装车间，目前正处于选址阶段。

【问题】

1. 指出园区用地情况跟踪调查应重点关注的内容。（5分）

【参考答案】

（1）已入驻园区的企业是否按照规划、规划环评及审查意见的要求依功能分区布局各类企业。

（2）各企业占地的合理性，绿化用地保留情况。

（3）园区西北侧260 m处新增的一处回迁小区与园区土地利用规划和功能分区的符合性。

（4）园区用地与《H市生态红线划定方案》符合性。

（5）园区各企业防护距离落实情况。

（6）园区污水处理厂、再生水厂、景观湖等环境保护基础设施落实及占地情况。

考点分析与答题技巧：根据2020年11月12日生态环境部发布的《关于进一步加强产业园区规划环境影响评价工作的意见》（环环评〔2020〕65号），产业园区实施5年以上应组织开展跟踪评价。结合题干所述内容及本小题的设问，应重点就园区“用地情况”说明跟踪评价关注的内容，可以答的内容较多，但答上主要的4～5项即可。

2. 根据园区的COD总量控制指标要求，给出远期园区尾水排入清溪河的最大允许排放量。（2分）

【参考答案】

最大允许排放量 V=1 314/（$50\times10^{-9}/10^{-6}$）=2.628×10^5 m^3/a。（2分）

考点分析与答题技巧：注意，尽管题干关于COD的信息与数量较多，但用于本小题计算的信息只有COD总量控制指标1 314 t/a和入河水质COD＜50 mg/L，再通过计量单位换算即可。其他的均为干扰项，与计算排放量无关。当然答题时，也可以将“园区排入清溪河的COD总量控制指标为COD 1 314 t/a,

园区污水处理厂提标改造后达《城镇污水处理厂污染物排放标准》（GB 18918—2002）一级A标（COD＜50 mg/L）”写上，便于说明解答依据。

3. 分析清溪河园区段总量减排项目水环境改善效果，应调查哪些内容？（4分）

【参考答案】

（1）污水处理厂完成提标改造后，排入清溪河的尾水水质能够稳定达标（COD＜50 mg/L）。（2分）

（2）清溪河园区段水环境质量监测结果。（2分）

考点分析与答题技巧：根据本小题的设问，结合题干信息，清溪河园区段实行总量减排后，效果究竟如何，首先应监测该段河流的水环境质量，只有水环境质量得到改善才能说明取得了效果。另外，只有园区水污染源治理工程等相关工作得到落实，才能保证总量减排的实现，如包括污水处理厂提标改造按时落实并保证排放的水污染物稳定达标（COD＜50 mg/L）、再生水厂及景观湖扩建工程按时落实等（尽可能落实水资源综合利用、减少排放量等措施）。

4. 为开展大气环境质量跟踪评价，需取得哪些监测资料？（3分）

【参考答案】

（1）产业园区集中供热汽设施大气污染物排放监测资料（特别是排污许可证载明的污染物排放监测）。（1分）

（2）园区及周边区域环境空气质量例行监测资料。（1分）

（3）园区已入驻企业大气污染物排放监测资料。（1分）

考点分析与答题技巧：题干中关于大气环境方面的信息并不多，仅提到有“采取集中供热汽”的供热专项规划。因此，大气环境质量跟踪评价一定要收集集中供热设施大气污染物排放的监测资料，还有园区主要企业大气污染物排放的监测资料；当然，要反映大气环境质量是否得到改善，更重要的园区所在区域大气环境质量例行监测资料等。

5. 列出新能源汽车项目入园区与规划及规划环评相符性分析的主要内容。（5分）

【参考答案】

（1）分析与园区产业定位的符合性。

（2）分析选址与产业园区产业功能区划的符合性。

（3）分析占地与园区土地利用类型及规模的符合性。

（4）分析污染物排放量与产业园区污染物总量控制要求的符合性。

（5）分析依托园区环保设施的可行性。

（6）分析与《H市生态红线划定方案》及园区规划环评的准入清单的符合性。

（7）与规划环评结论及审查意见的符合性。

考点分析与答题技巧：规划环境影响评价的一个重要方面就是相关符合性、协调性的分析。不论是《规划环境影响评价技术导则　总纲》（HJ 130—2019），还是在实际规划环境影响评价技术报告编制中，这都是最基本的工作内容，在环评师考试大纲中多年一直有“分析规划的环境协调性”的要求。本案例中，新能源汽车为高端制造业，与已经入园的97家机电设备生产及装备制造企业属于同一类型，符合园区产业定位，园区功能区划中也有相应的适应区域与规划。“相关符合性分析”的内容是很多的，一般答上主要的4～5项即可。

【扩展思考题】

1．除COD总量控制指标外，园区还应考虑哪些控制指标？

2．《H市生态红线划定方案》批复后，园区应如何执行该方案？

3．在园区固体废物方面，本次跟踪评价应重点调查哪些方面的内容？

4．本次跟踪评价应对入园新能源汽车建设项目环境影响评价提出哪些环境保护关键意见？

试题四（2017 年考题）

北方某省经济开发区设立于 2016 年，正在编制规划环评文件。开发区规划面积 34 km^2，规划时限近期为 2016—2020 年，远期为 2021—2030 年，主导产业为装备制造、新材料新能源、光电子、生物化工和生物制药等。总体规划包括用地布局、产业发展、基础设施、环境保护 4 个分项规划。基础设施分项规划中的排水规划提出：开发区排水采用分流制，规划近、远期污水排放量为 4.2 万 m^3/d、13 万 m^3/d，污水处理厂处理规模分别为 5.0 万 m^3/d、15 万 m^3/d，出水水质达到《城镇污水处理厂污染物排放标准》一级 A 标准（其中 COD≤50 mg/L）后排入 R 河。供热规划提出：开发区工业生产和居民生活用热用汽总负荷为 1 120 MW，规划建设 2 座装机容量均为 560 MW 的燃煤集中供热供汽中心，各设 3 台 200 t/h 热水锅炉和 1 台 200 t/h 蒸汽锅炉，锅炉烟气排放执行《火电厂大气污染物排放标准》。环境保护分项规划提出：淘汰开发区内所有分散燃煤锅炉，对 R 河开发区河段进行清淤整治并取消现有污水排放口。

开发区位于甲市东北部，现状土地利用类型主要为耕地和城镇建设用地，部分区域与已批复城市总体规划的甲市中心城区重叠。

开发区内有 1 个建制镇、12 个村庄和 22 户企业，区内无污水集中处理设施，未处理的生活污水和经各自废水处理设施处理达标的企业生产废水均排入 R 河。开发区有 15 座分散燃煤锅炉房，年燃煤 2.5 万 t，烟气平均脱硫效率为 50%；居民生活燃煤量为 1.6 万 t/a。区内燃煤平均含硫率为 0.54%，硫转化率为 80%。

R 河为非感潮河流，在开发区入口处断面多年平均流量为 22 m^3/s，水域环境功能为Ⅳ类，由西南向东北依次流过甲市城区、开发区后，在开发区下游 20 km 处汇入 C 河。R 河开发区河段现分布有 6 处污水排入口，现状 COD 排放为 136 t/a。地表水常规监测数据显示，R 河现状水质接近《地表水环境质量标准》Ⅳ类标准限值。

2015 年批复的《R 河流域水污染防治规划（2015—2020 年）》提出：至 2020 年 COD 减排目标为 1 800 t/a，规划期甲市新增 COD 排放量为 460 t/a，规划水污染防治工程 COD 预计削减量为 2 800 t/a。

规划环评机构收集到开发区 15 座分散燃煤锅炉房的位置、锅炉型号和数量、年工作时数、年燃煤量、烟气治理措施，现有企业废水排放量和废水处理设施进出水浓度等资料，对地表水、环境空气、声环境进行了环境质量调查。

规划环评测算，规划实施后 2 座燃煤集中供热供汽中心锅炉烟气排放量合计 49.8 亿 m^3/a，治理后的 SO_2 排放浓度均为 86 mg/m^3。

【问题】

1. 开发区近期 COD 排放量是否满足 R 河流域水污染防治规划的要求？请说明理由。（4 分）

【参考答案】

（1）不能满足。（2 分）

（2）理由：（以下任一说明答上便得 2 分）

说明方式一（文字表述式）：即使取消 6 处排污口，开发区近期 COD 排放量仍超过了 R 河流域规划规定的甲市所在河段（即开发区所在河段）的新增 COD 排放量。

说明方式二（文字+计算式）：流域规划 R 河所在的甲市河段 COD 新增排放量为 460 t/a。从题干信息来看，该市所在河段规划开发区近期经污水处理厂处理后入 R 河的 COD 排放量 $4.2\times10^4\times50\times1\,000\times10^{-9}\times365=766.5$（t/a），即使扣除取消 6 处排污口的减排量 136 t/a，入河排污量为 630.5 t/a，超过了规定的新增减排量。

说明方式三（数学计算式）：$4.2\times10^4\times50\times1\,000\times10^{-9}\times365-136=630.5$（t/a）＞460（t/a）。

考点分析与答题技巧：根据题意，R 河流域水污染防治规划限定甲市及开发区所在河段 COD 新增量 460 t/a，这是目标，也就是规划的要求。至于“R 河流域规划的减排量 1 800 t/a 和水污染防治工程的削减量 2 800 t/a”，是针对整个 R 河流域的，并不是针对甲市及开发区所在的河段的（即不能将流域的减排要求当成甲市及开发区所在河段的减排要求），是回答本小题的迷惑项。另外，需要注意的是，不要将排放量视为减排量或削减量。

2. 计算供热规划实施后开发区 SO_2 排放增减量。（4 分）

【参考答案】

（1）规划实施前现状 SO_2 排放量：

$[2.5\times10^4\times(1-50\%)+1.6\times10^4]\times0.54\%\times2\times80\%=246.24$（t/a）。（2 分）

（2）规划实施后 SO_2 排放量：$4.98\times10^9\times86\times10^{-9}=428.28$（t/a）。（1 分）

（3）规划实施之后的增减量：$428.28-246.24=182.04$（t/a）。（1 分）

考点分析与答题技巧：本小题解题思路不难，但根据题意要求给出计算过程，关键在于认真、细心，分别计算规划实施前和实施后的排放量，相比较即可得出结论。

3．说明进行开发区分散燃煤锅炉大气污染源调查还应进一步收集的资料。（4 分）

【参考答案】

（1）每座锅炉房的排气筒数量（核实是否只有 1 个排气筒）、位置、海拔高度、几何高度、出口内径、烟气出口速率、排烟温度，锅炉运行负荷等。（3 分，答对 1 项得 0.5 分）

（2）烟气治理设施运行情况及代表性锅炉房例行监测资料。（1 分）

考点分析与答题技巧：注意本小题要求回答的是“还应进一步收集的资料”。因此，本小题切忌直接将题干给出的“开发区 15 座分散燃煤锅炉房的位置、锅炉型号和数量、年工作时数、年燃煤量、烟气治理措施”抄写在答案中（如此，按以前未理解题意的评分要求，不得分）。注意，随着《大气污染防治行动计划》及修订后的《大气污染防治法》的实施，城市建成区燃煤小锅炉已作为污染源整治的重要方面。

4．给出开发区规划与甲市城市总体规划协调性分析的主要内容。（5 分）

【参考答案】［以下（1）～（5）项答上任意 4 项或 5 项全答，得 4 分］

（1）开发区规划用地布局与城市总体规划中土地利用规划的协调性。

（2）开发区规划的主导产业与甲市城市总体规划中主导产业及产业布局及发展的协调性。

（3）开发区规划与甲市城郊农用地保护，特别是基本农田保护或农业发展规划或城市人民生活保障基地规划的协调性。

（4）开发区基础设施规划与城市总体规划中关于基础设施建设规划的协调性。

（5）开发区环境保护规划与城市总体规划中的环境保护规划的协调性。

（6）针对开发区规划与甲市城市总体规划的中心城区重叠问题，对开发区规划进行优化调整。（1 分）

考点分析与答题技巧：规划协调性分析是规划环境影响评价的重要内容。根据 2017 年执行的《规划环境影响评价技术导则 总纲》（HJ 130—2014）（该总纲已修订，标准号为 HJ 130—2019），规划协调性分析的内容十分丰富，因此本小题可供解答的内容是很多的，但需要结合题干提供的关于本开发区规划的 4 个分项规划与城市总体规划中相应的内容的协调性，特别是需针对开发区与甲市总体规划的中心城区重叠问题，提出优化调整建议［因此，（6）是必答项］。为节省答题时间，可在文字上进一步简化。需要特别提示的是，当前和今后规划环境影响评价需特别关注“生态保护红线”的要求，贯彻落实“三线一单”（资源利用上线、生态保护红线、环境质量底线、环境准入清单）以及“两控一准”（空间管制、总量管控、环境准入）的要求。

5．开展环境质量与生态状况调查，还需选择哪些环境要素？（3 分）

【参考答案】

（1）环境质量：还需调查土壤（0.5 分）、地下水（0.5 分）。

（2）生态状况：应调查景观生态，生态系统类型及分布，植被类型、分布及主要植物，野生动物及其生境条件，土地利用与生态问题等。（答对一项得 0.5 分，最多得 2 分）

考点分析与答题技巧：从题干提供的信息来看，已明确评价机构对地表水、环境空气、声环境进行了环境质量调查，那么土壤环境质量和地下水质量就应该是环境质量还需要调查的环境要素。本小题特意提到了生态状况调查，虽然“生态”是一类环境要素，但本小题显然要求对生态状况的调查内容予以说明，不能只写“生态”或“生态环境”。否则，本小题不如改为“开展环境现状调查，还需调查哪些环境要素”。而生态系统、植被类型、野生动物显然也是环境要素。另外，《环境影响评价技术导则　土壤环境（试行）》（HJ 964—2018）虽然未说明规划环境影响评价可参照执行，但在规划环境影响评价实际工作中可以根据实际情况参考。

试题五（2006年考题）

A市拟在东南5 km的C河右岸建设一个5 km×5 km的开发区，开发区分为西北、东北、西南、东南4个区块，拟发展电子、生物与绿色食品、机械加工、材料，中央商务。C河自南向北流经A市东部，流量15 m^3/s，该河上游距A市15 km处为该市主要水源地。开发区拟建集中供热，在开发区的东南角建一热电站，热电站规模为2×300 MW。热电站东南角5 km是D镇，东南21 km是国家级森林公园，东6 km是E小学。开发区还要建一污水处理厂。该区域常年主导风向为NW。

【问题】

1．在环境影响评价报告书的开发区总体规划概述中，应包括的主要内容有（　）。

A．开发区的性质

B．开发区不同发展阶段的目标、指标

C．开发区地理位置、边界，主要功能分区及土地利用规划

D．优先发展项目拟采用的工艺、设备

E．开发区环保规划及环境功能区划

【参考答案】A　B　C　E。

考点分析与答题技巧：D不必选。一般而言，作为“总体规划”而非具体的建设项目，开发区规划应考虑重点建设项目工艺应符合产业政策，应具有先进性，但难以明确所需要的设备。其他选项均为总体规划应考虑的内容。这主要是考《开发区区域环境影响评价技术导则》（HJ/T 131—2003），但目前该导则仅供参考，规划环评时以《规划环境影响评价条例》及《规划环境影响评价技术导则　总纲》（HJ 130—2014）（HJ 130—2019已发布，并于2020年3月实施）以及行业规划环评导则为主。考生应该认真学习新总纲。

2．在开发区规划与城市发展规划协调性分析中，应包括的主要内容有（　）。

A．开发区的规划布局方案与城市产业发展规划协调性

B．开发区环境敏感区与城市环境敏感区的协调性

C．开发区功能区划与城市功能区划的协调性

D．开发区规划与城市规划的协调性

【参考答案】A C D。

考点分析与答题技巧：协调性分析是规划环评的重要内容。在规划环评的“协调性”分析中，除了本题给出的A、C、D 3个方面，还需要考虑与上位规划的符合性（虽然与“协调性”有所区别，但在环评报告编写中也没有必要纠结“协调性”与“符合性”的区别，说清楚就是了），与同位规划的协调性，对下位规划的指导性。本题考的是与城市发展规划的协调性。开发区与城市的“环境敏感区”均应是确定了的，不存在人为调控其协调性问题。

3．从环保角度考虑，合理的污水处理厂的位置可选在开发区的（ ）。

A．东北　B．东南　C．西北　D．西南角

【参考答案】D。

考点分析与答题技巧：污水处理厂建设既要结合风向考虑其恶臭的环境影响，也要考虑其中水利用的便捷。考虑到污水处理厂对5 km的D镇和东6 km的E小学的影响，选择在西南角是比较合适的；至于热电厂利用污水处理厂的中水，可能通过敷设管道解决。通过对题干所述内容画图，即可完成本题的选择。

4．根据本区特点，在开发区选址合理性分析中应包括的主要内容有（ ）。

A．大气环境质量分析　B．原辅材料利用率分析

C．水环境功能区划符合性分析　D．水资源利用合理性分析

【参考答案】A C D。

考点分析与答题技巧：环境影响评价的“选址合理性”，主要考虑环境与资源方面，原辅材料利用虽然也不是绝对不考虑，但一般都是考虑其供应源而非利用率，利用率是企业生产应考虑的。

5．从环保角度，电子产业最适宜布置在开发区的（ ）。

A．东南区　B．东北区　C．西南区　D．西北区

【参考答案】C。

考点分析与答题技巧：由于电子产业类型众多，具有不同的工艺和产品。一些电子产业是存在挥发性有机污染物排放的，但也有很多清洁的电子产业。另外，电子产业本身也要求相对清洁的环境，特别是精密电子产业。结合周边环境并从其环境影响来看，布置在东北区和西南区均是可以考虑的。应从整体产业布局来考虑，而不是单独就某一个产业来考虑。就本题而言，仅从题干提供的信息来看，最适宜布置在西南区。

6．热电站建设环评中大气环境质量监测点位必须包括（ ）。

A．D镇　B．A城市　C．E小学　D．森林公园

【参考答案】A B C。

考点分析与答题技巧：关于本题的D选项有争议，有人认为应该选上D项。

在实际工作中将其作为监测点也无妨。但本题问的是“必须”。一般而言，远离城市和工业区的森林公园其环境空气质量是能够达到一级标准的，即使不监测也是可以确定的。对于本项目，由于在森林公园前已有 D 镇作为监测点来评价区域环境空气质量，森林公园作为监测点不是必需的。

7．该开发区废气常规因子（SO_2、烟气）排放量应采用（　）进行估算。

A．经济与密度计算方法，按单位产值的排放量

B．经济与密度计算方法，按单位面积的能源消耗量

C．按主导产业类别，审核、估算排放量

D．集中供热电站的能耗

【参考答案】D。

考点分析与答题技巧：其他产业的核算、估算均存在不确定性，且难度较大。而采用集中供热电站能耗估算 SO_2、烟气是合适的。

8．估算开发区水污染物排放总量需获取（　）资料。

A．开发区需水量　　B．污水处理厂处理能力、出水水质

C．纳污水体水环境容量　　D．开发区中水回用计划

【参考答案】B　C　D。

考点分析与答题技巧：本题考查的是为开发区申请排污总量指标而进行总量核算需要的资料。该开发区建有污水处理厂，考虑开发区的污水进入污水处理厂处理后方排入水体，污水处理厂排放到环境中的水量是应扣除回用的中水的。因此，应收集污水处理厂处理能力及出水水质、中水回用量及水体的环境容量。

9．热电站冷却水可利用的水资源有（　）。

A．河流水　　B．地下水

C．开发区污水处理厂中水　　D．城市污水处理厂中水

【参考答案】A　C　D。

考点分析与答题技巧：本题源于《国家发展改革委〈关于燃煤电站项目规划和建设有关要求〉的通知》（发改能源〔2004〕864 号）。C、D 属于鼓励类，A 属于限制类，B 属于禁止类。因此，本题如果问应优先或首先利用的水资源，则应该是“C”。此外，《水污染防治行动计划》也特别强调了中水利用。

10．从总体判断，该开发区规划的环境可行性论证重要选项有（　）。

A．土地退化　　B．污染物排放量

C．水资源保护　　D．与城市总体规划的协调性

【参考答案】B　C　D。

考点分析与答题技巧：本题问的是重要选项，虽然土地退化是环境问题，是需要考虑的，但土地退化不影响开发区规划与建设，选址于退化土地的开发区也

是可以的。因此，土地退化非重要选项。

本题是环评工程师首次考规划案例。开发区规划环评也就是一个工业园区的规划环评，主要考的是选址合理性问题。显然，规划环境影响评价的内容还需要进一步拓展。本题如果考生根据题意能在备用草纸上自行画图，将很有助于解答。

注：近年以来，生态环境部出台了一系列有关规划环评要求的规范性文件，特别是《关于规划环境影响评价加强空间管制、总量管控和环境准入的指导意见（试行）》等对“三线一单”（环境质量底线、资源利用上线、生态保护红线，环境准入清单）的要求，目前全国各省（区、市）生态红线基本划分完毕，大多已公布实施，这是当前规划环境影响评价的纲领性文件，实际工作中需充分考虑。更为重要的是《规划环境影响评价技术导则　总纲》（HJ 130—2019）已替代了《规划环境影响评价技术导则　总纲》（HJ 130—2014），考生须认真学习新导则。另外，2019 年 12 月 13 日生态环境部发布了《关于进一步加强石油天然气行业环境影响评价管理的通知》（环办环评函〔2019〕910 号），2020 年 10 月 30 日生态环境部、国家发展改革委、国家能源局联合发布《关于进一步加强煤炭资源开发环境影响评价管理的通知》（环环评〔2020〕63 号），2020 年 11 月 12 日生态环境部发布了《关于进一步加强产业园区规划环境影响评价工作的意见》（环环评〔2020〕65 号），考生在做产业园区规划环评、石油天然气行业、煤炭行业等实际工作或考试时一定要深刻领会这些规范性文件的要求，这对做好实际工作和扩展答题思路是十分重要的。2021 年，生态环境部发布了《规划环境影响评价技术导则　产业园区》（HJ 131—2021）、《规划环境影响评价技术导则　流域综合规划》（HJ 1218—2021），此前还发布了《规划环境影响评价技术导则　煤炭矿区总体规划》（HJ 463—2009）等，考生均应认真学习。

十四、轻工纺织化纤类案例

试题一（2021 年考题）

A 企业拟建年产 40 万张牛皮革项目，项目建设内容包括牛皮加工车间，废水处理站和固废临时贮存设施等。生牛皮经脱脂脱盐、浸灰、片皮，脱灰软化，酸浸铬鞣、复释、染色、涂饰等工序制成成品皮革，其中，浸灰—酸浸铬鞣段工艺流程见下图。

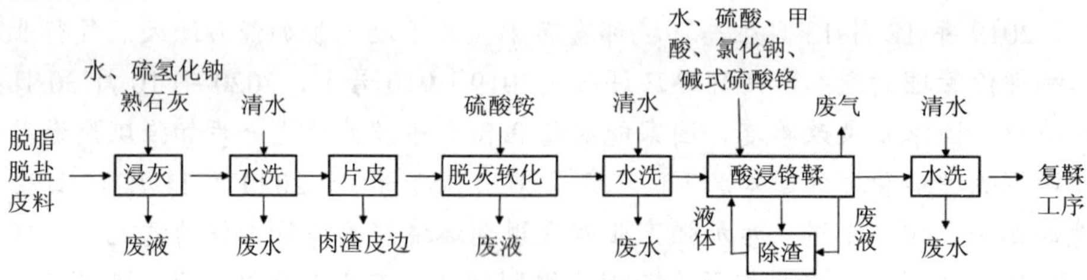

浸灰-酸浸铬鞣段工艺流程图

浸灰、酸浸铬鞣段有废液和清洗废水产生，废水（液）产生情况见下表。项目设 2 套废水预处理装置，分别处理浸灰废液及清洗废水、酸浸铬鞣清洗废水。酸浸络鞣工段有废气产生，采用水喷淋净化方法处理。片皮、酸浸铬鞣工段及废水预处理装置有固体废物产生，项目设置符合环保要求的一般工业固废和危废临时贮存库，临时贮存相应的固体废物。预处理后的生产废水及其他生产废水一并送全厂废水处理站，经二级生化处理达标后排入 R 河。

浸灰-酸浸铬鞣段废水（液）产生情况

废水类别	水量/（m^3/d）	pH	BOD_5/（mg/L）	COD/（mg/L）	Cr^{3+}/（mg/L）	硫化物/（mg/L）	氯化物/（mg/L）
浸灰废液及清洗废水	67	13	12 000	30 000	—	3 000	500
脱灰软化废液及清洗废水	113	6	2 000	5 000	—	120	500
酸浸铬鞣清洗废水	26	4	160	600	4 000	—	4 000

R 河 A 企业拟建排放口所在断面多年平均流量 40 m^3/s，10 年一遇枯水月平均流量为 6 m^3/s，当年 11 月—次年 2 月为枯水期，5—9 月为丰水期，水质执行《地表水环境质量标准》（GB 3838—2002）Ⅳ类水质标准。

A 企业于 2021 年 2 月初委托开展环评工作。环评文件编制单位（以下简称编制单位）收集有 R 河本项目拟建排放口上游 500 m、下游 2 500 m 水质监测断面的历史水质监测资料，监测时间为 2020 年 6 月 13—15 日，监测项目包括水温、pH、溶解氧、五日生化需氧量、高锰酸盐指数、化学需氧量、氨氮、总磷、阴离子表面活性剂、粪大肠菌群、硝酸盐氮。经调查，两个水质监测断面之间无取水口和其他排放口。

编制单位拟利用现有资料进行地表水现状评价，不进行水质补充监测。

【问题】

1. 指出酸浸铬鞣工段废气中的主要污染物，并提出可供比选的废气净化方法。（3 分）

【参考答案】

（1）污染物：硫酸雾（1 分）、甲酸（1 分）。

（2）净化方法：碱洗法（1 分）。

考点分析与答题技巧：注意，本小题要求给出酸浸铬鞣工段（系污染源或工艺流程中的一个污染环节）废气主要污染物，如果答上废水污染物，则为原则性错误。根据题干给出的工艺流程图及图中相关物料情况，酸浸铬鞣工段涉及水、硫酸、甲酸、氯化钠、碱式硫酸铬，因此该工序会有硫酸雾和甲酸产生。如果考生答上 NMHC 或 VOCs，虽然不算原则性错误，但不予赋分。另外，由于铬鞣工序用的是碱式硫酸铬，不会有重金属铬或者铬酸雾产生。

根据题干信息“酸浸络鞣工段有废气产生，采用水喷淋净化方法处理”，由于硫酸雾和甲酸均为易溶于水的酸性气体，水洗法是可行的，但作为比选方案，碱洗法去除效率更高。

本小题解答很容易，属于送分题。

2. 简要说明浸灰废液及清洗废水、酸浸铬鞣清洗废水的分别预处理的合理性。（5 分）

【参考答案】

（1）酸浸铬鞣清洗废水含有第一类污染物“铬”（1 分），必须在车间单独预处理（1 分），以满足《污水综合排放标准》中关于一类污染物的要求，且预处理去除重金属铬对后续二级生化处理提供条件（0.5 分）。

（2）浸灰废液及清洗废水属于强碱性废水（1 分），应先中和处理（1 分），为后续二级生化提供条件（0.5 分）。

考点分析与答题技巧：关于不同类型的废水分别处理在技术方法和案例考试中曾多次出现，为高频考点。本小题根据题干表中提供的数据，即可确定应该分别先行预处理的废水类别。生态环境部发布了一系列废污水治理技术规范，在每年的全国环境影响评价工程师职业资格考试系列参考教材《环境影响评价技术方法》中也有专门章节介绍废污水处理方法的内容，考生应认真学习。

3．本案中一般工业固废临时贮存库可接纳哪些固体废物？（5 分）

【参考答案】

（1）片皮过程产生的“肉渣皮边”（1 分）、脱灰软化过程产生的“硫酸铵废液”（1 分）可接纳。

（2）废水预处理装置产生的固体废物（1 分），需经鉴别（1 分），如属于一般固废则可接纳（1 分），如属于危险废物则纳入危险废物暂存间。

考点分析与答题技巧：根据题干的工艺流程，片皮工段产生的“肉渣皮边”属于一般固废，可入库；脱灰软化过程产生的废液主要成份是硫酸铵，属于一般固废，可入库。另外，解答本小题需要考虑“废水预处理装置”的固体废物。酸浸铬鞣工段废渣含有重金属铬，应该按危险废物收集处置，至于废水预处理装置的固体废物则应经鉴定后处理处置。

根据《固体废物鉴别标准　通则》（GB 34330—2017），经过物理处理、化学处理、物理化学处理和生物处理等废水处理工艺处理后，可以满足向环境水体或市政污水管网和处理设施排放的相关法规和排放标准要求的废水、污水可不作为液态废物管理，但此类废液产生、贮存等其他环节仍应按照固体废物管理。

根据《国家危险废物名录（2021 年版）》，浸灰产生的废碱液、酸浸铬鞣产生的废液、废渣及其污水系统产生的污泥属于危废。

危废类别	行业来源	废物代码及危险废物
HW35 废碱	毛皮鞣制及制品加工	193-003-35 使用氢氧化钙、硫化钠进行浸灰产生的废碱液
HW21 含铬废物	毛皮鞣制及制品加工	193-001-21 使用铬鞣剂进行铬鞣、复鞣工艺产生的废水处理污泥和残渣

4．编制单位“利用现有资料进行地表水现状评价”的做法是否正确？列举理由。（7 分）

【参考答案】

（1）不正确。（2 分）

（2）理由：本项目属于直接排放一类污染物铬，地表水评价等级为一级（1 分）；一级评价要求现状调查以收集监测数据为主，并辅以现场监测（1 分），因此不能仅利用，不监测；一级评价的评价时期至少包括丰水期和枯水期，现有资料只有丰水期，还需监测枯水期（1分），用于预测叠加；现有资料中缺少总铬、六价铬、硫化物、氯化物特征水污染因子（1分），需要补充监测；现有资料只有评价范围两端的 2 个监测断面，还需设置水质控制断面、水环境保护目标等关心断面；本项目排放重金属铬，可导致 R 河内源污染变化，需要对底泥进行监测（1分）。

考点分析与答题技巧：本小题考查的是《环境影响评价技术导则　地表水环境》（HJ 2.3—2018）中关于环境现状评价内容与要求的内容。由于现状调查的要求与评价等级有关，因此，需要先判断评价等级。值得注意的是，虽然题干信息明确“无取水口和其他排放口”，但是不能排除存在其他水环境保护目标，如此，答上或不答“现有资料只有评价范围两端的 2 个监测断面，还需设置水质控制断面、水环境保护目标等关心断面”均不属于原则性错误。

试题二（2018 年考题）

某新建 4 万 t/a 赖氨酸盐酸盐工程位于经济开发区内，建设内容包括赖氨酸生产车间、盐酸罐区、硫酸罐区、液氨罐区、成品库房、锅炉房及废气、废水处理设施等，预计 2019 年 10 月投产。

工程以淀粉糖和玉米浆为主要原料，采用直接发酵法生产产品，工艺流程见下图。蒸发浓缩产生的冷凝液均回用。

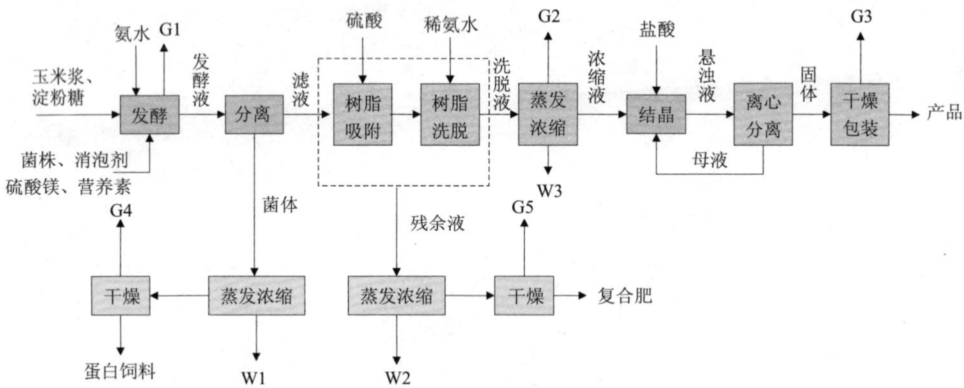

赖氨酸盐酸盐生产工艺流程图

本工程投产后生活区生活污水排放量为 420 t/d，拟排入开发区污水处理厂净化处理。G2 废气 NH_3 产生量为 1.24 kg/h，处理效率为 85%，处理后尾气经 16 m 高 2#排气筒排放。液氨罐区设有通风、防晒、调温、防潮、防雷、防静电、防腐等安全设施。经济开发区规划指出，在现有热电厂的基础上进行扩建，并敷设供热、供气管网。

开发区污水处理厂设计规模 5 万 t/d，出水达到《城镇污水处理厂污染物排放标准》（GB 18918—2002）一级 B 类标准（COD≤60 mg/L）后排入 R 河。目前开发区污水产生量 4 万 t/d，其中 80%污水收集至开发区污水处理厂处理，其余污水由企业自行处理达标后直接排入 R 河（入河 COD 排放浓度平均为 100 mg/L）。开发区在建工程估算污水产生总量为 0.6 万 t/d，预计 2019 年 8 月前全部建成投产，设计污水排至开发区污水处理厂。

开发区跟踪环评文件载明：R 河现状水质已接近标准限值。跟踪环评审查意见要求开发区实施污水处理改、扩建工程，工程内容包括完善开发区污水管网，将污水收集率提至100%，同步对污水处理厂进行升级改造，将污水处理厂出水标准提至一级 A 类标准（COD≤50 mg/L）。开发区正在实施污水处理改、扩建工程，工程计划在2019年5月前投入运行。

注：《恶臭污染物排放标准》（CB 14554—93）规定：污染物氨厂界二级标准限值为1.5 mg/m^3，排气筒15 m和20 m高时排放量限值分别为4.9 kg/h和8.7 kg/h。

【问题】

1．分别指出废气G1和G3的污染因子。（4分）

【参考答案】

（1）G1：NH_3、VOCs（或发酵异味气体）。

（2）G3：颗粒物（或粉尘）、HCl。

考点分析与答题技巧：根据题意，G1所在的发酵工序原料有氨水、消泡剂，加之玉米浆、淀粉糖、营养素等的发酵，会有氨气、挥发性有机物（VOCs），异味气体也多由VOCs组成。G3所在工序前期加有盐酸，又有干燥包装，所产气体应该有 HCI 和粉尘。G1 答有“臭气浓度”不会扣分，但也不给分（准确地说，“浓度”不是一种污染物）。

2．评价2$^{\#}$排气筒NH_3达标排放情况。（4分）

【参考答案】

（1）达标。（2分）

（2）理由：NH_3排放速率为1.24×（1−85%）= 0.186（kg/h）＜4.9（kg/h），因此排放速率达标。（2分）

考点分析与答题技巧：排放NH_3的2$^{\#}$排气筒高度为16 m，高于15 m而低于20 m，则排放速率从达标控制要求来看，可高于15 m时的排放速率，而需低于20 m时的排放速率。如果低于15 m时的排放速率，无须计算便可确定达标。而计算得到的0.186 kg/h＜4.9 kg/h（15 m时排放速率），无疑是可以确定达标的。

3．给出液氨罐区需补充建设的环境应急设施。（4分）

【参考答案】

（1）氨气泄漏检测报警装置。（1分）

（2）防护围堤。（1分）

（3）应急自动喷淋设施。（1分）

（4）事故废水收集池。（1分）

考点分析与答题技巧：根据题意，液氨罐区设有通风、防晒、调温、防潮、防雷、防静电、防腐等安全设施。根据氨的特性及环境风险防范要求，还有必要采取报警、防护、喷淋等措施。注意，这里要求的是“设施”，答“应急预案”“监测计划”等非具体设施的内容不得分。

4. 说明本工程投产后开发区COD日排放量与现状相比的变化情况。（3分）

【参考答案】

（1）现状开发区COD日排放量：

（$4\times10^4\times80\%\times60+4\times10^4\times20\%\times100$）$\times10^{-6}$=2.72（t/d）。

（2）本工程投产后开发区COD日排放量：

（$4\times10^4+0.6\times10^4+420$）$\times50\times10^{-6}$=2.32（t/d）。

（3）减少量：2.72−2.32= 0.4（t/d）。

考点分析与答题技巧：本小题计算并不复杂，关键是要根据题意弄清时间节点（本项目预计2019年10月投产、污水产生量0.6万t/d的开发区在建工程是拟在2019年8月前全部建成，污水处理厂改、扩建工程是拟在2019年5月前投入运行）和污水处理厂改、扩建前后执行的不同排放标准。但要注意本小题要求相比的“现状”，是本案例项目本次环评阶段的现状。

5. 为分析锅炉房建设的规划符合性需收集开发区及开发区热电厂哪些资料？（5分）

【参考答案】

（1）开发区规划、规划环境影响评价及审查意见。（2分）

（2）收集开发区现有热电厂剩余供热供汽能力及现状管网建设情况资料。（1分）

（3）收集热电厂扩建工程环境影响评价资料（了解其建成时间、扩建后的供热供汽能力、管网建设等）。（1分）

（4）收集开发区在建项目和规划拟建项目的供热、供汽需求情况。（1分）

考点分析与答题技巧：根据题干信息，开发区规划对现有热电厂进行扩建，并敷设供热、供气管网。显然，若现有热电厂不能为本项目供热、供气，则应分析扩建后是否能够提供；如扩建后也不能提供（如开发区在建或拟建的其他项目比本项目更急切地需要供热、供气），则要分析开发区规划、规划环境影响评价及审查意见是否允许企业自建锅炉房。据此便可以梳理出需要收集的资料。

试题三（2016 年考题）

拟在某工业园区新建年产 1.0 亿 L 啤酒厂项目，建设内容包括原料处理车间、糖化车间、发酵车间、包装车间、CO_2 回收车间、制冷车间、锅炉房、污水处理站、原料立仓、瓶箱堆场及办公辅助用房。项目预计 2017 年 10 月投产。项目以大米、麦芽、淀粉为主要原料，经糊化、糖化、发酵等工艺生产成品啤酒，生产工艺见下图。

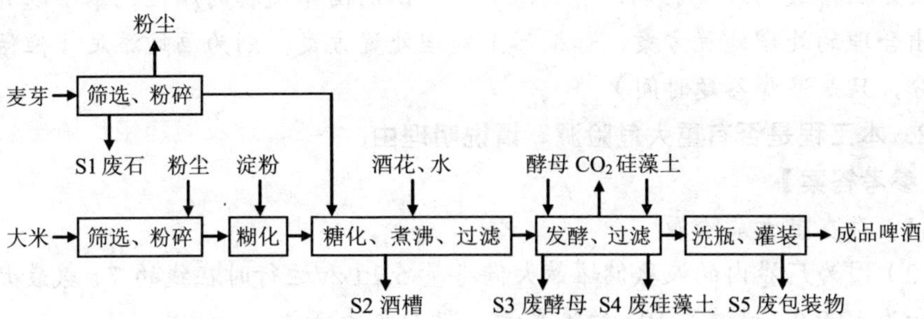

啤酒生产工艺流程示意图

制冷车间内设 6 台螺杆制冷机组和蒸发冷凝系统，制冷系统以氨为制冷剂，运行时氨在线量为 7 t；氨储存区位于制冷车间外 30 m 处，内设 1 座 10 m^3 的液氨压力储罐，用于补充制冷系统氨消耗，液氨最大储存量为 5.2 t。

原料处理车间内，大米、麦芽筛选粉碎过程产生的粉尘经收集后送布袋除尘器处理，处理后的废气经 1 根 15 m 高排气筒排放。大米、麦芽筛选粉碎的粉尘产生量分别为 0.9 kg/h 和 0.7 kg/h，设计布袋除尘器除尘效率 95%，排风量 5 000 m^3/h。

全厂废水包括糊化、糖化、发酵、洗瓶、过滤工序的清洗废水和生活污水，废水量为 1 520 m^3/d，拟送至厂区污水处理站处理，达到《啤酒工业污染物排放标准》预处理标准后送工业园区污水处理厂处理。在工业园区污水处理厂投入运行前，拟将经预处理后的废水经管线直排 A 河。

该工业园区成立于 2015 年，规划建设处理规模 1.5 万 t/d 的工业园区污水处理厂处理园区生产废水，出水达到《城镇污水处理厂污染物排放标准》一级 A 标准后排入 A 河，预计 2017 年 8 月投产；目前工业园区污水处理厂已完成土建工程，因资金问题投产日期将延后。

注：《啤酒工业污染物排放标准》规定，排入二级城市污水处理厂的啤酒企业，污水排放执行预处理标准；排入自然水体的啤酒企业，污水排放执行限值标准；《危险化学品重大危险源辨识》规定，氨临界量为 10 t。

【问题】

1．分别指出图中的 S2、S3、S4 的固体废物属性。

【参考答案】

S2 酒糟、S3 废酵母、S4 废硅藻土，均为一般固体废物。

考点分析与答题技巧：根据题意，本小题只需确定三种固废的属性，即一般固体废物，还是危险固体废物。如果考生答："三种均为一般固体废物"或干脆答 6 个字"一般固体废物"或 4 个字"一般固废"，也符合题意。本小题虽然简单，却是固体废物环境影响评价的基础——识别固体废物的属性。本小题并未要求答出合理的处理处置方案，如果答上处理处置方案，则为画蛇添足（但估计不会扣分，只是浪费答题时间）。

2．本工程是否有重大危险源？请说明理由。

【参考答案】

（1）存在重大危险源。

（2）因为厂界内的液氨储罐最大储存量 5.2 t 和运行时在线的 7 t 氨最大储存量之和为 12.2 t，超过了 10 t 的临界量，即 Q 值大于 1。

考点分析与答题技巧：类似考题已考过多次。本书此前的版本仅考虑储罐的最大储存量，而未考虑运行时的在线量，因此判断为不存在重大危险源是不正确的。本案例是 2016 年考题，2018 年生态环境部修订发布了《建设项目环境风险评价技术导则》（HJ 169—2018），其附录 C 规定按"厂界内"危险物质的"最大存在总量"与临界量之比确定 Q 值。所以说，厂界内的液氨是重大风险源。因此，考生一定要认真学习 HJ 169—2018。

3．计算原料处理车间排气筒粉尘排放浓度和排放速率。

【参考答案】

（1）浓度：$[(0.9+0.7)\times10^6/5\,000]\times(1-95\%)=16$（mg/m^3）

（2）速率：$(0.9+0.7)\times(1-95\%)=0.08$（kg/h）

考点分析与答题技巧：根据题意，"处理后的废气经 1 根 15 m 高排气筒排放。大米、麦芽筛选粉碎的粉尘产生量分别为 0.9 kg/h 和 0.7 kg/h，设计布袋除尘器除尘效率 95%，排风量 5 000 m^3/h"，相关计算参数均已给出，而计算过程也十分简单。此类考题已考过多次，只需注意计量单位换算即可。根据评分要求，公式正确、结果正确（包括计量单位）才能得满分。

4．给出工程排水方案的2种优化途径，并说明理由。

【参考答案】

（1）优化方案一：

① 清洗废水过滤、沉淀后尽量回用。清洗废水主要为悬浮物，经过滤沉淀后可回用清洗工序（如初洗）或锅炉循环水。

② 园区污水处理厂投运前，本项目应强化厂区污水处理站处理工艺。由于园区污水处理站未建成，废污水需外排，则必须使处理后的生产废水和生活污水达到《啤酒工业污染物排放标准》排入自然水体限值标准。

（2）优化方案二：

① 清洗废水过滤、沉淀后尽量回用。清洗废水主要为悬浮物，经过滤沉淀后可回用清洗工序（如初洗）或锅炉循环水。

② 园区污水处理厂投运后，本项目生产废水和生活污水经厂区污水处理站预处理后满足预处理标准后进入园区污水处理站处理。

考点分析与答题技巧：根据题意，工业园区污水处理厂投运时间与本项目投运时间衔接的问题，首先应考虑节水，能够回用的中水应尽可能回用，不能回用的则视园区污水处理厂投运时间分别处理，总之要保障达标后才能排入自然水体。答题时可简化文字。

试题四（2015 年考题）

某拟建腈纶厂位于 A 市城区东南与建成区相距 5 km 的规划工业园区内，采用 DMAC（二甲基乙酰胺）湿纺二步法工艺生产 14 万 t/a 差别化腈纶。工程建设内容包括原液制备车间、纺丝车间、溶剂制备和回收车间、原料罐区、污水处理站、危险品库、成品库等。

原液制备生产工艺流程详见下图。生产原料为丙烯腈、醋酸乙烯，助剂和催化剂有过亚硫酸氢钠、硫酸铵和硫酸，以溶剂制备和回收车间生产的 DMAC 溶液为溶剂（DMAC 溶液中含二甲胺和醋酸），经聚合、汽提、水洗过滤、混合溶解和压滤等工段制取成品原液。废水 W_1 送污水处理站处理，废气 G_1 经净化处理后由 15 m 高排气筒排放，压滤工段产生的含滤渣的废滤布送生活垃圾填埋场处理。

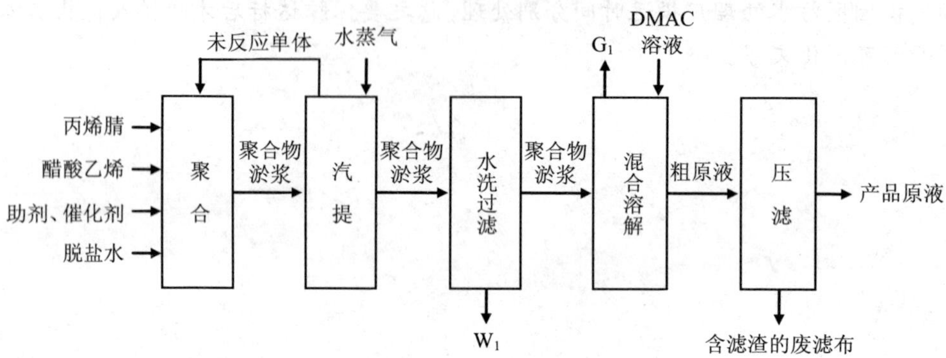

原液制备生产工艺流程

原料罐区占地 8 000 m^2，内设 2 个 5 000 m^3 丙烯腈储罐、2 个 600 m^3 醋酸乙烯储罐和 2 个 60 m^3 二甲胺储罐。单个丙烯腈储罐呼吸过程中排放丙烯腈 0.1 kg/h。拟将 2 个丙烯腈储罐排放的丙烯腈废气全部收集后用管道输至废气处理装置处理，采用“碱洗+吸附净化”工艺，设计丙烯腈去除率为 99%，处理后的废气由 1 根 20 m 排气筒排放，排风量 200 m^3/h。

污水处理服务站服务于本企业及近期入园企业，废水经处理达标后在 R 河左岸岸边排放。

R 河水环境功能为Ⅲ类，枯水期平均流量为 272 m^3/s，河流断面呈矩形，河宽 260 m，水深 2.3 m。在拟设排放口上游 4 km、河道右岸有 A 市的城市污水处理厂排放口，下游 10 km 处为 A 市水质控制断面（T 断面）。经调查，R 河 A 市河段的混合过程段长 13 km。

环评机构选用一维模式进行水质预测评价，预测表明 T 断面主要污染物浓度低于标准限值。评价结论为项目建成后 T 断面水质满足地表水功能要求。

【问题】

1．分别指出图中废水 W_1、废气 G_1 中的特征污染物。（5 分）

【参考答案】

（1）W_1 中的特征污染物：pH（硫酸、SO_4^{2-}）、丙烯腈、氨氮（NH_3-N，或 NH_4^+）。（3 分，每项 1 分）

（2）G_1 中的特征污染物：DMAC（二甲基乙酰胺）、二甲胺。（2 分，每项 1 分）

考点分析与答题技巧：根据评分情况，G_1 中给出“醋酸”也可得 1 分。注意，本小题问的是特征污染物，答常规污染物不得分。

2．原液制备车间固体废物处理方式是否合理？请说明理由。（4 分）

【参考答案】

（1）不合理。（1 分）

（2）理由：废滤布为危险废物，不能送生活垃圾填埋场处理，或者废滤布应送有危险废物处理资质单位处理。（答以上任一项的均给 3 分，答其他的一律不得分）

考点分析与答题技巧：本小题实质上就是考查危险废物的判断及处理处置要求。此类问题在考试中频繁出现。

3．计算原料罐区废气处理装置排气筒丙烯腈排放浓度。（3 分）

【参考答案】

排放浓度 $C=2\times0.1\times(1-99\%)\times10^6\div200=10\ (mg/m^3)$

考点分析与答题技巧：根据评分要求，公式、结果均对，得 3 分；公式、结果均对，单位不对（mg/L、kg/h），得 1 分；公式对，结果不对，得 1 分；只有结果，并且正确得 2 分。

4．T 断面水质满足地表水功能要求的评价结论是否正确？请列举理由。（8 分）

【参考答案】

（1）不正确。（2 分）

（2）理由：采用一维模式错误，或答应采用二维模式（4 分）；应与河流现状背景值进行叠加（2 分）。

考点分析与答题技巧：根据题干，R 河为大型河流，影响预测关注混合区及超标水域。混合过程段有城市排污口，现状需叠加。考生需掌握一些预测模式。

试题五（2011年考题）

某工业园区拟建生产能力为0.3亿m/a的纺织印染项目，生产过程包括织造、染色、印花、后整理等工序，其中染色工序含碱减量处理单元。年生产300 d，每天24 h连续生产。按工程方案，项目新鲜水用量为1 600 t/d，染色工序重复用水量为165 t/d，冷却重复用水量为240 t/d。此外，生产工艺废水处理后部分回用生产工序。

项目主要生产工序产生的废水量、水质及特点见下表。拟定两个废水处理、回用方案。方案一拟将各工序废水混合处理，其中部分进行深度处理后回用（恰好满足项目用水需求），其余排入园区污水处理厂，处理工艺流程见下图。方案二拟按废水特性进行分质处理，部分废水深度处理后回用，难以回用的废水处理后排放园区污水处理厂。

各主要工序废水水量、水质及特点

类别		废水量/（t/d）	COD/（mg/L）	色度/倍	废水特点
织造废水		420	350		可生化性好
染色废水	退浆、精炼废水	650	3 100	100	浓度高，可生化性较差
	碱减量废水	40	13 500		超高浓度废水，可生化性差
	染色废水	200	1 300	300	可生化性较差，色度高
	水洗废水	350	250	50	可生化性较好，色度低
印花废水		60	1 200	250	可生化性较差，色度高

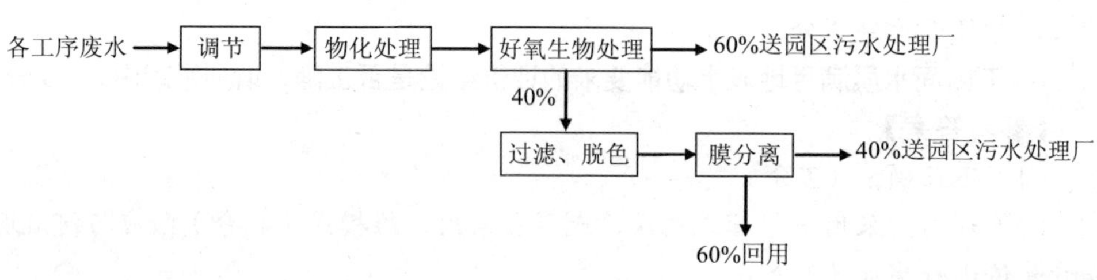

方案一　废水处理工艺流程

纺织品定型生产过程产生的废气经车间屋顶上 6 个呈矩形分布的排气口排放，排气口距地面高度为 8 m。项目所在地声环境质量属 3 类功能区。南厂界声环境质量现状监测值昼间为 60.0 dB（A）、夜间为 56.0 dB（A）。经预测，该项目对工厂南侧厂界噪声贡献值为 54.1 dB（A）。

注：在声环境 3 类功能区，工业企业厂界环境噪声排放限值为：昼间 65 dB（A），夜间 55 dB（A）。

【问题】

1．如果该项目排入园区污水处理厂的废水 COD 限值为 500 mg/L，方案一的 COD 去除率至少应达到多少？

【参考答案】

（1）各工序废水混合后的 COD 浓度=（420×350+650×3 100+40×13 500+200×1 300+350×250+60×1 200）÷（420+650+40+200+350+60）=3 121 500 ÷ 1 720=1 815（mg/L）。

（2）方案一的 COD 去除率=（1 815−500）÷1 815×100%=72.5%

考点分析与答题技巧：本题十分简单，一些考生在作答时不相信会如此简单而考虑太多，导致失分。考的是污水预处理后，进入园区污水处理厂前的污水浓度及去除率问题。如果在附表中对各废水量不给出计量单位，也并不影响计算，因为在计算过程中有个“除法”存在，废水量的计量单位也就“被除掉”了。

2．按照方案一确定的废水回用量，计算该项目水的重复利用率。

【参考答案】

（1）根据方案一各工序废水回用量=（420+650+40+200+350+60）×40%×60%≈413（t/d）（或 412.8 t/d）。

（2）根据题干，冷却水重复用水量为 240 t/d，染色工序重复用水量为 165 t/d。

（3）本项目水的重复利用率=（165+240+413）÷（165+240+413+1 600）×100%＝34%（或 33.83%）（如将 413 t/d 改为按 412.8 t/d 计算，则得出 33.82%也是正确答案）。

考点分析与答题技巧：本题所考的水重复利用率是考虑企业清洁生产的重要指标，也是开发建设项目环境影响评价工程分析及清洁生产审核的重要指标。在解答本题时，关键是不能被附表和方案一的图迷惑，还需考虑题干提到的两个方面的重复用水量。题干中染色工序的重复用水量与附表及方案一废水处理工艺所示的染色废水重复利用不是一回事，题干中所提染色工序重复用水量实际上是在工艺过程中的重复用水量，而非生产车间排出的、需要处理的染色废水。

3．对适宜回用的生产废水，提出废水分质处理、回用方案（框架），并使项目能满足印染企业水重复利用率达到 35%以上的要求。

【参考答案】

（1）优化方案：

① 按废水性质分别进行处理，可生化性好的织造废水和水洗废水，可好氧生物处理后部分回用[60%，（420+350）×60%=462]，部分进入园区污水处理厂。[或答：将织造废水和水洗废水进行深度处理后全部回用（废水浓度、色度较低，可生化性较好，利于深度处理回用）。]（2 分）

② 可生化性较差的退浆、精炼废水、染色及印花废水，经调节、物化处理、过滤、脱色、膜分离处理后，部分送园区污水处理厂，部分回用[（650+200+60）×40%=364 t/d]。（或答：其他各股高浓度废水合并处理，或其他废水按方案一工艺流程处理达到园区污水处理厂的接管要求后排入园区污水处理厂。）（0.5 分）

③ 碱减量废水（40 t/d）应单独处理，后再与其他高浓度废水一并经预处理，达到园区污水处理厂的接管要求后排入污水处理厂。（1 分）

（2）重复利用率计算：

答案一：

重复利用率=[（462+364+165+240）÷（462+364+165+240+ 1 600）] ×100%=43.5%＞35%。可见，重复用水率能够满足 35%以上的要求。

答案二：

根据题干图示的方案一，废水处理后回用水量：1 720×0.4×0.6= 412.8 t/d（1 分，写 413 t/d 也正确）。织造废水和水洗废水深度处理后回用量 770×0.6=462（t/d）（废水深度处理得水率按 0.6～0.8 计均视为正确）；项目总用水量：412.8+165+240+1 600=2 417.8（t/d）（1 分）；水重复利用率=（462+165+240）÷2 417.8=35.8%，即织造废水和水洗废水进行处理后按得水率 0.6 的量回用，项目水的重复利用率就可达 35.8%，满足 35%的要求（2 分，如没有给出水的重复利用率，或水的重复利用率可达 48.6%，得 1.5 分）。

考点分析与答题技巧：本题应画图——框架图（也是本题要求的答案，只是本书省略了），作答就更容易了。作答时注意给出计算过程，这也是保障得分的技巧。重复利用率计算的答案一是按可生化性好的废水处理（不考虑损失，因为题干并未给出相关信息，答案二的得水率 0.6～0.8 只能凭经验或学习才能考虑）后回用 60%，可生化性较差的废水处理（也不考虑损失）后回用 40%来考虑的（超高浓度、可生化性差的碱减量废水不考虑回用），也能满足水重复利用率 35%的要求。答案二是按可生化性较好的织造废水和水洗废水处理后回用（考虑了得水率。当然不考虑得水率则重复利用率更高，即为48.6%），其他废水（考虑了碱减量废水）处理后回用40%来考虑计算的结果，也能满足35%的重复利用率要求。因此，本项目废水可有多个处理、回用方案，但答题时只答一个即可。最后，废水分质处理应是推荐方案。

4．给出定型车间计算大气环境防护距离所需的源参数。

【参考答案】

面源坐标、面源有效高度（m）、面源宽度（m）、面源长度（m）、污染物排放速率（m/s，源强）、小时评价标准（mg/m^3，评价标准）。

考点分析与答题技巧： 无组织排放源大气环境防护距离计算模式，是基于估算模式开发的计算模式，是大气环境影响评价的重要内容。无论是考试还是实际工作，都会经常用到。对此，应有充分的掌握，以后在考试中可能还会出现。

5．按《工业企业厂界环境噪声排放标准》评价南侧厂界噪声达标情况，并说明理由。

【参考答案】

（1）南厂界噪声达标。

（2）根据《工业企业厂界环境噪声排放标准》（HJ 2.4—2009），新建项目以噪声贡献值作为评价量。本项目对工厂南侧厂界噪声贡献值为54.1 dB（A），符合标准值55 dB（A）的要求。

考点分析与答题技巧： 本题考的是工业企业厂界噪声评价量问题，对此《工业企业厂界环境噪声排放标准》是有规定的。由于厂界现状噪声超标，因此现状值叠加贡献值也将是超标的。但对新建工业企业，改、扩建工业企业厂界噪声以及敏感目标的噪声评价量是不一样的。新建项目，以贡献值作为厂界噪声评价量；改、扩建项目，以贡献值与现厂界噪声值叠加后的预测值为评价量；敏感保护目标，则以敏感保护目标所受的贡献值与背景噪声值叠加后的预测值作为评价量。

试题六（2005 年考题）

某制糖企业位于规划的工业区，拟通过技改项目使现有日榨甘蔗 6 000 t 规模扩大到 10 000 t 规模。利用企业现有厂址进行技改、扩建。技改后增加 1 台 75 t/h 锅炉，废气及烟尘、二氧化硫将有所增加；结合"以新带老"措施，提高水的循环利用率，用无滤布真空吸滤机消除洗滤布水的产生，废水及水污染物将减少。

项目所在地环境空气质量执行二级标准，现状空气质量达标；河流多年平均流量为 20 m^3/s。水环境功能执行Ⅲ类水质标准。

现状河流水环境质量不能满足Ⅲ类水质要求，主要超标指标为 DO、BOD_5、COD。企业废水排放口下游 10 km 有一集中式饮用水水源取水口，由取水口至上游 5 km 河段划定为饮用水水源一级、二级保护区（其中一级保护区上边界距取水口 550 m）。

项目实施后，全厂废水污染物排放情况下见表：

废水量/（m^3/d）	COD/（mg/L）	BOD_5/（mg/L）	NH_3-N/（mg/L）	SS/（mg/L）
42 000	50	16	1.5	30

该项目环境影响报告书的"工程分析"章节主要内容如下：

（1）企业现状介绍，包括厂址及周围环境，生产规模，产品方案，现有主体工程及配套工程，厂区平面布置图，生产工艺流程。

（2）技改工程分析，包括技改工程组成，技改后全厂平面布置图，技改工程用水量与排水量，用气量，燃料成分及使用量。

（3）技改工程污染分析，包括工程污染源概述，技改后全厂给排水平衡图及表，技改前、后"三废"排放情况等。

（4）技改后全厂清洁生产水平分析。

【问题】

1．在工程分析中，对企业现状的描述至少还应补充哪几个方面的内容？

【参考答案】

（1）现状生产工艺流程中产污环节的分析，明确污染源及主要污染物达标排放情况。

（2）明确现状企业是否存在不符合产业政策或应予淘汰的落后工艺、设备等需要“以新带（代）老”的工程。

（3）现有企业针对各类污染物排放采取的环境保护措施及效果。

（4）现状企业清洁生产情况，主要污染物排放总量以及是否满足当地环保部门核定的总量控制要求。

（5）是否遗留环境问题。

考点分析与答题技巧：对于改、扩建项目，现有工程分析是重要内容，是核算“三本账”、落实“以新带（代）老”、解决遗留环境问题的基础。环境影响评价技术人员须充分掌握。

2. 结合项目实际情况，给出项目实施前、后污染物排放情况对照表（以下简称“三本账”）的列表形式。

【参考答案】

根据题意，本项目“三本账”列表形式如下：

类别	污染物	技改前	技改部分排放量	“以新带（代）老”削减量	技改完成后	增减量
废气	废气排放量					
	SO_2					
	烟尘					
废水	废水排放量					
	COD					
	氨氮					
	BOD_5					
	SS					
固体废物						

考点分析与答题技巧：“三本账”核算是改、扩建项目环境影响评价的核心工作内容，不只是环评师考试应该考的内容，而且也是实际工作中的重要内容。从事环境影响评价的技术人员在上岗基础培训中就会学习这方面的内容。实际工作中应予以掌握。

3. 根据项目实施后的水污染物排放情况，给出水污染物总量控制因子和控制指标的建议值（全年生产天数按 150 d 计）。

【参考答案】

（1）COD、NH_3-N。

（2）COD 排放总量控制指标=42 000×50×10^{-6}×150=315（t/a）

NH_3-N 排放总量控制指标=42 000×1.5×10^{-6}×150=9.45（t/a）

考点分析与答题技巧：根据当前国家环境保护水污染总量控制指标，COD 和 NH_3-N 是水污染物总量控制因子，其他因子根据当地环境保护部门的要求确定。

4．确定评价范围为排放口上游 100 m 至排放口下游 15 km，为评价该项目实施前后对河流水环境的影响，在评价范围内至少还应在什么位置布设几个监测断面？

【参考答案】

应分别在排污口上游 100 m 处，排污口下游完全混合段、取水口上游 550 m 的水源地一级保护区边界处、取水口上游 5 km 的二级水源保护区边界处，排污口下游 15 km 处布设 5 个断面。

考点分析与答题技巧：地表水水质取样断面的布设一般布设对照断面、控制断面和削减断面。在排污口或拟建排污口上游布置对照断面（一般在 500 m 以内）；调查范围内不同类型水环境功能区、重点保护水域、敏感用水对象附近水域、水文特征突然变化处（如支流汇入处上下游）、水质急剧变化处（排污口上下游）、涉水构筑物（闸坝、桥梁等）附近、调查范围下游边界处、水质例行监测断面处以及其他需要进行水质预测的地点等应布设控制断面；需掌握水质自净规律、通过实测水质数据来估算水质衰减（降解）系数时，应在恰当河段布设削减断面监测断面。

5．已知河流充分混合过渡段长度为 8 km，预测废水排放对二级水源保护区的影响应选择哪种水质模型（不用写出具体公式）？

【参考答案】

二维稳态水质混合衰减模型。

考点分析与答题技巧：本工程所排污水主要污染物为非持久性污染物，需考虑其衰减过程、充分混合段处于关心水域——饮用水水源地二级保护区内。水质预测模型的选择是水环境影响评价的前提。由于适用不同污水排放及纳污河流水文特征的水质模型较多，考生应熟悉。环境影响评价技术人员在实际工作中也需熟悉并熟练应用这些水质模型。本题不要求写出具体公式，但环评技术人员还是要掌握主要水质模型预测所需要的参数，有时考试时也会要求给出预测所需要的参数。再次提醒一下，修订后的《环境影响评价技术导则　地表水环境》（HJ 2.3—2018）与修订前的 HJ 2.3—93 相比，发生了显著变化，考生一定要认真学习 HJ 2.3—2018。

6. 在水质影响预测时，应给出哪些预测关心点处的水质预测结果？

【参考答案】

饮用水水源地取水口及取水口上游一级保护区边界处、二级保护区边界处。

考点分析与答题技巧：饮用水水源地是应受严格保护的敏感水体，显然是应该"关心"的。根据水源保护区不同范围的划分情况，各边界处水质应该达到相应的水质标准[根据《地表水环境质量标准》（GB 3838—2002），地表水水源地一级保护区应达到二类标准，二级保护区应达到三类标准，而且《生活饮用水水源水质标准》（CJ/T 3020—93）要求水源水质须达标]，取水口水质也应满足水质要求。这些关心点处的水质应预测。

十五、医药及石化项目案例

试题一（2023 年考题）

拟建年产 400 万支（50 ml/支、50 头份）基因重组注射兽用疫苗项目，位于某省级开发区的最北部。基因重组疫苗是将外源保护性抗原基因插入细胞体内表达出目的蛋白，接种到牲畜机体后诱导免疫应答的一类载体疫苗。项目建设内容包括疫苗 GMP 生产车间和研发楼等主体工程，动物房、动力站、燃天然气锅炉房、循环冷却水系统、办公楼等公辅工程，仓储中心、危险品库等储运工程，污水站、危废和一般固废暂存间、废气处理设施、事故应急池等环保工程。疫苗 GMP 生产车间设原液生产线和制剂生产线各 2 条，均按批次生产。项目计划 2024 年 6 月建成投产。

原液生产线工艺流程见下图。外购细胞经复苏后在生物反应器内培养扩增为细胞悬液，种毒在生物反应器内制备为第三代种毒；细胞悬液和第三代种毒分别送入发酵罐，发酵获得病毒收获液；病毒收获液首先经离心机分离出上清液和离心废水（W_1），上清液再经深层过滤去除细胞碎片、线粒体等大分子结构杂质，得到过滤液；最后再将过滤液送入加有保护液的循环超滤浓缩与置换系统中，经截留病毒液，去除无机盐、氨基酸和小分子蛋白质等杂质和水分，浓缩置换得到原液产品。质检合格的原液送冷库暂存。深层过滤工序产生废过滤介质（S_1），循环超滤浓缩与置换工序产生废水（W_2）和废滤膜（S_2）。批次生产完成后，

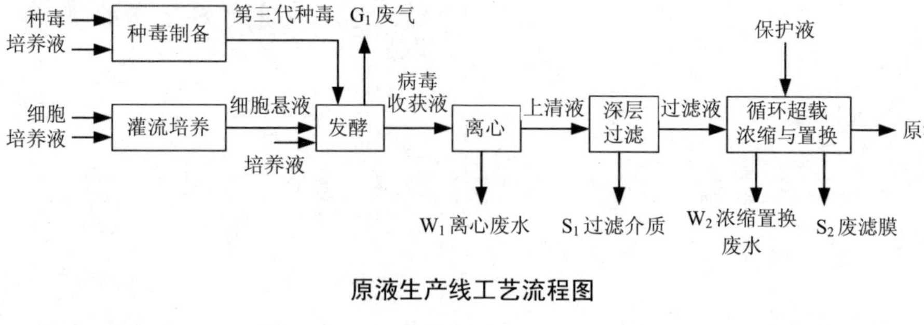

原液生产线工艺流程图

需对设备进行在线清洗以开始下一批次生产。原液生产过程中的第三代种毒、收获液、过滤液、原液等中间品及产品均需送至布置在研发楼内的质检实验室进行质检。质检过程产生质检废液、废包装物、废实验器皿。质检发现的不合格中间品及产品，送污水站。

制剂生产工艺为：首先用佐剂和注射水将原液配置成所需浓度的制剂，再依次经除菌过滤、灌装、封盖、灯检和贴标等作业制得 50 ml/支规格的疫苗产品。

项目使用原料包括葡萄糖、碳酸氢钠、L-谷氨酰胺、培养基、保护剂等。动物房开展动物实验，所用实验动物主要为小鼠和豚鼠，动物停留时间按实验要求确定，不在动物房长期饲养。动物实验产生动物尸体、废注射器和废垫料。

根据所用微生物类型，项目生物安全等级为二级，设置有生物安全柜、高压灭菌锅、灭菌器等设施，生产车间、动物房采用 75%乙醇、新洁尔灭菌消毒。

项目废气主要为发酵废气 G_1、动物房废气、锅炉烟气、污水站废气。G_1 废气经负压收集（收集率 97%）引至采用“高效除菌过滤+活性炭吸附”处理工艺的废气处理装置处理后，由 23 m 高的排气筒排放。动物房和污水站废气分别经负压收集（收集率 95%）引至各自配建的活性炭吸附处理装置处理后，由各自 15 m 高排气筒排放。锅炉烟气经 8 m 高烟囱排放。培养液配置间通风口设置初效、中效和高效过滤器，气体室内循环，不产生颗粒物排放，定期产生废过滤器。

锅炉房内设软化水系统，自来水经离子交换树脂处理生产软化水用于锅炉用水；疫苗车间内设纯净水和注射用水制备系统，自来水经“机械过滤+活性炭过滤+精密过滤+双级反渗透+巴氏消毒”工艺生产纯净水，部分纯净水用于生产，部分再经多效蒸馏和微孔过滤后生产注射用水。制水过程产生浓水、废活性炭、废离子交换树脂、废反渗透膜。

项目废水产生量为 56 m^3/d，其中疫苗车间废水 W_1 和 W_2、质检实验废水、动物房废水、设备清洗水、地面冲洗废水、洗衣废水、生活污水等中高浓度废水共 41 m^3/d，制水站废水、锅炉排水及循环冷却水系统排水等清洁废水共 15 m^3/d。工程设计排水方案为：疫苗车间废水 W_1 和 W_2、质检实验废水、动物房废水经高温灭活后与设备清洗水、地面冲洗废水、洗衣废水、生活污水混合送污水站处理，处理达标后的废水与清洁废水一并送开发区污水处理厂处理达标后排入 A 河。污水站基础埋深 3.5 m，采用“格栅除渣+调节池均化+水解酸化+接触氧化+沉淀”处理工艺。污泥经压滤送危废暂存间贮存，定期外委处置。

经调查，该省级开发区已成立多年，现有污水处理厂已满负荷运行，正在实施扩建，扩建前后设计进水水质、污水处理工艺和排放标准不变。拟建兽用疫苗项目的厂址位于城市近郊区，厂址周围 3 km 范围内的土地利用类型为建设用地和少量耕地，北厂界外 100 m 处分布有 T 村。环评文件编制单位判定本项目土壤环境影响评价为污染影响型一级评价，制定的土壤现状监测布点和采样方案为：厂区内设置 4 个柱状样点、2 个表层样点，在厂区外设置 4 个表层样点；表层样点取样深度为 0～0.3 m，柱状样点在 0～0.5 m、0.5～1.5 m、1.5～3 m 分别取样。

【问题】

1．采用“高效除菌过滤+活性炭吸附”工艺处理 G_1 废气是否合理？说明理由。（4 分）

【参考答案】

答案一：

（1）合理。（1 分）

（2）理由：

① G1 废气主要污染物为颗粒物（0.5 分）、TVOC/NMHC（0.5 分），且含细菌病毒（0.5 分）；

② 高效除菌过滤杀灭细菌病毒（0.5 分）、去除颗粒物（0.5 分）；

③ G1 废气经负压收集后为低浓度，活性炭吸附去除低浓度 TVOC/NMHC（0.5 分）并除臭，确保稳定达标排放。

答案二：

（1）不合理。

（2）G1 为发酵废气，主要污染物有恶臭气体、低浓度 VOCs、细菌及病毒颗粒等。活性炭吸附可以有效去除低浓度 VOCs、恶臭气体等污染物，但除菌过滤器主要功能为过滤细菌，对病毒而言滤膜孔径过大，过滤效果有限。

（注：细菌粒径在 0.5～5 μm，病毒粒径在 0.02～0.25 μm）

考点分析与答题技巧：根据题干信息“项目废气主要为发酵废气 G_1、动物房废气、锅炉烟气、污水站废气。G_1 废气经负压收集（收集率 97%）引至采用“高效除菌过滤+活性炭吸附”处理工艺的废气处理装置处理后，由 23 m 高的排气筒排放。”种毒培养液和细胞培养液常用到有机物，会有挥发性有机物的异味或臭气，当然也会有细菌、病毒或其残体碎片颗粒物，不考虑滤膜孔径和细菌、病毒粒径，则采用“高效除菌过滤+活性炭吸附”是适宜可行的。但是，如果考虑滤膜孔径和细菌、病毒粒径则存在不合理的可能性。从题干信息来看，答案一应该是赋分答案，答案二有一定的道理，更专业，但考虑的有些超出题干信息了，应该不是赋分答案。

2．项目设计的排水方案是否合理？说明理由。（4 分）

【参考答案】

（1）不合理。（1 分）

（2）理由：

① 开发区现有污水处理厂已满负荷运行，无容量。（1 分）

② 需要核实开发区污水处理厂扩建工程竣工时间能否在本项目竣工前投运（1 分。或答开发区污水处理厂扩建工程能否在 2024 年 6 月前建成投运）。

③ 需要确定本项目污水处理站出水是否符合开发区污水处理厂纳管要求及接管条件。（1 分）

④ 废水经本项目自建污水站处理后，应首先考虑回用以减少外排量（不赋分，答与不答均可）。

考点分析与答题技巧：关于排水方案，题干提供的信息是“工程设计排水方案为：疫苗车间废水 W_1 和 W_2、质检实验废水、动物房废水经高温灭活后与设备清洗水、地面冲洗废水、洗衣废水、生活污水混合送污水站处理，处理达标后的废水与清洁废水一并送开发区污水处理厂处理达标后排入 A 河。”但更关键的信息是“现有污水处理厂已满负荷运行，正在实施扩建，扩建前后设计进水水质、污水处理工艺和排放标准不变。”至少表明目前开发区污水处理厂无容量而不能接纳。2022 年生活垃圾焚烧发电案例考了“用水方案合理性”判定并要求说明理由，与本小题的思路是相似的。

3. 为分析本项目废水送开发区污水处理厂处理的可行性，应收集污水处理厂哪些信息？（4 分）

【参考答案】

答案一：

（1）开发区污水处理厂扩建工程环境影响评价及审批决定。（1 分）

（2）扩建工程建设进度及竣工时间。（1 分）

（3）进水水质指标要求。（1 分）

（4）收水范围及管线延伸情况。（1 分）

答案二：

（1）扩建日处理能力、处理工艺、设计进水水质、处理后的废水稳定达标情况。

（2）扩建工程投产运行时间。

（3）扩建工程服务范围及管网覆盖情况。

（4）执行的排放标准是否涵盖本项目排放的粪大肠菌群数、急性毒性等有毒有害特征水污染物。

考点分析与答题技巧：根据题干信息，本项目位于“开发区的最北部”“拟建兽用疫苗项目的厂址位于城市近郊区，厂址周围 3 km 范围内的土地利用类型为建设用地和少量耕地，北厂界外 100 m 处分布有 T 村。”需要确定拟建项目是否在开发区污水处理厂服务范围内，管线是否已延伸至拟建项目位置；其二，开发区污水处理厂正在实施扩建，其竣工时间是否与本项目匹配也是必要考虑的；其三，拟建项目污水处理站排水需满足开发区污水处理厂进水接管水质。这些均是基本要求，环评需要收集这些信息。答案一与答案二实质内容是一致的。另外，从本小题与上一小题是互相呼应的，也足以证明上一小题的排水方案是“不合理”的。

4．指出项目产生的一般工业固体废物及所产生的环节。（4分）

【参考答案】

（1）质检过程（0.5分）产生的未污染的废包装物（0.5分）。

（2）锅炉房软化水系统（0.5分）产生的废离子交换树脂（0.5分）。

（3）疫苗车间纯净水和注射用水制备系统（0.5分）产生的废活性炭（0.5分）、废离子交换树脂（0.5分）、废反渗透膜（0.5分）。

考点分析与答题技巧：由于对危险废物特别关注，所以考试中危险废物出题的频率高，但也不能忽略一般废物。本小题即是要求识别一般固体废物并给出产生环节。根据题干信息“锅炉房内设软化水系统，自来水经离子交换树脂处理生产软化水用于锅炉用水；疫苗车间内设纯净水和注射用水制备系统，自来水经“机械过滤+活性炭过滤+精密过滤+双级反渗透+巴氏消毒”工艺生产纯净水，部分纯净水用于生产，部分再经多效蒸馏和微孔过滤后生产注射用水。制水过程产生浓水、废活性炭、废离子交换树脂、废反渗透膜。”另外，还有“质检过程产生质检废液、废包装物、废实验器皿。质检发现的不合格中间品及产品，送污水站。”其中的废包装物应该不属于危险废物（因为被质检的不合格中间品和产品送的是污水站而非危废暂存间）。至于动物房的粪便和废垫料，如果是健康动物产生的，也一般视为生活垃圾处理，可不按一般工业固体废物处理。

虽然本小题考察的是一般固体废物，但也间接地反向考察了危险废物。再次提示：考生需要认真学习《国家危险废物名录》。

5．土壤现状监测布点和采样方案是否合理？说明理由。（4分）

【参考答案】

（1）不合理。（1分）

（2）理由：

① 一级评价（0.5分），厂区内柱状样点应不少于5个（0.5分）；

② 表层样点应在0～0.2 m取样（0.5分）；

③ 污水站基础埋深3.5 m（0.5分），柱状样点应在0～0.5 m、0.5～1.5 m、1.5～3.0 m、3.5～6.0 m（1分）分别取样。

考点分析与答题技巧：本小题主要考察对《环境影响评价技术导则　土壤环境（试行）》（HJ 964—2018）的“表6 现状监测布点类型与数量”及表下的小

注解“a”和“b”，再针对题干提供的信息查找错误即可解答本小题。2022 年的生活垃圾焚烧发电项目案例也考了土壤监测布点问题，与本小题有类似之处。

【扩展思考题】

1．指出本项目产生的危险废物及其所产生的环节。

2．指出本项目地下水监测主要区域。

3．如何判定 G_1 废气排放的环境合理性？

4．核算事故应急池的容量。

5．实验动物尸体的可行的处理处置方式。

试题二（2022 年考题）

某企业拟在省级化工园区建设年产 5 000 t 高纯度二氯二苯砜项目。项目生产设施有生产车间，辅助设施有原料罐区、原料和产品仓库、研发实验室，及配套的公用、环保和办公设施等。采用序批式生产，生产工艺过程包括氧化反应、固液分离，产品精制和溶剂回收等，生产工艺流程见下图。

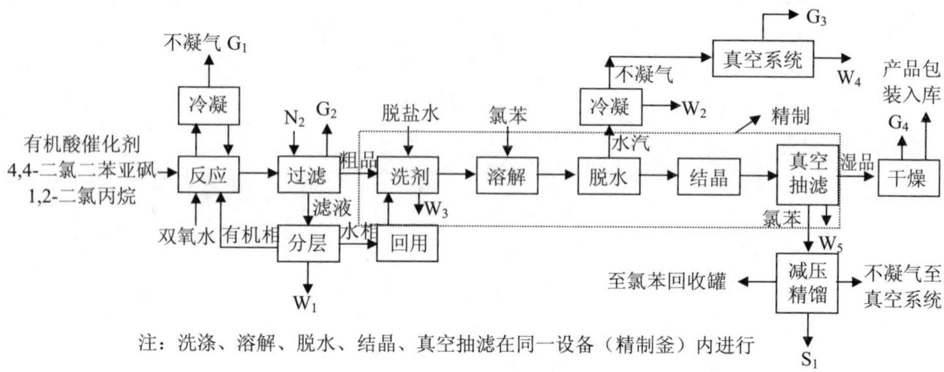

生产工艺流程图

粉状原料 4,4-二氯二苯亚砜、溶剂 1,2-二氯丙烷和有机酸催化剂经计量投入反应釜，双氧水（过氧化氢浓度 35%）滴加投入反应釜，设冷凝系统控制反应温度。反应生成的是二氯二苯砜和水的混合物。经管道送入密闭过滤釜，在通入氮气保护下进行压滤，压滤产生的固体粗品在精制釜内依次采用脱盐水洗涤、投加氯苯溶解分层、加热脱除残留水分、冷却结晶和真空过滤处理，真空过滤得到的湿品送干燥塔干燥后成为合格产品，袋装入库。

过滤釜压滤产生的滤液主要为水、1,2-二氯丙烷和有机酸催化剂，经配置分层。有机相返回反应釜循环使用；水相大部分用于粗品洗涤，其余作为废水（W_1）处理。

真空过滤产生的含氯苯和其他杂质的母液，送减压精馏塔。在水环真空泵作用下进行真空精馏，馏出分回氯苯回收罐，循环使用，残液 S_1 送危险废物暂存间。

在生产过程中，通过通入蒸汽或低温水完成精制釜加热或结晶操作。反应釜、精制釜及氯苯精馏塔均配套三级冷凝装置。冷却介质分别采用 25℃循环水和 0℃低温循环水。反应釜冷凝液回流利用，精制釜加热脱水产生的蒸汽冷凝液作为废水（W_2）处理。

针对有机废气，设计单位提出 A、B 两套处理方案，A 方案将不凝气 G_1，过滤废气 G_2，水环真空泵尾气 G_3 以及各中间罐和回用水罐产生的废气，均纳入处理系统，采用“碱洗+除雾+活性炭吸附”工艺处理后，通过 1#排气筒排放。B 方案将收集的上述混合工艺废气全部直接燃烧处理。干燥废气 G_4 经布袋除尘器处理后由 2#排气筒排放。

双氧水和氯苯在原料罐区储存，经管道分别输送至反应釜和精制釜；氯苯储罐配套平衡系统，控制槽车大呼吸排放、桶装液态 1,2-二氯丙烷和有机酸催化剂在原料仓库内储存，在装置区用桶泵向反应釜内投加；原料 4,4-二氯二苯亚砜密闭加料站和产品包装区，均按规范设置集气罩，收集的含尘气体采用一套布袋除尘器处理后由 3#排气筒排放。

研发实验室从事原料、产品质量检测和用于聚砜、聚醚酮等工程塑料的产品研发，研发和质检作业均在通风柜内进行，其废气采用活性炭吸附装置净化。实验室产生的废液、废样品和第一道清洗水均作为危险废物处置。

工艺废水 W_1 和 W_2、洗涤废水 W_3、真空系统排水 W_4 和真空抽滤定期清洗水 W_5、碱洗塔废水、地坪冲洗水、实验室后道排水和生活污水等均经密闭管道送废水处理站，采用“酸化+铁碳还原+絮凝沉淀+MBR+活性炭吸附”工艺处理后，再与循环水系统和脱盐水装置的排水混合后，纳管进入该园区污水处理厂。废水处理站采用半埋地（室内地面标高−4.0 m）、封闭式结构。废水调节池、生化池和污泥池等产生的废气采用活性炭吸附装置处理后由 15 m 高排气筒排放。废水处理产生的污泥（S_2）经压混、干化、装袋作危险废物处置。

项目各类危险废物均按规范在危险废物暂存间内密闭暂存。

A 河位于项目拟建厂区南侧约 100 m 处，为Ⅳ类水环境功能类别。向东 2 km 后汇入 B 河。B 河为Ⅲ类水环境功能类别，在 A 河汇入口下游 5 km 处为省界。

项目设置消防兼事故废水收集池、雨水截止阀、监控报警等环境风险防控措施，并配备了应急物资。环评文件编制单位核算了项目消防废水量，提出了事故废水环境风险防范的“单元—厂区—园区/区域”三级防控要求。

注：1,2-二氯丙烷与碱反应生成乙二醇和氯化钠。

问题：

1. 指出干燥废气 G_4 的污染因子，说明废气 G_4 处理方案存在的缺陷。

【参考答案】

（1）G_4 污染物为氯苯及其他 VOC（或 TVOC、NMHC）、颗粒物；

（2）经布袋除尘器处理后的干燥废气 G_4，仅去除了颗粒物，无法去除氯苯等 VOC 有机物。

考点分析与答题技巧：从工艺流程图来看，生产过程是原辅材料中含用苯环的化学特质的系列反应。因此，G_4的污染因子是含有机化合物的。而工艺流程图中的“干燥”措施及题干所称的“干燥废气G_4经布袋除尘器处理后由2#排气筒排放”只能去除颗粒物和水分，不能去除有机物。

2．分析A、B两套有机废气处理方案的优劣，说明理由。

【参考答案】

（1）A方案：

优点：对1,2-二氯丙烷去除率较高，无火灾爆炸安全隐患，不产生废气二次污染；

缺点：碱洗对氯苯去除率较低，影响活性炭吸附稳定运行，需考虑含乙二醇和氯化钠废水、废活性炭危险废物二次污染治理。

（2）B方案：

优点：去除率较高，不产生废水、固体废物二次污染；

缺点：有火灾爆炸安全隐患，需考虑氯化氢、光气、二噁英二次污染治理。

考点分析与答题技巧：注意本小题的设问，其实“分析优劣”与后面的“说明理由”是一回事，即分析优劣的过程不就是“理由”嘛。可能出题方是担心考生只给出哪个方案优，而不说明理由或依据，因此，特别强调了一下要“说明理由”。解答本小题列表对比说明似乎更合适。

根据题干提供的信息，不凝气G_1的主要污染因子为1,2-二氯丙烷、挥发性有机酸；G_2的主要污染因子为1,2-二氯丙烷、挥发性有机酸；G_3的主要污染因子为氯苯、1,2-二氯丙烷、挥发性有机酸。方案A分别针对各类废气分别处理，方案B则是采取混合处理的方式。A方案是将不同的特征污染物采用相应的处理工艺去除，碱洗方式去除有机酸，去除效率取90%，同时，1,2-二氯丙烷与碱反应生产乙二醇和氯化钠，碱洗后废气经除雾，去除水和氯化钠，去除效率取90%，活性炭吸附乙二醇、氯苯、1,2-二氯丙烷的去除效率取80%。A方案的缺点是将产生乙二醇、氯化钠等次生污染物及碱洗废液、废活性炭等危险废物；B方案将上述废气混合后直接燃烧，直接燃烧法对有机物去除效率取95%，需使用天然气进行辅助加热，含有有机氯的物质燃烧会产生二噁英、NO_x，工艺中也缺少二噁英治理措施。因此，A方案处理效率稍低，但工艺简单，工艺成熟，更易操作。

3．在制订项目水环境风险防控应急联动方案时，还需调查外部环境的哪些信息？

【参考答案】

答案一：

（1）项目事故排放点在A河位置；

（2）A、B 河水体流向、环境敏感目标分布、最大流速、省界断面水质目标；

（3）1,2-二氯丙烷、氯苯等有毒物质进入 A、B 河最远超标距离及时间，到达环境敏感目标、A 河汇入 B 河口、省界处的到达时间、超标时间、超标持续时间及最大浓度；

（4）针对 A、B 河的拦污坝、拦污闸等控制、消减措施，应急监测措施，突发环境事件应急预案。

答案二：

（1）周边企业的主要原料、辅料及所涉危化品情况。

（2）周边企业及园区、社会的水环境风险防控设施、管理及衔接要求，风险应急预案备案、联动情况，应急物资储备情况。

（3）当地最大降水量。

（4）企业周边、园区河网水系、水工设施位置及可应急利用转换情况。

考点分析与答题技巧：本小题考察的主要是环境风险应急预案中的应急联动方面的应考虑的外部环境情况。一般而言企业的环境风险应急联动，首先应考虑与当地政府及有关部门的应急联动，当然也要充分考虑企业的自身及周边条件或园内的情况，尤其是与企业周边或园内相关企业或部门、单位的联动。

4．为分析工艺系统水平衡，应考虑哪些进、出水项？

【参考答案】

答案一：

（1）进水项：双氧水（过氧化氢浓度 35%）、脱盐水、蒸汽或低温水、25℃循环水和 0℃低温循环水；

（2）出水项：工艺废水 W_1 和 W_2、洗涤废水 W_3、真空系统排水 W_4 和真空抽滤定期清洗水 W_5、残液 S_1、25℃循环水和 0℃低温循环水。

答案二：

（1）进水项：原料 4,4-二氯二苯亚砜含水量、双氧水中含水量、反应釜中反应生成水量、过滤分层水相回用水量、脱盐水量；

（2）出水项：工艺废水 W_1、W_2、洗涤废水 W_3、真空系统排水 W_4、真空抽滤定期清洗水 W_5、产品二氯二苯砜含水量，不凝气 G_1、过滤废气 G_2、真空系统废气 G_3、干燥废气 G_4 中含水量，减压蒸馏废液 S_1 含水量。

考点分析与答题技巧：本小题要求计算水平衡，乃是环境影响评价工程分析中常见内容。但本小题并未要求进行水平衡计算，仅要求给出计算水平衡时“进水”“出水”应考虑的组成部分或来源等。实际上，也是考察计算水平衡的思路或方法。

试题三（2021 年考题）

某企业拟在省级工业园区内新建年产 5×10^8 t/h 的丁苯/丁腈胶乳项目，主要建设内容包括：原料准备、聚合、汽提、调整、过滤、冷却、灌装等生产单元；丁二烯罐区（球罐），苯乙烯、丁烯酸、丙烯腈等液体原料罐区、产品罐区、原料和产品仓库等贮存设施；脱盐水站、制冷站、循环水系统、真空系统、质检研发中心、办公楼等公辅设施；废气和废水处理装置、固废仓库、事故水池、火炬等环保设施；以及 2 条长 1.5 km、分别连接园区苯乙烯和丁二烯供应企业与项目罐区之间的原料输送管线。项目所需水、电、蒸汽、天然气等均由园区供应。

丁苯胶乳生产工艺见下图。

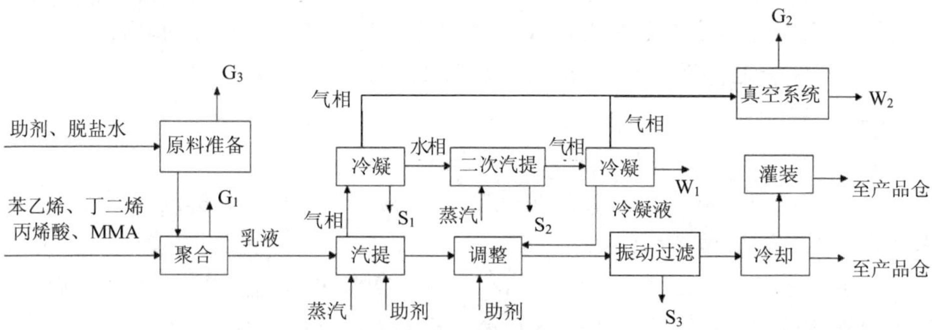

单体苯乙烯、丁二烯、丙烯酸和甲基丙烯酸甲酯（MMA）、助剂、脱盐水等按配比加入聚合釜，在引发剂作用下发生聚合反应，形成分散于水中的聚合物乳液；乳液经蒸汽汽提脱除未反应的单体后，加入助剂调整组分、再经振动过滤和冷却，得到的合格产品送储存罐储存或灌装装桶。丁腈胶乳生产时用丙烯腈替换苯乙烯。胶乳生产为序批式作业，密闭操作。

项目设原料准备间，进行小包装固体和液体助剂的溶解、计量和调配，再经管道将助剂送至各使用点；桶装 MMA 等原料在装置区用桶泵加入设备。真空系统设置水环真空泵，为汽提塔和二次汽提塔提供所需真空。汽提塔顶的气相经冷凝得到的冷凝液在冷凝液罐分层去除未反应单体（油相 S_1），水相送二次汽提塔。二次汽提冷凝液回用于调整工序，剩余部分作为废水 W_1 处理，塔釜产生的少量聚合物 S_2 装桶。

聚合及后续工序均设有密闭过滤器和质控采样点，质检研发中心承担原料和样品性能测试，并进行乳胶系列产品的研发工作，质检后废样品作危废处置。

每批次产品生产完成后，对管线设备进行氮气置换和脱盐水清洗，清洗水回用至某系统（题干不全。根据工艺流程图，应该是“聚合”系统的原料准备工序或“汽提”系统）；生产 5 个批次后，采用高压水枪冲洗聚合釜除垢，产生废水 W_3。

治理方案提出 VOCs 废气控制措施为：聚合釜废气 G_1、真空系统废气 G_2、冷凝气相类中间罐废气、氮气置换气和储罐小呼吸废气均通过管道输送至废气缓冲装置，经过直燃式废气燃烧（TO）+选择性催化还原装置（SCR）处理后由 1# 排气筒排放，SCR 还原剂为氨水。储罐配套平衡管和干式快接头，控制槽车卸料大呼吸。

原料准备操作区按照规范设置有集气系统，质检和研发等操作在通风柜内进行，收集的配料废气 G_3 和质检研发废气分别经对应的活性炭吸附装置处理后，由各自排气筒达标排放。项目选用了密闭性好的设备与管线组件，制订有投产后泄漏检测修复（LDAR）计划，并配套了聚合釜超压安全阀放散收集、火炬引燃及工作状态监控设施等事故废气应对措施。

根据《石油化学工业污染物排放标准》（GB 31571—2015），含苯系物、含氰化物废水应单独收集、储存并进行预处理，企业拟用管道将剩余的二次汽提冷凝液 W_1 和真空系统废水 W_2 输送至密闭的废水处理站，通过调节均质、絮凝沉淀、二沉、砂滤和活性炭吸附处理后，再与聚合釜冲洗水 W_3、研发废水、循环水和脱盐水系统排水、生活污水混合后，达标纳管进入园区污水管网。废水处理站产生的污泥经压滤、干化后装袋送固废仓库中的危废暂存间。项目各类危废均在危废暂存间密闭暂存。

环评文件编制单位根据生产装置、罐区、原料和产品仓库、废水处理站的物料情况和在线量计算了 Q 值；按聚合工艺和液体原料罐区计算了 M 值；根据项目周边 5 km 范围内人口数，判断了大气环境敏感程度等级，据此确定出项目大气环境风险潜势。

注：丙烯腈为高毒物，丙烯酸及 MMA 具有刺激性气味，单体均为易燃物料，助剂包括引发剂、乳化剂、链转移剂、终止剂、配位剂、消泡剂、中和剂、杀菌剂、还原剂、表面活性剂、催化剂、阻聚剂等，在不同操作环节根据需要加入，丁苯胶乳水含量约 50%，不属于挥发性有机液体。

【问题】

1．指出 1#排气筒的特征污染物因子。（3 分）

【参考答案】

苯乙烯（0.5 分）、丁二烯（0.5 分）、丁烯酸（0.5 分）、丙烯酸（0.5 分）、丙烯腈（0.5 分）、MMA（0.5 分）、氮氧化物、非甲烷总烃、臭气浓度、氰化氢（HCN）。（答上前 6 项即可得满分。答上后 4 项不属于原则性错误）

考点分析与答题技巧：本小题要求给出特征污染物，如果本小题答上常规污染物则属于原则性错误，是不得分的。根据题干信息"聚合釜废气 G_1、真空系统废气 G_2、冷凝气相类中间罐废气、氮气置换气和储罐小呼吸废气均通过管道输送至废气缓冲装置，经过直燃式废气燃烧（TO）+选择性催化还原装置（SCR）处理后由 1#排气筒排放"，再结合题干给出的工艺流程图，基本可以给出特征污染物。根据《石油化学工业污染物排放标准》（GB 31571—2015），苯乙烯、丁二烯、丁烯酸、丙烯酸、氮氧化物、丙烯腈、MMA、非甲烷总烃均属于废气污染物。苯乙烯为《恶臭污染物排放标准》（GB 14554—93）所列物质，丙烯酸及 MMA 具有刺激性气味，故识别臭气浓度并不算错误。丙烯腈等有机腈燃烧生成的二次产物包括 CO_2、CO、N_2、NO_x、HCN，其中 NO_x、HCN 可识别为特征污染因子。

2．说明项目需补充的 VOCs 控制措施。（4 分）

【参考答案】

（1）对丁腈乳胶罐装废气（0.5 分）、装车区废气（0.5 分）、密闭的废水处理站废气（0.5 分）、危险废物暂存间废气（0.5 分），补充废气收集处理措施（0.5分）。

（2）对丙烯腈热力燃烧二次污染物 HCN（0.5 分），补充碱吸收处理措施（1 分）。

考点分析与答题技巧：生态环境部发布了一系列有关 VOCs 防治的规范性文件和技术规范性、标准，特别是相关行业的排放控制标准等。考生需要充分了解和学习这些规范性文件和标准，因为这是当前大气污染防治的主要方面。

根据《挥发性有机物无组织排放控制标准》（GB 37822—2019），挥发性有机物定义为参与大气光化学反应的有机化合物，HCN 属于参与光化学反应的有机化合物。该知识点在 2017 年的案例分析试题"丙烯腈新建项目"中已经涉及。

根据《石油化学工业污染物排放标准》（GB 31571—2015），氰化氢属于有机特征污染物。该标准还要求针对废水集输、储存和处理过程，挥发性有机液体传输、接驳、分装过程，提出了密闭操作、废气收集、回收或处理后达标排放要求。

产品类型包括丁苯乳胶、丁腈乳胶，而文字仅明确"丁苯乳胶水含量约 50%，不属于挥发性有机液体"，表明不排除丁腈乳胶属于挥发性有机液体的可能性。

3．大气环境风险潜势的确定内容是否完整？说明理由。（4 分）

【参考答案】

答案一：

不完整。（1 分）

理由：

（1）M 值确定还需考虑汽提、调整、过滤、冷却、罐装等其他工艺、丁二烯罐区（球罐）、产品罐区（“罐区”只要给任意 2 项并写明“其他罐区”或“其他罐区等”便赋 0.5 分），苯乙烯和丁二烯 2 条原料输送管线（0.5 分）。

（2）Q 值确定还需考虑危废暂存间、苯乙烯和丁二烯运输管道（0.5 分）、天然气管线（0.5 分）及燃气设备中物料最大存在量。

（3）E 值确定还需考虑项目周边 5 km 内是否有其他需要特殊保护区域、500 m 范围内人口总数（0.5 分）、原料输送管线周围 200 m 范围内每千米管线人口数（0.5 分）。

答案二：

不完整。

理由：还应计算 2 条原料输送管线的 Q 值和 M 值；还应统计项目周边 500 m 范围内的人口总数和原料输送管线周边 200 m 范围内的人口总数。

考点分析与答题技巧：环境风险是环境影响评价的重要内容，特别是化工石化、医药、农药等涉及危险化学品行业的建设项目，是其环境影响评价的重点，也是环评工程师考试的重点。因此，考生必要认真学习《建设项目环境风险评价技术导则》（HJ 169—2018）。

本案例同时涉及石化行业和管线工程内容，故大气环境风险潜势及其 Q 值、M 值、E 值确定需同时考虑两者。由于本案例题干内容较多，而考试时间有限，考生在审读本案例内容时很容易紧张和烦燥，不易记住题干信息。但对于熟悉此类行业或做过同类项目的考生则并不难。

《建设项目环境风险评价技术导则》（HJ 169—2018）“7.1.1 物质危险性识别，包括主要原辅材料、燃料、中间产品、副产品、最终产品、污染物、火灾和爆炸伴生/次生物等”“7.1.2 生产系统危险性识别，包括主要生产装置、储运设施、公用工程和辅助生产设施，以及环境保护设施等。”计算 M 值、Q 值时，所有涉及危险物质的主体、储运、辅助、公用、环保工程均需考虑。

答案一具体、详细，但在考场不易写完整；答案二简单、原则，易于解答。二者均为可行的答案。

4．项目废水处理方案是否可行？说明理由。（4 分）

【参考答案】

答案一：

不可行。（1 分）

理由：

（1）丁腈乳胶生产时用丙烯腈替换苯乙烯，丁苯乳胶生产废水含苯系物（0.5 分）、不含氰化物，丁腈乳胶生产废水含氰化物（0.5 分）、不含苯系物；两股废水性质不同，需分质、分流预处理（0.5 分）。

（2）通过调节均质、絮凝沉淀、二沉、砂滤和活性炭吸附处理，氰化物废水不能稳定达标。氰化物废水（0.5 分）应采取碱性氯化法预处理（0.5 分）。

答案二：

不可行。（1 分）

理由：

（1）由于本项目工艺废水含苯系物和氰化物（1 分），题干给出的废水处理站的处理工艺流程不能有效去除苯系物和氰化物，应单独先行预处理（1 分）。

（2）本项目工艺废水中氨氮浓度较高（1 分），废水处理站的处理工艺流程应增设 A/O 处理单元。

考点分析与答题技巧：根据题干信息“企业拟用管道将剩余的二次汽提冷凝液 W_1 和真空系统废水 W_2 输送至密闭的废水处理站，通过调节均质、絮凝沉淀、二沉、砂滤和活性炭吸附处理后，再与聚合釜冲洗水 W_3、研发废水、循环水和脱盐水系统排水、生活污水混合后，达标纳管进入园区污水管网”。因题干信息未明确各股废水污染源源强，想得到可行或不可行的结论，势必要从单独预处理废水所含污染物类型、预处理工艺角度进行判断，“根据《石油化学工业污染物排放标准》（GB 31571—2015），含苯系物、含氰化物废水应单独收集、储存并进行预处理”进一步暗示了解题方向。

“丁腈乳胶生产时用丙烯腈替换苯乙烯”，表明丁苯乳胶生产废水含苯系物、不含氰化物，丁腈乳胶生产废水含氰化物、不含苯系物；“所有丁苯/丁腈乳胶生产产生的二次汽提冷凝液 W_1 和真空系统废水 W_2 输送至密闭的废水处理站”，表明含苯系物、含氰化物废水未单独收集、储存并进行预处理。

根据《排污许可证申请与核发技术规范　石化工业》（HJ 853—2017），废水污染治理可行技术为“含腈废水：次氯酸钠或过氧化氢氧化”“含苯系物废水：预处理：隔油、气浮、混凝、调节等”“电脱盐工艺废水破乳、除油”；含氰废水处理工艺不属于行业废水污染治理可行技术范畴；因题干信息未明确脱盐废水为电脱盐废水，且缺乏污染物类型提示，故不作为不可行的理由。

5. 给出生产单元和环保设施产生的危险废物。（5 分）

【参考答案】

答案一：

（1）油相 S_1（0.5 分）、二次汽提产生的聚合物 S_2（0.5 分）、振动过滤产生的不合格产品 S_3（0.5 分）；

（2）W_1、W_2 处理产生的污泥（0.5 分）；

（3）质检研发废气处理产生的废活性炭（0.5 分）；

（4）废 MMA 包装桶（0.5 分）、小包装原料废弃包装物（0.5 分）；

（5）质检产生的废样品（0.5 分）、SCR 脱硝装置产生的废催化剂（0.5 分）、废水处理站产生的污泥（0.5 分）。

答案二：

S_1、S_2、S_3、废水处理站产生的污泥、SCR 处理装置的废催化剂、质检研发废气处理产生的废活性炭和废样品、废 MMA 包装桶、小包装原料废弃包装物。

考点分析与答题技巧：题干中关于危险废物的信息主要有"项目设原料准备间，进行小包装固体和液体助剂的溶解、计量和调配，再经管道将助剂送至各使用点；桶装 MMA 等原料在装置区用桶泵加入设备"，表明包装废弃物、MMA 空桶应为危险废物；"废水处理站产生的污泥经压滤、干化后装袋送固废仓库中的危废暂存间"，表明污泥为危险废物；"质检研发中心承担原料和样品性能测试"，表明需要考虑质检产生的废样品，属于 HW49 其他废物（生产活动中，化学实验室产生的具有危险特性的残留样品）；"选择性催化还原装置（SCR）处理后由 1#排气筒排放"，表明需要考虑 SCR 脱硝装置产生的废催化剂，属于 HW50 废催化剂（烟气脱硝过程中产生的废钒钛系催化剂）；"通过调节均质、絮凝沉淀、二沉、砂滤和活性炭吸附处理后，再与聚合釜冲洗水 W_3、研发废水、循环水和脱盐水系统排水、生活污水混合后，达标纳管进入园区污水管网"，表明废活性炭属于危险废物。废水处理污泥性质为物化污泥，不含生化污泥，属于 HW13 有机树脂类废物（合成乳胶合成过程中产生的废水处理污泥（不包括废水生化处理污泥）。

危险废物，几乎每年都是各科目的考试重点！因此，考生一定要认真学习危险废物有关的法规规范和标准等。答案一具体、详细；答案二直接根据题干给出的工艺流程图判定简单、易于解答。二者均为可行的答案。

试题四（2020年考题）

2020年度案例科目以“石化园区PC项目”作为化工类案例，但题干信息缺失。因此，只能将要求解答的5个问题给出，分析解答思路。

【问题】

1．指出本项目产生的危险废物。

本小题设问方式属于“工程分析”范畴，这也是出题频率最高的一种方式，此类问题的答案一般在题干的有关表述或提供的工艺流程图中很容易找出。对于有一定环评工作经验的考生来说基本没有难度，对于无环评工作经验的考生来说，只要认真学习《中华人民共和国固体废物污染环境防治法》《国家危险废物名录（2021年版）》以及有关危险废物焚烧、填埋等处理处置技术规范和污染防治标准等，再结合题干信息，解答本小题也是很容易的。

2．从风险管控角度和废气治理角度，一氧化碳和BPA过量是否合理？并分析原因。

2020年度案例考试中，这种设问方式频繁出现。如果不看题干信息，按照通常的思维，污染物过量基本可以判断是不合理的。但一定要结合题干信息来判定。解答时，“原因分析”一定要准确，而准确的原因分析过程也能够促进更准确地判定。

3．废气G_1中，分析3级碱洗+蓄热焚烧+1级碱洗各单元的作用。

从本小题来看，可能题干中有一个工艺流程图，并在某一环节标示了废气G_1排放。碱洗一般是针对酸性气体等可与碱发生反应而去除或降解的气体，蓄热焚烧说明该气体通过焚烧是比较易于去除的，再加一级碱洗，有可能是因为焚烧后产生的气体是酸性气体。判定了G_1气体的类型或成分，则3级碱洗+蓄热焚烧+1级碱洗各单元的作用就好解答了。

4．判断改造后BPA排放达标情况。

本小题的设问方式属于“工程分析”范畴，实际上是污染物的排放强度或技术改造后、采取措施的效果。一般计算过程比较简单，而且题干会提供计算所需的数据，只是有时计量单位换算要特别注意。至于是否达标，一般题干结尾会提供污染物排放标准来便于考生进行比较。

5. 开展大气环境影响预测还需要调查分析哪些污染源？

本小题意在考查《环境影响评价技术导则　大气环境》（HJ 2.2—2018）中预测模式的应用。一般题干中会提供一些基本信息，但不全面，需要考生将题干未给出的预测参数或指标等答出来。本小题是要求调查分析污染源的，说明预测模型中某个参数的获取是需要通过污染源获得的，而这些与预测分析有关的污染源，要么题干中提到了，要么隐含在题干中需要考生提出。2020 年度案例科目出了两个关于大气环境影响预测需调查的考题，考生需要对 HJ 2.2—2018 进行深入、系统、全面的学习。

试题五（2019年考题）

2019年度案例考试中以“涂料粉末企业扩建树脂生产线项目”的行业类型为例，但题干信息缺失。因此，只能将要求解答的5个问题给出，用以分析解答思路。

【问题】

1. 指出2#排气筒的主要大气污染因子（不少于5项）。

本小题属于工程分析中对大气污染源的废气“污染因子识别”工作。一般在题干中会有原辅材料及生产工艺或理化反应的简要说明，从而让考生判断出排气筒可能排出的污染因子。从本小题来看，污染因子较多，考生只需写出5项即可，少写不能得满分，如果写了废水等非大气污染因子则属原则性错误，可能导致本小题得0分。

2. 扩建后项目2#排气筒非甲烷总烃是否达标？

本小题是上一小题的接续，上一小题只需给出污染因子就可以了，本小题则要求对其中一个因子的排放强度进行核算。一般根据题干提供的信息，依据物料平衡或物质不灭定律、理化反应或工艺及相关环节的效率，列算式进行计算。将计算的排放浓度和排放速率，与排放标准中对应排气筒高度（一般题干中会给出）的排放标准（速率和浓度）进行比较，即可确定是否达标——速率和浓度二者均满足标准才能判定为达标；任一指标不达标，则判定为不达标。

3. 大气环境影响评价等级为二级，确定评价等级的污染源是否完整？

本小题是在考查对《环境影响评价技术导则　大气环境》（HJ 2.2—2018）有关评价等级的确定所要考虑的有关要求的熟悉程度。该导则在用估算模式确定评价等级考虑的是建设项目的主要污染物和其他污染物等多个因子，而且导则还规定了判定评价等级应遵守的6项规定。从本小题来看，题干所给的确定大气环境影响评价等级的污染源可能是有遗漏的，需要考生根据题干信息来判定或识别。如果没有遗漏，则需要完整说明，如果有遗漏也需要明确指出。因此，解答本小题，首先明确回答是否完整或有无遗漏，之后也必须说明确定的依据才行。

4. 给出技改项目产生的危险废物（不少于4项）。

有关危险废物，在历年考试中均为高频考点。在2019年度的其他案例考题中已出现多次，也是2019年案例考试的高频考点。考生根据题干信息将各危险废物列出即可。但是如果少于 4 项则可能得分较低，如果给出的有非危险废物，则可能会被视为原则性错误而得零分。

5. 指出本项目土壤柱状采样点的位置（不少于 3 个）。

本小题是考查对《环境影响评价技术导则　土壤环境（试行）》（HJ 964—2018）关于土壤环境监测采样点位置的规定的熟悉程度。该导则给出了“表 6 现状监测布点类型与数量”（以下简称表 6），解答本小题时，首先要确定其环境影响类型（本案例是比较容易的可确定为“污染型”），再确定该类型影响的评价等级，最后根据导则中的表 6 指出本案例应该布设的柱状样监测取样点位置。因此，该导则中的表 6 是需要考生记忆的。

试题六（2017 年考题）

拟在某化工园区新建丙烯氨氧化法生产丙烯腈项目。工程建设内容包括丙烯腈生产装置、公用工程、原料产品罐区，以及废液焚烧、废气催化燃烧和废水预处理等环保设施。

丙烯腈生产工艺见下图。生产原料为丙烯、氨气、空气。产品为丙烯腈，副产品为乙腈、氰化氢、硫酸铵等。

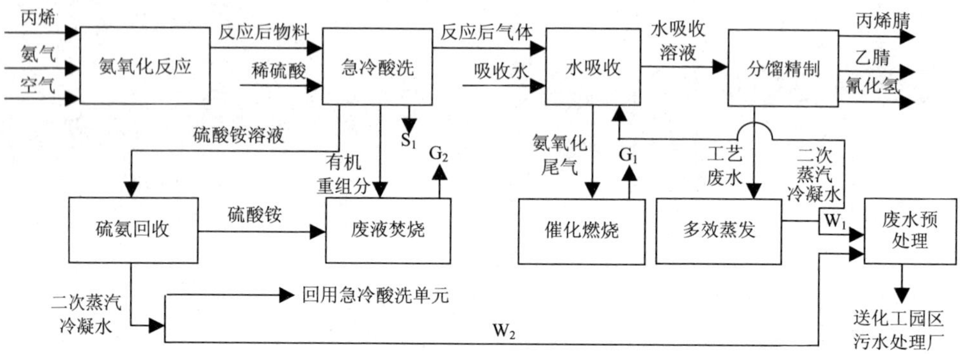

丙烯腈生产工艺流程图

工程设计将急冷酸洗分离出的有机重组分和多效蒸发产生的蒸发浓缩液泵送废液焚烧炉处置。多效蒸发产生的二次蒸汽冷凝水一部分回用于水吸收单元，一部分（W_1）送废气预处理站经好氧生物氧化处理后送化工园区污水处理厂。水吸收单元产生氨氧化废气 4.99 万 m^3/h（主要污染物见下表），拟送废气催化燃烧设施处理后经 35 m 高排气筒排放。项目废气中无硫化物和卤代烃等造成催化剂中毒的杂质。

废气及废水主要污染物浓度

污染物浓度	非甲烷总烃		丙烯腈	乙腈	氰化氢	丙烯醛	氨
氨氧化尾气/（mg/m^3）	5 500		30	20	15	5	40
污染物浓度	COD	BOD_5	总氰	乙腈	丙烯腈	丙烯醛	氨氮
W_1/（mg/L）	3 000	326	400	200	150	235	30

项目所在化工园区全年主导风向为东南风，夏季主导风向为东南风，冬季主导风向为西北风。厂址周边 4 km 范围内共有 9 个村镇。其中东南 2.5 km 和 3.0 km 分别为 A 村和 B 村，西南 2.0 km 和 3.0 km 分别为 C 村和 D 村，西西北 2.8 km 为 E 村，西北 2.3 km 和 3.0 km 分别为 F 村和 G 村，东北 2.0 km 为 H 村，东东北 1.8 km 为 I 村。

环评机构判定项目大气评价工作等级为二级，评价范围为以厂址为中心，半径 4 km 的圆形区域，在冬季设置了厂址、A、C、E、F、I 村共 6 个监测点。

【问题】

1．指出 G_2 废气排放应执行的标准。（2 分）

【参考答案】

因 G_2 为废液焚烧气体，而该废液为危险废物（1 分），因此 G_2 应执行《危险废物焚烧污染控制标准》（1 分）。

考点分析与答题技巧：本小题考查评价标准确定问题。确定评价标准是环境影响评价的基础工作，评价标准错误，评价工作便失去了意义和作用。因此，环境影响评价技术人员须充分掌握各类环境质量标准和污染物排放标准，特别是地方污染物排放标准。当前，往往是环评单位或技术人员选定评价标准后，再经当地环保部门确认（但全国也有很多地方不予确认，因为评价单位根据环境功能区划就应该能够确定标准）。

2．给出 4 项氨氧化尾气的有机特征因子。（4 分）

【参考答案】

非甲烷总烃、丙烯腈、乙腈、丙烯醛。（每项 1 分）

考点分析与答题技巧：根据题干给的表即可选出，关键是要注意，要求的是“有机特征因子”。本小题十分容易，只需认真即可。

3．采用好氧生物氧化方法处理废水 W1 是否合适？请说明理由。（4 分）

【参考答案】

（1）不合适。（2 分）

（2）W_1 为化工废水，BOD/COD＜0.3（1 分），可生化性差（1 分），采用好氧生物氧化方法处理效果差。

考点分析与答题技巧：本小题根据表给出的废水 BOD 与 COD 值即可以看出其可生化性很差，不适用于好氧生物氧化法。从另一角度来看，本小题实际上是考查化工废水的污染防治措施。体现了当前环境保护工作“以改善环境质量为核心”以及《建设项目环境影响评价技术导则　总纲》（HJ 2.1—2016）关于环境保护措施要具体化，并进行可行性、可靠性、有效性分析的要求。

4．采用催化燃烧法处理氨氧化尾气是否合适？请说明理由。（4分）

【参考答案】

（1）合适。（2分）

（2）氨氧化尾气主要为有机气体，具有催化可燃性。（2分）

考点分析与答题技巧：根据题干给出的表可知，氨氧化尾气主要为有机气体，是可以采用催化燃烧法处理的。

5．环境空气质量现状监测布点方案是否合适？请说明理由。（6分）

【参考答案】

（1）不合适。（2分）

（2）理由：主导风向下风向未加密布点（2分）；上风向设两个监测点没有必要（2分）。

考点分析与答题技巧：根据题干提供的信息，本小题设问具有很大的迷惑性，因为确定为二级评价，选择最不利的冬季、6个监测点、各点位代表性厂址周边四个不同方向，似乎是很合理的。但是根据《环境影响评价技术导则　大气环境》（HJ 2.2—2018），二级评价应以监测期间的主导风向为轴向，取上风向为0°，至少在0°、90°、180°、270°各布设一个监测点，主导风向下风向应加密布点，所以说环评单位确定的监测方案是不合适的。关于建设项目环评环境空气现状监测布点问题，已经考过多次了（特别是这个二级评价的布点要求），考生应认真学习大气导则的相关要求。

试题七（2016 年考题）

某公司拟在化工园区新建丙烯酸生产项目，建设内容包括丙烯酸生产线、灌装生产线等主体工程；丙烯罐（压力罐）、丙烯酸成品罐、原料和桶装产品仓库等储运工程；水、电、汽、循环水等公用工程；以及废气催化氧化装置、废液焚烧炉、污水处理站（敞开式）、事故火炬、固体废物暂存点、消防废水收集池等环保设施。

丙烯酸生产工艺见下图，主要原料为丙烯和空气，产品为丙烯酸，反应副产物主要为醋酸、甲醛和丙烷。丙烯酸生产装置密闭、物料管道输送。

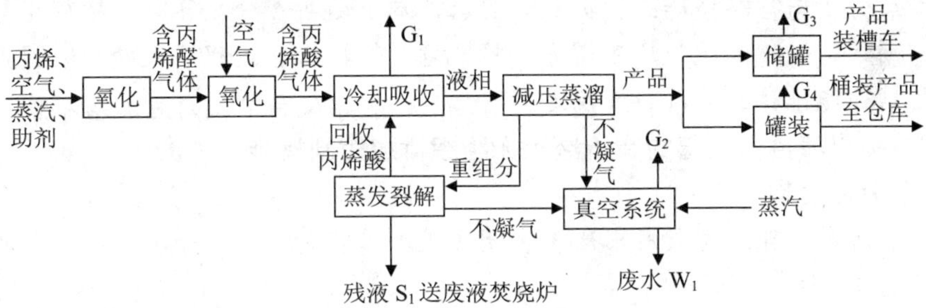

丙烯酸生产工艺流程示意图

G_1、G_2 和 G_3 废气以及物料中间储罐的废气均送废气催化氧化装置处理后经 35 m 高排气筒排放；灌装生产线设置有集气罩，收集的 G_4 废气经 10 m 高排气筒排放。

W_1 废水（COD＜500 mg/L）、地坪冲洗水、公用工程排水、生活污水以及间断产生的设备冲洗水（COD 约 2 000 mg/L，含丙烯酸、醋酸等，B/C＞0.4，暂存至废水池内，按一定比例掺入）送污水处理站，经生化处理后送化工园区污水处理厂。

项目涉及的丙烯酸和丙烯醛有刺激性气味。废水、废气中丙烯酸、甲醛和丙烯醛为《石油化学工业污染物排放标准》中的有机特征污染物。

拟建厂址位于化工园区的西北部，当地冬季 NW、WNW、NNW 风频合计大于 30%。经调查，化工园区外评价范围内有 7 个环境空气敏感点，见下表。

环评机构判定项目环境空气评价工作等级为二级，已在厂址下风向布设了 2

个环境空气监测点，拟从下表中再选择 4 个敏感点进行冬季环境空气质量现状监测。

化工业园区外评价范围内环境空气敏感点分布

敏感点编号	1	2	3	4	5	6	7
相对厂址方位	NW	W	SW	W	W	N	NE
距厂址最近距离/km	2.0	1.3	2.5	2.2	2.5	2.5	2.3

【问题】

1．给出 G_1 废气中的特征污染因子。（6 分）

【参考答案】

丙烯酸、丙烯醛、醋酸、甲醛、非甲烷总烃（NMHC）、臭气浓度（臭气、恶臭）。

考点分析与答题技巧：根据赋分要求，本小题共 6 分，答对一项得 1 分。但答上“丙烯”或“丙烷”均不得分。答此题时根据工艺流程涉及的原料、产物和副产物，可能排放的物质即可确定。

2．指出项目需完善的有机废气无组织排放控制措施。（6 分）

【参考答案】

（1）污水处理站（或废水池）密闭（或加盖密封）（1 分）；将废气收集后进行处理（1 分）。

（2）提高罐区废气收集效率（1 分）；对收集的废气进行处理（1 分）。

（3）进行“泄漏检测与修复”工作。（1 分）

（4）储罐与槽车装卸设置废气回收装置。（1 分）

考点分析与答题技巧：答题时注意，要求的是针对“有机废气”“无组织排放”“控制措施”这 3 个方面来考虑。另外，赋分并不要求所答与参考答案一模一样。如将参考答案（1）答为“密闭处理”“密闭”“负压抽吸”，将（3）答为“LDER”，将（4）的“储罐与槽库装卸”答为“装卸区”或“管道连接处”等，也是可以得分的。但此题答加强“日常管理”等非具体的控制措施则不得分。

3．项目废水处理方案是否可行？请说明理由。（4 分）

【参考答案】

答案一：可行。（2 分）

理由：

（1）项目废水具有可生化性（或可生化性好），正常生产期间废水浓度低，通过生化处理可使特征污染物浓度满足废水排放标准（化工园区污水处理厂废水

纳管要求；或《石油化学工业污染物排放标准》间接排放标准）。（1分）

（2）将高浓度设备清洗水暂存，按一定比例逐步加入污水处理装置，可进行调节，保证废水处理装置的稳定运行。（1分）

答案二：需优化完善（或不确定，不可行）。

有下列理由的可给1分。

（1）未给出各股废水水量或混合水质（或B/C比不明确），不能确定进行生化处理是否可行。（1分）

（2）设备冲洗水、W_1废水、地坪冲洗水应进行预处理[或答需要“中和”，或答因 COD 高需单独预处理，或答因含特征污染因子（丙烯酸、醋酸）需预处理]。（1分）

（3）不能确定污水处理后特征污染物是否满足排放标准（或化工园区污水处理厂废水纳管要求；或《石油化学工业污染物排放标准》中的间接排放标准）。（1分）

考点分析与答题技巧：多数人只给出一种答案，即不可行。其中的理由认为“不符合废水分质分类原则”，是可行的，可得分。但也有理由分析、说明的内容太多，虽然有道理，但不便于考试作答。如：① 公用工程排水，属清净下水，可以直接排入化工园区污水处理厂或回用；② 间断产生的设备冲洗水（含地坪冲洗水），应采用厌氧生化法进行预处理，因为其COD约20 000 mg/L，含丙烯酸、醋酸等，属具有生物毒性的高浓度有机废水；③ 经预处理后的间断产生的设备冲洗水、W_1废水（COD＜500 mg/L）和生活污水，一并送污水处理站，再经好氧生化处理后送化工园区污水处理厂。

4．从表中选取4个冬季环境空气质量监测点位。（4分）

【参考答案】

1#、2#、3#、7#。（每个1分）

考点分析与答题技巧：本小题仅要求选定监测点位即可，并未要求说明理由。但给出说明理由也不影响赋分（不会多给分，也不会扣分。但理由说错了，可能会扣分）。本题实质上就是考《环境影响评价技术导则　大气环境》的布点要求。类似题已经考过多次了。注意，根据评分要求，答的超过4个，也只到前4个（即前4个中有错要扣分，后4个中即使有对的也不得分）。

试题八（2015 年考题）

某农药厂位于化工园区内，现有 A、B 两个农药产品生产车间，主要环保工程有危险废物焚烧炉和污水处理站。危险废物焚烧炉处理能力 24 t/d，焚烧尾气经净化处理后排放；污水处理站设计处理能力 200 m^3/d，设计进水水质 COD、NH_3-N 和全盐量分别为 3 000 mg/L、300 mg/L 和 5 000 mg/L。现状实际处理废水 150 m^3/d，COD、NH_3-N 和全盐量实际进水浓度分别为 2 600 mg/L、190 mg/L、4 600 mg/L。废水经处理达到接管标准后由专用管道送至园区污水处理厂，供水、供电、供汽依托园区基础设施。

拟在现在厂区新建农药啶虫脒生产项目，建设内容包括：新建胺化缩合车间、干燥车间，扩建化学品罐区。生产工艺流程见下图。主要原料为 2-氯-5-氯甲基吡啶、一甲胺和氰基乙酯，主要溶剂为三氯甲烷和乙醇。拟在现有化学品罐区增设化学品储罐，包括 2×80 m^3 乙醇常压储罐、10 m^3 一甲胺压力储罐和 2×30 m^3 三氯甲烷常压储罐，贮存量分别为 100 t、4 t 和 50 t。

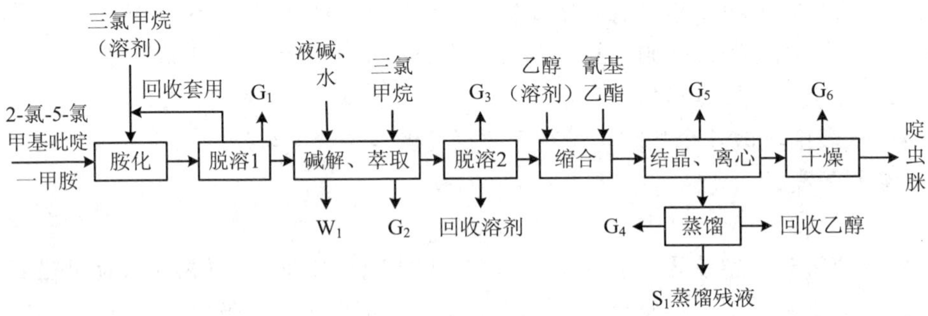

拟建项目工艺流程与产污节点图

项目废水产生情况见下表，拟混合后送现有污水处理站处理。配置 3 套工艺废气处理设施，其中废气 G_1、G_2 和 G_3 经深度冷凝+碳纤维吸附处理装置处理后排放。S_1 蒸馏残液及废气处理产生的废碳纤维送废液废渣危险废物焚烧炉焚烧处理。

拟建项目废水产生情况一览表

代号	名称	排放量/ (m^3/d)	主要污染物浓度/（mg/L）			
			全盐量	COD	NH_3-N	排放方式
W_1	工艺废水	8	125 000	4 500	500	间歇
W_2	设备地面冲洗、循环排污水等	10	1 600	240	50	间歇
W_3	生活污水	2	500	300	30	间歇

【问题】

1．分别指出图中废气 G_1 和 G_6 中的特征污染物。（5 分）

【参考答案】

（1）G_1：一甲胺、三氯甲烷。（各 1 分，共 2 分）

（2）G_6：乙醇、氰基乙酯、粉尘（颗粒物或啶虫脒）。（各 1 分，共 3 分）

考点分析与答题技巧：根据评分要求，假如出现废水污染因子（如 COD、氨氮等），则该小题给 0 分，因为这属于原则性错误。

2．废气 G_3 的处理工艺是否合理？请说明理由。（4 分）

【参考答案】

（1）合理。（2 分）

（2）理由：污染物为三氯甲烷和一甲胺，回收溶剂后的高浓度不凝尾气可深度冷凝回收，进一步采用碳纤维吸附可确保达标。（2 分）

考点分析与答题技巧：根据评分要求，说明污染物为三氯甲烷，可深度冷凝回收即给 1 分。

3．本项目废水混合后直接送现有污水处理站处理是否可行？请说明理由。（6 分）

【参考答案】

（1）不合理。（1 分）

（2）理由：厂区污水处理站进水全盐量为 10 041 mg/L（2 分）。混合废水的全盐量浓度（50 850 mg/L）大于污水处理站的设计进水指标，可能导致污水站出水不能达到园区污水处理厂接管标准（3 分）。

考点分析与答题技巧：根据评分要求，全盐量计算：（12 500×8+1 600×10+500×2+4 600×150）÷（8+10+2+150）=10 041（mg/L）＞5 000（mg/L）（不要求给出计算式）。若理由答：应分质分类进行预处理（2 分）。若理由答：可能导致污水站出水不能达到园区污水处理厂的接管标准（2 分）。

4. 为分析本项目固体废物送焚烧炉焚烧的可行性，应调查哪些信息？（5 分）

【参考答案】

（1）焚烧炉工艺（1 分）和废气净化/处理工艺（1 分）。

（2）富余处理能力（或现状处理量或处理容量）（1 分）和本项目危险废物（或 S_1 蒸馏残液和废碳纤维）产生量（1 分）。

（3）达标排放（或排放浓度）情况（1 分）。

考点分析与答题技巧：根据评分要求，第（1）条答“焚烧炉入炉条件或要求”给 2 分，如答“焚烧炉设计情况”给 2 分。第（2）条如答“焚烧炉处理能力或负荷是否满足本项目要求”给 2 分。

试题九（2014 年考题）

某原料药生产企业拟实施改、扩建项目，新建 3 个原料药产品生产车间和相应的原辅料储存设施。其中，A 产品生产工艺流程见下图，A 产品原辅料包装、储存方式及每批次原辅料投料量见下表，原辅料均属危险化学品。A 产品每批次缩合反应生成乙醇 270 kg，蒸馏回收 97%乙醇溶液 1 010 kg。

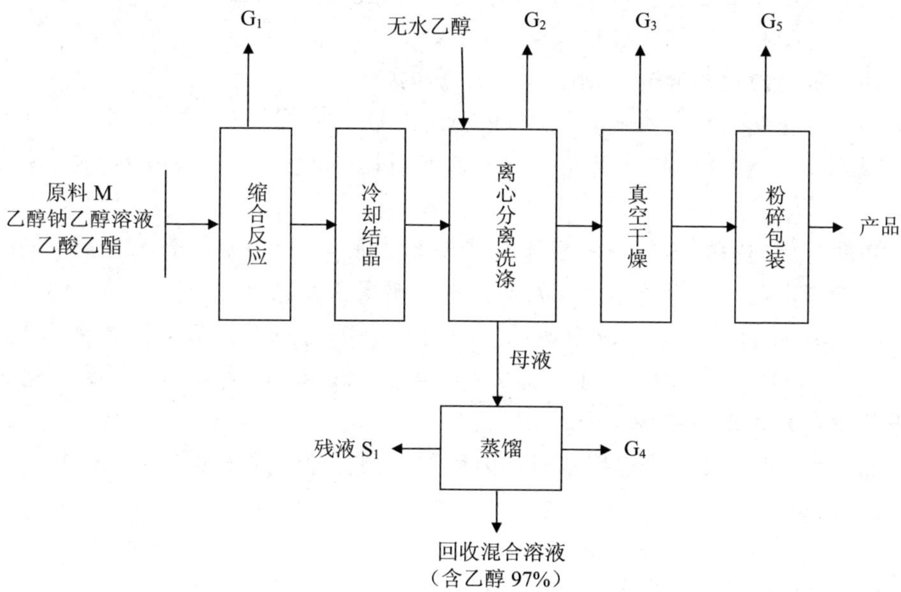

A 产品生产工艺流程图

改、扩建项目拟采用埋地卧式储罐储存乙醇、乙酸乙酯等主要溶剂，储罐放置于防腐、防渗处理后的罐池内，并用沙土覆盖。储罐设有液位观测报警装置。

该企业现有一套全厂废气处理系统，采用水洗工艺处理含乙醇、丙醇、醋酸、乙酸乙酯、甲苯、二甲苯等污染物的有机废气。改、扩建项目拟将该废气处理系统进行改造，改造后的处理工艺为“碱洗+除雾除湿+活性炭吸附”。

A产品原辅料包装、储存方式及每批次原辅料投料量

物料	规格	投料量/kg	包装方式	储存位置
原料M	100%	430	固体，袋装	危险化学品库
无水乙醇	100%	100	液体，储罐	储罐区
乙醇钠乙醇溶液	20%（乙醇钠含量）	1 000	液体，桶装	危险化学品库
乙酸乙酯	100%	300	液体，储罐	储罐区

【问题】

1. 计算一个批次A产品生产过程中的乙醇损耗量。（5分）

【参考答案】

（1）缩合反应乙醇投入量：1 000 kg×（1−20%）=800 kg。

（2）离心分离洗涤乙醇投入量：100 kg。

（3）蒸馏回收乙醇量：1 010 kg×97%=979.7 kg。

（4）缩合反应生成乙醇量：270 kg。

因此，一个批次 A 产品生产过程乙醇损耗：800+100−（979.7−270）=190.3（kg）

考题分析与答题技巧：本题计算过程比较简单，考查要点是工程分析的物料平衡。回答本题只需考虑缩合反应生成的乙醇量是工艺过程中产生的，回收量中含有工艺过程的产生量，应予减除。也可以合并为一个计算式：乙醇损耗量=1 000×（1−20%）+270+100−1 010×97%=190.3（kg/批）。根据评分要求，若计算结果错误，公式正确可得3分。

2. 指出A产品生产过程中应作为危险废物管理的固体废物。（3分）

【参考答案】

（1）蒸馏残液或蒸馏废渣。（1分）

（2）危险化学品的废弃包装物（或废包装桶、乙醇钠乙醇溶液废桶）（2分）、废包装袋（或原料M的废包装袋）（1分）。

考点分析与答题技巧：根据工艺流程及物料投放表，在生产过程中废弃的包装袋和装料桶，以及蒸馏后的残液均应按危险废物进行管理。如果答上“废弃储罐”“回收溶剂”等均不给分，但也不会扣分。

3. 分别指出A产品生产工艺流程图中G_1和G_5的特征污染因子。（3分）

【参考答案】

G_1：乙醇（1分）、乙酸乙酯（1分）。

G_5：粉尘或颗粒物。（1分）

考点分析与答题技巧：从题干提供的工艺过程分析来看，真正发生“化学反

应”产生废气的是“缩合反应”环节，后续各环节均为“物理过程”。如此，则题干中提到的“乙醇、丙醇、醋酸、乙酸乙酯、甲苯、二甲苯等有机废气”应该是在缩合反应中产生的而非后续的物理过程产生的。也就是 G_1～G_5 中均应该有这些废气，只是含量多少的问题。但答案就是那样（笔者也解释不了，也可能是考试出题的一种“无奈”）。

4．说明改造后的废气处理系统中各处理单元的作用。（5分）

【参考答案】

（1）碱洗：去除酸性气体（如醋酸）（1分）；水溶性气体（如乙醇、丙酮）（1分）。

（2）冷冻除雾除湿：废气干燥（0.5分），以满足活性炭吸附条件（0.5分）。

（3）活性炭吸附：去除非水溶性废气（或答去除甲苯和二甲苯、乙酸乙酯等）（2分）。

考点分析与答题技巧：分析改造后的废气处理工艺，主要有三个单元，基本功能根据其意义即可写出。污染防治措施及其处理工艺是环保工程师和环评考试的重点内容，今后仍要高度重视。根据评分要求，答案（3）如仅给出甲苯和二甲苯给1分，如把乙醇、丙酮等水溶性废气等污染物也写上则为0分；如答案（1）和（2）得满分，答案（3）为其他有机废气或剩余有机废气给2分。

5．提出防范埋地储罐土壤、地下水污染风险应采取的环境监控措施，并说明理由。（4分）

【参考答案】

（1）环境监控措施：罐池内（或储罐区）设监控井定期监测土壤（1分），储罐周围（或上下游）设监控井定期监测地下水（1分）和土壤（1分）。

（2）理由：埋地储罐泄漏首先污染罐池内填充的沙土，然后进一步影响周围的地下水和土壤（1分）。

考点分析与答题技巧：本题设问很明确，针对的对象是埋地储罐，影响对象是土壤和地下水，要求提出监控措施。“监控”则主要是监测和控制。根据评分要求，本小题仅说明周围设置监控井并监测地下水的给1分，仅说明实施地下水监测计划的给1分，答定期监测未说明监测因子的不给分。

试题十（2014 年考题）

某拟建年产 2000 t *L*-缬氨酸项目，建设内容包括发酵车间、提取车间、公用工程、辅助设施和环保工程。

发酵车间设 3 个容积为 100 m^3 的发酵罐，以赤砂糖、玉米浆粉为主要原料（培养基），经高温蒸汽灭菌、接种、发酵，产出发酵液。发酵过程中连续补充无菌空气、液氨（无机氮源），发酵产生的异味气体（主要是有机酸、醇等）导入发酵异味气体处理系统。发酵液通过管道输送到提取车间进行分离提取，清空的发酵罐采用自来水清洗、蒸汽灭菌。

提取车间生产工艺流程见下图。浓缩结晶工段的水蒸气含少量有机酸、醇，经冷凝后用于配制培养基。

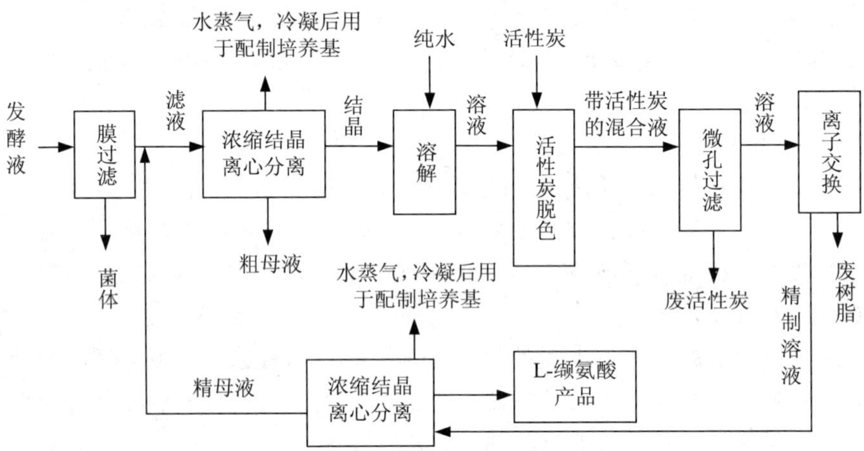

分离提取车间生产工艺流程

辅助设施包括 1 台 5 t/h 天然气锅炉和原辅料储罐区。其中，储罐区设有两个 10 m^3 的液氨储罐（单个储罐 6 t），间距为 5 m。环保工程包括 1 座规模为 600 m^3/d 的高浓度有机废水处理站和 1 套发酵异味气体处理系统。

拟建厂址位于工业园区的西南部，紧邻园区边界。经现场踏勘确认，厂界东南侧 500 m 有 D 村、南侧 2 600 m 有 E 村，西侧 200 m 有 F 村，西偏南 1 500 m

有G村。该项目大气环境影响评价等级为三级，拟布设3个环境空气质量现状监测点。监测期间主导风向为东北风。

注：《危险化学品重大危险源辨识》（GB 18218—2009）规定的液氨临界量为10 t。

【问题】

1．指出图中菌体、粗母液和废树脂的处置利用方式。（6分）

【参考答案】

（1）菌体：含*L*-缬氨酸，可作为动物饲料或用于农田施肥。（2分）

（2）粗母液：含*L*-缬氨酸，可作为动物饲料或作为农田施肥或送有机废水处理站进行处理。（2分）

（3）离子交换废树脂：作为一般固体废物，应按照一般工业固体废物处置要求处置。（2分）

考点分析与答题技巧：工程产生的各类废物，首先应考虑回收利用，这是循环经济和清洁生产的基本要求。不能回收利用的，再采取适当的方式进行处理处置。至于本案例的离子交换废树脂为何不是危险废物，不仅是由于离子交换树脂本身不是危险物质，更重要的是由于其过滤的物料不含有毒有害物质。根据评分要求，答案（3）说是固体废物、危险废物的均不得分。

2．识别本项目的重大危险源，并说明理由。

【参考答案】

（1）储罐区两个10 m^3的液氨储罐。

（2）因为两个储罐的容量2×6 t=12 t＞10 t，超过液氨临界量。

考点分析与答题技巧：类似考题已考过多次。环境风险评价首先要进行源项分析，而风险源识别是其重要内容。根据评分要求，答“液氨储罐”是危险源的，理由正确的，给2分；答“液氨”是危险源的，理由正确的给1分；只答危险源的，不给理由或是理由错误的，0分。

3．发酵异味气体采用水洗法处理是否可行？并说明理由。

【参考答案】

（1）合理可行。

（2）发酵异味气体含有有机酸、醇易溶于水，可用水洗法或碱洗法处理。

考点分析与答题技巧：根据题干，异味气体主要是有机酸、醇等有机物，含量少，采取吸附和燃烧是经济可行的处理方式。冷凝回收的意义不大。科技部、环境保护部2014年3月印发的《大气污染防治先进技术汇编》以及环境保护部2013年发布的《挥发性有机物（VOCs）污染防治技术政策》中明确指出：在工业生产过程中鼓励VOCs的回收利用，并优先鼓励在生产系统内回用；对于含高浓度VOCs的废气，宜优先采用吸附回收、冷凝回收技术进行回收利用，并辅助以其他技术实现达标排放，或采用催化燃烧和热力焚烧技术净化后达标排放；对于含低浓度VOCs的废气，有回收价值时可采用吸附技术、吸收技术对有机溶剂回收后达标排放；不宜回收时，可采用吸附浓缩燃烧技术、生物技术、吸收技术、等离子体技术或紫外光高级氧化技术等净化后达标排放。对于本题，考试时答“可行”，理由正确的，可得满分；答“不太合理”，可用碱洗法处理，也可得满分；答“不合理”，理由是异味气体不溶于水，则为0分。因此，本题答“可行”与“不太可行”均可，但理由应充分。

4．提出环境空气质量现状监测布点方案，并说明理由。（7分）

【参考答案】

（1）厂址（或F村）、G村、工业园区建成区。（3个点各1分）

（2）厂址上风向需设监测点（1分），下风向也需要设监测点（1.5分），厂址需要设点监测（F村离厂址仅200 m，可以代表厂址处的空气质量）（1.5分）。

考点分析与答题技巧：本小题当年考查对原《环境影响评价技术导则　大气环境》（HJ 2.2—2008）（已被修订后的HJ 2.2—2018替代）关于不同评价等级环境空气质量监测布点原则的熟悉程度。根据导则要求，结合本题的含义，答上“厂址”的，理由应该答“厂址必须监测布点”；答的是F村而未答厂址的，须说明“厂址必须监测布点，F村离厂址较近（200 m），可以代表厂址空气质量状况，方可得1.5分，否则不得分。其实，这个题答4个监测点（将厂址与F村同时答上）也是可行的。

试题十一（2013 年考题）

某制药企业位于工业园区，在工业园区建设初期入园，占地面积 3 hm^2。截至 2012 年工业园区已完成规划用地开发的 80%。该企业拟在现有厂区新建两个车间，生产 A、B、C 三种化学原料药产品。一车间独立生产 A 产品，二车间生产 B、C 两种产品，B 产品和 C 产品共用一套设备轮换生产。A、B、C 三种产品在生产过程中产生的工艺废气主要污染物有甲苯、醋酸、三乙胺，拟在相应的废气产生节点将废气回收预处理后混合送入 RTO（热力燃烧）装置处理，处理后尾气经 15 m 高的排气筒排放。A、B、C 三种产品工艺废气预处理后的主要污染物最大速率见下表。RTO 装置的设计处理效率为 95%。

工艺废气预处理后主要污染物最大速率 单位：kg/h

废气主要污染物	A 产品	B 产品	C 产品
甲苯	12.5	10	7.5
醋酸	0	2.5	1.0
三乙胺	5	2.5	1.5

该企业现有生产废水可生化性良好，污水处理站采用“混凝沉淀+好氧处理”工艺，废水处理能力为 100 t/d，现状实际处理废水量 50 t/d，各项出水水质指标达标。扩建项目废水量 40 t/d，废水 BOD_5/COD 值小于 0.10。拟定的扩建项目污水处理方案依托现有污水处理站处理全部废水。

【问题】

1．确定本项目大气特征污染因子。（4 分）

【参考答案】

答案一：

甲苯（1 分）、三乙胺（1 分）、醋酸（1 分）、臭气浓度（1 分）。

答案二：

（1）生产工艺大气特征污染物：甲苯、醋酸（或醋酸气体）、三乙胺。

（2）污水处理厂大气特征污染物：氨气、硫化氢、臭气浓度。

考点分析与答题技巧：注意本题问的是“大气”的“特征污染物”。题干中已很清楚地给出。答案一为赋分答案，很简洁，直接给出即可；答案二根据产生大气污染物的主要工艺环节或设施分别给出，比答案一多了两项污染物，也并无不当（因为尽管臭气浓度包含了氨气和硫化氢，但实际环评工作中还是会将此三项一并考虑），如果任一答案中给出COD、氨氮等非大气污染物的情况，则得0分。另外需要注意的是，除生产工艺中的废气外，还需考虑污水处理厂的大气特征污染物；“臭气浓度”实际上应该答为“臭气”才是符合污染物要求的。有人认为，气和水的特征污染物应该是单指工艺而不包括环保设施产生的污染物。在做建设项目环评时，如果污水处理厂是经过环评提出的措施，在评价工作中是不会考虑污水处理厂的特征污染物的，但是如果该污水处理厂是项目建设的一部分（尽管是配套工程，如本题），则评价时需要考虑。

2. 给出甲苯最大排放速率。（3分）

【参考答案】

答案一：

（1）最大产生源强：12.5+10=22.5（kg/h）。（2分）

（2）最大排放速率：22.5×（1−95%）=1.125（kg/h）。（1分）

答案二：

最大排放速率：（12.5+10）×（1−95%）=1.125（kg/h）。

考点分析与答题技巧：这里还需要注意的是先预处理，然后再经RTO处理，而表中的数据是预处理后的产生量，不是经RTO后的排放量。根据赋分要求，如果将最大产生源强当作排放速率，则本小题得0分。如果将车间一和车间二分别计算，车间一最大排放速率0.625 kg/h赋1分，车间二最大排放速率0.5 kg/h赋2分，给出总排放速率1.125 kg/h赋1分。可见，答题时最好分别计算，能够做到既条理清晰，又容易得分。

3. 指出废气热力燃烧产生的主要二次污染物，提出对策建议。（4分）

【参考答案】

答案一：

（1）采用RTO装置处理将产生NO_x（氮氧化物/NO_2/酸性气体）。（2分）

（2）RTO装置后增设一套尾气碱洗系统［脱硝系统、氧化洗涤系统、非选择性催化还原（NSCR）或选择性催化还原（SCR）］。（2分）

答案二：

（1）主要二次污染物为二氧化氮（NO_2）。

（2）可采取活性炭吸附处理。

考点分析与答题技巧：含氮有机物燃烧后最终产物一般是NO_2。至于醋酸气体的燃烧产物二氧化碳（CO_2）可不作为主要污染物对待。答案一为评分答案，根据赋分要求：如果二次污染物答的是NO，或NO、烟尘，仅赋1分；烟尘赋

0.5 分。如答案含醋酸、甲苯、三乙胺等 3 项无关的，则赋 0 分，答案中其他项不计分。所提“对策建议”中，答案为三乙胺替代或低氮燃烧赋 1 分，其他方式均赋 0 分。本来活性炭具有很好的吸附特性，但根据当时的“赋分要求”，答案二中的活性炭吸附将不得分。

4．根据水质、水量情况，给出一种适宜的污水处理方案建议，并说明理由。（4 分）

【参考答案】

答案一：

（1）处理方案为生化处理前增加化学氧化、电解、铁炭等物化工艺单元，或者在好氧处理前增加厌氧、兼氧、水解酸化工艺单元（或者采用 AO、A^2O、SBR 等工艺）。（2 分）

（2）理由：现有项目废水可生化性较好，扩建项目可生化性差（BOD_5/COD 低），不能直接进入现有污水站。（2 分）

答案二：

（1）扩建工程废水 BOD_5/COD 值小于 0.10，可生化性差，不能直接利用既有污水处理站的处理工艺来处理，需进行催化氧化预处理，预处理后纳入既有污水处理厂处理。

（2）现有污水处理站处理能力 100 t/d，目前处理量 50 t/d，还有 50 t/d 的余量，在处理量上能够接纳扩建工程 40 t/d 的排水。

考点分析与答题技巧：

处理工艺及处理能力需同时满足要求，是污水处理措施必须要考虑的问题。可生化性差的废水预处理一般有水解酸化、厌氧发酵、树脂吸附，或催化氧化等高级氧化法等。答案二在第 1 项中就将方案建议和理由一并说明了，但没有说明现有项目废水可生化性好，将少得 1 分。答案一为赋分答案，根据赋分要求，如“方案建议”为单纯好氧改厌氧，或者好氧处理后增加厌氧，则得 0 分。“理由”中如果仅说明扩建项目可生化性较差（BOD_5/COD 低），赋 1 分；如果答扩建项目 BOD_5/COD 低，可生化性好，则得 0 分。

5．为评价扩建项目废气排放的影响，现场调查应了解哪些信息？（5 分）

【参考答案】

答案一：

（1）排气筒位置（厂区总平面布置图、厂区布局）。（1 分）

（2）周围建筑物高度。（1 分）

（3）周围敏感点或环境保护目标情况。（1.5 分）

（4）周围同类污染源情况或周围污染源排放情况。（1.5 分）

答案二：

（1）环境质量现状。

（2）企业现状污染源及其排污情况，特别是排放同种污染物的污染源排气筒位置、高度及其排污量等。

（3）评价范围内受保护敏感点分布情况。

（4）当地气象资料，包括风向、风速等。

（5）评价范围地形，建筑物及其高度、地表覆盖情况。

（6）明确项目区域是否为国家确定的大气污染防治重点地区（或项目区环境功能区划）。

考点分析与答题技巧：

答案一为赋分答案，十分简洁。答案二虽然赋分主要内容均有，但内容比较复杂。虽然本案例为 2013 年考题，但这些答案的要点，考生仍然可以在《环境影响评价技术导则　大气环境》（HJ 2.2—2018）中得到，但考试时应注意简化。

试题十二（2011 年考题）

某危险废物处理公司拟建设硫酸铜生产项目，年利用印刷线路板企业含铜蚀刻废液 3.0 万 t。项目以酸性蚀刻废液、碱性蚀刻废液、工业硫酸等为原料，生产硫酸铜，副产品为氯化铵，生产工艺流程见下图。全年生产 300 d。

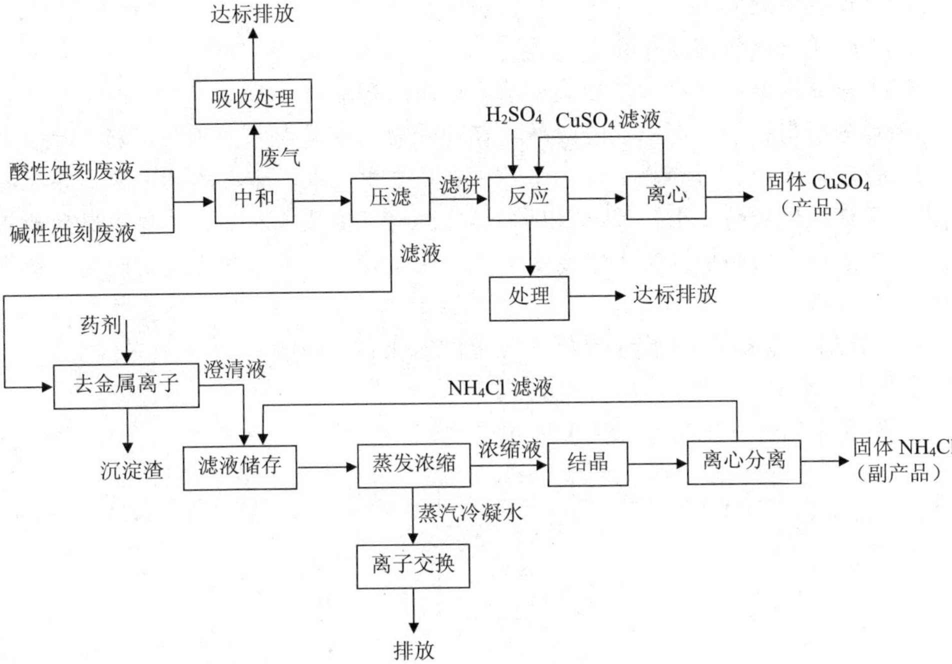

硫酸铜生产工艺流程图

经初步工程分析，蒸发浓缩工序日处理含 15%氯化铵的滤液 100 t，可得到含 39.9%的氯化铵浓缩液 37.5 t，蒸发浓缩产生的蒸汽冷凝水经离子交换处理后排入 A 河，离子交换去除氯化铵的效率为 97%。

生产中使用的酸性蚀刻废液、碱性蚀刻废液、工业硫酸等原辅料分别以常压储罐（管道收发）方式存放在厂区原料仓库内，原料仓库为通间。

项目位于 A 河左岸，800 m 范围内没有居民点。河流为单向河流，河道顺直，水环境功能为Ⅲ类。

注：外排废水中氯化铵与氨氮的转化比为：氯化铵：氨氮=53.5：14，假定废水密度为 1.0×10^3 kg/m^3。《污水综合排放标准》中氨氮最高允许排放浓度一级标准：15 mg/L，二级标准：25 mg/L。

【问题】

1．给出酸性蚀刻废液、碱性蚀刻废液贮存还应采取的措施。

【参考答案】

（1）地面应进行防渗和耐腐蚀处理，不得有裂缝。

（2）有渗滤液收集装置，有气体收集、净化和导排装置。

（3）仓库设有围堰和初期雨水收集系统。

（4）设置事故池。

（5）管道采取防滴漏等安全措施。

（6）应分别单独贮存，不应集中堆在通间的仓库内。

考点分析与答题技巧：危险废物是环境管理的重要内容，不仅在历年考试中高频率出现，在环境影响评价实际工作中也是重中之重，如有不慎，极易导致安全事故及环境风险的发生。因此，从事环境影响评价技术人员在工作中遇到涉及危险品或危险废物的项目时，需高度重视、认真对待。关于危险废物的环境标准应该充分掌握。

2．绘制“蒸发浓缩+离子交换”工序的氯化铵平衡图。

【参考答案】

氯化铵平衡图如下（单位为 kg/d）：

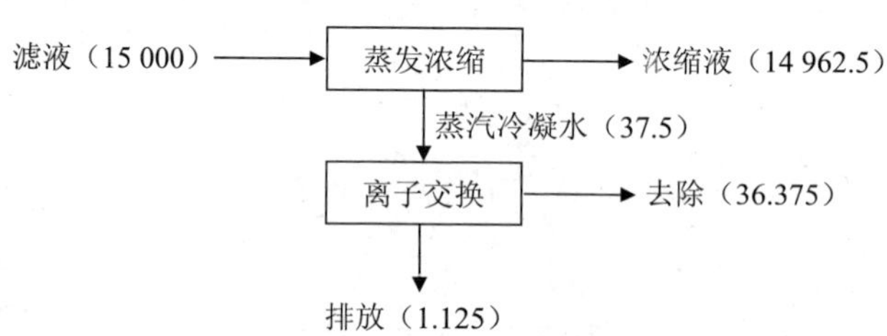

3．给出“反应”工序废气净化可采取的措施。

【参考答案】

（1）工艺流程图中的反应工序产生的废气为酸性气体。

（2）对于酸性气体一般采取碱洗中和法，即碱液喷淋或水喷淋吸收。

考点分析与答题技巧：在工艺流程图中并未标示有气体产生，但根据题意，这类废物处理工序多采取酸提、酸浸，而且本反应工序有硫酸（H_2SO_4）加入，所产生的气体多呈酸性，应采取中和与吸收法处理。

4．分析外排废水氨氮的达标排放情况。

【参考答案】

（1）外排废水量：100−37.5=62.5（t/d）=62.5（m^3/d）。

（2）根据第 2 题的结果计算，排放废水中氯化铵的量为：1.125 kg=1.125 $\times 10^6$ mg。

（3）由于氯化铵与氨氮的转化率为氯化铵：氨氮=53.5：14，则氨氮的排放量为：（1.125×10^6）÷$62.5\times10^3\times$（14/53.5）=4.71（mg/L）。

（4）项目所处 A 河水环境功能为Ⅲ类，废水排放应满足一类标准要求。经计算，本项目外排废水氨氮浓度为 4.71 mg/L，小于一级标准（15 mg/L）。排放达标。

考点分析与答题技巧：本题的计算与第 2 题关系密切。计算中要注意计量单位的转换关系，这些都是基础知识，难度不大。从近年来考试反映的情况来看，计算题失误主要表现在对题意的理解思路不清晰、计算过程中计量单位转换不清楚而导致的丢分。

试题十三（2010年考题）

某公司拟新建100万t/a焦化项目（含180万t/a洗煤）。该项目洗煤采用重介分选（产品为精煤、中煤、矸石）、煤泥浮选、尾煤压滤回收工艺。焦化备煤采用先配煤后粉碎工艺，配煤含硫0.6%。炼焦采用炭化室高7.63 m、1×60孔顶装煤焦炉，年产焦炭95万t（干），吨焦耗煤1.33 t，煤气产率320 m^3/t（煤）。焦炭含硫0.56%，采用干法熄焦，同时配置备用湿熄焦系统。配套建设一套20 MW凝汽式汽轮余热发电机组。

焦化生产工艺见下图。焦化废水处理采用 A^2/O^2 工艺。脱硫工序可将煤气中的硫化氢脱至 200 mg/m^3。经洗脱苯工序净化后的煤气除用于焦炉和管式炉外，剩余煤气用于发电。洗脱苯工序产粗苯1.3万t/a，设粗苯储罐两座，储存量2×684 t。

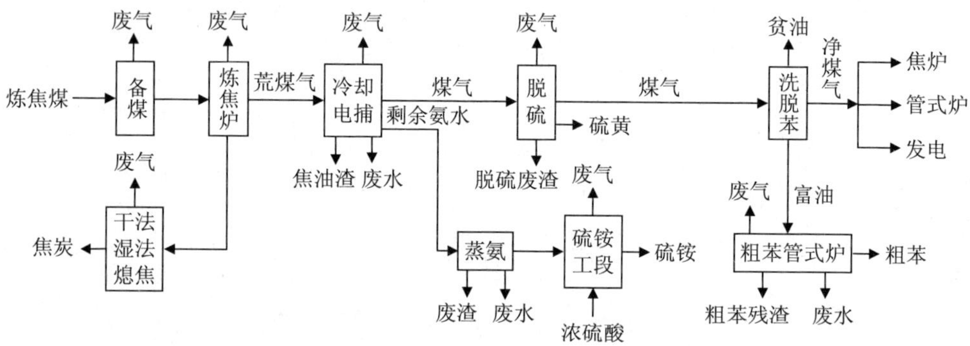

焦化生产工艺及排污节点示意图

【问题】

1．给出本项目洗煤工程废水和固体废物的处置要求。（4分）

【参考答案】

（1）洗煤水（是否）做到闭路循环不外排。（2分。答部分回用，部分外排，得1分；只答“回用”未答“不外排”，得1.5分）

（2）矸石综合利用（1分）或合理处置（1分）。（2分）

考点分析与答题技巧：易错点：一定要审清题，如果不注意“洗煤工程”这个限定词，回答了关于焦化生产过程产生的废水和固体废物的答案，则不得分。

目前，各大煤矿洗煤废水均能够做到不外排，但环境影响评价技术人员仍应在环评工作中提出严禁洗煤废水外排的要求，特别是要尽量避免企业发生洗煤废水在事故情况下外排。对于本项目，该洗煤厂属于“用户型”洗煤厂，其环保要求同煤矿的洗煤厂。此外，根据《大气污染防治法》第三十五条第二款，“单位存放煤炭、煤矸石、煤渣、煤灰等物料，应当采取防燃措施，防止大气污染”，该焦化厂设有洗煤厂，需要存放煤炭、煤矸石等，须采取防燃措施。第七十二条规定，“贮存煤炭、煤矸石、煤渣、煤灰、水泥、石灰、石膏、砂土等易产生扬尘的物料应该密闭；不能密闭的，应当设置不低于堆放物高度的严密围挡，并采取有效覆盖措施防治扬尘污染”，但不属于本题的答案范围，在今后的相关考试中应注意。

2. 列出本项目产生的危险废物。（2.5 分）

【参考答案】

焦油渣、脱硫废液、粗苯残渣、污水处理场污泥、蒸氨废渣。（每项 0.5 分）

考点分析与答题技巧：炼焦产生的固体废物（危险废物）主要有焦油渣、沥青渣、洗油再生渣、脱硫废液、酚氰废水处理污泥。本题只要对题干提供的工艺流程图进行分析，即可得出有关的危险废物，难度不大。

3. 给出本项目炼焦炉大气特征污染物。（5 分）

【参考答案】

H_2S、NH_3、苯并[*a*]芘、苯可溶物（BSO）、氰化物、酚、CO、苯、苯系物、恶臭。（每项各 1 分，答上任意 5 个即可得满分。易错点：答 BOD、COD、SS、重金属等不是大气污染物的，属于不懂题意，本题不得分。答 CO_2、SO_2、TSP 等一般大气污染物而非特征污染物的，也不得分。）

考点分析与答题技巧：尽管炼焦废气中还有烟尘、SO_2、NO_x、工业粉尘等常规污染物，但本题要求给出的是特征污染物（已经多次考过）。从给分情况来看，这类难度小的题，是不允许有任何错误的，一个被认为“小小的”错误，却可能会使整个小题不得分。另外，再一次提醒环境影响评价技术人员在工业类项目环境影响评价实际工作中一定要高度关注特征污染物。“恶臭”答成“恶臭气体”或列出主要恶臭气体名称后写“等恶臭气体”均可，但要注意，实际上答成“恶臭浓度”并不合适，因为“浓度”不是污染物，只是其计量表示方式。

4. 计算进入洗脱苯工序煤气中的硫含量（t/a）。（4 分）

【参考答案】

（1）计算煤量：$95\times10^4\times1.33=1.263\,5\times10^6$（t/a）。（1 分）

（2）煤气产生量：$320\times1.263\,5\times10^6=4.043\,2\times10^8$（$m^3/a$）。（1 分）

（3）煤气中的 H_2S 量：$4.043\,2\times10^8\times200\times10^{-9}=80.86$（t/a）。（1 分）

（4）煤气中的硫量：80.86×32/34=76.10（t/a）。（1分）

各1分，没有过程直接答76.10 t/a或76.1 t/a，得4分，否则不得分。每小题公式正确，结果不正确的得0.5分。全题由于四舍五入原因计算结果整数有误扣0.5分。

考点分析与答题技巧：建议计算题分步写，以免某一步计算错误影响整道题的得分。计算题主要考查考生是否确实理解问题，懂得计算的方法和过程，对数学运算能力的考查要求较低。从本题的给分情况来看，此类题只要给出准确计算结果，即使不给出计算过程也会得分。但为了确保得分，分步计算是解答此类问题的技巧。

5. 给出本项目焦化生产涉及的风险物质。（4.5分）

【参考答案】

煤气（荒煤气）、CO、硫化氢、粗苯、氨气、氨水、浓硫酸、硫黄、焦油。（每项各0.5分）

如果答案有明显的概念错误，反映出考生根本不懂题意，本题不给分。

考点分析与答题技巧：本题也比较简单，是对风险物质的识别。识别风险源、风险物质是进行风险影响评价、提出风险防范措施的前提。从本题的答案来看，答题时答上要点即可。如果未要求进行理由说明或分析，就不要展开分析，即没有必要给出答题的理由来证明自己答案的正确性。另外，答题一定要慎重、准确，一个概念错误就会导致整个题不得分。

试题十四（2010 年考题）

某石化企业拟建于工业区，工业区集中供水、供电，建有污水处理厂。工业区污水处理厂已建两套好氧活性污泥法污水处理系统，正在新建一套改进型 SBR 污水生化处理系统，处理工业区各企业生产废水。废水处理达标后由同一放流管深海排放。废水排放口西北 8 km 海域有水产养殖区，在其附近设有定期监测站位。

厂区划分为石化生产装置区、中间罐区、厂内原料产品罐区、综合管理设施区和污水处理厂。在污水处理厂东南角设基底防渗的露天固体废物临时贮存场。部分生产装置废水产生情况见下表，其中 C 股废水中含难生化降解的硝基苯类污染物。

拟建项目部分生产装置废水产生情况

排放源	排放规律	产生量/（m^3/h）	水质/（mg/L，pH 除外）					
			pH	COD	BOD_5	石油类	氨氮	硝基苯类
A	连续	50	6～7	1 000	350	500	60	—
B	连续	200	6～8	600	300	300	50	—
C	连续	23		8 000	很低	—	—	1 000

厂内生产废水处理方案为 A、B、C 三股废水直接混合后进行除油预处理和生化处理，处理达标后送工业区污水处理厂进一步处理。

项目运营期内拟在定期监测站位对海水水质、海洋表层沉积物、生物体进行硝基苯类定期监测。

【问题】

1．本项目废水预处理去除石油类可采用哪些处理方法？

【参考答案】

隔油、气浮。

考点分析与答题技巧：油在水体中的形态主要有浮油、乳化油、分散油和溶解油，根据其形态的不同可有针对性地采取不同的处理方法。废水中石油类的处理方法有很多，如：① 物理法：隔油池、离心分离法、粗粒化法、膜分离法；② 化学法：酸化法、化学氧化法、光化学催化氧化法；③ 物理化学法：破乳或反相破乳法、浮选法、吸附法、磁吸附分离法；④ 生物化学法：活性污泥法、生物膜法。该石化企业所在工业园区设有集中污水处理装置，本题所问为进入工业区集中污水处理厂之前石油类的预处理方法。考试时不必答太多，将通常使用的方法答上即可。

2. 根据 A、B、C 三股废水特性，简述废水处理方案的可行性并优化废水处理方案。

【参考答案】

（1）不可行。因为第 C 股废水中含有硝基苯，不适合用生化处理方法处理。

（2）优化方案：先对第 C 股废水进行预处理，去除里面的硝基苯，然后再与其他两股水混合进行处理。

考点分析与答题技巧：第 C 股废水是本题的考点，“硝基苯”一定要答上。对于污水处理，“清污分流、污污分流、分质处理”是基本原则。本题中 C 股废水为高浓度硝基苯类废水，可生化性差。应先单独采用吸附法、萃取、汽提或电化学法等对硝基苯进行处理，再与隔油后的 A、B 股废水混合进行生化处理。

3. 污水处理厂产生的固体废物是否可送厂内固体废物临时贮存场暂存？请说明理由。

【参考答案】

（1）不可行（或答：应经检验确定）。

（2）本项目“在污水处理厂东南角设基底防渗的露天固体废物临时贮存场”，而其污水处理厂产生的固体废物含石油类和硝基苯类废物，属危险废物；危险废物临时贮存应符合《危险废物贮存污染控制标准》的要求，做好“三防”（防渗漏、防扬散、防流失）工作，不得露天堆放。

考点分析与答题技巧：根据评分要求，本题的答案是“要进行检验区分，如果是危险废物则不能露天放置，要送到专门的地方进行处理，如果不是危险废物则可以露天放置”。根据《国家危险废物名录》（2021 年版已发布，考生应注意学习），石化企业污水处理产生的污泥属于危险废物。根据题意，本厂产生的固体废物在厂区设置的仅基底进行防渗处理的临时贮存场贮存，不满足《危险废物贮存污染控制标准》中的选址及设计的相关要求，故污水处理污泥不可在此进行暂存。环评工程师考试多次考查了危险废物贮存的要求，因此对各类固体废物贮存的标准应认真学习，并能在实际环评工作中充分应用。

4. 厂内污水处理场调节池、曝气池是主要恶臭源，简述减轻其环境影响的可行措施。

【参考答案】

对调节池等进行加盖密闭处理，避免臭气外漏；然后对产生的臭气进行集中收集，对收集到的臭气进行脱臭处理（用活性炭吸附或者加入化学物质或者其他生化方法等脱臭），把处理干净的气体排放。

考点分析与答题技巧：从本题的题意来看，是要求针对调节池和曝气池两个恶臭源提出控制措施。这个答案是合理的。关于污水处理厂（场）的环境影响已多次考过，其恶臭及污泥处理是重点。

5．说明项目运营期进行硝基苯类污染物定期监测的作用。

【参考答案】

监测的目的，一是要了解硝基苯等物质的动态去向，二是要了解它的累积效应。因为硝基苯具有累积性，可以随着食物链进入人体，会对人体产生危害。

考点分析与答题技巧：本题虽然难度不大，但问得比较抽象，要答好很不容易。本题同样适用于考查"重金属"的影响与监测意义。根据题意，项目运营期内拟在定期监测站位对海水水质、海洋表层沉积物、生物体进行硝基苯类污染物定期监测，主要是由于硝基苯类污染物是难以生化降解的污染物，且毒性较大，并有"三致"（致癌、致畸、致突变）作用。

对于这样的考题，考生应根据常规环境监测的作用，并结合本项目污染物的特点来回答。本题也告诉我们，在环境影响评价中，环境监测也是一项十分重要的工作。环评工作中的环境管理与环境监测内容必须根据项目特点、环境特征和当地环境保护行政主管部门的要求，有针对性和可操作性，为项目运行后环境管理提供参考。

试题十五（2009 年考题）

某拟建离子膜烧碱和聚氯乙烯（PVC）项目位于规划工业区。离子膜烧碱装置以原盐为原料生产氯气、氢气、烧碱。为使烧碱装置运行稳定，在厂内设置 3 台容积为 50 m^3 的液氯储罐，液氯储存单元属重大危险源。

PVC 生产过程为 HCl 与乙炔气在 $HgCl_2$ 催化剂作用下反应生成氯乙烯单体（VCM），再采用悬浮聚合技术生产 PVC。全年生产 8 000 h。

VCM 生产过程中使用 $HgCl_2$ 催化剂 100.8 t/a（折汞 8 188.375 6 kg/a）、活性炭 151.2 t/a。采用活性炭除汞器除去粗 VCM 精馏尾气中的汞升华物（折汞 2 380.891 3 kg/a）。VCM 洗涤产生的盐酸经处理返回 VCM 生产系统，碱洗产生的含汞废碱水 2.5 m^3/h，总汞浓度为 2.0 mg/L。废催化剂中折汞 4 927.204 4 kg/a，更换催化剂卸泵产生的少量废水经锯末、活性炭等吸附带走汞 840.279 9 kg/a，废水排入含汞废碱水预处理系统。含汞废碱水经化学沉淀、三段活性炭吸附、三段离子交换树脂预处理，总汞浓度 0.001 5 mg/L。废活性炭、树脂更换带走汞 39.970 0 kg/a。预处理合格的废水与厂内其他废水混合，经处理后排至工业区污水处理厂。含汞废物统一送催化剂生产厂家回收利用。

【问题】

1. 给出 VCM 生产过程总汞的平衡图。

【参考答案】

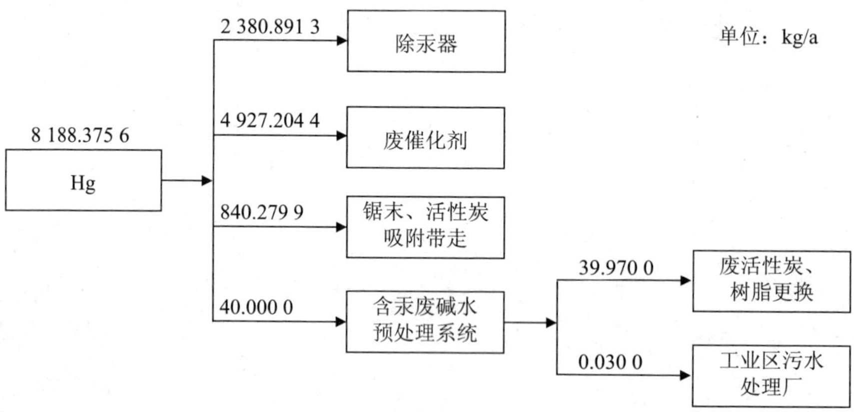

考点分析与答题技巧：含汞废碱水中的原始汞含量用工作时间（8 000 h/a）

乘以废水产生速率（2.5 m^3/h）再乘以原始浓度（2.0 mg/L）获得。有人认为酸洗涤及碱洗时都会有残余的汞在反应液里面，实际上这部分汞是返回反应系统里面的，如果不计产品中可能含有的微量汞，最终全年看还是经过上述几个途径排放。更换催化剂卸（同“卸”）泵产生的少量废水经锯末、活性炭等吸附属于非正常排放，如果平衡计算的单位取 kg/h，则这部分就不好计算了，因此，平衡计算时以 kg/a 为单位比较容易统计，实际工作中对平衡计算的“盘子”大小应予以注意，要科学。根据评分要求：① 未给出 VCM 方框（或 VCM 生产过程）的，即非环评中使用的物料平衡图，即使数据正确，也只能给 1 分；② 预处理方框前后为“或”的关系，不重复赋分，只对一侧赋分；③ 连线错误、数据正确不给分。本题要求必须使用规范的工艺流程物料平衡图，如果未给出 VCM 方框，或给出方框但其中内容并不能代表生产工艺过程，如写“催化”不给分；应给出了物质的流向箭头不能只画线无箭头；应写“除汞器”不能写成“VCM 精馏尾气中的汞升华物”。

2. 说明本项目废水排放监控应考虑的主要污染物及监控部位。（4 分）

【参考答案】

（1）Hg，预处理设施排放口。（1 分）

（2）COD、SS、pH、石油类，全场排放口。（3 分）

考点分析与答题技巧：本题的考点是第一类污染物和第二类污染物的区别对待。根据评分要求，如果答案（1）为“COD、SS、pH（或石油类），全场排放口”，应赋 2 分；答案（2）为“COD、SS、全场排放口”，应赋 0 分。如果答案中包含大气污染物的，本采分点应赋 0 分；未分清楚一类、二类污染物的，只能按正确部分赋分；只给出上述 5 项指标的，只能赋 1 分。

考生需要牢记废水中第一类污染物和第二类污染物监测部位的不同。第一类污染物是以重金属为主的污染物，其排放标准很严格，标准浓度限值很低。而含有第一类污染物的废水往往是特定的工艺废水，如果和其他废水合并后在排水总口排放、监控，容易形成“稀释”达标的不合理排放，而一旦有这类污染物，又必须治理。因此要在车间排口（无须处理即可达标的情况下）或车间处理设施排口（单独的含第一类污染物废水处理设施排口）监控。要点是“单独处理”“单独监控”，而不在于处理设施的位置是否在车间，排水口是否设置在车间外。第二类污染物要在厂总排口来监控。有些情况，厂内处理设施排口即该单位的废水排放总口，有时却不是，而是从厂内污水处理设施排出的处理水可能会和其他无须处理的废水（如生活污水等不需处理即可满足相应排放标准的废水）合并后通过厂排水总口排放。

3．识别液氯储存单元风险的类型，给出风险源项分析的内容。（4 分）

【参考答案】

（1）风险类型包括液氯储罐的破裂（1 分）、泄漏（1 分）。

（2）确定液氯储罐破裂或泄漏时最大可信事故的发生概率（1 分）、液氯储罐最大可信事故泄漏量（1 分）。

考点分析与答题技巧：根据评分要求，第（1）条如果答"风险类型包括火灾或爆炸"，则得 0 分；第（2）条中提到"破裂、泄漏"，但未指出风险类型的，不应得分；如果答"最大事故，最大事故发生概率"，未写出"最大可信事故"等，均不得分。根据《建设项目环境风险评价技术导则》，风险类型主要是火灾、爆炸、泄漏。风险源项分析主要是发生概率、泄漏量。风险类型根据有毒有害物质放散起因，分为火灾、爆炸和泄漏三种类型。笔者认为，这属于环境事故的类型，但尚不能完全描述环境风险。涉及环境风险时，必然涉及环境中某一要素受到的危害。因此，建议在回答风险类型中，不但要准确回答可能发生的事故，还要说明事故状态下危险物质向环境中迁移的途径，对环境某一要素（大气、水环境、土壤及地下水、生态、人群）可能造成的危害性后果。源项分析包含两部分工作内容：一是确定最大可信事故及发生概率，二是确定事故源强（危险物质泄漏量）。根据项目的特点，该项目液氯储存单元发生的最大可信事故应为单台液氯储罐发生泄漏。最大可信事故的确定要注意：一是最大，指环境危害的后果最大；二是可信，要合理假定，不极端，一般不包括人为破坏和自然灾害。该项目有 3 台储罐，排除人为破坏和自然灾害的因素，一般设定一台储罐发生泄漏是可信的。最大可信事故概率的确定方法，一般根据类比法或事故树及事件树分析法，首推类比法。可根据储罐的类型、结构及操作工况以及安全应急措施等条件确定泄漏的部位、裂口的大小以及泄漏的时间，然后利用相应的数学模型公式计算泄漏量。液氯储存单元主要风险事故是液氯泄漏，该项目设置 3 台容积为 50 m^3 的液氯储罐，可能发生液氯罐（主要是管道连接、阀门等部位）泄漏，造成液氯-氯气两相流的泄漏，扩散到大气环境中去，如果达到其伤害阈值，可能会对外环境中的人群造成中毒伤害甚至死亡的后果。本项目环境风险评价中液氯储存单元这个单一风险源的源项分析的主要工作是确定该单元发生的最大可信事故及概率和确定事故工况下液氯两相流的泄漏量。

4．在 VCM 生产单元氯元素投入、产出平衡计算中，投入项应包括的物料有哪些？（3 分）

【参考答案】

（1）HCl。（1 分）

（2）$HgCl_2$。（2 分）

考点分析与答题技巧：注意，本题问的是涉及“氯元素”的物料。题干很明确，“聚氯乙烯（PVC）生产过程为 HCl 与乙炔气在 $HgCl_2$ 催化剂作用下反应生成氯乙烯单体（VCM），再采用悬浮聚合技术生产 PVC”。根据评分要求，如果答案为“HCl、$HgCl_2$、乙炔”，只得 1 分；如多写项目为其他情况，本题均给 0 分。本题问的就是 VCM 生产单元中的投入项，不能写入产出项物料，不能写入 Cl_2。

5. 本项目的环境空气现状调查应包括哪些特征污染因子？（4 分）

【参考答案】

Cl_2、HCl、VCM、Hg。（每项各 1 分）

考点分析与答题技巧：工业类项目监测，应注意常规污染物与特征污染物的区别。特征污染物是指由建设项目产生的主要的或特定的污染物。根据评分要求，如答案中含有非空气现状调查污染物，即使其他答对也赋 0 分（如含有水体指标 SS、COD 等）。如将 HCl 写成盐酸，因盐酸为液态，不符合“空气污染物”，故得 0 分；如将 VCM 写成 PVC，因为 PVC 为固体，不符合“空气污染物”，也得 0 分。

试题十六（2008 年考题）

某炼油厂拟在厂区预留地内进行改、扩建工程建设，其中配套公用工程有：在现有罐区扩建 1 000 m^3 苯罐、500 m^3 苯乙烯罐、300 m^3 液氨罐和 50 m^3 碱槽各 1 座；改造现有供水设施，新增供水能力 500 m^3/h。现有污水处理厂紧靠北厂界，其西面与西厂界相距 100 m。拟在污水处理厂与西厂界之间的 A 空地新建危险废物中转场 1 座，在与污水处理厂东面相邻的 B 空地新建 650 m^3/h 的污水回用装置 1 套。

改、扩建项目新增的生产废水处理依托现有污水处理厂，改造前后生产废水的污染物种类和处理后的污染物排放浓度不变（《污水综合排放标准》一级）。达标废水通过 2 km 排污管道排入 C 河。C 河属感潮河流，大潮潮流最大回荡距离约 6 km。排污口上游 10 km 处有一集中式供水饮用水水源地 D，该水源地设有一级、二级保护区，二级保护区的下游边界距水源地 D 取水口 6 km。取水口至炼油厂废水排污口间河段无其他污染源汇入。为防止 C 河水体污染，当地环保行政主管部门提出，废水排入 C 河的改建项目需实现增产减污。

厂区地质结构稳定，天然土层防渗性能良好，厂西边界外 700 m 处有一村庄，其他方位村庄距厂界 1 000 m 以上。

【问题】

1．分析评价新建公用工程在厂内布局的环境合理性。

【参考答案】

（1）拟在污水处理厂与西厂界之间的 A 空地新建危险废物中转场不合理（答上“不合理”3 个字即可得 2 分）。

（2）根据《危险废物贮存污染控制标准》，危险废物贮存场距离居民区的距离应在 800 m 以外，而厂西边界外 700 m 处有一村庄。（或答：与厂界西的村庄距离不足 800 m）。（2 分）

考点分析与答题技巧：在原环境保护部 2013 年第 36 号公告中，将《危险废物贮存污染控制标准》（GB 18597—2001）第 6.1.3 条修改为：应依据环境影响评价结论确定危险废物集中贮存设施的位置及其与周围人群的距离，并经具有审批权的环境保护行政主管部门批准，并可作为规划控制的依据。在对危险废物集中贮存设施场址进行环境影响评价时，应重点考虑危险废物集中贮存设施可能产生的有害物质泄漏、大气污染物（含恶臭物质）的产生与扩散以及可能的事故风险等因素，根据其所在地区的环境功能区类别，综合评价其对周围环境、居住人群的身体健康、日常生活和生产活动的影响，确定危险废物集中贮存设施与常住居民居住场所、农用地、地表水体以及其他敏感对象之间合理的位置关系。即2013年第36号公告发布之日起，不再固定800 m的防护距离要求，而需经过环评核算。但是，GB 18597—2001已被GB 18597—2023替代。考生应认真学习新标准。

2．指出本项目大气和水环境现状调查中应考虑的特征污染因子。

【参考答案】

（1）大气：苯、苯乙烯、氨、硫化氢、恶臭、VOCs。（2.5分）

（2）水环境：苯系物、硫化物、氰化物、挥发酚、石油类。（1.5分）

考点分析与答题技巧： 注意，本题问的是“特征污染物”，如果答上“常规污染物”，则会被视为不解题意，本题不得分。2008年考试时的答案可以没有VOCs，因为那时不关注VOCs，但现在对VOCs特别关注，VOCs已成为当前大气污染防治的“重中之重”；石油类水环境现状监测中的常规污染物，对于本项目而言，它也是特征污染物，毕竟评价的项目为炼油厂。

3．识别本项目贮存设施中重大危险源和环境风险评价重点保护目标（苯、苯乙烯、液氨贮存设施临界量分别为50 t、100 t和100 t）。

【参考答案】

（1）重大风险源：1 000 m^3苯罐、500 m^3苯乙烯罐、300 m^3液氨罐。（1.5分）

（2）重点保护目标有：西厂界外700 m处的村庄，其他方位受影响范围内的村庄、集中式饮用水水源地D。

考点分析与答题技巧： 在环境风险评价中，确定风险源、风险物质以及风险发生因素，是进行环境风险评价的重要基础。其中重大风险源是指长期或短期生产加工、运输、使用或贮存危险物质，且危险物质数量等于或超过临界量的功能单元，在环境风险评价技术导则中有明确规定。根据题意，重点环境保护目标肯定有西厂界外700 m处的村庄，但距厂界1 000 m以上的其他方位的村庄及饮用水水源地是否应纳入环境保护目标应根据环评预测结果确定，而在考场上短时间内是难以做出预测的，因此在考试时具有不确定性。答上“村庄”和“饮用水水源地”即可得分。考生必须认真学习《建设项目环境风险评价技术导则》（HJ 169—2018），该导则是建设项目环境风险评价的基本的技术指导。

4．确定排污口上游河段水质现状监测断面位置。

【参考答案】

（1）集中式饮用水水源地D取水口（排污口上游10 km）。（1.5分）

（2）水源地一级保护区下游边界处。（1分）

（3）水源地二级保护区下游边界处（排污口上游4 km处）。（1分）

（4）大潮潮流最大回荡距离处（排污口上游6 km处）。（1分）

（5）排污口上游500 m处。（1分）

考点分析与答题技巧：河流水质监测取样断面的布设一般设对照断面、控制断面、削减断面，有时还需要设置背景断面。断面位置主要有：在调查范围的两端；调查范围内重点保护水域、重点保护对象附近水域；水文特征突然变化处（如有支流汇入处等）、水质急剧变化处（如污水汇入处等）、重点水工建筑物（如取水口、桥梁涵洞等）附近、水文站附近等；适当考虑其他需要进行水质预测的地点；拟建排污口上游（100～500 m，也有人认为应在100 m处，也有人认为应在500 m处）。另外，还需注意大型、中型、小型不同规模河流、湖泊取样垂线的布设、取样方式及频率的要求。

5. 根据当地环保行政主管部门对C河的管理要求，分析本项目的环境可行性（选择COD作为指标给出定量结果，计算新增污水量时不计损耗）。

【参考答案】

（1）当地环保行政主管部门提出，废水排入C河的改建项目须实现增产减污。本项目满足该要求。（1分）（答上“环境可行”即可得1分）

（2）项目新增了供水能力500 m^3/h，但扩建了污水回用装置650 m^3/h，做到了“以新带（代）老”，使污水处理厂改造后进入C河的污水量减少150 m^3/h（1分，500～650 m^3/h）。根据题意，污水种类及污染物浓度不变，则少排放COD的量为：$60\ mg/L \times 150\ m^3/h \times 24\ h \times 10^{-3} = 216\ kg/d$。（2分）

考点分析与答题技巧：根据题意，当地环保部门的要求主要是增产减污，而本工程采取的污水回用恰好符合这一要求。在回答本题时，关于COD排放量的计算可能由于不了解《污水综合排放标准》（GB 8978—1996）中1998年1月1日起建设的石化行业COD一级排放标准为60 mg/L这一指标而困惑。

试题十七（2007 年考题）

某石化公司拟建 3 套生产装置，同时配套建设污水处理厂一座，各装置污水排放情况见下表，污水处理厂工艺流程见下图。污水处理厂布置在石化公司的东北角。在污水处理厂区拟建一露天并经防渗处理的固体废物临时存放中转场，布置在石化公司厂界围墙边。厂界东面 3 km 处有一乡镇，其余均为农田。当地主导风向为东南（夏）和西北（冬），大气环境功能区划为二类。

废水经处理达标后排入附近 A 河，该河流河段执行《地表水环境质量标准》Ⅲ类水质标准。评价河段顺直均匀，河段宽 80 m，平均水深 4 m。排污口下游 4 km 处有一支流汇入，无其他排污口。

拟建项目污水水质、水量数据

排放源	排放规律	排放流量/（t/h）	水质/（除 pH 外，均为 mg/L）				
			pH	COD	BOD_5	石油类	氨氮
装置 A	连续	50	6～7	1 000	350	500	100
装置 B	连续	200	6～8	600	300	200	50
装置 C	连续	150	6～8	200	120	100	—
初期雨水	间断	10*	7～8	100	60	50	—

*此值为折合为连续量的数值。

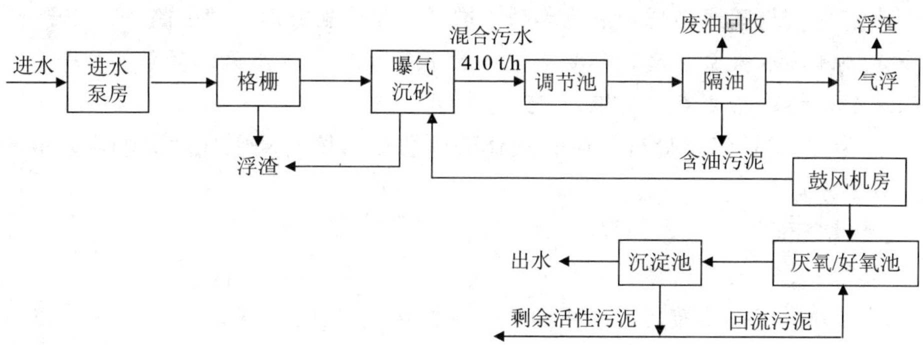

污水处理厂工艺流程示意图

【问题】

1．识别污水处理厂运行期环境影响。（4 分）

【参考答案】

（1）污水排放。（1 分）

（2）无组织排放废气和恶臭。（1 分）

（3）产生的危险废物（浮渣及含油污泥）和污泥。（1 分）

（4）设备噪声。（1 分）

考点分析与答题技巧：本小题属于工程分析的环境影响因素识别内容。因此，只需指出污染源，不必进行"影响分析"。当然，如果本题改为"识别污水处理厂运行期的环境影响因素"，此 4 个答案更为合适。

此外，尽管题干是化工行业，但本题考的却是污水处理厂的环境影响。做过污水处理厂项目的技术人员即使不看题干信息，也可以答上。但要注意，如果分析影响，应尽可能答得有针对性，如 A 河、3 km 处的乡镇均应给出。

2. 处理后的污水应执行《污水综合排放标准》中的哪级标准？（2 分）

【参考答案】

（1）一级标准。

（2）本项目纳污水体为Ⅲ类水体。根据《地表水环境质量标准》（GB 3838—2002），排入Ⅲ类水体的污水应达到废水综合排放一级标准。

考点分析与答题技巧：根据《地表水环境质量标准》（GB 3838—2002），地表水Ⅰ类、Ⅱ类水体不允许排入污水，排入Ⅲ类水体的污水，应达到《污水综合排放标准》的一级排放标准。本题的解答其实可以只写一句话"污水排入地表Ⅲ类水体，应执行一级排放标准"，即可得满分。

3. 污水处理厂氨氮去除率为 75%，计算出水氨氮浓度。（3 分）

【参考答案】

[（50×100+200×50）÷（50+200+150+10）]×（1−75%）=9.15（mg/L）。（3 分）

考点分析与答题技巧：很简单的一道题，但这里有两个"小陷阱"需要注意：一个是计算污水氨氮浓度时不要忘记加表中装置 C 和初期雨水的量；另一个是对去除率的理解，不要直接去乘以 75%。

4. 简述减轻污水处理厂敞开式调节池恶臭气体对周围环境影响可采取的措施。（2 分）

【参考答案】

收集并处理恶臭气体。（2 分）

考点分析与答题技巧：当年的评分答案就是这样简短的一句，近年来也有类似这样的泛泛的、原则性的评分答案，有环境影响评价实际工作经验的考生是不会这样答题的，一定会给出很具体的措施。笔者给出以下参考答案：① 对调节池进行必要的封闭（或加盖）；② 生物脱臭；③ 活性炭吸附；④ 集中收集高空排放或处理。这 4 项措施更为具体，应该是体现了"收集并处理恶臭气体"的要求或原则，更符合环境保护措施应具有实际可操作性的要求，也符合《建设项目环境影响评价技术导则　总纲》（HJ 2.1—2016）关于环境保护措施应具体化的要求。

恶臭防治是污水处理等涉及此类污染物建设项目十分关注的，对周边居民的影响突出。虽然治理无组织排放的恶臭确实有较大的难度，但还是需要采取措施最大限度地予以治理。

5. 分析污水处理厂固体废物临时存放中转堆场堆存含油污泥是否合适？请说明理由。（4 分）

【参考答案】

（1）不合适。（1 分）

（2）该污水处理厂为石化企业污水处理厂，其污泥中有含油污泥等危险废物，露天堆存显然是不合适的（1.5 分），临时中转场应按危险废物贮存要求设置和管理（1.5 分），做好“三防”措施（1.5 分），且防渗层等应符合《危险废物贮存污染控制标准》要求。

考点分析与答题技巧：关于“说明理由”这个要求，标准答案是这样写的：含油污泥属危险废物，中转临时堆场应按危险废物贮存要求设置和管理（1.5 分）；按危险废物堆场要求，危险废物堆放要防风、防雨、防晒、防漏、防流失，本工程采用露天堆放，不符合要求，要加顶（盖）（1.5 分）。二者的答题思路与意思基本是一致的。本题主要考查固体废物贮存污染控制要求，特别是危险废物。固体废物种类繁多、成分复杂，处理处置方式也是多种多样，确实需要多方面关注。

6. 预测排放口下游 5 km 处河段 BOD_5 浓度需哪些数据和参数？（5 分）

【参考答案】

（1）排放口上游的水质、水量。（1 分）

（2）支流的水质、水量。（1 分）

（3）河流的流速。（1 分）

（4）BOD_5 降解系数。（1 分）

（5）污水处理厂排放的水量和 BOD_5 值。（1 分）

考点分析与答题技巧：本题实际考查的就是河流水质模型及其参数选择，这是水质预测所必备的基础知识。不同的河流条件及不同类型污水排放对水环境的影响有不同的水质预测模式，应予以掌握。注意，《环境影响评价技术导则　地表水环境》（HJ 2.3—2018）与此前的 HJ/T 2.3—93 相比，有显著变化，考生须根据 HJ 2.3—2018 重新审视既往案例关于地表水环境影响的评价内容，在考试前一定要认真学习 HJ 2.3—2018。

试题十八（2005 年考题）

某拟建化工项目位于城市规划的工业区。拟建厂址东、南厂界附近各有一上千人口的村庄。经工程分析，拟建项目正常工况废水量及主要污染物见表 1。项目拟建污水处理厂，废水经处理后排入水体功能为Ⅲ类的河流。拟焚烧的固体废物产生情况见表 2。

表 1　拟建项目废水的水量及水质

序号	污染源名称	废水量/（t/d）	pH	污染物浓度/（mg/L）						
				COD	醋酸	醋酸甲酯	甲醇	Co	Mn	石油类
W_1+W_2	生产工艺废水	900		3 000	700	100	200	＜3	＜1	
W_3	焚烧炉淋洗塔排水	240		220						
W_4	锅炉及热煤炉排水	80	6～9	20						
W_5	纯水厂排水	330	1～14	20						
W_6	罐区污水	30		100～300						50～100
W_7	生活污水	10		300						
W_8	初期雨水	150 t/次		200						
W_9	循环系统排水	3 630		＜60						

表 2　拟建项目固体废物产生情况

序号	产生部位	产生量/（t/a）	组成	性质
1	烛芯过滤和催化剂回收残渣	12 560	Co：705 mg/L 醋酸：1% 有机物：68%	含有机物、重金属，属危险废物
2	污水场压滤脱水后污泥	700	含水＜85%	工业废水污泥，属一般危险废物

【问题】

1．根据表 1，指出哪几部分废水可作为清洁下水外排。

【参考答案】

W_4、W_9（或写出名称均可）。

考点分析与答题技巧：本题考查对清净（洁）下水的理解，难度不大。清净（洁）下水一般是 COD 小于 60 mg/L 的非工艺污水，不需要处理即可直接排放。但清洁下水作为可回收利用的水资源，应尽可能回收利用。对于污水，一般应尽可能做到“清污分流、雨污分流”“分类处理、达标排放、总量控制”等。W_5 由于其 pH 值范围太宽（pH 为 1～14 的废水，如此变化是不可想象的！）因而不能确定。如果 pH 值 6～9，则可视为清净（洁）下水。所以说，这个题出得比较别扭（将 W_5 答上或不答上均给分）。

2. 计算表 1 中必须进入污水处理厂处理的废水量和污水处理厂进水 COD 浓度。

【参考答案】

除清净（洁）下水外，其他均应进入污水处理厂处理。

（1）废水量：$W_1+W_2+W_3+W_6+W_7+W_8$=1 330（t/d）。

（2）进水 COD 浓度：[900×3 000+240×220+30×（100～300）+10×300+150×200]÷1 330=2 097～2 101（mg/L）（平均值：2 099 mg/L）。

考点分析与答题技巧：此题只是第 1 题的延伸，所增加的浓度计算也十分简单。但是，由于 W_5 具有不确定性，所以是否将 W_5 纳入计算是个问题（这是本案例的别扭之处，也是考试与实际工作的不同之处）；另外，罐区污水的 COD 值为 100～300 的一个“范围”，所以这个浓度值应该是个范围值（这是此题的别扭之处，考生按最大值 300 mg/L 计算也可得满分）。考生在答题时要注意不要仅给出最后的数据结果，而应写明过程。另外，初期雨水不能视为清净（洁）下水（但这里初期雨水量给出的是 150 t/次，与其他指标的计量不匹配，也是很别扭的）。至于 W_5，由于具有不确定性，是否“必须”进入污水处理厂处理也不能确定，如为强酸或强碱则应考虑另行处理方案，不应混同进入污水处理厂。

3. 按《污水综合排放标准》（GB 8978—1996）的要求，COD 的一级排放标准限值为 100 mg/L，二级排放标准限值为 150 mg/L。拟将废水处理后排往河流，试确定对污水处理厂 COD 去除率的要求。

【参考答案】

本项目排入Ⅲ类水体，应该达到一级排放标准。因此，COD 去除率应为：（2 099−100）÷2 099×100%=95.2%。

考点分析与答题技巧：本题虽然简单，但既考了纳污水体功能及污水排放标准，也考了污染物去除率的计算，是大家应该掌握的。但是，由于前一题本身就是有问题的或错误的，所以，本题也同样存在问题。像这样的考题，考生在考试时怎么做都可以得分。

4．若采用预处理—厌氧—好氧—沉淀处理工艺，其中预处理去除率 20%，厌氧去除率 45%，好氧去除率 50%，沉淀去除率 10%。污水处理厂出水能否满足外排水环境的要求？COD 的总去除率是多少？

【参考答案】

（1）经过处理后 COD 出水浓度：2 099×（1−20%）×（1−45%）×（1−50%）×（1−10%）= 416（mg/L），大于一级排放标准。因此，不能满足外排水环境要求。

（2）COD 总去除率：（2 099−416）÷ 2 099×100%=80%。

考点分析与答题技巧：本题的难度也很小。只要不出现对“去除率”理解上的失误，不直接与去除率相乘，也不要将各去除率相加后再相乘，问题很容易就可以解决。但是，由于前两题本身的问题或错误，本题的过程是重要的，结果就“不重要”了。考生怎么答均可得分。

十六、建材火电类案例

试题一（2022 年考题）

某砖厂位于西南地区青枝煤矿开采区，2008 年通过竣工环保验收，环评文件批复以低硫煤矸石、页岩等为原料，采用破碎、筛分、陈化、挤出成型、切坯和干燥烧结工艺，生产烧结砖 7 600 万块/a。生产设施有 2 条带人工干燥室的轮窑生产线和破碎、筛分、混料、成型等设备，辅助设施有原料棚、陈化库和成品堆场等。

原料棚设围挡抑尘，破碎筛分点采用洒水抑尘，烧结和干燥废气采用旋风水膜除尘脱硫。近期自行监测报告表明：工况条件下，轮窑干烟气含氧量 19.06%，温度 60℃，颗粒物、二氧化硫、氮氧化物和氟化物的浓度分别为 13 mg/m^3、104 mg/m^3、67 mg/m^3 和 1.2 mg/m^3。

企业拟在原址实施改造，原料组成不变。产品品种增加烧结空心砖，产能调整为标准砖 6 000 万块/a。工程内容包括拆除厂区原有设施，新建封闭型的原料库、陈化库和生产车间等。新建 1 条隧道烘干室+隧道烧结窑生产线，更新全部生产设备。

烧结窑采用机械送、排气方式。烧结温度 1 050～1 150℃。烧结窑每年需铺柴投煤点火一次，升温后利用砖坯中煤矸石燃烧完成烧结，不再外加燃料。

将烧结室烟气中的一部分引入烘干室进行余热利用（用于烘干湿砖坯），再与其余烟气混合经布袋除尘+双碱法脱硫净化后，由引风机引至 25 m 高烟囱排放。原料破碎、筛分、混料产生的粉尘经集气罩收集、布袋除尘净化后由独立排气筒排放。

根据原料理化分析报告，煤矸石热值约为 2 000 kJ/kg，主要成分有碳、二氧化硅、三氧化二铝，还检出氟、砷和汞等元素。

该企业用地不在生态保护红线内，厂界外 45 m 处有一散户、270 m 处有一村庄、1 000 m 处有一家在建陶瓷企业。根据当地环境质量报告书，区域上一年度 $PM_{2.5}$ 年均浓度超标，地方达标规划尚在编制中。环境影响报告表编制单位开展了大气专题工作。根据估算模式计算结果，确定项目大气环境影响评价工作等级为一级。

注：《砖瓦工业大气污染物排放标准》（GB 29620—2013）及其2020年修订单规定，人工干燥及烧结生产过程的颗粒物、二氧化硫、氮氧化物和氟化物标准状态干烟气排放浓度限值分别为30 mg/m³、150 mg/m³、200 mg/m³和3 mg/m³，干烟气基准氧含量18%，基准排放浓度折算公式为：$\rho_{基准排放浓度}=\rho_{排放浓度}\times$（$21-Q_{干烟气基准含量}$）/（$21-Q_{干烟气实测含氧量}$）

本题不考虑气压变化，标态温度以 273.15 K 计，实测排放浓度需折算为标干排放浓度，再折算为基准排放浓度对标。

【问题】

1．判断现有工程烟气排放达标情况。

【参考答案】

理想气体状态方程 $PV=nRT$，不考虑气压变化，则 $P_0=P_1$，即 $V_1/T_1=V_0/T_0$，

$V_0=V_1T_0/T_1=V_1\times273.15/(273.15+60)=0.82V_1$

同一气体组分，体积和浓度成反比。

$\rho_{基准颗粒物}=13\times(21-18)\div(21-19.06)\div0.82=25<30$（mg/m³）

$\rho_{基准二氧化硫}=104\times(21-18)\div(21-19.06)\div0.82=196>150$（mg/m³）

$\rho_{基准氮氧化物}=67\times(21-18)\div(21-19.06)\div0.82=126<200$（mg/m³）

$\rho_{基准氟化物}=1.2\times(21-18)\div(21-19.06)\div0.82=2.26<3$（mg/m³）

由以上计算可知，现有工业烟气二氧化硫超标，颗粒物、氮氧化物、氟化物达标。

考点分析与答题技巧：本小题是环评及环境管理中的“日常”工作，环评需要考虑建设项目能否做到达标排放，而环境管理更要监督企业避免出现超标排放。因此，在环评考试大纲中这是属于“工程分析”的基本工作。虽然本小题主要是通过初高中阶段的气态方程进行的计算，但也是实际工作中必须熟练应用的。

2．技改工程采用的烧结窑烟气治理措施是否合理？说明理由。

【参考答案】

（1）不合理。

（2）理由如下：

① 技改工程所在区域上一年度 $PM_{2.5}$ 年均浓度超标，属于不达标区域。根据《环境影响评价技术导则　大气环境》（HJ 2.2—2018），不达标区建设项目选择大气污染治理设施时应选择最优技术方案，保证大气污染物达到最低排放强度和排放浓度，并使环境影响可以接受。

② 案例中烧结窑烟气治理措施为经布袋过滤除尘+双碱法脱硫净化后，由引风机引至 25 m 高烟囱排放，其中脱硫措施不符合最优技术方案，且未采取脱硝措施（SO_2、NO_x 为 $PM_{2.5}$ 产生的前体物）。因此，本技改工程采用的烧结窑烟气治

理措施不合理。

考点分析与答题技巧：解答本小题注意以下几个方面：

（1）注意本小题问的是烧结窑烟气治理措施，原料破碎、筛分、混料等环节无需考虑。

（2）烧结温度 1 050～1 150℃，氮氧化物主要产生于空气中氮气助燃，可不再考虑。

（3）将烧结室烟气中的一部分用于烘干湿砖坯，这部分烟气中颗粒物会有些沉降，因又再同其余烟气混合经布袋除尘+双碱法脱硫净化后外排，题目中未给出烟气量，可不考虑这部分烟气的除尘效率。

3．说明正常排放时不达标因子的大气预测工作内容。

【参考答案】

应预测以下内容：

（1）新增污染源最大浓度占标率（或答：项目正常排放条件下，预测环境空气保护目标和网格点处该污染物的短期浓度和长期浓度贡献值，评价其最大浓度占标率）；

（2）年平均质量浓度变化率，（后面的内容可以不答）因地方达标规划尚在编制中，故无法获得达标规划目标浓度值，因此，需找到区域削减替代源（达标规划削减源之外或地方生态环境部门认可），并评价区域环境质量的整体变化情况；

（3）大气环境防护距离，（后面的内容可以不答）计算厂界外大气污染物短期贡献浓度，当短期贡献浓度超过环境质量浓度时，可自厂界向外设置一定范围的大气环境防护距离区域，以确保大气环境防护距离外的污染物贡献浓度满足环境质量标准。

考点分析与答题技巧：本小题实质上是考察对大气导则的应用（HJ 2.2—2018的“8.7.2.1”至“8.7.2.3”节，请查找导则原文看一下），达标排放是基本要求，但改善环境质量，确保不造成环境污染或影响是重要目的，对于超标排放，虽然从法规及排放标准方面来看，是不能允许的，必须进行治理，但在环评工作中当然是要预测其环境影响范围和程度的。解答本小题应注意以下几个方面：。

① 题目中未给出特征因子检测、区域陶瓷厂污染源调查等详细资料，仅提到$PM_{2.5}$年均浓度超标，地方达标规划尚在编制中。环境影响报告表做了大气专题且大气评价等级为一级。

② 既然本小题只问不达标因子的大气预测工作内容，与题目无关的均可不答。

4. 简述项目噪声评价的主要工作。

【参考答案】

（1）进行工程分析，识别噪声源，并确定源强；

（2）调查声环境保护目标，特别是声环境敏感保护目标，明确声环境保护目标与主要噪声源的空间位置关系；

（3）预测噪声源对声环境保护目标的影响性质和程度；

（4）提出减缓噪声影响的措施。

考点分析与答题技巧：本小题实质上是考察对声导则（HJ 2.3—2021）的应用。其实本小题解答十分容易，即使不看题干信息，也能完成一般性或原则性的解答内容。但是，作为案例考试，解题时应结合题干信息，不能一味照搬导则的表述。另外，将简单问题复杂化是不适合考试解答问题的。

5. 推荐烧结窑建设运营期减少碳排放的措施。

【参考答案】

答案一：

1. 建设期

（1）淘汰落后工艺和高耗能、高污染的设备。

（2）制订合理的施工方案，选择低能耗的施工机械，减少施工期资源、能源消耗。

（3）做好厂区绿化设施和施工建设。

2. 营运期

（1）注重窑炉有密封性，提高炉窑保温性能。

（2）加强炉窑余热回收利用，实现热能阶梯利用。

（3）强化生产管理，最大程度保持最优减污降碳工况，以降低资源能源消耗。

答案二：

1. 建设期

（1）优化炉窑本身结构，由轮窑改为隧道窑，本身就是一种能效能耗的节约，减少能源浪费。

（2）选用高质量的新材料。

（3）对燃烧结构进行改造。

（4）对炉窑控制系统进行改造。

（5）设计中注意保温技术、热能阶梯利用技术、余热回收技术等应用，可减少外购热力，也是一种减排。

2. 运营期

（1）调整碳酸盐原辅料用量或比例，采取技术措施减少碳酸盐的使用。

（2）保温技术、热能阶梯利用技术、余热回收技术等在生产过程中的实际应用，可减少外购热力。

（3）减少外购电力，减少变压器的损耗及企业配电的损耗，选用高效电机、提高风机水泵等重点用电设备的效率、减少空压机用电量等。

（4）加强日常管理，结合工业炉窑设备制造技术、自动化控制技术、企业的管理、生产流程的优化、工艺的优化等多方面，将这些方面落于实处。

（5）厂区绿化和维护。

考点分析与答题技巧：本小题解答时应注意，"建设"主要是施工过程，重点在于原辅材料的使用和施工活动，而运营，则主要体现在生产工艺、生产过程及环境管理方面。答案一简洁，答案二丰富。考试解答时，为节省时间以简洁为宜。解答本小题企业碳减排的技术措施主要包括以下八个方面：① 减少燃料燃烧碳排放技术；② 工艺过程碳减排技术；③ 碳酸盐使用 CO_2 减排技术；④ 减少外购热力的减排技术；⑤ 减少外购电力的减排技术；⑥ CO_2 回收利用技术；⑦ 低碳能源技术；⑧ 碳汇技术。

由轮窑改为隧道窑，本身就是一种能效能耗的节约。由轮窑改为隧道窑，轮窑属于间歇式窑炉，产品烧制完成后需要停火降温，热量损失较大，自动化程度低。隧道窑属于连续式窑炉，原料由入口顶入，产品由出口顶出，热量损失小，出窑产品凉，自动化程度高。

生态环境部发布了 HJ 954—2018《排污许可证申请与核发技术规范 陶瓷砖瓦工业》，考生有必要下载学习一下。

【扩展思考题】

1．确定本项目的大气环境影响评价范围。

2．识别本项目大气环境保护目标。

3．关于厂界外在建陶瓷企业，应收集调查哪些信息？

4．大气影响评价因子除 $PM_{2.5}$、SO_2、NO_x 外，还应考虑哪些因子？

试题二（2021年考题）

为满足工业用汽和采暖用热需求，某经济开发区拟实施热电联产工程，并协同处置城镇污水处理厂污泥。建设内容包括：3×280 t/h 循环流化床锅炉（2用1备）和2×30 MW背压式热电联产机组（1炉1机配置）等主体工程，全封闭条形煤场、污泥干化车间、灰库、渣仓、氨水储罐等储运工程；给排水、变配电、化学水处理、冷却塔等公辅工程；烟（废）气、废水处理等环保工程。工作制度为：1台机组为工业用户提供工业用汽，年利用小时数6 500 h；1台机组为采暖用户提供采暖用热，年利用小时数2 880 h，工程投产后，将替代供热范围内10台燃煤小锅炉。

污泥干化车间设1座污泥仓和1台圆盘干燥机，处理能力为5 t/h（湿基），年利用小时数6 500 h。来自城镇污水处理厂含水率80%的污泥先暂存在污泥仓内，后通过加料机送入圆盘干燥机进行干化处理，得到含水率40%的干污泥（收到基低位发热量 6 300 kJ/kg）。干燥机以自产蒸汽（约160℃）作热源，采用间接加热方式。

污泥干化车间配建1套干燥废气处理装置和1套废水处理装置。污泥干燥废气采用“旋风除尘+冷凝”工艺处理，不凝气送锅炉燃烧，冷凝废水送废水处理装置处理，处理工艺为“调节+气浮+两级A/O+二沉+过滤”。

本工程采用当地煤作燃料（收到基低位发热量21 000 kJ/kg），并掺烧少量干污泥。干污泥由皮带输送机送至上煤点与破碎后的煤掺混后送锅炉燃烧。经测算，单台锅炉耗煤量36 t/h（未考虑掺烧污泥），标态干、湿烟气量分别为82.7 m^3/s、90.2 m^3/s（含氧量6%）。掺烧污泥、不凝气后，烟气量和锅炉热效率基本无变化。

3台锅炉各自配有独立的烟气净化系统，净化工艺均为：低氮燃烧+炉内SNCR脱硝+静电除尘器预除尘+烟气循环流化床半干法吸收塔脱硫+布袋除尘器除尘。其中脱硝效率不低于60%，脱硝还原剂为氨水（配2座30 m^3氨水储罐）；静电除尘器和布袋除尘器的除尘效率分别为97%和99.95%；吸收塔的脱硫效率为98%，脱硫剂为消石灰。锅炉烟气经烟气净化系统处理后由1座高150 m、出口内径3.5 m的单管烟囱S_1排放，烟气排放温度90℃。

除灰渣系统采用干出灰、机械出渣的灰渣分除处理工艺，设计灰渣比6∶4。单台锅炉炉渣产生量3.2 t/h，半干法脱硫系统新增烟尘量（进入布袋除尘器前）

2.4 t/h（掺烧污泥所造成的灰渣和烟尘量的变化，可忽略不计）。

经调查，本工程所在地区为环境空气不达标区，不达标因子为 NO_2，当地政府已编制了环境空气限期达标规划。达标规划给出了污染源清单和削减源清单，模拟了达标规划实施后的浓度场。达标规划的污染源清单未包含本工程，削减源清单未包含被替代燃煤小锅炉。环境空气评价范围内无在建和拟建污染源。

环评文件编制单位确定本工程大气环境影响评价工作等级为一级，给出的 NO_2 预测评价内容包括：a）采用进一步预测模型计算本工程 NO_x 排放源正常排放情况下 NO_2 短期浓度和年均浓度；b）采用本工程贡献浓度减去被替代燃煤小锅炉的贡献浓度，并叠加环境质量现状浓度得到项目投产后95%保证率 NO_2 日平均浓度。编制单位给出的本工程正常排放条件下 NO_2 排放源部分参数见下表。

本工程 NO_x 排放源部分参数表

名称	排气筒高度/m	排气筒出口内径/m	烟气流速/（m/s）	烟气温度/℃	年排放小时数/h
S1	150	3.5	3×11.4	90	6 500

环评文件编制单位核算了本工程碳排放量（不考虑掺烧污泥、不凝气产生的碳排放量），其中煤单位热值含碳量为 26.44×10^{-3} t C/GJ（对应收到基低位发热量），碳氧化率为98%。

【问题】

1．计算本工程烟尘排放浓度和年排放量。（4分）

【参考答案】

答案一：

（1）单台锅炉出灰量=3.2÷4×6=4.8（t/h）；

（2）单台锅炉烟尘排放量=[4.8×（1−97%）+2.4]×（1−99.95%）=0.001 27（t/h）；

（3）锅炉排放浓度=0.001 27×10^9÷82.7÷3 600=4.27（mg/m³）；

（4）本项目烟尘排放量=0.001 27×（6 500+2 880）=11.93（t/a）。

答案二：

（1）本工程烟尘小时排放量：

① 2 台锅炉烟尘小时排放量为：2×3.2×（6/4）×（1−97%）×（1−99.95%）×10^3=0.144（kg/h）；

② 半干法脱硫系统新增烟尘量为：2×2.4×（1−99.95%）×10^3=2.4（kg/h）；

③ 本工程烟尘小时排放量为：0.144+2.4=2.544（kg/h）。

（2）本工程烟尘排放浓度为：2.544×10^6÷（82.7×3 600×2）=4.28（mg/m³）。

（3）本工程烟尘年排放量为：$2.544/2\times6\ 500\times10^{-3}+2.544/2\times2\ 800\times10^{-3}=11.83$（t/a）。

考点分析与答题技巧：根据题干信息，本项目“除灰渣系统采用干出灰、机械出渣的灰渣分除处理工艺，设计灰渣比 6∶4。单台锅炉炉渣产生量 3.2 t/h，半干法脱硫系统新增烟尘量（进入布袋除尘器前）2.4 t/h（掺烧污泥所造成的灰渣和烟尘量的变化，可忽略不计）”“静电除尘器和布袋除尘器的除尘效率分别为 97% 和 99.95%”“经测算，单台锅炉耗煤量 36 t/h（未考虑掺烧污泥），标态干、湿烟气量分别为 82.7 m^3/s、90.2 m^3/s（含氧量 6%）”，根据这些关键信息，便可计算本小题要求给出的烟尘排放浓度和年排放量。

本题关键在于对除灰量和半干法脱硫系统新增烟尘量的理解。这里出灰量数据是锅炉燃烧烟尘产生量，新增烟尘量是由于半干法脱硫喷入炉膛的石灰乳受热变成颗粒物和脱硫产物脱硫渣湍动产生的颗粒物。

另外，需要注意的是，本小题要求计算“烟尘”的排放“浓度”和年排放量，不得误算为二氧化硫、氮氧化物，也不得以排放速率等作为最后计算结果。计量单位及相关参数的转换是本小题计算的关键。由于计算过程中的有效数字保留方式不同，答案一与答案二计算过程和结果略有差异，但二者并无原则性差别，均为本小题合适的解答。

2. 指出湿污泥干化尾气冷凝废水的主要污染物。（4 分）

【参考答案】

pH、SS、COD、BOD、氨氮、总氮、硝酸盐氮、硫化物、硫酸根。（满分 4 分，但少答一项扣 0.5 分）

考点分析与答题技巧：根据题干信息：污泥自城镇污水处理厂含水率 80%的污泥先暂存在污泥仓内，后通过加料机送入圆盘干燥机进行干化处理，得到含水率 40%的干污泥（收到基低位发热量 6 300 kJ/kg）。污泥干化车间配建 1 套干燥废气处理装置和 1 套废水处理装置。污泥干燥废气采用“旋风除尘+冷凝”工艺处理，不凝气送锅炉燃烧，冷凝废水送废水处理装置处理，处理工艺为“调节+气浮+两级 A/O+二沉+过滤”。干化过程中挥发的含湿量较大的尾气不宜直接进入锅炉焚烧，以避免降低燃烧效率。因此，需要将气体收集到冷凝器中加以冷凝进行除湿，同时尾气中颗粒物和可溶于水的污染物进入冷凝水中形成冷凝废水。

应用考试讲解时提到的工程分析中关于污染因子的“产污环节正向分析”“末端治理逆向推导”两种识别技巧，可以识别主要污染因子：

① 城镇污水处理厂污泥干燥废气含氨、硫化氢，故冷凝废水污染因子识别应有硫化物或硫酸根。

② 根据废水处理工艺各处理单元作用目的确定冷凝废水污染因子，“调节”

主要针对 pH，“气浮”主要针对 SS，“两级 A/O”中的“A”主要针对 COD、BOD_5，“O”主要针对氨氮、总氮，“二沉池、过滤”主要针对 SS。需要注意的是，“气浮”亦可针对石油类，但因未设置隔油等预处理设施，故不应识别石油类；“两级 A/O”为 A/O—A/O 工艺，而非 A^2O 工艺，不具备厌氧生物除磷功能，故题干信息不支撑总磷。

3．表 2 中烟气流速和年排放小时数取值是否正确？说明理由。

【参考答案】

答案一：

二者均不正确。（答“不正确”，或“两个数值均不正确”，均给分）

理由：

① 3×11.4 m/s 错误。11.4 是采用干烟气量计算得到的烟气流速，应该采用实际（湿烟气）烟气量进行计算：$[90.2\times(273+90)\div 273]\div[3.14\times(3.5/2)^2]=12.5$ m/s；3 台循环流化床锅炉 2 用 1 备，备用锅炉不能统计到源强内。

② 6 500 h 错误。工作制度为 1 台供汽锅炉年工作 6 500 h、1 台供热锅炉仅在采暖期运行年工作 2 880 h，表明实际同时在线运行 2 台锅炉对应的年最大排放小时数为 2 880 h，最大烟气流速应为 2×12.5 m/s。

答案二：

二者均不正确。

理由：由于是单管烟囱 S_1 排放，烟气流速不应乘以 3；由于采暖锅炉的年利用小时数为 2 880 h，2 台机组应分别列出各自年排放小时数。

考点分析与答题技巧：根据题干信息，本项目的锅炉运行制度为非采暖期 1 台锅炉运行，采暖期 2 台锅炉共同运行，S_1 在不同期间烟气量不一样，从而导致烟气流速、污染物排放速率不同，在采暖期污染物产生量大于非采暖期，因此按照最不利原则，至少给出采暖期源强参数，或者同时给出两个时期参数，如下。

本工程 NO_x 排放源部分参数表

名称	排气筒高度/m	排气筒出口内径/m	烟气流速/（m/s）	烟气温度/℃	年排放小时数/h	备注
S_1	150	3.5	2×12.5	90	2 880	采暖期
			12.5	90	3 620	非采暖期

本小题解答需要注意 3 个关键要求判断题干所给的列表中的“烟气流速”“年排放小时数”正误，并给出理由。

4．编制单位 NO_2 预测评价内容是否合理？说明理由。

【参考答案】

答案一：

不合理。

理由：

① a 中除预测本工程 NO_x 排放源正常排放情况下 NO_2 短期浓度和年均浓度外，还应补充评价其最大占标率，并补充预测非正常工况下 NO_2 1 h 浓度值，评价最大浓度占标率。

② b 中叠加环境质量现状浓度错误，应叠加达标规划目标浓度。

③ b 中 95%保证率错误，应为 98%。

④ b 中还需补充预测年均值，并补充评价保证率日均浓度和年均浓度达标情况。

答案二：

不合理。

应预测评价叠加环境空气限期达标规划的目标浓度后，NO_2 保证率日平均质量浓度和年平均质量浓度的达标情况。

考点分析与答题技巧：根据题干信息，本小题主要考察《环境影响评价技术导则　大气环境》（HJ 2.2—2018）中关于建设项目位于不达标区的大气预测和评价内容，严格按照导则“表 5”要求解答即可。答案一具体、详细，直接针对题干给出的 NO_2 预测内容解答；答案二简单、明了，二者均无原则性错误。

5、计算本工程掺烧污泥替代煤的年 CO_2 减排量。

【参考答案】

答案一：

（1）掺烧干污泥的量=5×（1−80%）÷（1−40%）=1.67（t/h）。（1 分）

（2）掺烧干污泥后耗煤量=（36×21 000−1.67×6 300）÷21 000=35.5（t/h）。（1 分）

（3）减少煤炭消耗量=36−35.5=0.5（t/h）。（1 分）

（4）CO_2 年减排量=26.44×10^{-3}÷10^9×21 000×10^3×0.5×10^3×44÷12×6 500×98%=6 484.28（t/a）。（1 分）

答案二：

（1）污泥替代煤的低位发热量为：[5×10^3×（1−80%）/（1−40%）]×6 300=10.5×10^6（kJ/h）=10.5（GJ/h）。

（2）本工程掺烧污泥替代煤的年 CO_2 减排量=10.5×26.44×10^{-3}×98%×（44/12）×6 500=6 484.28（t/a）。

考点分析与答题技巧：本小题是针对当前碳达峰、碳中和的政策而设计的。

自从习近平主席在第 75 届联合国大会提出“我国二氧化碳排放力争于 2030 年前达到峰值，努力争取 2060 年前实现碳中和”后，关于碳达峰和碳中和的社会活动就进入了一个高潮期，全国各地各级政府及部门和各行业做了大量的工作，生态环境部也及时发布《关于开展重点行业建设项目碳排放环境影响评价试点的通知》（环办环评函〔2021〕346 号），而且《中共中央　国务院关于深入打好污染防治攻坚战的意见》要求将碳排放纳入环境影响评价。碳排放的评价作为环评工作的又一重点内容被广泛关注。

根据题干信息“来自城镇污水处理厂含水率 80%的污泥先暂存在污泥仓内，后通过加料机送入圆盘干燥机进行干化处理，得到含水率 40%的干污泥”，即理论上掺烧的无水干泥量为 5 t/h×（1−80%）=1 t/h，但实际上掺烧的污泥含水率为 40%，鉴于题干给出的信息“收到基低位发热量 6 300 kJ/kg，是针对含水率 40%的干污泥的”，则掺烧的含水率为 40%的“干污泥”量应为 1 t/h÷（1−40%）=1.67 t/h。答案一分步解答，条理清晰，容易得分；答案二直接计算，比较简洁。但此类考题，计算及其计量单位等的转换是关键（如本案例的 C 与 CO_2 的转换）。同类计算在历年考试中反复出现，考生应高度重视。

本题需要注意的是：

（1）因污泥热值不等于燃煤热值，故污泥混掺量不等于相应的燃煤减少使用量，由题干信息“掺烧污泥、不凝气后，烟气量和锅炉热效率基本无变化”，可应用热量平衡计算出掺烧污泥后，燃煤减少使用量。

（2）条件“煤单位热值含碳量为 26.44×10^{-3} tC/GJ”中是 C 的质量，“碳氧化率为 98%”即 C 燃烧生成 CO_2 的比率为 98%（性质类似煤中硫转化率 80%取值），需要在 98%氧化率基础上进一步用系数（44÷12）转化为 CO_2 的质量，同时注意 GJ 与 kJ 的单位转换（1 GJ=10^6 kJ）。

（3）根据题干信息，“污泥干化车间设 1 座污泥仓和 1 台圆盘干燥机，处理能力为 5 t/h（湿基），年利用小时数 6 500 h。”

（4）污泥混掺总量固定（污泥干化车间年利用小时数 6 500 h）的前提下，全部污泥供 1 台锅炉或分解至 2 台锅炉混掺，最终碳减排量计算结果是一样的，因此减少煤炭消耗量 0.5 t/h 对应的年运行小时数为 6 500 h。

以大气污染影响为主的火电厂或热电厂项目案例时隔多年才再次出现在环评师考试中，确实不容易。本小题题干内容较长，内容较为繁杂，在考场上对考生审读会造成时间紧迫并易导致烦躁，也是对考生耐心的考验。但对于做过此类项目环评的考生而言，解答本案例并不难。

试题三（2013年考题）

北方某城市地势平坦，主导风向为东北风，当地水资源缺乏，城市主要供水水源为地下水，区域已出现大面积地下水降落漏斗区，城市西北部有一座库容为0.32亿m^3的水库，主要功能为防洪、城市供水和农业用水。该市现有的城市二级污水处理厂位于市区南郊，处理规模为10万t/d，污水处理达标后供位于城市西南的工业区再利用。

现拟在城市西南工业区内分期建设热电联产项目。一期工程拟建1台350 MW热电联产机组，配1台1 160 t/h的煤粉锅炉。汽机排汽冷却拟采用二次循环冷却方式，配1座自然通风冷却塔（汽机排汽冷却方式一般有直接水冷却、空冷和二次循环水冷却）。采用高效袋式除尘、SCR脱硝、石灰石—石膏脱硫方法处理锅炉烟气，脱硝效率80%，脱硫效率95%，净化后烟气经210 m高的烟囱排放。SCR脱硝系统氨区设一个100 m^3的液氨储罐，储量为55 t。生产用水主要包括化学水系统用水、循环系统用水和脱硫系统用水，新鲜水用水量分别为40.4万t/a、289万t/a和29万t/a，拟从水库取水。生活用水采用地下水。配套建设干贮灰场，粉煤灰、炉渣、脱硫石膏全部综合利用，暂无法综合利用的送灰场临时贮存。生产废水主要有化学系统的酸碱废水、脱硫系统的脱硫废水、循环水系统的排污水等，拟处理后回用或排放。

设计煤种和校核煤种基本参数及锅炉烟气中SO_2、烟尘标态初始浓度见下表。

设计煤种和校核煤种基本参数及锅炉烟气中SO_2、烟尘标态初始浓度

	低位发热值/（kJ/kg）	收到基全硫/%	收到基灰分/%	SO_2/（mg/m^3）	烟尘/（mg/m^3）
设计煤种	23 865	0.61	26.03	1 920	25 600
校核煤种	21 771	0.66	22.41	2 100	21 100

注：①《危险化学品重大危险源辨识》（GB 18218—2009）规定液氨的临界量为10 t；②锅炉烟气中SO_2、烟尘分别执行《火电厂大气污染物排放标准》（GB 13223—2011）中100 mg/m^3和30 mg/m^3的排放限值要求。

【问题】

1. 提出本项目用水优化方案，并说明理由。

【参考答案】

（1）生产用水从水库取水不可行。应优先使用城市污水处理厂的中水，西北部的水库作为备用水源，禁止开采地下水。生活用水采用地下水可行。

（2）项目处于北方缺水地区，且地下水已超采并形成降落漏斗。根据国家有关规定，其新建、扩建燃煤电站应首先考虑利用城市污水处理厂的中水。而该污水处理厂的处理规模为 3 650 万 t/a（10 万 t/d），完全可满足本项目的生产用水量（358.4 万 t/a）。

考点分析与答题技巧：本题的内容曾在 2009 年、2006 年考过。根据《国家发展和改革委员会〈关于燃煤电站项目规划和建设有关要求〉的通知》（发改能源〔2004〕864 号），要求“在北方缺水地区，新建、扩建电厂禁止取用地下水，严格控制使用地表水，鼓励利用城市污水处理厂的中水或其他废水……坑口电站项目首先考虑使用矿井疏干水”。

2. 识别本项目重大危险源，并说明理由。

【参考答案】

（1）液氨储罐为重大危险源。

（2）液氨储罐的储量为 55 t，大于《危险化学品重大危险源辨识》（GB 18218—2009）中液氨的 10 t 临界量，构成了重大危险源。

考点分析与答题技巧：关于重大危险源等环境风险方面的内容，一直是环评工程师考试的高频考点，在 2013 年的考题中出现两次（另一为污水处理厂案例），这与当前对环境风险的特别关注有一定的关系。因此，考生一定要认真学习《建设项目环境风险评价技术导则》（HJ 169—2018）等有关环境风险方面的法规、规范及标准等。

3. 评价 SO_2 排放达标情况。

【参考答案】

（1）根据设计煤种，SO_2 排放浓度为：1 920×（1−95%）=96（mg/m^3），满足排放标准值（100 mg/m^3），达标。

（2）根据校核煤种，SO_2 排放浓度为：2 100×（1−95%）=105（mg/m^3），大于标准值（100 mg/m^3），不达标。

（3）要使锅炉烟气达标，必须同时满足使用设计煤种、校核煤种时均达标排放，因此，本项目的 SO_2 排放不达标。

考点分析与答题技巧：今后还要注意，相关产业及建设项目如果处于国家规定的大气污染防治重点地区（一系列大气污染物及水污染物排放标准的制定或修订，将考虑“重点地区”的特别要求），需满足“特别排放限值”要求（2013年环境保护部发布《关于执行大气污染物特别排放限值的公告》，对在重点控制区的火电、钢铁、石化、水泥、有色、化工六大行业以及燃煤锅炉项目要求按时执行特别排放限值）。本案例为2013年考题，2013年之后为贯彻落实《国务院办公厅关于印发能源发展战略行动计划（2014—2020年）的通知》，国家发展改革委、环境保护部、国家能源局于2014年9月12日联合发布的《关于印发〈煤电节能减排升级与改造行动计划（2014—2020年）〉的通知》（发改能源〔2014〕2093号）中，要求“全国新建燃煤发电机组平均供电煤耗低于300克标准煤/千瓦·时；东部地区新建燃煤发电机组大气污染物排放浓度基本达到燃气轮机组排放限值，中部地区新建机组原则上接近或达到燃气轮机组排放限值，鼓励西部地区新建机组接近或达到燃气轮机组排放限值”。即当前煤电企业正在推行的“超洁净排放”“超净排放”“超低排放”“近零排放”。

4. 计算高效袋式除尘器的最小除尘效率（石灰石—石膏脱硫系统除尘效率按50%计）。

【参考答案】

设除尘效率为k，根据题意：

（1）设计煤种：25 600×（1−50%）×（1−k）=30，解得k=99.8%。

（2）校核煤种：21 100×（1−50%）×（1−k）=30，解得k=99.7%。

则除尘器的最小除尘效率应为99.8%。

考点分析与答题技巧：此题也有其他算法，只要给出正确的结果均可得分。但是，为了保障考生尽可能多得分，建议考生分步骤解答。

5. 提出一种适宜的酸碱废水处理方式。

【参考答案】

中和法，即酸性废水应使用碱中和，碱性废水应使用酸中和。

考点分析与答题技巧：对于酸碱废水，很显然首先想到的是中和处理方式。一般采用药剂中和法处理，酸性废水可采用氢氧化钠中和，碱性废水可采用工业盐酸中和。因此，必须答上“酸性废水使用碱中和，碱性废水使用酸中和”才能得分。关于废水、废气、废渣等的治理或处理方式，均有相关资料可查（包括考试参考用书“技术方法”）。

化学系统中的酸碱废水主要有两种：一种是用离子交换树脂处理锅炉补给水，所排放的废水主要是pH超标；另一种是锅炉（含锅炉空气预热器）酸洗废水，锅炉酸洗排出的废水成分比较复杂，有酸洗时所使用的药品残量、酸洗过程中设备材料溶出的物质。经常性的酸碱废水指过滤器冲洗水、用离子交换树脂处理锅炉补给水、化验室废水等。非经常性的酸碱废水指锅炉化学清洗废水和锅炉空气预热器清洗废水。

对于本题也可以具体答为：① 对于经常性的酸碱废水的处理工艺：废水贮池→中和池→清净水池→回用水池。② 对于非经常性的酸碱废水的处理工艺：废水贮池→pH 调整槽→混凝槽→反应槽→澄清器上部水→中和池清净水池→回用水池。

注：2017 年，环境保护部颁布了《火电厂污染防治可行技术指南》（HJ 2301—2017），对进一步了解火电环境保护措施和环评工程师考试为解答此类案例有重要指导意义，考生应注意学习。

试题四（2009 年考题）

西北地区某市地形平坦，多年平均降水量 400 mm，主导风向为西北风。该市东南部工业区内的 A 热电厂现有 5×75 t/h 循环流化床锅炉和 4×12 MW 抽凝式机组，供水水源为自备井，SO_2 现状排放量为 1 093.6 t/a。

为了满足城市供热需求，拟淘汰 A 热电厂现有锅炉和机组，新建 2×670 t/h 煤粉炉和 2×200 MW 抽凝式发电机组，设计年运行 5 500 h，设计煤种收到基全硫 0.90%。配套双室四电场静电除尘器，采用低氮燃烧、石灰石—石膏湿法脱硫，脱硫效率 90%，建设 1 座高 180 m 的烟囱，烟囱出口内径 6.5 m，标态烟气量为 424.6 m^3/s，出口温度 45℃，SO_2 排放浓度 200 mg/m^3，NO_x 排放浓度 400 mg/m^3。工程投产后，将同时关闭本市现有部分小锅炉，相应减少 SO_2 排放量 362.6 t/a。

经估算，新建工程的 SO_2 最大小时地面浓度为 0.105 7 mg/m^3，出现距离为下风向 1 098 m，NO_2 的 $D_{10\%}$ 为 37 000 m。

现有工程停用检修期间，某敏感点 X 处的 SO_2 环境现状监测小时浓度值为 0.021～0.031 mg/m^3。逐时气象条件下，预测新建工程对 X 处的 SO_2 最大小时浓度贡献值为 0.065 mg/m^3。

城市供水水源包括城市建成区北部的地下水水源和位于城市建成区西北部 15 km 处的中型水库。该市城市污水处理厂处理能力 8 万 t/d，污水处理后外排。

注：SO_2 的小时浓度二级标准为 0.50 mg/m^3，NO_2 的小时浓度为 0.24 mg/m^3；排放的 NO_x 全部转化为 NO_2。

【问题】

1．计算本项目实施后全厂 SO_2 排放量和区域 SO_2 排放增减量。

【参考答案】

（1）SO_2 排放量：$424.6×200×5\ 500×3\ 600×10^{-9}$=1 681.42（t/a）。

（2）区域排放量变化：1 681.4−1 093.6−362.6=225.22（t/a），即区域 SO_2 排放总量增加 225.2 t/a。

考点分析与答题技巧：该题计算难度较小。但实际上本题的计算是有问题的，因为题干并未说明现状热电厂 SO_2 现状排放量为 1 093.6 t/a 和关闭的部分小锅炉 SO_2 排放量 362.6 t/a 是否为“标准状态下”核算的结果。只能根据经验认为其核算的结果为标态下的排放量而不予考虑。考生需要注意的是计量单位的换算。另外，要善于从题干中提炼主要信息，不要被题干中较多的文字内容描述所迷惑。实际工作中需注意火电建设项目，特别是热电联产项目，要充分重视污染物（SO_2）的区域削减；如果是改、扩建项目，要注意“以新带（代）老”。满足总量控制要求。本项目通过淘汰现有热电厂和关闭市区现有部分小锅炉，将其排放的总量替换给新建电厂，但仍然不能满足等量替代，需重新考虑新增总量来源或继续关闭其他小锅炉来替代。

另外，根据当年考试年份适用的《重点区域大气污染防治“十二五”规划》的要求，实行污染物排放减量替代，对于重点控制区和大气环境质量超标城市，新建项目实行区域内现役源 2 倍削减量替代；一般控制区实行 1.5 倍削减量替代。这个要求应特别注意，因为目前很多地区仍然在执行。

2．给出判定本项目大气评价等级的 P_{max} 值和 $D_{10\%}$。

【参考答案】

（1）SO_2：P_{max}=0.105 7/0.5×100%=21.14%；

NO_2：P_{max}=0.105 7×2/0.24×100%=88.08%。

（2）NO_2 的 $D_{10\%}$为 37 000 m，则 SO_2 的 $D_{10\%}$小于 37 000 m。

考点分析与答题技巧：本题实际上是考查《环境影响评价技术导则　大气环境》（HJ 2.2—2008）（该导则已被 HJ 2.2—2018 替代。考生应认真学习新导则）判断评价等级的依据。这是基础知识，如果导则学得好或实际工作中做过大气预测，此题就可以轻松解决。这个“计算过程”以后还可能会考，实际工作中也常用，应充分掌握。至于 NO_2 的 P_{max} 计算为何要用 SO_2 的最大地面浓度 0.105 7×2，根据题干提供的 NO_2 的排放浓度是 SO_2 的 2 倍，所以其地面最大浓度也应该是 SO_2 的 2 倍。当然，本题如果分别计算 SO_2 和 NO_2 的浓度后，再计算 NO_2 的 P_{max} 和 $D_{10\%}$就更明白了。

3．确定本项目大气评价等级和评价范围。

【参考答案】

（1）由项目 NO_2 的 P_{max}＞80%，$D_{10\%}$＞5 km，根据 HJ 2.2—2008，确定大气评价等级为一级。

（2）以烟囱为中心，半径 25 km 的圆形区域或西北—东南为主轴的边长为 50 km 的矩形区域。

考点分析与答题技巧：本题实际上是上一题的延续结果，只要上一题做出来了，本题就迎刃而解了。可见，在大气环境影响评价中，确定等级和范围是十分重要的（其他环境因素的影响评价也如此）。实际工作中，如果评价等级和范围确定错了，那将是大错特错。修订后的 HJ 2.2—2018 仍然是采用估算模型分别计算主要污染物最大地面浓度占标率 P_{max}，但却是根据其在1%～10%的区间内外情况作为评价工作分级的判据。关于评价范围，HJ 2.2—2018分不同等级分别确定，其中一级评价是根据建设项目排放污染物的最远影响距离（$D_{10\%}$）来确定的。因此，再次强调，考生一定要认真学习HJ 2.2—2018。

4．计算 X 处的 SO_2 最终影响预测结果（不计关闭现有小锅炉的贡献值）。

【参考答案】

（1）现状值为：0.021～0.031 mg/m^3。

（2）新建工程预测贡献最大值：0.065 mg/m^3。

（3）预测结果叠加现状值后，最小值应为 0.021+0.065=0.086（mg/m^3），最大值应为 0.065+0.031=0.096（mg/m^3），即范围为 0.086～0.096 mg/m^3。

考点分析与答题技巧：注意大气影响结果是需要考虑叠加现状的，敏感点应按最大值叠加。但根据评分要求，本题要给出一个数值范围。

5．给出本项目供水水源的优选顺序。

【参考答案】

优先考虑城市污水处理厂的中水，然后是地表水——距离城市西北部 15 km 的中型水库，不应开采地下水。

考点分析与答题技巧：本案例为2009年考题。在2004年《国家发展和改革委员会〈关于燃煤电站项目规划和建设有关要求〉的通知》（发改能源〔2004〕864号）要求"在北方缺水地区，新建、扩建电厂禁止取用地下水，严格控制使用地表水，鼓励利用城市污水处理厂的中水或其他废水……坑口电站项目首先考虑使用矿井疏干水"。在实际工作中，法律、法规、产业政策、规划等是开发建设项目环境影响评价的前置条件，环境影响评价技术人员一定要熟悉。有答案给出"城市污水处理厂中水、中型水库水、地下水"的顺序，将"地下水"列为取水对象，是不符合政策要求的。

试题五（2008 年考题）

某市拟建 2×300 MW 循环流化床锅炉燃煤坑口电厂。电厂年耗煤量 270 万 t。煤质灰分 50.5%，飞灰份额 60%，烟气量 670 m^3/s，掺烧石灰石有 25%进入飞灰，电厂年运行小时数为 5 500 h。

项目位于农村、浅丘地区，地形较为平坦，区域浅层地下水埋藏深度 3～5 m，表层土壤以粉砂、粉质黏土为主。厂址东面 10 km 为县城，南面 0.2 km 有 A 村。灰场位于厂址西南 3.5 km 的山谷中，工程地质条件符合要求，拟选灰场 1.0 km 范围内有村庄 B。项目所在地属温带大陆性季风气候，平均风速为 2.0 m/s，主导风向为东南风，全年静风频率为 20%，贴地逆温出现的频率较高。

项目拟采取炉内加石灰石的方法脱硫，石灰石耗量 14 万 t/a，SO_2 排放满足有关环保要求；采用四电场静电除尘，除尘效率为 99.6%，烟尘粒度小于 15 μm；废水经处理后大部分回用，剩余部分排入电厂南面 1.0 km 处的河流 C（河流为Ⅲ类水体）；灰场采用灰渣碾压防渗；根据经验判断，采用隔声等措施，厂界噪声和环境噪声可以达标。

【问题】

1．确定应执行的废水排放标准与级别。

【参考答案】

应执行《污水综合排放标准》（2 分）（GB 8978—1996）的一级标准（2 分）。

考点分析与答题技巧：对于污染物排放标准，由于地方标准严于国家标准，因此有地方标准的应执行地方标准，没有地方标准的执行国家标准或行业标准（如果既有行业标准，又有地方标准，则应该执行严格的标准）。根据题干给出的条件，本项目应执行《污水综合排放标准》（GB 8978—1996）的一级标准。该标准规定：废水不得排入地表水Ⅰ类和Ⅱ类水体中，排入Ⅲ类水体的废水须达到《污水综合排放标准》的一级标准。本项目剩余部分排放 C 河，C 河为Ⅲ类水体，所以应执行一级排放标准。

2．分析本工程烟尘排放情况，提出评价意见和建议（排放浓度标准为 200 mg/m^3）。

【参考答案】

（1）烟尘量：（$270\times10^4\times50.5\%\times60\%+14\times10^4\times25\%$）$\times10^3\times$（$1-99.6\%$）$\div$ 5 500 =

620.4（kg/h）。（1 分）

（2）排放浓度：（$85.31\times10^4\div5\,500$）÷（$670\times3\,600$）×（1−99.6%）× 10^9 =257（mg/m^3）（1 分）＞200（mg/m^3）。

（3）本工程烟尘排放量超标（1 分）。应进一步加大烟尘排放治理力度，提高电场静电除尘效率，使除尘效率不低于 99.7%。同时，控制石灰石用量减少其进入飞灰中的量（2 分）。

考点分析与答题技巧：在进行烟尘量计算时应读清楚题干内容，不要忘记石灰石产尘量的计算，且上述答案只针对 2008 年时旧的火电厂排放标准，根据新发布的《火电厂大气污染物排放标准》，需采用袋除尘器或电袋复合式除尘器。对于本题也有考生回忆该题题干要求的是：计算本项目烟尘排放速率和排放浓度，分析排放浓度是否达标，对于不达标的情况提出改进措施（排放浓度标准为 200 mg/m^3）。

3．按照已知条件，采用点源有风、倾斜烟羽、熏烟扩散模式进行大气环境影响预测计算是否可行？选取扩散参数时如何进行提级？

【参考答案】

（1）采用点源有风、熏烟扩散模式可行。（1 分）

（2）采用倾斜烟羽扩散模式不可行，烟尘粒度小于 15 μm。（2 分）

（3）B、C 级稳定度可直接由表查算（2 分），D、E、F 级稳定度需向不稳定方向提半级后再查算（1 分）。

考点分析与答题技巧：本小题当年是基于 1993 年的《环境影响评价技术导则 大气环境》出的。电厂烟囱为点源，且存在熏烟的气象条件，因此需采用点源有风、熏烟扩散模式进行预测计算；采用倾斜烟羽扩散模式不可行，倾斜烟羽扩散模式适用于颗粒污染物，而电厂烟囱排放的大气污染物 SO_2、NO_2 不是颗粒物。按照《环境影响评价技术导则　大气环境》（HJ 2.2—2008）仍需考虑污染源类型，但不需要考虑熏烟扩散模式，推荐的 AERMOD 模式系统是一个稳态烟羽扩散模式，可基于大气边界层数据特征模拟点源、面源、体源等排放出的污染物在短期（小时平均、日平均）、长期（年平均）的浓度分布，适用于农村或城市地区、简单或复杂地形。目前，《环境影响评价技术导则　大气环境》（HJ 2.2—2018）已替代了 HJ 2.2—2008，并在“附录 B”中推荐了一些预测模型，对一些参数选取做了说明，考生须学习新导则的要求。

4．至少还需要调查哪些基础信息才能确认灰场的环境可行性？

【参考答案】

（1）场址是否符合当地城乡建设总体规划要求。

（2）灰场是否处于 A 村和 B 村下风向，并距离 A 村和 B 村距离均大于

500 m。或答：B 村相对于灰场的具体位置（1 分），是否位于灰场下风向（东南风）（1 分），灰场厂界距离 B 村距离（至少大于 500 m）（1 分）。

（3）是否选在江河、湖泊、水库最高水位线以下的滩地和洪泛区。

（4）是否选在自然保护区、风景名胜区和其他需要特别保护的区域。

（5）是否避开地下水主要补给区和饮用水水源含水层。或答：地下水主要补给区、饮用水水源含水层是否在灰场厂界范围内。

（6）灰场天然基础层地表距地下水水位的距离应大于 1.5 m。

考点分析与答题技巧：灰场选址要求应根据《一般工业固体废物贮存、处置场污染控制标准》（GB 18599—2001）的相关要求逐条落实，调查清楚。第（2）条是结合题干答的，原标准要求的是：应选在工业区和居民集中居住区主导风向下风侧，厂界距居民集中区 500 m 以外。需要注意的是，根据 2013 年环境保护部发布的 GB 18599—2001 等 3 项国家污染物控制标准修改单，固体废物处置场与居民的距离应经环境影响评价预测设定，而不再以 500 m 为依据。考试时答上（2）（5）（6）即可。

2020 年 11 月 26 日，生态环境部发布了 GB 18599—2020《一般工业固体废物贮存和填埋污染控制标准》，其“4 贮存场和填埋场选址要求”有 5 条规定。

试题六（2007年考题）

某电厂现有2×300 MW燃煤机组，位于平原农村地区，配有除尘、低氮燃烧设施，未配脱硫装置，SO_2年排放量为9 460 t。煤污水和油污水分别经初步沉淀后排入附近河道，循环冷却水也排入此河道，其他废水达标后回用，不外排。纳污河段水质执行地表水环境质量Ⅳ类标准。

贮煤场位于A村西侧70 m，设有喷淋装置。在不利气象条件下，煤场扬尘对A村产生一定影响。锅炉排汽产生的偶发噪声超标。灰渣采用干除灰，综合利用剩余的灰渣通过罐车运到距电厂8.5 km处的灰场碾压贮存，灰场西南350～400 m处有7户居民。

拟在现在厂区预留场内建设2×1 000 MW超超临界燃煤汽轮发电机机组，配套建设电除尘、石灰石湿法脱硫装置、脱硝装置。各类废水经处理达标后回用。燃煤来源和成分与现有机组相同，并共用现有灰场，灰场库容满足扩建工程要求。对现有机组增加石灰石湿法脱硫设施。

工程扩建后，年运行小时数为5 500 h。扩建工程SO_2排放量为0.651 t/h。

【问题】

1．指出电厂烟囱大气环境影响评价因子。（1.5分）

【参考答案】

SO_2、NO_2、PM_{10}、烟尘。

考点分析与答题技巧：答上SO_2、NO_2、PM_{10}可分别得0.5分。注意，NO_2不要写成NO_x，PM_{10}不要写成TSP。根据《环境空气质量标准》（GB 3095—2012）的执行时间，从2015年开始应增加$PM_{2.5}$。并且不仅注意火电类项目，还应注意其他产生细颗粒物的项目。烟尘可以不答，因其一般就是以PM_{10}表示。在火电厂环评实际工作中，预测影响评价因子主要是3项（SO_2、NO_2、PM_{10}）。根据《火电厂大气污染物排放标准》（GB 13223—2011）（2012年1月1日实施）以及其他法规的要求，今后答此类考题时，评价因子还需要考虑“汞（Hg）及其化合物、As”等。

2．应从哪几个方面分析灰场与环境保护要求的相符性？（6分）

【参考答案】

（1）灰场与周围居民的距离是否满足500 m的卫生防护距离要求。（2分）

（2）分析是否应采取防渗措施。（2分）

（3）通过对灰场周围地下水的监测，判断灰场对地下水是否产生影响。（2分）

考点分析与答题技巧：以上3条是比较主要的方面。其实分析灰场是否符合环境保护要求是有多个方面的内容的。如果给出以下参考答案：① 场址是否符合当地城乡建设总体规划要求；② 场址应选在居民集中区主导风向的下风侧，厂界距居民集中区500 m以外；③ 应选择在满足承载力要求的地基上，以避免地基下沉的影响，特别是不均匀或局部下沉的影响；④ 应避开地质断层、断层破碎带、溶洞区，以及天然滑坡或泥石流影响区；⑤ 禁止选在江河、湖泊、水库最高水位线以下的滩地和洪泛区；⑥ 禁止选在自然保护区、风景名胜区和其他需要特别保护的区域；⑦ 应避开地下水主要补给区和饮用水水源含水层；⑧ 应选在防渗性能较好的地基上。这8项均是在环境影响评价工作中需要考虑的，但是在考试时，不必答如此之多，选主要者答上即可。需要注意的是，根据2013年环境保护部发布的《一般工业固体废物贮存、处置场污染控制标准》（GB 18599—2001）等3项国家污染物控制标准修改单，固体废物贮存、处置场与居民区的距离以环评预测距离为主，不再以500 m为依据，而应根据环境影响预测评价结果来确定防护距离。本案例是2007年考题，再次特别提醒：GB 18599—2001已被GB 18599—2020替代，考生应认真学习新标准。

3．从环境保护角度，提出现有工程需要改进的方面。（10.5分）

【参考答案】

（1）煤污水经调节pH、絮凝沉淀达标后回用或排放（或污水处理达标回用或排放）。（1.5分）

（2）油污水须经油水分离处理。（1.5分）

（3）煤场采取防尘措施或A村搬迁，或煤场改造为封闭煤场。（1.5分）

（4）采取措施降低锅炉排气管噪声强度。（1.5分）

（5）搬迁灰场西南350～400 m范围内的7户居民。（1.5分）

（6）现有机组增加脱硫设施。（1.5分）

（7）确定灰场是否需做防渗处理。（1.5分）

考点分析与答题技巧：本项目属于扩建项目，且现有工程存在诸多问题，应逐条分析。现有工程未安装脱硫设施；根据电厂项目生产用水“复用、串用、套用和梯级使用”的原则，最大限度地减少新鲜水量，本项目煤污水和油污水处理后外排不合理；煤场扬尘对A村造成影响，说明煤场措施不完善或选址不合理；锅炉排气偶发噪声超标扰民；灰场500 m内有居民，不满足《一般工业固体废物贮存、处置场污染控制标准》（GB 18599—2001）的相关要求[根据2013年环保部发布的GB 18599—2001等3项国家污染物控制标准修改单，2013年以后，不再按 500 m 考虑，而应根据环境影响预测结果来确定]。还需考虑灰场对地下水影响的防渗问题。

4．石灰石湿法脱硫效率为 90%，计算扩建工程完成后全厂 SO_2 年排放总量。（2 分）

【参考答案】

（1）现有工程采取石灰石湿法脱硫后 SO_2 排放量：9 460×（1−90%）=946（t/a）。

（2）扩建工程的 SO_2 排放量：0.651×5 500=3 580.5（t/a）。

（3）扩建工程完成后全厂 SO_2 排放量：3 580.5+946=4 526.5（t/a）。

考点分析与答题技巧：本小题题当年评价时只需给出最后的结果数据即可得分。但我们建议考生还是要给出计算过程，以保障得分。

试题七（2006 年考题）

某坑口电厂现有 2×135 MW 燃煤发电机组，燃煤含硫率 0.8%，配备电除尘器，未配脱硫设施，烟囱高度 120 m，生产用水取自自备水井，燃煤由皮带输送机运输至厂内露天煤场，煤场未设置抑尘设施。电厂采用水力除灰，灰场设在煤矿沉陷区，灰水处理后排入距厂区 1.5 km 的纳河。

拟在现有厂区预留工业用地内建设 2×600 MW 超临界凝汽式发电机组，采用五电场静电除尘器，石灰石-石膏湿法脱硫，低氮燃煤技术，烟囱高度 240 m。燃煤来源和成分与现有机组相同。扩建工程小时燃煤量 480 t，吨煤燃烧产生烟气量 6 500 m^3、NO_2浓度 400 mg/m^3。新建机组供水水源为纳河。

灰渣属一般工业固体废物Ⅱ类，新建干灰场位于电场西北方向 25 km，灰场长 1.2 km、宽 0.25 km，为山谷型灰场。灰场所在的沟谷长为 5 km，两侧为荒坡，地势北西高、南东低，水文地质调查表明，岩土的渗透系数大于 $1.0×10^{-5}$ cm/s。

本地区主导风向为 ENE，该区域不属于酸雨控制区和二氧化硫污染控制区，环境功能区为Ⅱ类。

【问题】

1. 指出现有工程应采取的“以新带（代）老”环保措施。

【参考答案】

（1）安装烟气脱硫设施。

（2）生产用水不应使用自备水井，而应采用地表水或城市污水处理厂的中水。

（3）露天储煤场应安装防风抑尘网及喷淋设施或改为封闭式储煤场。

（4）处于煤矿沉陷区的灰场应封闭。

（5）灰水经处理后应回用。

考点分析与答题技巧：现在要求火电厂不仅应脱硫，还应脱硝（如低氮燃烧、高效率 SCR——选择性催化还原装置）。对于火电厂应关注国家产业政策及环境保护要求。火电技术及环境保护措施均已相当成熟，如果没有做过火电项目的环评，可以到附近的火电厂参观考察一下，就能进一步加深印象。此类“以新带（代）老”在改、扩建项目环境影响评价中是最基本的工作，即提出解决现有工程存在的环境问题，在环境影响评价工程师考试案例分析中出题的频率是比较高的。在改、扩建项目环境影响评价实际工作中，这也是《建设项目环境保护管理条例》（国令　第 682 号）的规定。

2．按导则确定大气评价等级和评价范围。

【参考答案】

（1）SO_2 小时排放量：2×480×（1−90%）×0.8%=0.768（t/h）。

（2）NO_2 小时排放量：480×（400×6500）×10^{-9}=1.248（t/h）。

（3）SO_2 等标排放量：0.768 ÷ 0.5×10^9=1.536×10^9。

（4）NO_2 等标排放量：1.248 ÷ 0.24×10^9=5.2×10^9＞2.5×10^9。

题干未给项目所在地地形特征，如在平原区，评价等级为二级，复杂地形为一级评价。

一级评价范围为以电厂排气筒为中心、边长不小于 16 km 的矩形区域；二级评价范围为以电厂排气筒为中心、边长不小于 12 km 的矩形区域。

考点分析与答题技巧：该小题是当年针对原《环境影响评价技术导则　大气环境》（HJ 2.2—93）出的题，已不适合 HJ 2.2—2008 和再次修订的 HJ 2.2—2018 的要求，题干没有给出落地浓度和 D_{10} 出现的距离等，题干内容无法按新导则确定大气评价等级和评价范围。至于 SO_2 小时排放量计算式中乘以“2”，则是 S 与 SO_2 的转换系数而已（一部分考生不知），乘以（1−90%）则是由于当时那个发展时代，采取题干所给的脱硫技术达到 90%的脱硫效率是公认的，现在一些脱硫技术的效率已经是 99.9%以上了。现在来看，根据 2014 年国家发展改革委、环境保护部和国家能源局《煤电节能减排升级与改造行动计划（2014—2020 年）》，如此高的 NO_2 排放浓度[大大超过《火电厂大气污染物排放标准》（GB 13223—2011）限值]，是必须采取脱硝措施的。HJ 2.2—2018 关于评价等级的判定是选择项目污染源正常排放的主要污染物及排放参数，采用估算模型计算最大环境影响，根据最大地面空气质量浓度占标率在 1%～10%区间内外的情况，作为评价工作分级的判据。关于评价范围，一级评价是以 $D_{10\%}$来确定的，二级评价范围边长取 5 km，三级不设置评价范围。

3．指出本项目大气环境影响评价预测和关键步骤。

【参考答案】

（1）确定预测因子。

（2）确定预测范围及计算点。

（3）确定污染源计算清单。

（4）确定气象条件计算清单。

（5）确定地形数据计算清单。

（6）设定参测情景。

（7）选择预测模式。

（8）确定相关的计算参数。

（9）进行预测和评价。

考点分析与答题技巧：对于这类题，只要认真学习导则与技术要求，或实际工作中进行过预测，是不难写出答案的。本题提示大家，无论进行大气影响评价，还是其他要素（地表水、地下水、噪声等）的影响评价，均需根据导则或技术要求有步骤地进行。对于本小题，当年可根据旧导则解答。今后必须注意新导则的要求。

4．提出防止新建灰场对地下水污染的防治措施及地下水监测布点。

【参考答案】

（1）防治措施包括：防渗系统、集排水系统、渗滤液收集与处理系统、监控系统。

（2）地下水监测布点：根据地下水流向，在灰场上游设对照井、灰场下游设污染监测井、选择灰场下游周边民用水井设为污染扩散监测井。

考点分析与答题技巧：在火电建设项目环境影响评价中，灰场是重要的评价内容，包括灰场的选址，灰场对地下水的影响以及应采取的污染防治措施，灰场监测与管理要求等，这都是技术审查和审批的要点。考生及环境影响评价技术人员，既要对某一类项目环境影响评价行业导则［如《火电厂建设项目环境影响报告书编制规范》（HJ/T 13—1996）］熟悉，也应对相关环境要素或污染物（特别是固体废物）专项规范、标准熟悉，将有助于通过环评师职业资格考试，也将有助于做好实际环评工作。今后，应特别注意新导则、新标准的要求。

试题八（2005 年考题）

某水泥生产企业年产水泥 55 万 t，有 4 台同为ϕ 2.2×10 m 的机械化立窑，年产水泥 30 万 t，其中两台机械化立窑生产运行稳定，污染物达标排放，另两台机械立窑生产运行不正常，粉尘超标排放；另有一台普通干法回转窑，年产水泥 25 万 t。该窑生产运行稳定，污染物达标排放。

该企业拟实施技术改造，计划淘汰两台运行不稳定的立窑，异地建设一条 4 000 t/d 的新型干法水泥熟料生产线。水泥窑的煅烧温度在 1 300～1 450℃。年燃煤消耗量 25 万 t。由燃料公司供应，煤的含硫量小于 1%。

水泥生产中不直接产生生产废水，所排废水主要是间接冷却循环水，水质较好，生产和生活污水经处理后都可回用，拟建工程废水不外排。所需员工由该企业统一调配，不增加新职工。

拟建工程石灰石原料需求量为 5 000 t/d。采自新开发的石灰石矿山。该矿区地处深山丘陵区，人烟稀少，区内植被良好，以灌木为主，植被覆盖率达 60%。矿区无地表水，也无地下水出露。矿山石灰石质量一般，剥采比 1∶0.25，废土石排弃量大。邻近矿区 NW 方向 12 km 处有一国家级自然保护区。

该矿区位于厂区 W 方向相距约 18 km。石灰石运输采用公路汽车运输。需修建运矿公路，该公路穿越微丘区，区内土薄植被少，未发现稀有和国家级保护动植物，沿途有村庄分布。

厂址现为农田，该区域地势平坦、开阔，厂内周边 500 m 范围内无村庄分布，符合水泥厂卫生防护距离要求。位于厂址 WS 和 W 方向 2 km 处分别有王各庄和陈各庄，县城在厂址 N 方向 20 km，N 方向 6 km 还有中心学校一座，在校师生 600 名，在 SE 方向 9 km 处有一温泉度假村。该区域四季分明，常年风向见玫瑰图。

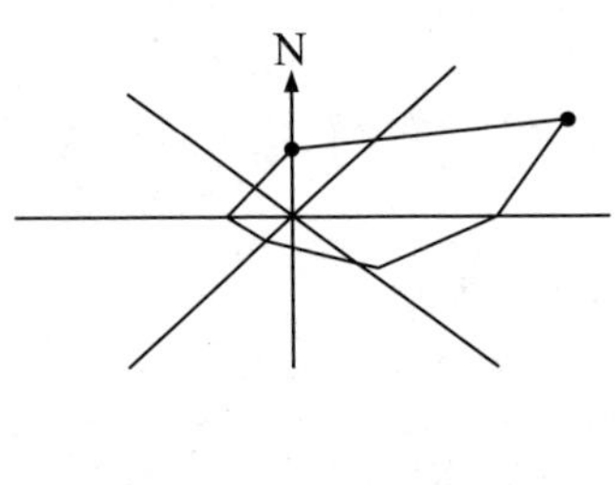

【问题】

1. 根据国家水泥工业“上大改小”和“淘汰落后生产能力”的产业政策应该关停（ ）。

A. 粉尘超标排放的两台机械化立窑

B. 普通干法回转窑

C. 粉尘超标排放的两台立窑和普通干法回转窑

D. 四台机械化立窑

E. 四台机械化立窑和普通干法回转窑

【参考答案】E。

考点分析与答题技巧：本题主要是考查对当年（2005年）的水泥工业产业政策，机械化立窑属于淘汰类，普通干法回转窑属于限制类，新型干法属于鼓励类。只要做过水泥工业环评的技术人员，回答该题没有问题。本题的难度并不大，看过后，就知道只有E项是包括了以上4个答案的共性答案，因此，应选E。在国务院2012年9月27日批复的《重点区域大气污染防治“十二五”规划》及环保部2013年第31号公告《水泥工业污染防治技术政策》中，明确要求淘汰全部水泥立窑、干法中空窑（生产高铝水泥、硫铝酸盐水泥等特种水泥除外）以及湿法窑水泥熟料生产线。

熟悉国家法律法规和产业政策是做好环境影响评价的重要前提，环境影响评价就是要在合法的情况下，科学地进行评价，这是从事环境影响评价的技术人员应遵循的基本原则。考生一定要注意学习国家新颁布的产业政策和法律法规及规范性文件等。

2. 该项目拟建石灰石专用公路，公路穿越微丘区，区内土薄植被少，有关该公路建设专题环境影响评价的图件应有（ ）。

A. 土地利用图　　B. 尾矿渣堆场分布图

C. 水土流失现状图　　D. 噪声敏感点图

【参考答案】A、C、D。

考点分析与答题技巧：本题是借矿山项目考公路项目的生态图件，一般而言公路项目基本图件有地理位置图、线路走向图及重点工程分布图、土地利用图、植被图、敏感点分布图、土壤侵蚀图等。本题不应该选B，尽管题干中有矿山开采废土石排弃量大这一情况，但其属于矿山工程的内容，是否利用其修筑路基是不确定的，其分布并不是公路建设项目所关注的。因此其堆场分布不属于公路建设所需要的图件。而且B选项称“尾矿渣”，也不科学。环境影响评价（无论是以污染为主的建设项目，还是以生态影响为主的建设项目）十分关注图件的制作与应用。环境影响评价技术人员在实际工作中应善于充分利用“图件”来说明问题或情况，这是环境影响评价的基本功。

3．根据风玫瑰图，确定该项目评价区的主导风向为（　）。

A. SWS　　B. NW　　C. ENE　　D. N

【参考答案】C。

考点分析与答题技巧：本题主要是考查考生对风玫瑰图的认识，是做大气环境影响等评价的基本知识，很多参考书中有关于风玫瑰图的介绍。关于主导风向，是指风频最大的风向角的范围。风向角范围一般为 22.5°～45°的夹角。某区域的主导风向应有明显的优势，其主导风向角风频之和应不小于 30%，否则可称该地区没有主导风向或主导风向不明显。另外，应注意，我们常说的风向，是指风的来向，而不是指风的去向。

4．该项目矿区开发生态影响评价的重点包括（　）。

A．植被破坏　　B．水土流失

C．自然保护区　　D．地下水

【参考答案】A、B。

考点分析与答题技巧：本题只要读懂题意，就可轻松选出。因为“D”地下水虽然是矿山开发评价的重点内容，但一般是作为一个相对独立的专题进行评价，不属于生态影响评价专题中的内容。至于自然保护区，这里暗含“小陷阱”，因为题干提到距离矿区 12 km 处有一国家级自然保护区，是否将保护区纳入评价范围，需要根据生态影响评价等级及评价延伸的范围来看，如果按照当年的《环境影响评价技术导则　非污染生态影响》（HJ/T 19—1997）一级评价 8～30 km，二级评价 2～8 km，三级评价 1～2 km 的范围考虑，本矿山开采的生态评价需一级评价方应考虑对自然保护区的影响，而根据 HJ/T 19—1997，确定本项目为一级评价的条件是不够的。如果按现行的《环境影响评价技术导则　生态影响》（HJ 19—2022）来判断，即使考虑“矿山开采导致土地利用类型明显改变”上提一级考虑，其评价范围在 2 km 范围[《环境影响评价技术导则　煤炭采选工程》（HJ 619—2011）可供参考]，也不涉及 12 km 处的自然保护区。因此，“C”也不必选。

5．厂区环境空气监测点必须包括（　）。

A．县城　B．中心学校　C．温泉度假村　D．王各庄　E．陈各庄

【参考答案】B、C、D、E。

考点分析与答题技巧：县城距离矿区 20 km，较远，可以利用其例行大气监测数据说明其环境质量，不必进行现状监测，其他均在大气评价范围内，应布点监测其空气质量。

6．水泥生产线有组织排尘点均设有除尘器。在大气环境影响预测和评价中，颗粒物影响的预测因子包括（ ）。

A．降尘 B．烟尘 C．煤尘 D．总悬浮颗粒物（TSP）

E．可吸入颗粒物（PM_{10}）

【参考答案】D E。

考点分析与答题技巧：本题既是在考水泥工业主要污染物预测因子，也是在考几种常见颗粒物的概念。降尘在监测工作中常称其为尘降量，一般指自然落尘；烟尘是常指燃料燃烧后（或通过烟囱排放）烟气中的尘；而总悬浮颗粒物包含的内容是较广的，可吸收颗粒物是空气动力学直径 10 μm 的颗粒物，该颗粒物可以被人体吸入肺中。TSP 和 PM_{10} 是水泥工业环境影响评价中的常规预测评价因子，从 2015 年开始还应增加 $PM_{2.5}$。

7．大气环境影响预测中气态污染物的评价因子包括（ ）。

A．沥青烟 B．硫酸雾 C．二氧化硫 D．二氧化氮

【参考答案】C D。

考点分析与答题技巧：本工程水泥生产用煤量较大，显然应该预测因燃煤而产生的二氧化硫、二氧化氮的污染情况。至于沥青烟，似乎是考虑了修公路所需，但题干并未提示所修运矿公路是沥青路面；而硫酸雾也并非水泥生产应预测评价的因子。由本题和上一题可以看出，水泥工业既有颗粒物污染因子的预测，也有气态污染物因子的预测，在实际工作中均不能忽略。

8．该项目的水环境影响评价应为（ ）。

A．一级评价 B．二级评价 C．三级评价 D．简要分析

【参考答案】D。

考点分析与答题技巧：题干有“水泥生产中不直接产生生产废水，所排废水主要是间接冷却循环水，水质较好，生产和生活污水经处理后都可回用，拟建工程废水不外排”。据此，根据地表水环境影响评价技术导则，简要分析即可。

9．环境影响评价中对现有工程的工程分析应包括（ ）。

A．周边环境现状 B．生产工艺介绍

C．污染物排放和源强 D．污染物达标排放情况

E．存在的环境污染问题

【参考答案】B C D E。

考点分析与答题技巧：选项 A 属于环境现状调查与评价内容，非工程分析内容，其他四项均为工程分析的内容。工程分析是开发建设项目环境影响评价的基础工作之一，是非常重要的工作，否则影响评价就无法进行科学、定量的评价。本题实际上也表明了工程分析的实质性内容。一般而言，以污染影响为主的建设

项目的工程分析应包括项目组成、工艺过程及产污环节分析、污染物排放统计、总图布置方案分析、清洁生产分析等；对于以生态影响为主要的开发建设项目，工程分析要做到“工程组成完全”“重点工程明确”“全过程分析”“污染源项分析”“其他分析”等。

10．本技改工程水泥生产厂区在建设项目竣工环境保护验收时应监测（　）。

A．厂区外排废水中污染物浓度　　B．厂界噪声

C．厂区废气中污染物浓度　　D．除尘设备效率

E．污染物排放总量

【参考答案】B　C　D　E。

考点分析与答题技巧：目前，关于建设项目环境保护验收分两大类，一类为以污染为主的“验收监测”，另一类为以生态影响为主的“验收调查”。其实，在验收监测中也有需要“调查”的内容，而在验收调查中也有需要“监测”的内容，只是侧重点不同，称谓不同而已。本题考查的是验收监测内容。本项目生产和生活污水不外排，所以，无须进行厂区外排废水中污染物浓度的监测。对厂界噪声和厂区废气中污染物进行监测是毫无疑问的；除尘设备的效率是应该监测的，以检验环保设施的实际效果，一般是在污染物进入除尘器前后设置监测孔进行监测；污染物排放总量尽管多是通过统计计算获取，但也多以监测结果为基础。

后　记

全国环境影响评价工程师职业资格考试的“环境影响评价案例分析”一科，目的是通过该科目考试，检验具有一定实践经验的环境影响评价专业技术人员运用环境影响评价法律法规、技术导则与标准、技术方法，解决实际问题的能力。

根据历年考试大纲，案例分析一般主要考查八大方面：

一、相关法律法规、政策及规划的符合性分析。

二、项目分析。

三、环境现状调查与评价。

四、环境影响识别、预测与评价。

五、环境风险评价。

六、环境保护措施分析。

七、环境可行性分析。

八、规划环境影响评价。

每个方面均有具体的要求，这在每年的考试大纲中都有明确规定。但是，考试大纲的要求也会随着形势的发展有所变化，近年来进一步突出了规划环境影响评价，考生参加考试时应予以特别关注，因为考试出题范围一般是不会超出考试大纲的。

广大技术人员在实际工作中应善于总结，同时结合理论与技术的学习，就会在该科目考试中取得好成绩。如果能够将考试学习和对考题的解答、分析再进行深入理解并应用到实际工作中，必将有助于编写好环境影响报告，做好环境影响评价具体工作。

本书自2013年由本人发起，并完成了2013年版初稿内容的大部分编写工作，此后一直担任主编，并编写主要内容。本版由叶斌（生态环境部环境工程评估中心）、刘威（山西迈润田环保工程有限公司）、吕伟（北京中环智云生态环境科技有限公司）担任副主编。在各版编写过程中，主要参编人员有韩旺、田艳丽（北京中环智云环境科技有限公司），成文连［中科国衡（北京）生态环境技术有限公司］，崔勇、彭飞翔（北京飞翔飞环保培训中心），钱德安（原北京中咨华宇环保技术有限公司），赵永强（北京国寰环境技术有限责任公司），张艾冰（中铁第五勘察设计院），李华（北京京诚嘉宇环保科技有限公司），郭丽岗（北京中环长青环境科技有限公司），以及李建国、王爱枝、幸健萍、赫荣晖（北京欣国环环境技术发展有限公司），贺佳（中国国际工程咨询公司），孙翠菊（青岛绿希环境科技有限公司），魏华（交通运输部环境保护中心），姜晶（天津滨亚环境能源技术有限公司），周建勋（北京德恒律师事务所）等。2013 年版还曾邀请了有专业特长并参与环评技术人员岗位和环评师考前培训的四川大学教授黄川友、中海油天津化工研究设计院总工程师王哨兵（现中海油天化高科化工有限公司总经理）、天津天发源环境保护事务代理中心有限公司总工程师石良盛（现供职于天津市环境工程评估中心）等专家参与解答、审核或点评分析。多年来，根据学员或考生的意见，不断对本书进行了修改、补充。在编写过程中吸收了社会各界关于环评师考试案例分析的评价、解答成果。因此，本书是培训教师和广大学员集体合作的成果。

考试的关键是答上“要点”，紧紧抓住题干提供的信息，特别是一些关键性的词语，不要答得太多。不支持也不鼓励大家背这些题的答案，更不鼓励反复抄写这些答案，而应该理解并灵活应用。鉴于法规、技术导则、规范、标准的不断更新和变化，从事环境影响评价的技术人员必须及时跟踪、更新，不断学习。广大考生在参加此类考试时必须深刻理解年度考试大纲，关注国家生态环境相关法律法规和规范性文件、产业政策，以及新发布的环境影响评价技术导则、规范、标准和技术方法，才能在实际工作和考试中取得好成绩。

在本版编写过程中得到很多朋友和考生、同人的关爱和积极支持，有学员不仅指出前几版中的错误或不足，甚至能将书中的错字或遗漏的字、数字错误等及时指出，说明广大考生对本书十分关心，在此深表感谢。感谢对本书出版一直关心和出力的人士，感谢提供历年考题的朋友们。

最后，本书一定存在一些问题及不足，尤其是“考点分析与答题技巧”的内容，主要是为了让考生掌握某个知识点。希望关心环境影响评价的社会各界人士提出批评，也希望广大考生及环评技术人员结合考试经历和实践经验，继续对本书多提宝贵意见和建议（发至邮箱 402138067@qq.com）。谢谢。

贾生元

2024 年 2 月于北京